LEÇONS

DE PHYSIQUE.

La précipitation apportée dans la publication de ces leçons imprimées, que j'avais pris l'engagement de livrer au public deux ou trois jours au plus après les leçons orales, a dû rendre quelques erreurs inévitables. Je saurai beaucoup de gré aux personnes qui auront la complaisance de me les signaler, et je m'oblige à remettre un exemplaire de cet ouvrage pour chaque erreur que l'on me mettrait à même de corriger.

Un *erratum* général paraîtra dans le mois de septembre, aux adresses indiquées sur le titre.

Il est superflu d'ajouter que c'est à moi seul qu'il faut attribuer les erreurs qui peuvent s'être glissées dans ces leçons, malgré tout le soin que j'ai pris pour reproduire aussi fidèlement que possible les paroles des deux savans professeurs, MM. Gay-Lussac et Pouillet.

IMPRIMERIE DE E. DUVERGER,
RUE DE VERNEUIL, N° 4.

LEÇONS
DE PHYSIQUE

DE LA FACULTÉ DES SCIENCES DE PARIS,

RECUEILLIES ET RÉDIGÉES

Par M. GROSSELIN,

Sténographe.

DEUXIÈME PARTIE.

PROFESSÉE

PAR M. POUILLET.

A PARIS,

Chez
GROSSELIN, RUE DES SAINTS-PÈRES, N° 75 ;
PAPINOT, RUE DE SORBONNE, N° 14 ;
HACHETTE, RUE PIERRE-SARRAZIN, N° 12 ;
GAUTIER, A LA TENTE, PALAIS-ROYAL, GALERIE VITRÉE.

1828

COURS DE PHYSIQUE.

LEÇON TRENTE-SEPTIÈME.

(Samedi, 22 Mars 1828.)

DANS cette seconde partie du cours nous devons nous occuper du *magnétisme*, de *l'électricité*, du *galvanisme*, de l'*électro-magnétisme*, de l'*acoustique*, et enfin de l'*optique*. C'est une bien vaste carrière que nous avons à parcourir; il y a sous chacun de ces titres un grand nombre de phénomènes naturels à étudier, des théories à discuter, des applications à indiquer, et enfin la discussion complète des divers agens naturels qui semblent, pour ainsi dire, se réunir, se grouper, dans les phénomènes distincts d'abord, mais maintenant presque identiques, du magnétisme et de l'électricité. Nous commencerons cette étude par le magnétisme.

MAGNÉTISME.

On trouve dans le sein de la terre une substance particulière que l'on appelle un *aimant*. Cette substance a une apparence non métallique, c'est-à-dire qu'elle ressemble à une roche, à une pierre. Aussi autrefois on l'appelait une *pierre d'aimant*. Maintenant nous la désignons simplement par le nom d'*aimant*. Cette substance a la propriété d'exercer, non pas sur tous les corps, mais sur quelques-uns d'entre eux, et spécialement sur le fer, une action particulière qui consiste dans une attraction. Ainsi la propriété première et fondamentale de l'aimant, celle qui a fait distinguer cette substance de toutes les autres, celle qui, par conséquent, a été l'origine de la science du magnétisme, c'est-à-dire d'une des branches les plus importantes de la physique, repose sur ce fait singulier, observé 600 ans avant Jésus-Christ, que l'aimant attire le fer.

En effet, si nous présentons à un aimant, fig. 1, du fer en

limaille, nous voyons cette limaille s'y attacher, et former une espèce de chevelure. Si nous présentons cet aimant à un morceau de fer suspendu, fig. 2, nous **voyons** que ce morceau de fer est attiré. Un morceau de fer ainsi suspendu **est** ce qu'on appelle un *pendule magnétique*, à cause de la propriété qu'il a de faire des oscillations et de s'écarter de la verticale.

Tous les aimans n'ont pas la propriété **d'attirer au même** degré. Quelques-uns sont appelés des *aimans faibles*, parce qu'ils n'exercent que des attractions peu **sensibles**. Si on voulait leur donner à porter un morceau de **fer** un peu considérable, ils diminueraient bien son **poids, ils feraient bien** quelque effort pour le soulever, mais ils **ne pourraient le** porter.

Il y a, au contraire, des aimans d'une grande puissance qui peuvent soulever des masses de fer d'un poids très considérable.

Il n'est pas même nécessaire que le morceau de fer touche l'aimant pour être soumis à son attraction ; en approchant ce morceau de fer de l'aimant, celui-ci agit pour diminuer le poids du fer, et en diminuant la distance qui les sépare, le fer est entraîné et va se fixer contre l'aimant.

Les aimans ne sont pas tous assez forts pour porter des fardeaux ; mais de ce qu'un aimant ne pourra soutenir des fardeaux, il ne faudra pas en conclure que ce n'est pas un **corps** magnétique ; seulement il deviendra nécessaire d'avoir recours à des moyens plus précis pour étudier les aimans qui ne sont doués que d'une très petite énergie.

Les aimans d'un plus grand volume ne sont pas toujours ceux qui ont la plus grande force. Deux aimans du même volume peuvent avoir des forces très différentes. Cela tient non pas à la structure extérieure du corps, mais à quelque chose de particulier qui est dans l'intérieur de ce corps et qu'il s'agira de découvrir. Ce n'est pas une propriété dépendante de la masse, comme la propriété de la pesanteur. Par rapport à la pesanteur, plus un corps a de masse, plus l'action est considérable, tandis que, par rapport au magnétisme, nous voyons des aimans d'une très petite masse exercer une très grande action et, au contraire, des aimans d'une très grande masse exercer une très petite action.

L'aimant est très abondant dans la nature ; on l'a trouvé d'abord dans les îles de la Grèce ; on l'a trouvé depuis en France, en Allemagne, en Italie. Enfin il n'y a pas un pays du monde où l'on ne trouve des aimans. Cette substance existe dans la nature, non-seulement en petits fragmens, mais il y a des montagnes toutes entières qui ne forment qu'un seul aimant, ou qui sont une agrégation de plusieurs aimans.

Pour étudier cette force attractive que nous venons seulement de constater dans l'aimant, il s'agit d'en saisir, par des expériences directes, les principaux caractères.

Nous reconnaîtrons facilement : premièrement, que cette force agit à distance; en second lieu, qu'elle agit à travers tous les corps, excepté toutefois le fer et quelques autres substances dont nous parlerons. Ainsi, non-seulement l'espace ne suffit pas pour l'arrêter, mais les substances étrangères, interposées entre l'aimant et le fer, ne l'arrêtent pas davantage. Nous reconnaîtrons enfin que cette force diminue à mesure que la distance augmente.

Les premières expériences que j'ai indiquées suffisent déjà pour démontrer que l'attraction de l'aimant pour le fer s'exerce à distance. Mais si nous voulons le démontrer d'une manière plus frappante, il suffit d'avoir une tige de fer, fig. 3, reposant sur un pivot, de manière à avoir une grande mobilité dans le sens horizontal. Il suffit de présenter à cette tige, même à une assez grande distance, un morceau d'aimant, pour attirer la tige de fer et la faire tourner sur son pivot. Ainsi donc l'action s'exerce à distance.

Je dis ensuite qu'elle s'exerce à travers tous les corps; et en effet, interposons entre l'aimant et le morceau de fer, du papier, du verre, nous n'en verrons pas moins l'aimant attirer le fer.

Peut-être pourrait-on supposer qu'il y a quelque communication par le moyen de l'air entre le corps et l'aimant; peut-être dira-t-on, que si le corps était complètement enfermé, s'il était dans un tube scellé de toutes parts, l'action de l'aimant cesserait de se manifester. Eh bien, dans ce cas, on verrait encore le fer être attiré par l'aimant. Ainsi, qu'on supprime toutes les communications entre le fer et l'aimant, qu'on enferme l'aimant dans un tube scellé aux deux bouts, fig. 4, l'aimant agit avec la même énergie sur de la limaille de fer qu'on lui présente, et il agit à distance. Dans ce cas, ce n'est pas à l'aimant que la limaille de fer s'attache, elle s'attache au verre qui enveloppe l'aimant; de sorte que le verre semble être l'aimant. Mais il est facile de constater que ce n'est pas le verre qui attire; car, en retirant l'aimant, la partie du verre correspondante perd aussitôt sa force attractive et la limaille se détache.

Enfin, si l'on met dans le vide, ou le petit pendule magnétique, ou l'aimant lui-même, qu'ils y soient l'un ou l'autre, ou l'un et l'autre, l'action s'exerce de même et avec la même intensité.

Enfin, la force attractive de l'aimant diminue avec la distance. Rien n'est plus facile que de s'en convaincre. Il suffit de tenir un aimant à diverses distances d'un pendule, on voit son action diminuer à mesure que la distance augmente, et enfin cette action finit par devenir tout-à-fait nulle.

Maintenant que nous avons constaté ces caractères essentiels de la force attractive des aimans, nous pouvons étudier ce que l'on peut appeler la distribution de cette force dans l'aimant lui-même.

Rien ne ressemble plus à l'action qu'exerce l'aimant que l'action que la terre exerce sur tous les corps placés à sa surface. Ainsi, concevons par la pensée la terre isolée dans l'espace et différens corps suspendus tout autour. Tous ces corps se précipiteront sur sa surface en vertu de la propriété de la pesanteur, exactement comme, en concevant un aimant isolé et de la limaille flottant autour de lui, cette limaille viendrait se précipiter sur l'aimant. Voilà donc deux propriétés qui semblent tout-à-fait analogues.

Examinons si cette force attractive de l'aimant tient comme la force attractive de la terre à quelque arrangement de molécules ou à quelque propriété essentielle et fondamentale de la matière ; et si, de même que la force attractive de la terre se concentre en un certain point, appelé le centre de gravité, de même la force attractive des aimans se concentre en un certain point dans l'intérieur des aimans.

L'expérience est très simple et très facile à faire. Présentons au pendule magnétique différentes parties d'un aimant et tâchons de reconnaître si toutes l'attirent également, à la même distance. D'abord si nous présentons une des extrémités de l'aimant, nous verrons qu'elle attire et à une très grande distance ; si nous présentons ensuite l'autre extrémité, nous verrons qu'elle attire également à une grande distance ; si nous présentons le milieu de l'aimant, nous verrons qu'il n'attire nullement, même en l'approchant aussi près que possible du pendule. Il résulte de cette expérience, qu'il n'y a pas égalité d'action dans toutes les parties de l'aimant. Il semble qu'il y ait dans l'aimant une région où la force attractive ne s'exerce pas et où l'aimant ne soit pas en quelque sorte un aimant. Cette région se trouve précisément au milieu, car entre le milieu et chacune des extrémités, l'action se manifeste, mais faiblement.

Cette vérité peut être constatée d'une manière plus précise par une autre expérience. Je plonge un aimant dans de la limaille, et, en le retirant, je vois qu'une grande quantité de cette limaille s'est attachée aux deux extrémités, tandis qu'au milieu il n'y en a point.

Tous les aimans naturels, que nous pourrions employer, quelle que soit leur forme, produiraient les mêmes phénomènes.

En examinant avec un peu de soin ce qui se passe dans cette expérience, on reconnaît que les brins de limaille, qui se réunissent sur les arêtes, près des deux extrémités, s'inclinent lorsqu'ils approchent du centre et tendent, en quelque sorte, à se réunir en passant sur la ligne du milieu qui n'exerce aucune action.

Ainsi l'aimant a une portion non attractive, que nous pourrons appeler aussi une portion *neutre*, et deux portions attractives, l'une à droite, l'autre à gauche de la portion non attractive. Ces deux parties sont ce qu'on appelle les *pôles* de l'aimant, et la partie qui les sépare est ce qu'on appelle la *ligne moyenne*. Cette séparation en deux parties est une propriété qui appartient à tous les aimans.

Nous pouvons encore constater cette propriété par une autre expérience qui nous prouvera que l'action s'exerce à distance. Nous mettons sur un barreau aimanté, fig. 5, une feuille de carton sur laquelle nous jetons de la limaille de fer. Quelques légères percussions exercées sur la feuille de carton sont nécessaires pour que la limaille obéisse à l'action de l'aimant. En effet, au moyen de quelques petits mouvemens pour vaincre les frottemens, nous voyons le barreau se dessiner parfaitement, et nous reconnaissons une grande attraction à chaque extrémité. Vers le milieu, nous apercevons les courbes que fait la limaille ; nous voyons cette limaille se fléchir pour passer au travers de la ligne moyenne. L'arrangement tout-à-fait régulier que prend la limaille montre d'une manière frappante la distribution de la force. On voit la ligne moyenne sur laquelle la limaille ne se peut ajuster, et les deux extrémités ou les deux pôles sur lesquels la limaille s'ajuste très bien.

J'ai dit que tous les aimans avaient deux pôles et une ligne moyenne. Cette proposition doit-elle, en effet, avoir cette généralité ? Si, après avoir opéré sur un aimant et avoir marqué sa ligne moyenne et ses pôles, nous coupons cet aimant

par le milieu, qu'arrive-t-il alors ? Chacune des moitiés sera-t-elle un aimant ? et si elle est un aimant, sera-t-il vrai qu'elle ait encore des pôles, ou bien, les deux moitiés auront-elles perdu complètement leurs propriétés ? Il semble qu'en mettant la proposition générale à cette épreuve, elle ne peut y résister. Je répète avec les deux moitiés l'expérience que j'ai faite tout à l'heure avec l'aimant entier, et je reconnais dans chacune d'elles l'existence d'une ligne moyenne et de deux pôles. Je brise l'une de ces moitiés en deux et dans ces nouvelles moitiés, je retrouve encore la propriété observée dans l'aimant primitif. Enfin, je puis le briser indéfiniment, sans jamais atteindre à une particule qui n'ait pas sa ligne moyenne et ses deux pôles. Ainsi nous reconnaîtrons qu'à chaque subdivision de l'aimant, il se crée, pour ainsi dire, une ligne moyenne à égale distance de deux nouveaux pôles, et qu'ainsi il y a une mutation, une transformation dans l'intérieur de l'aimant qui semble se recréer à mesure qu'on le brise.

Ainsi la proposition est complètement générale. Partout où nous trouverons de l'aimant, nous devrons y voir une ligne moyenne et deux pôles. C'est là le point essentiel sur lequel nous devons diriger notre esprit pour nous conduire dans nos recherches.

Maintenant il est nécessaire d'indiquer diverses acceptions dans lesquelles on prend ce mot, *pôle de l'aimant*. Nous venons de voir qu'on entend par les pôles de l'aimant les deux parties qui se trouvent de chaque côté de la ligne moyenne. Mais le mot pôle prend deux autres acceptions. Ainsi, quelquefois, au lieu d'appliquer le nom de pôle à toute la moitié qui se trouve d'un côté de la ligne moyenne, nous ne l'appliquons qu'à la face la plus éloignée de cette ligne.

Il est encore une autre acception du mot pôle, la plus importante peut-être, mais un peu plus difficile à saisir, dont cependant nous pourrons nous faire une idée. Il est évident que, quand nous présentons un aimant à un morceau de fer, la force magnétique, bien que séparée en deux par la ligne moyenne, est quelque part dans l'intérieur de la masse. Nous ne savons pas si elle est seulement dans quelques points ou dans tous également; mais il est naturel de supposer que, dans la substance de l'aimant, la force ne siége pas dans une molécule unique, privilégiée dans l'intérieur de la masse, qui seule aurait la propriété d'exercer cette attraction sur le fer; et il est très vraisemblable que, quelles que soient la nature et les propriétés de cette force, elle est dispersée dans toute l'étendue de la moitié de la masse ; par conséquent, qu'en présentant l'aimant à un morceau de fer, l'attraction exercée sur le fer n'est pas seulement une attraction produite par une des molécules de l'aimant, c'est une résultante de plusieurs forces, siégeant chacune dans chaque molécule de l'aimant. C'est exactement comme quand un corps tombe ; la force qui le précipite ne tient point à l'une ou à l'autre seulement des molécules de la terre ; c'est une force qui tient à toutes ces molécules. Toutes les molécules, quelles qu'elles soient, qui composent le globe concourent à la chute du corps. Ainsi, celles qui se trouvent au-dessus du Mont-Blanc ou au-dessus des Pyrénées, celles qui sont aux antipodes, celles qui sont au centre de la terre, concourent à la chute de ce fragment, tout aussi bien que les molécules qui sont les plus proches du corps, parce que la cause de la pesanteur n'est qu'une résultante des attractions de toutes les molécules qui composent le globe de la terre. Il en est tout-à-fait de même ici. Nous devons, pour remonter par la pensée à l'origine de la force attractive de l'aimant, admettre qu'elle est répandue dans les diverses parties de cet aimant ; qu'ensuite, quand elle agit sur du fer, elle a une certaine résultante, laquelle est appliquée à un certain point, et ce point d'application est ce que nous appelons quelquefois le pôle de l'aimant.

Ainsi, le centre de gravité de la terre étant le point de réunion de toutes les attractions que la terre exerce, soit à sa surface pour faire couler les fleuves et tomber les corps, soit sur la lune pour la faire mouvoir autour d'elle, soit sur le soleil pour être emportée dans son orbite ; de même toutes les attractions, dues à chacune des molécules de l'aimant, devant être attribuées à chacune d'elles, ont certainement une résultante unique, et c'est précisément le point d'application de cette résultante que nous appelons pôle de l'aimant.

Nous avons vu que tout aimant a une ligne moyenne et deux pôles. Il serait fort surprenant que deux actions, dont l'une s'exerce à gauche, l'autre à droite, fussent deux actions complètement identiques, lorsqu'elles sont séparées et forcément séparées par une ligne moyenne. Pour peu qu'on ait l'habitude des phénomènes naturels, on doit concevoir par la pensée que certainement l'une des forces n'est pas identique avec l'autre. En effet, si les deux forces étaient identiques, pourquoi seraient-elles séparées ? Cela n'est point dans les analogies naturelles. Aussi nous allons constater que, quoique les deux pôles de l'aimant attirent le fer et l'attirent également, ces deux pôles ne sont pas cependant identiques ; il y a diversité entre eux, et voici comment nous le démontrerons par l'expérience.

Nous prendrons un aimant suspendu, sur lequel nous aurons préalablement marqué la ligne moyenne et les deux pôles. On trouve facilement la ligne moyenne en jetant de la limaille sur l'aimant ; l'endroit où cette limaille ne s'attache pas détermine précisément la ligne moyenne.

Maintenant nous allons faire agir les pôles des aimans les uns sur les autres, comme nous avons fait agir l'aimant sur le fer, afin de reconnaître les propriétés qui leur appartiennent.

Je prends pour cette expérience plusieurs aimans qui soient de grandeurs différentes, et j'essaie successivement l'action de ces aimans sur l'aimant suspendu. J'approche l'un des pôles du premier aimant de l'un des pôles de l'aimant suspendu, et je remarque que, tandis que le fer attire l'aimant, l'aimant a l'air de se repousser lui-même. Je tiens note de ce fait de répulsion, et je marque, par exemple, d'une lettre *a* le pôle du premier aimant, et je marque le pôle repoussé d'une lettre *b*, afin qu'il soit très distinct de l'autre.

Je présente maintenant à ce pôle *b* l'autre pôle du premier aimant, et je vois qu'il attire très fortement. J'en conclus évidemment que les deux pôles de cet aimant ne sont pas deux forces identiques ; car l'une agit par attraction et l'autre par répulsion. J'ai marqué d'un *a* le pôle qui repoussait, je marque d'un *b* le pôle qui attire. Si l'on répète cette expérience sur plusieurs aimans, afin de ne rien hasarder dans la conclusion qu'on doit tirer de cette expérience, on verra constamment l'un des pôles de l'aimant attirer et l'autre repousser le même pôle, bien entendu, d'un aimant suspendu. On marque également d'un *a* les pôles répulsifs, et d'un *b* les pôles attractifs.

Nous appellerons *pôles de même nom* tous les pôles que nous aurons dû marquer de la lettre *a*, c'est-à-dire les pôles qui agissent par répulsion ; nous appellerons encore pôles de même nom entre eux tous les pôles marqués de la lettre *b*, c'est-à-dire les pôles qui agissent par attraction. Maintenant les pôles *a* et *b*, nous les appellerons, non pas des pôles de nom différent, mais des *pôles de nom contraire*, parce qu'ils exercent des actions contraires.

Ainsi voilà tous les aimans de la nature séparés en deux parties, ayant chacun des pôles qui ne sont pas deux choses identiques, ayant chacun un pôle attractif et un pôle répulsif.

Faisons maintenant une expérience plus importante et plus

décisive. Faisons agir l'un sur l'autre les pôles que nous venons de marquer, soit les pôles de même nom, soit les pôles de nom contraire. Je suspends un aimant sur lequel j'ai marqué les lettres *a* et *b*, c'est-à-dire le pôle répulsif et le pôle attractif, et je présente au pôle *a* de l'aimant suspendu le pôle *a* d'un autre aimant Il y a répulsion ; je répète l'expérience en présentant toujours un pôle *a* à un pôle *a*, et je remarque constamment qu'il y a répulsion. J'en conclus par conséquent que tous les pôles de même nom se repoussent entre eux.

Je fais agir ensuite les pôles *b* sur le pôle *a* qui est de nom contraire ; il y a constamment attraction : d'où je conclus que tous les pôles de nom contraire s'attirent.

Voilà donc deux vérités fondamentales dans le magnétisme. Les aimans ont non-seulement deux pôles différens séparés par une ligne moyenne ; mais tous les pôles de même nom se repoussent, et tous les pôles de nom contraire s'attirent ; en prenant garde que nous appelons pôles de même nom ceux qui agissent d'une manière identique, non pas sur le fer, mais sur le même pôle d'un aimant, et que nous appelons pôles de nom contraire ceux qui agissent d'une manière contraire sur ce même pôle de l'aimant.

Voilà donc dans les aimans deux forces antagonistes, agissant perpétuellement en sens contraire l'une de l'autre, et une ligne moyenne au milieu de l'aimant, qui est la *digue*, en quelque sorte, qui sépare ces deux forces et les empêche de se réunir : car elles s'attirent l'une l'autre, et devraient se neutraliser ; elles ne se neutralisent pas parce que la ligne moyenne empêche leur action de s'exercer.

Ce caractère de la force magnétique des aimans étant bien saisi, bien établi par des expériences décisives, nous allons étudier cette force, non-seulement dans sa distribution dans l'intérieur de l'aimant, mais dans ses caractères principaux, dans son essence, dans son mode d'existence.

Cette force magnétique n'est pas, comme la pesanteur, une propriété essentielle des molécules de la matière. Il y a à distinguer entre propriétés de la matière et agens naturels. Ainsi vous avez vu que la pesanteur n'est point comme la chaleur. La chaleur est un agent, un fluide, une matière, douée par conséquent d'impénétrabilité, une véritable matière, non pas matière pondérable, exerçant une attraction dans l'espace, mais une matière impondérable. Par conséquent, déjà, dans la chaleur, nous trouvons l'occasion de distinguer dans la nature deux choses fondamentales : de la matière pondérable, c'est-à-dire de la matière gravitante dans l'espace, comme la matière qui compose les planètes et le globe de la terre ; puis une autre matière qui est encore impénétrable comme la première, parce qu'elle est substance et matière, mais qui n'est pas matière gravitante. Ainsi les corps contiennent de la chaleur dans leurs interstices ; mais cette chaleur n'est pas un corps pesant comme l'autre matière.

Nous allons chercher à reconnaître dans laquelle de ces deux catégories vient se ranger la force magnétique ; car il est vraisemblable qu'il n'y a pas trois catégories dans la nature. Il y a force ou matière ; ce qui n'est ni force ni matière ne peut être compris physiquement. Par conséquent, il faut nécessairement que l'agent que nous venons de découvrir ou soit de la matière comme la chaleur, bien qu'il ne soit pas de la matière pondérable, ce que nous concevons aisément, ou qu'il soit une force comme la pesanteur. Voyons à laquelle de ces deux opinions nous devons nous arrêter.

Quand après avoir pris un aimant fragile, nous l'avons, brisé et que nous avons vu la force voyager dans toute l'étendue de l'aimant, il semble peu probable que ce soit une propriété de la matière ; car il est évident que les molécules, pour avoir été séparées, n'ont pu recevoir une propriété particulière : première raison qui nous porte à croire que la force magnétique n'est pas une force qui tient à la matière pondérable.

Nous pouvons ensuite prendre un aimant et lui ôter ou lui donner à volonté la puissance magnétique, sans rien lui donner et sans rien lui ôter de pondérable. Que faut-il faire pour produire cette mutation dans la même agrégation de matière pondérable ? Il suffit de chauffer un aimant jusqu'au rouge-blanc. Non-seulement quand il sera rouge il n'attirera pas le fer, mais refroidi, il n'agira pas plus qu'une matière ordinaire.

Maintenant, que faut-il faire pour rendre à un aimant la propriété qu'on lui a enlevée par la chaleur ? Il faut le mettre en présence d'un autre aimant, mais non d'une manière quelconque ; il faut lui faire subir une friction sur le pôle de l'aimant. Deux ou trois frictions, ou, pour employer l'expression consacrée, deux ou trois touches suffiront pour rendre à l'aimant la propriété d'attirer le fer.

Voilà déjà plusieurs raisons qui nous portent à penser que le magnétisme n'est nullement une propriété de la matière, et n'est nullement une force. Que sera-t-il donc, si ce n'est ni une propriété, ni une force ? Ce sera un agent, un fluide. Nous devrons, par conséquent, l'appeler *fluide magnétique*.

Nous sommes encore, par une troisième considération,

conduits d'une manière certaine à cette conclusion. Car si nous analysons chimiquement un aimant, nous y trouverons de la matière pondérable très connue, de l'oxigène et du fer, et rien de plus : l'aimant n'est donc qu'un *oxide de fer*. Or ni l'oxigène pris séparément, ni le fer pris séparément, n'ont la propriété d'exercer des actions pareilles à celles que nous venons de constater, et il est certainement contraire à toutes les lois de la nature et à la logique humaine, de supposer que des molécules de matière qui n'ont pas séparément certaine propriété attractive à distance, comme propriété essentielle, puissent prendre par leur combinaison une propriété attractive. Ainsi, par exemple, s'il existait deux espèces de matière qui n'eussent pas la propriété pondérable, il serait absurde de supposer que ces deux matières pussent, par leur combinaison, donner quelque chose de pondérable. De même l'oxigène et le fer qui n'ont pas séparément de puissance magnétique, qui n'ont pas la propriété d'exercer sur le fer une action analogue à celle de la pesanteur, ne peuvent, par leur combinaison, prendre cette propriété.

Tels sont les argumens par lesquels nous établissons que la force magnétique tient non pas à une propriété de la matière, mais à un fluide particulier que nous appelons fluide magnétique, fluide matériel, impénétrable, et pourtant non pesant.

De là la confirmation de cette idée fondamentale, qu'il n'y a pas seulement dans la nature de la matière pesante, mais qu'il y a encore de la matière non pesante, qui, par son action et ses différens modes d'affinité avec la matière pesante, produit la plupart des phénomènes. En effet, c'est par l'action mutuelle de ces deux matières, qui composent le monde. que sont produits tous les phénomènes qui ne tiennent pas aux phénomènes astronomiques, c'est-à-dire, au mouvement de translation de la matière pondérable, aux actions qui se produisent à distance. Les mouvemens des corps célestes sont des phénomènes qui tiennent uniquement à la matière pondérable ; tandis que la matière non pondérable, la chaleur, le magnétisme, dont nous venons de constater l'existence dans l'intérieur de l'aimant, la lumière, dont nous constaterons pareillement l'existence non-seulement dans les corps, mais dans l'espace, ces matières pondérables et non pondérables ne peuvent exister dans l'univers simultanément et contemporainement, pour ainsi dire, sans action l'une sur l'autre. Or, la matière pondérable produit les phénomènes que j'indiquais tout à l'heure, c'est-à-dire, les phénomènes astronomiques ; tandis que la réaction de la matière non pondérable sur la matière pondérable ne produit jamais de grands phénomènes de translation, mais produit toujours des phénomènes de vibration dans les corps : pour la chaleur, par exemple, une expansion, un écartement des molécules ; pour la lumière, un passage et une vibration entre les diverses molécules ; et enfin, pour le magnétisme et l'électricité, des phénomènes d'un autre ordre, qui sont la clef de tous les phénomènes chimiques.

Ces phénomènes, joints aux phénomènes astronomiques, composent tout ce qu'il y a de variable à la surface de la terre, et même dans notre système planétaire, et probablement dans tous les systèmes qui composent l'univers.

A la surface de la terre, tous les phénomènes se réduisent en dernier résultat, en tant que phénomènes inorganiques, à des phénomènes chimiques, et sont dus précisément à ces forces intérieures à la trace desquelles nous sommes et auxquelles nous arriverons d'une manière certaine par l'étude plus approfondie des phénomènes du magnétisme et de l'électricité.

Ainsi nous dirons qu'il y a non pas un fluide magnétique, mais deux fluides magnétiques. Ces deux fluides sont, en quelque sorte, enfermés dans des parties différentes d'un barreau aimanté. L'un de ces fluides prédomine à une extrémité, l'autre prédomine à l'autre. Je me sers à dessein du mot *prédomine* pour indiquer que l'un des fluides n'est pas exclusivement dans une partie, ni l'autre fluide exclusivement dans l'autre partie, mais qu'ils sont tous les deux simultanément dans chacune des parties ; seulement l'un prédomine sur l'autre, c'est-à-dire, exerce seul son action.

Comment ces deux fluides sont-ils ajustés dans la matière ? Comment existent-ils ? Comment peuvent-ils être ou apparens ou dissimulés dans les différens corps ? C'est ce que maintenant il nous reste à étudier.

D'abord il est évident, comme conséquence des expériences que nous avons déjà faites, que ces fluides sont essentiellement dans le fer. Car s'il n'y avait pas de fluides magnétiques dans le fer, comment le fer serait-il attiré par les aimans ? S'il est vrai que ce soit un fluide résidant dans l'intérieur de l'aimant qui exerce son attraction, ce fluide ne peut attirer autre chose que du fluide pareil.

Présentez un aimant à un barreau de fer, cet aimant exercera une action sur ce barreau : c'est là une chose facile à concevoir ; mais ce que nous allons démontrer et ce qui importe pour la théorie que nous voulons établir, c'est que ce morceau de fer, pendant qu'il est sous l'influence de l'aimant, est lui-même un aimant, c'est-à-dire qu'il a une ligne moyenne et deux pôles. D'abord, qu'il soit un aimant et qu'il ait la propriété d'attirer lui-même, il est facile de s'en convaincre, en présentant à ce barreau de la limaille de fer qui restera suspendue. Mais il perd cette propriété à l'instant où on le sépare de l'aimant.

Ainsi, c'est passagèrement que le fer prend la propriété magnétique. Je dis plus; c'est qu'en devenant un aimant, il a, comme l'aimant, sa ligne moyenne et ses deux pôles. Nous allons le constater. Je prends un petit barreau que je présente à un morceau d'aimant; il s'y attache aussitôt; maintenant je jette sur ce barreau de la limaille, et je remarque que cette limaille s'attache, en grande quantité, aux deux extrémités du petit barreau, fig. 6, et qu'il y a une ligne moyenne qui se trouve placée plus près de l'aimant que de l'extrémité opposée.

Le fer peut ainsi devenir un aimant et avoir alternativement ses pôles d'un côté ou de l'autre, suivant la manière dont on le présente à l'aimant.

Cette propriété ne peut être déterminée dans le fer, que parce que le fer possède les deux fluides magnétiques. Ces deux fluides reçoivent l'influence du pôle de l'aimant auquel on présente le barreau. Comme les pôles de même nom se repoussent, et que ceux de nom contraire s'attirent, le fluide qui prédomine dans le pôle de l'aimant et agit par influence sur les fluides qui résident dans le barreau, décompose ces fluides, attire le fluide de nom contraire dans la partie supérieure la plus voisine de ce pôle, et repousse le fluide de même nom dans la partie supérieure.

C'est ainsi que le fer est attiré et devient un aimant. Séparons-le de l'influence qu'il reçoit; à l'instant les deux fluides séparés se rejoignent, se recombinent, et le fer reprend son état naturel. Et de nouveau il faudra une puissance pour agir sur lui, et produire cette séparation des deux fluides magnétiques; séparation qu'on peut confirmer par diverses expériences.

Puisqu'un cylindre de fer mis en présence d'un aimant peut devenir un aimant lui-même, il en résulte que ce petit cylindre est un véritable aimant. Et, en effet, si l'on présente à cet aimant par influence, à cet aimant passager fig. 7, un autre petit cylindre, il exercera sur lui, seulement avec moins d'intensité, la force attractive auquel il est lui-même soumis de la part de l'aimant.

Si maintenant j'enlève le premier cylindre de fer, il est évident que le second tombera : parce que le premier, ayant perdu sa propriété, ne peut plus la donner à l'autre.

On peut répéter l'expérience, et mettre un troisième cylindre, qui restera suspendu au second, par la même raison que celui-ci est resté suspendu au premier.

Enfin, le dernier cylindre, qui n'exerce plus une action assez forte pour soutenir un quatrième cylindre, attire encore de la limaille; et le premier des brins de limaille qui vient s'attacher à l'aimant passager, soutient un second brin; le second brin en soutient un troisième, et ainsi de suite; de sorte que, dans cette chaîne de limaille, nous voyons en petit le phénomène que nous venons de produire en grand avec des cylindres.

Ces expériences prouvent d'une manière évidente que le fer contient les deux fluides; que ces deux fluides peuvent être séparés par la présence d'un aimant, mais que cette séparation n'est que temporaire, et qu'à l'instant où les fluides recouvrent leur liberté, ils se rejoignent complètement.

Par conséquent, si, au lieu de faire agir un seul pôle sur le cylindre de fer, nous faisons agir les deux pôles contraires d'un même barreau, que devra-t-il arriver? Il arrivera, si notre théorie est juste, que, puisque l'un des pôles opère une décomposition des fluides dans un certain sens, et que l'autre pôle opère une décomposition dans le sens contraire, il arrivera, dis-je, que le fer ne sera plus aimant; c'est ce que l'on démontre par une expérience bien simple. Il suffit, après avoir suspendu à l'un des pôles du barreau un cylindre de fer, et avoir appelé en haut le fluide contraire et repoussé en bas le fluide de même nom, d'approcher du point de suspension du cylindre un pôle de nom contraire à celui du barreau. Ce pôle appellera en haut le fluide que l'autre avait repoussé dans le bas, et repoussera le fluide qu'il avait appelé. Il en résultera que la décomposition sera nulle, et que le cylindre devra retomber à l'état naturel; c'est en effet ce que l'expérience confirme.

Ce que nous appelons *l'état naturel des corps*, c'est l'état dans lequel les deux fluides sont combinés ou neutralisés l'un par l'autre; et nous appellerons *état magnétique* l'état dans lequel les fluides sont maintenus séparés.

On peut, d'après cela, expliquer l'effet de la chaleur pour faire perdre à un aimant sa propriété d'attirer le fer. La chaleur détermine simplement la recomposition des deux fluides. Après avoir fait perdre à un aimant sa propriété magnétique, nous pouvons la faire reparaître par une influence magnétique étrangère. Il suffit de faire sur cet aimant ce que nous venons de produire sur des cylindres de fer, c'est-à-dire de décomposer les deux fluides, de rappeler l'un et de repousser l'autre.

Voilà précisément comment cette donnée sur le fluide magnétique et sur l'existence de deux fluides nous fait déjà pénétrer, jusqu'à un certain point, dans le secret des phénomènes magnétiques.

Il est cependant une conséquence contre laquelle je dois vous mettre en garde. Je viens de dire que, quand le fer est aimanté passagèrement, l'un des fluides est attiré à l'une des extrémités, et l'autre fluide repoussé à l'autre extrémité. Il semblerait, d'après cet énoncé, que les fluides voyagent dans l'intérieur du fer. Eh bien ! il n'en est rien, et il est bon de poser ici cette vérité fondamentale que le fluide magnétique ne se déplace jamais d'une quantité sensible. Ainsi, il ne passe pas du barreau ou de l'aimant au fer qu'il attire ; non-seulement il ne passe pas de l'aimant au fer, mais il ne passe pas d'une molécule du fer à une autre molécule ; c'est ce que nous allons démontrer.

Soit un petit cylindre de fer soumis à l'influence d'un aimant, et qui par conséquent est devenu lui-même un aimant capable d'attirer la limaille à son extrémité inférieure : essayons de reconnaître si le fluide magnétique a voyagé dans l'intérieur du cylindre, s'il s'est déplacé, s'il est venu à l'extrémité. Comment le reconnaître ? Nous ne pouvons enlever le barreau, car à l'instant les fluides se recombinent ; mais nous pouvons prendre une pince, et couper le fer pendant qu'il est sous l'influence magnétique. Alors, si le fluide s'est véritablement déplacé lorsque nous aurons ainsi coupé un morceau du cylindre, ce morceau devra conserver la propriété magnétique. Or, nous n'apercevrons rien de semblable ; par conséquent, il n'était point passé de fluide magnétique dans le cylindre.

Cette expérience est grossière et susceptible de peu d'exactitude. On pourrait concevoir que le fluide s'est écoulé par la pince ou a disparu de quelque autre manière. Je n'indique cette expérience que pour appeler votre attention sur le fait et la conséquence qu'on peut en tirer, sauf à démontrer, par d'autres expériences plus précises, cette vérité fondamentale, qu'il n'y a jamais le moindre transport de fluide dans des espaces appréciables ; qu'ainsi un morceau de fer ne fût-il composé que de deux molécules, le fluide ne passerait pas d'une molécule à l'autre.

Comment concevoir la décomposition et la manifestation des fluides, et ces grandes attractions qui s'exercent à distance, et ces poids considérables soulevés, s'il est vrai que les fluides ne se déplacent pas. Pour expliquer ces phénomènes, il faudrait sans doute un déplacement de fluide; mais ce déplacement se fait dans les intervalles moléculaires, dans l'étendue même de certaines parties qui échappent complètement à nos recherches et à tous nos moyens d'inquisition. Nous ne pouvons rien détacher de si petit, qui soit véritablement une parcelle dans laquelle le fluide magnétique se déplace, et cependant il peut produire au dehors des phénomènes énergiques: ce qui montre de quelle activité prodigieuse doivent être animées ces petites molécules de fluide magnétique, puisque, se déplaçant d'une quantité imperceptible, elles sont cependant capables de produire au dehors de si grands phénomènes. Eh bien! toutes ces propriétés s'expliquent d'une manière simple et très complète, et en même temps qu'on explique ces propriétés, on rend compte de tous les phénomènes fondamentaux que nous avons observés dans cette séance, c'est-à-dire, de l'existence de la ligne moyenne qui sépare les deux forces; de ce phénomène qu'en brisant un aimant on y fait naître à l'instant deux pôles; de la distribution du fluide magnétique, de l'aimantation passagère qu'éprouve le fer mis en présence d'un aimant, et enfin des modifications qu'éprouvent les aimans à une haute température; de la disparition des propriétés de ces aimans et du retour de ces propriétés.

Ainsi la conclusion définitive à laquelle nous arrivons, c'est qu'il existe dans certaines substances, et nous appellerons ces substances *magnétiques*, un fluide particulier ou plutôt deux fluides particuliers, que nous appellerons *fluides magnétiques*. Lesquels deux fluides sont, dans l'état naturel, combinés l'un avec l'autre, neutralisés l'un par l'autre, siégeant d'une certaine manière, entre les molécules de la matière pondérable, et cependant susceptibles de se mouvoir dans des intervalles extrêmement petits, d'éprouver des déplacemens insensibles, et lorsqu'ils éprouvent ces déplacemens, d'exercer au dehors de très grandes actions et de se faire sentir à de grandes distances. Ainsi, l'action qui attire, qui dirige l'aiguille de la boussole est une force qui prend son origine à de grandes distances de la surface de la terre, et c'est pourtant une force magnétique, qui résulte essentiellement et nécessairement de la séparation des deux fluides dont je viens de parler. Ces deux fluides contrairés, s'attirant, se repoussant, susceptibles de se déplacer, mais non pas de passer d'un corps à un autre, forment le fond de la théorie du magnétisme.

IMPRIMERIE DE E. DUVERGER,
RUE DE VERNEUIL, N° 4.

COURS DE PHYSIQUE.

LEÇON TRENTE-HUITIÈME.

(Mardi, 25 Mars 1828.)

SUITE DU MAGNÉTISME.

Nous avons, dans la dernière séance, commencé l'étude du magnétisme. Nous avons essayé de faire connaître quelques-unes des propriétés fondamentales des aimans, et de poser quelques-unes des lois générales de cette branche de la physique. Nous avons établi par une série d'expériences : 1° que la substance qu'on appelle un *aimant* a la propriété d'attirer le fer; 2° que cette propriété attractive, que cette force, par conséquent, s'exerce à distance; 3° qu'elle s'exerce à travers tous les corps, excepté toutefois les corps ferrugineux; 4° qu'elle diminue à mesure que la distance augmente.

Voilà des rapports très frappans entre cette nouvelle force et les forces d'attraction générale qu'on observe dans la nature. Poursuivant ensuite nos recherches pour découvrir, s'il était possible, le siége de cette force, la cause dont elle dépend, et cherchant à établir une comparaison entre cette espèce d'affinité que le fer montre pour se précipiter à la surface de l'aimant, et cette autre affinité, toute semblable, en apparence, que présentent les divers corps suspendus dans l'atmosphère pour se précipiter sur la terre; nous avons reconnu qu'il y a entre l'aimant et le globe de la terre une différence fondamentale. A la vérité, l'intensité de la pesanteur change suivant les divers points de la terre; elle est un peu plus forte vers les pôles qu'à l'équateur; mais ce sont des différences extrêmement faibles tenant à la forme de la terre, et permettant même de déterminer cette forme avec une exactitude scrupuleuse, et plus exactement que s'il était possible d'aller

38

mettre les deux branches d'un compas dans les divers points de la terre pour en mesurer les diamètres.

Dans l'aimant, la force qui sollicite toutes les parcelles de fer est une force très différente dans les divers points de sa surface ; offrant cette singularité qu'il y a toujours sur l'aimant une zone centrale que nous avons appelée *une ligne moyenne* ou *une ligne neutre*, sur laquelle il n'y avait absolument aucune espèce d'attraction ; que de chaque côté cette attraction se développait. Présumant ensuite que les deux forces ainsi séparées par la ligne moyenne n'étaient pas deux choses identiques, nous avons cherché à reconnaître les caractères particuliers appartenant à la force qui était à la droite de la ligne moyenne, et les caractères particuliers appartenant à la force qui était à gauche de la même ligne moyenne. Pour découvrir ces caractères, nous n'avons pas présenté l'aimant au fer ; car les deux forces agissent identiquement sur le fer, et toutes deux l'attirent ; mais nous avons fait agir ces deux forces sur le même pôle d'un autre aimant, et nous avons reconnu que tout aimant était non - seulement séparé en deux parties, mais que ces deux parties agissaient diversement ; que l'une de ces parties attirait, tandis que l'autre repoussait le même pôle d'un aimant.

Nous avons vu que cette propriété appartenait à tous les aimans ; de là la distinction des pôles des aimans en pôles de même nom et pôles de nom contraire.

Cette distinction établie, nous avons fait agir les uns sur les autres les pôles de même nom et les pôles de nom contraire, et nous avons vu que, tandis que les pôles de même nom se repoussent, les pôles de nom contraire s'attirent ; que par conséquent il y a dans chacune des moitiés de l'aimant des forces identiques en apparence, puisqu'elles agissent de la même manière sur le fer, mais essentiellement différentes par leur nature, puisqu'elles agissent l'une par répulsion et l'autre par attraction.

Après avoir constaté l'existence de cette force, ou plutôt de ces deux forces, nous avons pu conclure qu'elles ne tenaient pas à une propriété moléculaire ; que ce n'était pas quelque chose d'analogue à la pesanteur, quelque chose d'immatériel, d'impénétrable ; mais que c'était quelque chose de substantiel, de matériel, de non pondérable, il est vrai, mais cependant d'impénétrable, d'étendu et de résistant ; en un mot, que c'était un fluide.

Poursuivant l'existence de ce fluide, nous avons démontré, par le seul raisonnement, qu'il devait exister dans le fer.

L'existence de ce fluide établie, et dans l'aimant et dans le fer, est une propriété fondamentale pour toute l'étude de la philosophie naturelle ; car elle nous révèle l'existence d'un agent qui ne doit pas sans doute être renfermé dans quelques morceaux de fer, mais qui doit être un agent beaucoup plus universel, et produisant dans la nature un très grand nombre de phénomènes.

Nous avons constaté immédiatement une propriété singulière de ce fluide ; c'est qu'il ne peut se déplacer dans l'intérieur des corps d'une quantité sensible ; il ne peut sortir de l'aimant pour passer dans le fer, car l'aimant ne perd rien. Au contraire, plus on donne du fer à un aimant, plus sa force attractive prend d'énergie ; il n'est pas comme un corps chaud, qui perd sa chaleur en la communiquant aux autres corps.

Il y a plus : le fluide ne passe pas d'une molécule de fer à une autre molécule ; nous l'avons constaté par une expérience que j'ai indiquée, non pas comme décisive, mais comme tout-à-fait frappante, à cette époque du cours où nous n'avons pas les moyens de sonder, en quelque sorte, dans toutes les parties de l'aimant. C'est une espèce de paradoxe qui tient tout-à-fait à la théorie du magnétisme, et qui s'expliquera plus tard, en même temps que nous expliquerons toutes les autres propriétés fondamentales de l'aimant.

SUBSTANCES MAGNÉTIQUES.

Maintenant que nous avons pu découvrir les propriétés et tous les caractères du fluide magnétique, il s'agit de rechercher son existence. Il est présumable que, dans cette variété de corps naturels, le fluide magnétique, en présence d'atomes essentiellement différens, par conséquent de forces moléculaires essentiellement différentes, devra nous présenter des propriétés sans cesse variables. Ainsi, passons en revue tous les corps de la nature, et cherchons s'ils possèdent ce fluide magnétique, et comment le fluide magnétique s'y trouve disposé ; quelle influence il reçoit de l'espèce de la matière, si on peut parler ainsi.

La substance que nous avons à étudier, comme une des plus importantes, est l'acier. Les expériences que nous allons faire sur les propriétés magnétiques de l'acier nous indiqueront que le fluide se rencontre dans toutes les substances ferrugineuses ; nous verrons ensuite qu'il se rencontre encore dans quelques autres substances. Voici les propriétés que nous présente l'acier, lorsque nous le soumettons à l'influence des aimans. Tout le monde sait que l'acier est du fer combiné avec quelques millièmes de carbone, et, ayant ensuite un certain arrangement moléculaire extrêmement variable, suivant le degré de trempe qu'a reçu l'acier. Si l'on présente à un aimant un morceau de fer et un morceau d'acier trempé dur, de même dimension, le fer seul adhère à l'aimant, et l'acier tombe. Ainsi, l'acier paraîtrait, d'après cette expérience, n'avoir aucune espèce de propriété magnétique. Cependant, il ne faut pas adopter cette conclusion trop légèrement ; car si, au lieu de présenter simplement le morceau d'acier à l'aimant, nous le laissons en contact avec l'aimant pendant très long-temps, si nous donnons à la force magnétique le temps nécessaire pour se développer, alors nous reconnaîtrons un phénomène très remarquable. Après un certain temps, non pas seulement après plusieurs heures, mais après plusieurs jours, cela dépend et de l'intensité de la force et du degré de trempe de l'acier, nous trouvons que l'acier est devenu magnétique. Nous découvrons en même temps un autre phénomène non moins remarquable ni moins important que le premier : c'est que l'acier qui, après un temps suffisant, aura pu prendre les propriétés magnétiques, les conservera toujours ; il deviendra lui-même un aimant, non pas un aimant passager à la manière du fer, mais un aimant permanent tout-à-fait analogue à l'aimant naturel ; il jouira de toutes les propriétés des aimans ; il aura deux pôles et une ligne moyenne, et il conservera perpétuellement ces propriétés, bien entendu sous les mêmes conditions que l'aimant, c'est-à-dire qu'en le chauffant nous pourrons les lui faire perdre, et qu'en le mettant de nouveau en contact avec un aimant, nous pourrons les lui rendre.

Il y a un moyen simple pour abréger le temps nécessaire pour communiquer à l'acier les propriétés de l'aimant ; il suffit, pour cela, de passer le morceau d'acier, à plusieurs reprises, sur le pôle d'un aimant ; c'est ce qu'on appelle une *friction* ou une *touche*. En opérant ainsi cette friction dans le même sens, nous finirons par donner à l'acier, et à un haut degré, les propriétés de l'aimant.

Deux caractères donc se découvrent dans l'acier : il lui faut du temps ou des frictions répétées pour prendre la propriété magnétique ; et une fois qu'il a acquis cette propriété, il la conserve perpétuellement ; il devient ce qu'on appelle un *aimant artificiel*. Tous les corps dont je me suis servi dans la dernière leçon, et que j'ai appelés des aimans, sont des aimans artificiels.

Quand l'acier n'est pas trempé très dur, il jouit de ces propriétés à un moindre degré. Alors, il lui faut ou moins de frictions ou moins de temps pour prendre la force magnétique ; mais aussi il la conserve moins bien. Les divers noms que reçoivent les aimans artificiels sont tout-à-fait dépendans de leurs formes. Par exemple, quand nous donnons à un aimant la forme d'un losange, fig. 1, nous appelons cela une *aiguille aimantée ;* elle peut être mobile sur un pivot ou suspendue par un fil. Un prisme ou un cylindre allongé, fig. 2 et 3, est ce qu'on appelle un *barreau aimanté.* Si le prisme ou le cylindre ne sont pas très gros, on les appelle aussi des *aiguilles aimantées.* On donne plus particulièrement le nom de *barreau* aux prismes ou aux cylindres, fig. 4 et 5, qui ont une plus forte dimension.

Quand, pour donner plus d'énergie à l'aimant, nous réunissons plusieurs lames d'acier trempé dur, et montées de manière à former une espèce de faisceau, fig. 6, nous appelons cet appareil un *faisceau magnétique.*

Les pièces de fer doux qu'on applique aux faisceaux magnétiques, ou aux aimans naturels, pour en augmenter la force, s'appellent des *armatures.*

Nous voilà donc, au moyen de cette propriété de l'acier, en état de fabriquer des aimans de toutes les dimensions, de toutes les formes et de tous les degrés de force ; et il sera commode désormais d'étudier les propriétés magnétiques de tous les aimans, puisque nous pourrons avoir des aimans très faibles, ou des aimans beaucoup plus puissans que ne peuvent être les aimans naturels.

En quoi l'acier diffère-t-il du fer ? car il s'agit d'établir maintenant le caractère distinctif entre ces deux corps. Il n'en diffère pas sans doute, parce qu'il ne contient pas de fluide magnétique : car si l'acier ne conservait pas de fluide magnétique, il ne pourrait pas s'aimanter. De ce que ces fluides n'y sont développés qu'après un temps très long, qu'en faut-il conclure ? qu'il y a dans l'acier une force qui s'oppose à la séparation des deux fluides ; cette séparation se fait instantanément et pour ainsi dire sans effort dans le fer ; dans l'acier, au contraire, elle exige du temps ou des frictions redoublées sur toute la longueur de la lame d'acier. Cette résistance à la séparation des fluides qui existe dans l'acier, nous la caractérisons en l'appelant *force coërcitive,* non-seulement parce qu'elle s'oppose à la séparation des deux fluides, mais parce qu'elle s'oppose aussi avec la même énergie à leur réunion, puisque, une fois les fluides séparés, ils ne se recomposent plus. Nous désignons ainsi par le même nom deux choses, qui dans la nature peuvent être très distinctes, car nous ne sommes pas sûrs, même après toutes les recherches faites sur le magnétisme, que la résistance qui s'oppose à la séparation des deux fluides soit la même chose que la force qui s'oppose à leur réunion.

Cependant, il est reçu dans la science d'appeler force coërcitive la force qui s'oppose à la séparation des deux fluides et celle qui s'oppose à leur réunion.

De quoi dépend cette force coërcitive de l'acier? car aussitôt que nous avons constaté un fait, il faut remonter à la cause primitive de ce fait. Dépend-elle de quelque chose de particulier tenant à la matière de l'acier, ou bien dépend-elle de l'arrangement des molécules? Il est bon d'indiquer que la force coërcitive ne tient uniquement qu'à l'arrangement des molécules : que c'est une propriété toute accidentelle, ne dépendant nullement de l'essence même de la matière et de sa composition intime. Pour se convaincre que c'est une cause accidentelle, il suffit de remarquer que l'acier, suivant les différens degrés de trempe, a des forces coërcitives différentes. Ainsi l'acier trempé très dur a une force coërcitive très grande. Au contraire, l'acier très peu trempé, ayant cette propriété d'élasticité si difficile à expliquer, a très peu de force coërcitive. Il s'aimante plus facilement, mais il ne conserve pas si bien la propriété magnétique. Enfin quand il n'est pas trempé, qu'il est dans un état de recuit complet, il n'a presque plus de force coërcitive. Il jouit alors des mêmes propriétés que le fer, il s'attache immédiatement à l'aimant, mais quand il en a été séparé, il ne conserve presque rien des propriétés qu'il a reçues.

Ainsi la force coërcitive est une chose accidentelle et sans cesse variable. Il suffira d'imprimer à l'acier un nouvel arrangement moléculaire pour faire varier la force, et nous verrons même qu'il est facile de la donner au fer. Si nous tordons le fer au point de le rendre roide et cassant, si nous le travaillons de mille manières, de telle sorte que ses molécules soient dans un état forcé les unes à l'égard des autres, le fer prendra alors de la force coërcitive.

Ainsi nous serons maîtres de cette force dont nous indiquons la cause générale, et nous pourrons faire varier nos aimans comme il nous plaira.

Avec cette donnée, passons en revue tous les corps de la

nature, et voyons en quoi ils peuvent différer entre eux.
Y a-t-il d'autres corps magnétiques que le fer ; et s'il y en a,
peuvent-ils différer autrement que l'acier et le fer, c'est-à-dire
par la présence de la force coërcitive ? Il est naturel de supposer que le fer porte avec lui, dans toutes les combinaisons
chimiques par lesquelles il peut passer, ses propriétés magnétiques. L'action moléculaire n'a point de prise pour détruire
la force magnétique. Aussi les oxides de fer, à divers degrés,
sont des corps magnétiques ; les sulfures de fer sont des corps
magnétiques ; tous les composés binaires sont des corps magnétiques ; les sels de fer même sont des corps magnétiques.
Ainsi, quelles que soient les affinités chimiques qui séparent
les molécules de fer, elles conservent leur fluide magnétique,
le portent partout avec elles dans toutes les combinaisons ;
seulement il peut être séparé plus ou moins facilement des
diverses substances ferrugineuses, c'est-à-dire des diverses
substances dans lesquelles entre le fer. Il y a même des substances qui ne contiennent que très peu de fer, et dans lesquelles cependant la force magnétique est très apparente. Je
citerai, par exemple, le grenat, qui ne contient du fer qu'en
petite quantité. Eh bien ! il ne faut pas beaucoup de puissance
pour développer dans un grenat la force magnétique. Au contraire, les sulfures de fer sont beaucoup moins magnétiques.
Les combinaisons de l'arsenic avec le fer sont aussi moins
magnétiques. Ainsi de tous les élémens pondérables qui
peuvent être mis en combinaison avec le fer, les uns dis-
simulent, les autres laissent développer la propriété magnétique.

Tout ce qui se passe dans l'acier roule, comme on voit,
sur le fer. Mais il est un autre corps simple que nous pouvons pareillement étudier, et qui jouit aussi des propriétés
magnétiques : c'est le nickel. Une aiguille de nickel purifié,
par tous les moyens possibles, des substances métalliques,
et même du fer avec lequel il peut être combiné, cette aiguille
présentée à un aimant en est attirée.

Voilà donc une substance essentiellement différente du fer,
qui jouit aussi de la propriété magnétique, et qui peut, comme
les substances ferrugineuses, avoir ou n'avoir pas de force
coërcitive. Le nickel a naturellement une force coërcitive ;
car si on met un morceau de ce métal dans de la limaille, on
voit quelques brins de limaille rester attachés sur les arêtes
de cette substance ; ce qui montre que le nickel a conservé
quelque chose de son magnétisme. En tordant le nickel, en

mettant ses molécules dans un état forcé, nous lui donnerons une force coërcitive égale à celle de l'acier.

Tous les métaux, comme on peut le supposer, ont été soumis à un examen très scrupuleux, et on n'a pu, par les moyens dont nous parlons, découvrir la propriété magnétique, que dans un seul d'entre eux, avec le fer et le nickel, c'est dans le cobalt.

Pendant long-temps on avait cru que le nickel et le cobalt conservaient toujours quelques atomes de fer, et que la propriété magnétique dont ils jouissaient devait être attribuée au fer qu'ils contenaient. Mais ces métaux purifiés montrent beaucoup trop d'affinité pour l'aimant, pour qu'on puisse l'attribuer aux atomes de fer, que l'analyse chimique ne peut découvrir ou plutôt ne peut séparer dans l'intérieur de ces substances.

Voilà donc trois corps simples, le fer, le nickel et le cobalt, qui sont des corps magnétiques, et les seuls corps dans lesquels la propriété magnétique puisse avoir été constatée par nos moyens actuels. Je dis par nos moyens actuels; car nous verrons que, par d'autres moyens plus précis, nous développerons dans des corps qui ne paraissent nullement magnétiques, comme le cuivre, l'argent, l'antimoine, le bismuth, etc., la propriété dont nous avons constaté l'existence dans le fer.

Il serait, en effet, bien peu vraisemblable qu'un agent naturel, qu'une matière non pondérable, ne fût, dans la nature, agrégée qu'à des atomes de trois espèces. Au contraire, il est dans les analogies que cette matière soit agrégée en diverses proportions dans les différens corps. Tous les corps doivent renfermer et du calorique, et de l'électricité, et du magnétisme. La matière, quelle qu'elle soit, ne peut pas échapper à ces substances impondérables avec lesquelles elle doit composer le monde. Il n'y a pas un atome pondérable qui puisse se soustraire à l'action du calorique; il n'y a pas un atome pondérable sur lequel la lumière soit sans action; il n'y a pas un atome pondérable qui n'ait de fluide magnétique. Il faut que ces deux espèces de matière, existant dans le monde, agissent continuellement l'une sur l'autre.

Parmi les substances, nous distinguons celles qui ont déjà reçu du magnétisme, et celles qui sont simplement capables d'en recevoir et d'en conserver. Nous désignons par le nom général de *substances magnétiques*, toutes les substances qui peuvent prendre la propriété magnétique ou qui la possèdent déjà. Ainsi le fer est une substance magnétique, l'acier est une substance magnétique ; le nickel, le cobalt, tous les oxides, tous les sels de fer, toutes les substances ferrugineuses, toutes les substances nickellifères, toutes les substances cobaltifères sont des substances magnétiques.

Parmi ces substances, les unes auront déjà du magnétisme développé, et les autres seront seulement aptes à en recevoir. Comment distinguerons-nous les substances aimantées des substances simplement magnétiques ? Le moyen de faire cette distinction se présente à tout le monde. Veux-je savoir si un corps est aimanté ? S'il est aimanté, il agira sur le fer doux, il magnétisera le fer. Il est un autre moyen de reconnaître si un corps est aimanté. Un corps aimanté doit avoir une ligne moyenne et deux pôles ; il doit agir par attraction sur l'extrémité d'un aimant, et par répulsion sur l'autre extrémité.

Parconséquent, pour distinguer si un corps est aimanté, il y a deux sortes d'épreuves. L'une consiste à le rouler dans la limaille. S'il est aimanté, il s'en chargera aux deux extrémités. Mais si un corps est très peu magnétique, la limaille ne s'y attachera pas, et il faut alors recourir à un autre moyen qui consiste à présenter le corps à une aiguille aimantée reposant sur un pivot, de manière à pouvoir être mise en mouvement par la plus légère force, et à observer soigneusement si, attirant l'aiguille par l'une de ses extrémités, le corps la repousse par l'autre. Il est nécessaire de faire l'épreuve et la contre-épreuve ; car, sans cela, on pourrait être induit en erreur. Si je présente du fer à l'une des extrémités de l'aiguille, il y aura attraction ; si je présente ensuite ce fer à l'autre extrémité, il y aura encore attraction. Le fer attire toujours ; c'est là le caractère des substances qui sont simplement magnétiques ; au lieu que les substances aimantées attirent par l'une de leurs extrémités et repoussent par l'autre, et ont une ligne moyenne.

AIMANT TERRESTRE, BOUSSOLE.

Après avoir constaté quel est en général l'état des substances magnétiques, nous arrivons à un autre ordre de phénomènes, à la recherche ou plutôt à la découverte d'un autre aimant complètement différent des aimans connus, c'est-à-dire, à la découverte de *l'aimant terrestre* et à l'invention de la *boussole*.

Lorsqu'un aimant mobile, horizontal, suspendu assez légèrement pour que les moindres forces puissent l'écarter de la verticale, est abandonné à lui-même, on remarque, et cette remarque a été faite déjà depuis long-temps, bien qu'elle ne date pas de l'origine du magnétisme, on remarque, dis-je, que cet aimant n'a pas les mêmes conditions d'équilibre qu'un corps non magnétique. Un corps non magnétique, lorsque son centre de gravité est soutenu sur un pivot ou suspendu par un fil, peut être tourné dans tous les sens et prendre toutes les positions, fig. 7, et dans toutes ces positions, il est en équilibre. Voilà donc un corps qui, s'il n'était que corps pondérable, serait toujours en équilibre, par cela seul que son centre de gravité serait soutenu.

Voyons si un corps magnétique jouira de cette propriété. Après avoir suspendu un barreau aimanté à un fil, on l'écarte de la position à laquelle il s'est arrêté. Se tiendra-t-il en équilibre dans la nouvelle position où on l'aura amené? Non, après une série d'oscillations dont on peut déterminer l'amplitude, il reviendra s'arrêter dans sa position primitive. Pour être assuré que les oscillations ne sont pas dues à la torsion du fil, on se sert d'un fil de soie plate et sans torsion.

On peut faire l'expérience d'une autre manière, on peut suspendre l'aimant sur un axe. A la vérité le barreau ou l'aiguille sera moins mobile; il y aura plus de résistance dans le frottement qu'il n'y a de résistance dans la torsion d'un fil de soie. Néanmoins le barreau, après avoir été écarté de sa position, oscille et finit par revenir à cette position.

Ainsi un aimant est soumis à une puissance qui le rappelle sans cesse dans une direction déterminée. Il ne suffit pas que son centre de gravité soit soutenu pour qu'il soit en équilibre; il faut que ce barreau soit dirigé d'une certaine manière; et cette direction du magnétisme est précisément l'origine, comme vous l'imaginez bien, de la découverte de la boussole.

Il y a donc autour de nous quelque puissance que nous devons appeler *puissance magnétique*, puisqu'elle n'agit que sur les corps aimantés qu'elle force à prendre une direction déterminée.

Quand on a fait cette observation pour la première fois, on pouvait supposer que cette puissance directrice tenait à quelque fragment de fer placé à une certaine distance autour de l'aiguille aimantée. En effet, si nous avions un morceau de fer, un boulet par exemple, placé à une distance autour de l'aiguille aimantée, nous verrions l'aiguille se diriger vers ce boulet. Car si l'aimant attire le fer, le fer attire l'aimant.

Voici donc une grande question qui se présente. Cette direction appartient-elle à quelque cause locale, accidentelle, ou bien dépend-elle d'une cause générale et universelle ? Pour résoudre la question, il n'y avait qu'un seul parti à prendre, c'était de porter des aimans dans différens lieux de la terre. En effet, des aimans ont été portés sur toutes les mers, sur tous les continens ; et sur toutes les mers, sur tous les continens, les aimans se dirigent ; il n'y a pas un point de la surface de la terre sur lequel un aimant suspendu ne prenne une position fixe et déterminée.

Non-seulement ce phénomène se produit à la surface de la terre, mais il se produit au sommet des plus hautes montagnes, et dans les souterrains jusqu'aux plus grandes profondeurs auxquelles l'industrie humaine ait pu pénétrer. Il n'y a pas un point que nous puissions atteindre, soit en nous élevant dans l'atmosphère, soit en creusant dans les entrailles de la terre, où l'aiguille ne prenne une direction déterminée. Donc, enfin, il y a quelque part dans la terre ou quelque part dans le ciel, car nous n'en savons rien encore, une puissance qui agit sans cesse sur les corps magnétiques, comme la pesanteur agit sans cesse sur les corps pesans, mais qui ne les attire pas, car le pendule n'est pas dévié, qui les dirige. Voilà la conséquence générale à laquelle nous arrivons.

Puisque c'est une force générale agissant tout autour du globe de la terre, voyons si nous pouvons déjà saisir, dans cette force, quelques caractères. Est-elle analogue à la puissance magnétique du fer ? car un grand bloc de fer, placé au centre de la terre, pourrait produire une attraction sur l'aiguille. Nous pouvons admettre ce bloc de fer de plusieurs lieues de rayon, et même aussi grand qu'il nous plaira ; il y a de l'espace suffisant pour le contenir. Ou bien, cette force est-elle analogue à la puissance magnétique des aimans ? Déjà la question peut être résolue pour ceux qui ont observé avec quelque soin les expériences que j'ai faites. Si j'écarte l'aiguille de sa position, elle y est rappelée ; si je la retourne complètement pôle pour pôle, elle pirouette pour revenir à sa position. Donc, puisque la puissance choisit le pôle sur lequel elle agit, puisqu'elle attire l'un et repousse l'autre, cette puissance n'est pas analogue au fer, mais elle est analogue à l'aimant.

Ainsi, notre conclusion, c'est qu'il y a quelque part un aimant puissant qui agit tout autour du globe de la terre, et qui tient toutes les aiguilles dans une position déterminée, qui les sollicite toujours ; une puissance, enfin, analogue à cette puissance de la pesanteur qui agit sur tous les fragmens, sur tous les atomes de la matière et à de grandes distances, qui les sollicite sans cesse, et qui ne les laisse jamais en repos.

De même, il y a une puissance magnétique qui ne laisse jamais en repos les fluides magnétiques, qui les attire et les dirige sans cesse.

Après avoir découvert que cette puissance est générale tout autour du globe de la terre, on a essayé de lui donner un siége ; car toujours la première pensée de l'intelligence, si l'on peut le dire, est de donner un siége aux forces qu'elle peut constater, de les placer, de les loger quelque part dans l'espace : on a donc essayé de loger cette puissance magnétique. A l'époque où l'on a fait la découverte du magnétisme, l'astrologie était fort en vogue ; on ne voyait sur la terre que l'influence des astres : on a donc placé la puissance magnétique quelque part dans le ciel. Cela n'était pas assez précis ; on l'a placée à la queue de la Grande-Ourse ; on a dit : dans cette étoile il y a une puissance magnétique qui agit non-seulement pour produire les phénomènes qui sont relatifs à l'intelligence humaine, mais qui agit aussi sur les aiguilles aimantées pour les diriger.

D'autres, peu satisfaits de cette position de la puissance magnétique, l'ont placée dans d'autres constellations ; et, enfin, il y en a qui sont sortis des limites du ciel des étoiles, pour la placer dans quelque ciel supérieur.

On en était à peu près à ce point de la science de controverser sur la question de savoir si la puissance était à tel ou tel point du ciel, lorsqu'un médecin anglais, Gilbert, le fondateur véritable de la science du magnétisme et de la science de l'électricité, fit non-seulement de très grandes découvertes et sur le magnétisme et sur l'électricité, mais le premier il démontra d'une manière certaine, autant qu'on pouvait le faire à cette époque, que la terre était l'aimant qu'on allait chercher si loin ; il l'a démontré dans un ouvrage intitulé : *De magneticis corporibus et magno magnete tellure.*

En effet, la puissance que nous cherchons est dans la terre ; elle est un aimant puisqu'elle choisit son pôle. Puisqu'elle est un aimant, elle doit avoir une ligne moyenne et deux pôles. la ligne moyenne est près de l'équateur astronomique et forme une ligne sinueuse dont nous chercherons la route, les deux pôles sont près des pôles de rotation de la terre. Nous verrons qu'il est probable qu'il y a plusieurs pôles, mais quel qu'en soit le nombre, ils sont tous situés vers les pôles de la terre.

Nous arrivons ainsi à un moyen de qualifier d'une manière plus précise les fluides magnétiques. Le pôle magnétique qui est placé vers l'hémisphère boréal, nous l'appellerons le *pôle boréal* de la terre. Le pôle placé vers l'hémisphère austral, de l'autre côté de l'équateur astronomique, nous l'appellerons le *pôle austral* de la terre.

Nous arrivons non-seulement à qualifier les pôles de la terre, mais nous arrivons à une définition plus précise des fluides magnétiques. Quel est le pôle de l'aimant attiré par le pôle boréal de la terre? Il est évident que c'est le pôle de nom contraire. Par conséquent le pôle de l'aimant dirigé vers le pôle boréal de la terre est le *pôle austral* de cet aimant. Au contraire, le pôle de l'aimant qui se trouve dirigé vers le pôle austral de la terre, sera le *pôle boréal* de cet aimant.

Nous étendrons cette distinction jusqu'aux fluides, et nous dirons que le fluide qui prédomine dans la partie de l'aimant dirigée vers le nord est le *fluide austral*, et que le fluide qui prédomine dans la partie dirigée vers le midi est le *fluide boréal*.

Cependant quand, au lieu de parler des pôles de l'aiguille, nous parlerons de ses extrémités, nous appellerons *extrémité boréale* celle qui sera tournée vers le nord, et *extrémité australe* celle qui sera tournée vers le midi. Par conséquent l'extrémité boréale sera le pôle austral, et l'extrémité australe sera le pôle boréal.

Ces définitions étaient nécessaires pour bien comprendre ce que nous avons à établir sur la force magnétique de la terre.

Après avoir vu quelle est la position générale de l'aiguille aimantée dans tous les lieux de la terre, essayons de définir sa direction d'une manière complètement géométrique, afin de pouvoir comparer la position de l'aiguille dans un lieu à la position de l'aiguille dans un autre lieu, par exemple, la direction de l'aiguille à Paris avec la direction de l'aiguille à Londres, avec la direction de l'aiguille en Amérique, en un mot, avec la direction de l'aiguille dans tous les points de la terre; afin d'arriver par la pensée à embrasser d'une seule vue toutes ces directions diverses des aiguilles aimantées que nous supposerons placées dans un point quelconque de la surface de la terre, et par conséquent d'arriver à la force qui agit sur elles.

On dit que l'aiguille se dirige vers le nord; mais avec une telle définition nous ne pouvons faire de la science; car la direction n'est pas toujours au nord. Elle est au nord aujourd'hui, mais demain elle n'y sera plus : l'aiguille éprouve de très grandes variations.

Voici le petit nombre de définitions géométriques qu'il est nécessaire de bien comprendre pour avoir quelques notions générales du magnétisme terrestre.

Tout le monde sait ce que c'est qu'un *méridien astronomique ;* par la verticale du lieu et par l'axe de rotation de la terre, concevons un plan qui coupe la terre en deux parties ; c'est là ce qu'on appelle un méridien astronomique.

Maintenant, par la verticale du lieu et par une autre ligne qui n'est plus l'axe de la rotation de la terre, mais la direction de l'aiguille arrêtée dans sa position d'équilibre, concevons un plan qui passera aussi par le centre de la terre ; ce plan sera le *méridien magnétique* du lieu. Qu'est-ce donc que le méridien magnétique ? C'est le plan vertical passant par l'aiguille aimantée et par la verticale du pivot ou du fil de suspension.

En quoi le méridien magnétique diffère-t-il du méridien astronomique ? S'il arrivait que le plan que nous venons de définir passât par l'axe de la terre, le méridien astronomique se confondrait avec le méridien magnétique. Mais, en général, les deux plans se coupent et le méridien magnétique fait un angle avec le méridien astronomique, fig. 8. Cet angle est ce qu'on appelle la *déclinaison* de l'aiguille aimantée. Ainsi la déclinaison, c'est l'angle que fait le plan du méridien astronomique avec le plan du méridien magnétique, ou bien l'angle que fait la *méridienne* avec l'aiguille aimantée.

Il y a, sur la surface de la terre, des lieux où la déclinaison est très différente. Ainsi pour Paris, par exemple, l'aiguille aimantée se dirige de telle manière que l'angle de déclinaison est de 22° 20'. L'aiguille est à l'occident du méridien, et la déclinaison s'appelle une *déclinaison occidentale.*

Il y a d'autres lieux où la direction de l'aiguille se confond très exactement avec la ligne méridienne ; un tel lieu s'appelle un *lieu sans déclinaison.* Les lignes qui passent par les lieux où il n'y a pas de déclinaison, s'appellent des *lignes halléennes,* parce que Halley fut le premier qui traça ces lignes sur l'océan.

Enfin il y a des lieux où l'aiguille se trouve à l'orient du méridien, et alors la déclinaison s'appelle une *déclinaison orientale.* Toutes ces expressions doivent vous devenir bientôt familières.

La déclinaison une fois constatée dans un lieu, reste-t-elle la même ? ainsi la déclinaison a-t-elle toujours été pour Paris, de 22° 20′ à l'occident? cette déclinaison varie beaucoup. Avant 1666, on a fait quelques observations en très petit nombre, il est vrai, mais cependant en nombre suffisant pour constater le fait. Avant 1666, l'aiguille se dirigeait vers l'orient; à cette époque de 1666, l'aiguille se rapprochant du méridien vint se confondre exactement avec lui. Depuis ce temps elle a tourné vers l'occident, et sa déclinaison occidentale a été croissant de quantités inégales, mais croissant constamment jusqu'en 1750. En 1750, l'aiguille a un peu marché vers l'orient et s'est rapprochée du méridien. Puis, à partir de cette époque, elle a repris sa course vers l'occident, et a été vers l'orient jusqu'en 1820; et depuis 1820, elle marche de nouveau vers l'orient: de sorte que dans un même lieu, la déclinaison est une chose très variable, je ne dirai pas avec les années, mais avec les siècles.

Vous concevez de quelle importance il est de constater ces variations de l'aiguille aimantée qui sont dues non à une cause accidentelle, mais à une variation même de la puissance magnétique du globe terrestre. Pourquoi cette puissance varie-t-elle? C'est ce qu'il s'agira de déterminer, quand nous aurons constaté toutes les espèces de variations que peut éprouver l'aiguille aimantée.

Une aiguille, placée horizontalement sur un pivot, suffit-elle pour indiquer la véritable direction de la force magnétique? Non certainement; car, de ce que l'aiguille est en équilibre dans la position horizontale, il en résulte que la puissance est détruite, mais non pas qu'elle est dirigée précisément dans le sens de cette aiguille. L'aiguille ne pouvant se mouvoir que dans le sens horizontal, elle peut être attirée de haut en bas, et dissimuler la puissance qui la sollicite dans ce sens. Pour connaître la véritable direction de la force magnétique, il faut suspendre l'aiguille d'une manière très mobile autour d'un axe horizontal; et, après l'avoir dirigée dans le plan du méridien, l'abandonner à elle-même, et voir la position qu'elle prendra. La fig. 9 représente une aiguille suspendue de cette manière, et pouvant tourner autour d'un cercle dont elle peut décrire la circonférence entière. L'aiguille est équilibrée, de manière que son axe passe très exactement par son centre de gravité. Si elle n'était pas magnétique, elle serait en équilibre dans toutes les positions imaginables.

Cette aiguille, si on l'écarte de sa position, oscille de part et d'autre d'une direction fixe qu'elle doit prendre, et s'arrête enfin, en plongeant au-dessous de l'horizon son extrémité boréale, c'est-à-dire son pôle austral, de manière à faire avec l'horizon un angle qui est à Paris de 69° à 70°. Cet angle est ce qu'on appelle *l'angle d'inclinaison* de l'aiguille aimantée, et qu'il ne faut pas confondre avec l'angle de déclinaison.

Lorsque nous avons arrêté l'aiguille dans sa position fixe d'équilibre, elle marque très exactement la direction de la force magnétique de la terre; car l'aiguille ne peut se diriger dans le sens horizontal, puisque nous l'avons placée dans la direction du méridien magnétique, et elle est libre de prendre toutes les positions possibles dans le sens vertical. Ainsi, ne considérons pas la force magnétique comme étant dirigée vers l'un des pôles de la terre, comme étant une force horizontale, mais comme étant une force oblique, inclinée à l'horizon, et attirant l'aiguille par ses deux extrémités, suivant l'action de chacun de ses pôles. Mais, dira-t-on, comment le pôle austral de la terre, qui attire le pôle boréal de l'aiguille, ne l'amène-t-il pas vers lui? Cela tient à une composition de forces que nous aurons à examiner.

L'inclinaison varie, comme la déclinaison, dans le même lieu, avec le temps : et elle varie en outre d'un lieu à un autre. Il est nécessaire de prendre une idée juste de ces variations. Imaginons qu'on prenne l'appareil, fig. 9, qu'on appelle *boussole d'inclinaison*, comme on appelle *boussole de déclinaison*, l'appareil qui sert à mesurer la déclinaison. Voici le phénomène qu'on observe. En marchant vers le pôle boréal de la terre, et en suivant le méridien magnétique, l'aiguille d'inclinaison s'incline de plus en plus sous l'horizon, à mesure qu'on traverse les climats plus septentrionaux, la Norwège, la Suède, la Laponie. Enfin, quand on arrive près du Groenland, dans des lieux presque impraticables, qui cependant ont été visités par quelques voyageurs, surtout dans ces derniers temps, on voit que l'aiguille a une tendance à se mettre tout-à-fait verticale. Le point sur lequel elle prendrait exactement cette position est ce qu'on appelle le *pôle boréal* de la terre ; car il est évident que la force qui sollicite l'aiguille est alors dans la verticale du lieu. Le pôle magnétique de la terre est probablement multiple, soit du côté du nord, soit du côté du midi; mais considérons-le, pour plus de simplicité, comme étant unique. Les voyageurs qui ont parcouru les régions polaires pour y faire des observations magnétiques, et y recueillir des données importantes pour la science, n'ont jamais pu trouver le point précis où l'aiguille fût parfaitement verticale. On a été très près, on a pu même s'apercevoir qu'on tournait autour, puisque l'aiguille prenait des positions de part et d'autre de la verticale.

Revenons maintenant à Paris avec notre appareil, et marchons vers le midi, en suivant toujours le méridien magnétique. Nous observerons que l'aiguille d'inclinaison se relève peu à peu. Quand nous arriverons dans les régions équatoriales, en Afrique, l'aiguille se sera relevée au point d'être parfaitement horizontale. Le point où l'inclinaison sera nulle s'appelle l'*équateur magnétique*. On ne peut passer d'un pôle à l'autre sans rencontrer ce point.

Si nous franchissons ce point, le pôle austral va se relever de plus en plus, et le pôle boréal s'enfoncera à son tour au-dessous de l'horizon. Enfin, poursuivant notre route vers le midi, nous arriverons à un point que nous appellerons *pôle austral* de la terre, où l'aiguille sera verticale comme dans le nord. Il y a donc deux pôles et un équateur magnétiques de la terre.

Ces phénomènes ne sont pas les seuls qu'on ait constatés. non-seulement l'aiguille décline ou incline, mais ces déclinaisons et ces inclinaisons éprouvent avec le temps des variations qu'on appelle *générales*. On a constaté encore que l'aiguille aimantée éprouve chaque jour des variations. Ainsi, l'aiguille abritée dans un lieu inaccessible aux influences de la lumière, de la chaleur et du bruit, placée au fond des caves de l'Observatoire, éprouve chaque jour des variations régulières. Chaque jour elle marche vers l'occident jusqu'à une certaine heure, puis elle revient vers l'orient, s'arrête le soir vers onze heures, reste à peu près immobile toute la nuit, recommence le matin son chemin vers l'occident, pour revenir de nouveau vers l'orient, et accomplir ainsi ce qu'on appelle ses *variations diurnes*. Dans tous les lieux de la terre il y a des variations diurnes de l'aiguille aimantée.

Outre ces phénomènes réguliers, il y a encore des *variations accidentelles* ou plutôt des *perturbations*; c'est-à-dire, que quand il doit se produire quelque tremblement de terre, quelque aurore boréale, quelque phénomène extraordinaire, ou dans le ciel ou sur la terre, l'aiguille aimantée présage ces phénomènes. Ainsi, à l'approche d'une aurore boréale, qui même peut être tout-à-fait invisible à Paris, ou d'un tremblement de terre qui peut se faire sentir au loin, l'aiguille se met en mouvement.

Ainsi, des causes accidentelles peuvent encore agir sur notre instrument; par conséquent, vous voyez que l'aiguille telle que nous l'employons pour nos observations, mobile,

légère, extrêmement sensible, est en rapport avec une puissance universelle qu'on nomme puissance magnétique de la
terre, puissance variable avec les siècles, avec les années,
avec les jours, et que cette puissance elle-même est en rapport avec les puissances naturelles qui produisent les grands
phénomènes que je viens de citer, tels que les tremblemens
de terre et les aurores boréales.

Il s'agit maintenant de recueillir toutes les observations
qui ont été faites sous ces divers points de vue, de les rassembler et de s'élever ainsi, autant que la science peut le
permettre, jusqu'à la connaissance des causes qui produisent
tant de phénomènes singuliers.

IMPRIMERIE DE E. DUVERGER,
RUE DE VERNEUIL, N° 4.

COURS DE PHYSIQUE.

LEÇON TRENTE-NEUVIÈME.

(Samedi, 29 Mars 1828.)

SUITE DU MAGNÉTISME TERRESTRE.

Nous avons, dans la dernière séance, reconnu l'existence d'une force magnétique que nous avons appelée force magnétique de la terre. Nous avons indiqué d'une manière générale l'ensemble des phénomènes qu'elle peut produire. Nous avons montré que dans tous les lieux de la terre, les aimans sont dirigés, c'est-à-dire, prennent une position fixe. Il est bien entendu que nous parlons des aimans suspendus par leur centre de gravité; car tous les corps qui ne sont pas suspendus par leur centre de gravité doivent nécessairement prendre une position d'équilibre, mais en vertu d'une autre force.

Ainsi supposant la pesanteur détruite, c'est-à-dire les aimans suspendus par leur centre de gravité, ils prennent une direction définie dans tous les lieux de la terre. De là l'universalité de la force qui agit, et par conséquent l'éloignement du centre de son action. Car une force qui serait dans un lieu voisin de la surface de la terre ne pourrait agir ainsi pour diriger les aimans dans toutes les parties du globe. La direction de l'aiguille au milieu des mers prouve que ce n'est pas une action locale qui détermine cette direction. Car quand il y a deux et trois lieues de profondeur d'eau, et quand il y a des centaines de lieues d'eau de chaque côté, il est certain que la force part d'une profondeur plus grande. Sans désigner d'une manière précise le centre de l'action, nous pouvons affirmer qu'il est très éloigné.

Nous avons dû définir géométriquement cette direction des aiguilles aimantées, et nous l'avons fait au moyen de quelques plans extrêmement faciles à comprendre. Nous avons conçu que par le pivot ou le fil de suspension de l'aiguille et par sa direction d'équilibre, on faisait passer un plan par le centre de la terre. C'est le plan du méridien magnétique. Nous avons dit que le plan qui passe par le pivot et par l'axe de la terre, par conséquent aussi par son centre, est ce qu'on appelle le méridien astronomique. L'angle que ces deux plans font entre eux est ce que nous avons appelé l'angle de déclinaison, ou simplement la déclinaison de l'aiguille aimantée.

Nous avons remarqué ensuite que si une aiguille se trouvait horizontale, c'était parce qu'elle était ajustée à dessein pour se tenir horizontale; que si on l'abandonnait à elle-même, si on la suspendait très exactement par son centre de gravité, et qu'au lieu de lui permettre simplement un mouvement de rotation autour d'un axe vertical, on lui permettait un mouvement de rotation dans un plan vertical autour d'un axe horizontal, cette aiguille s'inclinait sous l'horizon, et prenait dans chaque lieu une position déterminée. L'angle que fait le pôle incliné avec l'horizon, est ce que nous avons appelé l'inclinaison de l'aiguille aimantée.

Ainsi voilà deux phénomènes: le phénomène de la déclinaison et le phénomène de l'inclinaison, nous en avons signalé encore deux autres, savoir : le phénomène des variations diurnes et le phénomène des perturbations qu'éprouve l'aiguille aimantée. Tels sont les divers phénomènes qu'il était nécessaire d'étudier, afin de pouvoir rassembler l'ensemble des observations, et arriver ainsi jusqu'au siége de la force magnétique, et reconnaître le lieu où son action se concentre et où nous pouvons la concevoir complétement rassemblée.

Pour étudier d'une manière précise, c'est-à-dire géométrique, la direction de cette force, nous avons à reconnaître, dans un aimant donné, son point d'application, son intensité et sa direction géométrique par rapport à des lignes connues sur la surface de la terre. C'est en général ce que l'on cherche par rapport à toutes les forces.

Prenons un aimant quelconque, et concevons que chacun de ses pôles, c'est-à-dire que chacune de ses moitiés soit sollicitée par des forces opposées. Il y a une force appliquée en quelque sorte à chacun des points de l'aimant; puisque le siége de l'action est très éloigné, il en résulte que toutes ces forces sont parallèles, qu'elles donnent lieu à une *résultante*, et que cette résultante est, d'après la composition des forces parallèles, parallèle aux composantes. Ainsi toutes les molécules de fluide magnétique étant sollicitées par cette force terrestre, les unes dans un sens, les autres dans le sens opposé, et toutes les directions étant parallèles et pouvant être représentées par des fils qui seraient attachés à chacune des molécules et les tireraient toutes parallèlement, nous composerons toutes les forces qui agissent sur une des moitiés de l'aimant en une autre, la résultante qui, par le principe de statique, doit être égale à la somme des composantes et parallèle à leur direction. De là nous arrivons à cette conséquence que la force qui agit sur l'une des moitiés de l'aiguille est une force parallèle à chacune des composantes. Si maintenant nous faisons le même raisonnement pour l'autre moitié de l'aiguille, nous verrons qu'au contraire les forces qui étaient attractives sur l'autre pôle, par exemple, le pôle austral, seront répulsives sur le second pôle, c'est-à-dire le pôle boréal, que ces forces seront encore parallèles entre elles, que la résultante sera encore parallèle à toutes les composantes et égale à leur somme.

Ainsi nous voyons qu'un aimant, ou qu'une aiguille aimantée est sollicitée, en dernier résultat, par deux forces qui sont parallèles entre elles : l'une agissant dans un sens, et l'autre agissant vers l'autre extrémité, je ne dis pas à l'autre extrémité, mais vers l'autre extrémité, agissant en sens opposé.

Ainsi sur la direction des forces, nous pouvons affirmer qu'une aiguille aimantée est sollicitée par deux forces parallèles et opposées. Maintenant, quant à l'intensité de cette force, nous allons démontrer qu'elles sont égales ; c'est-à-dire que la force qui sollicite l'un des pôles est égale à la force qui sollicite l'autre pôle ; et puisque ces deux forces seront parallèles, égales, opposées, il en résultera qu'elles formeront précisément ce qu'on appelle un *couple* ; qu'ainsi l'aiguille aimantée ne devra pas être considérée comme étant sollicitée par une force unique tendant à lui imprimer un mouvement de translation, mais comme un corps tiré par deux fils parallèles et opposés ayant des forces égales. Ce point fondamental établi facilitera singulièrement toutes les recherches que nous devons faire sur l'intensité de la force magnétique de la terre.

Démontrons que ces deux forces sont égales. Il est évident que s'il y avait dans une extrémité de l'aiguille autant de fluide boréal libre qu'il y a de fluide austral libre dans l'autre extrémité, si ces deux quantités de fluide étaient mathématiquement égales, il est évident, dis-je, que la résultante de toutes les forces terrestres, qui agit sur l'un des fluides, devrait être égale à la résultante de toutes les forces terrestres qui agissent sur le fluide opposé. Or il résulte des principes que nous avons établis qu'il y a autant de fluide boréal d'un côté de l'aiguille que de fluide austral de l'autre. En effet, nous avons vu que le magnétisme ne peut voyager dans l'intérieur des corps, qu'il ne peut quitter la matière dans laquelle il est en quelque sorte enfermé, de manière que le développement du magnétisme ne résulte que d'une séparation presque imperceptible entre les molécules des deux fluides ; qu'ainsi quand le fluide austral se sépare du fluide boréal, il faut que le fluide boréal se sépare du fluide austral. Par conséquent, il y a autant de fluide austral dans une extrémité, qu'il y a de fluide boréal dans l'autre extrémité. Donc la résultante des forces attractives qui sollicitent la première extrémité, est égale à la résultante des forces répulsives qui sollicitent l'autre extrémité. Donc ces forces étant parallèles, opposées, égales, constituent précisément ce qu'on appelle *un couple*. Donc l'aiguille étant sollicitée par la terre qui agit par attraction sur un pôle et par répulsion sur l'autre pôle, et la force attractive étant égale à la force répulsive, n'est ni attirée ni repoussée, elle est simplement dirigée par ces deux forces qui la tirent à chacune de ses extrémités.

Maintenant que nous avons établi la direction et l'intensité de la force, et que nous avons démontré que c'est *un couple*, essayons par quelques expériences directes de confirmer cette conclusion. Nous pouvons la confirmer par beaucoup d'expériences, mais nous nous bornerons aux trois suivantes.

Supposez qu'on prenne une aiguille d'un poids quelconque, qu'on la pèse avant de l'aimanter, puis qu'on l'aimante aussi fortement qu'on puisse le faire ; et qu'on la mette de nouveau dans le bassin de la balance, on ne trouvera pas un atome de différence dans son poids. Elle n'est donc ni entraînée vers le centre de la terre ni repoussée. Cependant elle est sollicitée ; car, si nous la laissons libre, elle se tournera d'une certaine manière ; ce qui prouve que la force magnétique de la terre est une force directrice et non pas une force attractive ni une force répulsive. C'est en cela que la terre diffère des aimans ; car si nous prenons un aimant, il a une force attractive ou répulsive. L'aimant terrestre n'attire pas, parce que ce sont les deux pôles qui agissent, et que ces deux pôles sont très éloignés l'un de l'autre.

Nous pouvons démontrer par une seconde expérience qu'il n'y a pas de force qui sollicite l'aiguille à se mouvoir horizontalement. Si nous plaçons une aiguille sur un morceau de liège et que nous la laissions flotter sur l'eau, ce qui nous donne l'idée de la première boussole, dont les navigateurs se soient servis, nous verrons l'aiguille se diriger toujours dans une position déterminée. Si nous la détournons de cette position, elle est rappelée par la force directrice de la terre, dans le méridien magnétique, après un nombre d'oscillations plus ou moins grand, suivant le frottement que le morceau de liége éprouve pour se mouvoir dans le liquide ; mais nous ne verrons pas cette aiguille être entraînée sur la surface de l'eau, ce qui arriverait s'il y avait une force répulsive ou attractive. En faisant cette expérience dans un vase qui ne serait pas très grand, il pourrait arriver que l'aiguille se rapprochât du bord, mais cet effet serait dû à la capillarité ; et si nous concevions notre appareil posé sur une mer dont la surface serait parfaitement unie, l'aiguille se dirigerait, mais elle ne serait entraînée ni vers l'équateur ni vers les pôles magnétiques ; elle resterait en repos, sollicitée par deux forces opposées qui se détruisent.

Enfin une troisième expérience constate encore cette vérité. Un aimant, au lieu d'être suspendu par son centre de gravité, est posé sur une petite planchette, fig. 1, suspendue elle-même par un fil. L'aimant pèse comme dans l'un des plateaux d'une balance ; mais, au moyen d'un contre-poids, on établit l'équilibre, de manière que la planchette se trouve parfaitement horizontale.

Si l'aiguille ainsi disposée se dirige exactement comme l'aiguille posée sur un pivot, il sera évident qu'elle est sollicitée par une force qui tend simplement à la maintenir dans cette direction, et non par une force qui l'attire et la repousse. Car, s'il y avait une force tirant l'aiguille dans un sens ou dans l'autre, le fil éprouverait une torsion, et l'aiguille se mettrait obliquement à la direction du méridien magnétique ; or l'aiguille est ramenée exactement dans la même direction qu'une autre aiguille aimantée. Ainsi, il n'y a pas de force oblique à la direction du méridien magnétique.

Ces trois expériences confirment notre raisonnement et prouvent que bien certainement les aimans sont sollicités par un couple.

Voyons maintenant le *point d'application* de cette force, de ce *couple magnétique* qui agit ainsi sur tous les aimans. Ce point d'application ne peut être déterminé que quand on connaît l'arrangement de la matière magnétique dans chacune des moitiés de l'aimant. Par la même raison que pour déterminer le centre de gravité d'un corps, il faut connaître la densité de chacune des parties du corps, pour déterminer le point d'application de la résultante de ce nombre infini de forces qui sollicitent chacune des molécules magnétiques, il faut connaître chacune de ces forces. Or, de quoi dépend la force qui agit ainsi sur chaque molécule? elle dépend d'abord de la force terrestre, mais aussi de la quantité de magnétisme libre dans l'aimant; car, s'il y avait une quantité de magnétisme double, n'est-il pas évident que la même force terrestre produirait un effet double. Ainsi, l'effet de la force est proportionnel non-seulement à la force terrestre, mais proportionnel à la quantité de fluide libre en chacun des points d'un aimant. Nous apprendrons à connaître cette distribution du fluide magnétique, à sonder, en quelque sorte, dans l'intérieur d'un aimant pour savoir quelle est la quantité, et, pour ainsi dire, l'épaisseur de fluide magnétique qui est contenue en chacun des points de l'aimant. Mais d'avance, je puis indiquer ce que déjà l'expérience nous a montré dans l'aimant; c'est que l'intensité est beaucoup plus forte vers les extrémités que vers le milieu : donc il y a plus de fluide magnétique dans une section de l'aimant près de l'extrémité que dans une section de l'aimant près du milieu. Par conséquent, si la force magnétique était également distribuée, où serait la résultante? elle serait justement au milieu de cette moitié. Mais puisqu'il y a plus de magnétisme vers les extrémités, la résultante sera nécessairement plus près des extrémités de l'aimant que de la ligne moyenne. Ce point d'application de la résultante est ce qu'on appelle le *pôle* de l'aimant, comme déjà je l'ai indiqué. Nous pouvons donc regarder dès à présent le pôle d'un aimant comme étant placé vers une extrémité, et l'autre pôle comme étant placé à peu près de la même manière vers l'autre extrémité.

La direction de la force ainsi assignée, les deux pôles déterminés, il n'y a plus qu'à chercher la détermination physique, réelle, de cette force dans chacun des lieux de la terre.

Nous avons dit que la déclinaison se déterminait au moyen d'un appareil appelé boussole de déclinaison, dont nous allons donner la description, afin de savoir comment, dans chaque lieu, il faut opérer pour déterminer avec précision la déclinaison.

La *boussole de déclinaison,* fig. 2, se compose essentiellement d'une aiguille en forme de losange, aimantée avec beaucoup de soin, laquelle est, en son centre, percée d'un trou circulaire, lequel est destiné à recevoir une chape en agate garnie en cuivre, de manière que le cylindre de la chape s'ajuste parfaitement dans le trou de l'aiguille. Même dans cet état de choses, la chape peut tenir. Cette chape est creusée en cône vers son sommet, de manière à recevoir le pivot sur lequel l'aiguille doit être en équilibre.

Le pivot sur lequel la chape repose est placé au fond d'un vase en cuivre rouge, et non pas en laiton, parce que le laiton a une action très sensible sur les aimans.

La fig. 3 représente la coupe de la chape qui a des rebords *r, r,* sur lesquels s'applique le plan de l'aiguille à frottement dur.

Le pivot *p* est une pointe en acier, non pas une pointe très aiguë, car, d'après les recherches de Coulomb, si l'on fait la pointe trop aiguë, de même que si on la fait trop obtuse, le frottement est très dur. Il faut tailler les pointes sous un certain angle que Coulomb a trouvé être de 15 à 20 degrés.

Il serait dangereux de laisser le poids de l'aiguille et de la chape reposer perpétuellement sur le pivot : une sorte d'adhérence se contracte entre ces deux corps, et le pivot lui-même, par ce poids continuel, s'émousserait nécessairement. Lors donc que l'appareil n'est pas en expérience, au moyen d'une espèce d'anneau *a, a,* placé autour du pivot, et qui peut latéralement être levé ou abaissé par une détente, on soulève l'aiguille, qui repose alors non plus sur le pivot, mais sur l'anneau. Quand on veut remettre l'appareil en expérience, on laisse retomber l'aiguille sur le pivot. Cet anneau sert aussi pour arrêter les oscillations qui ont une amplitude trop grande.

L'appareil est recouvert d'un verre qui le met tout-à-fait à l'abri des agitations de l'air.

Comment maintenant, avec cet appareil, déterminer la déclinaison? c'est ce qui nous reste à faire. L'aiguille est parfaitement mobile et prend très bien sa direction ; mais cela ne suffit pas, et, pour déterminer l'inclinaison, il y a encore une opération indispensable à faire sur l'aiguille ; la voici : quand l'aiguille est placée sur son pivot et qu'elle se dirige d'une certaine manière, on pourrait croire que ses deux pointes déterminent la direction qu'il faut prendre ; il n'en est point ainsi, ou du moins il est si difficile d'obtenir les conditions mathématiques dont j'ai parlé, qu'il ne faut jamais prendre pour l'axe magnétique de l'aiguille la ligne qui passe par les deux extrémités. Si l'aiguille était aimantée avec une exactitude mathématique, la disposition du fluide dans une des moitiés serait la même que la disposition du fluide dans l'autre moitié, et les deux pôles seraient géométriquement

dans la diagonale du losange ; mais, soit défaut d'homogénéité dans la matière, soit différence dans le degré de trempe
des diverses particules, soit mille autres accidens qui peuvent
se produire, il en résulte toujours que la distribution du magnétisme n'est pas telle que les pôles soient placés sur cette
diagonale, de manière que la ligne qui joindra les deux pôles
sera, par exemple, la ligne *a b,* fig. 4. Comment reconnaître
si les pôles sont sur la diagonale, ou s'ils sont à côté? La
méthode qu'on emploie pour arriver à ce résultat est ce qu'on
appelle la *méthode du retournement.* Elle est un peu difficile à
comprendre; cependant, avec un peu d'attention, j'espère
que vous en viendrez à bout. Imaginons que l'aiguille soit en
équilibre sur un pivot, et qu'elle prenne la direction indiquée
dans la fig. 5 ; si les pôles ne sont pas sur la diagonale, que
fera la force de la terre? Elle agira pour ramener les pôles
dans la direction du méridien, et par conséquent l'axe géométrique de l'aiguille fera un angle avec le méridien magnétique ; l'aiguille sera, par exemple, inclinée à l'orient. Cela
posé, et après avoir mis l'aiguille en équilibre dans cette position, et marqué la direction dans laquelle elle s'arrête, on prend
l'aiguille et on la retourne. Il est évident que si, tout à
l'heure, le pôle austral de l'aiguille était à l'ouest de la diagonale géométrique, quand l'aiguille sera retournée, il se
trouvera à l'est. Par conséquent, au lieu d'être déviée à l'o-
rient, la diagonale géométrique a dû dévier à l'occident.
Marquez la nouvelle position de l'aiguille. La direction des
deux pôles sera précisément entre les deux axes géométriques. C'est ainsi que, pour avoir la véritable déclinaison, on
doit prendre la moyenne entre les deux directions de l'aiguille. Quelque bien travaillée que soit une aiguille, on
trouve une différence entre ses deux positions, différence
qui va quelquefois jusqu'à un degré, ce qui donnerait lieu à
une erreur très notable, quand la science est arrivée au point
où elle est maintenant, et qu'il s'agit de déterminer avec une
grande précision la direction de l'intensité des forces. Ainsi,
pour connaître la déclinaison, il ne faut jamais faire une
seule observation ; il en faut faire deux, et il faut que l'aiguille soit telle, qu'elle puisse être retournée, non pas d'un
bout à l'autre bout, mais le dessous en dessus.

Voyons maintenant ce qui est relatif à la position de cette
aiguille par rapport au méridien astronomique. A cet effet,
l'aiguille est munie d'une lunette et d'un niveau d'eau pour
s'assurer que l'appareil est parfaitement horizontal. On y
adapte un cercle latéral destiné à donner l'obliquité de la lu-

nette. L'appareil étant mis de niveau au moyen de vis calantes, l'aiguille prend une certaine direction. On vise à un astre, au soleil par exemple, et il est bon de prendre un astre presque à l'instant de son lever.

A la vérité, à l'instant du lever, il y a une cause qui déplace l'astre, et dans le sens vertical, et souvent même dans le sens horizontal. Cette cause, que nous étudierons plus tard, est la *réfraction astronomique*. Cette réfraction produit une erreur de plus de 30 minutes. Ainsi, quand le soleil nous apparaît dans une certaine direction, il se trouve dans une position différente, éloignée de la position apparente de 30 ou 32 minutes dans la verticale. Je ne parle que de la position apparente, car la vitesse de la lumière est encore une autre cause qui déplace les astres. Quand nous arriverons à la détermination de la vitesse de la lumière, nous verrons que le soleil est toujours à 8 minutes 13 secondes de l'endroit où nous croyons le voir. S'il y a cette différence pour le soleil, il doit y avoir une différence plus grande pour les autres astres. Nous ferons, en effet, des calculs qui nous montreront d'une manière certaine que la plupart des étoiles nous paraissent là où elles étaient il y a un certain nombre d'années, pour les unes cinquante ans, pour les autres plusieurs siècles.

Nous n'avons à tenir compte ici que de la réfraction astronomique. Nous dirigeons notre lunette au soleil levant, et nous observons à l'instant même l'angle que fait l'aiguille de déclinaison avec la lunette. Il est évident que si le soleil se levait toujours à l'orient, et que l'aiguille fût justement dirigée vers le nord, l'angle que ferait la lunette avec la direction de l'aiguille serait un angle droit; que si, le soleil étant toujours à l'est, l'aiguille déclinait vers l'ouest, l'angle serait un peu plus grand qu'un angle droit; qu'enfin, si le soleil n'était pas justement à l'est et qu'il se rapprochât du nord, l'angle serait plus petit qu'un angle droit. Il suffit de consulter les *Tables astronomiques,* qui nous diront que tel jour, à telle heure, dans tel lieu, le soleil paraissant à tel endroit est à telle distance du point nord ou du point est. Connaissant donc l'angle que fait l'aiguille avec le rayon visuel dirigé vers le soleil, et la direction de ce rayon par rapport au nord, il sera facile de déterminer la direction de l'aiguille par rapport au nord ou par rapport à l'orient. Après cette première observation, on retourne promptement l'aiguille, et on cherche l'angle qu'elle fait avec la lunette. En prenant la moyenne entre ces deux directions, vous aurez la direction précise de l'aiguille à l'égard du nord et de l'orient. C'est ainsi qu'on a

39*

trouvé que la déclinaison, à **Paris**, est aujourd'hui de 22° 20′.

Lorsqu'on est assez heureux pour faire ces observations dans des lieux où il y a des lignes méridiennes de tracées, il n'est pas nécessaire de regarder le soleil. On peut trouver la déclinaison à toute heure du jour ou de la nuit, lorsqu'aucun astre n'est visible. Puisque vous opérez sur la ligne méridienne elle-même, observez combien l'aiguille se dévie de cette ligne ; retournez l'aiguille, faites une nouvelle observation, prenez la moyenne, et vous aurez la déclinaison. Ainsi, il est beaucoup plus commode de déterminer la déclinaison quand on est sur une ligne méridienne que quand on est en pleine mer.

Ce que je viens de dire du soleil s'applique à tous les astres, puisque, par les tables astronomiques, on sait toujours qu'à telle heure un tel astre doit être dans une telle place du ciel. Les calculs sont si bien établis, les lois si bien déterminées, que nous ne craignons pas de nous tromper en disant que, dans cinquante ans, à telle heure de la journée, telle étoile sera dans tel point de l'espace.

Voilà comment il faut connaître essentiellement la position d'un astre pour pouvoir déterminer la déclinaison dans un lieu où il n'y a pas de méridien tracé.

Ainsi, la boussole n'est pas aussi utile qu'on pourrait l'imaginer. On pense qu'avec la boussole on ne risque rien de s'égarer sur la vaste étendue des mers ; que la boussole indiquera toujours le même point. Il n'en est point ainsi : à Paris, par exemple, la déclinaison est de 22° 20′, mais il y a des points dans la mer du Sud où la déclinaison est de 50°. Il y a des lieux où la déclinaison est à l'occident, il y en a d'autres où elle est à l'orient. Par conséquent, pour pouvoir se diriger dans un lieu, il faut savoir d'avance quelle est la déclinaison dans ce lieu. C'est pour cela que l'aiguille ne peut servir que quand on a pu passer dans un lieu une première fois, qu'on a pu en déterminer la déclinaison, et qu'ensuite un second observateur arrive, fait de nouveau une observation de déclinaison au moyen d'un astre, et reconnaît qu'il est au même lieu qui avait été traversé quelques années auparavant par des navigateurs, ou bien qu'il est dans des lieux peu différens. La déclinaison variant d'une année à l'autre, on ne peut calculer la position d'un écueil, même à une centaine de mètres près.

Telle est la boussole terrestre. La *boussole marine*, fig. 6, a une disposition un peu différente, et qu'il est bon de faire connaître.

Il faut toujours que l'aiguille soit horizontale ; or, sur un vaisseau qui éprouve des oscillations dans tous les sens, une première difficulté se présentait : c'était de maintenir une boussole horizontale. La boussole est suspendue au moyen d'un système appelé *suspension de Cardan*. Ce système se compose d'un cercle extérieur qui tourne dans un sens, autour d'un axe horizontal, et d'un autre cercle intérieur qui tourne aussi autour d'un axe horizontal perpendiculaire au premier. Il résulte de cette disposition que quand le vaisseau est agité, le centre de ces deux cercles se maintient sensiblement en équilibre. C'est en ce centre qu'est placé le pivot sur lequel repose l'aiguille aimantée.

L'aiguille des marins n'est pas nue comme l'aiguille de la boussole terrestre. Elle est revêtue d'une feuille de papier doublée de talc. Sur le papier est dessiné ce qu'on appelle *la rose des vents*.

La chape est incrustée dans l'aiguille, qui ne peut se retourner ; ce qui fait que la boussole ne peut donner que des indications peu exactes.

Pour faire les observations avec cette boussole, on ne se sert pas habituellement d'une lunette, mais de deux pinnules placées l'une vis à vis de l'autre, dans la direction d'une ligne qui passerait par le centre de suspension de l'aiguille. C'est entre ces deux pinnules qu'on dirige un rayon visuel vers un astre dont on connaît la position. Ce moyen offre moins de précision que la lunette ; cependant il présente quelques avantages en mer. Lorsque la boussole de déclinaison est ainsi disposée, on lui donne le nom de *compas de variation*.

Quant à l'invention de cet appareil, il y a, comme sur toutes les grandes inventions, beaucoup de controverses. Il paraît certain que la boussole a été connue chez les Chinois au moins mille ans avant Jésus-Christ. C'est ce qui résulte de documens très authentiques, recueillis et publiés par le père Duhalde dans sa description de l'empire de la Chine. A quoi pouvait servir la boussole à un peuple enfermé dans des murailles ? Elle ne pouvait les conduire à faire aucune découverte. En effet, les Chinois ne se servaient de la boussole que pour se diriger sur les continens, et presque jamais pour aller sur mer, parce qu'ils s'avançaient rarement loin des côtes. Aussi cette invention, quoique connue, est restée pendant long-temps tout-à-fait stérile. Des documens plus récens laissent peu de doute sur l'invention de la boussole dans nos climats occidentaux. On a prétendu long-temps qu'un célèbre Vénitien, dont l'histoire est connue de tout le monde, Marco Paolo, qui avait tant voyagé en Chine, qui connaissait si bien ce pays, où il avait séjourné pendant 27 ans, qui avait été gouverneur de plusieurs provinces, qui avait rapporté en Europe un grand nombre de documens sur les usages et les arts de la Chine, et avait ainsi contribué d'une manière puissante à la civilisation occidentale, on a prétendu, dis-je, que ce Marco Paolo avait rapporté la boussole de la Chine, qu'ensuite elle avait été perfectionnée peu à peu et enfin appliquée à la navigation. Mais ce voyageur n'est revenu de la Chine qu'en 1295, et on trouve des indications très précises de la boussole dans des ouvrages français qui remontent à 1200 et même à 1180. On en trouve pareillement dans quelques chroniques de l'histoire de Norwége un peu postérieures aux ouvrages français, mais néanmoins antérieures au retour de Marco Paolo de la Chine. L'ouvrage français est celui de Guyot de Provins, qui était poète, troubadour, pèlerin, avait beaucoup couru le monde, et célébré les arts dans ses vers. Ce qu'il y a de remarquable, c'est que cet ouvrage est le seul de cette époque dans lequel on trouve quelques indications précises de la boussole. Cet ouvrage, qui est authentique, fournit ainsi le seul argument sur lequel on s'appuie pour prouver que la boussole n'a point été apportée de la Chine par le voyageur vénitien, mais inventée dans quelque région de l'Europe. On trouve quelques traces très peu précises, il est vrai, mais enfin sur lesquelles on s'appuie pour attribuer l'invention de la boussole à un certain Flavio de Gioia, habitant de Melphi, canton d'Italie voisin de la mer.

Peu à peu cet instrument se perfectionna; mais tel qu'il est aujourd'hui, il faut avouer qu'il n'a guère fait de progrès et qu'il donne à peu près des indications tout aussi vagues que celles qu'il donnait à l'époque de son origine; précisément parce qu'on ne peut retourner l'appareil. Il est vrai qu'on aimante les aiguilles avec un peu plus de soin. On ne peut compter sur les observations de déclinaison faites jusqu'à 1750, sans s'exposer à commettre des erreurs de 10 à 12 degrés.

Venons maintenant à l'inclinaison de l'aiguille aimantée, que nous devons aussi apprendre à déterminer. Nous avons déjà présenté la boussole d'inclinaison, dans la leçon dernière, pour indiquer le phénomène de l'inclinaison. Voici quelle est la disposition de l'appareil, fig. 7. L'aiguille d'inclinaison, fig. 8, au lieu d'être percée, comme l'aiguille de déclinaison, est munie d'une espèce de chape qui se meut à frottement très dur sur sa longueur.

Les arêtes de l'aiguille d'inclinaison, au lieu d'être tranchantes, sont carrées à l'endroit où s'adapte la chape, laquelle consiste dans une petite ceinture de cuivre qui peut se mouvoir sur l'aiguille, et porte deux cylindres en cuivre dans lesquels sont plantés deux petits axes en acier extrêmement poli, formant, autant que possible, une ligne droite mathématique.

On ajuste la chape de manière que l'axe des deux tourillons passe très exactement par le centre de gravité de l'aiguille. C'est une condition indispensable. Deux petites vis placées de chaque côté de la chape servent à augmenter ou à diminuer son poids, de manière à ramener l'axe de suspension très exactement dans le centre de gravité de l'aiguille. On reconnaît que cette condition est remplie, quand l'aiguille reposant sur deux plans d'agate, se tient en équilibre dans toutes les positions.

Pour que les axes ne se fatiguent pas, l'appareil est muni d'un rectangle qui peut se lever à volonté, et qui, en se levant, soulève les tourillons, qui alors ne reposent plus sur les plans d'agate. En baissant ensuite le rectangle, les tourillons viennent se poser sur les plans, et l'aiguille a toute la liberté nécessaire pour prendre la position que la force magnétique tend à lui donner.

CC, fig. 7, est un grand cercle divisé sur lequel on note la direction de l'aiguille. DD, est un cercle horizontal qu'on appelle le cercle des azimuths, qui sert à déterminer la direction du méridien. Enfin, on joint à l'appareil des nonius pour mesurer les plus petites fractions des divisions, et des vis calantes pour mettre l'appareil parfaitement de niveau.

Supposez qu'avec cet instrument on veuille faire une observation d'inclinaison. La première condition à remplir, c'est de diriger le plan que l'aiguille peut décrire très exactement dans le plan du méridien magnétique. Cette condition remplie, et je vais tout à l'heure indiquer comment on parvient à y satisfaire ; vous n'avez plus qu'une chose à faire, c'est d'observer l'angle que fait l'aiguille avec la direction horizontale. Seulement comme il est très possible que l'aimantation ne place pas les pôles très exactement sur l'axe géométrique de l'aiguille, il importe de faire une seconde observation en retournant l'aiguille, et en l'aimantant en sens contraire ; de manière que si l'axe ne passe pas très exactement par le centre de gravité, on puisse, en prenant la moyenne des deux observations, avoir exactement l'inclinaison du lieu.

Comment mettre maintenant le plan de rotation de l'aiguille dans la direction du méridien magnétique. Il semble qu'on devrait être muni d'une boussole de déclinaison. Mais voici une observation extrêmement curieuse, et qui nous dispense d'avoir recours à cet appareil. Si l'on fait tourner l'appareil sur le cercle des azimuths, et qu'on suive les mouvemens de l'aiguille, on la voit changer de position, se rapprocher de plus en plus de la verticale, et même arriver à être tout-à-fait verticale. Quelle est la position du cercle de rotation de l'aiguille, dans laquelle cette aiguille se trouve dans la verticale ? Cette position est très remarquable ; c'est une direction perpendiculaire à la direction du méridien terrestre, c'est-à-dire coupant ce méridien à angle droit. Par conséquent, en tournant de 90 degrés sur le cercle des azimuths, vous serez certain d'avoir amené l'aiguille dans le plan du méridien magnétique.

Il y a une autre manière, que vous devinez sans doute, par laquelle on peut se dispenser de cette observation. Lorsqu'on écarte l'aiguille de part et d'autre de la direction du méridien, elle se rapproche de la verticale. Donc, quand elle est dans le plan du méridien magnétique, elle est aussi loin que possible de la verticale ; elle est, par conséquent, à son *maximum* de déviation, ou plutôt à son *minimum* d'inclinaison au-dessous de l'horizon. Il s'agit donc de faire faire une révolution complète autour du cercle des azimuths, et de noter le point où l'aiguille a une position *minimum* ou *maximum*. On peut vérifier ensuite cette expérience en tournant l'aiguille d'un quart de circonférence, pour reconnaître si elle vient se mettre tout-à-fait suivant la verticale.

Bien que l'observation des inclinaisons ne serve pas à la mer pour conduire les voyageurs, elle est cependant une observation des plus importantes pour la détermination de la force magnétique de la terre.

Venons maintenant au troisième phénomène dont j'ai à parler, c'est-à-dire la détermination des *variations diurnes* de l'aiguille aimantée. L'appareil au moyen duquel on observe ces variations est très complexe en apparence ; mais cette espèce de complication va bientôt disparaître, quand nous verrons la symétrie de l'appareil et les différens moyens mis en œuvre pour arriver au dernier degré de précision.

La *boussole des variations diurnes*, fig. 9, repose ordinairement sur un pied de marbre blanc, parce que, le marbre étant en général coloré par des oxides de fer, un marbre coloré renferme toujours assez de fer pour agir sensiblement sur l'aiguille aimantée. L'aiguille dont on se sert a la forme d'un barreau, parce qu'il importe qu'elle ait beaucoup de longueur ; elle est passée dans un anneau ou chape, qui peut courir suivant sa longueur, de manière à lui donner une position très exactement horizontale. La chape a un appendice, au moyen duquel on met le fil qui soutient l'aiguille dans le plan qui partage cette aiguille en deux parties.

Chacune des extrémités de l'aiguille porte une petite plaque d'ivoire, sur laquelle sont tracées des divisions imperceptibles à l'œil nu. C'est avec ces divisions qu'on mesure l'étendue des variations diurnes.

L'aiguille, supportée par un assemblage de fils sans torsion, se met en équilibre parfaitement horizontale ; elle est abritée de l'agitation de l'air au moyen de la caisse qui la renferme. Le fil passe dans une cage de verre c, et vient s'enrouler sur une espèce de treuil. En tournant le treuil, on soulève l'aiguille, et, en le détournant, on abaisse cette aiguille. Si le fil avait quelques degrés de torsion, on le détordrait facilement au moyen d'un micromètre placé dans la partie supérieure de l'appareil. Supposez que l'on ait d'avance suspendu à l'extrémité du fil une aiguille de même poids, de même dimension, mais non aimantée, et qu'on ait tourné le micromètre jusqu'à ce que l'aiguille soit venue se mettre très exactement dans la position moyenne de l'instrument. Cela fait, on est sûr que le fil n'a plus de torsion ; on enlève l'aiguille non aimantée, et on y replace l'aiguille aimantée.

A chaque extrémité de l'appareil sont placés deux microscopes M,M, qui peuvent monter et descendre, de manière à venir pointer exactement sur les divisions extrêmement petites tracées sur les extrémités de l'aiguille. Il y a dans le champ des microscopes des fils croisés ; et c'est au croisement de ces fils que correspond la ligne moyenne.

L'appareil étant ainsi disposé, on l'abandonne à lui-même dans un lieu où il n'éprouve aucun retentissement des bruits qui se propagent toujours sur la surface du sol, et qui sont véritablement comme de petits tremblemens de terre, qui communiquent à la matière un mouvement ondulatoire plus ou moins considérable.

L'aiguille ainsi abritée de toute influence pertubatrice ne sera point immobile. Si on l'observe attentivement, on verra, au matin, son pôle austral marcher vers l'occident jusque vers deux heures de l'après-midi. Pour savoir de combien de minutes l'aiguille a marché, il faut savoir à quelle division correspondait le croisement des fils, et quel est le nombre des divisions qui a passé sous ce croisement; ou bien il faut faire voyager le point de croisement lui-même au moyen d'une vis micrométrique, dont on connaît le pas, ce qui permet de déterminer l'espace parcouru par l'axe du microscope pour un certain nombre de tours.

Arrivée à deux heures de l'après-midi, je dis à deux heures, quoique l'aiguille arrive à son *maximum* de déviation quelquefois à midi, d'autres fois à une heure, l'aiguille revient lentement vers l'orient et le plus ordinairement elle arrive vers onze heures au même point où elle était le matin. Elle n'éprouve dans le cours de la nuit, aucune variation sensible, et recommence le matin la même marche.

Voilà l'appareil qu'on doit observer régulièrement trois ou quatre fois dans la journée, lorsqu'on veut avoir des indications exactes. Déjà le nombre des observations est assez considérable pour qu'on puisse former une espèce de théorie de ces variations.

Le quatrième phénomène, celui des *perturbations* de l'aiguille aimantée s'observe avec l'appareil que nous venons de décrire. Ce phénomène est le plus important que présente le magnétisme, puisque c'est celui qui nous montre le rapport de la puissance magnétique avec les phénomènes météorologiques.

Après avoir indiqué les moyens de trouver la déclinaison, l'inclinaison, les variations diurnes et les perturbations de l'aiguille aimantée, il reste maintenant à comparer toutes les observations qui ont été faites dans tous les lieux de la terre, et de former, s'il est possible, avec cet ensemble de faits, une théorie. Mais avant d'arriver à cette théorie, il est important d'avoir étudié les phénomènes électriques, pour établir d'une manière plus certaine le rapport du magnétisme avec l'électricité.

Nous allons examiner quelques applications de la force magnétique de la terre, à beaucoup de phénomènes qui sont pour ainsi dire journaliers.

Puisque la terre est un aimant et que le fer est une substance magnétique qui peut devenir un aimant passager, il est évident que jamais un morceau de fer doux, c'est-à-dire un fer sans force coërcitive, n'est à la surface de la terre un corps sans magnétisme. Pourquoi ces barres de fer doux que, dans nos premières leçons, nous mettions en contact avec

des barreaux aimantés, s'attachaient-elles à ces barreaux?
C'est parce qu'elles devenaient des aimans passagers. Le fer
dispersé à la surface de la terre est sous l'influence de l'aimant terrestre, il doit donc être constitué dans un état magnétique : constatons d'abord le fait par l'expérience. Si le
morceau de fer est aimanté, il doit agir sur l'un des pôles de
l'aiguille par attraction, et sur l'autre pôle, par répulsion.

En effet, si j'approche une barre de fer doux de trois à
quatre pieds de longueur d'une aiguille aimantée, elle repoussera le pôle austral, par exemple, et attirera le pôle
boréal. Par conséquent il est évident que la barre de fer possède un pôle austral à l'extrémité qui repousse le pôle austral
de l'aiguille et un pôle boréal à l'extrémité qui attire ce même
pôle austral de l'aiguille. On pourrait croire que la barre de
fer est aimantée d'une manière permanente; pour s'assurer
qu'il n'en est rien, il suffit de retourner la barre avec promptitude; on remarque que les pôles ont changé de côtés. Voilà
donc l'état d'une barre de fer sous l'influence du magnétisme
terrestre. Ses fluides naturels sont décomposés. Le pôle boréal de la terre étant placé vers le nord, et plus proche, par
conséquent, du lieu de nos expériences que le pôle austral,
il en résulte que c'est dans l'extrémité de la barre de fer qui
se trouve vers la terre, que doit naître le pôle austral. Lorsque vous retournez la barre de fer, les deux fluides se trouvant un instant abandonnés à eux-mêmes, se recomposent
subitement, pourvu qu'il n'y ait pas de force coërcitive.
Quand la barre est retournée tout-à-fait, alors la décomposition se fait de nouveau en sens contraire, c'est-à-dire de manière que le fluide austral se trouve toujours dans la partie
inférieure.

Par conséquent rien ne sera plus facile que de renverser
les pôles d'une barre de fer; il suffira de la retourner.

Ce que je viens de dire pour des barres très longues a également lieu pour des barres de petites dimensions. Ainsi nous
devons considérer tout le fer qui est à la surface de la terre,
qui entre dans la construction des édifices, qui est à l'état
natif, qui forme des masses dispersées à la surface de la terre,
nous devons, dis-je, le considérer comme étant perpétuellement constitué dans un état magnétique par l'action de la
terre.

Voici maintenant un autre phénomène extrêmement remarquable. Vous venez de voir que quand j'ai retourné la
barre de fer, ses pôles se sont changés. Eh bien! si, tandis
que la barre est en expérience, on vient lui donner un coup

de marteau à l'une de ses extrémités, quand vous la retournez, elle ne changera plus de pôles, elle sera devenue tout-à-fait un aimant.

Toutefois, ne nous trompons pas sur la conséquence qu'on doit tirer de cette expérience, sur laquelle on s'est mépris pendant très long-temps. On en avait conclu qu'il suffirait de battre le fer pour en faire un aimant. Or, c'est un point fondamental de savoir si on peut ou non développer mécaniquement du magnétisme. Ce qui prouve que ce n'est pas le coup de marteau qui développe le magnétisme, c'est que si vous tenez la barre dans une position verticale, et que vous la frappiez à l'une ou l'autre de ses extrémités, vous faites toujours naître le pôle austral en bas et le pôle boréal en haut : il n'y a pas de raison, en effet, pour que le coup de marteau amène plutôt le pôle austral que le pôle boréal. Si, au contraire, vous tenez la barre dans une position où l'action de la terre soit nulle, c'est-à-dire dans la direction de la force magnétique, vous pouvez alors la battre autant que vous voudrez, jamais elle ne donnera le moindre signe de magnétisme.

Cette expérience prouve que les actions mécaniques que le fer peut recevoir sont des actions qui fixent le magnétisme décomposé par la terre, mais qui ne servent nullement à le développer.

De même, lorsqu'on fait subir au fer quelque action chimique, lorsqu'il se rouille, lorsqu'il s'oxide, il devient un aimant. Mais c'est toujours la terre qui agit pour décomposer les fluides dans une certaine direction ; l'action chimique n'agit que pour fixer les fluides une fois décomposés.

Vous voyez déjà la clef d'une multitude de phénomènes mécaniques et chimiques ; vous concevez que ce que j'indique des aimans qui peuvent être formés par une oxidation dans une petite étendue, s'appliquera, jusqu'à un certain degré, aux oxidations qui se produisent à la surface de la terre, et par conséquent à la formation des aimans naturels.

IMPRIMERIE DE E. DUVERGER,
RUE DE VERNEUIL, N° 4.

COURS DE PHYSIQUE.

LEÇON QUARANTIÈME.

(Mardi, 15 Avril 1828.)

SUITE DU MAGNÉTISME TERRESTRE.

Nous avons essayé, dans les leçons précédentes, de poser les principes généraux de l'action magnétique de la terre, soit sur les corps aimantés, soit sur les corps simplement magnétiques, comme le fer doux.

Nous avons vu, par l'historique du magnétisme, combien la marche de cette science a été lente ; ainsi la boussole a été découverte dans nos climats occidentaux vers l'an 1300. Ce n'est que de cette époque que date pour nous la connaissance de la direction de l'aiguille, bien que les actions magnétiques eussent été connues antérieurement. Mais on conçoit quelle différence prodigieuse il y a entre reconnaître l'action que les aimans exercent sur le fer, et la direction universelle que prennent tous ces aimans. La découverte de cette direction est due au hasard, comme la plupart des découvertes.

Pendant long-temps, on a supposé que l'aiguille se dirigeait du nord au sud. La déclinaison fut observée pour la première fois, en 1492, par Christophe Colomb, dans son voyage pour découvrir le Nouveau-Monde. Long-temps avant d'arriver en Amérique, cherchant à s'orienter par tous les moyens astronomiques et autres qui étaient alors à sa disposition, et dans l'état de détresse où était son équipage, cherchant à le consoler, il faisait des observations d'une si grande exactitude qu'il put au milieu de la mer, même durant la tempête, constater le fait de la déviation de l'aiguille aimantée, c'est-à-dire le phénomène de la déclinaison.

Ce phénomène fut vérifié très peu de temps après par un habile pilote appelé Cabot, de Venise, qui devint grand pilote d'Angleterre, et qui, vers l'an 1500, constata, en divers points de la mer, le phénomène de la déclinaison.

40

Ce phénomène constaté, il restait à savoir quelle était la quantité de la déclinaison sur les différens continens et sur les différens points des différentes mers. Ce grand travail fut exécuté en majeure partie par les ordres du prince de Nassau, vers l'an 1599. Il fit faire des instrumens en très grand nombre, dont il munit les vaisseaux hollandais qui parcouraient à cette époque toutes les mers du monde. Il fit dresser des cartes très précises de la déclinaison dans les différens lieux.

Plus tard, on constata le second phénomène de déclinaison, savoir, le changement de déclinaison dans le même lieu. Ce changement de déclinaison dans le même lieu fut observé à Londres par un professeur du collége de Gresham, par Gunter, vers l'an 1622.

Voilà tout ce qui est relatif à la déclinaison, si ce n'est le phénomène des variations diurnes, découvert par Graham, seulement en 1722, phénomène qui fut étudié de suite par Hiorter et Wargentin, en Suède, et qui fut étudié pareillement en Italie. Le nombre des observations diurnes fut très promptement accumulé ; mais ces observations furent cependant peu décisives à cause de la grande précision qu'il faut apporter dans les instrumens propres à mesurer les variations diurnes.

Telle est l'histoire des découvertes relatives à la déclinaison : vient maintenant le phénomène de l'inclinaison. On s'étonnera sans doute que ce phénomène ne fut découvert que long-temps après le phénomène de la déclinaison. Il ne fut en effet découvert qu'en 1576, par un artiste fort habile, Robert Norman, qui travaillait pour la marine. Il constata ce phénomène avec assez de précision pour que les savans en fussent très frappés, et qu'on en fît une branche très importante de l'étude du magnétisme.

Les variations de l'inclinaison dans le même lieu étant peu remarquables et se faisant dans de très faibles limites, on n'a observé ces variations que très récemment, et encore, sur ce point, beaucoup d'observations nous manquent.

Voilà l'ensemble des découvertes magnétiques qui se rapportent à l'action de la terre. Comme vous le voyez, il n'y a qu'un très petit nombre de points fondamentaux, et il est remarquable qu'il ait fallu pour arriver à cette série de découvertes, à peu près autant de siècles qu'il y a de faits véritablement essentiels à constater. En effet, depuis 1300 jusqu'à notre époque, on voit que chaque siècle a été marqué par quelqu'une de ces découvertes, et seulement par une seule. Dans ces derniers temps, il est vrai, la science s'est développée d'une manière beaucoup plus large, et avec beaucoup plus de précision.

Quand nous reprendrons l'ensemble de tous ces phénomènes, pour essayer de remonter jusqu'à l'origine de la force magnétique de la terre, nous verrons combien peu de confiance l'on doit avoir sur les observations anciennes, lorsqu'il s'agit de remonter ainsi jusqu'à la force primitive qui réside dans la terre. Nous ne pourrons nous livrer à cette discussion que quand nous aurons étudié l'électricité et son action sur les aiguilles aimantées.

Maintenant, reprenons ces phénomènes où nous les avons laissés dans la dernière leçon, pour terminer ce qui est relatif à l'action de la terre. Nous avons remarqué que, puisque la force terrestre magnétique est une force analogue à la pesanteur agissant perpétuellement et sur tous les points de l'espace qui sont abordables, il en résulte que dans tous les points de cet espace, où il y a des corps magnétiques doués d'une force coërcitive assez faible, l'action de la terre doit vaincre cette force coërcitive et développer du magnétisme; et comme elle est une force permanente, elle doit développer du magnétisme d'une manière permanente, et constituer ainsi autour de la terre une multitude d'aimans qui seront des aimans naturels, parce qu'ils seront véritablement produits par l'action naturelle de la terre. Nous avons constaté ce fait par une expérience très simple, qui consiste à approcher d'une aiguille aimantée une barre de fer doux qu'on tient dans une situation verticale. Si nous donnons à cette barre de fer une autre position, telle par exemple que la position horizontale, la force magnétique de la terre agissant toujours sous un angle de 70° d'après la direction de l'inclinaison, on conçoit que la décomposition sera bien moins grande, et en effet nous n'apercevons alors presque point de magnétisme.

Une barre de fer doux est donc un aimant permanent, mais un aimant à pôles variables, et nous devons, dès cet instant, nous habituer à voir le fluide magnétique circuler dans l'intérieur de cette barre, à mesure que nous l'orienterons de différentes manières. Quand je dis circuler, j'entends dans chacun des élémens magnétiques : car nous savons qu'il ne va pas de l'extrémité d'une barre à l'autre extrémité. La chose se passe comme si chacun des élémens magnétiques était un vase contenant des fluides l'un plus dense analogue au mercure, l'autre plus léger analogue à l'eau. Ainsi figurons-nous une multitude de petites vésicules constituant une barre ; chaque vésicule représente un élément magnétique. Imaginez qu'on retourne de diverses manières cet appareil; les fluides s'arrangeront de diverses manières pour leur équilibre. Eh bien, cet arrangement est tout-à-fait analogue à l'arrangement magnétique; si ce n'est que c'est l'action de la pesanteur qui agit sur les fluides, et que c'est l'action magnétique de la terre qui agit sur les élémens magnétiques.

Ce point fondamental établi, nous avons à en indiquer quelques conséquences. Il nous servira à constater deux choses importantes dans l'étude du magnétisme; savoir : l'influence des forces mécaniques sur la force coërcitive, et ensuite l'influence des actions chimiques sur cette même force coërcitive.

Cette force coërcitive, qui s'oppose à la séparation des fluides et à leur réunion, n'est qu'une chose dépendante de l'arrangement des molécules. Or, par les actions mécaniques et par les actions chimiques, nous imprimons aux molécules un certain arrangement. Tous les arrangemens différens que nous pouvons leur imprimer modifient la force coërcitive; et cette observation est importante, puisque la facilité avec laquelle le fluide magnétique se change dans l'intérieur d'un corps est tout-à-fait dépendante de l'intensité de la force coërcitive.

Prenons une barre de fer doux, par conséquent doué d'une force coërcitive sensiblement nulle. Si nous la retournons de diverses manières, le magnétisme de la barre changera et s'arrangera toujours suivant la force terrestre qui le sollicite, et le pôle austral sera toujours en bas. Si maintenant nous imprimons à cette barre quelque action mécanique, si nous la tordons, si nous la ployons, si nous la battons sur une enclume, ses propriétés seront complétement changées. De corps magnétique sans force coërcitive, elle devient corps magnétique doué de force coërcitive; elle deviendra un aimant dont les pôles ne seront plus variables.

Pour démontrer que l'action mécanique n'a d'autre effet que de fixer le fluide qui est développé par l'action de la terre, au lieu de battre le fer en le tenant dans la position verticale, battons-le en le tenant perpendiculairement au plan du méridien magnétique; il n'y aura pas de magnétisme développé par la friction ou par la percussion.

Ce que je viens de dire pour le cas où on bat le fer, s'applique également au cas où, au lieu de le battre, on le tord. Un fil de fer tordu sera une aiguille aimantée douée d'une très grande énergie; les pôles y seront fixes. Si, au contraire, on tord ce fil de fer dans une position horizontale, il n'aura pas pris de fluide magnétique ; il sera simplement un corps doué de force coërcitive.

Enfin, si on fait éprouver au fer quelque autre action mécanique, cette action agira pour fixer le fluide, et jamais pour le développer. De là un moyen très simple et très commode de se procurer des aimans très puissans, sans employer d'aimant naturel ni d'aimant artificiel, au milieu d'un désert où l'on se serait égaré, ou au milieu de la mer sur un vaisseau qui aurait perdu toutes ses boussoles. Pour cela, on prend plusieurs fils de fer assez minces, et d'un pied de longueur environ, on les tient dans une position verticale, et on tord ces fils de vingt tours, par exemple. On les rassemble ensuite en faisceau, et on a des barreaux très puissans qui peuvent servir à nous donner des aimans par la friction.

Voyons maintenant l'influence des forces chimiques. Cette influence a été observée, pour la première fois, en 1590, par un chirurgien de Rimini, qui ayant pris, pour faire quelque expérience médicale, une barre de fer extrêmement rouillée, qui avait été employée dans une construction au-dessus d'une église de Rimini, et ayant eu la curiosité de l'essayer magnétiquement, reconnut qu'elle était un véritable aimant. On supposa alors que c'était l'action chimique, la rouille, qui avait développé du magnétisme dans cette barre.

Plus tard, Gassendi, vers l'an 1620, ayant observé la croix du clocher de Saint-Jean d'Aix, qui avait été renversée par la foudre, eut pareillement la curiosité d'éprouver les effets magnétiques de cette croix, et il trouva que c'était un aimant très puissant.

Depuis, on a essayé de faire artificiellement rouiller du fer, pour reconnaître ses effets magnétiques ; on ne les a trouvés que très faibles, parce qu'on n'avait pas la précaution de tenir le fer dans la position où était la croix. Lorsqu'on veut par l'action chimique donner du magnétisme, il faut faire la même chose que lorsqu'on veut en donner par les actions mécaniques, c'est-à-dire, fixer la barre soumise à l'action chimique dans une position verticale ou dans la position précise de la direction d'inclinaison. On conçoit que ces observations s'appliquent très exactement aux phénomènes magnétiques dans tous les points de la terre où l'on trouve des aimans. L'origine de ces aimans est très facile à assigner ; mais l'origine du fluide magnétique de la terre présente plus de difficulté. Si on demande pourquoi telle montagne est une montagne d'aimant, nous pourrons en dire la cause, et même dire à peu près quelle doit être la direction des pôles des différens fragmens qu'on en retirera. Car il est vraisemblable que les oxides ou les sels de fer qui composent cette montagne n'ont pas existé de toute éternité, et même n'ont pas l'ancienneté de la terre. Les catastrophes qui ont bouleversé la surface du globe sont assez récentes et assez bien prouvées, pour que nous soyons convaincus que les différens filons et même les montagnes que nous appelons *primitives* n'ont point été, dès l'origine du monde, dans l'état d'agrégation où ils se trouvent aujourd'hui ; qu'il y a des mutations sans nombre dans toutes les molécules qui composent la croûte de la terre ; et que, si nous concevons dans cette croûte si mobile, si changeante par toutes les actions chimiques ; si, dis-je, nous concevons un corps quelconque, le plus inerte de tous, un morceau de fer, il est probable, d'une part, que ce morceau de fer a été formé dans des temps assez récens ; et que, d'autre part, les molécules pondérables qui le composent n'ont pas toujours été accumulées ensemble, mais qu'elles ont passé par des combinaisons sans nombre, avant de venir former le fer natif ou autre que nous considérons.

Cela s'applique à toutes les substances que nous pouvons trouver en fouillant la terre à différentes-profondeurs.

Ainsi, cette structure actuelle, cette disposition, que j'appellerai momentanée, des diverses molécules qui composent la terre, cet arrangement que nous pouvons, pour un instant, arrêter par la pensée, est un arrangement sans cesse mobile, sans cesse variable. Les oxides se désoxident et passent dans d'autres combinaisons ; c'est une mutation perpétuelle.

Si nous observons des montagnes magnétiques, elles ont probablement pris leur état d'agrégation sous l'influence de la force magnétique de la terre, exactement comme quand nous faisons rouiller une barre de fer, que nous la voyons s'oxider sous nos yeux, elle devient un aimant sous l'influence de la force terrestre. Ainsi dans les montagnes magnétiques formées sous cette même influence, les fluides ont dû se décomposer, puis ils ont été fixés par les causes diverses qui modifient la force coërcitive. Voilà comment les aimans ont été produits : car il est certain que les aimans que nous rencontrons n'entrent pour rien dans l'aimant terrestre.

Tel est l'ensemble des phénomènes que le magnétisme produit à la surface de la terre. Maintenant voyons encore deux de ses applications les plus importantes. L'action ma-

gnétique de la terre produit deux sortes d'altérations qu'il
importe d'examiner; savoir : la déviation accidentelle qu'é-
prouve l'aiguille de la boussole sur les vaisseaux; l'altération produite par le magnétisme dans la marche des chronomètres; ce qui peut tromper les navigateurs, et non-seulement altérer l'exactitude des observations astronomiques,
mais compromettre leur vie en les conduisant sur des écueils.

La boussole marine est soumise à l'action de la terre,
mais en même temps il entre dans la structure du vaisseau
du fer en grande abondance, soit pour la construction même
du vaisseau, soit pour les agrès, soit enfin pour les canons.
Ce fer, même placé à une très grande distance de l'habitacle, n'est pas sans action sur l'aiguille aimantée; il agit pour
lui imprimer une déviation qui peut être considérable. On
conçoit qu'une telle cause d'erreur est d'une très grande importance dans la navigation, et que les moyens de la corriger doivent aussi avoir une importance proportionnelle.

Quelles sont les actions qui sollicitent l'aiguille aimantée?
d'où viennent-elles, et comment les corriger? L'aiguille du
vaisseau est sollicitée par trois forces accidentelles : l'aiguille exerce elle-même une action, comme aimant, sur le
fer doux du vaisseau, pour décomposer les fluides qui résident dans ce fer; et, par conséquent, elle est déviée. Les
diverses pièces qui entrent dans la structure d'un vaisseau
ne sont pas toutes de fer doux, il y en a qui sont de fonte,
d'autres qui sont de fer forgé, battu, tordu. Tous ces corps
sont dans un état fixe de magnétisme. En effet, toutes les
pièces qui ne sont pas de fer parfaitement doux sont des aimans, peu puissans il est vrai, mais enfin ce sont des aimans.
On peut s'assurer facilement de ce fait en entrant dans la
boutique d'un serrurier; on trouvera que tous les outils sont
de véritables aimans plus ou moins puissans.

Les aimans qui existent sur le vaisseau agissent sur l'aiguille de la boussole; les uns l'attirent, les autres la repoussent. Il y a une action très compliquée qui résulte de toutes
ces actions partielles.

Ces deux premières causes d'erreur semblent déjà devoir
être très puissantes; cependant on peut les négliger.

Mais il est une troisième cause qui dévie l'aiguille du
vaisseau, c'est la décomposition que le magnétisme de la
terre produit dans toutes les pièces de fer qui n'ont pas une
grande force coërcitive. Ainsi, toutes les pièces de fer doux
d'un vaisseau sont, par l'action de la terre, constituées dans

un état magnétique ; en un mot, ce sont des aimans à pôles changeans, et à pôles changeans pour deux raisons ; lorsqu'on déplace ces pièces, la terre agissant sur elles autrement, il en résulte que les pôles doivent changer ; quand le vaisseau, par diverses manœuvres, tourne sur lui-même, il en résulte que les pièces de fer changent de position, et que par conséquent les pôles se déplacent.

Il y a donc, dans un vaisseau, autant d'aimans que de pièces de fer, et ces aimans sont pour la plupart des aimans à pôles changeans. Comment remédier à toutes les déviations qui doivent résulter de cette action de la terre sur les pièces de fer d'un vaisseau ? Voici quel est le moyen imaginé par Barlow, moyen qui réussit parfaitement dans la marine royale d'Angleterre. L'appareil que Barlow a imaginé pour compenser les actions accidentelles que le vaisseau éprouve, est appelé le *compensateur magnétique*, fig. 1. Voici en quoi il consiste. Ce sont deux disques de fer d'environ une demi-ligne d'épaisseur, séparés par une petite bande de bois de deux ou trois lignes d'épaisseur. Ces deux disques sont fixés au moyen d'écrous en fer et portés par une tige qu'on appelle la *tige du compensateur*.

Si nous approchons ce disque d'une aiguille de boussole, il agira d'une certaine manière ; c'est-à-dire qu'il attirera l'un des pôles de l'aiguille et repoussera l'autre ; preuve que ce n'est pas seulement par l'action que l'aiguille aimantée exerce sur le fer du disque qu'elle est sollicitée, mais qu'elle est sollicitée par la décomposition que la terre produit sur le fer de ce disque.

Imaginons qu'un vaisseau, équipé comme il doit l'être pour le voyage, soit dans une rade où il ait assez d'espace pour exécuter les différentes manœuvres que nous avons besoin de lui faire faire. Imaginons que V, fig. 2, soit la position du vaisseau et que R soit un point pris sur le rivage à une certaine distance de la mer. La boussole marine est placée sur le vaisseau au point qu'elle doit occuper dans l'*habitacle*. Une autre boussole, pareille ou différente, est placée sur le rivage. La distance des deux points V et R peut être très petite, de quelques centaines de pieds, par exemple. Imaginons qu'on tire une ligne qui joigne les deux points. L'observateur placé sur le rivage doit voir à chaque instant l'observateur sur le vaisseau, et réciproquement. La distance que nous avons prise n'est pas assez grande pour qu'il y ait une différence sensible dans la déclinaison de l'aiguille aimantée. Par conséquent, si le fer du vaisseau n'avait ici au-

cune espèce d'action pour dévier cette aiguille, et qu'il lui
laissât prendre la direction que la force magnétique de la
terre tend à lui imprimer, on observerait au point V exactement la même déclinaison que l'on observerait au point R.
Les deux observateurs sont munis d'un théodolite ou d'un
cercle répétiteur, ou d'un autre instrument propre à mesurer
les angles. Deux lunettes sont dirigées l'une contre l'autre,
de manière que les deux axes des lunettes ne font qu'une
seule et même ligne droite. Si le fer du vaisseau n'agissait
pas, l'aiguille du vaisseau devrait faire avec l'axe central des
lunettes exactement le même angle que fait l'aiguille du rivage, car elles devraient être très sensiblement parallèles.
Si le fer du vaisseau imprime une déviation à l'aiguille aimantée, il en résultera que les deux aiguilles ne seront plus
parallèles, et par conséquent que les deux angles seront inégaux. Si les deux observateurs, au moment où ils visent l'un
à l'autre, observent la direction de l'aiguille qui est sous
leurs yeux, et mesurent l'angle que fait cette aiguille avec
l'axe des lunettes, et qu'ils trouvent par exemple une différence de 10° entre les deux angles, il faudra en conclure que
l'effet total des forces accidentelles est capable d'imprimer
à l'aiguille une déviation de 10°. Imaginons maintenant que
nous ayons fait tourner le vaisseau sur lui-même d'un quart
de circonférence. Dans cette nouvelle position, l'observateur
du rivage et l'observateur du navire prennent l'angle que fait
l'aiguille des boussoles avec la ligne centrale, c'est-à-dire
l'axe des lunettes. Si l'action accidentelle était la même dans
cette seconde position, on devrait trouver la même différence
de 10°; mais cette différence sera tantôt plus grande, tantôt
plus petite; parce que les corps magnétiques du vaisseau seront autrement placés relativement à la force de la terre. On
note la différence; on donne encore un rumb au vaisseau,
puis on fait une nouvelle observation. On fait ainsi tourner
le bâtiment de 10° en 10°, et on observe les différences qui
existent entre les directions des aiguilles.

Comment compenser cet effet du fer du vaisseau sur la
direction de l'aiguille? Le voici. La première opération que
nous venons de décrire étant terminée, on enlève la boussole de l'habitacle et on la porte au lieu précis où l'observateur du rivage a fait ses observations. La boussole est placée
sur une cage en bois, mobile et assez élevée, et qui peut tourner sur elle-même. Cette cage est tellement faite qu'on peut
y fixer le compensateur dans toutes sortes de directions. Cela
fait, on exécute une série d'expériences par tâtonnemens.

On met d'abord le compensateur dans une certaine position, et on observe de combien cet appareil dévie l'aiguille. Supposez qu'il la dévie précisément de 10°, autant que la déviait le fer du vaisseau. On fait faire à la cage un quart de circonférence pour porter le compensateur dans une autre position. Pour être bien placé dans cette seconde position, il faudrait qu'il produisît la même déviation que celle éprouvée par l'aiguille sur le vaisseau qui avait tourné sur lui-même d'un quart de circonférence. Si la déviation n'est pas la même, il faut changer le compensateur de place jusqu'à ce qu'enfin on trouve une position où il produise sur l'aiguille absolument le même effet que produisait le fer du vaisseau. On fait ainsi parcourir au compensateur toute la circonférence à l'égard de la boussole, de manière que l'aiguille éprouve par l'action du compensateur les mêmes déviations qu'elle éprouvait sur le vaisseau. Cela fait, on notera la position précise du compensateur sur la cage, et on reportera sur l'habitacle la boussole et le compensateur, placé à l'égard de la boussole exactement comme il l'était sur la cage, et alors on dit l'effet est *compensé;* cette expression est inexacte ; car ce n'est pas un effet compensé que l'on a, c'est un effet double. Cet effet double est très commode pour obtenir la déviation.

Lorsqu'on voudra faire une observation de déclinaison, on commencera par enlever le compensateur, de manière que l'aiguille soit soumise seulement à l'action du fer du vaisseau. Ayant observé la déviation de l'aiguille dans cette circonstance, on apportera le compensateur dans sa place précise, puis on fera une nouvelle observation. On obtiendra une déclinaison différente de celle qu'on avait d'abord observée. Si, par exemple, la différence entre les deux observations est de 5°, il faudra en conclure que le compensateur dévie de 5°; et comme il dévie autant que le vaisseau, il faudra retrancher de la première observation 5° pour avoir la véritable déclinaison.

La compensation n'est pas rigoureuse mathématiquement pour toutes les positions que le vaisseau peut prendre. Sur les mers équatoriales, la force magnétique est sensiblement horizontale ; dans les mers polaires, au contraire, elle est verticale. Le compensateur très exact pour certains climats, ne l'est pas autant pour d'autres climats. Cependant la différence n'est pas très considérable, et plusieurs vaisseaux anglais, munis de cet appareil, ont parcouru les mers équatoriales et les mers polaires, et ont reconnu que le compensateur faisait connaître la déviation avec assez d'exactitude. Cet appareil donnera sans doute beaucoup plus de précision, et il sera possible, lorsqu'il sera appliqué d'une manière générale, de dresser avec plus d'exactitude des cartes de déclinaison pour les différens points des mers. Car toutes les cartes dressées jusqu'à présent sont entachées de l'erreur résultant de l'action magnétique de la terre sur le fer des vaisseaux. Cette erreur est d'autant plus sensible, qu'on emploie le fer en plus grande abondance dans la construction des vaisseaux, et que même on fait aujourd'hui des mâtures en fer.

Le second effet du magnétisme est celui qu'il exerce sur les *chronomètres*. On sait à quoi les chronomètres doivent servir dans la navigation. Les chronomètres servent à déterminer les longitudes, parce que, ayant pris l'heure au port, ils donnent à chaque instant l'heure sur le bâtiment. Connaissant l'heure, on observe les astres, et on peut ainsi déterminer la longitude par une seule observation ; tandis que lorsqu'on n'a point l'heure, il faut faire des observations plus compliquées. Les chronomètres sont portés à un tel point de perfection, que dans l'espace d'une année, un chronomètre de Breguet ne varie pas sur les étoiles de plus d'une seconde. Ainsi, supposez qu'ayant l'un de ces chronomètres dans une position fixe, n'y ayant point de grands changemens de température, l'on observe une étoile qui passe au méridien, qu'on note l'heure, la minute, la seconde, et la fraction de seconde à laquelle l'étoile a passé. On laisse l'étoile faire 365 révolutions, et on examine si l'étoile passe encore au méridien à l'heure indiquée par le chronomètre un an auparavant. On trouve, au bout d'un an, qu'un tel instrument ne s'est pas dérangé de plus d'une seconde.

On conçoit qu'avec des instrumens qui marchent avec cette régularité, s'ils conservaient sur les bâtimens exactement la marche qu'ils ont à terre, le problème des longitudes serait facilement résolu. Chaque navigateur pourrait regarder son chronomètre, une étoile, et dire : je suis dans tel lieu. Mais dès 1820 et 1821, plusieurs navigateurs anglais, et particulièrement le capitaine Fischer, ont remarqué que les chronomètres ne marchaient jamais sur un bâtiment comme à l'Observatoire ; et comme dans les bâtimens ils sont placés de manière à ne point éprouver de secousse brusque, on a dû supposer qu'il y avait quelque autre cause qui altérait la marche des chronomètres. Ces altérations vont quelquefois jusqu'à 7 et 10 par jour. On conçoit quelle erreur prodigieuse doit résuler d'une pareille altération dans des instrumens qui, dans le cours d'une année, ne doivent pas se déranger d'une seconde. On a cherché la cause de cet effet singulier. Pour cela, Barlow a fait une expérience très simple : supposant que c'était le magnétisme qui agissait ainsi sur la marche des chronomètres, il a pris une montre dont il avait aimanté le balancier. Il a remarqué que dans ce cas il y avait une avance de 5 à 6 minutes. Cette observation suffit pour qu'on puisse conclure qu'un chronomètre, par le degré de magnétisme que ses différentes pièces peuvent prendre, est nécessairement altéré dans sa marche par l'influence du magnétisme de la terre. Mais, dira-t-on, comment est-elle plus altérée sur un vaisseau qu'à terre ? Le voici : à terre, le chronomètre n'éprouve qu'un genre d'action, il éprouve l'action directe du magnétisme terrestre ; tandis qu'à bord, il éprouve non-seulement l'effet direct du magnétisme de la terre, mais encore l'effet de toutes les substances magnétiques dispersées dans le bâtiment et constituées à l'état magnétique par la force de la terre.

Le même Barlow, qui a indiqué un moyen assez exact pour corriger la déviation de l'aiguille, a aussi indiqué un moyen pour corriger la déviation des chronomètres.

Il n'y a qu'un seul et unique moyen de conserver à bord l'heure avec une grande exactitude ; s'il est vrai qu'on ne puisse se dispenser de mettre dans les compensateurs de l'acier ou du fer, c'est de placer les chronomètres toujours exactement dans le même lieu d'un vaisseau, ensuite de ne pas les placer aux extrémités du vaisseau, ni à babord, ni à tribord.

Voilà l'ensemble des phénomènes que la force magnétique de la terre produit sans cesse autour d'elle.

Vous concevez combien il doit être difficile, en raison de toutes ces forces accidentelles qui agissent sur l'aiguille de la boussole, de déterminer l'intensité de la force magnétique de la terre. Cependant, c'est une question d'un si haut intérêt, qu'on s'est appliqué depuis long-temps à la résoudre, et voici quels sont les moyens par lesquels on y est arrivé, et les résultats généraux auxquels on est parvenu.

L'intensité magnétique de la terre, quelle que soit l'origine, quelle que soit le siége de la force magnétique de la terre, peut être déterminée par deux moyens principaux que nous allons faire connaître, deux moyens qui ne sont pas, comme nous allons le voir, susceptibles de la même précision, mais qui cependant peuvent donner des résultats assez comparables.

Prenons une aiguille suspendue par un fil sans torsion dans une cage de verre, pour qu'on puisse l'apercevoir, et laissons-la se diriger et prendre très exactement la direction du méridien magnétique. Il est évident que si nous l'écartons de cette position, elle va faire des oscillations, et que ces oscillations dépendront de l'intensité magnétique de la force terrestre et de l'intensité magnétique de l'aiguille. Car si notre aiguille n'était pas aimantée, elle n'oscillerait pas ; si on double simultanément et l'intensité magnétique de l'aiguille et l'intensité magnétique de la terre, la force d'oscillation serait double ; comme le poids d'un corps serait double, si la terre devenait double et le corps pareillement double en masse.

Ainsi les oscillations de l'aiguille sont certainement dépendantes de l'intensité magnétique de la terre. Comment déterminer cette intensité ? Imaginez pour un moment qu'une aiguille d'inclinaison soit un aimant assez rigoureusement, assez mathématiquement invariable, pour que la quantité de magnétisme développé ne change jamais, non-seulement dans le cours d'une année, mais dans le cours d'un siècle : car quand on veut comparer des forces naturelles, il faut les comparer d'un siècle à l'autre. Supposez que nous essayions aujourd'hui cette aiguille sous l'influence de la terre et que nous comptions le nombre des oscillations qu'elle éprouve. Désignons par M l'intensité de la force terrestre que nous cherchons, et par N le nombre des oscillations qu'elle exécute. Vous avez vu, en parlant de la pesanteur, comment, par les oscillations du pendule, il est possible de déterminer l'intensité de la pesanteur terrestre, non-seulement dans un point, mais dans tous les points de la surface de la terre. C'est exactement le même principe que nous allons appliquer ici.

Les oscillations de l'aiguille aimantée sont, comme toutes les petites oscillations, isochrones, c'est-à-dire indépendantes de l'amplitude de ces oscillations ; c'est-à-dire que l'aiguille, soit qu'elle fasse des oscillations très amples, soit qu'elle fasse des oscillations très petites, ces oscillations se font dans le même temps, pourvu qu'elles ne dépassent pas 5 ou 6 degrés. Ayant fait l'expérience aujourd'hui, dans un an nous reprendrons le même appareil et nous ferons de nouveau osciller l'aiguille. Si le nombre d'oscillations est le même, c'est que la force magnétique sera la même ; si le nombre d'oscillations est différent, il sera certain que la force magnétique aura changé.

Voilà donc un moyen très facile de reconnaître si la force magnétique de la terre change. Nous savons que la pesanteur ne change pas, du moins d'une manière sensible; mais la force magnétique de la terre, qui change tous les jours, toutes les années, dans sa direction et dans ses différens effets, il est probable que cette force n'est pas fixe dans son intensité. Ainsi, dans un certain espace de temps elle aura changé; mais de combien aura-t-elle changé? C'est une simple question d'arithmétique, et la plus simple de toutes les questions. Ainsi, en 1828, l'aiguille fait un nombre N d'oscillations en 10 minutes; en 1838, elle fera, dans le même temps, un nombre d'oscillations exprimé par N'. De combien la force magnétique aura-t-elle changé? Elle aura changé de telle sorte, qu'on aura :

$$\frac{M}{M'} = \frac{N^2}{N'^2}$$

C'est-à-dire que le rapport du carré du nombre des oscillations sera précisément le rapport des forces magnétiques. C'est exactement le principe du pendule.

Voilà un moyen très simple, très mathématique, très rigoureux, de comparer les intensités magnétiques de la terre à différentes époques.

Nous avons vu que lorsqu'on voulait faire des observations d'inclinaison, il fallait soigneusement retourner l'aiguille de la boussole, afin de corriger les petites déviations que l'axe pourrait éprouver de chaque côté; mais lorsque l'aiguille doit servir à mesurer l'intensité, nous ne pouvons l'aimanter en sens contraire, parce qu'il s'agit d'avoir une aiguille qui n'ait pas changé; car si le magnétisme de l'aiguille a changé, nous pourrions attribuer à la terre ce qui doit être attribué à l'aiguille.

Il se présente une très grande difficulté dans la détermination de l'intensité de la force magnétique. Cette difficulté, qui est tout-à-fait physique, consiste à trouver de l'acier qui conserve pendant un grand nombre d'années exactement son magnétisme. Quand nous savons qu'un coup de marteau renverse les pôles d'un aimant; quand nous savons que les actions chimiques exercent une influence pareille, nous ne devons pas espérer pouvoir, dans l'espace de dix années, conserver une aiguille sans qu'elle éprouve aucun changement dans son magnétisme. Le moyen que nous venons d'indiquer n'est donc pas le meilleur possible. On peut remédier aux causes d'erreur qui accompagnent ce moyen, soit en prenant plusieurs instrumens, soit encore en prenant, au lieu de l'aiguille d'inclinaison, une aiguille de déclinaison non soumise aux erreurs provenant du centre de gravité.

Soit M la force qui agit sur l'aiguille aujourd'hui ;

Soit M' la force qui agira sur elle dans dix ans ;

Soit N le nombre d'oscillations aujourd'hui ;

Soit N' le nombre d'oscillations dans dix ans.

On aura, pour l'aiguille horizontale :

$$\frac{M}{M'} = \frac{N^2 \cos i !}{N'^2 \cos i.}$$

Il y a une attention très importante à avoir ; c'est que quand l'aiguille est suspendue comme dans la boussole d'inclinaison, c'est toute la force terrestre qui la sollicite et qui la ramène dans sa position. Quand l'aiguille est horizontale, la force terrestre n'est pas toute employée à faire osciller l'aiguille. Il faut, par la règle du parallélogramme des forces, la décomposer en deux forces : l'une agissant dans le sens de l'aiguille, l'autre perpendiculaire à l'aiguille. La première ne produit pas d'effet, l'autre produit son effet.

Quel est maintenant le résultat obtenu par ces divers moyens ? Il y a malheureusement trop peu d'années qu'on détermine l'intensité magnétique de la terre, pour qu'on ait des nombres assez précis. On peut chercher l'intensité magnétique de la terre sous divers points de vue. On peut se demander d'abord quelle est dans les différens points du globe terrestre l'intensité magnétique, et ensuite quelle est dans le même lieu cette intensité ? Quant à cette seconde question, il faut des siècles pour la résoudre, et comme on ne fait des observations que depuis 1800, nous ne savons absolument rien sur la variation de l'intensité dans un même lieu. Quant à la première question, celle qui consiste à déterminer l'intensité magnétique dans tous les points du globe, cette question est sinon totalement, du moins en grande partie résolue.

M. de Humboldt a été un des premiers qui aient tenté de déterminer l'intensité de la force magnétique de la terre en Suisse, en Italie, en France et en Amérique. Il a fait osciller la boussole de déclinaison à son départ de Paris, et il a eu un certain nombre d'oscillations ; il l'a rapportée à Paris, et l'a fait osciller de nouveau, et il a trouvé le même nombre d'oscillations qu'au départ. Il en avait pris assez de soin pour que pendant la durée de son voyage, elle n'éprouvât pas de modifications sensibles. D'autres observateurs, en parcourant les mers, ont fait des expériences pareilles, et le résultat définitif qu'ils ont trouvé, c'est que l'intensité magnétique de la terre est croissante de l'équateur vers le pôle. Elle est la plus petite possible dans les régions équatoriales, et vers les pôles elle est la plus grande possible : elle paraît être une fois et demie plus grande au pôle qu'à l'équateur. Par conséquent les variations d'intensité dans la force magnétique de la terre ne sont point dues aux mêmes causes que les variations d'intensité de la pesanteur. Le changement de forme dans le globe terrestre a une influence pour modifier la pesanteur, qui est plus grande au pôle qu'à l'équateur.

Les variations de l'intensité magnétique proviennent donc d'une autre cause, et c'est en discutant l'ensemble complet des directions de déclinaison et d'inclinaison de l'aiguille sur tous les points de la surface de la terre, des variations diurnes, des observations d'intensité, que nous pourrons arriver à quelques données assez précises sur la cause même de la force magnétique ; mais comme cette force est certainement modifiée par les actions électriques, nous ne pouvons nous livrer à cette discussion complète, que quand nous aurons traité de l'électricité.

IMPRIMERIE DE E. DUVERGER,
RUE DE VERNEUIL, N° 4.

COURS DE PHYSIQUE.

LEÇON QUARANTE ET UNIÈME.

(Samedi, 19 Avril 1828.)

THÉORIE DU MAGNÉTISME.

Nous devons, dans cette leçon, nous occuper de la *théorie du magnétisme*, et parcourir rapidement les diverses opinions que les physiciens, à diverses époques, se sont faites de l'existence des fluides magnétiques, de leur distribution dans l'intérieur des corps magnétiques et des lois de leurs actions mutuelles, et enfin de dire à quel point aujourd'hui, après toutes les découvertes qui ont été faites, nous sommes arrivés sur ces principes fondamentaux.

Nous commencerons d'abord par constater l'*état magnétique* d'un aimant donné. Etant donné un aimant, constater son état magnétique, indiquer s'il conserve son état magnétique, ou bien si son état magnétique s'altère, et suivant quelles lois cet état peut s'altérer ; c'est ce que l'on exprime en général en disant déterminer la *force* d'un aimant ; mais l'expression déterminer la force d'un aimant est une expression qui indique si peu ce que l'on cherche, que nous aimons mieux nous servir de cette autre expression : déterminer l'*état magnétique* d'un aimant.

Supposez que nous prenions un aimant dans lequel nous avons aujourd'hui développé la force magnétique, et que nous voulions savoir si demain il conservera son état tel qu'il l'avait aujourd'hui. Autrefois, le seul procédé que l'on eût pour résoudre cette question était de placer le barreau dont l'on voulait éprouver la force dans une position horizontale, puis de prendre une pièce de fer doux qu'on appelait un *contact*, et qui portait des bassins dans lesquels on mettait des poids. On promenait cette pièce sur le barreau, en cherchant à quel endroit elle s'attachait avec le plus d'éner-

41

gie, et quel poids elle pouvait supporter. On répétait la même expérience quand on voulait savoir si la force de l'aimant n'avait pas changé. On conçoit toute l'inexactitude de ce procédé; c'est cependant le seul qui fut employé jusqu'à l'année 1780. A cette époque seulement, Coulomb par de très belles et très fondamentales découvertes, donna d'autres moyens de comparer les états des aimans, et enfin le moyen précis de déterminer la loi des *attractions* et des *répulsions* magnétiques.

Coulomb indiqua deux moyens de déterminer l'état d'un aimant : l'un par les oscillations, l'autre par la torsion. Il vous a déjà été parlé de la *balance de torsion*, qui est fondée sur l'élasticité des fils métalliques. Avec cet appareil, nous pourrons, non pas peser l'état magnétique, mais du moins le déterminer avec une extrême précision.

Voyons d'abord comment nous pourrons constater l'état d'un aimant au moyen des oscillations. Supposons que l'aimant dont nous voulons constater l'état soit très petit, très léger, et qu'il puisse être suspendu à un fil de soie sans torsion. Il est extrêmement facile de déterminer l'état magnétique d'un tel aimant, de le comparer dans les intensités qu'il peut recevoir. Seulement il faut avoir soin d'abriter l'aiguille du contact de l'air, ce qui se fait en l'enfermant dans un vase. L'aiguille est disposée de manière à pouvoir s'ajuster horizontalement. Pour cela elle est placée entre deux pièces en métal, dont l'une est terminée en cône, fig. 1 ; c'est sur ce cône que repose l'aiguille *a*, représentée en plan fig. 1. Cette aiguille est percée d'une ouverture longitudinale, pour qu'elle puisse être promenée sur le cône, de manière qu'en l'avançant ou en la reculant, on la mette dans une position parfaitement horizontale. Une vis traversant le trou de l'aiguille s'enfonce dans le cône métallique et presse l'aiguille sur ce cône. Un fil, passant par le centre même de la tête de la vis, tient tout l'appareil suspendu. L'appareil étant ainsi disposé, il suffit de déterminer des oscillations, et de compter le nombre des oscillations que fait cette aiguille dans un temps donné. Pour compter le temps avec exactitude, on se sert d'un chronomètre qui marque non-seulement les minutes, mais les secondes et les demi-secondes, en un mot, d'un chronomètre de Bréguet; c'est assez dire qu'il a toute l'exactitude que l'on peut obtenir en horlogerie. Le cadran qui sert à marquer les secondes et les demi-secondes porte deux aiguilles; ces deux aiguilles peuvent avoir un mouvement indépendant, l'une peut être arrêtée, tandis que l'autre continue de marcher. L'aiguille s'arrête au moyen d'un bouton sur lequel on presse, de manière qu'il est facile de déterminer l'instant précis où commence un phénomène, et l'instant précis où il finit.

Supposons une aiguille en mouvement. Pour compter les oscillations avec exactitude, il faut un point de départ. L'oscillation a une certaine amplitude; on peut compter ou de l'une des extrémités ou du milieu de l'oscillation. Or, au milieu l'aiguille va beaucoup plus vite, à l'extrémité, elle est un instant arrêtée; par conséquent, on conçoit qu'on obtiendra plus d'exactitude en prenant pour point de départ le milieu de l'oscillation. On compte douze oscillations, par exemple; on compte le temps de ces douze oscillations. Je suppose qu'on désigne par M la force qui fait accomplir à l'aiguille douze oscillations en vingt secondes, par exemple. L'état magnétique de l'aiguille sera caractérisé par cette première expérience. Supposez maintenant qu'on soumette l'aiguille à d'autres actions magnétiques, qu'on la place en présence d'un aimant, qu'on la frotte sur les pôles d'un aimant, qu'on lui fasse éprouver, en un mot, toutes les modifications qu'elle peut recevoir, et qu'après lui avoir fait subir l'une ou l'autre de ces modifications, on recommence exactement la même expérience. Supposez que l'on trouve exactement le même nombre d'oscillations, on en conclura avec certitude que les modifications qu'on a essayé d'imprimer à l'aiguille n'ont rien changé à la force magnétique, sous la condition expresse cependant que l'intensité magnétique de la terre n'ait pas changé dans l'intervalle des deux expériences; ce qui est très vrai pour un intervalle de temps assez court, pour un jour, même pour un mois; car il paraît que l'intensité magnétique de la terre n'est pas, dans une courte période, susceptible de grandes variations.

Supposons qu'au lieu de faire 12 oscillations en 20 secondes, comme dans la première expérience, l'aiguille en fasse 15, alors nous dirons que l'état magnétique de l'aiguille est changé. Comment est-il changé? il est changé de telle manière que la force M', qui produit 15 oscillations en 20 secondes, est à la force M, qui produit 12 oscillations en 20 secondes, exactement dans le rapport des carrés des nombres des oscillations, c'est-à-dire que

$$\frac{M}{M'} = \frac{12^2}{15^2}$$

Voilà donc comment on peut, avec le dernier degré de précision, constater l'état magnétique d'une aiguille, pourvu que cette aiguille puisse ainsi accomplir ses oscillations.

Comme une aiguille pourrait accomplir 3oo oscillations, et qu'il est impossible de se tromper d'un quart d'oscillation, il en résulte qu'on ne peut commettre une erreur de plus d'un 1200ᵉ. Cette méthode est, comme vous le voyez, susceptible d'une très grande exactitude.

Maintenant comment constaterons-nous l'état magnétique d'un faisceau ou d'un corps magnétique quelconque qui ne pourrait être suspendu à des fils de torsion ? Nous prendrons une petite aiguille dont nous connaissons la force, et que nous appellerons une *aiguille d'épreuve*. Les expériences que je vais décrire sont assez délicates ; mais cependant je désire infiniment pouvoir les faire comprendre, parce que c'est sur ces expériences que repose toute la théorie du magnétisme.

Sur le plan horizontal de l'aiguille d'épreuve, nous placerons, à une distance déterminée avec exactitude, le barreau dont nous voulons connaître l'état magnétique, de manière que l'aiguille reste très exactement dans le plan du méridien magnétique. Enfin nous tournerons le barreau de manière que le pôle agissant conspire avec la force terrestre, c'est-à-dire qu'au lieu de tendre à retourner l'aiguille, il tende à la laisser dans sa position, et à la faire osciller dans le même sens que la terre. Pour cela il faut présenter au pôle boréal de l'aiguille le pôle austral du barreau ; car, si l'on présentait le pôle boréal du barreau au même pôle de l'aiguille, l'aiguille se retournerait aussitôt. Les oscillations auraient encore lieu ; mais le barreau agirait en sens contraire de la terre.

Cela posé, nous savons que notre aiguille, soumise à la seule action de la terre, fait 12 oscillations en 20 secondes. En présence du barreau, les oscillations s'accomplissent plus vite, et par conséquent il s'en fait un plus grand nombre dans le même temps. Nous désignons par M' la force qui agit sur l'aiguille dans ce second cas, et par N' le nombre des oscillations qu'elle fait en 20 secondes. Nous aurons ainsi constaté l'état magnétique de ce barreau dans les circonstances où nous venons de le placer. Maintenant faisons-lui subir toutes les modifications qu'il nous plaira ; mettons-le dans le feu, donnons-lui des frictions avec d'autres barreaux, tordons-le, frappons-le, tourmentons-le de diverses manières ; et, après lui avoir imprimé quelqu'une de ces modifications, rapportons-le dans la même position et tourné de la même manière que tout à l'heure, et comptons quel est le nombre des oscillations que va faire la petite aiguille d'épreuve. J'imagine que la force ne sera plus la même : je la désignerai par M'', et je désignerai par N'' le nombre des oscillations faites dans 20 secondes. Je dis que nous aurons alors tous les élémens par lesquels nous pouvons mathématiquement comparer la force du barreau dans la première expérience avec la force du barreau dans la seconde expérience. Ce qui reste à faire est une simple règle de proportion. Lorsque, la première fois, nous avons fait agir le barreau sur l'aiguille, quelle était la force qui agissait sur l'aiguille? Le barreau était tourné de manière que sa force fût conspirante avec la force terrestre; donc l'aiguille était sollicitée par deux forces. Ce que nous avons désigné par M', c'est la résultante de ces deux forces. Si nous retranchons la force terrestre, nous aurons la force due au barreau dans la première expérience, c'est-à-dire que la force du barreau sera représentée par $M' - M$.

Dans la seconde expérience, la force du barreau était aussi conspirante avec la force de la terre : par conséquent, si nous retranchons de M'', qui représente la force totale composée de la force du barreau et de la force de la terre, si nous retranchons, dis-je, de M'' la composante de la terre, nous aurons $M'' - M$ pour l'intensité propre du barreau.

Il s'agit maintenant de trouver le rapport entre $M' - M$ et $M'' - M$; c'est la chose la plus simple. Le principe général de toutes ces comparaisons, c'est que les intensités des forces sont comme les carrés des nombres des oscillations dans le même temps.

En comparant la première expérience à l'expérience préalable pour connaître la force de la terre, nous aurons

$$\frac{M'}{M} = \frac{N'^2}{144}$$

En comparant la seconde expérience à l'expérience préalable, nous aurons

$$\frac{M''}{M} = \frac{N''^2}{144}$$

Puisqu'il faut retrancher la force de la terre de M' et de M'', nous aurons

$$\frac{M' - M}{M} = \frac{N'^2 - 144}{144} \quad \text{et} \quad \frac{M'' - M}{M} = \frac{N''^2 - 144}{144}$$

D'où l'on déduit, pour le rapport des deux états magnétiques du barreau dans les deux expériences,

$$\frac{M' - M}{M'' - M} = \frac{N'^2 - 144}{N''^2 - 144}$$

Voulons-nous remplacer les lettres par des nombres ? Soit N', c'est-à-dire le nombre des oscillations dans la première expérience, soit N' 20. Soit N'', c'est-à-dire le nombre des oscillations dans la seconde expérience, soit $N'' = 3$o. Il sera curieux de réconnaître quel est le rapport des états magnétiques du barreau lorsqu'il fait faire 20 oscillations, ou lorsqu'il en fait faire 3o.

Le carré de 20 = de 4oo.

4oo — 144 est 256.

Le carré de 3o est de 9oo.

9oo — 144 = 756.

Par conséquent nous aurons, pour le rapport des deux forces, $\frac{256}{756}$, c'est-à-dire que la force du barreau dans le second cas est à peu près double de ce qu'elle était dans le premier, parce que les forces croissent comme les carrés, et non comme les nombres simples.

Voilà une des données les plus fondamentales de toutes les recherches théoriques sur le magnétisme. Vous voyez que, pour arriver à toutes ces comparaisons numériques, il ne faut que de l'exactitude dans l'observation, bien compter le temps, bien mesurer le nombre des oscillations, et puis faire les calculs, qui ne présentent aucune difficulté. Seulement il faut recourir au principe, que nous ne démontrons pas ici, qui ne peut être démontré que par les théories les plus élevées de la mécanique, que les forces sont entre elles comme les carrés des nombres des oscillations.

C'est un principe qu'il faut admettre en physique, que toutes les forces ou agens naturels, l'intensité de la pesanteur, l'intensité du magnétisme, l'intensité des forces électriques, se mesurent par cette propriété singulière de faire osciller les corps composés de matière pondérable. C'est un principe si fécond, que, quand on ne peut en avoir l'explication mécanique rigoureuse et mathématique, il faut du moins s'en servir, comme nous nous servons du principe de la raison inverse du carré de la distance, pour déterminer les lois de l'attraction.

Ainsi un observateur, muni d'une aiguille, et une aiguille à coudre est suffisante, pourra faire toutes les observations magnétiques les plus importantes. Qu'il fasse le tour du monde avec cette aiguille, et qu'en chaque lieu de la terre il fasse osciller l'aiguille, il aura pour chaque lieu la comparaison de l'intensité magnétique pour un instant donné.

Que muni du même appareil, l'observateur lui présente un aimant naturel ou artificiel, il connaîtra l'état de cet aimant, puis il lui fera subir toutes les modifications qu'il lui plaira, chimiques où physiques ; il observera de nouveau le nombre des oscillations qu'il fait faire à l'aiguille, et il aura ainsi constaté l'état de cet agent caché dans l'intérieur de la terre pour composer le magnétisme terrestre, ou dans l'intérieur de l'aimant, où il n'est pas plus visible qu'il ne l'est dans l'intérieur de la terre.

Le second procédé que Colomb a imaginé pour déterminer l'état magnétique de tous les aimans, soit qu'ils puissent être suspendus eux-mêmes pour osciller, soit qu'on soit obligé de les présenter à une petite aiguille d'épreuve, repose sur autre chose que les oscillations ; il repose sur l'élasticité des fils métalliques.

Vous avez vu, en parlant de l'élasticité, cette propriété singulière des fils métalliques, très fins ou très épais, de revenir sur eux-mêmes, lorsqu'ils ont été écartés de leur position. Supposez, en effet, qu'on fixe une barre de fer par son extrémité supérieure et qu'on fasse effort à la partie inférieure pour la tordre, il y aura une résistance à vaincre, et, par la propriété d'élasticité de toutes les molécules dont se compose la barre ; cette barre, si l'effort vient à cesser, reviendra dans sa première position, après un certain nombre d'oscillations exactement analogues aux oscillations dont je viens de parler. Ce que je viens de dire pour une barre de fer, qui exigerait une très grande puissance pour être tordue, s'applique au fil métallique le plus fin qu'on puisse trouver.

On démontre cette propriété au moyen d'un appareil, fig. 2, qui se compose d'un fil métallique très fin, qu'on charge d'un poids formé par de petits cylindres d'ivoire. On fixe sur ce poids un petit index de papier, destiné à faire voir les oscillations. Le fil, étant parfaitement en équilibre, si on l'écarte de cette position, si on fait tourner l'index de 3, 4 circonférences, on verra s'accomplir non pas 2, 3, 4 oscillations, mais des centaines d'oscillations, toutes avec la même régularité ; et, après ces oscillations, le fil reviendra s'arrêter précisément dans la position où il était d'abord.

On peut déterminer la longueur du fil, le poids dont on le charge, le nombre des oscillations que fait l'aiguille dans un temps donné ; et, avec ces divers élémens, on détermine l'élasticité du fil.

On peut remarquer que les oscillations sont toutes *isochrones*, c'est-à-dire, que, si vous faites parcourir au fil une ou trois ou quatre circonférences, vous aurez toujours des oscillations de même durée ; seulement l'index aura un mouvement d'autant plus rapide qu'on lui aura fait parcourir un plus grand nombre de circonférences. Si on lui en faisait parcourir 10 ou 12, l'index aurait alors un mouvement tellement rapide qu'il aurait l'air de décrire une surface.

Ainsi les oscillations, déterminées par les torsions, sont isochrones, c'est-à-dire, indépendantes de l'amplitude ou du chemin que parcourt le fil pour revenir à sa position primitive. Cette loi très remarquable a été déterminée par Coulomb, et cette détermination des propriétés élastiques des fils de métal a favorisé, ou plutôt a été le moyen d'arriver à deux grandes découvertes. A peu près à la même époque où Coulomb déterminait cette propriété de l'élasticité des fils métalliques, Cavendish construisait ce petit pendule si ingénieux avec lequel il a déterminé la densité de la terre, et donné le moyen de découvrir quel est le nombre de kilogrammes de matière pesante qui constitue le globe terrestre. Il a fallu la propriété des fils de torsion pour résoudre cette grande question, pour que Cavendish pesât la terre dans sa balance, au moyen d'un léger fil.

Coulomb a fondé sur cette même propriété la balance avec laquelle il a pesé les forces magnétiques et les forces électriques.

Les lois de l'élasticité des fils sont : 1° que la *force de torsion*, c'est-à-dire la force qui ramène le fil dans sa position, est proportionnelle à l'*angle de torsion*. Voilà ce qu'on appelle l'angle de torsion : le fil étant en équilibre, si l'on fait tourner l'index d'un quart de circonférence, par exemple, la force de torsion sera d'un quart de circonférence : si on fait tourner l'index d'une circonférence, la force de torsion sera d'une circonférence ; en un mot, la force de torsion est proportionnelle à l'angle de torsion, c'est-à-dire, que si vous n'avez fait tourner l'index que d'un degré, la force de torsion ne sera que la 360ᵉ de celle que vous auriez, si vous aviez fait parcourir à l'index la circonférence entière.

2° L'élasticité est en raison inverse de la longueur du fil, et tout-à-fait indépendante de la tension : c'est-à-dire que le fil soit chargé d'un poids très considérable dans la limite de ce qu'il peut porter, ou qu'il soit chargé d'un poids très léger qui suffise pour le tendre, sa force de torsion, lorsqu'on l'écartera d'un même nombre de degrés, sera toujours la même.

3° Enfin, la force de torsion pour des fils de même substance et de différens diamètres est proportionnelle aux quatrièmes puissances des diamètres de ces fils.

Avec ces données, nous allons peser les forces magnétiques exactement comme Cavendish a pesé la densité de la terre.

La balance dont nous allons nous servir est une grande cage en verre, fig. 3, dont les glaces ne servent qu'à abriter les corps qu'on suspend dans la balance des divers courans d'air. On remarque dans l'appareil ce qu'on appelle le *micromètre supérieur*, composé de deux pièces circulaires qui peuvent tourner l'une sur l'autre, exactement comme le couvercle d'une boîte tourne sur cette boîte. Tout l'appareil est percé d'un trou, et dans sa partie supérieure est placé un treuil sur lequel le fil est passé. Une aiguille est destinée à montrer de combien on tord le fil dans sa partie supérieure.

Imaginez donc qu'un fil fixé au micromètre tombe verticalement, et qu'à son extrémité on ait attaché une espèce d'*étrier* en cuivre, dans lequel on suspend horizontalement les barreaux. Imaginez qu'on mette dans cet étrier un corps non magnétique, une barre de cuivre, par exemple, et qu'on abandonne cette barre à elle-même ; qu'arrivera-t-il ? Il arrivera que si le fil est tordu, il se détordra pour que la condition d'équilibre soit remplie. Le plan que nous pouvons concevoir par la direction de la barre de cuivre et par le fil, est ce que j'appellerai le *plan d'équilibre* du fil. Si maintenant on place dans l'étrier, au lieu d'une barre de cuivre, un barreau magnétique, qu'est-ce qui arrivera? Il arrivera que ce barreau ayant une force directrice, si le plan d'équilibre du fil n'est pas exactement dans le plan du méridien magnétique, la force magnétique qui tend à faire tourner le barreau dans le plan de ce méridien tordra le fil par son extrémité inférieure, et la force de torsion se trouvera en lutte avec la force directrice de la terre. Alors voici ce que nous ferons : nous tournerons le micromètre supérieur jusqu'à ce que le plan d'équilibre du fil coïncide exactement avec le plan du méridien magnétique. Cela fait, l'aiguille sera en équilibre, elle ne pourra plus s'écarter qu'en tordant le fil. Cette expérience est ce qu'il y a de plus difficile à comprendre dans la théorie du magnétisme.

Imaginez que maintenant on vienne, en tournant le micromètre, à écarter l'aiguille du méridien magnétique ; que va-t-il arriver ? L'aiguille sera ramenée par la force de la terre dans la position du méridien magnétique ; mais elle n'y reviendra pas : car, pour y revenir, elle a à tordre le fil. Voilà donc deux forces en lutte, la force de torsion, la force d'élasticité si régulière du fil de métal, et la force directrice

de la terre. C'est par la lutte de ces deux forces qu'on peut déterminer l'intensité magnétique.

Supposez qu'en tournant le micromètre de 20°, on ne fasse avancer l'aiguille que d'un seul degré; puisque la force de torsion est proportionnelle à l'angle de torsion, il suffira d'avoir constaté de combien il faut tordre le micromètre pour écarter l'aiguille d'une certaine quantité, pour avoir la force directrice du barreau.

Supposez qu'on chauffe ce barreau, qu'on modifie son magnétisme d'une manière quelconque, et qu'ensuite on le rapporte dans la balance; si on trouve que, pour l'écarter d'un degré de sa position, il faut, au lieu d'une force de torsion de 20 degrés, une force de torsion de 30 degrés, on en conclura que les deux forces directrices sont entre elles comme les forces de torsion, qu'ainsi la force directrice ou l'état magnétique du barreau, dans le premier cas, est à la force directrice ou à l'état magnétique, dans le second cas, comme la force de torsion dans le premier cas est à la force de torsion dans le second cas.

S'il n'était pas possible de placer l'appareil dans la balance de torsion, ce qui arriverait s'il était un peu pesant, il faudrait alors user du moyen artificiel auquel nous avons eu recours dans la méthode des oscillations, c'est-à-dire placer le barreau de manière que sa force soit conspirante avec la force de la terre, déterminer la force directrice dans ce cas, puis faire subir au barreau toutes les modifications qu'on voudra, le rapporter de nouveau exactement dans la même position, et déterminer la force directrice dans ce second cas. De ces deux observations retranchez la force directrice de la terre, vous aurez les forces de l'aimant dans les deux circonstances.

Voilà donc deux procédés : le procédé de la torsion et le procédé des oscillations, avec lesquels nous pouvons toujours constater l'état magnétique d'un aimant, soit que cet aimant puisse osciller ou ne pas osciller, soit qu'il puisse être mis dans la balance ou ne pas y être mis.

Voyons maintenant comment, par l'application des procédés que nous venons de décrire, Coulomb est arrivé à cette loi importante, que les *attractions* et les *répulsions* magnétiques suivent la loi de la raison inverse du carré de la distance; comment il a démontré que cet agent inconnu, si différent de la matière pondérable, avait pourtant avec elle cette loi commune que, de même que la matière pondérable se sollicite, s'attire en raison inverse du carré de la distance, l'autre matière, qui constitue le monde et produit tous les phénomènes, la matière impondérable du magnétisme, exerce aussi ses actions suivant la même loi de la raison inverse du carré de la distance. Ainsi, il est vrai de dire que les deux choses fondamentales dans la nature, la matière pondérable et la matière impondérable, ces deux choses impénétrables, ont cette propriété commune, que leurs molécules, si nous voulons les concevoir comme moléculaires, que leur substance, si nous ne voulons que les concevoir d'une manière plus générale, que ces deux substances ont cela de commun qu'elles agissent l'une sur l'autre en raison inverse du carré de la distance.

Démontrons d'abord par les oscillations que le magnétisme agit en raison inverse du carré de la distance. Pour cela, il suffit de deux expériences, en supposant que l'on ait déterminé d'avance l'état magnétique de l'aiguille d'épreuve. Dans la première, nous mettrons le barreau à un pied de distance de l'aiguille dans le plan du méridien magnétique, et dans le plan horizontal des oscillations de l'aiguille. Représentons par N le nombre des oscillations dans le premier cas, et par N' le nombre des oscillations dans le second cas. Appelons M la force qui fait faire à l'aiguille d'épreuve N oscillations, et M' la force qui lui fait faire N' oscillations dans le même temps. Il ne restera plus qu'à déterminer le carré du nombre des oscillations, ce que nous avons fait, non pas pour des positions différentes, mais pour deux états différens. En prenant des nombres et effectuant le calcul, nous trouverons qu'à une distance double la force ne sera que le quart, à une distance triple le neuvième, à une distance quadruple le seizième, ainsi de suite.

Coulomb a confirmé cette loi par la seconde, au moyen de la balance de torsion.

Imaginons que nous suspendions au fil métallique une aiguille dont nous avons d'avance constaté l'état magnétique, c'est-à-dire, dont nous avons cherché la force directrice. Nous avons trouvé, par exemple, que pour l'écarter d'un degré il faut une force de torsion de 20 degrés du micromètre supérieur. Cela fait, je prends une aiguille toute pareille, magnétisée comme la première, et je me propose de déterminer quelle est la loi des répulsions que le pôle boréal de la seconde aiguille exerce sur le pôle boréal de la première. On tient la seconde aiguille verticale, fig. 3, tandis que l'autre est horizontale ; on les touche de manière que le *point de recoupement*, c'est-à-dire le point où les deux aiguilles se croisent, soit à 18 lignes des deux extrémités. A l'instant où les deux aiguilles se touchent, celle qui est suspendue est repoussée ; elle se rapproche ensuite peu à peu, puis elle oscille dans une certaine position. Pour amortir les oscillations, un volant qui est fixé à l'étrier plonge dans un vase rempli d'eau placé au-dessous de l'aiguille. On tourne le micromètre supérieur pour que l'aimant suspendu se rapproche de celui qui ne l'est pas. S'il n'y avait aucune résistance à vaincre, il est évident que pour rapprocher l'aiguille d'un degré, il faudrait tordre le fil d'un degré ; mais il faudra une torsion beaucoup plus considérable.

Je tords le fil au point de ramener l'aiguille à ne faire qu'un angle de 5° avec sa position primitive ; puis j'observe la torsion du fil. Je suppose qu'il ait fallu opérer une torsion de 500°, j'en conclus qu'à la distance de 5° la force répulsive des deux aimans est balancée par une force de torsion de 500°. Si je veux mesurer la répulsion à une distance double, je trouverai que la seconde torsion T', divisée par la première torsion T, donne le rapport des forces ; et, en effectuant le calcul sur les torsions, je trouverai que, pour une distance double, la force est précisément le quart ; pour une distance triple, le neuvième, et ainsi de suite.

On conçoit comment on peut démontrer la loi des attractions avec ce même procédé.

Voilà comment Coulomb, saisissant ce principe fondamental, a pu enchaîner tous les phénomènes magnétiques, les produire, indiquer d'avance toutes les modifications qu'ils peuvent recevoir ; exactement comme Newton, saisissant le principe fondamental de Kléper, soumettant au calcul les mouvemens des astres, de la terre et de toutes les planètes, a pu prédire qu'à une époque donnée ces planètes occuperaient tels points de l'espace, et calculer les dimensions et l'inclinaison de leurs orbites.

De même, ici le principe fondamental de la matière magnétique est donné au géomètre qui n'a plus qu'à le soumettre au calcul ; et si quelques données lui manquent encore, il peut les demander aux expérimentateurs. Car il y a cette différence entre les phénomènes qui se passent à de petites distances, et les phénomènes qui se passent à de grandes distances, que ceux-ci s'opérant dans le vide, il n'y a aucune espèce de résistance, de frottement à vaincre ; il suffit d'avoir posé le principe avec exactitude. Dans les phénomènes à petites distances, il y a quelques accidens des propriétés de la matière, des frottemens, des formes, toutes causes qui rendent les phénomènes plus difficiles à calculer.

Après avoir résolu ces deux questions fondamentales, de constater l'état magnétique des corps, et de déterminer la loi des attractions et des répulsions, Coulomb a poussé plus loin ses observations, et il a déterminé quelle était l'épaisseur ou la quantité de fluide magnétique répandue dans chaque section d'un aimant. Il semble que cette question soit au-dessus de la puissance des physiciens; eh bien, vous allez voir comment, par les mêmes procédés que nous avons décrits, Coulomb est parvenu à la résoudre.

Après avoir suspendu une aiguille d'épreuve, et avoir constaté son état, c'est-à-dire le nombre des oscillations qu'elle fait dans un temps donné, on en approche à la distance d'un pouce un aimant qu'on tient dans une position verticale. On conçoit que les oscillations de l'aiguille seront beaucoup augmentées, si cette force conspire avec celle de la terre, ou diminuée si elle est contraire.

Soit fig. 4, *B* le barreau vertical, et *A* l'aiguille d'épreuve. La tranche qui est vis-à-vis l'aiguille agit avec le plus d'énergie, puisqu'elle agit à une moindre distance, et qu'elle n'agit que sur un pôle. Si nous considérons une tranche plus éloignée, par exemple la tranche *C*, elle n'agit que très peu pour faire osciller l'aiguille, elle agit presque perpendiculairement à l'aiguille, et par conséquent agit presque également sur les deux pôles. C'est donc la tranche qui est dans le plan horizontal de l'aiguille qui a la plus grande part à l'action. Si vous élevez, et si vous abaissez l'aiguille, vous trouverez que la barre fait faire à l'aiguille des nombres d'oscillations très différens. D'après ce que nous avons dit, il nous sera facile de déterminer la force d'une tranche comparée à une autre tranche. Les forces des tranches seront entre elles comme les carrés des nombres des oscillations. Ainsi, en promenant une barre en présence d'une aiguille, exactement à la même distance de cette aiguille, nous aurons l'état magnétique de chaque section, à une modification près. Quand nous serons arrivés à l'extrémité du barreau, il est évident que la force sera la moitié de ce qu'elle devrait être ; car vous concevez qu'il manque les tranches au-dessus de l'aiguille.

C'est de cette manière que Coulomb a déterminé la distribution magnétique dans l'étendue d'une barre quelconque, et voici le résultat auquel il est arrivé : lorsqu'on a ainsi déterminé les quantités de magnétisme qui sont dans chaque tranche, si l'on compose toutes les forces qui résultent de ces actions, on aura une résultante unique appliquée en un certain point, ce point sera le pôle de l'aimant. Figurez-vous, relativement à la pesanteur, un corps composé de telle sorte, que la tranche supérieure serait une substance très dense, comme le platine ; la seconde tranche une substance moins dense, comme l'or, etc., etc., et qu'au milieu la matière fût aussi peu dense que possible, et qu'à partir du milieu le même phénomène se produisît, mais en sens inverse, vous auriez, relativement à la pesanteur, ce qui a lieu à l'égard du magnétisme.

Si on veut se représenter les quantités de magnétisme, il faudra tracer une espèce de courbe fig. 5, dont les ordonnées indiqueront l'intensité magnétique de chaque tranche.

Si vous vouliez déterminer le centre de gravité d'un corps pesant composé d'une tranche de platine, d'or, etc., vous ne trouveriez pas le centre de gravité au milieu de la longueur, il serait vers l'extrémité, c'est-à-dire, que ce corps pèserait plus vers l'extrémité que vers le milieu. Il en est de même dans l'aimant ; la résultante de toutes les forces des diverses tranches est pareillement vers les extrémités.

Coulomb a ainsi constaté que les pôles des longs aimans se trouvent toujours très exactement à la même distance de 18 lignes des extrémités. Dans les aimans très petits, les pôles sont placés au tiers de la demi-longueur ou au sixième de la longueur totale.

Il nous reste à indiquer la *théorie du magnétisme*. Peu de paroles suffiront malheureusement pour vous faire connaître la manière dont nous nous représentons tous les phénomènes magnétiques.

Nous imaginons un corps magnétique comme composé de deux sortes d'élémens, et ce que nous appelons des élémens sont des choses dont nous ne connaissons ni la forme, ni les dimensions, ni la grandeur, ni la disposition ; mais, enfin, nous nous figurons dans ce corps des élémens de deux sortes : les uns, que nous appellerons *magnétiques*, et dans l'intérieur desquels le magnétisme sera développé ou neutralisé quand ces corps seront à l'état naturel ; et les autres, que nous appellerons des élémens *non magnétiques*, dans lesquels le fluide magnétique n'existe pas, et qui sont tout-à-fait inaccessibles au fluide magnétique.

Quelle est la forme de ces élémens ? on n'en sait rien. On peut se figurer les élémens magnétiques comme de petits corps ronds, fig. 6, et les intervalles qui sépareront ces petits corps seront les élémens non magnétiques ; exactement comme dans le système atomistique, nous nous figurons les atomes comme ayant certaines formes, certaines dimensions, étant groupés d'une certaine manière, et présentant entre eux certains intervalles. Imaginez, si vous voulez, que les atomes du fer, que la substance propre du fer représente les élémens magnétiques, et que les intervalles de ces atomes représentent les élémens non magnétiques. On pourrait faire l'inverse tout aussi bien, et les phénomènes s'expliqueraient exactement de la même façon.

Figurez-vous, dans les élémens magnétiques, les deux fluides magnétiques combinés, ensemble neutralisés, et dans les intervalles de ces élémens aucun atome de substance magnétique. Le fluide magnétique est comme irrévocablement enfermé dans ces petits espaces et n'en peut sortir.

Imaginons une substance magnétique, et supposons qu'on fasse agir sur elle le pôle austral d'un aimant. Ce pôle agira pour attirer le fluide boréal et repousser le fluide austral : il y aura séparation des deux fluides. Ce qui sera produit sur un premier élément sera produit dans un second. En un mot, tous les élémens qui étaient auparavant à l'état naturel, tous ces élémens auront leurs fluides décomposés, et nous aurons un corps constitué dans un certain état magnétique.

Si le corps est sans force coërcitive, aussitôt que la force qui agissait sur lui cessera, les deux fluides se recomposeront, et le corps tombera à l'*état naturel*. S'il est doué d'une force coërcitive, et cette force nous ne savons pas ce que c'est, il en résultera que les élémens resteront dans leur état de décomposition, et les corps resteront des aimans, même quand la force qui les avait constitués dans l'état magnétique aura disparu.

Il est évident que les rapports qui existent entre les volumes des élémens magnétiques et les volumes des élémens non magnétiques, ont une très grande influence sur les phéno-mènes ; il est évident aussi que la force coërcitive et la forme doivent avoir une grande action.

Au moyen de ces notions on parvient à se représenter, et la distribution du magnétisme, telle que Coulomb l'a détermi-née, et la position des pôles, et tous les autres phénomènes que présentent les corps magnétiques.

IMPRIMERIE DE E. DUVERGER,
RUE DE VERNEUIL, N° 4.

COURS DE PHYSIQUE.

LEÇON QUARANTE-DEUXIÈME.

(Mardi, 22 Avril 1828.)

SUITE DE LA THÉORIE DU MAGNÉTISME.

Dans la dernière leçon, nous nous sommes occupés des moyens de mesurer la force magnétique. Nous avons vu que les moyens les plus exacts et les plus simples se réduisaient à deux: mesurer les forces magnétiques au moyen des *oscillations*, mesurer les forces magnétiques au moyen de la *balance de torsion*.

De cette manière, nous avons constaté trois choses essentielles : 1° nous avons appris à déterminer l'état actuel magnétique d'un aimant quelconque par l'un et l'autre de ces deux procédés; 2° nous avons déterminé la loi des *attractions* et des *répulsions* magnétiques; cette loi est en raison inverse du carré de la distance. Lorsqu'on exprime cette loi astronomiquement, c'est-à-dire en l'appliquant aux phénomènes célestes, on a soin d'ajouter que l'attraction est en raison directe des masses et en raison inverse des carrés de la distance. C'est une chose tout-à-fait nécessaire que les masses entrent dans l'expression générale de cette loi. Lorsque nous parlons des lois des attractions et que nous les appliquons aux fluides impondérables, comme le magnétisme et l'électricité, qu'est-ce qui doit, dans ces substances, remplacer le mot *masse*? Devons-nous nous contenter de dire : les attractions magnétiques sont en raison inverse du carré de la distance? Mais il est évident que ces attractions dépendent aussi de quelque autre chose ; elles dépendent des quantités de fluides libres qui agissent les uns sur les autres. Or, ces quantités de fluides libres, impondérables et pourtant matériels, ne peuvent pas être comparées entre elles comme les masses des corps pondérables peuvent être comparées entre

42

elles. Qu'est-ce qu'une masse pondérable? c'est un poids. Qu'est-ce qu'une masse double? c'est un poids double. Pour les substances impondérables, les poids nous manquent; tout terme de comparaison nous manque, et nous sommes obligés de nous restreindre dans cette expression générale : que l'attraction magnétique est en raison inverse du carré de la distance, et en raison directe de la quantité de fluide magnétique. Ne nous trompons pas sur ce mot quantité; quoi que nous fassions, il laissera toujours quelque chose de vague dans notre esprit et quelque chose de vague dans la science. Qu'est-ce que sera une quantité de fluide magnétique? comment la mesurerons-nous? Mesurerons-nous le fluide magnétique par son poids? mais il n'est pas pesant. Le mesurerons-nous par son volume? comment mesurerons-nous le volume de cette substance qui, à la vérité, étant impénétrable, a un volume, mais un volume qui ne peut être mesuré, puisque nous ne pouvons faire sortir le fluide magnétique des derniers atomes de substance dans lesquels il est enfermé. Le mesurerons-nous par son épaisseur? puisque c'est un fluide, nous pouvons dire qu'il occupe une certaine épaisseur; mais comme nous ne pouvons pénétrer dans l'intérieur des corps, cette épaisseur est pareillement inaccessible pour nous.

Ainsi, nous sommes condamnés jusqu'à présent à ignorer complétement ce que sont les quantités de fluides, lorsque ce mot de quantité est appliqué à des choses impondérables.

Nous verrons la même difficulté se représenter en électricité; cependant le fluide électrique offrira un peu plus de prise à nos recherches. Nous pourrons avoir une notion de plus, qui précisera davantage cette expression vague de quantité. Pour le magnétisme, nous ne pouvons rien dire autre chose, sinon qu'il y a des quantités de fluide magnétique, et que nous ne pouvons les mesurer ni par les poids, ni par les volumes, ni d'aucune autre manière; et que quand nous voyons qu'une attraction magnétique devient double, nous concluons que dans l'un des deux termes de comparaison la quantité de fluide est double, voilà la seule conséquence à laquelle nous devons nous arrêter.

Le principe n'en est pas moins applicable, et n'en permet pas moins de suivre par le calcul l'ensemble de tous les phénomènes magnétiques. Cette notion seule de la raison inverse du carré de la distance est suffisante.

3° Enfin nous avons appris à déterminer quelle était la distribution du magnétisme dans des aiguilles aimantées, dans des barreaux, des faisceaux aimantés, en un mot, dans un corps magnétique quelconque. Nous entendons par *distribution* du magnétisme, l'intensité que chacune des tranches d'un aimant est capable d'exercer. C'est de cette manière que nous avons constaté qu'au milieu, l'action des deux fluides est nulle; qu'à partir du milieu, l'action d'un des fluides va en croissant dans chacune des tranches, jusqu'à l'extrémité; puis que l'action de l'autre fluide va croissant, à partir du milieu vers l'autre extrémité; que si nous voulons *sommer* toutes ces actions, c'est-à-dire chercher la *résultante* définitive de ces forces, le point d'application de cette résultante sera ce que nous avons appelé le *pôle* des aimans; que le pôle, analogue au *centre de gravité*, est placé à 18 lignes des extrémités de l'aimant, quand l'aimant a plus de 6 ou 8 pouces, et au tiers de la demi-longueur ou au sixième de la longueur totale, quand l'aiguille aimantée a une longueur un peu moindre.

Nous avons commencé à indiquer la théorie générale des phénomènes magnétiques : nous avons dit qu'après une foule d'hypothèses plus ou moins vagues, plus ou moins incohérentes, et on pourrait même dire plus ou moins absurdes, sur l'existence des fluides magnétiques, nous sommes enfin arrivés à nous représenter tous les aimans ou tous les corps magnétiques comme composés d'élémens divers, d'élémens magnétiques et d'élémens non magnétiques; élémens séparés les uns des autres, se touchant, mais ne pouvant avoir de communication, puisque le fluide magnétique est enfermé, sans en pouvoir sortir, dans les élémens magnétiques. Les deux fluides étant combinés et neutralisés l'un par l'autre dans chacun des élémens magnétiques, aucun phénomène n'apparaît au dehors. Mais qu'une cause quelconque, soit la présence d'un aimant, soit l'action magnétique de la terre, s'exerce sur un des élémens magnétiques, à l'instant une décomposition des deux fluides s'opère dans ces élémens. L'un va d'un côté, l'autre va de l'autre côté; et la réaction qui s'exerce sur chacun des élémens voisins détermine une décomposition analogue dans toute la masse. La résistance à la décomposition, et par suite à la recomposition des fluides, est ce que nous avons appelé la *force coërcitive*.

L'ensemble des réactions que tous ces élémens magnétiques exercent les uns sur les autres produit tous les phénomènes que nous avons observés : la ligne moyenne au milieu de tous les aimans, la place des pôles, l'intensité toujours croissante du magnétisme depuis le milieu jusqu'à l'extrémité, etc.

Nous reviendrons sur cette théorie, pour la comparer avec une autre théorie plus moderne reposant sur la découverte de l'*électro-magnétisme;* théorie qui aurait pour objet d'établir, non pas une analogie, mais une identité absolue entre les phénomènes magnétiques et les phénomènes électriques.

Avant d'arriver à cette nouvelle théorie du magnétisme, nous devons terminer le magnétisme proprement dit : ce que nous allons faire, en indiquant les procédés divers d'*aimantation,* et les phénomènes découverts par M. Arago, sur le *magnétisme en mouvement.*

PROCÉDÉS D'AIMANTATION.

Les procédés d'aimantation ont à peu près suivi les théories magnétiques. Pendant long-temps on n'a pu développer du magnétisme dans des corps magnétiques que par hasard. Peu à peu, la science s'agrandissant, on a vu qu'avec un aimant naturel (car, à cette époque, on ne regardait comme aimans que les aimans naturels), il y avait un moyen simple de donner du magnétisme à un corps, c'était de passer ce corps sur le pôle de l'aimant. En effet, de cette manière les corps prennent un peu de magnétisme; mais c'est un procédé très imparfait et même très vicieux pour développer le magnétisme.

J'arrive de suite aux deux procédés qui doivent être employés pour développer du magnétisme. Le premier procédé est appelé *procédé de Duhamel,* ou procédé de la *touche séparée.* Voici en quoi il consiste : il faut supposer d'abord que l'on est pourvu d'aimans très puissans. A la vérité, nous avons indiqué comment, à défaut de ces aimans, on pouvait s'en procurer avec des fils de fer. Enfin, nous supposons qu'on est arrivé à se pourvoir d'aimans très puissans, et c'est dans cette hypothèse que nous allons raisonner.

On prend deux aimans très puissans, fig. 1, et on les dispose sur une même ligne, de façon que les pôles de noms contraires se regardent. Ainsi *a* est un pôle austral, et *b* est un pôle boréal. On dispose la pièce qu'on veut aimanter de manière qu'elle soit posée sur chacun des aimans, et qu'elle empiète à peu près de 18 lignes. C'est pour cela qu'il y a sur les pièces de fer doux qui terminent les aimans, et qu'on appelle des *armatures,* un petit rebord, contre lequel vient s'appuyer la pièce à aimanter.

Par cette seule disposition, le fluide est décomposé dans la pièce ainsi placée sur les aimans. Car le pôle austral décomposant les fluides, attire de son côté le fluide de nom contraire, c'est-à-dire le fluide boréal ; et, au contraire, le fluide boréal agissant également pour décomposer les fluides, attire à lui le fluide boréal. Il en résulte que le barreau, encore qu'il soit d'acier, étant mis en contact pendant un certain temps avec les deux aimans, est constitué dans un état magnétique ; et lorsqu'on l'aura enlevé, on y remarquera un pôle austral et un pôle boréal, qui ne seront pas très puissans, à la vérité, si le contact a été de peu de durée, mais qui pourront être très énergiques, si ce contact s'est prolongé très longtemps.

Comment est-il possible que les pôles apparaissent, puisque le fluide de chacun des deux aimans n'agit que sur chacun des élémens magnétiques ? Si vous concevez un fil assez fin pour qu'il ne fût composé que d'une simple file de molécules d'acier juxta-posées, mises à la suite l'une de l'autre, le phénomène de la décomposition serait facile à concevoir ; il serait également facile de concevoir que la neutralisation des fluides contraires doit avoir lieu au milieu, et que le fluide austral doit être prédominant à l'une des extrémités, et le fluide boréal à l'autre. Je dis prédominant ; car en effet, le fluide austral et le fluide boréal existent dans chaque partie de l'aimant en égale quantité, mais dans un pôle c'est le fluide austral qui prédomine, et dans l'autre c'est le fluide boréal.

Ce qui arrive à une file de molécules devant arriver à une autre file, il en résulte qu'en pénétrant par la pensée dans l'intérieur de la barre, on voit le travail et la séparation des fluides qui s'accomplit dans chacun des élémens.

De cette manière, l'aimantation serait très imparfaite. Voici ce qu'il faut ajouter à cette première disposition : on prend deux faisceaux moins gros que les *faisceaux fixes*. Ces deux faisceaux g, g', qu'on appelle les *faisceaux glissans*, sont tournés de manière que chacun d'eux ait le même pôle que le barreau fixe vers lequel il doit marcher. Les faisceaux glissans doivent être inclinés sur la lame ou le barreau à aimanter, de manière à faire avec elle un angle d'environ 30 degrés. On les place au milieu de la lame, et on les fait glisser l'un vers une extrémité, l'autre vers l'autre extrémité, en ayant soin de les relever à chaque extrémité pour les ramener au milieu, et les faire glisser de nouveau. Trois frictions données de cette manière suffisent pour aimanter la barre à saturation.

Si l'on veut s'assurer que la barre a en effet tout le magnétisme qu'elle peut recevoir, il suffit de suspendre la barre à un fil, de la faire osciller, de compter le nombre des oscillations qu'elle exécute dans un certain temps, et puis de remettre cette barre en expérience, de lui donner encore 2, 3, 10 frictions dans le même sens; si elle prend une plus grande quantité de magnétisme, vous conclurez qu'elle n'avait pas pris tout celui qu'elle pouvait recevoir; si elle ne prend qu'une petite augmentation de magnétisme, vous conclurez qu'elle a pris tout ce qu'elle pouvait prendre.

J'ai dit tout à l'heure qu'il fallait avoir soin de soulever les deux faisceaux glissans pour les ramener au milieu de la barre à aimanter. En effet, si on ramène les faisceaux en les faisant glisser sur la barre, on fait naître des *points conséquens*. Nous allons examiner l'effet de ces points et les moyens de les produire.

Nous avons déjà indiqué que quand une barre est un peu longue, elle a souvent plus de deux pôles, elle en a 3, 4, 5 quelquefois même un plus grand nombre.

Pour reconnaître si un barreau a des points conséquens, il suffit de le présenter à une aiguille d'épreuve, et de voir comment elle agit dans chacun de ses points sur cette aiguille, en la promenant dans toute sa hauteur. Après avoir cherché ainsi les pôles d'un barreau, on peut vérifier cette première expérience, et rendre les pôles plus sensibles, en plaçant la barre sous une feuille de carton, et en jetant de la limaille de fer sur ce carton. L'arrangement de cette limaille indique la position précise des points conséquens.

Il importe extrêmement de se mettre à l'abri de ces points conséquens. Tout le monde imagine ce qui arriverait à une aiguille de boussole, si elle était irrégulièrement aimantée. Une telle aiguille serait *folle*, c'est-à-dire qu'elle se tournerait tantôt d'un côté tantôt de l'autre, qu'elle n'aurait pas de force directrice stable. Il faut donc s'assurer avec une scrupuleuse exactitude s'il y a ou s'il n'y a pas de points conséquens.

Quant à la manière de faire naître ces points conséquens, qui naissent souvent sans qu'on ait intention de les produire, c'est une chose extrêmement simple. Il suffit d'approcher au contact de l'endroit où l'on veut faire naître un point conséquent, le pôle d'un aimant quelconque.

Le procédé de la touche séparée, malgré les inconvéniens que nous venons de signaler dans la pratique, est celui qu'il faut suivre lorsqu'on veut aimanter des aiguilles de boussole, et des lames qui ont quelques millimètres d'épaisseur et plusieurs millimètres de largeur.

Lorsqu'on veut aimanter de très gros barreaux, pour leur donner tout le magnétisme qu'ils sont capables de recevoir, il ne faut pas les aimanter par le procédé que je viens d'indiquer, mais par le procédé de la *double touche*, qu'on appelle aussi le *procédé d'Æpinus*.

Voici quelle est la disposition de ce second appareil, fig. 2 : on se sert toujours des faisceaux fixes; on les dispose de la même manière que tout à l'heure, c'est-à-dire qu'on les place sur la même ligne, les pôles contraires en présence. On place le barreau à aimanter sur les deux pôles des aimans fixes, de manière qu'il empiète encore de 18 lignes, s'il est long, ou seulement de quelques lignes, s'il est court. On prend les faisceaux glissans, qu'on tient un peu plus inclinés que tout à l'heure. Mais au lieu de faire glisser ces faisceaux séparément, chacun d'un côté, on les fait glisser ensemble d'une extrémité à l'autre, en partant d'abord du milieu et en venant s'arrêter au milieu. Il importe que les faisceaux ne se touchent pas, et pour cela on a soin de les séparer par une petite lame de bois.

Cette méthode s'appelle la *méthode de la double touche*, parce qu'on touche simultanément dans les deux moitiés de la lame. Il semble étrange que les pôles contraires, étant très voisins, puissent produire la décomposition. Cependant ce procédé est beaucoup plus efficace, et même c'est le seul qui puisse donner aux gros barreaux tout le magnétisme qu'ils peuvent recevoir. Dans ce procédé les deux fluides sont séparés, d'abord dans un sens et ensuite dans l'autre; les deux fluides une fois décomposés semblent être fixés par l'influence des barreaux fixes; et voilà pourquoi la décomposition est plus efficace.

Le dernier procédé a quelques inconvéniens, des inconvéniens qui seraient graves pour des aiguilles de boussole, mais qui sont à peu près nuls lorsqu'il s'agit d'aimanter des barreaux. L'inconvénient principal consiste en ce que l'un des pôles est plus fort que l'autre. Cela vient probablement de ce qu'il est impossible d'enlever les faisceaux glissans juste au milieu; et si on les enlève vers l'une des extrémités, l'aimantation est irrégulière. Ce procédé donne lieu en outre à des points conséquens, qui naissent toutes les fois que les faisceaux glissans séjournent quelques instans sur la lame.

Tels sont les deux seuls procédés qu'on doive employer lorsqu'on veut aimanter avec quelque régularité. Il y a une foule d'autres procédés qui ont été employés successivement, mais il est inutile de passer en revue tout ce qu'il y avait de vicieux dans ces procédés.

Avant d'arriver à la construction des almans, nous avons à faire des recherches sur la quantité de magnétisme que peut prendre un corps. Y a-t-il une limite à la quantité de magnétisme qui existe dans les corps? Déjà vous savez qu'il n'y a pas de limite à la quantité de calorique que les corps possèdent. Il est impossible d'enlever à un corps tout le calorique qu'il contient; donc il en contient une quantité indéfinie. Nous ne savons pas quelle apparence offrirait une matière, s'il en existait une, qui serait privée complètement de calorique. Les atomes de ce corps formeraient sans doute une masse unique qui serait comme un atome beaucoup plus volumineux; mais alors nous n'aurions pas de prise entre les atomes, pour les séparer les uns des autres.

Quant au magnétisme, voyons s'il est en quantité indéfinie et mesurable. Voici des expériences que nous pouvons faire : prenons, par exemple, un petit bout de fil de fer d'un centimètre de longueur, et de tel diamètre que nous voudrons. La quantité de magnétisme qu'il contient est-elle finie ou indéfinie? Pour vous en assurer, il faut prendre ce petit cylindre et puis le mettre aux prises avec un aimant. Je suppose que cet aimant ne puisse le porter; cependant il détermine une certaine décomposition. Prenons un aimant plus puissant, et cet aimant portera le fil de fer; donc le premier aimant ne décomposait pas tout le fluide qui pouvait être décomposé. Ainsi il faut reconnaître que la quantité des fluides décomposés ne reste pas la même, et que plus nous accumulons de force dans les aimans, plus grande sera la décomposition des fluides. Il n'y a pas de limite à cette action : tellement que le fil de fer pourrait être attiré si fortement par un aimant, qu'il se romprait plutôt que d'être détaché ; à la vérité, nous n'avons pas d'aimans assez puissans pour que la ténacité des corps puisse être rompue plutôt que ces corps soient détachés des aimans. Cependant, pour des fils de fer très fins, il serait peut-être possible, en les soumettant à l'action d'aimans très puissans, de les rompre plutôt que de les séparer des aimans.

Il y a donc une quantité de fluide indéfinie. Les corps doués de force coërcitive comme l'acier, contiennent aussi du fluide en quantité indéfinie ; car si l'on aimante une aiguille à coudre, par exemple, sur un barreau très petit, elle prendra, pour un certain nombre de frictions, une certaine

quantité de magnétisme. Si l'on aimante ensuite cette aiguille sur un aimant plus gros et qu'on la mette à l'épreuve,
qu'on la fasse osciller de nouveau, elle fera un plus grand
nombre d'oscillations : donc elle aura reçu une plus grande
quantité de magnétisme. Par conséquent, pour les corps
doués de force coërcitive, comme pour les corps non doués
de force coërcitive, il y a une quantité indéfinie de fluide magnétique : car plus les forces que nous faisons agir sur ces
corps sont grandes, plus la quantité de fluide est considérable. Mais autre chose est la quantité de fluide qui existe dans
les corps et la quantité de fluide qui peut y être maintenu
dans un état de décomposition ; et ici nous arrivons à un point
très important dans la théorie du magnétisme.

Si l'on aimante un corps quelconque par un certain nombre
de frictions, et qu'on le fasse osciller, il fera un certain nombre
d'oscillations. Si on lui fait subir de nouvelles frictions, et
qu'on le fasse de nouveau osciller, il fera un plus grand
nombre d'oscillations, et le nombre de ces oscillations sera
d'autant plus considérable, que les aimans qu'on fera agir
sur lui seront plus puissans. Mais voici ce qui arrive : le corps
ne peut conserver cet état magnétique. Lorsqu'on l'abandonne
à lui-même pendant un jour ; à la fin du jour, il aura perdu
de son magnétisme et il fera moins d'oscillations ; le lende-
main, il en fera moins encore, et il perdra ainsi un peu de
son magnétisme tous les jours, jusqu'à un certain point.
Quand il sera arrivé à ce point, il n'en perdra plus, il sera
comme un aimant naturel conservant sa force très exactement, et n'éprouvant plus aucune altération. Ce point auquel tombent tous les aimans qui ont été trop aimantés, est
ce qu'on appelle le *point de saturation*, et c'est cette question
du point de saturation que je voulais vous signaler comme
étant une question de la plus haute importance, et sur laquelle on n'a pas peut-être de notions complétement justes.

Il y a donc pour chaque morceau d'acier, pour chaque
corps doué de force coërcitive, un certain point qu'on appelle point de saturation, auquel le corps reste parfaitement
fixe et inaltérable, à moins que des causes accidentelles ne
viennent agir. Si, par exemple, on fait chauffer ce corps, si
on le choque, si on lui fait éprouver quelque modification,
soit par les actions mécaniques, soit par les actions chimiques, il n'aura plus le même point de saturation.

On dit assez généralement que le point de saturation est
tel qu'un corps le prend tout de suite, et qu'une aiguille à
laquelle on donne une friction avec de forts faisceaux, et

qu'on fait osciller, fera, par exemple, dix oscillations dans une seconde ; que si on lui donne un nombre double de frictions, elle fera encore le même nombre d'oscillations ; mais la vérité est que cette aiguille fera un plus grand nombre d'oscillations, et qu'au lieu d'en faire dix, elle en fera peut-être douze, et que si l'on continue à lui donner des frictions, elle en fera encore davantage. Elle pourra dépasser son point de saturation. C'est là un élément essentiel de la question que nous examinons.

Un autre point qu'on admet généralement, c'est qu'un corps qui a dépassé son point de saturation retombe instantanément à ce point Il n'en est point ainsi, et il faut, au contraire, un temps très long pour qu'il y retombe. Il n'y a pas d'autre manière de reconnaître qu'un corps est tombé à l'état de saturation que de faire osciller le corps tous les jours, dans le même lieu, sous la même influence, et de compter le nombre des oscillations qu'il fera. On verra qu'il perd peu à peu de son magnétisme, jusqu'à un certain point qu'il en perdra si peu, que le décroissement journalier sera pour ainsi dire insensible.

J'insiste sur cette question, parce que c'est la difficulté d'avoir des aiguilles aimantées à leur point de saturation qui rend si difficile la détermination de l'intensité du magnétisme de la terre.

D'après ce qui vient de vous être signalé, vous concevez que lorsqu'on veut composer des aimans artificiels aimantés à saturation, il est nécessaire de les *suraimanter* et de les abandonner ensuite à eux-mêmes jusqu'à ce qu'ils soient revenus à leur véritable point de saturation.

Il y a beaucoup de causes qui influent sur le point de saturation. Voici deux des causes les plus fondamentales qui doivent vicier le résultat des expériences de Coulomb et de beaucoup d'autres observateurs. Le point de saturation, dans un aimant, est d'autant plus élevé que la *trempe* a été plus *dure*. Vous savez ce qu'on appelle la *trempe* et le *recuit*. Tremper l'acier, c'est le faire chauffer au blanc et le refroidir subitement en le plongeant dans de l'eau froide, dans de l'huile, dans la glace, dans le mercure ou dans des mélanges réfrigérans. On prétend que, dans les arts, le corps dans lequel l'acier a été refroidi peut donner aux tranchans des propriétés particulières. Cela est possible pour les applications des arts, mais quant au magnétisme, qu'un corps ait été refroidi dans l'eau, dans la glace, dans le mercure, ses propriétés magnétiques sont complètement les mêmes.

L'acier qui aura une trempe très dure, qui sera cassant comme du verre, aura le plus haut degré de force coërcitive, c'est-à-dire que son point de saturation sera le plus élevé possible. Il sera difficile de le lui donner, mais il le gardera plus long-temps.

Mais comme l'acier trempé ainsi est très cassant, et qu'en outre il se déforme dans le refroidissement subit qu'il éprouve, il en résulte qu'on n'emploie jamais des aimans qui ont la trempe dure ; on les fait *recuire*, comme on dit. Il y a différens degrés de recuit. Lorsqu'on chauffe l'acier à un certain degré, il prend une teinte *jaune-paille*, c'est le premier degré de recuit. Si on élève la température, cette couleur se fonce, elle devient *orangée ;* elle passe ensuite au *bleu,* puis au *vert d'eau.* Tels sont les quatre degrés de recuit.

Le *vert d'eau* est le point qui paraît le plus convenable pour le magnétisme. Il y a un grand avantage à employer l'acier recuit de cette manière ; il a la consistance des ressorts, et il est moins soumis à tous les accidens de cassure, et, de plus, on peut le redresser facilement, et lui donner les formes géométriques nécessaires pour les calculs.

L'acier complètement recuit n'a plus de point de saturation, c'est-à-dire qu'il perd avec une extrême facilité le magnétisme qu'on lui a donné.

La chaleur a aussi une grande influence sur le point de saturation. On doit à Coulomb et à M. Kupffer des recherches savantes et des observations curieuses sur ce sujet.

Supposons un barreau aimanté quelconque, et qui soit à son point de saturation. Essayons-le à la température où nous sommes aujourd'hui, et comptons le nombre des oscillations ; puis élevons sa température de $1°$, il perdra une certaine quantité de son magnétisme. Élevons sa température d'un second degré, et il perdra encore une nouvelle quantité de magnétisme. En un mot, plus on le chauffe et plus son magnétisme diminue ; tellement que si on le porte à $100°$, il perdra tout son magnétisme, voilà pourquoi les comparaisons d'intensité du magnétisme de la terre sont si difficiles, c'est que les observateurs traversent des climats où les températures sont très différentes.

Ainsi, les aimans perdent de leur magnétisme à mesure qu'on les chauffe. Une question qui se présente ici, c'est de savoir si une barre qui a perdu son magnétisme par la chaleur, le reprend lorsqu'elle vient à se refroidir. Il y a des recherches extrêmement curieuses à faire sur ce point ; il paraît cependant qu'une barre ne reprend pas son état quand elle a été chauffée. Il paraît également qu'après l'avoir ramenée à la température primitive, elle n'est plus susceptible de prendre la même quantité de magnétisme.

Une autre observation qu'il importe de faire en ce moment, c'est que la recomposition des fluides ne se fait pas subitement, j'en citerai un exemple dû à Kupffer. Il faisait ses observations sur une aiguille qui, à la température de 10 degrés de Réaumur, faisait 300 oscillations en 784″, 5. Ayant chauffé cette barre, il trouva que pour 1° d'élévation de température, le temps nécessaire pour faire les 300 oscillations augmenta d'une demi-seconde ; qu'ainsi pour 1° d'élévation de température, la barre mettait 785″ pour faire 300 oscillations, et que pour 2°, elle mettait 785″,5 pour faire ce même nombre d'oscillations. Kupffer a observé que cette loi se maintenait avec une grande régularité jusqu'à 30° ; mais la température de 30° est trop rapprochée de celle de 10° pour qu'on puisse l'admettre.

Kupffer a aussi observé que si l'on place un aimant dans l'eau bouillante, et qu'on le retire pour l'éprouver, on trouve qu'il a perdu une certaine quantité de son magnétisme ; qu'on le remette dans l'eau, il en perdra une quantité plus considérable. Enfin, qu'on plonge ainsi cet aimant jusqu'à cinq et six fois, à chaque fois il perdra une certaine quantité de magnétisme ; enfin il faudra que cet aimant reste dans l'eau assez long-temps pour perdre tout son magnétisme.

Voilà donc deux observations remarquables sur l'influence de la chaleur : 1° l'élévation de température change le point de saturation, c'est-à-dire, fait perdre du magnétisme aux aimans.

2° Cette perte n'est pas subite, il faut long-temps pour que la recomposition des fluides puisse s'accomplir d'une manière tout-à-fait complète.

Voici maintenant une autre observation qui est la conséquence de la première ; c'est que si on chauffe l'aimant au rouge, il perd complètement son magnétisme. Enfin, il y a un effet de la chaleur trop peu étudié et qui est très singulier. Quand un corps, soit du fer, soit de l'acier, est *rouge-blanc*, non-seulement il a perdu son magnétisme, mais il est incapable d'en recevoir ; il est insensible au magnétisme, comme le serait un morceau de pierre. Si vous le laissez refroidir graduellement, lorsqu'il arrivera près du *rouge-cerise*, il prendra à l'instant des propriétés magnétiques extrêmement énergiques. On ne sait pas à quoi peut tenir cette propriété, si ce n'est à la distance des molécules.

On avait pensé que le froid, et plusieurs navigateurs avaient partagé cette opinion, on avait pensé que le froid avait une très grande action sur la boussole, que dans les régions polaires, par exemple, la boussole ne peut servir à rien. Il est vrai que la boussole de déclinaison est à peu près sans usage, mais vous en concevez la raison. Dans les mers polaires, près d'un lieu où l'inclinaison est de 90°, et où la direction des forces magnétiques est verticale, ces forces sont comme deux fils verticaux qui tireraient l'aiguille par ses deux extrémités et ne lui imprimeraient par conséquent pas de mouvement. De plus, un petit mouvement vers le pôle donne un changement de position très sensible; tellement que s'il faut aller sur le parallèle de Paris vers les côtes d'Amérique pour avoir une variation et déclinaison de 3° ou 4°, quand on ira près des pôles, il faudra à peine la longueur de ce bâtiment, pour avoir une différence très grande dans les indications. C'est, je crois, cette circonstance qui a trompé les navigateurs qui ont fréquenté les mers polaires. Ainsi ce n'est pas l'intensité du froid qui détermine la recomposition des fluides magnétiques. C'est ce qu'on a d'ailleurs vérifié par l'expérience, en soumettant les aimans à des réfrigérans très intenses.

Après ces données générales sur les causes qui modifient le point de saturation, il nous reste à indiquer les causes qui peuvent développer du magnétisme et porter les aiguilles jusqu'à ce point de saturation.

Nous avons déjà vu que diverses causes, telles que les actions chimiques et mécaniques qui paraissent développer du magnétisme, n'en développent pas. Il n'y a que deux causes qui développent du magnétisme : le *magnétisme* lui-même et l'*électricité*. C'est la découverte de cette seconde cause qui constitue l'*électro-magnétisme*.

Il y a une autre cause qui développe du magnétisme; mais cette cause est encore enveloppée de beaucoup d'incertitude. Un observateur italien fort habile, appelé Morichini, a reconnu, il y a long-temps, que les rayons solaires, et surtout les rayons *violets*, avaient la propriété de développer du magnétisme dans les corps. Ainsi en prenant une aiguille à coudre, couvrant de papier la moitié de sa longueur, et l'exposant à des rayons violets, il a reconnu que l'aiguille s'aimantait d'une manière très sensible. On a essayé long-temps en France, et toujours sans succès, de produire ce phénomène. Il paraît qu'une dame anglaise, qui s'occupe beaucoup de sciences physiques, madame de Sommerville, est venue à bout de développer du magnétisme par les rayons violets. Ce serait là un fait très fondamental dans la science que de constater que l'action de la lumière, que les vibrations qui constituent la lumière, sont capables de développer du magnétisme dans les corps.

Je ne donne le fait que je viens de citer que sur la foi des auteurs, n'ayant jamais pu réussir à le produire.

Il nous reste un mot à dire sur la construction des aimans. La fig. 6, leçon 38°, représente un aimant artificiel formé avec des lames qui sont toutes aimantées à saturation, et qui ont toutes la même dimension. Une chose assez remarquable, c'est que la pression que l'acier a subie n'est pas indifférente. L'acier tiré prend plus de magnétisme que l'acier battu au marteau. L'espèce de l'acier a aussi une très grande influence. L'acier d'Allemagne paraît avoir une force coërcitive plus grande que l'acier d'Angleterre.

Le faisceau est terminé par deux pièces de fer appelées des *armatures*. Une partie des armatures est creuse pour recevoir les lames aimantées. Toutes les lames ainsi disposées agissant sur le fer, qui doit être du fer doux, décomposent les fluides naturels. Il importe que les aimans artificiels soient sans cesse en action sur du fer doux, parce qu'alors la recomposition des fluides ne se fait pas aussi bien.

La fig. 3 représente un aimant en *fer à cheval*. Quelquefois on unit ensemble plusieurs lames, fig. 4.

La fig. 5 représente un aimant naturel pourvu de ses armatures. Il n'est pas rare de voir un aimant naturel porter cinquante ou soixante livres. On en voit même porter jusqu'à deux cents livres : il serait difficile de donner, par nos moyens, un développement de magnétisme plus considérable.

On appelle *contact* une pièce de fer doux, qui doit toujours rester attachée à l'aimant. La disposition de ce contact doit être telle qu'elle favorise la décomposition des deux fluides, et que la décomposition soit la plus grande possible.

Tel est, sur le magnétisme proprement dit, l'ensemble des connaissances auxquelles nous sommes arrivés. Nous allons passer à la découverte du *magnétisme de rotation*.

MAGNÉTISME DE ROTATION.

M. Arago est l'auteur de la découverte du magnétisme de rotation, et voici en très peu de paroles l'histoire de cette branche très importante de la science.

Plusieurs observateurs avaient déjà remarqué que le cuivre avec lequel on construit habituellement les instrumens magnétiques, exerçait sur l'aiguille une certaine action pour la dévier.

Coulomb avait remarqué que si l'on prend des aiguilles de diverses matières et de quelques millimètres de longueur sur un millimètre de diamètre à peu près ; qu'on les suspende, dans une petite chape de papier, à un fil de soie sans torsion; qu'on les place sous une cloche, fig. 6, de manière à les préserver tout-à-fait des agitations de l'air ; qu'on fasse passer par deux ouvertures opposées pratiquées dans cette cloche les deux pôles de nom contraire de deux aimans, et qu'on mette l'aiguille aux prises entre les aimans, cette aiguille finit par se diriger exactement comme ferait une aiguille magnétique. Cette propriété a été reconnue dans une foule de substances pondérables.

Lorsque Coulomb eut fait cette observation, il se présenta naturellement une question, celle de savoir s'il ne se trouvait pas des substances magnétiques dans ces corps, qui se dirigeaient ainsi sous l'influence des aimans ; si, par exemple, ces corps ne contenaient pas du fer, du cobalt ou du nickel. Pour s'en assurer, Coulomb fit un mélange avec de la cire et de la limaille de fer ; il en forma des fils ; et cherchant la force de ces fils, il arriva à cette conséquence, qu'il n'y avait pas possibilité de découvrir par l'analyse chimique la quantité très petite qu'il faudrait pour imprimer à l'aiguille la force directrice qu'on observe.

Les choses en étaient à ce point quand M. Arago fit une observation d'une autre nature. Faisant osciller des aiguilles aimantées dans des vases en cuivre, il fut frappé de voir qu'une aiguille qui pouvait faire quatre cents oscillations, lorsqu'elle était libre dans l'air, n'en faisait que quatre lorsqu'elle était très près du cuivre. Ces oscillations se faisaient toujours suivant la même loi, c'est-à-dire avaient la même durée, il n'y avait que leur nombre de changé.

Supposant qu'il y avait du fer dans le cuivre, M. Arago en fit faire l'analyse ; mais la quantité de fer était telle qu'elle était incapable de produire un phénomène aussi sensible.

Il s'agissait de rechercher par quelle force ces aiguilles pouvaient être arrêtées ainsi dans leur mouvement. Pour résoudre cette question, M. Arago la renversa, et fit le raisonnement suivant : si, quand l'aiguille est en mouvement, le cuivre agit sur elle pour l'arrêter, quand l'aiguille sera en *repos* et le cuivre en *mouvement*, il devra déterminer un mouvement dans l'aiguille.

Faisons mouvoir du cuivre et voyons si en effet l'aiguille

en éprouvera quelques modifications. L'appareil dont on se sert pour cette expérience est représenté fig. 7. Il se compose d'une horloge tout en cuivre, qui porte, dans sa partie supérieure, un axe sur lequel repose un disque en cuivre égal dans toutes ses dimensions. Pour mettre l'appareil en mouvement, il suffit de lâcher une détente. Pour s'assurer que le mouvement de l'aiguille n'est point dû au mouvement que le disque imprime à l'air, on sépare l'aiguille du disque par une feuille de papier.

L'appareil étant ainsi disposé, on met le disque en mouvement, et l'on voit l'aiguille prendre un mouvement d'abord très lent, mais qui finit par devenir tellement rapide, que l'aiguille tourne aussi vite que le disque.

Voilà donc une nouvelle force, dont jusqu'à présent nous n'avions aucune espèce de connaissance; force remarquable qui s'exerce entre le cuivre, les autres métaux et les corps magnétiques, et au moyen de laquelle les corps magnétiques peuvent être ainsi emportés par un mouvement de rotation. Cette force dépend-elle du magnétisme, ou est-ce une force tout-à-fait nouvelle? Cette question, très importante pour la science, n'est peut-être pas encore complètement résolue; mais cependant dans la prochaine leçon j'indiquerai le point où nous sommes arrivés à cet égard.

IMPRIMERIE DE E. DUVERGER,
RUE DE VERNEUIL, N° 4.

COURS DE PHYSIQUE.

LEÇON QUARANTE-TROISIÈME.

(Samedi, 26 Avril 1828.)

SUITE DU MAGNÉTISME DE ROTATION.

Nous avons, dans la dernière séance, commencé l'étude du magnétisme en mouvement ; nous avons établi deux faits primitifs, dont l'un est exactement l'inverse de l'autre, et qui offrent par conséquent deux voies distinctes pour étudier ce nouvel ordre de phénomènes.

Nous avons indiqué qu'une aiguille magnétique, suspendue par un fil de soie sans torsion, oscillant auprès d'un corps métallique, auprès du cuivre, par exemple, ne se comportait pas de la même manière que lorsqu'elle oscillait librement dans l'air, loin de toute influence voisine ; que la différence consistait en ceci : qu'à la vérité les oscillations se faisaient exactement dans la même durée, mais que l'aiguille, au lieu de faire, par exemple, 300 ou 400 oscillations avant de s'arrêter, ou avant de cesser de faire des écarts sensibles à l'œil, faisait simplement 3 ou 4 oscillations, puis était fixée comme par une force particulière. Voilà le premier fait observé.

Le second fait, l'inverse du premier, consistait en ce que, si l'on prend un disque de métal, de cuivre, par exemple, qu'on le mette sur un appareil sans fer, sur une espèce d'horloge construite tout en cuivre, et qu'on lui imprime un mouvement de rotation très rapide, ce disque agira pour mettre en mouvement une aiguille librement suspendue au-dessus de lui, mais séparée par une feuille de papier, une lame de verre ou un corps quelconque, afin que les courans d'air occasionés par le mouvement du disque ne puissent exercer d'influence pour entraîner l'aiguille.

Nous allons maintenant exposer les diverses vérités aux-

43

quelles les deux observations fondamentales dont nous venons de parler ont donné lieu.

Ce fait qu'un disque de métal non ferrugineux agit sur une aiguille horizontale librement suspendue, annonce certainement une force entre l'aiguille et le disque. Cette force est-elle magnétique? Il est facile de résoudre la question; car si ce n'est pas une force magnétique, l'aiguille n'aura pas besoin d'être une aiguille aimantée pour obéir à cette impulsion. Or, une aiguille de toute autre substance que du fer, et même une aiguille de fer ou d'acier, mais non aimantée, disposée de la même manière au-dessus du disque, ne reçoit aucune espèce d'action, ce qui prouve deux choses : d'abord que la force est bien une force magnétique, et ensuite que la feuille de papier ou l'écran que l'on met entre l'aiguille et le disque est capable d'arrêter tous les courans d'air, puisque une aiguille non aimantée ne reçoit aucun mouvement.

Ainsi c'est une action magnétique. Quelle est la nature de cette action? un métal tel que le cuivre est-il lui-même une substance magnétique? les autres métaux, l'or, l'argent, le platine, le bismuth, l'antimoine, le mercure même, qui est un corps liquide, tous ces corps sont-ils des substances magnétiques. ? C'est ce qu'il s'agit d'examiner en caractérisant bien cette force, sa direction et son intensité.

Pour cela nous reprendrons les phénomènes, en remarquant que l'intensité de la force dépend surtout de la rapidité de rotation du disque. Supposons que le disque tourne très lentement, de manière à faire, par exemple, un tour par seconde, alors l'aiguille aimantée sera entraînée dans le sens du disque, et se déviera de sa direction primitive d'un certain angle, puis elle restera parfaitement stable tant que le disque conservera la même vitesse. Ainsi, dans ce premier cas, il y a simplement déviation de l'aiguille.

Supposons maintenant qu'on accélère le mouvement; qu'au lieu de donner au disque un mouvement d'une révolution entière par seconde, on lui donne un mouvement de deux révolutions par seconde; alors l'aiguille sera déviée de nouveau, et un peu plus que la première fois. Sera-t-elle déviée du double? C'est ce qu'il est difficile de déterminer avec exactitude; mais la force croît avec la vitesse de rotation d'une manière très sensible. Si l'aiguille éprouve, dans le premier cas, une déviation de 10° ou 12°, elle aura, dans le second cas, une déviation plus grande; puis, tant que le disque aura le même mouvement, elle sera arrêtée dans cette nouvelle position sans faire aucune oscillation. Si le mouvement vient à cesser, elle reviendra à sa première position ; si le mouvement est seulement ralenti, elle se rapprochera de cette position.

Enfin, si l'on augmente la rapidité de rotation au point de faire parcourir au disque 3, 4, 6, jusqu'à 10 révolutions par seconde, l'aiguille, alors, sera déviée de plus en plus, jusqu'à faire un angle de 90°, c'est-à-dire jusqu'à se tourner perpendiculairement à sa direction primitive.

Une fois que l'aiguille sera amenée dans cette direction perpendiculaire, il n'y aura plus alors simplement *déviation*, il y aura *rotation* de l'aiguille.

Toutes les fois que le disque pourra imprimer ce mouvement de rotation à l'aiguille, que l'aiguille soit forte ou faible, qu'elle soit près ou loin du disque, que le disque soit d'une substance ou d'une autre, il arrivera que la vitesse de rotation de l'aiguille sera précisément égale à la vitesse de rotation du disque.

Quelle est la direction de la force qui produit ce mouvement? Elle est caractérisée par le mouvement lui-même que prend l'aiguille. Puisque l'aiguille est horizontale, puisqu'elle se dévie horizontalement, et puisqu'elle suit le disque dans son mouvement, il est évident que la force qui agit sur elle est *parallèle à la surface du disque*, et en même temps *perpendiculaire au rayon du disque*.

L'intensité de cette force dépend de la vitesse de rotation, de l'épaisseur du disque, et de la distance du disque à l'aiguille, mais rien ne peut l'arrêter. Que l'on interpose entre le disque et l'aiguille, non pas une feuille de papier, mais une feuille d'une substance métallique, un autre disque de cuivre, la force peut bien être modifiée jusqu'à certain point; mais jamais elle n'est arrêtée. C'est donc une force qui s'exerce à distance et à travers les diverses substances.

Voyons si elle est la seule force magnétique qui naisse du mouvement entre les substances magnétiques et l'aiguille aimantée. Pour cela, disposons l'appareil d'une autre manière : au lieu de prendre une aiguille aimantée *horizontale*, prenon une aiguille aimantée *verticale* et tombant à peu près vers le milieu du disque. Imaginons que cette aiguille soit attachée au fléau d'une balance, qu'elle soit parfaitement équilibrée de l'autre côté. Supposons pareillement l'aiguille séparée du disque, afin que les courans n'exercent aucune influence. Mettons le disque en mouvement; aussitôt l'équilibre sera rompu, et l'aiguille, devenue plus légère, sera relevée. Donc entre le disque et l'aiguille il y a une force, et cette force est *répul-*

sire. Quelle est la direction de cette force? Il est évident qu'elle est, cette fois, *perpendiculaire à la surface du disque*, et qu'elle est encore *perpendiculaire au rayon* comme tout à l'heure. L'expérience pourrait être faite au moyen d'une aiguille d'inclinaison, équilibrée de manière qu'elle restât horizontale, et que sa pointe fût placée au-dessus du centre du disque. En faisant tourner le disque, la pointe de l'aiguille serait repoussée.

Enfin, prenons une troisième position, et voyons s'il n'y a pas une force qui agirait *parallèlement au disque* et *parallèlement au rayon*. Supposons qu'on prenne une aiguille d'inclinaison, que par la direction même de l'azimuth dans lequel elle se peut mouvoir, elle se tienne verticale, et qu'elle puisse se mouvoir seulement dans un plan vertical passant par le centre du disque, autour d'un axe horizontal. On observe alors des phénomènes extrêmement remarquables.

Quand l'aiguille est placée un peu loin de la circonférence du disque et en dehors de cette circonférence, dès que le disque est en mouvement, l'aiguille est repoussée. L'inclinaison qu'elle prend est dépendante de la vitesse de rotation et des autres circonstances que nous avons indiquées tout à l'heure, mais elle dépend surtout de la position de l'aiguille. Si on place l'aiguille au-dessus de la circonférence et vers les bords, elle sera moins déviée; et il y aura un point en-dedans de la circonférence où elle restera parfaitement verticale; si on la rapproche encore plus du centre, elle éprouvera un effet contraire, elle semblera attirée vers le centre au lieu d'être repoussée; et enfin, quand on la mettra sur le centre même, elle restera parfaitement verticale et immobile.

Soit, en effet, fig. 1, *aa* le disque tournant sur l'axe de rotation *r*, et l'aiguille d'inclinaison *b*, *c*, *d*, *e*, mobile dans un plan vertical passant par le centre même du disque de rotation. Quand l'aiguille est dans la position *b*, et que le disque tourne, elle est écartée de cette position pour prendre la direction indiquée dans la figure par une ligne ponctuée. Si on la fait plonger dans divers points de la circonférence, en la rapprochant de plus en plus du centre, elle sera de moins en moins repoussée. Quand elle plongera dans un certain point *c*, que l'expérience apprend à déterminer, elle restera parfaitement immobile. Si on la rapproche un peu plus du centre, dans cette nouvelle position *d*, elle semblera attirée vers le centre au lieu d'être repoussée, et elle prendra la direction marquée par la ligne ponctuée. Enfin, au centre lui-même, dans la position *e*, elle restera parfaitement verticale.

Ces périodes d'attraction et de répulsion qui annoncent tantôt une force *centrifuge*, puisque l'aiguille est repoussée du centre, et tantôt une force *centripète*, puisqu'elle est attirée vers le centre ; ces périodes sont, au premier abord, des phénomènes extrêmement singuliers. Mais il suffit d'un instant de réflexion pour trouver, non pas la cause primitive, mais la cause secondaire, par laquelle l'aiguille prend ces divers mouvemens.

Lorsque le disque tourne, un point *a*, fig. 2, décrit une circonférence dont *ao* est le rayon, un point *b* décrit une autre circonférence dont *bo* est le rayon, tellement que le disque peut être décomposé par la pensée en une multitude d'anneaux dont l'anneau extrême serait la circonférence même, et dont l'anneau central serait un cercle extrêmement petit. Admettons pour un moment que ces anneaux agissent tous de la même manière, c'est-à-dire pour repousser. Quand l'aiguille est placée en dehors de la circonférence, tous les anneaux la repoussent. Quand l'aiguille est placée de manière à plonger dans un point de la circonférence, les anneaux compris entre ce point et la circonférence tendent à la repousser d'un côté, tandis que les anneaux compris entre ce même point et le centre, tendent à la repousser de l'autre côté. Voilà donc deux forces en lutte, et l'on conçoit très bien qu'il doit y avoir un point où elles auront la même intensité, et où, par conséquent, l'aiguille sera en équilibre entre ces deux forces. Quand on continue à rapprocher l'aiguille du centre, les anneaux extérieurs finissent par exercer une influence plus grande que les anneaux intérieurs, et alors l'aiguille est repoussée vers le centre ; enfin, au centre lui-même, l'aiguille doit également rester en équilibre.

Ainsi, sans indiquer la cause primitive en vertu de laquelle chacun de ces anneaux exerce sur l'aiguille une force répulsive, qui est parallèle à la surface et parallèle au rayon, on voit que chacun des anneaux agissant de la même manière, les périodes que nous venons de signaler, doivent en être la conséquence nécessaire.

Il y a donc une troisième force que le disque de rotation exerce sur l'aiguille, et c'est une force qui est cette fois *parallèle au disque et parallèle au rayon*.

Ainsi voilà trois forces que le mouvement fait naître dans les substances magnétiques. La première, *parallèle au disque et perpendiculaire au rayon ;* elle entraîne l'aiguille horizontalement comme le disque ; la seconde, *perpendiculaire à la surface du disque* et *perpendiculaire au rayon ;* elle repousse les aimans dans le sens vertical ; la troisième, *parallèle à la surface du disque* et *parallèle au rayon ;* elle attire ou elle repousse un pôle magnétique placé dans un sens vertical passant par le centre du disque.

Telles sont les trois forces magnétiques découvertes par M. Arago, et dont il importe d'établir les rapports d'intensité, s'il est possible. En cherchant à comparer les différens métaux sous ce point de vue, on voit ce qu'il y a à faire ; c'est de comparer les disques sous le rapport de leur volume, ou bien de les comparer sous le rapport de leur poids. Supposez d'abord qu'on les compare sous le rapport de leur volume, il faudra prendre des disques de différentes substances et de même diamètre, les soumettre aux expériences, et puis mesurer les intensités.

C'est ce qui a été fait pour diverses substances, par MM. Herschell et Babbage, qui ont fait en Angleterre des expériences très nombreuses sur ce genre de forces. Ils ont découvert que le métal qui possède au plus haut degré la force magnétique dont nous venons de parler, est le cuivre rouge, le cuivre pur; sa force peut être représentée par   1

Vient ensuite le zinc, dont la force est représentée par   0, 93

L'étain exerce une force qui est un peu moins que moitié de la force du cuivre ; elle est de   0, 46

Le plomb exerce une force précisément égale au quart de la force du cuivre   0, 25

L'antimoine exerce une force très faible, elle n'est que de   0, 09

Enfin le bismuth exerce une force encore plus faible, elle n'est que de   0, 02

Sans comparer les autres métaux à ceux-là, pour déterminer avec autant d'exactitude le rapport de leur force, MM. Babbage et Herschell ont néanmoins constaté que l'argent a une très grande puissance, et que cette puissance est au moins égale à celle du cuivre; que l'or et le platine ont des puissances assez faibles, et que le mercure a une puissance très sensible. C'est une chose fort remarquable qu'une substance liquide comme le mercure, soumise à un mouvement de rotation dans lequel tous les élémens liquides peuvent se déplacer, exerce cependant une puissance magnétique. Nous ne nous représenterions, par la théorie, que d'une manière extrêmement incomplète ce qui arriverait, si l'acier liquide était un corps magnétique, et que toutes ses molécules pussent se déplacer les unes à l'égard des autres.

M. Arago ayant essayé de comparer les intensités des diverses forces dont je viens de parler, a trouvé une chose très remarquable, c'est que les intensités relatives de ces trois forces changent avec la vitesse de rotation ; qu'ainsi, en comparant les trois forces dans le cuivre, pour une vitesse donnée, les rapports de ces trois forces changeaient avec la vitesse. De là, non pas l'impossibilité, mais l'excessive difficulté d'établir une relation entre ces trois espèces de force. Cependant on a déjà quelques données trop peu précises, et obtenues par des moyens trop délicats pour que nous puissions nous en occuper en ce moment.

Tout semble singulier dans les phénomènes de cette nature. Voici un autre fait, pareillement observé par M. Arago, qui complique encore la question de ces phénomènes magnétiques. Que l'on prenne un disque dans lequel on ait fait dans le sens des rayons un certain nombre de *fentes*, fig. 3, sans qu'il soit nécessaire que le disque soit fendu jusqu'au centre. La *solution de continuité* la plus mince suffit pour produire le phénomène dont je vais parler, mais il faut que la matière soit enlevée dans toute l'épaisseur, ce ne serait pas assez que le disque fût creusé. Supposons donc qu'on prenne le disque qui a servi aux expériences de la dernière leçon, et qu'après avoir vu les phénomènes qu'il présente, la rapidité qu'il faut lui imprimer, on le fende dans le sens des rayons, et qu'ensuite on le remette sur l'appareil, on remarquera qu'il n'agira presque plus, la simple solution de continuité lui ôtera presque toute espèce de puissance. Il en sera de même des autres substances ; elles perdront toutes par des solutions de continuité la propriété dont il s'agit.

A ce fait si singulier, MM. Herschell et Babbage en ont ajouté un autre qui ne l'est pas moins ; c'est que si, après avoir fait l'expérience avec un disque fendu, on s'en vient souder les deux parties pour rétablir la continuité, et qu'on les soude, non pas avec une substance de même nature, car ce serait rétablir l'homogénéité, et le disque reprendrait ses propriétés, cela est évident ; mais qu'on rétablisse la continuité au moyen de l'une des substances qui agit le moins, du bismuth, par exemple, le disque reprendra toute sa puissance magnétique comme s'il était entier.

On devait être fort curieux d'essayer de cette manière les effets des substances autres que les métaux ; quelques observateurs ont essayé l'eau à l'état de glace, le bois, les substances animales, l'acide sulfurique. Les uns paraissent avoir, dans ces expériences, trouvé quelques faibles actions de la part de ces substances non métalliques ; d'autres ont jugé ces actions si faibles qu'ils ont pensé qu'elles étaient complètement nulles. Ainsi, il n'est pas jusqu'à présent certain que les substances non métalliques jouissent de la propriété dont il s'agit.

Voilà des phénomènes extrêmement remarquables; voilà une force tout-à-fait nouvelle et une question importante qui se présente; c'est la question de savoir quelle est la première origine de cette force; si c'est le mouvement qui la crée, si elle naît du mouvement, si c'est dans le mouvement qu'elle prend naissance, ou bien si elle prend naissance par la réaction magnétique que l'aiguille exerce sur les substances magnétiques. Ainsi, nous avons vu qu'une *substance magnétique* était toujours constituée *aimant* par l'action de la terre. Par conséquent, s'il y a du magnétisme dans le cuivre, la terre agit sur ce magnétisme et le rend sensible. Nous avons remarqué en outre qu'une aiguille aimantée agissant sur les substances magnétiques décomposait les magnétismes naturels. Eh bien! la réaction qui existe entre le disque et l'aiguille, où a-t-elle son origine? Quelle est la cause active et la première agissante? quelle est celle qui détermine l'autre? est-ce le mouvement qui détermine la force dans le disque, ou bien est-ce l'aiguille? Il est facile de résoudre cette question quoiqu'elle semble compliquée.

Si c'est le mouvement qui donne naissance à cette force, il en résulte que cette force sera capable à son tour de développer le magnétisme dans les corps magnétiques, et surtout dans les corps magnétiques sans force coërcitive. Ainsi une aiguille de fer doux devra être entraînée dans le mouvement du disque; or, une aiguille de fer doux ne tourne pas.

Il y a plus, si la force est ainsi développée par le mouvement, il en résulte qu'un disque en mouvement devra entraîner un autre disque en repos suspendu d'une manière très mobile au-dessus du premier; or, le second disque n'est nullement entraîné.

Ces expériences paraissent décisives, et il en résulte nécessairement que ce n'est point le mouvement qui donne naissance à la force, mais que la force résulte de l'action que le magnétisme libre de l'aiguille exerce sur les corps.

Est-ce la substance propre des corps qui les rend sensibles

à l'action de l'aiguille, ou bien est-ce du fer contenu dans ces corps? Tout porte à penser que ce n'est pas le fer contenu dans ces substances qui reçoit l'action du magnétisme, mais que c'est une propriété appartenant à chacune des substances. Ainsi, tous les corps métalliques sont susceptibles de prendre du magnétisme et de se conduire, comme corps magnétiques, d'après les lois dont nous venons de parler, c'est-à-dire, en exerçant trois réactions sur l'aiguille aimantée dans les sens que nous avons indiqués. Nous reviendrons plus tard sur cette force, lorsque nous reprendrons d'une manière générale l'ensemble des phénomènes magnétiques, pour remonter à leur cause primitive.

J'ai encore à vous faire connaître un petit appareil qui ne repose pas sur les mêmes principes, mais qui est un appareil du magnétisme proprement dit, au moyen duquel on découvre les traces de magnétisme les plus faibles. Cet appareil, fig. 4, a été imaginé par M. Lebaillif, il s'appelle *sidéroscope*, comme étant un appareil éminemment propre à découvrir les plus petites traces de fer. Il consiste en un brin de paille placé horizontalement dans une petite chape, et suspendu à un fil de cocon sans torsion. Ce brin de paille est placé dans une cage de verre pour le garantir des courans d'air. Ce n'est pas là tout ce qui constitue l'appareil ; à l'une des extrémités du brin de paille, fig. 5, sont plantées perpendiculairement deux aiguilles à coudre, dont la projection est figurée par a, a'. Ces deux aiguilles sont disposées de manière que leurs pôles, de même nom aa, bb, fig. 6, soient opposés; une troisième aiguille c, fig. 5 et 6, est glissée dans l'autre extrémité du brin de paille. Tout l'appareil, qui est extrêmement délicat, est équilibré de manière que l'aiguille soit parfaitement horizontale.

Le système se dirige suivant l'influence de la terre, non en vertu des deux premières aiguilles dont les actions se détruisent réciproquement, mais en vertu de la troisième aiguille, qui se dirige exactement dans le plan du méridien magnétique. Lorsque l'aiguille éprouvera de petits écarts de part et d'autre de ce méridien, elle décrira de très grands arcs, non-seulement parce que le brin de paille est fort long, mais à cause de l'éloignement de l'aiguille du centre de suspension : ainsi l'appareil est fort sensible. On pourra prendre des substances qui paraissent ne pas contenir de fer. Un fil de plomb pur, très fin, présenté à l'extrémité de l'aiguille, l'attire d'une manière très sensible. Ainsi il faut de deux choses l'une : ou que le plomb contienne du fer, ou quelque substance magnétique, telle que le nickel ou le cobalt, ou qu'il soit lui-même magnétique. Tout annonce qu'il n'attire l'aiguille aimantée que par les parcelles de fer qu'il contient; il en est de même du cuivre. En un mot, toutes les substances soumises au sidéroscope donneront des traces de magnétisme.

Mais ce n'est pas seulement pour ce phénomène singulier que je vous ai parlé de cet appareil, c'est aussi pour deux autres phénomènes beaucoup plus remarquables, qui paraissent dépendre des forces magnétiques.

Si l'on présente à l'aiguille du sidéroscope *l'antimoine* et le *bismuth*, deux des métaux qui dans les phénomènes dont j'ai parlé exercent le moins d'action, il se présente un phénomène très surprenant. Le bismuth et l'antimoine repoussent non pas seulement l'un des pôles de l'aiguille, car alors on pourrait croire qu'ils sont non pas simplement des corps magnétiques, mais des corps magnétisés; ils repoussent l'un et l'autre des pôles de l'aiguille. Ils semblent donc doués de quelque propriété magnétique particulière, en contradiction avec ce que nous connaissons des phénomènes magnétiques. Cette répulsion, à la vérité, est faible; mais cependant elle mérite quelque attention.

Est-ce une force nouvelle? Si elle existe, il reste, pour l'étudier, à la rendre beaucoup plus sensible; car, dans l'intensité qu'elle a à présent, il est impossible de faire autre chose que de constater son existence.

Je crois, pour les expériences de cette nature, devoir indiquer des précautions à prendre, et sans lesquelles il serait impossible de faire aucune expérience un peu précise. Pour mieux rendre compte de ces précautions, je simplifierai le sidéroscope, ou plutôt j'en ferai un autre instrument, en supprimant les aiguilles magnétiques. Sans ces aiguilles, les phénomènes dont je vais parler ne s'en produisent pas moins, seulement ils se produisent avec un peu moins d'intensité.

Supposons donc qu'on ne conserve que le brin de paille, voici les phénomènes singuliers qui ont été observés pour la première fois par M. Saigey. L'appareil étant disposé, si un observateur approche sa main de l'appareil, l'aiguille est aussitôt attirée. Si l'on souffle contre la cage, à l'instant l'aiguille est attirée comme par une force très puissante, et vient frapper contre les parois de la cage, et, après quelque temps, va reprendre sa position d'équilibre. Qu'on présente à la cage, même à une distance de dix pieds, un corps chaud, un charbon allumé, ou une bougie, l'aiguille vient encore frapper la paroi.

Est-ce une force magnétique qui produit ces phénomènes singuliers? est-ce une force électrique? est-ce une force d'une autre nature? C'est ce qu'il s'agit d'examiner.

Il était naturel de penser que l'air et la chaleur pouvaient avoir une très grande influence dans ces phénomènes. Cependant, relativement aux influences de la chaleur, on pourrait être déconcerté par une circonstance remarquable : si l'on prend une planche d'un pouce d'épaisseur qui forme une espèce d'écran pour séparer la main de l'observateur de l'appareil, la main étant placée contre la planche, mais non en contact avec elle, deux ou trois minutes suffiront pour que l'aiguille se mette en mouvement Or, est-ce que la chaleur de la main peut ainsi traverser la planche en deux ou trois minutes, et ensuite aller agir sur l'aiguille?

Voici comment on peut disposer l'appareil pour montrer que les courans d'air sont la cause du mouvement de l'aiguille. Au lieu d'une seule aiguille, ayez deux aiguilles suspendues, dans une cage en verre, fig. 7, à deux fils de différentes longueurs. Je suppose que maintenant on s'en vienne présenter la main, ou une bougie, ou un corps chaud, ou un corps froid; à l'instant on observe ce phénomène singulier : si c'est un corps chaud, l'aiguille inférieure est attirée, et l'aiguille supérieure est repoussée, de manière que les deux aiguilles se croisent; l'une marchant en avant, et l'autre en arrière, comme la figure le représente. Est-ce la force qui change de nature? Il faut supposer que le phénomène se passe de la sorte : la chaleur, en tombant contre la paroi, la pénètre en vertu de sa conductibilité, et détermine une élévation de température, très faible il est vrai, dans la couche en contact avec la paroi. Cette couche, devenant spécifiquement plus légère, s'élève le long de la paroi. Il s'établit ainsi un courant ascendant d'air chaud et un courant descendant d'air froid, qui vient remplacer l'air chaud : ce qui forme une espèce de circulation dans l'appareil. C'est ce courant d'air, dont la direction est indiquée par des flèches, qui entraîne l'aiguille supérieure dans un sens, et l'aiguille inférieure dans le sens opposé. Quoi qu'il en soit, il est certain que dans les appareils délicats que nous venons de décrire, il importe essentiellement de tenir compte de ces courans d'air.

Voilà à peu près l'ensemble des phénomènes magnétiques proprement dits. Nous devrons y revenir pour les saisir d'une seule vue, et pour établir la discussion sur les rapports qui existent entre ces phénomènes et les phénomènes électriques.

ÉLECTRICITÉ.

L'*électricité*, comme déjà vous le savez, est un agent naturel, et, parmi les agens naturels, celui de tous qui est le plus analogue au *magnétisme*. En cherchant à développer les phénomènes que présente cet agent, nous serons encore conduits à concevoir, dans l'intérieur de la *matière pondérable*, des *fluides*, c'est-à-dire de la *matière impondérable* d'une espèce particulière, et à montrer les actions nouvelles de cette matière impondérable.

Vous savez pareillement que le premier fait de l'électricité est déjà très ancien, qu'il remonte au temps de Thalès, six cents ans avant Jésus-Christ.

Si l'on prend une substance comme l'*ambre*, par exemple, et que cette substance soit prise dans son état naturel, elle ne jouit en apparence d'aucune espèce de propriété particulière. On peut la présenter à des corps légers, elle n'exerce aucune espèce d'action sur eux. Mais que l'on frotte cette substance pendant quelques instans, on observe un phénomène fort remarquable ; l'ambre prend la propriété d'*attirer* à distance les corps légers. Ainsi le frottement développe dans cette substance une force particulière. Quelle est cette force ? On l'appelle *force électrique* ou bien *électricité*, parce que l'ambre était désignée en grec par le mot ηλεκτρον. Ainsi on a désigné du même nom et la force et la matière dans laquelle la force se développe.

Pendant long-temps on n'a connu que l'ambre, le soufre, et tout au plus une troisième substance qui eussent cette propriété d'attirer les corps légers ; et bien que ces trois faits découverts fort anciennement ne fussent pas bien développés, ils ont cependant, comme les premiers faits du magnétisme, traversé tous les siècles, et sont arrivés jusqu'au moyen âge ; et c'est alors seulement qu'on a essayé de les développer. Gilbert est le premier qui ait essayé de développer les phénomènes électriques, comme le premier il avait développé les phénomènes magnétiques.

D'abord Gilbert a cherché, ce qui semblait bien simple et ce qui se présentait naturellement, si d'autres substances que l'ambre jouissaient de la propriété d'attirer les corps légers. Ce qu'il y a à faire, ce que Gilbert a fait primitivement, est de classer toutes les substances selon qu'elles jouissent ou ne jouissent pas de la propriété électrique. Pour cela, Gilbert s'était donné plusieurs appareils. Ces appareils s'appellent tous des *électroscopes*, c'est-à-dire, instrumens au moyen desquels on découvre les propriétés électriques.

Une petite balle de sureau suspendue à un fil de soie très fin, est ce qu'on appelle le *pendule électrique*, fig. 8. Au lieu d'employer une balle de sureau, on peut se servir de toute autre substance.

Nous avons un autre appareil, qui est aussi très délicat, pour montrer les effets de l'électricité : c'est ce qu'on appelle l'*aiguille électrique*, fig. 9. Cette aiguille est un fil de métal, terminé par une boule à chacune de ses extrémités, et portant une chape en agate posée sur un pivot. L'aiguille est en équilibre horizontalement, et se fixe dans une position quelconque, puisqu'elle n'est pas un corps aimanté. Mais comme cette aiguille a une très grande mobilité, si nous approchons un corps doué de la propriété d'attirer les corps légers, ce corps entraîne l'aiguille et lui imprime un mouvement de rotation. Ce n'est pas l'air qui peut donner ce mouvement à l'aiguille, car si le corps avait perdu sa propriété électrique, en l'approchant de l'aiguille, cette aiguille ne prendrait aucun mouvement.

Il est un troisième électroscope beaucoup plus sensible, et qui n'a été inventé que beaucoup plus tard, c'est l'*électroscope de Coulomb*, fig. 10. Il est formé par une aiguille de gomme laque. Cette substance que tout le monde connaît et qui est analogue à la cire à cacheter, peut être filée quand elle est un peu chauffée. On prend un de ces fils terminé à ses deux extrémités par un disque de clinquant ou une feuille de métal battue de manière à être très mince. Imaginons qu'on suspende cet appareil à un fil de soie sans torsion, il est évident qu'il prendra une certaine direction ; il est évident pareillement que la moindre force qui viendra agir sur l'extrémité de l'aiguille pour l'attirer, pourra lui imprimer du mouvement. Il importe de préserver cet appareil de toute agitation de l'air, et c'est pour cela qu'on l'enferme dans un vase en verre, sur lequel on trace des divisions pour indiquer l'écart de l'aiguille.

Voilà trois électroscopes au moyen desquels nous pouvons essayer toutes les substances de la nature. Si on fait cette étude, on observe que l'ambre, la résine, la gomme laque, le soufre, le verre surtout, sont des substances qui jouissent au plus haut degré de la propriété électrique, c'est-à-dire que ces substances frottées pendant quelques instans, prennent la propriété d'attirer le pendule magnétique ou d'agir sur l'aiguille de l'électroscope. On constatera ainsi que non-seulement les substances que je viens d'énumérer sont capables de prendre la propriété électrique, mais que le diamant, l'émeraude, la topaze, et généralement toutes les pierres précieuses jouissent de la même propriété. Beaucoup d'autres minéraux encore jouissent de la propriété électrique.

Voilà donc une grande série de corps qui tous sont capables de prendre une force attractive quand on les frotte, c'est-à-dire que ces corps sont des *corps électriques*. On appelle ces corps *idio-électriques*, c'est-à-dire, électriques par eux-mêmes

Si on essaie d'autres substances et particulièrement les substances métalliques, qu'on cherche à y développer de l'électricité par le frottement, aucune espèce d'action ne s'exerce de la part de ces substances sur les électroscopes les plus délicats.

Tous les métaux et plusieurs autres substances telles que le bois, le charbon, et principalement les substances végétales, à l'exception des gommes et des résines, sont dans ce cas. Tous les corps qui se trouvent dans cette seconde classe s'appellent des corps *anélectriques*.

C'est à ce degré que Gilbert avait porté la science de l'électricité. Il avait passé en revue tous les corps de la nature, et ceux qu'il n'avait pas observés, il les avait rangés par analogie dans l'une des deux classes dont nous venons de parler.

Tout semble fait pour l'électricité quand on est arrivé à ce point. Cependant, long-temps après, un physicien anglais, Gray, en 1727, essayant de découvrir la propriété électrique dans les corps métalliques, est parvenu à faire, en électricité, l'une des plus grandes découvertes qui aient été faites. Voici ce qui constitue la découverte de Gray et la manière dont il y est arrivé.

Gray essayait de développer de l'électricité sur un tube de verre creux, en frottant ce tube avec des étoffes de soie, de laine, avec une peau de chat, etc., et cherchait à reconnaître l'intensité de cette électricité et ses caractères. Pour conserver son tube plus intact, il eut l'idée d'y mettre un bouchon de liége. Le bois est, comme nous l'avons vu, parmi les corps anélectriques. Cependant Gray reconnut qu'après avoir frotté le tube, le bouchon qui dépassait le tube avait pris lui-même la propriété électrique, et qu'en le présentant au petit pendule, ce pendule se mettait en mouvement. Ainsi une substance incapable de prendre de l'électricité, quand elle est frottée directement, est cependant capable d'en prendre dans les circonstances dont nous venons de parler. Voilà une première observation qui doit conduire à une grande découverte; car il est probable que ce qui arrive à un corps anélectrique doit arriver à tous les corps de même nature.

Frappé de cette expérience sur le liége, Gray eut l'idée de mettre au bout de son bouchon une tige de métal, disant : s'il est vrai que le liége, qui est un corps anélectrique, devient électrique lorsqu'on frotte le verre, le métal, qui est un corps pareillement anélectrique, doit devenir électrique comme le liége. L'expérience confirma ce raisonnement. Frappé du phénomène qui se présentait avec une tige longue d'un pied, Gray agrandit ses expériences, et il se dit : si le phénomène se produit avec une tige d'un pied, pourquoi ne se produirait-il pas avec une tige de vingt pieds? Il fit l'expérience, et le phénomène se produisit encore. Enfin, pour poursuivre ainsi la force jusqu'où il pouvait la poursuivre, il imagina d'attacher à son tube de verre un fil de métal qu'il laissa tomber d'un premier étage; le fil à son extrémité extérieure prit la force électrique. Vous voyez maintenant qu'il est extrêmement facile de pousser les expériences aussi loin qu'on veut : on peut monter au deuxième, au troisième, au quatrième étage, et voir si l'extrémité du fil prendra la propriété électrique.

On peut faire l'expérience d'une autre manière; on peut placer un fil métallique horizontalement, de manière qu'il communique d'un côté à la machine électrique, et que de l'autre côté son extrémité se trouve placée au-dessus de corps légers. A l'instant où on développe de l'électricité, le corps léger s'élance vers l'extrémité du fil.

Ainsi, l'électricité développée sur du verre est *instantanément* transmise depuis le lieu où elle est développée jusqu'à l'autre extrémité. Je dis instantanément, car en y portant toute notre attention, nous n'apercevons pas le moindre intervalle de temps entre l'électricité que je prends à la machine et le mouvement des corps légers qui sont attirés par le fil.

Cette découverte exige par conséquent une réforme dans les définitions que nous avons données tout à l'heure. Nous avons distingué les corps en corps *idio-électriques* et corps *anélectriques.* Ceux-ci ne prennent pas l'électricité par le frottement; mais ce qu'il y a de caractéristique, ils ont la propriété de transmettre l'action électrique. Nous opérions tout à l'heure sur un fil que je suppose de deux toises de longueur; mais il ne faut pas que notre esprit s'arrête à cette dimension; le phénomène en est tout-à-fait indépendant. On a fait l'expérience avec des fils de 20,000 toises, et à l'une des extrémités de ce fil l'action attractive s'est manifestée exactement au même instant où l'autre extrémité a été mise en communication avec un corps dans lequel on avait développé de l'électricité.

Vous concevez comment on peut faire l'expérience pour que le même observateur puisse apercevoir à la fois les deux extrémités du fil. Il suffit de porter ce fil dans une plaine, de le soutenir convenablement, de lui faire faire une grande circonvolution, puis de ramener l'extrémité auprès de l'observateur. Au moyen de cette expérience, on s'assurera que l'électricité peut parcourir de 10 à 15 lieues dans un instant imperceptible.

Cette observation suffit pour montrer que la transmission de l'action électrique est une transmission tout-à-fait analogue à la transmission de la lumière; qu'ainsi il y a dans la cause électrique quelque chose d'analogue à la cause lumineuse. C'est pour cette raison que l'électricité a été appelée *fluide*, car on ne peut comprendre autrement que par le mouvement d'un fluide cette espèce de transmission instantanée dans un corps anélectrique.

Les corps qui avaient été appelés *corps anélectriques* ayant ainsi la propriété de transmettre l'action électrique, ont été appelés *corps conducteurs* de l'électricité.

Toutes les substances *idio-électriques* sont privées de la propriété que nous venons de constater dans les corps *anélectriques*. Il y a donc dans la nature deux sortes de corps : les corps *non conducteurs*, que primitivement nous avions appelés corps *idio-électriques*, et les corps *conducteurs*, que primitivement nous avions appelés corps *anélectriques*.

Il y a ce caractère distinctif dans les corps *conducteurs* et les corps *non conducteurs*, que dans les corps *non conducteurs* le fluide électrique est arrêté, fixé, et comme limité et circonscrit dans le lieu où il a été développé, sans pouvoir en sortir. Si l'on frotte, par exemple, un bâton de résine à l'une de ses extrémités, cette extrémité seule jouira de la propriété attractive; et les autres parties, même les plus voisines du point frotté, n'en jouiront pas.

Dans les corps *conducteurs* il y a au contraire cet autre caractère, que le fluide, qui est développé en un point de ces corps, se propage instantanément sur toute l'étendue de leur

surface : et si nous considérons un corps d'une grande étendue, comme la terre, l'électricité développée en un point se
communiquera à l'instant même sur toute la surface. C'est
pour cela que la terre s'appelle le *réservoir commun* ; c'est
parce que, dès qu'il y a de l'électricité de développée et
qu'elle peut être en communication avec la terre, elle se répand sur toute son étendue ; et comme elle s'affaiblit en se
répandant, il en résulte qu'elle semble se dissiper et se détruire.

Nous pouvons tirer de l'électricité de la machine tant
qu'elle ne communique pas avec le sol ; mais dès l'instant
que la communication avec le sol est établie, nous ne pouvons plus rien en tirer, parce que l'électricité, qui avant la
communication établie avec le sol était circonscrite, arrêtée
sur la machine, se répand maintenant sur toute la surface du
sol. C'est une vérité rigoureuse, que l'électricité se répand de
proche en proche sur toute la surface du corps conducteur ;
et si nous pouvions suivre la trace de ces molécules électriques, nous pourrions aller, dans un instant donné, les reconnaître dans un point quelconque.

Les corps *non conducteurs* s'appellent encore *corps isolans*,
par la propriété qu'ils ont de séparer les corps conducteurs
du sol. Le verre, la résine, la soie sont des corps isolans.
Toutes les fois que nous voudrons développer de l'électricité,
il faudra avoir grand soin que les corps conducteurs ne touchent pas le réservoir commun par aucun point de leur surface.

Ainsi, nous devons nous représenter tous les corps de la
nature comme jouissant de l'une ou de l'autre des deux propriétés, d'être corps conducteurs ou d'être corps non conducteurs ; mais il faut ajouter qu'il n'y a pas de caractère
bien tranchant entre les corps conducteurs et les corps non
conducteurs. Il serait beaucoup plus rigoureux de dire : Il y
a des corps *bons conducteurs* comme les métaux, l'électricité
y parcourt autant de lieues qu'on veut dans un instant imperceptible ; et il y a des corps *mauvais conducteurs*, c'est-à-dire
que l'électricité s'y meut avec beaucoup plus de lenteur.
Ainsi nous verrons que le verre lui-même, lorsque l'électricité est accumulée avec une certaine intensité, la laisse s'é-
couler comme un liquide.

Pour terminer ces idées générales que nous essayons de
prendre des corps conducteurs et des corps non conducteurs,
nous ferons remarquer que l'air est essentiellement un corps
non conducteur ; car imaginons une file de molécules d'air

partant de la surface d'un corps électrique et s'en allant si-
nueusement jusqu'aux limites de l'atmosphère ; si cette file
de molécules était une file de corps conducteurs, l'électricité
s'en irait de suite en parcourant toutes les sinuosités de cette
file de molécules. Ce que je dis d'une file de molécules, je
puis le dire de la masse d'air qui entoure le corps électrique.
Il est, par conséquent, évident que si l'air était un corps
conducteur, lorsque nous aurions développé de l'électricité
par le frottement, cette électricité serait instantanément répandue dans toute la masse de l'atmosphère, et par conséquent perdue pour nous, c'est-à-dire complètement insensible.

L'air n'est corps non conducteur que sous une condition :
il faut qu'il soit sec. L'air humide est un corps conducteur,
car l'eau conduit l'électricité, non-seulement lorsqu'elle est
à l'état liquide, mais encore lorsqu'elle est répandue dans l'air
à l'état de vapeur. L'air de cet amphithéâtre étant toujours
plus ou moins chargé d'humidité, la plus grande partie de
l'électricité se perd, c'est-à-dire se propage dans toute la
masse de cet amphithéâtre, et nous verrons comment, après
avoir développé un peu d'électricité, toutes les molécules
sont certainement imprégnées d'une portion de fluide magnétique que nous parviendrons à rendre sensible.

Le corps de l'homme est un corps conducteur, car il suffit
de toucher avec la main la machine électrique pour faire disparaître en un instant toute son électricité.

Voilà donc un grand pas de fait, c'est la distinction établie
entre les corps conducteurs et les corps non conducteurs ; et
une notion importante acquise, c'est que l'air est un corps
non conducteur, et que le corps humain est un corps très
bon conducteur.

IMPRIMERIE DE E. DUVERGER,
RUE DE VERNEUIL, N° 4.

COURS DE PHYSIQUE.

LEÇON QUARANTE-QUATRIÈME.

(Mardi, 29 Avril 1828.)

SUITE DE L'ÉLECTRICITÉ.

DANS la dernière séance, nous avons commencé l'étude de l'électricité ; nous avons indiqué le fait fondamental qui a conduit à la découverte de cette branche importante de la science. Nous avons vu que certaines substances frottées prennent la propriété d'attirer les corps légers. Cette propriété est la conséquence d'une *force*, et cette force, nous avons dû commencer par lui donner un nom ; nous l'avons appelée *électricité*.

Cette découverte fondamentale est restée long-temps stérile. Enfin, Gilbert a posé une première vérité tout-à-fait générale. Il a essayé de reconnaître quels étaient les corps dans lesquels cette propriété pouvait se développer, et il a constaté que tous les corps de la nature pouvaient être séparés en deux grandes classes : les uns prenant la propriété électrique par le *frottement*, les autres ne la prenant pas. De là la dénomination de corps *idio-électriques* et de corps *anélectriques*. Les métaux sont des corps anélectriques, et beaucoup d'autres corps, comme le verre, la cire, la résine, les pierres précieuses, sont des corps idio-électriques ; ainsi on trouve à peu près une égale quantité de corps idio-électriques et de corps anélectriques.

Ce premier pas de fait, vers la fin de l'an 1500, il s'est écoulé à peu près cent vingt-cinq ans jusqu'à une autre découverte d'électricité. C'est la grande découverte due à Gray qui, au premier fait établi par Gilbert, a joint un autre fait beaucoup plus important. Il a reconnu que les corps anélectriques, c'est-à-dire les métaux, étaient cependant capables de transmettre, sous certaines conditions, la propriété électrique. Par conséquent, ces corps sont soumis à l'influence de la force électrique, et ils peuvent la transporter non pas seulement à la distance de quelques pouces ou de quelques pieds, mais instantanément à la distance de plusieurs lieues. Donc la cause de l'électricité est un fluide circulant dans la matière pondérable, par un mouvement de translation, exactement comme l'eau circule dans des tubes.

Ce fluide ne peut circuler dans les corps idio-électriques; par conséquent ceux-ci sont appelés corps *non-conducteurs* de l'électricité, et les premiers sont appelés corps *conducteurs* de l'électricité.

Voilà les deux notions fondamentales que nous avons déjà démontrées dans la dernière leçon, sur quoi nous nous rappellerons que le caractère distinctif et fondamental entre ces deux espèces de corps, c'est que dans les corps non-conducteurs le fluide y reste toujours circonscrit là où il a été développé, et que dans les corps conducteurs le fluide se répand instantanément, et se met en équilibre sur toute la surface du corps conducteur, et que par conséquent si ce corps est en contact avec le sol, l'électricité se répand instantanément sur toute la surface du sol, et qu'ainsi son effet est atténué au point d'être tout-à-fait insensible.

ÉLECTRICITÉ VITRÉE ET ÉLECTRICITÉ RÉSINEUSE.

Nous allons continuer nos recherches sur l'électricité, et parler d'une troisième découverte faite par Dufay, physicien français, en 1733, peu de temps après la découverte de Gray. La découverte de Dufay a pour objet l'existence de deux fluides électriques. Voici les expériences par lesquelles Dufay a démontré cette vérité.

Prenons un pendule électrique *isolé*, c'est-à-dire ne communiquant pas avec le sol. Pour cela on se sert d'une balle de sureau suspendue à un fil de soie; si le fil n'était pas de soie, il faudrait qu'il s'attachât à un tube de verre.

Présentons à ce pendule un corps électrisé, un bâton de résine par exemple; il y a une attraction très visible, et je remarque que lorsque le pendule est venu toucher le corps électrisé, il y a répulsion. En touchant ce pendule avec la main, il reprend la propriété d'être attiré par le corps électrisé, et après avoir été attiré une seconde fois, il est de nouveau repoussé.

Voilà un fait qui semble contradictoire avec tout ce que nous avons vu jusqu'à présent. Caractérisons ce fait d'une manière générale, en disant que quand un corps électrisé a communiqué son électricité à un corps isolé , il le repousse.

Vérifions si en effet ce fait est général. Pour cela , j'essaie sur le pendule un autre corps, un tube de verre , par exemple, et je remarque le même phénomène, c'est-à-dire, que le verre, après avoir attiré la balle de sureau, la repousse; que si on touche la balle avec la main, elle sera attirée de nouveau, et de nouveau repoussée après le contact.

Nous pourrions ainsi passer en revue tous les corps électriques de la nature, et nous reconnaîtrions que la proposition que nous venons de poser est tout-à-fait générale.

Notez qu'il faut que le contact ait lieu ; car si la balle ne touchait pas le corps électrisé , l'attraction pourrait se faire, mais la répulsion n'aurait pas lieu.

Cette expérience ne nous découvre pas encore l'existence des deux fluides. En effet, c'est une proposition qui doit simplement nous y conduire.

Cette première proposition peut être démontrée par une autre expérience. Prenons deux petits pendules, fig. 1 , formés par deux balles de sureau suspendues à un fil de soie, et donnons-leur de l'électricité de la machine. S'il est vrai que les corps qui ont reçu la même électricité se repoussent, que va-t-il arriver? ces deux petits pendules, aussitôt qu'ils seront recouverts d'une couche du même fluide électrique (car nous verrons que c'est une couche d'électricité qui les recouvre), doivent se repousser l'un l'autre. C'est en effet ce que confirme l'expérience, les deux pendules après avoir été électrisés se séparent aussitôt. Si on les remet à l'état naturel , en les touchant avec la main, ils se rapprochent.

J'arrive maintenant à la proposition de Dufay et à la démonstration de l'existence des deux fluides. Voici, pour cela, l'expérience assez délicate que nous ayons à faire.

Prenons deux pendules fig. 2, dont l'un est en état de répulsion par la résine , et dont l'autre est en état de répulsion par le verre. Eh bien ! tandis que la résine repousse le premier pendule , le verre l'attire , et tandis que le verre repousse le second pendule, la résine l'attire. Ainsi, bien certainement, l'électricité que possède le premier pendule n'est pas la même que celle que possède le second. Ils possèdent de l'électricité, cela est évident; et je dis qu'ils ne possèdent pas la même électricité, cela n'est pas moins évident; car s'ils possédaient la même électricité, tous deux seraient repoussés par le verre ou par la résine.

Donc il y a deux espèces d'électricités ; l'électricité déve-

loppée sur le verre, que nous appellerons électricité *vitrée*, et l'électricité développée sur la résine, que nous appellerons électricité *résineuse*.

La première proposition dont j'ai parlé tout à l'heure s'applique à chaque électricité, c'est-à-dire, que l'électricité de la résine communiquée à un corps se repousse elle-même, et que l'électricité du verre communiquée à un corps se repousse elle-même. Mais il y a cela de remarquable, que l'électricité de la résine attire l'électricité du verre, et que l'électricité du verre attire l'électricité de la résine.

Nous avons une condition à ajouter pour mieux caractériser ces deux électricités, nous l'ajouterons dans quelques instans; pour le moment prenons, pour électricité résineuse, celle qui est développée sur la résine, et pour électricité vitrée, celle qui est développée sur le verre.

Examinons si en prenant un troisième corps, la gomme laque, par exemple, corps sur lequel nous pouvons certainement développer de l'électricité par le frottement; examinons, dis-je, si cette électricité sera de même espèce que les deux autres, ou si elle sera une troisième espèce d'électricité: et si nous aurions ainsi autant de fluides électriques différens que nous avons de corps différens dans la nature. On conçoit que cela est impossible; car si le corps que nous avons frotté n'agit pas sur l'une ou l'autre des deux électricités, nous dirons qu'il n'est pas électrique. S'il agit, que peut-il faire? Attirer ou repousser; il n'y a pas de milieu. Ainsi donc, il n'y a pas une infinité d'espèces d'électricités dans la nature; il n'y en a que de deux espèces, et tout corps viendra nécessairement se ranger dans l'une ou l'autre de ces deux catégories.

Pour savoir de quelle électricité un corps est chargé, il suffit de le présenter à l'un ou à l'autre des pendules, fig. 2; s'il repousse le pendule qui est électrisé vitreusement, nous dirons qu'il est chargé d'électricité vitrée; s'il attire ce pendule, nous dirons qu'il est chargé d'électricité résineuse.

Avant de chercher quels sont les corps qui sont vitrés et quels sont les corps qui sont résineux, il importe de bien constater ce qu'on appelle l'*état naturel* des corps, par rapport à l'électricité, et à prendre une notion un peu plus complète de ce que nous avons indiqué sous le nom de *fluide électrique.*

Nous trouverons par ces expériences deux fluides électriques. Ces deux fluides, quels sont-ils? Sont-ils, par exemple, le fluide résineux dans certains corps uniquement, et le fluide vitré dans d'autres corps uniquement? Lorsque nous prenons un tube de verre, n'y a-t-il que l'un des deux fluides, ou bien bien y sont-ils tous deux? Voilà la première question importante qui se présente, et il n'est personne qui ne l'ait résolue d'avance. S'il n'y a que du fluide résineux dans un corps, il n'est pas besoin de le frotter pour qu'il exerce sa propriété électrique, il l'exercera naturellement. Il en serait de même d'un corps qui ne contiendrait que du fluide vitré.

Donc nous supposons que dans un corps, qu'il soit résineux ou vitré, il n'y a pas un seul fluide électrique, ils y sont tous deux; et, en effet, tout corps contient les deux fluides électriques, et voici comment nous nous représentons l'état naturel des corps. C'est un état tel que les deux fluides sont dans l'intérieur des corps, non pas à l'état libre et séparés, mais combinés entre eux. Car le fluide vitré et le fluide résineux ayant une attraction l'un pour l'autre, il en résulte que ces deux fluides sont, dans un corps, à l'état combiné, et par conséquent neutralisés l'un par l'autre.

Les intervalles qui existent entre les atomes de la matière pondérable sont remplis de ces deux fluides, qui se trouvent en quantité indéfinie, comme il y a infiniment de magnétisme dans les corps magnétiques, comme il y a infiniment de la chaleur dans les corps, quelque chauds, quelque froids qu'ils soient.

Ainsi ce n'est pas l'absence des fluides électriques, c'est la combinaison ou la neutralisation de ces fluides qui constitue l'état naturel des corps.

Quand nous parlons de la *combinaison* des agens impondérables, expression que nous avons déjà employée pour le magnétisme, nous ne savons pas s'il faut y attacher la même idée que nous attachons aux combinaisons des corps pondérables. Nous nous sommes habitués, d'après nos systèmes, à nous faire une certaine idée des combinaisons chimiques. Nous considérons les combinaisons chimiques comme une agrégation des atomes pondérables des corps, lesquels forment une certaine molécule secondaire. D'avance il est bon d'être prévenu que cette idée que nous devons regarder comme systématique, quant aux combinaisons chimiques, ne doit pas à plus forte raison être appliquée aux combinaisons magnétiques ou électriques. Nous ne savons rien jusqu'à présent sur le mode d'existence des fluides magnétique ou électrique. Sont-ils des atomes? nous n'en savons rien. La combinaison, pour ces corps ne peut être représentée pour nous que par un état de neutralisation.

De là résultent plusieurs conséquences que nous allons chercher à développer.

Dans le verre, y a-t-il du fluide vitré et du fluide résineux?
Si les deux fluides sont dans le verre, il faut que l'on puisse
tirer successivement du verre l'un ou l'autre de ces fluides;
si nous tirons de l'électricité résineuse du verre, la définition
que nous avons donnée de l'électricité vitrée ne devra-t-elle
pas être changée? Nous allons voir que le verre donne de l'électricité résineuse, et que notre définition peut pour cela ne pas
être en défaut.

Tout à l'heure nous avions frotté le verre avec de la soie
ou de la laine, et nous lui avions donné l'électricité vitrée.
Voulons-nous lui donner l'électricité résineuse, il suffit de
le frotter avec une peau de chat. Ainsi donc nous pouvons
tirer du verre l'une ou l'autre des électricités.

Ce que nous disons du verre s'applique à la résine. La
résine frottée avec presque toutes les substances donne de
l'électricité résineuse; mais plongée dans du mercure, elle
s'électrise vitreusement.

Voilà comment chaque corps, si l'on s'y prend d'une manière convenable, peut donner l'une ou l'autre des deux
électricités.

Quand nous frottons deux corps entre eux, si le fluide
résineux opère sur l'un d'eux, l'autre peut-il rester à l'état
naturel? non; si l'un des corps prend le fluide résineux, il
faut que l'autre prenne le fluide vitré. C'est ce qu'il est facile de démontrer.

Prenons deux corps à l'état naturel, un disque de verre
et un disque de métal isolé par un manche de verre, fig. 2,
et frottons ces deux corps l'un contre l'autre; il y a un développement d'électricité, et l'un des disques prend l'électricité résineuse, tandis que l'autre prend l'électricité vitrée.
Ce que je viens de faire pour deux disques, l'un de verre et
l'autre de métal, je pourrais le faire pour deux corps quelconques. Qu'on les frotte l'un contre l'autre; toutes les fois
que l'un donnera de l'électricité vitrée, l'autre inévitablement, nécessairement, donnera de l'électricité résineuse.
Ainsi il n'y a jamais l'un des fluides sans l'autre, et pour
prouver que les fluides se neutralisent l'un l'autre, il suffit
de présenter au pendule les deux disques de verre et de
métal réunis, fig. 3. On n'aperçoit aucune action. Ainsi il
semble qu'il n'y ait pas d'électricité développée; mais voulez-vous avoir de l'électricité développée, séparez les deux
disques, et aussitôt l'électricité devient sensible.

Maintenant que nous savons, par des expériences directes, que l'électricité vitrée et résineuse se trouve dans tous les corps, et que nous pouvons avoir tantôt l'une et tantôt l'autre, nous pourrions dresser une table de tous les corps naturels et des espèces d'électricité qu'ils donnent. Cette table pourrait s'appeler la table des *tendances électriques*. Ainsi supposez que nous dressions une table de la manière suivante : qu'en tête nous mettions la substance qui, frottée avec toutes les autres, donne de l'électricité vitrée, les cheveux seraient parmi toutes les substances la substance la plus positive. Supposez qu'on frotte les cheveux avec des fourrures, et nous mettons la peau de chat et la loutre en première ligne, parce que ce sont les deux fourrures les plus vitrées, si on frotte les cheveux avec ces fourrures, elles prennent l'électricité résineuse, les cheveux l'électricité vitrée ; vous pouvez prendre ensuite le verre, la soie, etc., et faire ainsi une série de tous les corps naturels, telle que chacun de ces corps soit vitré avec tous les corps qui suivent, et résineux avec ceux qui précèdent. Le premier corps sera le plus vitré de tous et le dernier corps le plus résineux, tellement qu'avec aucun autre on ne pourra y développer de l'électricité vitrée. Le mercure paraît le plus négatif et le plus résineux de tous les corps lorsqu'il s'agit de l'électriser par le frottement.

Imaginons une pareille liste de tous les corps, et il sera facile de prédire une foule d'expériences. Cette espèce de tableau de tous les corps naturels qui semble au premier coup d'œil très curieux, perd beaucoup de son intérêt par une foule de circonstances, dont je vais seulement dire quelques mots.

L'espèce d'électricité que peut prendre un corps est dépendante de plusieurs circonstances. Elle dépend de sa nature chimique, de sa température, et surtout de l'état de sa surface. Ainsi le verre dépoli est plus résineux que le verre poli, et si l'on frottait un morceau de verre poli contre un morceau de verre dépoli, le premier prendrait toujours l'électricité vitrée, et le second l'électricité résineuse.

Prenez deux rubans de soie de même couleur, frottez-les en croix, en tenant l'un de ces rubans fixe, et en promenant l'autre toujours sur le même endroit du premier ruban ; le ruban fixe prendra l'électricité vitrée et l'autre l'électricité résineuse. Si je fais changer de rôle aux rubans, ils changeront également leur électricité. Ainsi donc, l'espèce d'électricité dépend de la direction des fils et du sens du frottement.

La chaleur, l'état de la surface ont aussi une très grande influence. Du verre froid prend plus facilement de l'électricité vitrée, quoique dépoli ; chaud, il prend toujours de l'électricité résineuse.

Voici ce qu'on peut dire de plus général sur tous ces accidens : quand la surface est plus dépolie, le corps a une tendance à prendre de l'électricité résineuse, et quand la surface est plus chaude, le corps a pareillement une tendance à prendre de l'électricité résineuse.

Il est vrai qu'il y a dans ces frottemens des accidens, des particularités dont il est jusqu'à présent impossible de se rendre compte. Il existe des substances minérales (et le *disthène* est du nombre), telles que, sur le même cristal ayant des surfaces à peu près les mêmes, si l'on frotte deux des faces avec de la soie, l'une prendra l'électricité vitrée, et l'autre la résineuse. Ainsi, la même substance, dont la différence des aspects est inappréciable à nos yeux, prendra des électricités différentes, selon qu'on la frottera sur l'une ou l'autre de ces parties.

Voilà pourquoi on ne se donne pas la peine de tracer cette table des tendances électriques des différens corps. Ces tendances sont trop changeantes pour qu'il soit possible d'en saisir les véritables caractères.

COMMUNICATION DE L'ÉLECTRICITÉ.

Voyons maintenant comment, un corps étant électrisé vitreusement ou résineusement, l'électricité se communique d'un corps à l'autre. Il y a sur cette communication de l'électricité des observations importantes à faire.

Nous venons de voir comment l'électricité se développe sur les corps ; c'est par le frottement. Voyons comment elle se perd dans l'air. Pourquoi un bâton de résine qui était tout à l'heure électrisé ne l'est-il plus ? Qu'est devenue son électricité ? Dans la dernière séance, nous avons indiqué que l'air humide était un corps très bon conducteur. En effet, il suffit de souffler sur un corps électrisé, de l'exposer à la vapeur de l'eau, de le toucher avec la main, pour lui enlever complètement son électricité. Ainsi, dans les corps non-conducteurs, l'électricité se perd surtout par le contact de l'air.

Dans les corps conducteurs, comment l'électricité se perdra-t-elle ? Exactement de la même manière ; avec cette différence qu'il suffit de toucher un corps conducteur en un seul de ses points pour lui faire perdre toute son électricité, tandis que, dans un corps non-conducteur, si je ne touche que l'un des points, on ne fait perdre l'électricité que dans ce point.

Voyons comment l'électricité se communique d'un corps à l'autre, et comment on peut électriser un corps autrement que par le frottement. Si le corps est non-conducteur, et que je le mette en contact avec un corps électrisé, il s'électrisera ; mais dans l'étendue du contact seulement.

Si le corps est conducteur, et qu'il soit isolé, mis en contact avec un corps électrisé, il s'électrise partout ; cela est tout simple ; c'est un corps conducteur, il est mis en contact avec une surface électrisée ; l'électricité qui fait corps avec la surface électrisée se répand instantanément sur toute la surface du corps ; il aurait vingt pieds carrés de surface, l'électricité se communiquerait partout.

Enfin, il y a un troisième mode de communication de l'électricité, c'est la communication de l'électricité à distance. L'électricité ne passe pas seulement d'un corps à un autre quand il y a contact immédiat entre les corps ; mais elle se communique également à distance. Le passage de l'électricité entre deux corps à distance s'annonce par une étincelle appelée l'*étincelle électrique.* Cette étincelle fut observée pour la première fois, et avec un grand étonnement, par Otto de Guericke, le même qui avait, quelque temps auparavant, inventé la machine pneumatique.

On n'eut d'abord d'autre machine pour développer l'électricité que des bâtons de résine et des tubes de verre, et il était assez difficile de reconnaître la présence de l'étincelle. Sur un bâton de résine, c'est plutôt par l'ouïe que par la vue qu'on peut reconnaître la présence de l'étincelle.

Dans un bâton de résine qui a été électrisé en le frottant dans toute son étendue, on peut tirer des étincelles de chacun de ses points ; tandis que sur une substance métallique électrisée, nous ne pouvons tirer des étincelles que d'un seul point.

Ces observations faites, les physiciens essayèrent de produire les étincelles ; mais de toutes les recherches sur l'étincelle électrique et sur le mode de communication de l'électricité, celles de Dufay, que nous venons de citer comme auteur de la découverte la plus importante de l'électricité, sont les plus frappantes. Il excita dans son temps une admiration extraordinaire, en montrant que ce n'était pas seulement des corps électrisés qu'on pouvait tirer des étincelles avec d'autres corps conducteurs, mais qu'un homme en communication avec ces corps électrisés se trouvait exactement,

quant à sa superficie extérieure, dans le même cas que les conducteurs, c'est-à-dire qu'un homme *isolé* offre une surface conductrice de l'électricité. Au moment où on tire l'étincelle, on reçoit une légère commotion.

Ainsi, quelle que soit la nature du corps, pourvu qu'il soit conducteur, l'électricité se répand sur toute sa surface et se communique à distance à travers l'air.

Quelle est la cause de la lumière produite dans le phénomène? C'est ce que nous devrons étudier plus tard. Quelle est la cause de la secousse qu'on éprouve? C'est là un phénomène physiologique extrêmement important et trop peu étudié, mais sur lequel nous essaierons de faire quelques expériences.

Je n'indique l'étincelle que comme annonçant le passage à travers l'air. Dans le vide, la communication se fait autrement. Si, par exemple, le corps était en communication avec la machine au moyen d'un tube vide, il n'y aurait pas d'étincelle, mais le vide serait rempli d'un immense trait de lumière. Dans un tube d'un pied de diamètre, vous verriez une colonne de feu qui représenterait la petite étincelle. Le mode de communication est donc tout-à-fait dépendant du milieu que l'étincelle traverse.

En traversant les milieux, l'étincelle produit divers phénomènes. D'abord de ce qu'on n'est pas brûlé par l'étincelle, il semblerait qu'elle n'est pas chaude. Nous allons démontrer qu'elle est chaude. Une étincelle qu'on fait passer à travers la mèche encore chaude d'une bougie éteinte est capable de rallumer cette bougie. Cette expérience demande des soins pour réussir; il faut que la bougie conserve encore quelques points en ébullition : de même que lorsqu'on veut rallumer une bougie dans le gaz hydrogène.

On peut faire une autre expérience pour montrer que l'étincelle électrique est capable d'élever la température des corps gazeux qu'elle traverse. Présentez au conducteur de la machine un vase dans lequel il y ait de l'éther, de manière que l'étincelle rase la surface du liquide, l'éther est allumé à l'instant.

Voici une troisième expérience très connue qui montre l'effet de l'électricité. L'étincelle en passant dans un mélange d'hydrogène et d'oxigène, dans les proportions nécessaires pour former l'eau, détermine la combinaison. Pour produire ce phénomène, il n'est même pas nécessaire d'avoir une machine très puissante, la moindre étincelle suffit. L'appareil qui sert à cette expérience est appelé le *pistolet de Volta*. C'est un vase en métal, fig. 4. Un fil de métal terminé par deux petites boules aussi en métal communique du dedans au dehors du vase, à travers un tube de verre revêtu de résine. De cette manière, le fil ne touche pas les parois du vase et se trouve parfaitement isolé. Une autre boule est placée dans le vase vis-à-vis la boule intérieure du fil. Si l'on présente cet appareil à la machine, l'électricité est obligée de traverser le fil métallique, et passant entre les deux boules, elle produit une étincelle qui allume le mélange, en causant une détonation qui lance au loin le bouchon qui ferme le vase.

Enfin, pour donner un autre exemple des phénomènes chimiques que peut produire l'électricité, je citerai une expérience qui demande beaucoup de temps pour être achevée, et que je ne ferai qu'indiquer comme fondamentale. Cette expérience très remarquable est due au docteur Wollaston, qui a montré qu'on pouvait décomposer l'eau, séparer ses deux élémens au moyen de l'électricité ordinaire. Vous savez que décomposer l'eau par la *pile de Volta* est un phénomène très simple; mais décomposer l'eau par l'électricité ordinaire est un phénomène tout-à-fait différent, et voici comment on y parvient.

On prend un tube de verre dont le diamètre est très petit; on y met une dissolution d'or qu'on laisse évaporer, de manière que l'or se dépose dans le tube. Cela fait, on file le tube à la lampe, et avec une lime très douce on use le verre jusqu'à ce qu'on aperçoive quelques traits métalliques; il faut ne mettre à découvert que quelques atomes. Lorsqu'on met cet appareil en communication avec la machine, au moyen d'un petit fil de métal, l'électricité passe dans le petit tube, et est obligée de sortir par l'issue excessivement petite qui lui est laissée à travers l'or; si on reçoit cette électricité dans l'eau, les élémens de l'eau, c'est-à-dire l'hydrogène et l'oxigène, sont séparés, et l'on voit des bulles de ces deux gaz s'élever à la surface de l'eau.

Ce que je viens de faire avec l'appareil qu'on appelle le pistolet de Volta, donne une idée des phénomènes qui doivent se présenter partout où une étincelle électrique passe à travers des gaz. L'étincelle électrique passe nécessairement à travers l'air atmosphérique, pourquoi ne produirait - elle pas dans l'oxigène et l'azote, deux élémens de l'air, ce qu'elle produit à l'égard de l'hydrogène et de l'oxigène? Elle le produit en effet, et Cavendish est le premier qui ait fait cette observation; en faisant passer une forte série d'étincelles à travers un mélange d'oxigène et d'azote, il y eut combinai-

son, et le produit fut de l'acide nitrique. Mais il ne se fait pas d'explosion, car si une étincelle, en passant dans le mélange d'oxigène et d'azote pouvait produire une explosion, cette explosion ne serait pas limitée au lieu où passe l'étincelle; elle se communiquerait dans toute l'étendue de la masse atmosphérique. Ainsi il faut bien que par leur nature les élémens constitutifs de l'atmosphère résistent, non-seulement aux petites étincelles de la machine, mais aux grandes étincelles, aux explosions de la foudre. Vous savez que l'éclair n'est autre chose que l'étincelle électrique, et que le grand sillon de l'éclair n'est autre chose que le chemin que parcourt l'étincelle pour passer d'un corps à un autre. On peut, par les phénomènes que nous produisons en petit dans cet amphithéâtre, prendre une idée des phénomènes incomparablement plus intenses que produit la foudre.

En sillonnant la couche atmosphérique, l'étincelle détermine la combinaison de l'oxigène et de l'azote, à la vérité en petite proportion. Cette vérité très importante à constater, et sous le rapport de la science et aussi sous le rapport de la théorie, cette vérité a été mise hors de doute par les recherches d'un chimiste distingué, qui ayant analysé soixante-dix-sept échantillons d'eau, dont soixante étaient de la pluie d'orage, trouva dans cette dernière des traces d'acide nitrique; il en trouva aussi dans l'eau ordinaire, mais en bien moins grande proportion. Or, cet acide nitrique, trouvé dans l'eau pluviale, semble avoir pour origine l'effet de la foudre passant à travers le mélange gazeux qui compose l'atmosphère.

Voilà les notions générales que nous pouvons prendre, dès à présent, sur les effets chimiques de l'électricité.

ÉLECTRICITÉ PAR INFLUENCE.

J'arrive maintenant à un autre genre de phénomènes électriques qui ne sont, pour ainsi dire, que des conséquences des vérités que nous venons de poser; je veux parler de *l'électricité par influence*. Voici une longue série des phénomènes que cette électricité par influence est capable de produire.

Imaginons un corps conducteur, fig. 5, isolé sur un tube de verre enduit de gomme laque pour être moins sensible aux influences de l'humidité. Ce corps est supposé à l'état naturel. Présentons-lui à une certaine distance un corps électrisé, et voyons quel effet ce corps électrisé va produire sur le corps à l'état naturel. Quelle est la condition sous laquelle le corps électrisé agira sur l'autre ? Sous la condition que les électricités combinées puissent être décomposées par l'influence électrique. Or, c'est précisément là ce qui arrive. Le corps chargé, par exemple, d'électricité résineuse, n'est pas seulement capable d'agir sur l'électricité libre et développée ; il est capable d'agir sur les électricités naturelles et combinées dans ces corps conducteurs *seulement*. Par conséquent, si je présente un corps chargé d'électricité à celui qui est à l'état naturel, le phénomène se produit.

Pénétrons dans l'intérieur du corps, et voyons l'action qu'exerce ce corps que nous supposons chargé d'électricité résineuse ; il attire le fluide vitré du corps qui est à l'état naturel et il repousse le fluide résineux. Par conséquent il doit opérer dans ce corps une séparation des deux fluides. Le fluide vitré doit être appelé dans la partie antérieure et le fluide résineux repoussé plus loin.

En généralisant cette vérité autant qu'elle puisse l'être par la pensée, nous voyons que toutes les fois que nous aurons un corps électrisé, conducteur ou non, il importe peu, ce corps électrisé agira par influence sur les électricités naturelles et combinées de tous les corps conducteurs.

Pour bien comprendre cette propriété de l'électricité, concevez que le fluide électrique accumulé sur tous les points du corps électrisé agit à distance à travers l'air sur tous les corps conducteurs naturels et agit sur chacun de nous, puisque notre substance matérielle est une substance conductrice de l'électricité. Par le fait qu'un corps est électrisé, il y a une décomposition des électricités naturelles dans tous les corps qui sont dans la sphère d'activité du corps électrisé. Quelle est cette sphère d'activité ? elle est la même que celle d'un corps qui attire à distance ; il n'y a pas de limite, il attire à toutes les distances, seulement il attire moins à mesure que la distance augmente.

Ainsi, si la terre, conservant ses dimensions, était portée dans l'orbe d'Uranus, elle serait moins attirée par le soleil, mais elle serait encore attirée. Il en est de même de toutes les attractions naturelles ; elles n'ont point de limite, elles décroissent en raison inverse du carré de la distance.

Ainsi un corps électrisé attire à toutes les distances, et décompose partout les deux électricités. Cette vérité si importante pour toute l'électricité peut être rendue sensible par l'expérience.

La fig. 6 représente l'appareil. C'est un cylindre de métal, aux deux extrémités duquel sont suspendus deux petits pendules. Si cet appareil est placé en présence d'un corps électrisé, nous verrons les petits pendules être attirés et ensuite repoussés ; ce qui annonce d'une manière certaine que le cylindre est dans un état électrique. Mais cet état électrique n'est pas un état électrique permanent ; car il suffit d'enlever au premier corps son électricité, pour que le corps électrisé par influence retombe aussitôt à l'état naturel, et que les deux pendules soient rappelés dans leur position primitive.

Quand le corps électrisé agit ainsi sur un corps conducteur, attire dans la partie antérieure l'électricité résineuse, et repousse plus loin l'électricité résineuse, vous concevez qu'il doit y avoir sur le corps conducteur quelque endroit où il n'y a ni électricité vitrée, ni électricité résineuse ; c'est-à-dire qu'il doit y avoir une ligne neutre sur laquelle il n'y a absolument aucune espèce de fluide. Il est facile de démontrer ces propositions. Il suffit de présenter le bâton de résine alternativement aux petits pendules, on verra qu'il attire l'un et repousse l'autre ; donc l'un est chargé d'électricité vitrée, et l'autre est chargé d'électricité résineuse.

On constate encore la présence du fluide vitré et du fluide résineux au moyen d'un petit appareil, fig. 7, appelé *plan d'épreuve*. C'est un petit disque de clinquant terminé par une longue aiguille de laque. Pour savoir là où est le fluide vitré, là où est le fluide résineux, là où est la ligne neutre, pendant que le cylindre est sous l'influence du corps électrisé, on approche au contact le petit plan d'épreuve. Il est évident que le disque prendra l'électricité du point de la surface qu'il aura touché. En touchant alternativement les deux extrémités du cylindre avec le disque de clinquant, et essayant ce disque sur un pendule chargé d'une électricité connue, on reconnaîtra que le cylindre est toujours électrisé vitreusement à l'une de ses extrémités, et résineusement à l'autre. Enfin, touchant le cylindre sur sa longueur et en différens points, on finira par reconnaître très exactement le point où il n'y a aucune espèce d'électricité. C'est ainsi qu'avec ce petit appareil, dont l'invention est due à Coulomb, on peut (comme il a fait avec une petite aiguille à l'égard du magnétisme) aller sonder l'épaisseur du fluide électrique dans les différens points d'un corps conducteur.

On peut donner à l'expérience plus d'étendue, en mettant à la suite les uns des autres des cylindres, fig. 8, garnis de petits pendules. Si ces cylindres sont mis en présence d'un corps électrisé, on voit aussitôt les pendules diverger, et diverger de moins en moins, à mesure qu'ils se trouvent plus éloignés du corps électrisé ; et on remarque que le fluide vitré est toujours attiré par le fluide résineux et repoussé par le fluide vitré.

Lorsqu'un corps est ainsi soumis à l'électricité par influence, il conserve donc ses deux fluides ; mais on peut tirer de ce même corps le fluide vitré ou le fluide résineux, suivant le point où on le touche.

Que faudrait-il faire pour électriser ce corps tout-à-fait. Ici se présente une espèce de paradoxe qui d'abord semblera difficile à comprendre.

Si l'extrémité V du cylindre, fig. 10, électrisé par influence, est mise en communication avec le sol, le fluide vitré, qui est attiré en $R\,V$, va s'écouler dans le sol. Cette première proposition n'offre aucune espèce de difficulté ; mais voici l'autre proposition, sur laquelle j'appelle votre attention.

Ce n'est plus l'extrémité V que je vais mettre en communication avec le sol, c'est l'extrémité R, c'est-à-dire celle où se trouve le fluide résineux. On croira que ce n'est pas l'électricité vitrée qui s'en ira, que ce sera l'électricité résineuse. Eh bien, ce qu'il y a de singulier, c'est que c'est encore l'électricité vitrée qui s'en va dans le sol. Ainsi, soit que je touche l'extrémité R, soit que je touche l'extrémité V, c'est toujours la même électricité qui s'écoule. Avec un peu de réflexion, on sentira la raison de ce fait singulier. Quelle est l'électricité qui est attirée dans la partie antérieure ? c'est la résineuse. Par conséquent, quand je touche le corps avec un autre corps qui communique au sol, nous n'avons qu'un seul système ; le fluide résineux du sol est attiré dans le cylindre, et le fluide vitré est repoussé dans le sol qui est la partie du système la plus reculée. Donc on ne pourra faire sortir du corps, quelle que soit l'extrémité de ce corps qu'on fasse communiquer avec le sol, que l'électricité qui est repoussée.

Les deux fluides naturels sont séparés lentement par influence ; mais si je tire une étincelle de la machine sous l'influence de laquelle ce corps se trouve, les deux fluides, vitré et résineux, se recombinent à l'instant. Il ne faut pas croire que cette recomposition des fluides dans l'intérieur d'une masse pondérable se fasse tranquillement sans que la matière en soit le moins du monde affectée. Les deux fluides ne peuvent se précipiter l'un vers l'autre en obéissant à leur attraction, sans que la matière n'entre en vibration, et ne soit ébranlée par le mouvement de ces fluides électriques. Cette action est intérieure et intestine. Il y a des corps qui peuvent souvent être détruits par l'acte de la recomposition de leurs fluides électriques.

Prenons un corps très sensible à l'électricité, et dont nous devrons nous servir plus tard lorsque nous traiterons du galvanisme ; prenons une grenouille, suspendons-la à un corps conducteur, et faisons-la communiquer avec le sol, au moyen d'une chaîne de métal ; si l'on vient à électriser par influence le corps conducteur, les fluides sont décomposés, non-seulement dans le corps conducteur, mais aussi dans la grenouille. Si on enlève l'électricité de la machine, les deux fluides se recombinent, et la recomposition qui a lieu produit dans la grenouille des mouvemens convulsifs.

Quand un nuage orageux est chargé d'électricité, et tout le monde sait que les nuages orageux ne sont autre chose que des corps électrisés placés à une grande hauteur dans l'atmosphère ; vous concevez que cette grande puissance électrique, accumulée sur toute la surface du nuage, doit agir par influence à toutes les distances, et par conséquent jusqu'à la surface de la terre. Par conséquent, quand un nuage orageux passe sur nos têtes, notre électricité naturelle doit être décomposée ; et c'est ainsi que, sans nous en douter, nous sommes constitués dans un état électrique passager. Lorsqu'on est ainsi constitué lentement dans un état électrique, les corps organiques les plus sensibles à l'électricité n'en éprouvent rien. Mais si, quand nous sommes ainsi constitués dans un état électrique, une autre cause remet le nuage à l'état naturel, ce qui arrive lorsqu'un nuage chargé d'électricité contraire passe au-dessus du premier, de manière que l'étincelle parte entre les deux nuages ; dans ce cas, la cause qui avait décomposé les deux fluides disparaissant, les deux électricités doivent se rejoindre à l'instant.

Ce mouvement brusque d'électricité dans les corps organiques est beaucoup plus sensible que dans les corps inorganiques. On peut citer de nombreux et de malheureux exemples d'hommes qui ont été foudroyés de cette manière : c'est ce qu'on appelle le *choc en retour*. On parvient, par la recomposition des fluides, à produire, avec le *pistolet de Volta*, le phénomène de la détonation.

IMPRIMERIE DE E. DUVERGER,
RUE DE VERNEUIL, N° 4.

COURS DE PHYSIQUE.

LEÇON QUARANTE-CINQUIÈME.

(Samedi, 3 Mai 1828.)

SUITE DE L'ÉLECTRICITÉ.

DANS la dernière séance, nous avons démontré par des expériences directes l'existence des deux fluides électriques dans l'intérieur des corps. Nous avons défini ces fluides et nous leur avons imposé des noms. L'un a été appelé fluide *vitré*, et l'autre fluide *résineux*, ou bien l'un fluide *positif*, c'est le vitré, et l'autre fluide *négatif*, c'est le résineux.

Quant à leur définition physique, nous avons dit que le fluide vitré s'obtient en frottant du verre avec une substance animale, par exemple avec de la laine ou de la soie, mais non pas avec toutes les substances animales.

L'électricité résineuse s'obtient en frottant la résine, et il importe peu quelle résine, que ce soit la gomme laque, la résine ordinaire ou les autres substances extrêmement nombreuses qu'on désigne sous le même nom, en frottant toutes ces diverses substances avec une fourrure et particulièrement avec la peau de chat. Il résulte de cette définition physique des fluides, qu'on peut les produire à volonté, et avoir tantôt du fluide vitré, tantôt du fluide résineux.

L'existence de ces deux fluides une fois démontrée, nous nous sommes attachés à faire voir qu'ils existaient non pas dans quelques corps naturels en particulier, mais qu'ils existaient dans tous les corps naturels. Partout où il y a de la substance, de la matière pondérable, il y a les deux fluides. La combinaison de ces deux fluides, en portions égales, constitue ce qu'on appelle *l'état naturel* des corps. Leur séparation par une cause quelconque, par une action mécanique ou par une attraction à distance, constitue *l'état électrique*, et détermine ce que nous avons appelé des électricités libres.

Ainsi recomposer les fluides électriques, les séparer, les

45

faire agir les uns sur les autres, les faire agir sur la matière pondérable elle-même ; tel est l'ensemble des phénomènes dont se compose la branche de la physique qu'on appelle électricité.

Après avoir considéré cet agent dans toute sa généralité, c'est-à-dire dans toute la matière pondérable, il est bon d'indiquer d'avance qu'il peut aussi exister là où la matière pondérable n'existe pas, et qu'en cela il diffère des agens naturels que nous avons étudiés jusqu'à ce moment. La chaleur peut bien exister dans le vide, mais elle n'y existe que d'une manière passagère ; elle y est mobile, elle traverse le vide, mais elle n'y reste pas. Il en est de même de la lumière : elle peut traverser le vide, mais non pas y rester. Quant au magnétisme, il n'existe que dans certaines substances, il n'existe pas dans le vide ; mais l'électricité, comme nous le verrons, existe dans le vide à l'état de repos, de stabilité : elle peut y être décomposée, recomposée, mise en mouvement. Ainsi nous apercevons la liaison qui doit exister entre l'électricité, la chaleur et la lumière, par cela seul que l'électricité existe dans le vide, et que la chaleur et la lumière semblent n'être autre chose que des mouvemens imprimés à cette matière électrique. Ainsi l'électricité se présente à nous comme l'agent le plus universellement répandu et le plus intimement lié à la matière pondérable.

Nous avons étudié ensuite la communication de l'électricité, et nous avons vu que cette communication se faisait à travers les corps conducteurs par un mouvement de translation de ces fluides qui circulaient dans les corps conducteurs comme dans des espèces de canaux.

Nous avons vu qu'il y avait non-seulement communication au contact, mais qu'il y avait encore communication à distance, qu'entre un corps conducteur et un autre corps conducteur l'électricité pouvait passer, et qu'en franchissant ainsi l'espace qui séparait ces deux corps, elle produisait plusieurs phénomènes et particulièrement le phénomène de l'étincelle électrique.

Dans son passage à distance entre les corps, l'électricité produit des phénomènes chimiques remarquables ; elle détermine instantanément la combinaison des mélanges gazeux qui peuvent se combiner immédiatement, et par conséquent par détonation ; car il n'y a pas de combinaison immédiate entre deux gaz sans détonation. C'est un résultat de l'élévation de température et du changement de volume. De même que l'électricité détermine des *agrégations* chimiques, elle est aussi l'agent le plus puissant pour déterminer les *ségré-gations* chimiques, c'est-à-dire pour séparer les atomes les uns des autres.

Nous sommes ensuite arrivés à l'électricité par influence, c'est-à-dire à la décomposition des électricités naturelles à distance par une cause électrique existant primitivement. Voici les deux notions que nous nous sommes formées sur cette électricité par influence. Puisque l'électricité est libre de se mouvoir dans les corps conducteurs, puisque les deux fluides y sont en même quantité et neutralisés l'un par l'autre, quand ces corps sont à l'état naturel, il en résulte que si sur un corps conducteur, isolé ou communiquant au sol, on fait agir une puissance électrique quelconque, vitrée ou résineuse, et à une distance quelconque, cette puissance électrique, sé-parant dans le corps conducteur les deux fluides, va attirer à lui le fluide de *nom contraire*, et repousser le fluide de *même nom*. Ainsi à des distances infinies, c'est-à-dire aussi gran-des que nous pouvons les imaginer, les fluides naturels dans les corps conducteurs sont ainsi séparés par cette puissance qui agit sur eux, et les corps sont constitués dans un état élec-trique particulier.

Nous avons vu qu'une puissance électrique agissant, il n'importe de quel côté, au-dessus, latéralement, ou même au-dessous d'un corps conducteur isolé et ne communiquant pas au sol, détermine la séparation des fluides naturels con-tenus dans ce corps conducteur; que l'un des fluides, celui de nom contraire afflue vers la partie la plus voisine de la cause agissante, et que l'autre est repoussé au loin. Nous avons vu que cette séparation est instantanée, si l'influence agit in-stantanément; que si l'on anéantit la puissance décompo-sante, à l'instant les fluides séparés se rejoignent par leur attraction mutuelle. Cette prompte recomposition des fluides naturels constitue ce qu'on appelle le *choc en retour*.

Nous avons montré comment cette prompte recomposition dans l'intérieur même des corps où les fluides électriques semblent se mouvoir sans aucun obstacle, peut déterminer des combinaisons chimiques et des modifications très remar-quables dans l'intérieur même de ces corps. Nous en avons fait l'expérience sur une grenouille, et nous avons vu les se-cousses qu'elle éprouvait. Ce que nous avons essayé sur une grenouille, qui est un animal extrêmement sensible aux in-fluences électriques, pourrait s'essayer, avec des puissances plus considérables, sur d'autres corps organisés. A l'instant où on verrait les deux fluides se recomposer, il y aurait une commotion déterminée par cette recomposition. **Nous avons indiqué, en passant, que la foudre présente des phénomènes de cette nature; que la recomposition n'est pas plus prompte, mais que les fluides étant en bien plus grande abondance, les molécules de matière pondérable sont sollicitées, attirées, modifiées, poussées les unes contre les autres par des forces qui sont capables de désorganiser complétement les corps, c'est-à-dire de les pulvériser, si ce sont des corps inorganiques, et non-seulement de les tuer, mais de détruire les divers tissus, si ce sont des substances organiques.**

La séparation des deux électricités à distance, la recomposition subite quand la cause a cessé, voilà les deux idées fondamentales que nous avons posées sur l'électricité.

Il nous reste à continuer ce sujet, car vous voyez que la plupart des phénomènes électriques seront des phénomènes d'électricité par influence. Les premières conséquences que nous tirerons s'appliqueront à deux instrumens d'une très grande importance, soit pour découvrir l'électricité, soit pour produire de l'électricité, soit pour mesurer les forces électriques.

ELECTROSCOPE.

Le premier de ces instrumens est ce qu'on appelle l'*électroscope*. Déjà nous avons fait connaître trois électroscopes, mais celui-ci est d'une nature différente.

L'électroscope qui repose sur l'électricité par influence se compose essentiellement d'un *vase en verre*, destiné uniquement à préserver les corps très mobiles des agitations de l'air, d'un *conducteur fixe* et de deux *conducteurs mobiles*, qui sont suspendus dans l'intérieur du vase en verre. Dans l'électroscope, fig. 1, les corps mobiles sont de petites balles de sureau suspendues à l'extrémité de fils métalliques très fins, qui forment les corps conducteurs. Le conducteur fixe est une boule terminée par un appendice qui pénètre dans la cloche en verre, et auquel les fils sont ajustés avec des anneaux de manière à être parfaitement mobiles et à pouvoir s'écarter.

Volta a imaginé de substituer aux fils de métal, qui sont toujours pesans, deux brins de paille, sans balles de sureau. On a alors ce qu'on appelle un *électroscope à pailles*.

D'autres ont substitué aux fils et aux pailles de simples *lames* d'or coupées dans l'or battu, et attachées par la simple apposition contre l'appendice qui termine le conducteur fixe. Un peu d'humidité suffit pour qu'elles s'attachent, et en raison de leur flexibilité elles obéissent avec la plus grande facilité aux plus petites forces électriques.

Supposons qu'au-dessus de l'électroscope on présente à une certaine distance un corps chargé d'électricité résineuse, on voit les balles diverger, et elles retombent de suite à l'état naturel si on éloigne le corps. C'est un effet très simple de l'électricité par influence. Le corps chargé d'électricité résineuse agit par influence sur tous les corps conducteurs qui constituent l'électroscope, attire à lui dans la région la plus voisine, c'est-à-dire dans le conducteur fixe, l'électricité de nom contraire, et repousse dans la région la plus éloignée, c'est-à-dire à l'extrémité des balles, l'électricité de même nom. Les balles se trouvant chargées de l'électricité de même espèce doivent par conséquent se repousser en vertu de l'électricité résineuse, non pas qu'elles en aient reçu d'une manière fixe, mais parce qu'elles en ont accidentellement; car si on enlève le corps électrisé qui détermine la décomposition, à l'instant l'électricité vitrée qui était attirée redevient libre, l'électricité résineuse qui était repoussée redevient libre pareillement; ces deux électricités, obéissant à leur attraction mutuelle, se recomposent dans l'intérieur des corps conducteurs.

Jusque là, l'appareil ne semble propre qu'à montrer l'effet de l'électricité par influence. Voici comment il peut servir à faire connaître de quelle électricité un corps est chargé, et, en même temps, quelle est à peu près l'intensité de cette électricité. Voilà donc les foctions de l'électroscope : 1° Faire connaître si le corps est électrisé ; 2° faire connaitre de quelle électricité il est chargé; 3° donner une idée approximative de l'intensité de l'électricité.

Nous avons vu comment on reconnaissait l'existence de l'électricité. Veut-on savoir quelle est l'espèce d'électricité ? Il faut toucher le conducteur fixe avec le doigt, et présenter le corps électrisé. On n'observe aucune divergence dans les balles, qui ont l'air d'être à l'état naturel. Pendant que le corps électrisé est approché, enlevez le doigt d'abord, et ensuite le corps conducteur, et les balles conservent un état de divergence, elles sont électrisées. Cependant je n'ai fait passer aucune portion d'électricité dans l'intérieur de l'électroscope.

Voyons d'abord par la théorie, et ensuite vérifions par l'expérience, de quelle espèce d'électricité les balles sont chargées. Lorsqu'on touche le conducteur avec le doigt et qu'on le fait ainsi communiquer au sol, tous les conducteurs de l'électroscope ne forment qu'un seul et même système. Le corps électrisé agissant par influence, doit attirer à lui l'électricité de nom contraire, c'est-à-dire la vitrée, et repousser le plus loin possible l'électricité de même nom, c'est-à-dire la résineuse. Or, le point le plus éloigné, ce n'est pas l'extrémité des balles, c'est le sol. Ainsi l'électricité résineuse, au lieu de venir dans les balles, passe dans le sol, et les balles restent sensiblement à leur état naturel. Maintenant, si on supprime la communication avec le sol, l'électricité, attirée et maintenue par l'action du corps électrisé, ne peut s'en aller, elle reste à la surface du conducteur fixe, mais elle n'agit pas sur les balles. Enfin, si vous enlevez le corps électrisé, à l'instant l'électricité vitrée qui avait été attirée et retenue reprend sa liberté, se répand sur toute la surface du corps conducteur, se partage entre le conducteur fixe et les balles, et vient déterminer dans ces balles une divergence. Donc les balles divergent par l'électricité vitrée, c'est-à-dire l'électricité de nom contraire à celle du corps électrisé. C'est ce qu'il est facile de vérifier par l'expérience. Approchons un bâton de résine électrisé ; si c'est de l'électricité vitrée qui est dans les balles, le bâton de résine doit agir sur le fluide vitré et l'attirer dans la partie supérieure, et, par conséquent, faire rapprocher les balles. C'est en effet ce qui arrive. Présentons ensuite du verre au lieu de bâton de résine. Si les balles sont électrisées vitreusement, le verre agissant pour repousser l'électricité vitrée dans les balles, elles doivent s'écarter davantage ; c'est en effet ce qui arrive. Ainsi l'expérience confirme pleinement la théorie, de sorte que nous avons désormais un moyen de reconnaître quelle est l'espèce d'électricité développée sur les corps.

Il y a un phénomène très remarquable que je vais essayer de produire, et qui pourrait très souvent induire en erreur. Après avoir donné de l'électricité aux balles elles divergent ; j'approche un bâton de résine, elles se rapprochent, elles se touchent, et puis divergent de nouveau. Voici l'explication de ce phénomène. En approchant le bâton de résine, il a pu attirer dans le conducteur fixe l'électricité vitrée dont l'appareil était chargé. Si j'approche un peu plus, il va non-seulement attirer davantage le fluide vitré, mais opérer une nouvelle décomposition des électricités naturelles, et par cette nouvelle décomposition faire venir dans la partie antérieure une nouvelle quantité d'électricité vitrée, et repousser dans les balles une nouvelle quantité d'électricité résineuse ; par conséquent, les balles doivent diverger de nouveau.

Il faut donc approcher le corps électrisé avec quelques précautions ; car si on l'approchait de trop près tout d'un coup, on obtiendrait une divergence au lieu d'obtenir un rapprochement.

Quant à la comparaison des forces électriques dont les corps sont chargés, le moyen à employer pour faire cette comparaison, c'est d'observer, à une distance donnée, la forme des corps étant connue, quel est à peu près l'angle de divergence des deux balles. La force électrique, comme vous le pensez bien, n'est pas proportionnelle à l'angle de la divergence des balles, mais cependant cette divergence est d'autant plus grande que la force est plus grande.

On adapte contre les parois intérieures de la cloche des lames d'étain. Ces lames communiquent au fond de la cloche, qui est en métal, et qui doit être placée sur un corps conducteur. Elles sont disposées de manière que les balles, dans leur plus grande divergence, viennent toucher les lames d'étain. Si elles ne les touchaient pas, celles-ci seraient inutiles. Tout le monde voit à quoi doivent servir ces lames. Quand on donne aux balles un excès d'électricité, au lieu d'aller toucher les parois en verre, qui retiendraient l'électricité, elles s'en vont toucher les lames d'étain, leur cèdent leur électricité, et comme l'étain est conducteur et communique avec le sol, l'électricité s'écoule dans le sol, et les balles retombent à l'état naturel. De cette manière, les parois ne se chargent pas d'électricité, et rien ne complique les résultats. On remplace quelquefois les lames d'étain par de petites boules en métal, principalement dans les électroscopes à lames d'or.

Pour que l'électroscope ne perde pas facilement son électricité, il importe que l'air soit très sec dans son intérieur, c'est pourquoi l'on y met du muriate de chaux. Il importe également que sa surface extérieure soit sèche. Car si elle était revêtue d'une couche d'humidité, le conducteur fixe donnant son électricité à la couche humide, cette électricité s'écoulerait sur toute la surface de la cloche et irait se perdre dans le sol. Pour que la cloche soit moins humide, on la revêt d'une couche de vernis. Enfin quelquefois on pousse la précaution plus loin, et l'on enferme l'électroscope dans une cage où l'on met du muriate de chaux, substance qui a la propriété d'absorber très bien l'humidité. La cage doit être percée pour laisser sortir la boule sur laquelle on agit.

L'électroscope à lames d'or est le plus sensible, parce que

les lames sont moins pesantes que les fils métalliques, et qu'elles obéissent facilement aux moindres forces électriques.

ÉLECTROPHORE.

Le second appareil que j'ai à faire connaître est celui qu'on appelle l'*électrophore*, c'est-à-dire, appareil propre à développer et à conserver l'électricité. C'est encore sur l'électricité par influence que repose la composition de cet instrument, qui peut souvent remplacer une machine électrique.

Cet appareil, fig. 2, se compose de deux pièces : 1° d'un *gâteau* de résine *G*, et d'un *plateau* de métal *P*. Le gâteau est formé avec de la résine fondue, qu'on jette dans un moule en métal ou en bois; il y a quelque avantage à ce que le moule soit conducteur. La seconde pièce de l'électrophore est un disque de métal soutenu par un manche en verre vissé dans le disque, et par lequel on doit tenir ce disque pour l'isoler. Le plateau ne doit avoir aucune arête vive, les bords doivent être arrondis. Voyons comment on peut faire de cet appareil une machine électrique. Après avoir desséché complètement le manche isolant et le gâteau de résine, on bat ce gâteau avec une peau de chat, sur toute sa superficie, parce que l'électricité des bords, comme celle du milieu, a une influence. Voici le phénomène que présente l'appareil : une fois électrisé, cet appareil est un électrophore perpétuel, dans dix jours il sera encore capable de fournir de l'électricité, et de donner des étincelles aussi fortes que celles que nous avons aujourd'hui, pourvu qu'on préserve de l'air trop humide la surface de la résine.

Voyons comment l'électricité peut se développer et se conserver dans cet appareil. Il est évident qu'en battant la surface de la résine avec une peau de chat on l'a électrisée, et électrisée résineusement. Si l'on voulait s'en assurer, il suffirait de présenter le gâteau de résine à un électroscope.

Supposez qu'on approche à un pied de distance le plateau de l'électrophore, voilà ce qui arrivera : l'électricité résineuse du gâteau agira par l'influence sur le plateau, attirera l'électricité vitrée dans la partie inférieure, et repoussera l'électricité résineuse dans la partie supérieure. En présentant le doigt à la surface supérieure du plateau, on entend une étincelle; c'est l'électricité résineuse du plateau qui s'échappe dans le sol. On élève le plateau, on lui présente de nouveau le doigt, et on tire de l'électricité vitrée. Mais, dira-t-on, pourquoi l'électricité vitrée du plateau ne s'en va-t-elle pas

sur l'électricité résineuse du gâteau, puisqu'il **y** a contact ?
La difficulté est assez grave et mérite d'être expliquée. Si l'é-
lectricité vitrée du plateau ne so répand pas sur le gâteau,
c'est que le plateau ne touche pas le gâteau ; car s'il le touchait, mathématiquement parlant, la pression atmosphérique
s'exerçant sur le plateau, on ne pourrait plus le soulever sans
soulever tout le poids de la colonne de mercure. Ainsi nous
serions véritablement collés sur la surface des corps que nous
touchons, s'il ne restait pas une couche d'air entre la main
qui touche et le corps touché. De même il y a une couche
d'air entre le gâteau et le plateau ; et cette couche d'air suffit
pour empêcher le passage de l'électricité. Ainsi les deux fluides
électriques sont en présence l'un de l'autre, agissent à une
petite distance, et ne peuvent se recomposer. Si l'électricité
vitrée est à la surface inférieure, vous enlevez le plateau après
avoir tiré l'électricité résineuse ; l'électricité vitrée, reprenant
sa liberté, s'étend sur toute la surface du plateau de l'électrophore, et vous pouvez tirer une seconde étincelle. Comme
il n'y a pas de contact véritable entre les deux pièces de l'électrophore, il n'y a pas de communication immédiate de l'électricité ; le gâteau ne perd rien de la sienne, il n'agit que pour
décomposer celle du plateau.

Si on enlevait le plateau avant de l'avoir touché à sa surface
supérieure pour faire partir la couche d'électricité résineuse,
il ne serait pas électrisé.

Voici plusieurs expériences qui ne sont, en quelque sorte,
que des conséquences de cette propriété générale de l'électricité par influence. L'une des premières conséquences qui
se présentent est le phénomène relatif à l'attraction générale
des corps. Pourquoi un corps électrisé s'en vient-il attirer tous
les corps qui sont à l'état naturel, les petites feuilles d'or, les
petites balles de sureau, etc. ? Les corps qui sont à l'état naturel ont leurs électricités combinées, et neutralisées l'une par
l'autre ; un corps électrisé vitreusement que j'approche d'un
corps à l'état naturel agit par influence, décompose les deux
électricités, attire la résineuse dans la partie antérieure, repousse la vitrée dans la partie la plus éloignée ; et comme
l'attraction se trouve ainsi exercée à une moindre distance
que la répulsion, il en résulte que les corps doivent être attirés.

Je dois faire remarquer un phénomène analogue à celui
que vous avez vu se produire sur l'électroscope. Ce phénomène consiste dans un changement de répulsion en attraction.

Un petit pendule à l'état naturel est attiré par un bâton de résine électrisé, parce que le bâton décompose les deux fluides du pendule, attire le vitré, repousse le résineux. Supposez que je donne à ce pendule un peu d'électricité résineuse, que va-t-il arriver? une répulsion. Eh bien, cette répulsion, je vais la changer en attraction; pour cela, il suffit d'approcher tout de suite très près le bâton de résine du pendule; il était repoussé; il est maintenant attiré et repoussé de nouveau après le contact.

Pourquoi ce phénomène? C'est parce que quand on approche le bâton de résine très près du pendule, qui a la même électricité que lui, non-seulement il exerce une répulsion sur le fluide résineux, mais il exerce une décomposition sur les fluides naturels du pendule, attire le vitré, repousse le résineux, et, enfin, il arrive un instant où la quantité des fluides naturels décomposés est assez grande pour que l'attraction du vitré l'emporte sur la répulsion du résineux.

Nous allons parcourir plusieurs applications de l'électricité.

On suspend deux timbres, fig. 3, à une tige métallique : l'un au moyen d'une chaîne de métal, l'autre au moyen d'un fil de soie. Entre les deux timbres est un petit pendule suspendu lui-même par un fil de soie. Le timbre isolé, c'est-à-dire communiquant à la petite traverse de métal par un fil de soie, communique au sol par une chaîne. Nous donnons de l'électricité vitrée à la traverse, et aussitôt on entend le mouvement du pendule entre les deux timbres, et l'on distingue par la différence des sons qu'il va alternativement d'un timbre à l'autre. Comment, d'après la disposition de l'appareil, rendre compte du mouvement du pendule? Cela est extrêmement facile. Lorsqu'on donne de l'électricité vitrée à la traverse, cette électricité ne peut descendre dans les deux timbres, elle ne peut descendre que dans le timbre suspendu avec une chaîne, et non dans le timbre suspendu avec un fil de soie, qui est un corps non conducteur. L'électricité vitrée qui descend dans le timbre suspendu par une chaîne, agit par influence sur le petit pendule, décompose ses deux fluides, attire le résineux, et repousse le vitré. Par conséquent, le pendule vient toucher le timbre vitré, se charge de son électricité, et est ensuite repoussé par ce timbre vitré, tandis qu'il est attiré par l'autre timbre, qui est électrisé résineusement par influence, à sa partie antérieure. Après avoir touché ce second timbre, il en est également repoussé pour aller de nouveau toucher le timbre vitré, et exécuter ainsi une série d'oscillations, qui se continue aussi long-temps que la traverse est électrisée.

Une expérience tout-à-fait analogue se fait avec une araignée, à laquelle on fait remplir la condition du pendule de l'expérience précédente. Cette expérience, qui devra nous servir dans une autre occasion, est due à Francklin. Au lieu d'un timbre suspendons une araignée, fig. 4, à un fil isolé, entre deux corps, l'un communiquant à la machine, et l'autre au sol. En développant de l'électricité, nous apercevons les mêmes mouvemens que je viens de décrire. L'araignée dont on se sert pour faire cette expérience n'est autre chose qu'un morceau de liége. Comme ce corps n'est pas très bon conducteur de l'électricité, on adapte autour du morceau de liége des espèces de pattes, disposées de manière à faire des pointes, qui ne se comportent pas, à l'égard de l'électricité, comme les corps arrondis; vous le verrez bientôt, et vous aurez occasion de vous rendre un compte très détaillé de toutes les circonstances que l'on observe dans le mouvement de l'araignée.

Voici encore une autre expérience qui repose exactement sur les mêmes principes. Entre un disque de métal, fig. 5, qui communique avec la machine et qui sera par conséquent chargé d'électricité vitrée, et un autre disque qui communique au sol par une chaîne, on place une lame d'argent qui est successivement attirée et repoussée, et c'est encore à l'électricité que sont dus ces mouvemens.

Cette expérience a du rapport avec une autre expérience imaginée par Volta pour expliquer le phénomène de la grêle. L'expérience de Volta consiste à avoir une cloche en verre dont le fond est en métal et communique au sol. Un plateau, aussi en métal, communiquant avec la machine, est placé à quelque distance au-dessus du fond. On met des balles de sureau dans cette cloche, et aussitôt qu'on fait jouer la machine, on voit ces balles attirées alternativement par les deux plateaux, s'élever, retomber et s'élever de nouveau, et présenter ainsi un phénomène analogue au phénomène qui semble se passer dans le ciel, lorsque la grêle est prête à tomber. Vous voyez dans le mouvement de va-et-vient des petites balles de sureau, et vous entendez dans le choc de ces balles les unes contre les autres, pendant qu'elles montent et qu'elles descendent, quelque chose d'analogue au bruit qui précède habituellement la chute de la grêle. Tout le monde a remarqué que quelques instans avant la chute de la grêle, on entend dans les nuages qu'on distingue à leur aspect pour être des nuages chargés de grêle, un bruissement incomparablement plus intense que le petit cliquetis que font entendre les balles de sureau, mais cependant tout-à-fait analogue. On observe ensuite que la grêle tombe toujours subitement, et que sa chute ne dure jamais long-temps dans le même lieu, et qu'ensuite le nuage va porter plus loin le même phénomène.

Volta a eu l'idée, d'après cette comparaison, d'expliquer ainsi la formation des grêlons. La grande difficulté, c'était le volume prodigieux qu'ont quelquefois les grêlons. On en a vu qui pesaient jusqu'à deux kilogrammes. Comme ils semblent n'être pas une agrégation de grêlons, mais une formation continue dans laquelle on distingue facilement plusieurs couches concentriques, comment est-il possible que des masses pareilles se soient formées de couches successives en traversant l'atmosphère ; quand l'atmosphère aurait une hauteur incomparablement plus grande que celle que nous lui connaissons, et que cette atmosphère serait saturée d'eau, jamais un corps en tombant ne pourrait prendre un aussi grand volume. Il est donc impossible d'admettre que c'est en traversant librement l'atmosphère, du point de sa formation jusqu'à la surface de la terre, que le grêlon a pris un volume aussi considérable. Supposons, au contraire, que le grêlon ne traverse pas librement l'atmosphère, mais que, suspendu entre deux nuages chargés d'électricités contraires, il soit exactement comme ces petites balles de sureau entre les deux plateaux chargés d'électricités contraires. Si, par exemple, le nuage supérieur est vitré, et le nuage inférieur résineux, que, par un de ces refroidissemens dont on n'explique pas parfaitement les causes, un petit atome de grêle se soit formé, ce petit atome va être attiré par l'un ou l'autre des nuages, s'il est à l'état naturel. Il viendra, par exemple, tomber vers le nuage inférieur, que nous supposons résineux, et pénétrera à une certaine profondeur dans ce nuage. En même temps qu'il y pénétrera, le froid qu'il a lui-même suffira pour condenser, non pas de l'eau à l'état élastique, mais de l'eau à l'état de vapeur vésiculaire qui se trouve abondamment dans le nuage ; il en condensera une partie et se couvrira d'une couche plus ou moins épaisse. En même temps, il se chargera d'électricité résineuse, et prenant ainsi la même électricité que le nuage, il doit être repoussé par lui dans la région supérieure, et de plus attiré vers cette région par le nuage chargé d'électricité vitrée. Ainsi le petit grêlon, repoussé par celui-ci, attiré par celui-là, reprendra son chemin vers la région supérieure, pénétrera dans le nuage, y condensera encore une couche d'eau plus ou moins épaisse, se chargera de l'électricité vitrée dont le nuage supérieur est lui-même chargé, et puis sera repoussé. Il fera ainsi le voyage un grand nombre de fois, et le nombre des oscillations sera déterminé par le nombre des couches de différentes épaisseurs dont le grêlon se compose. On conçoit que, pénétrant à plusieurs reprises dans des nuages où il y a de la vapeur, le grêlon puisse arriver au volume qu'il a réellement. Il y a cependant plusieurs objections contre cette théorie ; mais elle paraît rendre compte des phénomènes d'une manière assez satisfaisante pour qu'on doive s'y arrêter. Nous y reviendrons en parlant de la météorologie électrique.

Voilà comment ce phénomène si vulgaire, qu'on appelle la *danse des pantins*, si peu propre à éveiller de grandes idées, a pu cependant devant un observateur tel que Volta, produire une idée extrêmement fondamentale sur l'un des météores les plus intéressans.

FORCES ÉLECTRIQUES.

Nous allons nous occuper de l'étude des *forces électriques*, et de la comparaison de ces forces.

Coulomb est le premier qui ait mesuré les forces électriques, comme il est le premier qui ait mesuré les forces magnétiques. Il y a deux moyens de mesurer les forces électriques, comme il y en a deux pour mesurer les forces magnétiques ; ces moyens sont *la balance de torsion* et *les oscillations*.

La balance de torsion, fig. 6, que nous emploierons pour l'électricité, diffère à peine de la balance de torsion propre à mesurer les forces magnétiques. Il faut avoir une cage en verre, non-seulement pour abriter les corps suspendus des agitations de l'air, mais pour écarter la présence de tout corps conducteur qui pourrait agir par influence sur l'aiguille électrique. La cage est formée par quatre grandes glaces verticales, établies sur un fond en bois et une cinquième glace qui recouvre les quatre autres, de manière à former une enceinte carrée exactement fermée. Un tube de verre est placé sur une ouverture placée au milieu de la cinquième glace, et dans la partie supérieure de ce tube est un micromètre auquel est fixé un fil métallique auquel est suspendue de manière à se tenir parfaitement horizontale une aiguille de gomme laque, terminée par un petit disque de clinquant, analogue au plan d'épreuve.

Imaginez que, prenant un autre plan d'épreuve isolé, on
le mette dans l'intérieur de la balance par une ouverture pra-
tiquée à cet effet, et qu'on approche son disque de l'aiguille.
Si les deux disques ne sont électrisés ni l'un ni l'autre, il n'y
a ni attraction ni répulsion, mais si je donne de l'électricité au plan d'épreuve, et que je le place dans l'intérieur,
de manière qu'il touche le disque de l'aiguille, à l'instant les
deux disques se repousseront, tant que la force de torsion ne
sera pas capable de faire équilibre à la répulsion. La répulsion diminue à mesure que la distance augmente, la force
de torsion croît proportionnellement à l'angle de torsion. Par
conséquent, on conçoit qu'à une certaine limite, la force de
torsion et la force électrique répulsive se feront équilibre.
Comment déterminer la loi de l'intensité de la répulsion à
raison de la distance ? exactement comme nous avons fait
pour le magnétisme, c'est-à-dire qu'après avoir porté les
corps à une certaine distance, et observé l'angle de torsion,
nous tournons le micromètre supérieur, et nous forçons l'aiguille à revenir, par exemple, à une distance de moitié. Nous
observons la force de torsion dans cette seconde situation.
C'est ainsi qu'on a reconnu qu'à la distance de moitié l'intensité est précisément quatre fois plus grande. Donc les répulsions électriques sont comme les répulsions magnétiques,
en raison inverse du carré de la distance.

Quant au second moyen de mesurer les forces électriques,
celui de faire osciller des aiguilles, il s'applique de la même
manière que pour le magnétisme. On donne de l'électricité
au disque d'une petite aiguille, fig. 7, suspendue à un fil de
soie ; et en la faisant osciller à une distance plus ou moins
grande d'un corps chargé d'une électricité contraire, on
peut déterminer par le nombre des oscillations les intensités
des forces qui sont entre elles, comme les carrés des nombres
d'oscillations.

Coulomb, non content d'avoir posé cette vérité générale
qui doit servir de règle dans tous les phénomènes électriques,
a poussé ses recherches beaucoup plus loin. Il est arrivé à
déterminer quelle était la disposition du fluide électrique sur
les corps électrisés, et même à déterminer l'épaisseur de la
couche électrique qui revêt la surface des corps.

Le fluide électrique est-il renfermé dans l'intérieur des corps,
comme un gaz renfermé dans un ballon ? est-il coërcé dans
l'intérieur des corps ? peut-il en remplir toute la capacité,
ou bien les fluides électriques obéissent-ils à un autre mode
de distribution ? Dans une substance qui est à l'état naturel,

les fluides sont partout dans l'intérieur des corps , à la surface comme au centre ; partout où il y a des molécules pondérables , il y a du fluide électrique.

Mais supposons un globe électrisé. L'électricité libre est-
elle uniformément répandue à l'intérieur et à l'extérieur du
globe, ou est-elle inégalement répandue dans tous les points
de la masse du corps ? telle est la première question que nous
nous proposons de résoudre. L'électricité, loin d'être enfer-
mée, distribuée dans toute la masse du corps, est au contraire
très inégalement distribuée dans l'intérieur de la masse. Supposons un corps plein, homogène, de métal pur, et supposons-le électrisé, non pas de ses électricités naturelles, mais
d'une électricité libre, en excès. Cette électricité sera disposée
près de la surface du corps, elle y formera une couche d'une
certaine épaisseur, plus petite que toutes les épaisseurs que
nous pouvons mesurer. Mais bien que ces épaisseurs ne
soient pas comparables aux épaisseurs que nous mesurons,
elles sont cependant comparables entre elles, et nous pourrons tout à l'heure démontrer quel est le rapport des épaisseurs sur des corps donnés.

Pourquoi, dira-t-on, l'électricité est-elle à la surface, et
d'abord est-elle à la surface extérieure du corps ou bien en
dedans du corps et près de sa surface ? Ce n'est pas au-dessus
de la surface physique, c'est au-dessous de cette surface que
l'électricité est placée, et c'est là qu'elle forme une couche
d'une certaine épaisseur.

Que le fluide se tienne à la surface des corps, c'est une
vérité qui paraît difficile à démontrer, et qui cependant peut
être rendue sensible au moyen de plusieurs expériences.

Prenons un globe creux, fig. 8, mais dont la paroi est d'une
certaine épaisseur, de deux lignes, par exemple, et mettons-
le en contact avec la machine; quand il aura été électrisé,
touchons-le avec le plan d'épreuve à l'extérieur, nous y trouverons de l'électricité; touchons-le ensuite à l'intérieur, le
plan d'épreuve ne prendra rien. Donc, au dehors d'un corps
il y a de l'électricité, et au dedans il n'y en a pas.

Voici une seconde expérience : Prenons deux hémisphères
conducteurs, fig. 9, pouvant envelopper le globe très exactement; pendant qu'il est de la sorte enveloppé par ces deux
corps conducteurs, qu'il faut tenir par des manches isolans,
nous l'électrisons. Nous enlevons ensuite les enveloppes, et
nous les trouvons électrisées, tandis que le globe ne donne
aucun signe d'électricité. Donc, dans ce système de corps,
l'électricité, au lieu de pénétrer toute la masse, s'en vient se

loger à la surface extérieure, tellement qu'en enlevant les deux calottes conductrices qui enveloppent le globe, elles emportent toute l'électricité.

On démontre encore cette vérité d'une manière plus palpable par une expérience qui demande beaucoup de soin et de précaution, et que par cette raison, je ne fais qu'indiquer ici. Imaginez deux globes de mêmes dimensions; l'un est un globe de résine, de gomme laque ou de toute autre substance non conductrice, et il est revêtu d'une feuille d'or excessivement mince, en un mot il est simplement doré. L'autre globe est en métal et tout-à-fait plein. Ces deux globes sont tous deux à l'état naturel; on les met en contact et on les charge d'électricité. Cela fait, on les sépare. S'il est vrai que l'électricité ne soit point dans l'intérieur des corps, mais qu'elle pénètre à une profondeur sensible, le globe de métal qui a plus de capacité matérielle devra recevoir aussi plus d'électricité. Eh bien! si après les avoir séparés, on les touche avec le plan d'épreuve, et qu'on essaye dans la balance les forces électriques des deux globes, on les trouve parfaitement égales. Donc la couche imperceptible d'or qui revêt la résine a pu contenir exactement la même quantité de fluide que le globe de métal plein. Donc, quand on veut mettre de l'électricité sur les corps, il n'est pas nécessaire de leur donner une grande quantité de matière, puisque ce n'est que par leur surface extérieure qu'ils s'électrisent.

Il me reste à ajouter un mot pour indiquer la cause qui arrête ainsi l'électricité à la surface des corps, lorsqu'elle a été poussée par sa propre répulsion. L'électricité s'arrête à la surface des corps, parce que l'air qui enveloppe les corps et qui est une substance qui conduit mal l'électricité ne peut lui donner passage. Par conséquent, obéissant à sa force répulsive et en vertu de cette force répulsive renvoyée jusqu'aux limites de la substance, l'électricité s'en vient heurter contre la couche d'air et ne peut passer outre. Cette notion nous conduit naturellement à considérer les corps conducteurs comme des espèces de vases contenant les fluides électriques; et dire que l'électricité sort d'un corps, c'est dire que l'électricité exerce contre l'air qui lui sert d'enveloppe une pression assez forte pour percer cet air.

Ainsi les substances non conductrices sont nécessaires pour retenir l'électricité qui se perdrait dans le vide.

IMPRIMERIE DE E. DUVERGER,
RUE DE VERNEUIL, N° 4.

COURS DE PHYSIQUE.

LEÇON QUARANTE-SIXIÈME.

(Mardi, 6 Mai 1828.)

SUITE DE L'ÉLECTRICITÉ.

Nous avons, dans la dernière leçon, terminé ce qui était relatif à l'électricité par influence. Après avoir rappelé le principe général du mode d'action de l'électricité par influence, nous avons indiqué la construction de deux instrumens très importans pour toutes les recherches électriques, savoir : l'*électroscope* et l'*électrophore*. L'*électroscope à balles de sureau, à pailles, à lames d'or*, est un instrument destiné à reconnaître la présence de l'électricité, l'espèce du fluide, et jusqu'à un certain point son intensité dans les corps électrisés. Nous avons vu quelle précaution il fallait prendre pour donner à l'électroscope une quantité d'électricité connue, et quelle précaution il fallait prendre dans certains cas pour reconnaître l'espèce d'électricité du corps qu'on lui présentait.

Quant à l'*électrophore*, nous avons vu que c'est une espèce de machine électrique perpétuelle, qu'il suffit de mettre en activité une fois pour toutes, pourvu qu'on ait soin de le préserver de toute humidité.

Enfin, pour montrer les effets de cette électricité par influence, nous avons cité plusieurs expériences, telles que le timbre électrique, l'araignée de Franklin, et enfin l'expérience du mouvement d'une feuille métallique entre deux disques chargés d'électricités contraires. Nous avons vu que cette dernière expérience était la base de la théorie la plus probable sur la formation de la grêle.

Enfin nous avons commencé l'étude des forces électriques ; nous avons rappelé comment par la balance de torsion, Coulomb est arrivé à reconnaître la loi des attractions et des répulsions électriques, et à démontrer que cette loi était *en raison inverse du carré de la distance.* Ce principe une fois établi dans la substance matérielle, impondérable, qui constitue le fluide électrique, nous avons dû chercher quel était le mode de distribution du fluide sur les corps électrisés, et sur ce point nous avons déjà acquis une première notion très importante, c'est que le fluide électrique, dans les corps électrisés, se porte toujours à la surface, et que là il forme une couche d'une épaisseur infiniment petite, si nous la comparons aux épaisseurs matérielles ordinaires, et qui pourtant peut varier, décupler, centupler..... relativement à elle-même. Nous avons démontré cette vérité fondamentale par plusieurs expériences, dont la plus décisive consiste à prendre deux boules d'un égal diamètre, l'une en résine ou en gomme laque, corps non conducteurs, et dans lesquels l'électricité ne peut point se mouvoir, l'autre en métal plein.

La boule de résine est recouverte d'une couche excessivement mince d'une substance métallique, d'or, par exemple, de sorte que l'épaisseur de la substance électrique dans cette boule est plus petite que toutes les épaisseurs que nous pouvons mesurer; car l'épaisseur d'une feuille d'or battu touche à la limite des épaisseurs que nous pouvons mesurer d'une manière exacte.

Si ces deux sphères sont électrisées simultanément, c'est-à-dire si elles sont électrisées pendant qu'elles se touchent, et qu'ensuite on les sépare, puis, qu'après les avoir séparées, on s'en vienne avec le petit plan d'épreuve chercher l'épaisseur électrique sur l'une ou l'autre sphère, on trouve que cette épaisseur est identiquement la même. Ainsi, cette épaisseur d'or imperceptible a suffi pour loger toute l'épaisseur du fluide. De là nous devons conclure que dans l'intérieur de la sphère les molécules qui sont à une profondeur appréciable au-dessous de la surface, n'ont aucune espèce d'action pour contenir le fluide électrique.

DISTRIBUTION DE L'ÉLECTRICITÉ SUR LES CORPS.

Ce principe va nous servir de point de départ pour l'étude que nous avons à faire aujourd'hui de la distribution de l'électricité dans tous les corps, et sur chacun des points d'un corps électrisé quelconque.

Avant d'entreprendre cette comparaison des épaisseurs électriques, je rappellerai une démonstration à peu près mathématique, cependant sans formule et sans calcul, que le simple bon sens peut très bien saisir, et qui rend compte d'une manière très exacte des raisons par lesquelles l'électricité se porte ainsi à la surface des corps. Imaginons un globe de métal d'un pied de diamètre, par exemple, et parfaitement sphérique; imaginons qu'il y ait dans ce globe, non de l'électricité comme il y en a dans tous les corps, mais une certaine quantité d'électricité libre, et concevons par la pensée que cette électricité qui sera, par exemple, du fluide vitré, soit retenue pour un moment au centre de la sphère; voyons si cette quantité de fluide vitré peut rester là où je viens de la placer. Quelle est la propriété du fluide électrique? C'est que ses parties, je n'ose pas dire les particules, car nous ne savons pas si ces agens naturels sont moléculaires et atomistiques comme la matière pondérable; la propriété du fluide électrique, c'est que ses parties se repoussent. Si une partie que nous considérons au centre du globe éprouve de la part de toutes les autres une force répulsive, il faut que quelque chose l'arrête; ce n'est pas la matière du cuivre, car la matière donne un libre passage au fluide. Il doit donc se répandre et s'en venir tant qu'il rencontre un chemin libre qu'il puisse suivre; c'est-à-dire tant qu'il rencontre la matière propre du cuivre. Il s'en viendra de la sorte jusqu'à la surface. Arrivé à la surface, pourra-t-il aller plus loin? Il irait plus loin si le cuivre était dans le vide, parce que le vide ne permet pas au fluide de passer; mais si le globe est dans l'air, le fluide ne pourra aller plus loin, il sera arrêté par la couche d'air qui sert d'enveloppe au globe, et qui est comme la paroi du vase.

Ce que je viens de dire des fluides dans l'air, je le dirai des fluides dans tous les autres gaz. Ainsi il est évident que, pour peu qu'un corps ait un centre, le fluide électrique viendra jusqu'à la couche d'air qui enveloppe le corps.

Je dis plus, je dis qu'il ne restera pas d'électricité au centre; car s'il restait de l'électricité au centre, qu'est-ce qui la retiendrait. On pourrait dire : mais il pourrait rester du fluide électrique au centre, car il est repoussé de tous côtés par le fluide qui est à la surface. Cela est vrai; mais qu'on prenne garde que le fluide est distribué d'une manière uniforme sur toute la circonférence du globe ou plutôt sur toute sa superficie; que, par conséquent, s'il y a du fluide qui repousse les molécules d'un côté avec une certaine force, il y a du fluide qui les repousse de l'autre côté avec la même force; par conséquent toutes ces répulsions se détruisent l'une l'autre, et le fluide est comme libre et doit obéir à sa propre force répulsive. Donc il ne peut rester de fluide au centre d'une sphère.

Non-seulement il ne peut rester de fluide au centre, mais il ne peut en rester en un point quelconque situé entre le centre et la surface. En effet, si vous faites la somme mathématique des répulsions qui s'exercent au-dessus et au-dessous d'une molécule considérée dans l'intérieur du globe, en adoptant le principe de la raison inverse du carré de la distance, vous trouvez que ces répulsions se détruisent exactement. C'est le même principe que quand on a un globe creux formé de matière comprise entre deux surfaces sphériques concentriques ; des corps placés en un point quelconque de l'intérieur de la sphère ne seraient pas plus attirés par une portion de la sphère que par l'autre, ils seraient partout en équilibre.

Ainsi on conçoit très facilement que tout le fluide électrique libre doit venir se loger à la surface des corps. Là il exerce, en vertu de sa force répulsive, une certaine pression sur l'air qui le retient. Cette pression, de quoi est-elle dépendante ? Elle est dépendante de la quantité de fluide électrique qui vient se loger à la surface du corps. Quand cette quantité de fluide électrique sera assez grande, la pression exercée pour repousser l'air environnant sera capable, non-seulement de repousser l'air. mais de vaincre la résistance. Par conséquent, l'étincelle jaillira seule. Ainsi, nous ne pouvons amasser du fluide en quantité indéfinie ; mais si nous n'en mettons qu'une quantité proportionnelle à la pression de l'air, il pourra être retenu par l'air. De là résulte cette autre conséquence : si l'on fait des expériences électriques sur une très haute montagne, la pression atmosphérique, et par conséquent la force qui retient le fluide, étant beaucoup moins grande, il en résulte qu'il est plus difficile de retenir le fluide électrique dans les corps, sur une montagne que dans les profondeurs d'une mine. Ainsi l'épaisseur des couches de fluide électrique qu'on peut accumuler sur les corps est tout-à-fait dépendante du milieu dans lequel ces corps se trouvent.

Les différens gaz exercent-ils pour contenir le fluide à la surface des corps une action égale ? C'est ce que nous ne savons pas. Il serait très possible que le gaz hydrogène exerçât une bien moins grande action pour retenir l'électricité à la surface des corps électrisés, et qu'il fût impossible de charger autant le corps dans une atmosphère d'hydrogène que dans une atmosphère d'acide carbonique. Nous connaissons seulement le principe ; quant aux applications du principe suivant la nature des corps. c'est sur quoi nous n'avons aucune espèce de notion.

Après avoir établi ces points : la répulsion électrique, la distribution de l'électricité à la surface des corps, l'épaisseur que prend le fluide, et la tension qu'il exerce contre l'air, nous pouvons arriver à résoudre cette autre question résolue par Coulomb. Etant donné un corps, comparer les épaisseurs électriques sur tous les points de ce corps. C'est une question d'un très haut intérêt et que nous pouvons résoudre avec la plus grande facilité.

D'abord il est évident que si le corps est sphérique, la seule raison de symétrie exige que l'épaisseur de la couche électrique soit exactement la même dans tous les points. Donc une sphère aura une épaisseur électrique égale sur tous les points de sa surface. Prenons plusieurs sphères de rayons différens, et imaginons qu'on ait mis ces sphères en contact et qu'on les ait électrisées dans cette situation. Il est évident que l'électricité se distribuera sur toutes les sphères. Imaginez qu'on les sépare, et qu'au lieu de les tenir à une petite distance l'une de l'autre, on les porte chacune au loin, hors de l'influence de la machine, et qu'on se propose de résoudre cette question : Toutes ces sphères électrisées ensemble ont-elles la même épaisseur électrique, ou bien, en d'autres termes, la répulsion que les fluides exercent contre l'air est-elle la même pour toutes les sphères ? Voilà une question d'un très grand intérêt pour la théorie et même pour les applications de l'électricité.

Comment résoudre cette question ? Nous prendrons un petit plan d'épreuve d'un diamètre de six lignes, avec lequel nous viendrons toucher la première sphère, et que nous enleverons ensuite perpendiculairement et non tangentiellement. Je dis, et ici est le principe fondamental de toutes nos recherches, je dis que le plan a pris une épaisseur électrique précisément égale à celle du globe. Voilà le principe qu'il s'agit de démontrer. Imaginons qu'on ait découpé une certaine étendue de la surface du globe égale à ce plan d'épreuve, assez artistement pour qu'on puisse la détacher et la mettre dans la balance ; cette petite surface contient précisément la même quantité d'électricité que le plan d'épreuve. En effet, ce plan d'épreuve est très mince ; quand je touche tangentiellement le globe, le plan se confond avec la surface du globe, et l'électricité ne reste plus sur la surface, elle se répand sur le plan d'épreuve. Donc ce plan aura une électricité égale à celle du point qu'on a touché. Le point que le plan d'épreuve a touché et sur lequel il a pris toute l'électricité qui y était, restera-t-il dépourvu d'électricité ? Non ; aussitôt qu'on aura enlevé le plan d'épreuve, l'électricité se répandra partout également, et elle aura par conséquent partout une épaisseur un peu moindre. Comme la surface du plan d'épreuve est extrêmement petite relativement à la surface totale du globe, il en résulte qu'après avoir touché avec le plan, il reste encore de l'électricité.

Nous voilà certains que l'épaisseur électrique du globe est égale à celle du disque; comment reconnaître cette épaisseur? Nous prenons le plan d'épreuve, nous le portons dans la balance de torsion, et nous le mettons en contact avec le disque de l'aiguille. Aussitôt l'électricité se partage entre eux également; il y a répulsion entre le disque mobile et le disque fixe. On tourne le micromètre supérieur, pour ramener le disque de l'aiguille à une distance déterminée.

Cela fait, on remet à l'état naturel et le disque de l'aiguille et le plan d'épreuve; et on s'en vient faire la même expérience sur le second globe, puis sur le troisième, etc. S'il a fallu tordre autant le micromètre pour ramener le disque de l'aiguille à la même distance, dans la seconde expérience que dans la première, on en conclut que les forces électriques sont égales. S'il a fallu tordre davantage, on en conclut que les forces électriques, dans le second cas, sont plus grandes que dans le premier. Or, comme les forces électriques sont proportionnelles aux quantités d'électricité, il en résulte que le rapport des quantités d'électricité est précisément le rapport des forces de torsion. C'est ainsi qu'on peut comparer les épaisseurs électriques de tous les corps électrisés simultanément ou séparément. Voilà à quoi se réduit ce problème si important de l'électricité.

Dans la description de cette expérience, je fais tacitement une hypothèse, une hypothèse qui ne se réalise jamais; je suppose que les globes ne perdent point de leur électricité pendant la durée de l'expérience; je suppose également que le plan d'épreuve et le disque mobile conservent toute l'électricité qu'ils avaient prise. En un mot, je suppose qu'on opère dans de l'air parfaitement sec, et qu'il n'y a aucune perte de l'électricité. Or, il y a toujours de l'électricité qui se perd.

Il y a deux sortes de pertes électriques : les pertes qui se font par les supports des corps électrisés; les pertes qui se font par l'air ambiant, qui est toujours plus ou moins chargé de vapeur.

Coulomb a trouvé la mesure très exacte de ces deux pertes d'électricité, et voici le résultat auquel il est parvenu et que je me contente d'indiquer.

La perte par les supports se fait de deux manières : 1° il se perd une portion d'électricité par la couche d'humidité qui revêt le support en verre ; 2° il s'en perd une autre portion par la substance même du support ; car le verre, quoique très mauvais conducteur, n'est pas absolument non conducteur. Néanmoins, Coulomb a trouvé que pour des charges très faibles, du verre recouvert de gomme laque ne laissait pas s'écouler une partie sensible d'électricité.

Que la charge soit forte ou faible, il y a toujours une perte par l'air.

Voici comment Coulomb fait la correction. Imaginons que le plan d'épreuve ayant été électrisé, et le disque mobile de la balance l'ayant été pareillement, on les mette à une certaine distance l'un de l'autre, par exemple, à la distance de 10°, et qu'on les laisse abandonnés à eux-mêmes pendant un certain temps. Il sera facile de voir s'il y a, ou s'il n'y a pas de perte par l'air. S'il n'y a pas de perte par l'air, les deux plans resteront à 10°, et ne se dérangeront nullement ; mais s'il y a perte, la quantité d'électricité diminuera sur les deux disques, et ils se rapprocheront d'une quantité dépendante du temps pendant lequel les disques électrisés auront été ainsi abandonnés à eux-mêmes.

Supposez qu'on ait ainsi laissé l'appareil pendant une minute, et que les disques se soient rapprochés d'un degré ; on détordra le micromètre supérieur, de manière que le corps revienne à la distance de 10°. La somme totale des forces de torsion qui font équilibre à cette nouvelle quantité n'est plus la même, puisqu'on a été obligé de détordre le micromètre, pour ramener le disque à la même distance. Comme les quantités d'électricité sont directement proportionnelles aux forces de torsion, vous voyez combien il est facile de comparer les forces électriques au commencement et à la fin de la minute.

C'est ainsi que Coulomb a trouvé que par les temps ordinaires, par les vents du nord, la perte par le contact de l'air est à peu près d'un 40° ou d'un 50° par minute. Lorsque le vent change pas dans l'étendue du jour, les pertes par l'air ne varient pas sensiblement aux différentes heures de la journée. Si le vent change, la perte devient plus considérable, parce que l'air est toujours plus humide, et la perte peut aller jusqu'à un 12° et même un 10°. Voilà comment on peut rigoureusement comparer les épaisseurs électriques, en tenant compte de tous les changemens qui peuvent se produire dans le cours des expériences.

J'arrive maintenant à la détermination des *épaisseurs élec-triques*, sur un corps très variable de forme et d'une étendue quelconque, telle, par exemple, que la machine électrique. Cette question se résout exactement comme nous avons résolu la question de la comparaison des épaisseurs électriques sur des corps différens. Nous touchons avec le plan d'épreuve un point du corps, et nous le portons dans la balance, nous tou-chons successivement tous les points dont nous voulons com-parer l'épaisseur, et nous déterminons de cette manière l'épaisseur dans les différens points d'un même corps.

Le résultat général de toutes les recherches de Coulomb peut heureusement s'exprimer d'une manière très simple. Voici quel est ce résultat général. Près des angles ou des arêtes des corps, l'épaisseur électrique est plus grande qu'elle n'est sur les différens points de la surface. Si nous prenons un dis-que électrisé, nous verrons que l'électricité va en croissant de-puis le centre jusqu'aux bords; et si ces bords étaient à arêtes vives, tranchantes, l'épaisseur électrique y deviendrait infini-ment grande; je dis infiniment. et l'expression est juste, c'est-à-dire que cette épaisseur exercerait une telle tension électri-que que l'air ne pourrait lui résister. Par conséquent l'électri-cité s'en irait par les arêtes. Ainsi l'épaisseur est tout-à-fait dépendante de la courbure des corps; elle sera d'autant plus grande, que la courbure sera plus grande. De là la diversité de la distribution électrique, sur un corps qu'on appelle un *ellipsoïde* de révolution, fig. 1. Aux extrémités de ce corps où la courbure est la plus grande, l'épaisseur électrique sera la plus grande; sur les points de la zone où la courbure est moindre, l'épais-seur sera moindre. En un mot, partout où la courbure est différente, là aussi l'épaisseur sera différente; et la différence sera d'autant plus grande, que l'ellipsoïde sera plus allongé. Quand l'électricité développée sur un corps semblable ne pourra plus être retenue par l'air, ce n'est point par les diffé-rens points de la surface qu'elle s'en ira, c'est par les deux ex-trémités de l'ellipsoïde.

Si de cette forme régulière géométrique, nous passons à d'autres formes également régulières qui donnent encore des courbures plus grandes, telles, par exemple, que la pointe d'un cône, fig. 2, l'épaisseur électrique sera, sur cette pointe, rigoureusement infinie, comme sur une arête vive, comme sur un angle saillant; et puisqu'elle sera infinie, c'est-à-dire que la résistance de l'air ne sera pas capable de maintenir le fluide, il en résultera que le fluide s'écoulera; et si le corps est placé dans les ténèbres, nous apercevrons cet écoulement du fluide se manifester par des aigrettes plus ou moins étendues suivant la puissance de la machine.

De là la propriété vulgairement connue sous le nom de *pouvoir des pointes*, et l'invention des *paratonnerres*. Le pouvoir des pointes est une conséquence de ce que je viens de dire.

Si nous mettons une pointe en communication avec la machine, en la vissant sur un des conducteurs, fig. 3, l'épaisseur électrique de la machine sera très inégale sur les différens points, et c'est sur la pointe où elle sera la plus grande. Elle sera si grande, que l'air ne pourra contenir le fluide; par conséquent, le vase sera percé, l'électricité s'écoulera, et la machine se déchargera d'elle-même. En plaçant la main, même à une distance assez grande au-dessus de la pointe, on sent le fluide qui s'écoule en donnant sur la main l'impression d'un vent froid.

Si, au lieu de mettre la pointe en communication avec la machine, je la présente à une certaine distance, quel phénomène devra se produire? Cette expérience est importante, parce qu'elle est l'image des paratonnerres. Si je présente une pointe à la machine d'une manière quelconque, pourvu qu'elle communique au sol, l'électricité développée sur la machine, agissant par influence sur tous les corps environnans, agira aussi par influence sur les électricités naturelles de la pointe, attirera vers l'extrémité de la pointe l'électricité de nom contraire, c'est-à-dire l'électricité résineuse, et repoussera dans le sol l'électricité de même nom, c'est-à-dire l'électricité vitrée. Mais que fera cette électricité résineuse attirée à l'extrémité de la pointe? Elle ne pourra y rester. La tension électrique sera si grande que le fluide s'écoulera par la pointe. Où s'en ira-t-il? Il ira, traversant l'air, se précipiter sur le conducteur et neutraliser l'électricité vitrée qui s'y trouve; de telle sorte que nous déchargerons la machine, à distance et sans étincelle.

On peut encore faire l'expérience avec un timbre, fig. 4, semblable à celui dont nous nous sommes servis dans la dernière séance, si ce n'est que la traverse est surmontée d'une pointe. Voici quel est le jeu de l'électricité par influence, jointe au pouvoir des pointes. L'appareil est placé au-dessous d'un conducteur de la machine. L'électricité vitrée de la machine agit par influence sur l'électricité de la pointe; elle attire l'électricité résineuse et repousse l'électricité vitrée. Le timbre, qui communique par une chaîne avec la traverse, se trouve électrisé vitreusement, attire le petit pendule qui est à l'état naturel, le repousse après lui avoir donné son

électricité, l'attire de nouveau après que le pendule a été toucher le second timbre, et le mouvement se continue ainsi tant que l'appareil est soumis à l'influence de la machine.

Ce n'est donc pas, comme on le dit vulgairement, les pointes qui attirent le fluide électrique, c'est au contraire le fluide de la machine qui attire le fluide électrique de la pointe. C'est de la pointe que sort le fluide qui vient neutraliser le fluide de la machine. Les paratonnerres neutralisent l'électricité des nuages par une action toute pareille. Les nuages agissent sur la pointe du paratonnerre, décomposent ses électricités naturelles, attirent l'électricité de nom contraire, et repoussent l'électricité de même nom. De là, la nécessité d'établir une communication parfaite entre la pointe des paratonnerres et le sol. L'électricité de même nom s'écoule dans le sol, l'électricité de nom contraire, attirée à l'extrémité de la pointe, y exerce une pression trop grande pour pouvoir être retenue ; elle surmonte la résistance de l'air, traverse toute la couche atmosphérique, et va neutraliser l'électricité du nuage.

MACHINE ÉLECTRIQUE.

Nous arrivons à la description de la *machine électrique*, qui n'est qu'une application de tout ce qui vient d'être dit.

La machine électrique, fig. 5, se compose d'un *plateau en verre*, P, qui est le corps *frotté*, de deux paires de *coussins*, CC, qui sont les corps *frottans*, et d'un *conducteur* propre à retenir l'électricité. Voici les trois pièces essentielles de la machine ; voyons quel est le jeu de ces pièces : commençons par les coussins. Les coussins sont en peau, en cuir ou en maroquin ; pour leur donner de l'élasticité, on met dedans du crin, du coton, ou un corps élastique quelconque. Pour pouvoir modérer la pression, ce qui est une chose essentielle, on met un ressort au fond du vase de cuivre dans lequel est placé le coussin. Ce ressort, au moyen d'une vis, peut repousser ce coussin avec plus ou moins de force. Les deux paires de coussins sont ajustées sur la machine, l'une en haut, l'autre en bas, dans des points diamétralement opposés. Pour donner aux coussins le plus grand pouvoir électrisant possible, on ne laisse pas la surface de la peau nue, on la revêt d'une substance particulière appelée *or music*, qui est un sulfure d'étain. Cette substance a la propriété de laisser glisser très facilement les corps, de déterminer un contact plus parfait, et une mobilité plusgrande dans les molécules. Quand on a mis cet amalgame sur les coussins, on les frotte l'un contre l'autre, et on les remet en place. Il est essentiel que les coussins communiquent au sol ; c'est pour cela qu'on les met dans des vases en cuivre, qui viennent eux-mêmes communiquer avec des pièces métalliques qui, à leur tour, communiquent avec le sol.

Le corps frotté est le plateau dont les dimensions sont variables. Pour avoir une machine puissante, il faut un plateau de trois pieds au moins de diamètre. On a même fait des plateaux de cinq pieds. Le plateau est porté à son centre par un axe en métal, et reçoit son mouvement de rotation au moyen d'une manivelle M.

Voyons comme on parvient, avec cet appareil, à développer du fluide électrique sur les conducteurs. Le plateau, passant entre la première paire de coussins, s'électrise des deux côtés. En tournant d'un quart de circonférence, nous faisons passer la partie électrisée du plateau vis-à-vis le conducteur, auquel on ne donne pas toujours la même forme. Dans la figure 5, le conducteur est ce qu'on appelle un *conducteur à mâchoires*. Les mâchoires $m\,m$ sont revêtues de deux pointes de chaque côté. Lorsque le plateau de verre vient passer vis-à-vis ces deux pointes, il décompose par influence les électricités naturelles du corps conducteur, attire l'électricité de nom contraire, c'est-à-dire l'électricité résineuse, et repousse l'électricité de même nom, c'est-à-dire la vitrée. Il est impossible que l'électricité attirée à l'extrémité des pointes y reste, à cause de la propriété dont jouissent les pointes de laisser échapper le fluide. En effet, dans les ténèbres, nous verrions le fluide sortir. Cette électricité résineuse, sortant des pointes, vient s'étaler sur la surface du plateau, et y neutraliser toute l'électricité vitrée qui s'y trouve. Ainsi, dès que le plateau est arrivé vis-à-vis des pointes, il est remis à l'état naturel.

Je sais qu'on peut élever ici une difficulté et dire : Mais c'est peut-être l'électricité du plateau qui passe dans les pointes. Les effets sont à la vérité les mêmes que si l'électricité vitrée quittait le plateau ; mais ce n'est pas réellement l'électricité du plateau qui passe dans le conducteur, c'est l'électricité du conducteur qui vient sur le plateau.

Le plateau s'éloigne des pointes, revient passer entre les deux autres paires de coussins, s'électrise de nouveau, vient passer vis-à-vis les autres pointes, où la décomposition des électricités du conducteur se fait une seconde fois : et ainsi, à mesure qu'on tourne la machine, l'électricité s'accumule sur le conducteur. Pour obtenir le plus grand effet possible, on met sur le plateau ce qu'on appelle des *armatures*. Ce sont deux pièces de taffetas qui enveloppent deux quarts opposés du plateau, l'un en haut, l'autre en bas. Ces armatures empêchent que l'électricité ne s'écoule depuis l'instant où elle sort des coussins, jusqu'à l'instant où elle vient se présenter aux pointes. Si ces armatures n'existaient pas, le contact de l'air ferait perdre une grande partie de l'électricité du plateau. Les conducteurs de la machine sont en cuivre creux et non pas plein; car l'électricité se portant toujours à la surface des corps conducteurs, c'est seulement la surface de ces corps qu'il faut considérer. Les conducteurs sont isolés au moyen de pieds en verre recouverts de gomme laque.

Il y a une limite de charge pour chaque machine électrique. Il y a telle machine avec laquelle nous ne pouvons tirer des étincelles qu'à la distance de cinq pouces. Avec une machine plus puissante, nous pourrions en tirer à dix pouces. Enfin, on a fait des machines plus puissantes encore, et qui donnent des étincelles à la distance de trois et quatre pieds, et des étincelles tellement fortes, que l'observateur le plus déterminé ne peut les supporter. La quantité d'électricité dégagée au moyen de ces machines est telle que, quand on fait toucher à la machine un fil d'archal qui vient communiquer à une très grande superficie en métal, le fil est resplendissant dans toute son étendue, et forme comme un cylindre de feu; tant la quantité d'électricité qui passe est considérable, et tant elle éprouve de résistance pour passer dans le fil.

Il y a une limite à la quantité d'électricité qui peut être développée par la machine. Cette limite est dépendante de trois choses : de l'étendue des corps conducteurs, des qualités électriques du plateau, et de la vitesse de rotation de ce plateau. On conçoit que la perte continuelle qui se fait par l'air empêche qu'on ne puisse arriver à cette limite. De plus, quand l'électricité vitrée a passé sur le conducteur, on conçoit que l'électricité du plateau, qui agit par influence, n'agit plus avec le même avantage pour décomposer les électricités naturelles du conducteur.

Les machines peuvent être appropriées à deux effets : à donner en même temps l'électricité résineuse et l'électricité vitrée.

ÉLECTRICITÉ DISSIMULÉE.

Nous allons maintenant examiner une autre branche de l'électricité; nous allons nous occuper de *l'électricité dissimulée*, c'est-à-dire de l'explication des effets des *batteries électriques* et de la *bouteille de Leyde*.

Avant de définir ce qu'on appelle électricité dissimulée, je ferai une expérience fondamentale qui nous fera bien comprendre ce que c'est que cette électricité. L'appareil qui sert pour cette expérience se compose d'une lame de verre, fig. 6, sur les deux côtés de laquelle on a collé une feuille d'étain, en laissant tout autour une largeur de trois pouces que l'on couvre de vernis. On adapte en outre de chaque côté de cette lame deux petits pendules électriques. On charge cet appareil en le mettant en contact avec la machine d'un côté et de l'autre avec le sol. Lorsqu'on isole ensuite l'appareil, le pendule p diverge, le pendule p' reste en repos. Je touche la lame l, le pendule p tombe et le pendule p' se relève; je touche la lame l le pendule p tombe et le pendule p se relève, et ainsi de suite.

C'est dans cette expérience qu'est le secret de l'électricité dissimulée. Il importe donc de bien comprendre le jeu singulier de cet appareil.

La lame étant mise en communication avec la machine, la lame l se charge d'électricité vitrée. Cette électricité vitrée ne pouvant passer à travers le verre qui est un corps non conducteur, se répand sur toute la feuille d'étain en contact avec la machine, mais ne peut se répandre au-delà. Là, que fait-elle? Elle agit par influence, à travers l'épaisseur du verre sur la lame d'étain opposée, décompose ses électricités naturelles, attire la résineuse au point le plus près, c'est-à-dire contre la surface du verre, et repousse l'électricité vitrée dans le sol. Imaginons qu'on supprime toute communication avec la machine et avec le sol, et demandons-nous ce qui doit arriver. La seconde force, celle qui communiquait au sol, doit se trouver à l'état naturel. Cependant elle n'est pas dépourvue d'électricité, elle en contient même beaucoup; mais cette électricité, qui est résineuse, est pressée contre le verre attirant l'électricité vitrée de la première face, et étant très puissamment attirée par cette électricité vitrée. La première face paraît un peu électrisée, parce qu'elle communiquait avec la machine; mais elle a beaucoup plus d'électricité qu'elle n'en montre.

Ainsi ces deux électricités, la vitrée dans la première face et la résineuse dans la seconde, sont dissimulées l'une par l'autre ; je ne dis pas neutralisées l'une par l'autre, parce qu'elles ne peuvent agir l'une sur l'autre qu'à distance, à travers l'épaisseur du verre. Lorsqu'après avoir chargé l'appareil, on l'éloigne de la machine, et qu'on touche la première face, il s'écoule une certaine quantité d'électricité vitrée ; c'est la quantité non dissimulée. En même temps qu'elle s'écoule, le fluide résineux qui était sur la seconde face, complètement dissimulé, n'est plus attiré sur le verre autant qu'il l'était. Par conséquent une portion de ce fluide redevient libre, se répand sur toute la surface de la lame d'étain et produit la divergence du pendule. On touche la seconde face, l'excès d'électricité résineuse s'écoule, et le pendule retombe ; le fluide vitré de la première face se trouvant à son tour moins attiré, une portion de ce fluide redevient libre, et le pendule se relève de ce côté. En touchant ainsi alternativement chacune des faces, on produit successivement l'écoulement de l'électricité vitrée ou résineuse qui est en excès et non dissimulée. C'est ainsi qu'on peut décharger *lentement* cet appareil, qu'on appelle un *condensateur*, de toute son électricité.

La *bouteille de Leyde*, fig. 7, est un appareil qui nous montrera les mêmes phénomènes, mais d'une manière beaucoup plus intense. La bouteille de Leyde qui est un véritable condensateur, se compose d'un vase en verre d'une certaine épaisseur. Dans l'intérieur de la bouteille, il y a des feuilles de clinquant ou de l'eau, ou un autre corps conducteur. Pour mieux comprendre la théorie de la bouteille de Leyde, nous supposerons qu'on ait collé dans l'intérieur une feuille d'étain, et qu'à la surface extérieure on ait collé une autre feuille d'étain ; ce qui nous donne un appareil tout-à-fait analogue à celui dont nous nous servions tout à l'heure, c'est-à-dire, ayant deux lames de substance conductrice séparées par une lame de verre. La seule différence se trouve dans la courbure des lames.

Un bouton *b* dont la tige doit être très soigneusement isolée de la surface extérieure, communique intérieurement avec la surface métallique. On met ce bouton en communication avec la machine. L'électricité vitrée entre par le bouton, vient se répandre sur la surface métallique intérieure, et là, agit par influence à travers le verre, sur la surface métallique extérieure que l'on fait communiquer avec le sol, en la tenant à la main, décompose les électricités naturelles de cette seconde surface, attire la résineuse contre le verre, et repousse la vitrée dans le sol. Lorsqu'ensuite on supprime les communications et qu'on porte la bouteille sur un *isoloir*, qu'est-ce ce qui doit arriver? La bouteille a reçu une grande quantité d'électricité vitrée qui est venue se répandre sur la lame intérieure, et à l'extérieur est une grande quantité d'électricité résineuse, attirée par l'électricité vitrée intérieure, et qui en conséquence n'est pas apparente. Si je touche le bouton, je tire une étincelle, c'est l'excès de fluide vitré qui s'écoule; si je touche ensuite la *panse* de la bouteille, je tire une nouvelle étincelle, c'est la portion de fluide résineux qui n'est plus retenue par le fluide vitré, qui s'écoule. Je puis ainsi alternativement tirer des étincelles du bouton et de la panse. Mais si je touche deux fois de suite le même endroit, à la seconde fois il n'y a pas d'étincelle. De même si, après avoir placé la bouteille sur l'isoloir, je commence par toucher la panse de la bouteille, je ne tire pas d'étincelle, il faut toucher d'abord le bouton.

Si au lieu de toucher ainsi alternativement le bouton et la panse de la bouteille, on met l'intérieur en communication avec l'extérieur, les deux électricités se rejoignent subitement et produisent une forte étincelle.

On connaît en général, sous le nom de *condensateurs*, tous les appareils analogues à ceux que je viens de décrire, c'est-à-dire tous les appareils composés de deux lames conductrices, séparés par une lame non conductrice.

La réunion si rapide des deux électricités, lorsqu'on décharge la bouteille, est capable de produire plusieurs phénomènes fort remarquables. Ainsi, par exemple, en faisant passer la décharge électrique à travers une carte, cette carte est percée comme si un petit projectile s'était ouvert un passage, avec cette différence fondamentale qu'autour du trou on aperçoit des deux côtés un rebord saillant, comme si au milieu de l'épaisseur de la carte, il y avait quelque chose qui sortît partie d'un côté et partie de l'autre. L'appareil propre à faire cette expérience est représenté figure 8; la carte est placée entre les deux pointes p et p, dont l'une communique avec l'intérieur de la bouteille, et l'autre communique avec l'extérieur.

On parvient également à percer un morceau de verre.

Ainsi l'électricité peut produire des effets mécaniques. Elle peut produire également, lorsqu'elle est ainsi accumulée, des effets chimiques, et des commotions électriques assez violentes.

IMPRIMERIE DE E. DUVERGER,
RUE DE VERNEUIL, N° 4.

COURS DE PHYSIQUE.

LEÇON QUARANTE-SEPTIÈME.

(Samedi, 10 Mai 1828.)

SUITE DE L'ÉLECTRICITÉ DISSIMULÉE.

Nous avons, dans la dernière séance, commencé l'étude de l'électricité dissimulée. C'est l'électricité de ce nom qui est capable de produire les plus grands effets ; c'est sous cette forme que la puissance électrique se montre avec toute son énergie. Nous avons indiqué comment l'électricité se dissimule, et comment l'électricité dissimulée peut reprendre toute sa puissance, soit *subitement*, soit *lentement*. Produire l'électricité dissimulée, *charger* les appareils à l'électricité dissimulée, que nous avons appelés des *condensateurs*, les *décharger* lentement ou subitement, voilà en quoi consiste toute la théorie de l'électricité dissimulée.

Je vais rappeler en peu de mots comment on charge les condensateurs et comment on les décharge, et, par une série d'expériences, montrer le jeu de cette puissance électrique.

Nous avons dit qu'un condensateur en général peut être défini de la manière suivante : deux lames conductrices séparées par une lame non conductrice. Pour généraliser la construction de ces appareils, nous pouvons prendre toute substance non conductrice qu'il nous plaira, par exemple, du verre, du soufre, de la résine, et pour les substances conductrices, nous pouvons prendre deux feuilles d'étain, d'argent, d'or, deux feuilles de métal quelconque. Au lieu de feuilles, on peut employer des disques ou des lames d'une épaisseur quelconque.

Le plus simple des condensateurs est, comme nous avons vu, celui qui se compose d'une simple lame de verre séparée par deux lames d'étain. Voyons comment on charge cet appareil, et sous quelles conditions il peut dissimuler ou condenser l'électricité. Il faut mettre l'une de ces faces,

47

celle que nous appelons la première face, en contact avec une source électrique : je dis avec une source, parce qu'il est nécessaire que l'électricité se renouvelle. Ainsi, en mettant la première face en contact avec un bâton de résine qui serait un corps électrisé, le condensateur, à moins qu'il ne fût très faible, ne se chargerait pas. Il faut que l'électricité se renouvelle; par conséquent, il faut mettre la première face du condensateur avec une machine électrique qui donne sans cesse de l'électricité, ou avec quelque autre source, car nous verrons qu'il y a d'autres sources électriques que la machine.

L'électricité arrive donc dans la première face; voilà la première condition. La seconde condition est de mettre la seconde face en communication avec le sol. Il est facile de voir comment l'appareil se charge. L'électricité, qui sera par exemple, de l'électricité vitrée, arrive dans la première face, s'y répand, agit par influence à travers l'épaisseur de la lame non conductrice, sur les fluides naturels de la seconde face, décompose ces fluides naturels, attire celui de nom contraire, c'est-à-dire le fluide résineux; repousse celui de même nom, c'est-à-dire le fluide vitré, lequel s'en va dans le sol. Ainsi, le fluide vitré, qui afflue dans la première face, est neutralisé par le fluide résineux, qui l'attire à travers la lame de verre dans la seconde face; et réciproquement, le fluide résineux dans la seconde face, neutralisé ou dissimulé, neutralise en partie ou dissimule le fluide vitré de la première face.

Voilà l'appareil chargé, mais il n'est chargé que sous la condition qu'on rompe les communications convenablement. Il ne faut pas aller rompre les communications simultanément. Quelqu'un qui viendrait prendre d'une part le fil de la seconde face qui communique au sol, de l'autre le sol qui communique à la source électrique, recevrait une très forte commotion. C'est donc successivement qu'il faut enlever les communications; d'abord la communication avec le sol, puis ensuite la communication avec la source électrique.

Où sont les deux fluides qui sont maintenant dans l'appareil, et qui ne paraissent pas au dehors? L'un est dans la première face en contact avec le verre; l'autre est sur la seconde face pareillement en contact avec le verre, et les deux fluides sont deux puissances qui se pressent l'une l'autre contre le verre, et qui seraient capables de s'ouvrir un passage à travers le verre, si la continuité, l'adhérence des molécules n'offrait pas une très grande résistance. Si au lieu de prendre du verre, on prenait du soufre, substance dont la texture est

très lâche, les fluides pourraient facilement s'ouvrir un passage. Une lame de résine résiste un peu mieux à la pression
des fluides, mais le verre est de toutes les substances non
conductrices celle qui offre le plus de solidité, le plus de résistance, qui est la plus imperméable à l'électricité.

Voyons maintenant comment on décharge l'appareil. On
peut décharger l'appareil de deux manières, *lentement* ou *subitement*. La décharge subite est la chose du monde la plus
simple. Lorsqu'on veut décharger l'appareil subitement, on
établit la communication avec l'une et l'autre des faces, soit
au moyen d'une chaîne de métal, soit avec l'appareil, fig. 1,
appelé *excitateur*, que l'on fait communiquer avec l'une des
faces, et qu'on approche de l'autre face. Lorsque l'excitateur
est à une certaine distance, l'étincelle part avec un bruit considérable.

Pour la décharge lente, elle est plus difficile à concevoir,
et il faut s'y prendre d'une autre manière. Il faut éviter soigneusement qu'il y ait aucune communication, par des corps
conducteurs, entre la première et la seconde face. Ainsi il
faut suspendre l'appareil, ou le placer sur un isoloir.

Il est évident que l'appareil étant dans cet état, si l'on vient
toucher la seconde face on ne tire aucune étincelle, puisqu'elle était en communication avec le sol. Mais si l'on vient
toucher la première face qui était en communication avec un
corps électrisé, et qui, par conséquent, doit avoir un excès
d'électricité, on tire une petite étincelle, laquelle est bien
loin de donner écoulement à la quantité totale de fluide accumulée. Quand cette petite quantité d'électricité est partie,
et c'est cette petite quantité d'électricité que nous appelons
quantité excédante, comme elle attirait la résineuse, il est
évident que la résineuse doit être moins attirée; par conséquent, elle reprend un peu de son expansion naturelle,
elle revient former une épaisseur sensible sur la seconde face,
et on peut tirer l'étincelle. Le petit écoulement de fluide
résineux qui a lieu, a donné également la liberté à une quantité de fluide vitré; on tire une seconde étincelle de fluide vitré,
ainsi de suite.

Voilà comment on décharge lentement ou subitement les
condensateurs. C'est dans ces appareils qu'est renfermé tout
le secret des électricités dissimulées.

Il y a des condensateurs de diverses sortes. Déjà nous avons
parlé de la bouteille de Leyde, dont nous avons indiqué la
construction.

Il y a d'autres condensateurs qui nous serviront dans l'étude du galvanisme. La fig. 2 représente un condensateur où l'on trouve la lame non conductrice et les deux lames conductrices. L'une des lames conductrices est formée par un disque en métal avec un manche isolant; l'autre lame conductrice est formée par un plateau en bois. Ce plateau en bois est recouvert d'une enveloppe de taffetas gommé qui est la lame non conductrice. Supposez qu'on mette le disque métallique en communication avec une source électrique, soit au moyen du bouton b, ou de quelque autre manière, l'électricité, et nous supposerons que ce soit de la vitrée, vient dans le disque supérieur, s'y accumule, agit par influence à travers le taffetas gommé qu'elle ne peut traverser, sur le disque de bois; décompose les électricités naturelles, attire celle de nom contraire et repousse celle de même nom dans le sol. Pour charger le condensateur, il faut qu'il soit en communication avec le sol par son extérieur; il ne se chargerait pas s'il était isolé. Le condensateur à taffetas ne peut prendre des charges très fortes, parce que l'électricité s'ouvrirait facilement un passage à travers la couche de taffetas gommé.

Nous verrons, en traitant du galvanisme, un autre condensateur appelé le condensateur à *lames d'or*.

Nous allons examiner les divers effets que l'on peut produire avec cette électricité accumulée.

La fig. 5 représente un appareil analogue à ceux que nous avons déjà employés; ce sont également deux timbres entre lesquels doit osciller un petit pendule. L'un de ces timbres est placé sur le bouton de la bouteille de Leyde, et peut par conséquent être regardé comme l'intérieur de la bouteille, c'est-à-dire comme la première lame du condensateur. La seconde lame est l'enveloppe extérieure de la bouteille, c'est-à-dire la panse. On fait communiquer la panse de la bouteille avec la tige conductrice t qui porte un second timbre. Une petite balle de métal soutenue par un fil de soie est suspendue entre les deux timbres. Il est évident que ce petit pendule, placé entre l'intérieur et l'extérieur de la bouteille, tant qu'il est à l'état naturel, est sollicité d'une part par l'électricité vitrée, et de l'autre par l'électricité résineuse. Entre ces deux attractions, il pourrait rester un instant indécis s'il était à égale distance des deux timbres, et que les intensités fussent égales. Mais l'égalité d'action est une condition impossible à remplir en physique. Le petit pendule vient vers l'intérieur, qui a un excès d'électricité, prend une charge d'électricité vitrée, est repoussé par le premier timbre et attiré par le second, qui était d'abord à l'état naturel, mais qui s'est chargé d'électricité résineuse, parce que le premier timbre a perdu une partie de l'électricité vitrée qui neutralisait l'électricité résineuse du second timbre. Après avoir touché le timbre extérieur, le pendule se constitue à l'état résineux, est repoussé vers le timbre intérieur, et exécute ainsi une série d'oscillations qui se prolonge tant que la bouteille ne s'est pas complètement déchargée.

On peut remplacer le pendule par l'araignée de Franklin, et c'est même l'araignée de Franklin qui a donné l'idée de l'expérience précédente.

J'ait dit tout à l'heure que les électricités se pressaient sur la surface du verre, c'est ce que nous allons démontrer au moyen de la bouteille qu'on appelle la bouteille à *armatures mobiles*, fig. 4. Cette bouteille est composée d'un vase intérieur en métal qu'on peut mettre dans un bocal en verre et enlever à volonté. Ce bocal, à son tour, peut être mis dans un second vase métallique, et qu'on peut également enlever à volonté. Lorsqu'on met en communication avec la machine l'armature extérieure, l'électricité se répand sur cette armature, agit par influence, à travers le verre, pour décomposer les électricités naturelles de l'armature extérieure, attire l'électricité résineuse, repousse la vitrée, et l'appareil se charge comme un autre; mais nous allons voir une propriété remarquable dont jouit cet appareil. Après avoir chargé la bouteille, j'enlève successivement le vase intérieur et le vase extérieur, et je place le bocal en verre, ainsi dépouillé de ses armatures, sur un isoloir. Ainsi détachées du vase en verre, les armatures ne donnent aucun signe d'électricité. Après avoir fait cette épreuve, nous recomposons la bouteille, et nous essayons si elle est chargée. En effet, nous pouvons tirer une étincelle. Cette expérience semble tout-à-fait paradoxale; où était logée l'électricité que nous venons de tirer, et qui n'était ni dans l'armature intérieure ni dans l'armature extérieure? Il faut nécessairement que l'électricité se soit logée contre les surfaces du verre; et, en effet, l'électricité vitrée, qui est venue dans l'armature intérieure, est passée de l'armature sur la surface intérieure du verre, s'y est étalée, s'y est pressée. Elle a décomposé les électricités naturelles de l'armature extérieure; elle a attiré à elle l'électricité résineuse et repoussé la vitrée dans le sol. Mais la résineuse, où est-elle venue? Elle est venue aussi près que possible de la vitrée, et le plus près possible, c'est la surface même du verre. Ainsi toute l'électricité vitrée est en dedans du vase et sur la surface, et toute l'électricité résineuse est en dehors et pareillement sur la surface. Il faut bien qu'il en soit ainsi, puisque ni l'armature intérieure ni l'armature extérieure, séparées du verre, ne donnent aucun signe d'électricité. On pourrait d'ailleurs en faire l'expérience directe. Pour cela, il suffirait, après avoir mis la bouteille à nu, de tenir d'une main la bouteille, et de mettre l'autre main dans l'intérieur. On recevrait une commotion ; mais le raisonnement est assez clair pour qu'on puisse se dispenser de tenter l'expérience.

Il est évident que quand une bouteille de Leyde est chargée, l'électricité qui est en dedans est différente de celle qui est en dehors ; mais quelle est celle qui est en dedans ? C'est celle qu'on veut. Si l'on charge la bouteille par l'intérieur à une machine qui donne de l'électricité vitrée, l'électricité vitrée sera en dedans, et la résineuse en dehors. Si on charge la bouteille par l'extérieur, ce qui est tout aussi facile que de la charger par l'intérieur, l'électricité vitrée sera à l'extérieur, et l'électricité résineuse à l'intérieur.

Quand la bouteille de Leyde est chargée, comment reconnaître qu'elle a au dedans de l'électricité vitrée, et au dehors de l'électricité résineuse ? Cela est très facile : il suffit de présenter le bouton de la bouteille à un électroscope qui indiquera la nature de l'électricité qui est dans l'intérieur de la bouteille, ou bien la nature de l'électricité qui est à l'extérieur, si on présente à l'électroscope la panse de la bouteille.

Voici une expérience curieuse par laquelle nous pouvons démontrer cette séparation des deux électricités dans la bouteille de Leyde. Cette expérience a été imaginée par un professeur allemand. On dessine des courbes sur un gâteau de résine qui est à l'état naturel avec le bouton de la bouteille, et on en dessine d'autres avec la panse. Après avoir ainsi formé des figures avec les deux électricités, il s'agit de les rendre visibles. Pour cela, on souffle sur le gâteau une certaine poudre, et à l'instant on voit du rouge sur l'endroit où on a mis de l'électricité résineuse, et du blanc sur l'endroit où on a mis de l'électricité vitrée. La différence des couleurs prouve qu'il y a une différence entre l'électricité vitrée et la résineuse. D'où vient cette différence ? L'électricité résineuse aura-t-elle la propriété de colorer la poudre en rouge, la vitrée celle de la colorer en blanc ? car nous soufflons avec le même soufflet et nous jetons la même poudre sur toute la surface de l'électrophore. Pourquoi donc les deux électri-

cités ont-elles ainsi coloré la poudre d'une manière différente? Cette question a élevé autrefois de très longues discussions. En regardant soigneusement avec une loupe,
quelques instans après l'expérience, sur le gâteau de résine,
on voit toutes les petites poussières se mouvoir très lentement, les unes se porter vers l'électricité vitrée, les autres
vers l'électricité résineuse, pour former les espèces de traits
qu'on aperçoit ensuite très distinctement. Ce mouvement se
prolonge pendant plusieurs jours sur la surface de l'électrophore. On fut tenté d'abord de regarder ce mouvement
comme n'étant pas dû à des substances inorganiques; on
imagina que dans la poussière projetée sur le gâteau il se
trouvait de petits corps organisés; les uns ayant de l'affinité
pour l'électricité vitrée, les autres ayant de l'affinité pour
l'électricité résineuse. Mais avec un peu plus d'attention, le
phénomène s'explique sans avoir recours à ces petits êtres
organisés, ayant une affinité élective pour l'une ou l'autre
électricité.

La poudre que nous avons projetée sur l'électrophore
n'est pas une poudre homogène; c'est un mélange composé
de soufre et d'oxide de plomb : ces deux corps ont été tritu-
rés, porphyrisés ensemble. On sait que l'oxide de plomb est
rouge et que le soufre est jaune. Il n'y a nul doute que ce ne
soit le soufre qui se soit porté sur l'électricité vitrée pour
former les figures blanches, et l'oxide de plomb qui se soit
porté sur l'électricité résineuse pour former les figures rouges. Maintenant, pourquoi le soufre se porte-t-il sur l'électricité vitrée, et l'oxide de plomb sur l'électricité résineuse?
c'est ce que nous pouvons vérifier. En recueillant les poussières, nous ne reconnaîtrons pas une particule d'oxide de
plomb sur l'électricité vitrée, ni une particule de soufre
sur l'électricité résineuse. D'où vient cette différence d'affinité qui n'est pas dans des corps organisés, et qui semble
encore plus étonnante, puisqu'elle est dans des corps inorganiques? Le voici: c'est parce que dans la préparation du
mélange de soufre et d'oxide de plomb, ces deux corps sont
frottés, et qu'étant ainsi frottés ensemble, l'un s'électrise
résineusement, c'est le soufre; l'autre vitreusement, c'est
l'oxide de plomb. Ces deux substances étant en contact,
peuvent rester électrisées pendant plusieurs mois, comme le
gâteau et le plateau de l'électrophore. Par conséquent, quand
on jette la poudre formée par le mélange des deux substances sur une surface où il y a les deux électricités, l'électricité
vitrée agit sur la petite molécule composée de soufre et

d'oxide de plomb, attire la molécule de soufre, repousse la molécule d'oxide de plomb. De même l'électricité résineuse agit sur la molécule composée de soufre et d'oxide de plomb, attire la molécule d'oxide de plomb, et repousse la molécule de soufre.

Cette expérience démontre d'une manière évidente que l'intérieur et l'extérieur de la bouteille sont chargés d'électricités contraires.

Nous avons, dans la dernière séance, indiqué quelques-uns des effets mécaniques que l'électricité peut produire ; nous avons percé une carte, nous avons percé du verre. Ainsi toutes les fois que l'électricité trouve une grande résistance dans les corps solides, et qu'elle traverse ces corps solides, elle en sépare les molécules, elle rompt l'adhérence chimique qui était entre elles. Nous allons montrer que quand l'intincelle traverse un gaz, le même phénomène se produit.

L'appareil, fig. 6, propre à faire cette expérience, s'appelle le *thermomètre de Kinnersley*, qui en est l'inventeur. C'est un tube de verre luté dans sa partie supérieure ; il porte latéralement un petit tube ouvert par le haut. A l'extrémité supérieure du large tube est une virole métallique ; deux petites boules en-dedans du tube communiquent l'une avec l'armature inférieure, l'autre avec l'armature supérieure. Lorsque nous voulons faire passer une étincelle d'une boule à l'autre, nous mettons l'armature inférieure en contact avec l'une des faces de la bouteille, et l'armature supérieure en contact avec l'autre face de la bouteille. Au moment où l'étincelle part entre les deux boules, on aperçoit l'air fortement agité, et l'élévation du niveau prouve d'une manière évidente que l'étincelle, quand elle passe à travers un gaz, produit une sorte d'expansion instantanée.

Nous avons, sur la décharge des bouteilles de Leyde, quelques observations à présenter. Il est évident que si nous venons établir une communication entre l'intérieur et l'extérieur, au moyen de l'excitateur, l'électricité résineuse de la panse de la bouteille se répand dans l'excitateur, et arrive à l'extrémité supérieure. Là l'électricité résineuse se trouve en présence de l'électricité vitrée, et l'étincelle part ; le phénomène est simple. Mais si, au lieu d'offrir une seule communication à l'électricité, nous lui offrions plusieurs voies par lesquelles les fluides se pussent rejoindre ; si, par exemple, tenant une chaîne métallique à la main, on s'en venait établir une communication entre l'intérieur et l'extérieur de la bouteille, en touchant ce bouton et la panse, à la fois avec

la main et avec la chaine, qu'est-ce qui arriverait? En thèse
générale, lorsqu'on offre à l'électricité dissimulée plusieurs
voies par lesquelles elle peut s'écouler, choisit-elle de préférence certaines voies, ou bien les prend-elle toutes? La
solution de cette question dépend beaucoup de l'intensité
de la charge, de la conductibilité plus ou moins parfaite des
corps qui établissent la communication. Si la charge n'est
pas très intense, il n'y a aucun danger lorsqu'on tient le
bouton de la bouteille d'une main avec un fil métallique, et
qu'on touche la panse de l'autre main avec ce même fil
métallique. Quoique le fil métallique soit très fin, aucune
portion d'électricité ne passe par le corps. Ainsi la décharge
choisit le conducteur le plus parfait, et ne passe en aucune
manière par le conducteur imparfait.

Supposons que la charge soit beaucoup plus grande; si,
au lieu de présenter un seul fil, on en présente deux qui
soient d'une égale conductibilité, alors la décharge se partage entre les deux conducteurs. Toutefois, s'il y avait une
très grande différence de longueur entre les fils, l'électricité
passerait en bien plus grande abondance par le conducteur
le plus court.

Si on prend un fil de métal, et qu'après l'avoir isolé on
le développe dans une grande plaine, en lui faisant faire
un circuit de plusieurs lieues, et qu'on ramène ensuite ce
fil en approchant une de ses extrémités du bouton de la
bouteille, tandis que l'autre extrémité est en communication avec la panse de cette bouteille, quoique les fluides,
pour se rejoindre, soient obligés de parcourir toutes les circonvolutions du fil, l'étincelle part aussi instantanément,
quand le fil a huit ou dix lieues, que quand il a huit ou dix
pieds de longueur. Par conséquent l'électricité, et c'est là un
des premiers moyens employés pour mesurer la vitesse de
transmission de l'électricité; par conséquent, dis-je, l'électricité parcourt huit ou dix lieues dans un intervalle de temps
imperceptible.

L'électricité peut aussi bien passer à travers un sol humide
qu'elle passe à travers un fil métallique. Après avoir attaché
un fil au bouton d'une bouteille isolée, on pourrait avec ce
fil traverser une rivière, s'en aller dans des endroits très éloignés, et enfin mettre ce fil en communication avec le sol à
deux ou trois lieues de distance du point d'observation. Si
lorsqu'on vient ensuite à approcher la panse de la bouteille du
sol, l'étincelle part, il faut nécessairement, comme le fil est
isolé, que l'électricité ait d'abord passé par toute la longueur

du fil, et qu'ensuite, à partir de l'extrémité du fil qui est en communication avec le sol, elle ait traversé toute la longueur du sol pour arriver jusqu'au bouton. On en a fait l'expérience, et on a reconnu de la sorte que le sol humide transmettait l'électricité très bien et avec assez de vitesse. Cependant la décharge n'a pas toujours lieu, parce qu'il peut arriver que l'électricité rencontre des sols trop secs. Mais lorsqu'on fait l'expérience à travers une grande nappe d'eau, jamais il n'y a d'incertitude sur le résultat. Si, par exemple, un fil de métal pouvait, à partir de Calais, traverser la Manche en restant suspendu et parfaitement isolé, et qu'il allât se plonger dans la mer auprès de Douvres, tandis que son autre extrémité communiquerait avec l'intérieur de la bouteille ; si on approchait l'extérieur de cette bouteille de la surface de la mer, l'étincelle partirait. Donc l'électricité de l'intérieur de la bouteille aurait traversé toute la longueur du fil isolé au-dessus de la mer, et ensuite traversé l'eau de la mer pour venir se recombiner avec l'électricité de l'extérieur de la bouteille.

Pour faire des expériences où l'électricité se montre avec une grande énergie, on emploie ce qu'on appelle des *batteries électriques*. Il est à peine nécessaire de décrire ces batteries : ce sont de simples bouteilles de Leyde ; seulement elles sont plus grandes. On met dans leur intérieur ou une chaîne, ou du clinquant ou un corps conducteur quelconque en contact avec le verre, et communiquant avec le bouton de la bouteille, et on colle à leur extérieur une feuille d'étain. Imaginons qu'on ajuste quatre de ces bouteilles, fig. 7, de manière qu'elles communiquent toutes par leur intérieur, au moyen de tiges qui partent du bouton de chaque jarre, et viennent toutes se réunir ; imaginons qu'on fasse également communiquer les jarres par leur extérieur, en garnissant la caisse en bois dans laquelle elles sont placées, de lames d'étain sur lesquelles reposent les fonds des jarres ; de cette manière les quatre bouteilles n'en font véritablement qu'une ; elles doivent se charger et se décharger exactement comme une bouteille de Leyde.

On se sert, pour mettre les corps sur lesquels on veut faire passer l'électricité d'un appareil, fig. 8, qu'on appelle un *excitateur universel.*

Pour mesurer l'intensité de l'électricité développée par la machine, on se sert d'un petit pendule, fig. 9, qui donne la mesure de l'intensité par la quantité dont il s'écarte de la verticale. Lorsqu'on ne veut pas mesurer l'intensité au moyen du petit pendule, on la mesure par le nombre des tours de la

machine. Le pendule ne s'écarte sensiblement que lorsqu'on
a déjà fait faire un assez grand nombre de tours à la machine.
Il ne faut pas s'en étonner. Il n'est pas douteux qu'il ne se soit
développé beaucoup d'électricité; mais elle a l'air de n'avoir
point de tension, précisément parce qu'elle passe dans les
batteries.

Si l'on attache un fil de fer très mince entre les deux boules
de l'excitateur, et qu'on mette ces boules en communication
avec l'intérieur et l'extérieur de la batterie à l'instant où l'é-
tincelle part, le fil de fer fond, est en partie brûlé, et s'écoule
sous la forme de petits globules.

Un fil de soie recouvert d'un fil d'or présente un double
intérêt. Pour cette expérience, après avoir attaché le fil aux
deux boules de l'excitateur, on place au-dessus de ce fil une
feuille de papier. A l'instant où l'étincelle part, on aperçoit
une fumée; c'est l'air qui s'est vaporisé, et dont la vapeur est
venue faire sur le papier une traînée noirâtre très perceptible.
Il ne reste plus que la soie sur laquelle on ne voit pas la plus
petite trace d'or. Ainsi l'étincelle ayant à choisir entre deux
conducteurs, l'un très bon conducteur, qui est le fil d'or,
l'autre très mauvais conducteur, qui est le fil de soie, a seulement traversé l'enveloppe métallique, et y a développé assez
de chaleur pour vaporiser instantanément l'or, et cependant
l'opération a été si prompte que la soie n'a pas eu le temps
de prendre feu. Ainsi cette expérience montre en même
temps et la promptitude avec laquelle ce phénomène se produit, et la quantité considérable de chaleur développée lorsqu'un courant électrique passe ainsi à travers de petites étendues de métal.

Lorsque la foudre tombe sur des édifices et qu'elle rencontre
des fils métalliques, elle les réduit pareillement en vapeur,
ou bien elle les oxide.

Si on place entre les deux boules de l'excitateur universel
une lame mince d'étain à travers laquelle on fait passer l'é-
tincelle, on voit à l'instant l'étain oxidé se disperser dans l'air
sous la forme de petits filamens.

Cette expérience indique déjà quelle est la puissance de
l'électricité, non-seulement pour détruire toute espèce d'adhérence naturelle existant entre les molécules des corps,
mais pour donner aux molécules des affinités chimiques
qu'elles n'avaient pas auparavant, ou pour allonger leurs affinités chimiques. Ainsi, nous ferons, avec l'électricité, des
oxides qui ne se feraient pas dans d'autres circonstances.
Nous pourrions pareillement défaire des oxides qui ne pour-

raient être défaits entièrement. Ainsi, par exemple, les oxides que la chaleur ne peut défaire, l'électricité les défait.

Voici une expérience qui donnera encore un exemple de cette propriété de l'or d'être vaporisé par l'électricité. L'or est le métal qui se prête le mieux à cette expérience, parce que l'excessive minceur des lames est la condition essentielle de la production du phénomène. Voici comment on dispose l'appareil. On prend une carte mince découpée de telle sorte que les découpures représentent le portrait de Franklin. On place cette carte entre une feuille d'or et un morceau de ruban, et le tout est mis entre deux feuilles d'étain qui dépassent un peu, de manière à pouvoir se toucher par deux de leurs bords. L'une des feuilles d'étain communique avec l'intérieur de la batterie, et l'autre avec l'extérieur. On fait partir l'étincelle, et l'étincelle, en passant de l'étain à l'étain, doit traverser nécessairement la feuille d'or placée sur la découpure. Cette feuille d'or est vaporisée par l'étincelle, la pièce de ruban qui était de l'autre côté de la découpure reçoit la vapeur d'or par tous les jours de la découpure, il se forme une empreinte qui représente à peu près le portrait de Franklin.

Voici encore une autre expérience. Nous allons faire passer la commotion par un fil de fer qui est dans l'eau, et nous allons voir ce fil de fer fondre et brûler en partie dans l'eau comme il l'aurait fait dans l'air. On se sert, pour cette expérience, d'un appareil analogue au thermomètre de Kinnersley. Un fil de fer d'un pouce et demi de longueur est attaché à deux boules, fig. 9, qui sont toutes deux au-dessous du niveau du liquide. Au moment où la communication est établie avec l'intérieur et l'extérieur de la batterie, on voit l'étincelle passer dans l'eau; et le fer est fondu et brûlé en grande partie.

Ces diverses expériences suffisent pour donner une idée de la puissance chimique de l'électricité, et surtout de la puissance chimique de l'électricité dissimulée.

Maintenant il est essentiel d'examiner, d'après les résultats que nous venons d'obtenir, quel est le mode d'arrangement des fluides naturels électriques dans l'intérieur des corps, et d'arriver, si nous pouvons, à déterminer comment ces fluides sont constitués relativement à la matière pondérable, comment ils peuvent être ainsi subitement séparés, recomposés, et comment, enfin, des phénomènes qui ne se produisent que dans le fluide impondérable de l'électricité, peuvent se communiquer avec tant d'énergie à la matière pondérable elle-même, et déterminer des modifications aussi intimes et aussi profondes dans cette matière pondérable.

Il y a à cet égard diverses opinions. Nous ne pouvons pas encore discuter le fond du système de l'électricité, mais nous pouvons déjà indiquer l'arrangement qu'on admet le plus ordinairement pour rendre compte des diverses expériences.

On admet que, autour de chaque atome de matière pondérable, et, si vous voulez, autour de chaque atome simple de matière pondérable, se trouvent les deux fluides électriques neutralisés l'un par l'autre ; qu'ainsi il y a parmi les corps simples des corps qui sont primitivement ce qu'on appelle *électro-positifs*, c'est-à-dire primitivement chargés d'électricité vitrée, et qu'il y a des corps qui sont primitivement *électro-négatifs*, c'est-à-dire primitivement chargés d'électricité résineuse. Imaginons qu'un atome électro-positif ait été enveloppé de fluides neutralisés, c'est-à-dire d'électricité naturelle, résultant de la combinaison de l'électricité vitrée avec l'électricité résineuse. Il est évident que l'électricité vitrée qui sera sur cet atome électro-positif agira par influence sur les électricités naturelles qui l'enveloppent de toutes parts, décomposera ces électricités naturelles, et attirera la résineuse avec laquelle elle se neutralisera. Par conséquent, nous pouvons considérer cet atome électro-positif comme enveloppé d'une atmosphère d'électricité dissimulée qui contient une grande quantité d'électricité vitrée et une grande quantité d'électricité résineuse.

Imaginons maintenant qu'on vienne à faire passer une étincelle électrique à travers un corps électro-positif ou électro-négatif. Nous pouvons nous représenter le phénomène plus en grand, en considérant les corps comme des assemblages d'atomes placés à une certaine distance les uns des autres.

Comment la décharge électrique passe-t-elle à travers un corps ? Est-ce par un mouvement de translation des fluides à travers le corps considéré comme un canal, ou bien est-ce par une succession de compositions et de décompositions entre chacun des atomes ? Nous n'avons que ces deux modes de nous représenter le mouvement de l'électricité. Lorsqu'il s'agira de déterminer le mode d'existence de la lumière, nous aurons également recours à ces deux hypothèses, qui sont les seules possibles : mouvement de translation ou mouvement de vibration, c'est-à-dire mouvement de déplacement d'une molécule à une autre molécule.

Cette question est donc tout-à-fait fondamentale, non-seulement pour la théorie de l'électricité, mais pour la théorie de tous les agens impondérables.

Toutes les expériences semblent indiquer que le fluide électrique, de même que le fluide lumineux, se meut, non d'un mouvement de translation, mais d'un simple mouvement de vibration. Si, par exemple, l'extrémité du fil est en contact avec l'intérieur de la batterie, et l'autre extrémité en contact avec l'extérieur, on admet que la décomposition des fluides se fait d'un atome à l'autre; que l'étincelle part non-seulement entre l'intérieur de la batterie et l'extrémité du fil, mais qu'elle part entre chacun des atomes; qu'ainsi, chacun des atomes de la matière pondérable est à l'instant ébranlé très vivement par la commotion électrique; que, par conséquent, tout l'éclat de lumière que nous apercevons dans l'air passe pareillement entre chacun des atomes des corps. Voilà la théorie sur laquelle nous devrons revenir lorsqu'il sera question de l'optique.

LUMIÈRE ÉLECTRIQUE.

Passons maintenant à la *lumière électrique*, et voyons les phénomènes qu'elle produit. Nous commencerons par examiner les expériences, et nous reviendrons ensuite à la théorie.

L'appareil qu'on appelle *carreau fulminant* présente un phénomène de lumière électrique très propre à nous montrer l'analogie qui existe entre le trait de feu de la foudre et l'étincelle de l'électricité ordinaire. Cet appareil est un véritable condensateur formé par deux lames conductrices séparées par une lame de verre. L'une de ces lames est en étain, l'autre est en *aventurine*, c'est-à-dire en poussière métallique appliquée avec un vernis sur la lame de verre. Lorsqu'on fait partir l'étincelle, cette étincelle part entre chacune des petites parcelles de poussière métallique, ce qui produit des sillons de feu tout-à-fait analogues à ceux de la foudre.

On voit encore le jeu de la lumière électrique au moyen d'un ballon ou d'un tube fig. 10 et 11, sur la surface desquels on a collé de petits losanges métalliques qui sont séparés par un petit intervalle. Il faut nécessairement que l'électricité s'écoule par la chaîne métallique, et autant elle trouve de solutions de continuité, autant elle produit d'étincelles. Ces étincelles partent au même instant au commencement et à l'extrémité de la chaîne.

Il y a encore des appareils qu'on appelle *carreaux étince-*

lans. Ce sont des lames de verre sur lesquelles on colle une petite feuille d'étain d'un millimètre de largeur environ et très longue, de manière à faire diverses circonvolutions. On fait ensuite, avec une pointe, des solutions de continuité sur les endroits où passent les traits du dessin que l'on veut rendre visibles. Lorsqu'on électrise le carreau, une étincelle brille au même instant entre toutes ces solutions de continuité.

La lumière électrique change d'aspect quand on change la densité de l'air dans lequel l'électricité circule. Cette propriété de la lumière se démontre au moyen d'un appareil, fig. 12, qu'on appelait autrefois l'*œuf philosophique.* C'est un vase ovale, portant à l'une de ses extrémités une tige en métal, et à l'autre extrémité un robinet destiné à donner passage à l'air. Lorsqu'après avoir fait le vide dans cet appareil, on y fait passer l'étincelle électrique, la lumière en traversant l'intérieur du vase, prend une couleur bleue et est très diffuse : la diffusion diminue à mesure qu'on fait rentrer l'air dans l'appareil. Enfin, quand l'air a repris sa densité ordinaire, l'étincelle reprend aussi son éclat ordinaire.

On démontre encore les effets de la lumière électrique dans le vide, au moyen d'un grand tube dont on a pompé l'air. Le tube étant mis en communication avec la machine, il offre l'aspect d'une longue colonne de feu. Si l'on jugeait de la puissance de l'électricité par la quantité de lumière, on serait tenté de la croire énorme; cependant il ne faut que l'étincelle d'une petite machine pour remplir de lumière un tube vide, eût-il trente pieds de long.

Il importe de rappeler en quelques mots la théorie que l'on admet, et qui explique d'une manière suffisante les phénomènes dont nous venons de parler.

Dans le tube, le vide est fait aussi exactement qu'il puisse être fait avec une machine pneumatique, c'est-à-dire que c'est un vide à deux millimètres. Le vide est sec, c'est-à-dire qu'on a mis dans le tube du muriate de chaux, pour absorber toute l'humidité : l'électricité entre dans le tube; et ne pouvant ruisseler sur la surface du verre qui est sec et mauvais conducteur, elle est obligée de passer à travers le vide; elle produit non plus une étincelle, mais une multitude infinie d'étincelles qui forment une lumière continue et diffuse. Quelle est la cause de cette lumière dans le vide? on l'a attribuée à des causes différentes. On a dit d'abord que l'électricité presse les gaz qu'elle traverse, et la preuve c'est qu'elle peut déterminer la combustion de l'hydrogène et de l'oxigène. Or, les corps comprimés donnent de la lumière. Mais il est peu raisonnable de supposer que, dans le vide barométrique où le vide est fait aussi complètement que possible, les petites parcelles de vapeur de mercure qui peuvent s'y trouver soient tellement comprimées, que des étincelles jaillissent ainsi par le phénomène mécanique de la compression.

C'est donc un autre phénomène qui se produit. On peut concevoir que l'électricité, quand elle passe à travers l'air très dilaté ou à travers les corps conducteurs, passe moléculairement, c'est-à-dire qu'il y a autant d'étincelles que de molécules. Il en résulte que l'électricité se répand dans tout l'appareil, et que nous voyons autant d'étincelles qu'il y a de molécules pondérables. Nous considérons les corps comme ayant moléculairement les deux électricités, et toute transmission électrique comme se faisant simplement d'une molécule à l'autre.

IMPRIMERIE DE E. DUVERGER,
RUE DE VERNEUIL, N° 4.

COURS DE PHYSIQUE.

LEÇON QUARANTE-HUITIÈME.

(Mardi, 13 Mai 1828.)

SUITE DE LA LUMIÈRE ÉLECTRIQUE.

DANS la dernière séance, nous avons terminé nos expériences sur l'électricité dissimulée ; nous avons reproduit avec des
batteries plus puissantes ce que nous avions d'abord, avec
moins d'intensité, produit avec de simples bouteilles de
Leyde. Nous avons pu concevoir une idée de la puissance
électrique pour combiner les corps, pour changer leur état
d'agrégation, pour déranger leurs molécules et leur imprimer
des modifications toutes nouvelles.

Nous nous sommes ensuite occupés de la lumière électrique. Nous avons vu que le fluide électrique n'est pas lumineux
par lui-même, ni le fluide vitré, ni le fluide résineux. Lorsque l'électricité est en repos, elle est tout-à-fait invisible pour
nous ; elle ne se manifeste que par sa puissance d'attraction
et de répulsion ; mais si l'on vient à exciter le mouvement
dans le fluide électrique, s'il est obligé, pour obéir à ses attractions ou à ses répulsions, de vaincre les solutions de continuité qui existent entre les élémens ou les atomes de la
matière pondérable, à l'instant il devient visible. Cette condition de mouvement, de passage entre des atomes de matière pondérable ou de passage dans le vide, est la condition
primitive et essentielle de la lumière électrique.

Alors s'élève une question, la question de savoir si ce passage de l'électricité pour traverser le vide ou pour traverser
la matière pondérable, se fait par un mouvement de vibration, tel que le fluide passe d'un atome à l'atome suivant,
puis de ce second atome à l'atome suivant, ainsi de suite ; ou
bien si c'est le même fluide qui voyage dans toute l'étendue
du conducteur.

La discussion complète non-seulement des expériences

48

que nous avons déjà faites, mais des expériences que nous ferons sur le galvanisme, nous conduit à admettre l'opinion que l'électricité ne se meut jamais par un grand mouvement de translation, mais qu'au contraire, il y a rupture d'équilibre, et rupture d'équilibre dans un intervalle extrêmement petit, rupture d'*équilibre moléculaire.*

Nous ne pouvons produire le vide parfait à la surface de la terre, même au-dessus du vide barométrique il y a de la matière pondérable, il y en a au-dessus d'un métal en fusion ; le vide parfait, c'est-à-dire l'absence de toute matière pondérable, est au-dessus de notre puissance. Si nous pouvions produire ce vide parfait, nous ne savons rien de ce qui arriverait au fluide électrique, nous ne savons point comment il traverserait cet espace ; tout nous porte cependant à croire qu'il n'y aurait aucun phénomène. Ce qui nous porte à le croire, c'est l'existence du vide au-dessus de l'atmosphère de la terre, et entre les globes des différentes planètes. Là, le vide existe certainement, le vide de matière pondérable, et non pas le vide de *substance éthérée ;* et si l'électricité pouvait produire quelques phénomènes en traversant ce vide immense, on observerait à la surface de la terre des phénomènes d'une très grande intensité. Ce que nous avons vu se produire dans un tube vide, où une étincelle inappréciable à l'œil peut produire de grandes colonnes de feu, nous conduit à supposer que dans les hautes régions de l'atmosphère, là où l'air est extrêmement raréfié, la lumière électrique ne se produit plus par sillons comme dans les orages ; que ce ne sont plus des éclairs uniques passant d'un nuage à l'autre et traversant ainsi l'espace, mais qu'elle forme alors une lumière extrêmement diffuse, analogue à celle que nous observions dans notre tube, et qui se répand dans un grand espace du ciel pour y produire ce qu'on appelle les *aurores boréales.*

Ainsi, nul doute que s'il y a de l'électricité dans les hautes régions de l'air, et nous avons la preuve qu'il y en a, nul doute que toutes les fois qu'une rupture d'équilibre en un point quelconque au-dessus des limites supérieures de l'atmosphère déterminerait un changement dans la disposition actuelle du fluide, cette rupture se ferait sentir dans tout l'espace, et enflammerait certainement tout ce vide immense qui entoure la terre et les planètes, c'est-à-dire y produirait une lumière diffuse et très intense analogue à la lumière que nous observions dans l'œuf philosophique ou dans le tube vide. Pour produire cette grande colonne de feu que vous avez vu se produire dans le tube, il a fallu une étincelle imperceptible. Eh bien ! s'il est vrai que dans le vide l'électricité puisse être séparée, décomposée et devenir lumineuse, pour exciter de la lumière dans ce vide immense, une étincelle imperceptible suffirait pareillement ; et au lieu de voir des phénomènes limités dans un certain espace comme les aurores boréales, nous apercevrions à la surface de la terre des phénomènes d'une toute autre intensité ; tout l'espace infini qui nous entoure semblerait inondé de feu.

Nous reviendrons sur cette discussion, mais d'avance tout nous indique que si l'électricité se meut dans le vide *absolu*, les phénomènes de son mouvement, de ses mutations d'équilibre, n'y peuvent être accompagnés de lumière, comme il arrive dans la matière pondérable extrêmement dilatée.

Pour terminer ce qui est relatif à l'électricité proprement dite, nous avons encore à parler de deux propriétés électriques, savoir : du mouvement des corps électrisés, ensuite des causes qui peuvent développer l'électricité.

MOUVEMENT DES CORPS ÉLECTRISÉS.

Ce qui nous a révélé l'électricité, c'est le mouvement qu'elle excite dans les corps. Ayant prouvé que ce n'est pas la matière pondérable qui est directement attirée ou repoussée, il reste à démontrer comment les attractions et les répulsions qui ont lieu dans la matière impondérable peuvent se communiquer à la matière pondérable et entraîner les corps.

En nous reportant à la première expérience que nous avons faite sur l'électricité, l'attraction d'une balle de sureau par un bâton de résine, demandons-nous comment ce petit pendule est attiré. Cette question présente de grandes difficultés ; nous nous arrêtons plutôt à une opinion qu'à une solution de cette question. Voici l'explication qu'on donne du phénomène. Lorsque l'électricité est accumulée sur des corps non conducteurs, par exemple sur une balle de gomme laque ou sur une balle de résine suspendue à un fil de soie, si nous approchons de ce corps mobile un autre corps fixe chargé d'électricité résineuse, tandis que le corps mobile est chargé d'électricité vitrée, le fluide résineux et le vitré se trouvent à la surface de chacun des corps Comment ces deux fluides impondérables agissant l'un sur l'autre communiquent-ils des mouvemens à des masses pesantes, et par conséquent n'ayant aucun rapport avec les masses impondérables ? Voici comment on explique le phénomène. On suppose que ces deux fluides, que je prends de nom contraire à dessein, ayant une attraction l'un pour l'autre, ont aussi, non pas une affinité pour la matière pondérable, mais une certaine adhérence dont il est difficile de se rendre compte. Supposons une molécule du fluide résineux agissant sur une molécule de fluide vitré. Ces deux molécules tendent à se réunir ; si elles pouvaient quitter la surface non conductrice et pondérable, elles se précipiteraient l'une sur l'autre, les deux fluides se recomposeraient et les deux corps resteraient en repos ; mais comme ces fluides ne peuvent quitter les masses pondérables, il en résulte que l'attraction entre les fluides entraîne les masses pondérables et les précipite l'une vers l'autre. Par conséquent, le mouvement des corps non chargés d'électricité s'explique en transportant à la matière pondérable les propriétés attractives ou répulsives de la matière non pondérable de l'électricité, et en admettant entre l'électricité et le corps non conducteur une espèce d'adhérence qui fixe les fluides sur le corps. Telle est l'explication que l'on adopte généralement.

Il semble plus difficile d'expliquer les phénomènes d'attraction et de répulsion, lorsque les corps sont conducteurs. Car dès qu'ils sont conducteurs, il n'y a plus d'adhérence entre les fluides et ces corps. Voici alors l'explication à laquelle on a recours. Je suppose que l'un des corps soit conducteur, que ce soit par exemple le corps mobile. Comment ce corps mobile va-t-il se mettre en mouvement ? L'explication que nous avons donnée tout à l'heure n'est plus applicable ; car il n'est pas vrai que le fluide ait une adhérence pour les molécules d'un corps conducteur, puisque le fluide s'écoule sur les corps conducteurs avec une vitesse prodigieuse. Voici alors ce que l'on dit : à la vérité, le fluide électrique peut se mouvoir sur le corps conducteur, mais ce corps est enveloppé d'air, qui forme tout autour de lui comme une espèce de vase imperméable à l'électricité. Les molécules de fluide résineux et de fluide vitré qui sont à la surface des corps, contre la surface d'air, ces molécules tendent à s'approcher, car elles ont une attraction l'une par l'autre. Ces molécules, si l'air n'existait pas ou qu'il fût conducteur, passeraient à travers l'espace qui les sépare, et n'entraîneraient nullement le mouvement des substances pondérables. Mais comme l'air existe et qu'il n'est pas conducteur, il en résulte que les molécules de fluide vitré viennent en quelque sorte heurter la couche d'air qui revêt le corps conducteur, et la poussent pour s'avancer vers les molécules de fluide résineux qui les attirent. Par conséquent les corps conducteurs enveloppés d'air peuvent être assimilés à des corps enveloppés d'une couche de substance non conductrice, d'une couche de gomme laque, par exemple. Dire qu'un corps conducteur est enveloppé d'air ou d'une couche de gomme, c'est exactement la même chose. Dans un cas ou dans l'autre, le fluide pourra se mouvoir dans toute la masse du corps conducteur, mais il ne pourra sortir sans aller heurter la couche d'air ou de gomme laque. Ainsi les molécules attirées sont pressées sur cette couche non conductrice, elles poussent l'air, et le corps conducteur finit par céder et arrive vers l'autre corps conducteur.

Il est évident que la répulsion peut s'expliquer de la même manière.

Si au lieu de prendre un corps conducteur électrisé, on prend un corps conducteur à l'état naturel, vous allez voir comment le corps conducteur sera encore attiré par un corps chargé d'électricité vitrée ou résineuse. Déjà nous savons qu'un corps chargé d'électricité vitrée ou résineuse attire un corps à l'état naturel ; mais voyons comment nous transporterons l'attraction des fluides à la matière pondérable. Le corps électrisé agit par influence sur le corps qui est à l'état naturel, décompose ses électricités, attire l'électricité de nom contraire dans la partie antérieure, et repousse l'électricité de même nom dans la partie postérieure. D'après ce que nous venons de dire, le fluide vitré que nous supposons être passé dans la partie antérieure et le fluide résineux qui est dans la partie postérieure ne peuvent passer outre, parce qu'ils sont arrêtés par l'air. Par conséquent ils viennent heurter d'un côté contre la couche d'air antérieure, et de l'autre contre la couche d'air postérieure. Le corps se trouve ainsi placé entre deux forces opposées : si les deux pressions exercées contre l'air, d'une part par le fluide vitré, de l'autre par le fluide résineux étaient égales, le corps resterait exactement en repos ; mais si elles sont inégales, il faudra que le corps se meuve. Mais il est évident que ces forces sont égales, car les corps à l'état naturel ont une égale quantité des deux fluides. Mais si les deux quantités égales de fluide ne sont pas à la même distance du corps, si le fluide vitré est plus près du résineux, les attractions étant en raison inverse du carré de la distance, il en résulte que la force attractive du résineux sur le vitré est plus grande que la force répulsive du résineux sur le résineux. Donc la force alternative doit l'emporter, et le corps conducteur doit se mouvoir pour s'approcher du corps résineux.

Si la balle mobile est très petite, comme une molécule, par exemple, et que le corps soit très éloigné, la différence de distance entre le fluide vitré et le fluide résineux sera presque nulle, l'attraction sera presque égale à la répulsion, et le corps ne pourra, par conséquent, être attiré que d'une quantité insensible. Un nuage résineux qui passerait au-dessus de nos têtes ne pourrait exercer son attraction sur un petit pendule. En effet, quel serait l'effet du nuage ? il attirerait le fluide vitré dans la partie supérieure et repousserait le fluide résineux dans la partie inférieure. Le fluide vitré et le résineux ne seraient pas par conséquent à la même distance du nuage ; mais la différence serait si imperceptible que l'attraction serait égale à la répulsion, et le petite pendule serait immobile. Mais si vous veniez établir la communication entre ce corps et le sol, le fluide résineux pourra être repoussé dans le sol, et alors il n'y aurait plus que l'attraction. Ainsi une balle soumise à l'influence d'un corps supérieur électrisé résineusement et placée sur un support isolant, ne devra point se mouvoir tant que l'attraction sera égale à la répulsion ; mais si vous venez toucher cette balle dans un point quelconque, ce sera toujours le fluide repoussé qui passera dans le sol, et au même instant la balle sera emportée, parce que les deux forces n'existeront plus, et qu'il n'y aura plus que la force attractive. C'est ainsi que, sans exercer aucun effort pour lancer un corps, on peut cependant déterminer dans ce corps un mouvement très énergique pour l'emporter.

Voilà comment en général on explique les mouvemens des corps électrisés, et comment l'on transporte les attractions et les répulsions qui s'exercent sur les fluides impondérables à la matière pondérable.

J'avoue que dans cette explication il y a plusieurs choses qui peuvent embarrasser, que peut-être, parmi les phénomènes électriques, le mouvement des corps électrisés est celui dont les explications sont les plus imparfaites et les moins satisfaisantes. Cependant il est probable que les développemens que l'électricité reçoit tous les jours nous conduiront à concevoir d'une manière plus nette l'arrangement de l'électricité dans les molécules des corps, et peut-être à changer l'explication que je viens de donner.

CAUSES QUI DÉVELOPPENT DE L'ÉLECTRICITÉ.

Il nous reste enfin à indiquer les diverses causes qui développent de l'électricité ou plutôt à les énumérer, et à rapprocher celles que nous connaissons déjà. Ainsi nous savons que le frottement développe de l'électricité, que l'espèce d'électricité développée dépend de la nature des corps, du sens du frottement, de l'état des surfaces, de la température, et de beaucoup d'autres causes.

L'électricité se développe aussi par la pression. Car qu'est-ce que la pression ? c'est un changement dans l'état d'agrégation des molécules, comme le frottement. Si sur un corps non conducteur on applique avec une pression un peu forte un disque métallique isolé, il y aura de l'électricité développée ; le corps prendra l'électricité d'une sorte et le disque l'électricité d'une autre sorte.

Ainsi tout changement mécanique de percussion, de pression, de frottement ou autre changement analogue dans l'intérieur des masses pondérables, développe de l'électricité. Mais n'oublions pas que partout où il y a de l'électricité vitrée, il y a une égale quantité d'électricité résineuse, et que souvent l'électricité n'apparaît pas, faute de pouvoir isoler l'électricité vitrée de la résineuse, et d'empêcher qu'elles ne se combinent.

Enfin il y a une autre manière de développer de l'électricité, c'est par la chaleur. J'indiquerai seulement les principaux caractères de ce phénomène. Lorsqu'on prend un corps métallique, qu'on le chauffe, il se dilate et ne développe pas d'électricité ; lorsqu'on le chauffe au point de fusion, il se dilate, change d'état, et point encore d'électricité développée ; lorsqu'on le chauffe au point que ses molécules prennent une nouvelle agrégation, que le corps se vaporise, point encore d'électricité développée. Ainsi, un corps homogène non cristallisé comme un métal, est à jamais incapable de recevoir de l'électricité par la chaleur. Mais il existe certains corps régulièrement constitués, cristallisés, tels que la tourmaline, la magnésie boratée, le soufre cristallisé, le diamant même et quelques autres corps en assez grand nombre qui, étant pris à une température donnée, par exemple à la température ambiante, puis maintenus isolés au moyen d'une *pince* ayant un manche en verre, et exposés à une certaine température, s'électrisent à mesure que la température s'élève ; et s'électrisent non pas par le frottement que l'air pourrait exercer sur la surface du corps, non pas par quelqu'une des causes mécaniques que nous venons d'indiquer, mais s'électrisent par eux-mêmes et par le seul fait du changement de température.

Cette électricité développée par la chaleur est ce qu'on

appelle de l'*électricité polaire*, c'est-à-dire que l'électricité vitrée paraît à l'une des extrémités du corps, et l'électricité résineuse à l'autre extrémité. Si l'on soutient pendant très long-temps le corps à la température à laquelle il a été porté, les signes électriques disparaissent, non pas que l'électricité n'ait pas été développée ; mais elle a été développée, et puis elle s'est recomposée sur les deux surfaces du corps, exactement comme elle se recompose à la surface d'une bouteille de Leyde.

Le corps ayant été ainsi maintenu long-temps à la même température, refroidissez-le, il reprendra des signes électriques ; mais alors les pôles seront renversés, c'est-à-dire que l'électricité vitrée paraîtra à l'extrémité où était l'électricité résineuse, et que celle-ci paraîtra à l'extrémité où était l'électricité vitrée.

C'est donc simplement pendant le changement de température que l'électricité se développe et se manifeste sous la condition expresse, que quand on tient long-temps le corps à la même température, les deux électricités opposées en contact avec l'air qui est toujours plus ou moins humide finissent par se recomposer. Mais si l'on pouvait maintenir le corps électrisé par la chaleur dans un espace absolument non conducteur, de manière que les deux électricités ne pussent se combiner, je crois pouvoir annoncer que dans cette circonstance, le corps serait perpétuellement électrisé à la température à laquelle il aurait été porté, et qu'il ne changerait pas de pôles en se refroidissant.

Ce qui a lieu dans la tourmaline et dans d'autres corps par l'effet de la chaleur, étant tout-à-fait identique, il suffit d'indiquer le mode d'électricité, qui au reste fournit des caractères remarquables pour distinguer les cristaux, et qui peut aussi conduire à l'organisation intime des corps et à l'arrangement des molécules.

GALVANISME OU ÉLECTRICITÉ DÉVELOPPÉE
AU CONTACT.

L'électricité se développe encore au simple contact des corps. C'est ce développement au simple contact, qui constitue le *galvanisme*.

Le galvanisme a été découvert très récemment ; le premier fait observé remonte seulement à 1789 ; il est dû à Galvani, médecin et professeur à Bologne.

Ce fait n'apparaît nullement comme un phénomène électrique, et le plus grand mérite de Galvani consiste à avoir distingué ce phénomène, et à ne l'avoir pas confondu avec une multitude d'autres phénomènes analogues : ce phénomène se produit avec une grenouille convenablement préparée. Déjà nous avons vu par une expérience, que les grenouilles sont extrêmement sensibles à l'électricité.

Voici le fait fondamental observé par Galvani, celui qui, bien compris, servira à développer toute la théorie du galvanisme. On prend une grenouille vivante, on la coupe, on la dépouille, et l'on met à nu, avec la pointe des ciseaux, les nerfs lombaires qu'on distingue comme deux fils blancs qui semblent attacher les vertèbres supérieures aux membres inférieurs. Si, avec un corps métallique on s'en vient toucher en même temps les muscles et les nerfs, on voit la grenouille entrer aussitôt en commotion.

Tel est le fait primitif observé par Galvani. Galvani était occupé à faire des recherches sur la sensibilité des grenouilles, et il avait une grenouille préparée, comme je viens de le dire, suspendue à un balcon en fer, au moyen d'une tige de cuivre. Le vent poussant de temps en temps les muscles contre le balcon, Galvani observa qu'à chaque fois que la grenouille venait toucher le fer, elle éprouvait une commotion qui se prolongeait tant que durait le contact.

Pour bien faire l'expérience, après avoir préparé une grenouille convenablement, on établit la communication entre les nerfs et les muscles au moyen d'une tige métallique qu'on appelle l'*arc conducteur*, fig. 1. Aussitôt que la communication est établie, on voit la grenouille s'agiter. Ce phénomène est analogue à beaucoup d'autres phénomènes naturels. Les poissons, les reptiles, les animaux à sang froid en général, lorsqu'ils sont privés de la vie récemment, ont la propriété de donner quelques mouvemens vagues, quelque manifestation de vie ; mais Galvani a distingué, et habilement distingué la différence qui existe entre ces phénomènes et le phénomène dont il s'agit. Ici ce n'est pas une cause inconnue qui détermine des mouvemens dans la grenouille, c'est une cause parfaitement définie ; c'est une communication établie entre les muscles et les nerfs, au moyen d'un arc métallique, et toutes les fois que le contact s'établit, la commotion s'ensuit, et toutes les fois qu'on laisse l'animal abandonné à lui-même, aucune commotion n'a lieu.

Après avoir découvert ce phénomène, Galvani crut avoir saisi dans l'organisation de la vie quelque chose qui touchait de près au fluide qu'on avait coutume dès cette époque d'appeler *fluide vital*. Galvani explique son expérience de la manière suivante. Admettant ce qui peut être encore en question, malgré les expériences très curieuses faites récemment; admettant, dis-je, que les nerfs étaient creux, Galvani suppose que dans l'intérieur des nerfs il y a un fluide qu'il appelle *fluide nerveux* ou *fluide vital*. Lorsqu'on établit la communication entre les muscles et les nerfs, il imagine que ce fluide nerveux ou vital passe à travers l'arc conducteur qui lui est offert, et qu'en passant ainsi des nerfs dans les muscles, il détermine dans l'animal une convulsion analogue à la convulsion que nous éprouvons lorsque nous sommes traversés par une bouteille de Leyde. Il explique ce fait en admettant qu'une grenouille est constituée comme une bouteille de Leyde, relativement à un fluide particulier qu'il appelle fluide nerveux ou vital; que ce fluide est renfermé dans l'intérieur des nerfs qui forment l'intérieur de la bouteille, dont les muscles forment l'extérieur, et que la substance même des nerfs fait la séparation entre les deux fluides intérieur et extérieur, et que quand on vient établir la communication, la bouteille se décharge et l'animal éprouve une commotion.

Le fluide supposé par Galvani a été appelé *fluide galvanique*, il conserve ce nom, bien que souvent on l'appelle *fluide électrique;* car l'explication de Galvani est une explication qui, toute séduisante qu'elle soit, est complètement fausse, comme nous allons le démontrer dans cette leçon.

Le phénomène découvert par Galvani fut promptement répandu dans tous les pays savans. Dans l'espérance de pénétrer dans les mystères de l'organisation de la vie, on faisait partout des expériences. De tous les caractères qui furent reconnus dans ce fluide, à cette époque, il y en a un qui est très décisif et très réel, c'est que ce fluide, quel qu'il soit, jouit de la propriété singulière de traverser très bien les corps bons conducteurs de l'électricité et de ne jamais vouloir traverser les corps mauvais conducteurs; ainsi si l'on venait établir la communication avec une tige de verre ou de bois, l'on n'apercevrait aucune espèce de phénomène.

C'est dans la fausse route que je viens d'indiquer que se dirigeaient la plupart des expériences, lorsque Volta, déjà très célèbre par de grandes et belles découvertes faites en électricité, saisit dans le phénomène un caractère très fondamental, très remarquable, un caractère décisif, qui changea et renversa l'explication de Galvani.

Voilà ce que la sagacité de Volta saisit dans le phénomène. Quand on vient établir la communication entre les muscles et les nerfs avec un corps conducteur, il y a commotion ; mais il y a surtout commotion très énergique quand l'arc conducteur qui sert à établir la communication est composé de deux métaux. *L'arc conducteur*, fig. 1, se compose de deux branches dont l'une est en zinc, l'autre en cuivre : on peut toucher les muscles avec le cuivre et les nerfs avec le zinc, ou réciproquement.

Volta donc remarqua qu'un arc conducteur composé de deux métaux produit le phénomène avec beaucoup plus d'énergie, est beaucoup plus infaillible. Cette différence au premier abord semble peu de chose ; vous allez voir qu'elle devient fondamentale.

De ce qu'il fallait deux métaux pour produire le phénomène, Volta conclut que ce n'est pas dans l'intérieur du corps organisé qu'est le fluide qui est en jeu dans ce phénomène, mais que ce fluide est dans les deux corps hétérogènes dont est composé l'arc conducteur. Vous voyez que ce changement dans le siége des fluides est un changement décisif.

Ainsi Volta annonça que ce n'est pas dans les nerfs que se trouve ce fluide, que ce n'est pas dans les muscles, que la grenouille n'est point une bouteille de Leyde, que le fluide galvanique n'est pas un fluide nouveau, que c'est de l'électricité ordinaire, et que cette électricité ordinaire existe dans le zinc et dans le cuivre, et qu'elle se développe au contact de ces deux métaux.

Volta explique ainsi ce phénomène : lorsque ces corps hétérogènes sont en contact, il y a, par le fait de leur contact, de l'électricité développée. Cette électricité est vitrée sur l'un des corps, et résineuse sur l'autre; ces électricités se rejoignent par le moyen des muscles et des nerfs: c'est une espèce de commotion électrique qui passe à travers ces corps organisés. Par conséquent la commotion est exactement une commotion telle que celle que nous éprouvons lorsque nous déchargeons une bouteille.

Voilà deux explications du phénomène. Celle de Galvani avait de l'avantage ; elle semblait ouvrir à la science une carrière nouvelle. Cette explication avait frappé les esprits, et fut accueillie avec enthousiasme. Celle de Volta, au contraire, se présentait avec des caractères de contradiction manifeste, avec tout ce qui était connu sur l'électricité. Comment est-il possible, disait-on, que des métaux en contact puissent être chargés d'électricité, puisqu'ils sont conducteurs et que l'électricité peut passer de l'un à l'autre? D'ailleurs l'explication de Volta avait l'inconvénient de ne pas frapper l'imagination comme celle de Galvani.

Une longue contestation s'éleva entre les savans des différens pays; tous furent partagés entre l'opinion de Galvani et celle de Volta. Galvani eut d'abord pour lui le plus grand nombre de ces savans. Peu à peu Volta, présentant son opinion avec quelques doutes, avec quelques ménagemens, sollicitant l'attention des savans les plus impartiaux, malgré cette espèce de contradiction que présentait son opinion, elle fut enfin accueillie, mais il fallut dix ans pour la faire prévaloir complètement sur l'opinion de Galvani.

Pendant cette longue discussion, beaucoup de phénomènes furent observés; Galvani soutenait son opinion par quelques expériences, et Volta répondait par d'autres expériences. Galvani disait: Il est impossible que le phénomène se produise comme le veut Volta; car il est certain qu'un arc conducteur d'un seul métal produit quelquefois le phénomène. Ainsi les deux métaux ne sont pas une condition nécessaire. A cela Volta faisait une réponse que sans doute vous avez devineé: Lorsqu'on prend un métal pour être pur, qu'est-ce qui nous assure de sa pureté? l'analyse chimique. Mais l'analyse chimique fait voir que le cuivre, l'or, le zinc, etc., sont des corps hétérogènes, qu'il n'y a pas de corps homogènes dans la nature.

On peut démontrer par l'expérience qu'un petit atome de substance étrangère altère assez la substance pour que le phénomène se produise. Après avoir essayé un arc formé d'un seul métal très pur, de zinc, par exemple, et n'avoir obtenu aucune commotion, on frotte le zinc sur un métal étranger, et à l'instant on obtient des commotions très fortes. Si l'on observe avec soin ce qui se passe dans cette expérience, on voit que c'est quand les parcelles de matière étrangère viennent toucher les muscles que la commotion a lieu.

Ainsi, tout étant hétérogène dans la nature, Volta pouvait soutenir son opinion, et il la soutenait en effet victorieusement; et si même on pouvait purifier un métal à tel point qu'il ne contînt véritablement plus de substance étrangère, le phénomène, suivant Volta, devrait encore se produire: car ce métal serait hétérogène avec la matière pondérable qui compose les muscles et les nerfs de l'animal.

Ainsi Volta affirma que partout où il y avait contact de substances hétérogènes, il y avait développement d'électricité.

Vous voyez quelle grande carrière cette idée fondamentale offre à nos recherches. S'il y a toujours de l'électricité développée au contact des corps hétérogènes, comme il n'y a pas d'homogénéité dans la nature, comme il n'y a pas certainement deux atomes de matière pondérable parfaitement homogènes, il en résulte qu'il y a non-seulement dans les animaux, non-seulement dans les plantes, mais dans les substances inorganiques, hétérogénéité de matière, et par conséquent développement d'électricité.

Voilà donc une source abondante d'électricité qui doit produire de nombreux phénomènes ; de là naît la puissance chimique par laquelle les corps se combinent et se désunissent, etc....

Cette électricité, si elle existe, est en quantité très faible ; comment la reconnaître ? Quelques années avant la découverte de Galvani, Volta avait inventé un condensateur, différent, quant à la forme, de la bouteille de Leyde, mais reposant sur le même principe.

Un disque de métal, fig. 2, terminé par un appendice a, aussi en métal, est posé sur le sommet d'une cloche en verre. Sur l'appendice sont attachés, par simple apposition, deux lames d'or. Si nous donnons de l'électricité au disque, il est évident que cette électricité se répandra sur tout le disque, passera dans la tige métallique, et de là dans les lames d'or, entre lesquelles elle produira une divergence. Ce disque, et c'est une condition essentielle de sa formation, est couvert d'un enduit de gomme laque, d'abord en dissolution dans l'alcool, puis étendue avec un pinceau et séchée. Ainsi nous avons sur la surface supérieure du disque une petite couche excessivement mince non conductrice. Au-dessus de ce premier disque est un autre disque porté par un manche isolant, dont la surface est pareillement recouverte d'une légère couche de gomme laque. Les deux disques étant parfaitement en contact, s'il y a de l'électricité dans le plateau inférieur, elle agit par influence sur l'électricité du plateau supérieur, attire l'électricité de nom contraire, et repousse l'électricité de même nom ; de manière que l'électricité s'accumule comme dans un condensateur. L'électricité étant ainsi accumulée, si nous enlevons le plateau supérieur, le fluide qui est dans le plateau inférieur reprendra son extension et fera diverger les lames.

Voici comment on peut se servir de cet appareil extrêmement délicat, pour démontrer qu'il y a de l'électricité développée au contact du zinc et du cuivre. Après s'être assuré que l'appareil est à l'état naturel, on touche le plateau supérieur avec les doigts mouillés dans de l'eau un peu acidulée, pour établir la communication avec le sol ; on touche le disque inférieur avec une lame d'étain, qui communique pareillement avec le sol. On rompt les communications, on enlève le disque supérieur, et à l'instant les lames divergent. Donc il y a de l'électricité developpée. Si l'on veut savoir de quelle espèce est cette électricité, on approche un bâton de résine ; elle est résineuse, car les deux lames se rapprochent. Donc au contact du zinc et du cuivre, il se développe de l'électricité, et cette électricité est vitrée sur le zinc, et résineuse sur le cuivre.

On pourrait dire que, dans cette expérience, il y a eu dans le contact une espèce de frottement entre les surfaces métalliques, et que c'est un phénomène tout-à-fait ordinaire. Voici comment Volta répondait à cette objection, et comment, en effet, on peut y répondre : on prend une double plaque, fig. 3, formée d'une lame de cuivre et d'une lame de zinc, soudées ensemble depuis long-temps ; tenant à la main le zinc de la double plaque, on touche avec le cuivre le disque inférieur : en faisant communiquer le disque supérieur avec le sol, la divergence des lames a lieu. Donc il y a de l'électricité développée, et, à coup sûr, ce n'est pas au contact du cuivre de la plaque avec le cuivre du disque, puisque c'est un même corps ; ce ne pourra être qu'au contact du zinc avec le cuivre. Ainsi ce n'est pas une différence de température, ce n'est pas une altération, une modification momentanée qu'éprouvent les molécules des corps hétérogènes, qui leur donnent la propriété de développer de l'électricité ; cette électricité est développée par cela seul qu'ils se touchent. Qu'ils soient partout à la même température, qu'ils soient parfaitement en repos et en équilibre, qu'ils se touchent depuis une seconde ou depuis un siècle, ils n'en sont pas moins constitués dans un état électrique.

FORCE ÉLECTROMOTRICE.

La cause, quelle qu'elle soit, qui développe cette électricité, a été appelée par Volta *force électromotrice*.

Dire qu'il y a une force électromotrice entre les deux corps hétérogènes qui forment la plaque, fig. 3, c'est dire que sur la surface de jonction il y a une cause qui sépare les deux électricités naturelles, qui fait passer l'électricité vitrée sur l'un des corps, c'est le zinc, et fait passer l'électricité résineuse sur l'autre corps, c'est le cuivre; et que cette force électromotrice est à la surface de jonction, opérant perpétuellement la séparation des deux fluides, et poussant perpétuellement le fluide vitré sur un métal et le fluide résineux sur l'autre.

Nous avons à distinguer dans cette force deux caractères bien remarquables : 1° la force électromotrice sépare les fluides, 2° elle les empêche de se recomposer. En effet, le fluide vitré se trouvant sur le zinc et le fluide résineux sur le cuivre, pourquoi les deux fluides ne se rejoindraient-ils pas, puisqu'il est évident que le vitré a une grande attraction pour le résineux ? Ils se précipiteraient, en effet, si la force électromotrice qui a séparé les deux fluides n'était là comme une digue s'opposant à leur réunion. Les deux fluides peuvent donc bien s'attirer, se presser, mais ils ne peuvent se rejoindre et franchir cette digue que leur oppose la force électromotrice. Il est évident que cette force, qui agit comme obstacle à la recomposition des fluides, doit avoir une limite, car si elle n'avait pas de limite, elle repousserait sans cesse du fluide vitré sur le zinc, et du fluide résineux sur le cuivre. Ces deux fluides, finissant par surpasser la résistance que la force électromotrice leur oppose, se rejoindraient.

Comme force produisant la décomposition des deux fluides, voici le caractère fondamental et distinctif de la force électromotrice. Aussitôt que les deux fluides vitré et résineux ne sont pas sur les deux plaques ce qu'ils doivent être pour que la force électromotrice soit à la limite de son effet, comme obstacle à la recomposition, il ne faut qu'un intervalle de temps imperceptible à la force pour développer sur le zinc tout le fluide vitré qu'il peut contenir, et sur le cuivre tout le résineux qu'il peut pareillement contenir.

D'après cela nous devrons considérer la plaque tout autrement que nous ne l'avons considérée jusqu'à présent. Au lieu de la considérer comme étant à l'état naturel, nous devrons la considérer comme ayant la partie zinc couverte d'électricité vitrée, et sa partie cuivre recouverte d'électricité résineuse.

La plaque étant dans cet état, pour pousser jusqu'au bout les notions fondamentales que j'ai besoin de vous donner sur la force électromotrice, imaginons que nous ayons attaché à la lame de zinc, fig. 4, une bande de papier mouillé, et que nous ayons attaché à la lame de cuivre une autre bande de papier mouillé, et que tenant ces deux bandes de papier par des corps isolans, nous rapprochions leurs extrémités.

Le fluide vitré ayant passé dans l'une des bandes de papier, et le fluide résineux ayant passé dans l'autre bande, se trouveront ainsi en présence ; ils devront par conséquent s'attirer et faire effort pour se rejoindre ; et comme à la séparation du papier il n'y a pas de force électromotrice qui s'oppose à leur réunion, il arrivera que les deux fluides se rejoindront en produisant une étincelle ; cela est une conséquence nécessaire de ce que nous savons déjà sur l'électricité. Mais ce n'est pas tout : quand cette étincelle sera partie, une autre se reproduira, puis une troisième et ainsi de suite, indéfiniment ; de sorte que nous aurons un courant d'étincelles électriques perpétuel. En effet, quand la première étincelle aura jailli, et que les fluides se seront recomposés, il arrivera que la force électromotrice ne trouvant plus sur le zinc ni sur le cuivre tout le fluide qu'ils peuvent contenir, agira à l'instant pour pousser du fluide vitré sur le zinc et du fluide résineux sur le cuivre. Il en résultera donc une circulation perpétuelle de l'électricité.

Ce résultat de la théorie peut se démontrer facilement par l'expérience. Pour cela on emploie une plaque ajustée d'une certaine manière : au lieu de deux bandes de papier pour établir la communication, c'est un mode de communication un peu plus compliqué que j'expliquerai plus tard. On fait passer le courant par un fil de platine. Ce n'est pas une étincelle que l'on voit jaillir, c'est une élévation de température qui a lieu, comme il arrive toutes les fois que l'électricité passe à travers les corps solides. Cette élévation de température est telle que le fil de platine devient rouge, s'il n'a qu'un pouce de longueur.

Au lieu d'une seule *paire*, c'est ainsi qu'on appelle une plaque formée d'une lame de zinc et d'une de cuivre, on se sert de vingt-quatre paires composant ce qu'on appelle *la pile de Volta;* le phénomène se produit alors avec beaucoup plus d'intensité. Un fil de platine exposé au courant rougit dans une assez longue étendue, et reste perpétuellement resplendissant; et même ce fil de platine, en en prenant une moindre étendue, se fond à l'instant. Vous savez combien le platine est difficile à fondre, et vous pouvez par là prendre une idée de la puissance de la force électromotrice.

IMPRIMERIE DE E. DUVERGER,
RUE DE VERNEUIL, N° 4.

COURS DE PHYSIQUE.

LEÇON QUARANTE-NEUVIÈME.

(Samedi, 17 Mai 1828.)

PILE DE VOLTA.

Dans la dernière séance, nous avons commencé l'étude du *galvanisme*. Nous avons distingué dans cette nouvelle branche de la science, deux découvertes fondamentales : la découverte de Galvani et la découverte de Volta. Galvani observe un phénomène peu frappant par lui-même ; mais la sagacité de l'observateur sait démêler dans ce phénomène une circonstance remarquable, c'est la régularité avec laquelle il se produit sous l'agent que l'on met en contact avec les muscles et les nerfs de la grenouille, et de là il conclut que ce fait, véritablement physique par sa cause et par sa régularité, est un fait nouveau dépendant d'une cause nouvelle.

Après avoir démontré la régularité du phénomène, après avoir saisi quelques caractères distinctifs dans le fluide quel qu'il soit qui est en jeu, après avoir reconnu que ce fluide est analogue au fluide électrique, en ce qu'il traverse très bien les corps conducteurs, et en ce qu'il ne peut passer par les corps non conducteurs, Galvani persiste à penser que c'est un fluide *nouveau*, et ses partisans lui donnent le nom de *fluide galvanique*. C'est d'après ces vues que des recherches sont faites dans tout le monde savant, pendant près de dix ans ; tous s'égaraient sur la trace de Galvani, lorsque Volta vient rappeler le fait fondamental à une idée physique qui ouvre une carrière toute nouvelle. Volta saisit dans le fait découvert par Galvani, une circonstance qui avait échappé à tout le monde, savoir, qu'à la vérité il faut que l'*arc* soit *conducteur* pour que la commotion se produise, mais qu'il est essentiel encore que cet arc conducteur soit composé de deux métaux ; d'où il conclut que ce n'est pas, comme Galvani

49

l'avait pensé, dans l'intérieur des canaux imperceptibles dont les dernières fibres des nerfs sont sillonnées que le fluide existe, mais que ce fluide existe dans le conducteur lui-même, dans la substance des métaux; qu'il est développé par leur contact; qu'il passe des muscles aux nerfs; qu'il produit la commotion comme la décharge d'une bouteille de Leyde la produit, qu'en un mot c'est de l'électricité.

Après avoir démontré que les deux métaux sont nécessaires, après avoir assimilé la cause du phénomène au fluide électrique, Volta va plus loin; il démontre d'une manière directe que ce fluide est le fluide électrique; car il peut le recueillir dans le condensateur.

L'expérience du condensateur que nous avons répétée dans la dernière leçon, ne laisse aucun doute sur l'identité entre le fluide galvanique et le fluide électrique. Nous verrons dans cette leçon d'autres preuves encore plus décisives de cette identité. Nous verrons le fluide galvanique, si faible à son origine, si imperceptible, nous le verrons s'accumuler et produire l'appareil le plus puissant qui soit entre les mains des chimistes, un appareil bien plus puissant que ne l'est la batterie la plus formidable. Cet appareil, c'est la *pile de Volta*, dont nous allons étudier la construction.

J'ai déjà établi la distinction de tous les corps de la nature en corps *bons électromoteurs* et corps *mauvais électromoteurs*. Tous les métaux sont bons électromoteurs, quoique avec des intensités différentes. Quand deux métaux quelconques se touchent, il y a à leur contact une force électromotrice qui sépare les deux fluides naturels, fait passer le fluide vitré sur l'un des métaux, et le fluide résineux sur l'autre. Ainsi il y a un métal qui est toujours *positif*, ou, comme on dit, *électro-positif*; et l'autre, qui est *négatif* ou *électro-négatif*.

Les corps peuvent, sous ce rapport, être rangés de telle sorte qu'on mette en tête le métal le plus électro-positif. Ce métal pris à l'état solide serait le zinc. Le zinc est positif avec tous les autres métaux. Qu'on touche avec le zinc du cuivre, du mercure, de l'argent, du platine, de l'or, tous prennent avec lui l'électricité négative, et il prend toujours l'électricité positive.

Il y aura, au contraire, un autre métal qui sera toujours électro-négatif; ce sera le platine.

Si l'on prend deux métaux intermédiaires, l'or et le cuivre, par exemple, et qu'on veuille savoir lequel est positif, lequel est négatif, au moyen du condensateur, il est extrêmement facile de résoudre cette question, et de poser l'ordre suivant lequel les métaux se classent relativement à cette faculté, de développer du fluide positif et du fluide négatif. Je n'indique cet ordre que d'une manière générale ; nous y reviendrons plus tard, lorsque nous aurons des moyens plus précis de le constater. En même temps, nous noterons des circonstances extrêmement inattendues qui peuvent renverser ces propriétés des métaux. Le changement seul de la température suffit pour développer de l'électricité en plus grande ou en moindre quantité, et suffit aussi pour intervertir l'ordre suivant lequel les métaux prennent l'une ou l'autre électricité. C'est lorsque nous étudierons ces causes accidentelles qui font varier la force électromotrice, que nous établirons le véritable ordre que je ne fais qu'indiquer ici d'une manière générale.

Tous les corps non conducteurs doivent d'abord être mis hors de ligne. Il est évident que, comme corps non conducteurs, ils ne peuvent développer de l'électricité, ou, du moins, s'ils peuvent la développer, ils ne peuvent la répandre sur leur surface. Nous regardons ces corps comme *corps non conducteurs* et *non électromoteurs*. Les *mauvais électromoteurs* seront presque tous les liquides, les liquides purs de leur nature, excepté le mercure qui est un métal; les dissolutions alcalines, salines, la plupart des corps qui appartiennent au règne végétal et au règne animal. Tous ces corps sont assez bons conducteurs et mauvais électromoteurs. L'expression de mauvais conducteurs signifie que par leur contact, soit entre eux, soit avec des métaux, la quantité d'électricité qu'ils développent est incomparablement plus faible que la quantité d'électricité développée par le contact des métaux entre eux. C'est sur cette distinction fondamentale que repose la construction de la pile de Volta.

Les principes et le détail de cette construction sont ce qu'il y a de plus difficile dans le galvanisme ; cependant la difficulté peut être vaincue. Il y a surtout un point un peu difficile sur lequel j'appellerai toute votre attention, parce que, ce point compris, toutes les difficultés qui peuvent se présenter se résolvent d'elles-mêmes.

Pour construire *la pile de Volta*, nous commencerons par poser un disque de cuivre, fig. 1, sur une *rondelle* de verre, afin de l'isoler. Je touche le cuivre, et si l'épiderme était un corps très bon électromoteur, il se développerait une quantité sensible d'électricité au contact du métal et de la main; mais comme la main est un très mauvais électromoteur, quoique assez bon conducteur, il en résulte que le cuivre reste très sensiblement à l'état naturel. Je prends un disque de zinc qui est aussi très sensiblement à l'état naturel, et je le pose sur le cuivre ; à l'instant du contact, la force électromotrice produit son effet, elle sépare les deux fluides, le cuivre et le zinc ne sont plus à l'état naturel ; celui-ci est chargé d'électricité vitrée ou positive, et le cuivre est chargé d'électricité résineuse ou négative. Supposons que je vienne toucher le disque de cuivre qui est, comme nous avons dit, isolé sur une lame de verre : supposons que je vienne le toucher pour le faire communiquer au sol. Remarquez les précautions qu'il faut employer en touchant le cuivre. Si je le touchais avec du zinc, il est évident qu'il y aurait une force électromotrice, et par conséquent du fluide développé qui compliquerait la question. Ce n'est donc pas avec du zinc qu'il faut établir la communication ; il ne faut pas non plus l'établir avec un métal ; il faut établir la communication avec un corps bon conducteur et faible électromoteur ; par exemple, une bande de papier mouillé, quelque substance végétale imprégnée d'un liquide, et surtout d'un liquide un peu salé ou un peu acide. Supposons la communication bien établie au moyen de la bande de papier mouillé. Que doit-il arriver ? Le cuivre conservera-t-il l'électricité résineuse dont il est chargé par son contact avec le zinc ? Évidemment non. Dès l'instant qu'il y a un corps bon conducteur et mauvais électromoteur, il n'y a pas, au contact de ce mauvais électromoteur avec le cuivre, de force électromotrice qui sépare les fluides et qui les retienne séparés. Par conséquent, tout le fluide résineux dont le cuivre est chargé doit s'écouler dans le sol. Ce n'est pas là où est la difficulté.

Mais l'électricité qui est sur le zinc y restera-t-elle ? va-t-elle aussi s'écouler dans le sol ? D'après nos principes précédens, et si nous n'avions pas démontré la réalité de la découverte de Volta, nous penserions que ce système de deux corps conducteurs étant électrisé et en communication avec le sol, toute l'électricité devrait s'écouler ; mais nous savons que la force électromotrice non-seulement décompose les fluides, mais résiste à leur recomposition. Ainsi le cuivre communique au sol, mais le zinc n'y communique pas ; ou du moins il n'y communique que par l'intermédiaire du cuivre, et la force électromotrice qui agit au contact des deux métaux arrête ce fluide sur le zinc. Par conséquent le cuivre sera à l'état naturel, c'est-à-dire qu'il aura une tension électrique nulle, et le zinc aura une tension d'électricité vitrée que je représenterai par $+1$, le signe n'exprimant dans ce cas que la nature d'électricité.

Si maintenant je prends une *rondelle* humide de drap, de carton, de papier, c'est-à-dire un corps bon conducteur et mauvais électromoteur, et que je la pose sur le zinc, qu'arrivera-t-il au contact du zinc avec la rondelle humide? Point de force électromotrice entre le zinc et la rondelle, puisque cette rondelle est mauvais électromoteur; mais comme le zinc est chargé d'électricité vitrée, et qu'il est en contact avec un corps à l'état naturel, l'électricité vitrée se partage entre le zinc et la rondelle humide. Je suppose que tout le monde comprend très bien la situation singulière dans laquelle se trouve ce zinc, en contact avec le cuivre et avec la rondelle humide. Chargé d'électricité vitrée, il en donne à la rondelle, et il n'en donne pas au cuivre. Il n'en donne pas au cuivre parce que la force électromotrice agit comme obstacle, au contact du zinc et du cuivre, pour arrêter l'électricité. Le zinc donne de l'électricité à la rondelle, parce que cette rondelle est un corps conducteur, qu'il n'y a pas de force électromotrice entre la rondelle et le zinc, et que par conséquent rien ne s'oppose au libre passage de l'électricité.

La rondelle s'étant chargée d'électricité, le zinc aura-t-il moins d'électricité qu'auparavant? Il en aura exactement la même quantité. Cette espèce de paradoxe est déjà une première difficulté, mais elle est facile à résoudre. Je dis qu'en donnant de l'électricité à la rondelle, le zinc en conservera la même quantité qu'auparavant, et voici pourquoi. A la vérité, immédiatement après que le zinc a donné de l'électricité à la rondelle, il n'en a plus autant qu'il en avait, mais la force électromotrice agit sans cesse (car n'oublions pas ce caractère de la force électromotrice d'être permanente, toujours active, toujours agissante), la force électromotrice agit, et aussitôt que le zinc n'a plus toute l'électricité qu'il doit avoir pour l'équilibre, pour que le fluide soit à sa limite, la force électromotrice fait passer sur le zinc une nouvelle quantité d'électricité vitrée; mais, et ne perdons pas de vue ce résultat, en même temps que la force électromotrice développe de l'électricité vitrée sur le zinc pour réparer celle qu'il a perdue, elle développe nécessairement, au même instant et en même quantité, de l'électricité résineuse sur le cuivre, et cette électricité s'écoule dans le sol par le conducteur non électromoteur

Ainsi voilà l'état des choses: le zinc, bien que touché par la rondelle humide, n'en a pas moins la quantité d'électricité représentée par $+1$. Cette quantité d'électricité que je représente par $+1$ peut désigner ou bien la *quantité* totale absolue de fluide dont le zinc est chargé, ou bien l'*épaisseur* électrique ; car nous savons que l'électricité se met en couches diversement épaisses, ou bien la *tension* électrique, c'est-à-dire l'effort que l'électricité fait contre l'air pour s'échapper. Habituellement nous supposerons que l'unité représente ou la tension électrique ou l'épaisseur électrique sur le zinc.

Cela posé, on prend un second disque de cuivre et on le pose sur la rondelle humide. Qu'arrive-t-il à ce disque de cuivre ? Comme il n'y a pas de force électromotrice au contact du cuivre et de la rondelle humide, il est évident que le cuivre doit faire sur la rondelle ce que cette rondelle a fait sur le zinc, c'est-à-dire qu'il lui prend de l'électricité vitrée que la rondelle humide va reprendre au zinc, et la force électromotrice, pour réparer cette perte, développe à l'instant de l'électricité vitrée sur le zinc, résineuse sur le premier cuivre.

Voici où est véritablement la difficulté, et où réside tout le secret de la pile de Volta. Sur ce disque de cuivre qui a pris à la rondelle humide toute la quantité d'électricité qu'il pouvait prendre, je pose un autre disque de zinc qui sera le deuxième zinc. Imaginons pour un moment qu'il n'y ait pas de force électromotrice au contact de ce second zinc et du second cuivre, et voyons ce qui arriverait. Nous rendrons ensuite à la force électromotrice son action, considérant ainsi ce phénomène en deux parties, quoique ces deux parties soient simultanées. Voyons ce qui arriverait s'il n'y avait pas de force électromotrice. Il arriverait au contact du second zinc et du second cuivre précisément ce qui est arrivé au contact du second cuivre avec la rondelle humide, et au contact de la rondelle humide avec le premier zinc, car le zinc est conducteur, et si nous supposons qu'il ne soit pas électromoteur, il n'en prendrait pas moins, par son contact avec le cuivre, de l'électricité vitrée, comme le cuivre en a pris par son contact avec la rondelle humide, comme la rondelle humide en a pris par son contact avec le premier zinc. Par conséquent, le second zinc aura déjà, par la seule propriété d'être un corps conducteur, une quantité d'électricité représentée par 1, cela est évident. Rendons maintenant à la force électromotrice tout son effet ; supposons que, suspendue pendant quelques instans, elle reprenne son action. Que produira-t-elle au contact du second zinc et du second cuivre ? ce qu'elle produirait si elle agissait entre deux corps à l'état naturel, c'est-à-dire que la force électromotrice développera une nouvelle quantité d'électricité vitrée sur le zinc et d'électricité résineuse sur le cuivre. Cette électricité vitrée développée sur le zinc s'ajoute à l'électricité qui y est déjà. 1 que la force électromotrice développe sur le second zinc et 1 qui se trouve sur ce second zinc par la simple communication, forment 2. Donc le second zinc aura une quantité d'électricité double du premier.

Examinons ce qui se passe dans le deuxième cuivre. Lorsque la force électromotrice développe sur le zinc une quantité 1 d'électricité vitrée qui s'ajoute à 1 qui y était déjà, elle développe en même temps du fluide résineux sur le cuivre. Cette électricité résineuse trouve sur le second cuivre une quantité d'électricité vitrée représentée par 1. Les deux électricités se combinent et se détruisent l'une l'autre, et il semble que le cuivre doive retomber par l'effet de la force électromotrice à l'état naturel. Il y retombera en effet, mais seulement pendant un instant imperceptible ; car aussitôt qu'il sera retombé à l'état naturel par son contact avec la rondelle humide sur laquelle il repose, il prendra de l'électricité vitrée, la rondelle en prendra au premier zinc, et la force électromotrice développera de l'électricité sur le premier zinc pour compenser la perte, puis une nouvelle couche d'électricité résineuse s'écoulera dans le sol.

En suivant cet ordre de superposition des disques et des rondelles humides, de ce que le deuxième disque doit avoir une électricité accumulée égale à 2, il est évident, et l'esprit va au-devant de cette conséquence que le troisième zinc doit avoir une électricité accumulée égale à 3 ; que le millième doit en avoir une égale à 1000, et que rien ne limite la prodigieuse quantité d'électricité que nous pouvons accumuler au sommet d'une pareille colonne ; et en effet l'expérience justifie complétement cette conséquence ; tellement que nous pourrons former une colonne assez élevée, une pile composée d'élémens assez nombreux pour n'avoir pas besoin d'autre appareil électrique ; et l'on pourra avec la pile produire non pas seulement une étincelle, mais un éclair, comme celui qui paraît entre l'intérieur et l'extérieur d'une batterie électrique.

Voilà comment, par le principe remarquable de l'accumulation de l'électricité, par le jeu de la force électromotrice, par la distinction des corps électromoteurs bons conducteurs et des corps bons conducteurs non électromoteurs, Volta a conçu l'exécution de son appareil. L'on voit ici quelle est l'œuvre du génie, et quelle distinction on doit faire entre reconnaître qu'au contact des métaux il y a de l'électricité développée, et tirer de ce fait la conséquence de l'accumulation de l'électricité, conséquence qui n'était point aussi perceptible, et beaucoup plus difficile à imaginer. Volta a trouvé, presque en même temps, le principe et la conséquence, et bientôt on a vu sortir de ses mains cet appareil d'abord faible, il est vrai, mais qui fut promptement perfectionné, et qui donne aujourd'hui un appareil si puissant pour les actions chimiques.

Je ne chercherai pas à démontrer que, sur le troisième zinc, il doit y avoir une tension représentée par 3, etc.; ceux qui auront conçu que, sur le deuxième zinc, il y a une tension 2, n'auront aucune espèce de difficulté à concevoir que, sur le troisième, il y a 3, etc.

Après avoir exposé la théorie, nous allons démontrer, par l'expérience, que l'électricité circule en effet sur la pile de la manière que nous avons indiquée.

La figure 2 représente une pile que nous supposons composée de quarante *élémens*; il y aura donc, sur le quarantième zinc, 40 fois plus d'intensité qu'il n'y en aurait sur un seul *élément*.

Il importe de bien saisir ce que déjà nous avons indiqué dans la dernière leçon, et qui ne présente aucune difficulté, lorsqu'on aura bien saisi le principe; c'est que non-seulement au sommet de la pile de Volta, il y aura, si elle est composée de cent élémens, une tension électrique qui sera 100 fois plus grande que sur un seul élément; mais que cette tension électrique sera permanente, qu'elle sera une source inépuisable d'électricité. Cette vérité se conçoit d'elle-même lorsqu'on ne considère qu'un seul élément; et comme elle est une vérité fondamentale, je vais reprendre la démonstration de cette proposition, en ne considérant qu'un seul élément; il me sera facile ensuite de l'appliquer à la pile entière.

Considérons en effet un seul élément, composé d'un disque de zinc, posé sur un disque de cuivre, communiquant au sol par un corps bon conducteur, mauvais électromoteur. Je dis que non-seulement le disque de zinc aura une charge électrique $+1$; mais que cette charge sera permanente, qu'elle sera inépuisable. En effet, supposez qu'on vienne avec un corps isolé, une petite boule de zinc, par exemple, suspendue à l'extrémité d'une tige en verre, toucher le disque de zinc. Comme la boule et le disque sont formés du même métal, il n'y aura pas à leur contact de force électromotrice. Mais le disque partagera son électricité avec la boule, et en retirant la boule, on aura enlevé de l'électricité. Cela est vrai; mais je dis que la force électromotrice aura instantanément reproduit cette électricité.

En effet, si j'enlève la moitié, par exemple, le zinc ne se trouvera plus avoir toute l'électricité que la force électromotrice peut lui donner, et cette force agira à l'instant pour ramener le zinc à sa limite. Que je touche une seconde fois avec la boule, j'enlèverai encore la moitié, et la force électromotrice reproduira à l'instant cette moitié sur le zinc. Que je touche successivement, jusqu'à mille fois, j'aurai pris au disque mille fois de l'électricité, et la source à laquelle j'aurai puisé sera toujours aussi intense. Voilà ce que nous entendons quand nous disons que le sommet de la pile est une source inépuisable d'électricité.

Si l'on veut donner une preuve rigoureuse et mesurable de l'intensité électrique au sommet d'une pile composée d'un certain nombre d'élémens, il faut prendre le petit *plan d'épreuve*, qui nous a déjà servi plusieurs fois à mesurer les épaisseurs électriques, s'en venir avec ce plan d'épreuve toucher le sommet de la pile, le porter dans la balance, et puis observer la répulsion. On trouvera de cette manière que la tension, si la pile est de quarante élémens, est quarante fois plus grande au sommet de cette pile qu'elle n'est à la base.

Ce n'est pas tout ; nous avons démontré que l'électricité était accumulée, démontrons qu'elle est vitrée. Pour cela, je donne à l'électroscope de l'électricité résineuse ; je touche avec le plan d'épreuve le sommet de la pile, j'approche le plan d'épreuve de l'électroscope, et à l'instant la divergence des boules augmente ; d'où je conclus que le sommet de la pile est chargé d'électricité vitrée. Cette expérience sert ainsi à nous donner une preuve frappante que dans le contact du cuivre et du zinc c'est de l'électricité ordinaire qui se développe.

J'ai besoin d'indiquer un autre mode de construction de la pile, afin de ne laisser aucune espèce d'idées vagues dans votre esprit.

J'ai commencé à construire la pile par le cuivre, et c'est le zinc qui s'est trouvé au sommet. Je vais faire une pile d'une autre manière : je mets le zinc en dessous ; sur le zinc, je mets le cuivre ; sur le cuivre, la rondelle humide ; et sur la rondelle humide, un second zinc ; en un mot, je fais exactement la même chose que tout à l'heure, excepté que j'intervertis l'ordre des disques métalliques. Vous devinez facilement comment cette pile sera chargée. Il est évident que, puisque le premier zinc communique au sol, l'électricité vitrée développée par la force électromotrice s'écoulera dans le sol. Le premier cuivre a de l'électricité résineuse qui est arrêtée par la force électromotrice. Donc ce premier cuivre aura une tension d'électricité résineuse désignée par — 1. (Le signe — n'a autre chose à faire, comme le signe +, qu'à désigner la nature de l'électricité.) La rondelle partagera l'électricité du cuivre et aura — 1; le deuxième zinc aura également — 1 : et, enfin, le deuxième cuivre aura — 2. Par conséquent, si je faisais une colonne de cette manière, j'aurais au sommet de la pile, au lieu d'électricité vitrée, de l'électricité résineuse; cela est évident.

Eh bien! imaginons qu'au lieu de faire communiquer la partie inférieure de la pile avec le sol, en la touchant avec la main on fasse communiquer avec le sol le sommet de la pile. Il est clair que faire communiquer le zinc avec le sol, ou bien construire une pile en mettant le zinc en bas, cela revient absolument au même. Donc, si nous venons toucher l'extrémité supérieure de la pile, nous devons trouver de l'électricité vitrée; et si nous touchons l'extrémité inférieure, nous devons trouver de l'électricité résineuse. Et il est facile de le démontrer en venant toucher, l'un après l'autre, le sommet et le bas de la pile avec un plan d'épreuve, que l'on approche ensuite d'un électroscope.

Ainsi voilà un appareil dont nous pouvons tirer l'une ou l'autre des deux extrémités à notre choix et en quantité indéfinie.

Il est nécessaire d'indiquer une autre propriété de l'appareil qui se déduit des deux expériences que je viens de faire. J'isole la pile, de manière que ni le haut ni le bas ne communiquent avec le sol. Y a-t-il maintenant de l'électricité dans la pile, et, s'il y en a, quelle est-elle? L'esprit peut d'abord être indécis sur l'arrangement électrique que présente maintenant l'appareil; car il faudrait savoir dans quel état il était avant d'être isolé, et quelle est l'extrémité que d'abord nous avons touchée, et quelle extrémité nous avons touchée en dernier lieu. La difficulté se résout de la manière suivante. Supposez que c'était l'extrémité inférieure qui communiquait avec le sol. On supprime la communication. L'extrémité supérieure est chargée d'électricité vitrée; elle perd continuellement de son électricité par le contact de l'air; mais elle en reprend, en produisant de l'électricité résineuse. Cette électricité résineuse, ne pouvant plus s'écouler, s'accumule de plus en plus, et il arrive un moment où au sommet de la colonne il y a de l'électricité vitrée, dans le bas de l'électricité résineuse, tandis que le milieu est à l'état naturel.

Voyons maintenant ce qui arrive si on met la pile en activité. Il est bon, avant d'aller plus loin, d'indiquer quelques définitions. L'extrémité supérieure de la pile s'appelle le *pôle zinc*, le *pôle vitré*, ou le *pôle positif;* l'extrémité inférieure s'appelle le *pôle cuivre*, le *pôle résineux* ou le *pôle négatif*. Puisqu'au sommet de la pile il y a une source inépuisable d'électricité vitrée, et qu'à la base il y a une source d'électricité résineuse également inépuisable, si l'on vient faire communiquer un fil métallique qui touche l'extrémité supérieure de la pile, et qu'on appelle pour cette raison le *fil positif* ou même le *pôle positif,* avec un autre fil de métal qui touche la partie inférieure de la pile, et qu'on appelle le *fil négatif* ou le *pôle négatif,* on voit de suite le phénomène qui doit se produire. Les deux fluides contraires étant mis en présence, l'étincelle doit jaillir entre les deux extrémités du fil. Quand l'étincelle aura eu lieu, les deux fluides seront recombinés; mais n'oublions pas que les deux pôles sont deux sources inépuisables d'électricité, et qu'à l'instant où les deux fluides se seront recombinés, la force électromotrice reproduira de l'électricité; par conséquent, une seconde étincelle sera produite, puis une troisième, et ainsi de suite.

J'ai dit que le zinc et le cuivre se touchaient; non-seulement ils se touchent, mais très souvent ils sont soudés ensemble avec une soudure quelconque. On se dira peut-être : mais si l'on soude les deux élémens, il est évident qu'il n'y aura pas un contact immédiat entre le zinc et le cuivre. Il semble, par conséquent, que ce ne soit pas au contact de ces deux métaux, que la force électromotrice s'exerce. En effet, c'est au contact du zinc avec la soudure, et du cuivre avec la soudure, que la force électromotrice agit. C'est un principe que nous démontrerons, et qu'il est bon d'indiquer d'avance, que, lorsqu'entre deux corps se trouve interposé un troisième corps bon électromoteur, les électricités développées sont exactement les mêmes, et ont la même intensité que si les deux corps se touchaient immédiatement.

On dit souvent en parlant d'une pile : c'est une pile *forte,* c'est une pile *faible;* il est nécessaire d'indiquer les circonstances desquelles dépend la *force* d'une pile. Pour le bien comprendre, nous avons à distinguer trois choses; 1° la *force de production*, 2° la *force de propagation*, 3° la *force de tension*.

De quoi dépend la *force de production* de l'électricité? Une pile ne peut produire dans un temps donné qu'une certaine quantité d'électricité, une autre pile en produira davantage. On dit que la première pile est moins forte que la seconde; pourquoi n'est-elle pas aussi forte? La *force de production* de l'électricité dépend uniquement des métaux qui sont en contact. Si, au lieu de faire une pile avec du zinc et du cuivre, nous faisions avec de l'or et de l'argent, ou avec du zinc et du platine, ou avec du zinc et du fer, ou avec deux autres métaux quelconques, une pile du même nombre d'élémens, disposés de la même manière, nous aurions une très grande différence de force. C'est au contact du zinc et du cuivre que la force électromotrice est la plus énergique, et que la tension des deux fluides qu'elle sépare est la plus grande.

Il est utile de remarquer que bien qu'une pile formée avec quarante élémens or et cuivre, par exemple, soit plus faible qu'une pile formée avec le même nombre d'élémens zinc et cuivre; cependant en ne considérant que la première pile, la tension sur le quarantième élément sera quarante fois plus grande que sur un seul élément.

Voyons ce qui est relatif à la force de propagation de l'électricité; car ce n'est pas tout que le fluide se produise dans une pile, au contact des élémens, il faut encore qu'il se propage, qu'il circule, qu'il puisse vaincre tous les obstacles qui lui sont opposés. Ne perdons pas de vue que le fluide circule dans l'intérieur de la pile, comme il circule dans les deux fils conducteurs, et qu'ainsi la résistance que les rondelles opposent au fluide est la cause principale qui fait varier la force de propagation. Ainsi donc la *force de propagation* dépend de la nature du conducteur que l'on emploie, et nous appelons conducteur, non pas la rondelle elle-même, c'est-à-dire non pas le tissu de drap, le carton ou le papier dont elle est faite, mais le liquide qui l'imbibe. Quand ce liquide sera un très mauvais conducteur, il ne s'établira presque point de circulation électrique, la pile sera *faible*. Si nous montions la pile à colonne avec de l'eau distillée, nous n'obtiendrions presque point d'effet. L'électricité serait tellement dissimulée ou plutôt tellement retardée dans sa route par la résistance que lui opposerait l'eau pure, qu'elle ne pourrait circuler, se propager. Le conducteur liquide que l'on emploie est souvent de l'eau, ou salée ou acide. La meilleure dissolution est celle qu'on obtient en mêlant dans l'eau ordinaire $\frac{1}{15}$ d'acide sulfurique, et $\frac{1}{15}$ environ d'acide nitrique; et de là les vapeurs qui se dégagent par l'action chimique que ces acides exercent sur le zinc et sur le cuivre. L'hydrogène se dégage en très grande abondance du mélange, et emporte avec lui des portions d'acide qui sont extrêmement pénétrantes.

Enfin il nous reste à considérer la *force de tension* de la pile, c'est-à-dire l'effort que fait l'électricité aux deux extrémités des fils pour se rejoindre. La *tension* de la pile, et c'est une chose d'autant plus remarquable qu'on s'y attend le moins, la force de tension ne dépend pas de la grandeur des élémens. Deux piles de quarante couples, l'une dont les élémens auraient deux pouces de diamètre, l'autre dont les élémens auraient un pied de diamètre, auraient exactement la même tension. La pile à larges disques n'aurait pas plus de tension que la pile à petits disques.

Ainsi la tension est tout-à-fait indépendante de la largeur des élémens et de l'étendue dans laquelle ces élémens se joignent. Les deux disques pourraient ne se toucher que par un point, la force électromotrice agirait exactement de la même manière que si les disques étaient soudés dans toute leur largeur. La tension n'est pas dépendante non plus de la nature du corps conducteur; elle dépend du nombre des élémens, elle est proportionnelle au nombre des élémens.

Pour résumer ce qui est relatif à la force de la pile, nous dirons : *La force de la production*, c'est-à-dire la quantité d'électricité que la force électromotrice peut developper dans un temps donné, dépend de la nature des métaux; la *force de propagation*, c'est-à-dire la facilité avec laquelle les fluides traversent les corps humides interposés entre les couples, est indépendante de la nature du conducteur; enfin, la *force de tension* est indépendante du nombre des élémens.

Nous allons examiner les divers effets de la pile. On appelle effets physiques les changemens d'état, tels que l'élévation de température, la fusion, la vaporisation. Nous voyons, par exemple, que quand le courant de la pile passe à travers un métal, il en élève la température, très peu, si le métal a une grande longueur et une grande épaisseur, beaucoup, s'il a une longueur et une épaisseur moindres. Ainsi des fils de métal minces, entre lesquels on fait passer le courant électrique de la pile, rougissent aussitôt; mais les larges fils qui servent de conducteurs au fluide, n'éprouvent pas le même effet. Seulement leur température s'élève.

Lorsqu'on fait passer le courant par un fil de platine, ce fil peut rougir dans une grande étendue. Lorsque c'est un fil de fer ou d'acier qui est soumis à l'expérience, il se produit un phénomène extrêmement remarquable : le fer se fond, et avant que ses molécules se séparent en faisant explosion, on voit les molécules rester un instant unies en gouttes et former une espèce de chapelet.

Le charbon est un assez bon conducteur pour que l'électricité en le traversant puisse produire une très vive lumière.

Les métaux soumis à l'action de la pile ne présentent pas les mêmes phénomènes.

Le zinc est assez mauvais conducteur pour que le phénomène se passe seulement à l'endroit du contact.

L'étain produit en brûlant une lumière plus éblouissante que celle du zinc, et l'on voit l'étain oxidé s'élever en fumée.

L'argent donne une très belle lumière verte. Les feuilles d'or que l'on expose au courant de la pile étant très minces, et l'or étant très bon conducteur, l'électricité se développe sur tous les points, et détermine la volatilisation instantanée du métal.

De quelle partie de la pile dépendent les effets physiques? Dépendent-ils de la force de tension ou bien simplement de la force de production? Ils ne dépendent nullement de la force de tension, c'est-à-dire qu'avec un seul élément, une seule paire zinc et cuivre, on peut produire tous les effets physiques. On peut faire rougir non-seulement un pied, mais vingt pieds d'un fil métallique. Pour qu'une seule paire soit capable de produire des effets physiques très énergiques, il faut que la paire ait une grande étendue, qu'elle ait, par exemple, 100 pieds carrés de surface. Comment peut-on ajuster ce couple? On l'ajuste d'une manière très commode en mettant une lame de zinc sur une lame de cuivre, séparées par quelque corps interposé, et roulant ces lames en hélice. On fait passer une lame d'eau entre les élémens, et une seule paire ainsi disposée peut produire des effets extrêmement énergiques.

Comment un seul élément plus grand peut-il avoir plus d'intensité qu'un seul élément plus petit, puisque la tension est indépendante de la grandeur des élémens? Si la tension est la même, la quantité totale d'électricité n'est pas la même. C'est comme si sur une machine électrique on recevait le fluide sur un conducteur très grand, ou sur un conducteur très petit. La quantité d'électricité qui se loge sur la grande surface partant instantanément lorsqu'on établit la communication, il en résulte un courant très énergique, capable de produire de grands effets.

Voyons maintenant un autre ordre d'effets que je ne ferai qu'indiquer, parce qu'ils ne sont pas de nature à être faits dans ce cours ; je veux parler des *effets physiologiques*. L'effet physiologique de la pile le plus remarquable, est la *commotion* ; mais cette commotion est complètement distincte de la commotion que l'on reçoit avec la bouteille de Leyde. C'est un autre mode d'action. De quoi dépend cet effet physiologique de la pile : il dépend essentiellement de la force de tension. Jamais avec une seule lame, quelque étendue qu'elle soit, on ne peut produire de commotion. Ainsi une lame de 100 pieds carrés, qui serait capable de rougir un fil de platine, ne produirait pas la moindre sensation.

Par conséquent, la commotion ne dépend nullement de la même force que les effets physiques. Il faut, pour produire la commotion, un grand nombre d'élémens, c'est-à-dire une grande force de tension.

Il y a une précaution indispensable pour recevoir la commotion. L'épiderme est un très mauvais conducteur ; la main sèche ne laisse pas passer le *fluide galvanique* ou plutôt le *fluide voltaïque* . Il faut non-seulement humecter les mains, mais établir une communication avec les conducteurs, c'est pour cela qu'on prend dans la main deux cylindres de métal. On touche en même temps le haut et le bas de la pile, l'électricité résineuse passe par une main, l'électricité vitrée passe par l'autre main ; et comme le passage se fait par une large surface, il passe au même instant une très grande quantité de fluide qui est lancé avec une très grande tension. Si on recevait la commotion d'une pile de cent élémens, on pourrait être blessé et même tué.

Il y a d'autres phénomènes physiologiques qui ne dépendent pas en quelque sorte de la force de tension. Ces phénomènes, dont l'observation remonte à des temps assez éloignés, se trouvent indiqués dans un livre intitulé la *Théorie des plaisirs*. Si l'on prend une lame d'argent et une lame d'un autre métal, et qu'on les mette, l'une sur la langue, l'autre dessous, de manière que la langue soit légèrement pressée entre les deux lames, à l'instant où on établit la communication entre les deux métaux, on éprouve, dit l'auteur du livre dont j'ai parlé, une sensation extrêmement vive sur la langue, et, en même temps, on voit une étincelle passer devant les yeux. Les personnes dont la sensibilité nerveuse est très impressionable aperçoivent en effet l'éclair au moment du passage du courant électrique. La cause de ce phénomène est facile à saisir. Il se développe par la force électromotrice de l'électricité vitrée, sur l'un des métaux, résineuse sur l'autre, et les deux électricités en se rejoignant produisent sur les nerfs une impression très marquée.

IMPRIMERIE DE E. DUVERGER,
RUE DE VERNEUIL, N° 4.

COURS DE PHYSIQUE.

LEÇON CINQUANTIÈME.

(Mardi, 20 Mai 1828.)

SUITE DE LA PILE DE VOLTA.

Nous avons, dans la dernière séance, montré les principes de la construction de la pile de Volta, et indiqué quelques-uns de ses effets. Nous avons vu que le véritable principe de la construction de la pile, c'est-à-dire de l'accumulation de l'électricité, repose sur la propriété qu'ont certains corps d'être bons conducteurs sans être électromoteurs. Cette propriété est tout-à-fait fondamentale. Si on voulait construire une pile avec des corps simplement électromoteurs, jamais on ne parviendrait à accumuler l'électricité sur cette pile, à une température uniforme. Que l'on entasse, par exemple, cinquante disques de métaux différens, qu'on les mette dans tel ordre qu'on voudra, on aura aux deux extrémités de la pile des électricités différentes; mais ces électricités seront exactement les mêmes que si on avait mis en contact l'élément extérieur et l'élément inférieur, en supprimant tous les élémens intermédiaires. J'ai dit à une température uniforme, parce que nous démontrerons, d'après le docteur Seebeck, que quand la température est différente, il y a non-seulement développement d'électricité, mais accumulation possible d'électricité. Ces piles seront moins fortes, il est vrai, que la pile de Volta; néanmoins elles seront assez fortes pour démontrer d'une manière non douteuse, le principe de l'accumulation.

Il faut donc des corps bons conducteurs et non électromoteurs, et il faut que ces conducteurs soient placés entre chacun des couples, les couples étant composés de deux élémens. On m'a adressé une demande à ce sujet. Pourquoi, m'a-t-on dit, est-il nécessaire de séparer les couples par un corps conducteur quelconque? C'est parce que les corps bons électromoteurs développent par leur contact de l'électricité, et parce que, comme je l'ai indiqué tout à l'heure, tous les corps qui sont placés les uns sur les autres ne produisent aux deux extrémités, quand ces corps sont métalliques, que les mêmes effets qu'ils produiraient s'ils étaient en contact immédiat.

Il faut, pour que l'accumulation se produise, que le deuxième zinc, par exemple, ait de l'électricité par deux causes ; il faut qu'il ait de l'électricité par communication, et il ne peut en recevoir par communication que quand il est en contact soit directement, soit indirectement, avec un conducteur humide quelconque. En second lieu, il faut qu'il reçoive de l'électricité par la force électromotrice, c'est-à-dire par la force électrique développée.

Voilà le vrai principe de la construction de la pile. Nous avons vu que la pile construite nous présentait ces phénomènes : 1° que son sommet, si elle était composée de cent couples zinc et cuivre, avait cent fois plus d'électricité qu'un seul couple ; 2° que cette accumulation de l'électricité n'était pas une chose momentanée, mais qu'elle était une chose permanente ; que l'électricité qu'on pouvait enlever se réparait à l'instant même, qu'en un mot le sommet de la pile, quand le zinc était en dessus et quand la base communiquait avec le sol, était une source inépuisable d'électricité vitrée, et que si le sommet était mis en communication avec le sol, on trouvait à la base, à l'extrémité cuivre, une source inépuisable d'électricité résineuse.

Si on abandonne la pile à elle-même, elle se sépare naturellement en deux parties, c'est-à-dire qu'au milieu de la pile l'état électrique est nul, puis ensuite, qu'en marchant du milieu vers l'extrémité zinc, on trouve des charges d'électricité vitrée croissantes, et en marchant du milieu vers l'électricité cuivre, on trouve des charges d'électricité résineuse également croissantes.

La pile conserverait cet état indéfiniment, si indéfiniment les deux extrémités inférieure et supérieure étaient isolées. Mais si l'on vient à établir la communication par un bon conducteur entre l'extrémité zinc et l'extrémité cuivre, les deux électricités suivent ce conducteur, arrivent en présence, franchissent l'espace qui les sépare, et font jaillir une étincelle. Par cette réunion des deux électricités, la pile a perdu du fluide, mais ce fluide est réparé à l'instant par la force électromotrice. Ainsi, quand un fil très fin de platine établit la communication entre les deux pôles de la pile, nous voyons ce fil porté au rouge-blanc, s'il est suffisamment court et mince, et nous ne voyons pas d'intermittence dans son éclat, ce qui prouve que le courant électrique circule d'une manière continue.

Ce point établi, nous avons cherché à analyser la force électrique de la pile. Nous avons essayé de montrer que la *force de production* du fluide électrique dépendait uniquement dans la pile de Volta, de la nature des substances métalliques mises en contact, et qu'elle ne dépendait pas des dimensions des disques, ni de l'étendue du contact, ni du liquide conducteur.

Pour avoir, toutes choses égales d'ailleurs, une pile forte, il faut choisir deux métaux qui soient aux extrémités de la chaîne électromotrice, c'est-à-dire deux métaux tels que l'un soit le plus *positif*, et l'autre le plus *négatif*. En prenant deux métaux voisins, soit deux métaux électro-négatifs comme l'or et l'argent, l'or et le platine, soit deux métaux électro-positifs, comme le zinc et le fer, on n'obtiendrait que très peu d'effet.

Il ne suffit pas que l'électricité soit développée, il faut qu'elle circule, qu'elle se mette en mouvement, qu'elle franchisse tous les obstacles; de là deux autres espèces de forces que nous avons appelées *force de propagation* ou de *circulation*, et *force de tension.*

La force de propagation dépend de la résistance qu'on oppose au mouvement de l'électricité.

La résistance est faible quand le liquide est très bon conducteur. L'eau étendue de $\frac{1}{25}$ d'acide nitrique, et de $\frac{1}{16}$ d'acide sulfurique est un très bon conducteur, et la circulation s'établit facilement à travers ce liquide.

Si on croyait augmenter la conductibilité en augmentant l'épaisseur de la rondelle humide, on se tromperait beaucoup. Il faut que l'électricité qui passe du premier couple au deuxième, et de celui-ci au troisième, n'ait à franchir que le plus court espace possible.

Au lieu d'employer des rondelles de drap, nous pourrions n'employer que des rondelles de papier. Il est vrai que le papier serait très promptement altéré, mais au premier instant la pile aurait une très grande force.

Reste enfin la force de tension; cette force dépend absolument du nombre des élémens, c'est-à-dire qu'une pile composée de cinquante élémens qui n'auraient qu'un millimètre carré, et une pile composée du même nombre d'élémens qui auraient un mètre carré, seraient deux piles dont les forces de tension seraient égales. Les deux piles donneraient au condensateur exactement la même charge; elles produiraient des phénomènes chimiques exactement de la même intensité, pourvu qu'on donnât à la petite pile le temps de développer son action.

Voilà les trois conditions par lesquelles les piles peuvent varier. Voici maintenant trois effets que les piles peuvent produire, effets dont nous avons déjà commencé l'examen.

La pile de Volta peut produire des *effets physiologiques*, des *effets physiques* et des *effets chimiques*, c'est-à-dire qu'en joignant les deux pôles de la pile par un corps conducteur, le courant électrique en traversant ce corps, y produit une foule de modifications différentes. Les effets physiques de la pile consistent dans une élévation de température; le corps traversé par le courant rougit, peut fondre, et même peut être volatilisé.

Les effets physiques ne dépendent nullement de la force de tension; une pile d'un seul élément est excellente pour produire tous les effets physiques; mais il faut qu'elle soit assez grande, et que le conducteur humide soit bon. Un seul élément peut faire fondre un fil de platine long et gros, si cet élément a quarante pieds de surface. On peut, en roulant des lames métalliques en hélice, se donner un élément qui ait trois ou quatre cents pieds carrés de surface. Un élément d'une telle dimension serait capable de produire les effets physiques les plus énergiques.

Revenons aux effets physiologiques dont nous avons commencé l'examen : on distingue dans les effets physiologiques, d'abord la commotion, et ensuite certaines actions organiques, c'est-à-dire certaines propriétés particulières que manifestent les organes sous l'influence du courant électrique.

La commotion dépend essentiellement de la force de tension. Une pile d'un seul élément, eût-il mille pieds carrés de surface, ne donnerait pas la plus légère commotion, du moins à nous perceptible. Une grenouille placée dans le courant de cette pile serait volatilisée à l'instant; mais cela ne serait pas un effet de commotion, ce serait un effet de température. La commotion qu'elle éprouverait ne serait pas plus intense que la commotion qu'elle éprouve au contact de l'*arc conducteur*. Pour nous, nous pouvons impunément joindre avec les mains très humides les pôles d'une pile composée d'un seul élément; nous n'apercevons pas la moindre trace de commotion.

Ainsi la commotion n'est point un phénomène physique,

elle dépend d'une autre propriété de la pile, qui agit autrement que par une élévation de température. La commotion s'obtient en joignant les deux pôles de la pile par les mains mouillées ; et non-seulement une personne, mais cent personnes formant une chaîne et se donnant la main, la première touchant l'un des pôles, et la dernière touchant l'autre pôle, peuvent recevoir la commotion.

Il y a cette différence entre la commotion donnée par la pile et celle qui est donnée par la bouteille de Leyde, que dans le circuit de la bouteille de Leyde, toutes les personnes sont frappées avec la même violence, qu'elles soient au commencement ou au milieu de la chaîne, tandis qu'avec la pile de Volta les personnes placées près des pôles reçoivent une commotion incomparablement plus forte que celles qui s'en trouvent plus éloignées ; c'est cependant le même courant qui passe, cela est évident, mais au moment où l'on touche il y a une certaine quantité d'électricité accumulée qui augmente singulièrement la commotion.

Si l'on veut faire passer la commotion dans un organe particulier, ce qui arrive lorsqu'on veut employer la pile à produire des effets thérapeutiques, il suffit avec une plaque de métal de toucher le point de la peau là où on veut faire entrer le courant, et de toucher avec une autre plaque le point par où l'on veut que le courant sorte. Par ce moyen, le courant traverse en ligne droite l'espace qui lui est offert, tous les tissus organiques qui composent le corps pouvant être considérés à l'égard du fluide comme un seul canal dans lequel ce fluide circule très librement.

Voilà comme on peut diriger le courant de la pile. Quelques personnes ont imaginé de le diriger d'une autre manière, pensant obtenir de meilleurs résultats ; c'est en plantant une pointe à des profondeurs plus ou moins grandes, dans l'endroit par où on veut faire entrer le courant, et, en plantant une autre pointe dans l'endroit par où on veut que le courant sorte. Avec ces deux pointes, on peut très bien diriger le courant, et être certain qu'il ne se déviera pas, et passera par ces pointes plantées douloureusement dans les parties affectées. L'effet paraît nul quant au résultat médical, mais il ne l'est pas quant à la douleur.

Qu'est-ce que cette commotion qu'on éprouve ? quelles sont les parties du corps qui en sont affectées ? sont-ce les nerfs ? les muscles ? est-ce un tissu particulier ou l'ensemble des tissus ? Il est extrêmement difficile de résoudre cette question ; on a très peu dirigé les recherches de ce côté. Il paraît cependant, d'après les notions encore trop peu précises sur ce point, que les nerfs sont les meilleurs conducteurs, et que par conséquent le courant s'établit de préférence par les nerfs; mais il ne peut pas passer uniquement par les nerfs, il faut qu'il sorte des nerfs pour passer aux muscles. Est-ce au moment de ce passage des nerfs aux muscles que nous éprouvons la douleur, ou est-ce par une excitation particulière produite dans les tissus, ou dans la substance des nerfs? C'est ce que l'on ne sait pas. Des recherches sur ce point amèneraient certainement des découvertes, non pas pour les effets thérapeutiques de la pile, mais pour la manière dont se conduit l'électricité en contact avec les corps organisés.

S'il est vrai qu'on ne puisse guérir les malades au moyen de la pile, il est certain que l'électricité se développe dans toutes les fonctions chimiques qui s'accomplissent dans le corps humain, et qu'aucune sécrétion, aucune agrégation de matière n'a lieu sans qu'il y ait de l'électricité développée. Cette électricité développée perpétuellement en quantité variable suivant l'activité des opérations chimiques qui s'accomplissent dans le corps, cette électricité n'est pas perceptible à l'extérieur; il n'y a jamais un excès d'électricité vitrée, et jamais un excès d'électricité résineuse; et on le conçoit facilement, puisque l'un des fluides n'est jamais développé sans l'autre. Cependant par quelques moyens particuliers on peut recueillir des traces d'électricité, mais ces traces sont infiniment petites en comparaison de l'électricité qui se développe réellement.

On a essayé de produire des effets physiologiques autrement que par la commotion, en faisant passer le courant dans divers organes; on a observé le mouvement particulier que le courant excite dans ces organes, et l'on a remarqué que chaque organe a un mode particulier suivant lequel il obéit à l'action du courant. Quelques organes, comme le cœur, paraissent tout-à-fait insensibles à l'action du courant, tandis que les intestins et les tubes, quels qu'ils soient, qui composent le corps sont très facilement affectés par le courant, et éprouvent des mouvemens particuliers.

Lorsqu'un animal, et en général un corps organisé, a été soumis à une action capable de l'asphyxier, il jouit de cette propriété singulière qu'un courant un peu énergique qui le traverse d'une manière quelconque rétablit la vie presque à l'instant. Ainsi un lapin asphyxié depuis plus d'une demi-heure sans qu'il y ait lésion intérieure, étant placé entre les pôles d'une pile composée de vingt paires, si l'on établit la circulation en touchant, par exemple, l'œil ou la langue avec une des extrémités, et une autre partie dénudée de l'animal avec l'autre extrémité, on voit au bout de quelques secondes la respiration reprendre son jeu accoutumé, et bientôt l'animal se relever, et exercer de nouveau ses fonctions. Ce n'est peut-être pas là un effet de commotion, mais dire ce qui se passe dans cette expérience serait difficile.

Enfin on a essayé, et à ce qu'il paraît avec assez de succès, de couper certaines paires de nerfs, par conséquent de paralyser les organes auxquels ces nerfs appartiennent, et de rendre ensuite à ces organes leurs fonctions vitales au moyen du courant électrique. Ainsi on a coupé les nerfs qui se rendent à l'estomac ; la section des nerfs avait entraîné la paralysie de cet organe, on a établi la communication entre les deux parties des nerfs qui avaient été séparées, avec un corps conducteur de l'électricité, avec un fil d'argent ou de platine ; on assure que cette simple solution de continuité comblée par un métal a suffi pour rétablir les fonctions vitales de l'estomac.

Si au lieu d'établir la communication par un conducteur métallique on fait passer le courant de la pile, ces fonctions sont ranimées avec beaucoup plus d'efficacité, et reprennent tout-à-fait leur jeu ordinaire.

Ces expériences sont extrêmement délicates, et leurs résultats extrêmement difficiles à constater; aussi il me reste encore à ce sujet quelques doutes dans l'esprit.

Nous arrivons maintenant à l'examen des *effets chimiques* produits au moyen de la pile. La pile de Volta était inventée depuis près de dix années, et l'on n'avait encore obtenu d'autres effets que la charge du condensateur aux deux extrémités de la pile, et quelques commotions qui constataient l'accumulation de l'électricité. Enfin un jour le hasard ouvrit cette grande carrière des effets chimiques que peut produire la pile. Dans l'année 1800, le secrétaire de la Société royale de Londres avait reçu la communication qu'il suffisait, pour monter une pile, d'entasser des pièces de monnaie. On ne savait pas encore se rendre parfaitement compte de la pile, et on la construisait avec les premiers conducteurs venus.

Deux observateurs anglais, Carlisle et Nicholson, en faisant quelques expériences avec une pile qu'ils avaient en quelque sorte improvisée, s'aperçurent qu'une odeur d'hydrogène se répandait autour de la pile. Cette odeur pouvait venir du conducteur employé, mais on imagina qu'elle provenait d'une action produite entre les deux pôles de la pile.

Rien de plus facile à constater que ce fait. Supposez qu'on prenne un tube en verre fig. 1, qu'on y mette deux bouchons en liége, que chacun de ces bouchons soit traversé par un fil de métal, et que les deux fils s'approchent l'un de l'autre sans se toucher. Il est évident que si l'un des fils communique à *l'extrémité positive* de la pile, et que l'autre communique à *l'extrémité négative*, et si le liquide qui joint les deux fluides est assez bon conducteur, il est évident, dis-je, que l'électricité vitrée va passer du fil positif au fil négatif, en traversant la masse liquide. En faisant l'expérience de cette manière, les deux observateurs s'aperçurent qu'à l'extrémité de chacun des fils des bulles presque imperceptibles s'étaient formées, et que ces bulles s'étaient accumulées dans l'espace d'une demi-heure au point d'occuper un volume assez considérable.

On était parvenu à composer de l'eau ; Cavendish avait pu faire passer l'hydrogène et l'oxigène mélangés dans certaines proportions à l'état liquide ; ce qui était déjà un grand résultat pour l'époque où vivait Cavendish ; mais tous les efforts tentés jusques là au moyen des appareils les plus puissans, par les plus hautes élévations de température, n'avaient jamais pu produire la séparation des deux élémens qui entrent dans la composition de l'eau. Aussi la décomposition de l'eau obtenue par les physiciens anglais excita le plus vif intérêt, puisqu'elle annonçait toute la puissance chimique de la pile de Volta, qui produisait un phénomène que nul autre agent chimique ne pouvait produire.

Cet effet chimique, comme tous les autres effets chimiques de la pile, dépend de la *tension* de la pile beaucoup plus qu'il ne dépend de la quantité d'électricité que la pile peut donner. Il faut en général des piles composées d'un grand nombre d'élémens, pour produire les phénomènes chimiques.

Il y a dans l'action chimique de la pile un phénomène extrêmement remarquable ; non-seulement l'action électrique sépare les élémens du corps, les désunit, mais le courant de la pile semble prendre chacun des élémens qui constituent le corps, et l'emporter vers l'un des fils, tandis que l'autre élément est emporté vers l'autre fil. Ainsi, dans la décomposition de l'eau, l'hydrogène et l'oxigène ne sont pas seulement séparés, mais l'hydrogène est appelé seul, débarrassé de tout oxigène, vers le fil *négatif*, et l'oxigène seul, débarrassé de tout hydrogène, est appelé vers le fil *positif*.

Voici quel est l'appareil que l'on emploie pour constater le phénomène du *transport*, pour recueillir les gaz, et pour observer leurs proportions.

Cet appareil, fig. 2, se compose d'un verre qui est percé dans le fond, de manière à recevoir deux fils, ordinairement en platine. Il est essentiel que ces fils ne se touchent pas, et s'ils passent dans l'intérieur d'un tube, il faut qu'ils soient revêtus de résine, jusqu'à ce qu'ils viennent toucher l'eau, de manière qu'il n'y ait aucune communication entre les deux fils.

Après avoir versé de l'eau dans l'appareil, on renverse une petite cloche pleine de liquide sur chacun des fils. Il est évident que si les deux cloches étaient disposées de manière que l'eau renfermée dans la cloche n'ait pas de communication avec l'eau du vase, l'électricité arrivée par le fil dans la première cloche ne pourrait en sortir. L'électricité serait ainsi renfermée dans chacune des cloches, et l'on ne pourrait par conséquent produire le phénomène. Pour que la communication ait lieu, les cloches sont disposées de manière qu'elles posent mal sur le fond du vase, et qu'il reste du jour entre elles et la surface du vase. Les fils étant placés, et la communication des fils avec les pôles de la pile étant établie, l'électricité vitrée passe du fil positif au fil négatif, et réciproquement. Les deux électricités ne peuvent se rejoindre en ligne droite, comme dans l'appareil fig. 1, mais elles sont obligées de descendre le long de l'une des cloches, pour remonter ensuite le long de l'autre cloche. Dans ce trajet, le courant électrique a la propriété de désunir les élémens qui constituent l'eau, et de les transporter, savoir : l'oxigène à l'extrémité du fil positif, et l'hydrogène à l'extrémité du fil négatif.

En effet on aperçoit de petites bulles qui montent dans chacune des cloches, et après quelques instans on aperçoit au-dessus du liquide, un petit espace que l'eau a abandonné, et qui est maintenant rempli par du gaz. Avec quelque attention on distingue que le volume occupé par le gaz dans une cloche est double du volume occupé par le gaz dans l'autre cloche. Ce qui nous annonce déjà que le gaz oxigène s'est rendu dans l'une des cloches, et le gaz hydrogène dans l'autre ; car nous savons que l'oxigène entre pour une partie dans la composition de l'eau, tandis que l'hydrogène y entre pour deux parties.

Lorsque l'eau du vase est pure, la décomposition est lente ; il est facile d'accélérer cette décomposition En mêlant dans l'eau un peu d'acide ou d'alcali, on voit aussitôt les bulles se dégager en abondance.

On a coutume de dire que la présence d'un alcali ou d'un acide dans l'eau ne favorise si prodigieusement la décomposition, que parce que l'eau devient un meilleur conducteur. Il est possible que cette explication soit bonne, mais comme nous savons encore très peu de chose, et sur la conductibilité, et sur les causes qui la déterminent, nous ne devons pas ajouter une confiance entière à cettte explication du phénomène.

Il y a dans ce phénomène de la décomposition de l'eau toute une science qui s'ouvre devant nous, puisque cette décomposition nous montre la puissance d'un appareil chimique avec lequel nous pourrons produire des phénomènes qui jusqu'à présent étaient tout-à-fait inabordables.

Outre la décomposition, il y a un phénomène singulier, c'est le *transport* des élémens. Voyons comment nous pourrons expliquer ce transport, et jusqu'à quel point nous pourrons expliquer la *décomposition de l'eau*.

Il faut d'abord saisir la difficulté de l'expérience, et voici en quoi elle consiste. Dans l'appareil fig. 1, il peut sembler tout naturel que l'eau étant décomposée, l'oxigène s'en aille à l'un des pôles, tandis que l'hydrogène s'en va à l'autre pôle ; mais la difficulté est plus grande qu'on ne l'imagine.

Si l'on prend un tube recourbé, fig. 3, une espèce de syphon, que l'on mette de l'eau glacée dans l'une des branches du syphon, de l'eau liquide dans l'autre branche, puis qu'on fasse plonger le pôle positif dans la glace et le pôle négatif dans l'eau, il y aura encore décomposition de l'eau. Où sera l'hydrogène, où sera l'oxigène ? L'oxigène s'en viendra encore à l'extrémité du pôle positif, et l'hydrogène à l'extrémité du pôle négatif ; en sorte que les molécules de gaz paraissent avoir traversé la portion solide de la glace, emportées par le courant électrique.

Si l'on prend un syphon analogue, qu'on mette dans l'une des branches de l'acide sulfurique très concentré, et dans l'autre branche de l'eau ; qu'on plonge dans la première branche le pôle positif, et dans la seconde le pôle négatif, l'eau est encore décomposée, l'hydrogène vient au pôle négatif, et l'oxigène au pôle positif. Ainsi l'oxigène et l'hydrogène semblent avoir traversé l'acide sulfurique emportés par le courant, et cependant on ne les aperçoit pas.

Je pourrais varier l'expérience de plusieurs autres manières. Imaginons qu'on prenne deux vases remplis d'eau, qu'on fasse communiquer l'un d'eux avec le pôle positif, et l'autre avec le pôle négatif, et puis qu'on établisse la communication en plongeant un doigt dans chaque vase. En faisant cette expérience l'oxigène se montre dans l'un des vases, celui où plonge le fil positif, et l'hydrogène se montre dans l'autre vase, celui où plonge le fil négatif. Comment cela peut-il arriver? Les gaz peuvent-ils traverser tous les tissus du corps? Vous concevez maintenant toute la difficulté qui se présente.

Il s'agit d'expliquer le phénomène du transport des matières pondérables par l'action de l'électricité. Voici l'explication donnée par Grotthuss, peu de temps après l'observation du phénomène. Cette explication, un peu difficile à saisir, est fondamentale.

Imaginons une file de molécules d'eau composées d'hydrogène et d'oxigène. Nous savons qu'il y a deux molécules d'hydrogène et une molécule d'oxigène. Nous nous contenterons d'examiner ce qui se passera dans cette file de molécules d'eau ; car ce qui se passera dans une file, se passera dans toutes les autres. Présentons un pôle positif en a, et un pôle négatif en b, et voyons ce qui va arriver. Admettons ce que nous avons déjà indiqué, que les atômes des corps sont naturellement électrisés, que certains d'entre eux ont naturellement l'électricité vitrée, et d'autres de l'électricité résineuse. Admettons que l'oxigène qui s'en va au pôle positif y est attiré, et que par conséquent l'électricité y est négative. Admettons que l'hydrogène qui s'en va au pôle négatif y est pareillement attiré, et que par conséquent l'électricité y est positive. On demandera peut-être pourquoi ces deux électricités ne se rejoignent-elles pas? C'est parce que la nature des corps est telle, que l'électricité résineuse est une propriété de l'oxigène, et l'électricité vitrée une propriété de l'hydrogène, ou si vous voulez, c'est parce qu'il y a une force électrique qui s'oppose à la réunion des deux électricités, qui s'oppose à ce que les atomes soient mis à l'état naturel.

La première molécule se tournera de manière que l'hydrogène sera plus près du fil négatif et l'oxigène plus près du fil positif. La première molécule agira sur la seconde et lui fera prendre la même position, ainsi de suite. Tel sera l'état des choses avant que le courant passe. Voilà la disposition des atomes de matière qu'on appelle la *polarisation ;* expression impropre qui a beaucoup vieilli, et qu'il est à souhaiter qu'on n'emploie plus. Il était bon de caractériser cette disposition des atomes des corps prêts à être traversés par le courant. Voyons ce qui va suivre. Nous avons dit qu'il y avait attraction entre le pôle positif de la pile et l'oxigène. Cette attraction peut devenir assez forte pour vaincre l'adhérence qui existe entre les deux atomes d'hydrogène et l'atome d'oxigène, et pour séparer ces deux élémens; et alors la molécule d'oxigène arrachée, pour ainsi dire, aux molécules d'hydrogène, viendra au pôle positif. Que deviendront les deux molécules d'hydrogène qui se trouvent libres? Elles ne sont pas au lieu où elles doivent se dégager, car elles sont au pôle positif. Grotthuss imagine que ces molécules d'hydrogène libre, attirées par l'oxigène de la deuxième molécule, vont se combiner avec lui. Les deux atomes d'hydrogène de la seconde molécule, devenus libres à leur tour, se comporteront comme les deux atomes de la première molécule, c'est-à-dire qu'ils se combineront avec l'oxigène de la troisième molécule. Ce phénomène de décomposition et de recomposition s'accomplira depuis l'un des pôles jusqu'à l'autre pôle, jusqu'à ce que, enfin, les deux molécules d'hydrogène, ne trouvant plus de molécules d'eau libres, s'attacheront au fil négatif de la pile qui les attire. Nous aurons ainsi une seule molécule d'eau séparée, c'est-à-dire un seul atome d'oxigène et deux atomes d'hydrogène; mais nous aurons une multitude de décompositions et de recompositions successives des élémens entre les deux pôles de la pile.

Le même phénomène aura lieu en sens inverse, c'est-à-dire que le pôle négatif attirant les molécules d'hydrogène, les arrachera à la molécule d'oxigène; que cette molécule d'oxigène, devenue libre, ira se combiner avec les molécules suivantes d'hydrogène, et ainsi de suite.

Voilà quel est le principe de tous les phénomènes chimiques de la pile.

Revenons à l'expérience qui semble la plus paradoxale, celle où nous avons établi la communication en plongeant une main dans le verre positif, et l'autre main dans le verre négatif. Nous avons vu que, dans ce cas, il y avait décomposition de l'eau, et que l'oxigène paraissait dans le verre positif, et l'hydrogène dans le verre négatif. Comment s'explique le phénomène? Il s'explique en concevant une file de molécules depuis l'extrémité du fil positif de la pile, jusqu'à l'extrémité du fil négatif, passant par l'intérieur du corps. A la vérité dans le corps, l'eau n'est pas libre, elle y est mélangée d'autres substances. Néanmoins il y a dans la substance des corps vivans assez d'eau pour fournir aux décompositions et aux recompositions successives dont nous avons parlé.

Si l'on établissait la communication par un corps sans eau, par exemple, un fil de métal, le phénomène se produirait d'une autre manière. La décomposition serait double, c'est-à-dire qu'il y aurait décomposition dans le premier vase et décomposition dans le second. Si c'est le pôle positif qui plonge dans le premier vase, l'oxigène s'en vient à ce pôle, et l'hydrogène va à l'extrémité du fil conducteur qui plonge dans ce vase ; tandis que dans l'autre vase, l'hydrogène va au pôle négatif, et l'oxigène à l'extrémité du fil de métal. C'est de cette manière que le fait échappe à la difficulté de l'explication.

Voilà tout ce qu'il y a de difficile à comprendre dans les phénomènes chimiques de la pile. Voici maintenant le développement de ces phénomènes.

L'eau étant décomposée et les élémens étant transportés, il était naturel d'imaginer que la plupart des oxides seraient décomposés ; et en effet Hizinger et Berzelius ayant soumis les oxides à l'action de la pile, ont reconnu qu'ils étaient décomposés.

Nous allons essayer de faire l'expérience sur l'oxide d'argent, et montrer comment cet oxide peut être décomposé. Il faut disposer l'expérience comme pour décomposer l'eau, c'est-à-dire faire arriver un des pôles de la pile dans une partie de l'oxide, et l'autre pôle dans l'autre partie ; de manière que le courant passant de l'un des pôles à l'autre traverse l'oxide. La seule élévation de température suffirait pour décomposer l'oxide, cela est vrai, mais la seule élévation de température ne transporterait pas les élémens. Bientôt on aperçoit quelques atomes d'argent à l'extrémité du fil négatif, et l'oxigène s'en vient au pôle positif, Quelques minutes suffisent pour qu'on puisse distinguer très facilement une loupe d'argent revivifié à l'extrémité du fil négatif.

C'est de cette manière que Hizinger et Berzelius ont décomposé la plupart des oxides. Ils ont cherché une loi qui comprît tous les phénomènes dans un seul énoncé, et ils ont dit que les oxides pouvaient être décomposés par la pile, et que pour les décomposer il suffisait de les mettre entre les deux pôles de la pile, et de faire passer le courant à travers leur surface, soit que les oxides soient secs, soit qu'ils soient humides.

Après cette découverte, on pouvait croire que la pile avait produit à peu près tout ce qu'elle pouvait produire, puisqu'elle dépassait déjà de loin les effets de tous les autres agens chimiques.

Cependant, en 1807, sir Humphry Davy soumit à l'action de la pile, non pas les oxides déjà examinés, mais des oxides beaucoup plus résistans, c'est-à-dire les alcalis, la soude, la potasse, et les autres substances terreuses. Lorsqu'on veut essayer l'effet du courant sur les alcalis, on fait exactement ce que nous avons fait pour essayer les effets du courant sur les oxides. On met un peu de potasse sur une lame de platine, sans qu'il soit nécessaire de l'humecter, parce qu'elle a une action hygrométrique assez énergique. En touchant la plaque de platine avec l'un des pôles de la pile et la potasse avec l'autre pôle, l'alcali est décomposé. Il est parfaitement indifférent de toucher le platine avec l'un des pôles et la potasse avec l'autre pôle; seulement les résultats ne sont pas également apparens dans les deux cas.

Pour faire cette expérience, sir Humphry Davy employait une pile extrêmement puissante, c'était la pile de la Société royale de Londres, laquelle est composée en somme de deux mille paires de grandeur différentes, quelques-uns des couples ayant six pouces de côté, et les autres cinq. On conçoit qu'avec une batterie aussi puissante les effets physiologiques doivent être d'une grande intensité, puisqu'ils dépendent de la tension. En effet, une personne qui aurait touché les deux pôles de la pile en même temps, aurait été inévitablement foudroyée.

En faisant passer le courant dans la potasse, sir Humphry Davy s'aperçut d'un phénomène singulier. Il n'apparaissait pas d'étincelles, mais, après quelques instans d'action, il vit de petits globules de feu qui s'élançaient dans l'air à une assez grande hauteur. Ces petites fusées lui révélèrent une action chimique très remarquable, et sir Humphry Davy ne douta pas qu'il n'eût décomposé la potasse. Il reconnut en même temps que la potasse était composée d'une substance éminemment combustible et d'un autre élément. Il s'agissait de reconnaître quelle était cette substance éminemment combustible, et quel était l'autre élément. En recueillant quelques atomes de la matière blanchâtre que les petits jets de feu produisaient, il reconnut cette matière pour être de la potasse pure.

Ayant ainsi reconnu que la potasse était composée d'un corps excessivement combustible et d'oxigène, il fallait obtenir ce corps, et les efforts de sir Humphry Davy ne furent pas sans succès. Pour obtenir le potassium, le docteur Seebeck, au lieu de prendre une lame de métal, prit une petite capsule de potasse, il mit du mercure dans l'intérieur de cette capsule, et il la plaça sur une lame conductrice de platine; il établit une communication entre cette lame et le pôle positif de la pile, et fit plonger le pôle négatif dans le

mercure qui remplissait la capsule. Il laissa l'action se produire pendant quelques heures, et il vit que le mercure placé
dans la capsule avait changé d'aspect; il ne s'aperçut pas que
la capsule eût éprouvé quelques modifications très remarquables, mais en analysant le mercure, il le trouva composé de
mercure et de cet élément qui constitue les alcalis, c'est-à-
dire le potassium. Vous savez que de tous les agens dont le
chimiste peut disposer, le potassium est le plus puissant, et
celui qui a conduit aux plus grandes découvertes.

La pile produit sur les acides les effets qu'elle produit sur
les oxides, c'est-à-dire qu'elle les décompose.

Si les oxides, si les acides sont décomposés, les sels ne
doivent pas pouvoir résister; mais la nature des résultats
qu'on obtient en opérant sur les sels, mérite quelque attention.

Quant à la décomposition des sels solubles, rien n'est plus
facile; il suffit de verser le sel dans un verre, dans lequel on
fait plonger les deux pôles de la pile; au bout de quelques
instans on voit l'un des pôles augmenter de volume d'une
manière assez sensible par l'addition d'une matière blanchâtre qui est de l'argent, si c'est, par exemple, sur du nitrate
d'argent que l'on fait l'expérience.

Voilà la série des résultats : 1° Si l'acide et l'oxide sont des
corps difficiles à décomposer, l'effet de la pile sépare simplement ces deux élémens, et porte l'acide tout entier au pôle
positif, et l'oxide tout entier au pôle négatif; alors il y a décomposition du sel, mais non pas décomposition de ses élémens.

2° Si l'acide est facile à réduire, et l'oxide assez résistant,
si l'oxide est, par exemple, de la potasse, la pile produira un
effet double; le sel sera décomposé, l'acide réductible sera
lui-même décomposé, l'oxigène s'en ira au pôle positif, et
sa base avec l'oxide s'en ira au pôle négatif.

3° Si l'oxide est très réductible et l'acide difficilement réductible, le sel sera encore décomposé, l'oxide sera aussi décomposé; la base, c'est-à-dire le métal, s'en ira au pôle négatif, et à l'autre pôle on aura l'acide tout entier, plus
l'oxigène qui se dégagera.

4° Si l'oxide et l'acide sont des corps très facilement réduc-
tibles, non-seulement le sel sera décomposé, mais l'acide et
l'oxide le seront pareillement, et l'oxigène s'en ira au pôle
positif, et les autres élémens au pôle négatif.

Pour terminer ce qui est relatif aux effets de l'électricité
sur les sels, j'ai besoin de revenir encore sur le phénomène

du transport observé par Davy, et de citer plusieurs propriétés chimiques que prennent les corps soumis à l'action du courant.

Voici ce que l'on observe dans la décomposition des sels, lorsqu'au lieu de plonger les deux pôles de la pile dans l'intérieur d'un même vase, on fait passer l'un des élémens constitutifs à travers ces corps. Si, par exemple, on prend deux verres, et que dans l'un de ces verres on mette la dissolution saline que l'on veut décomposer, et que dans l'autre on mette de l'eau pure, en faisant plonger le fil positif dans le sel et le fil négatif dans l'eau, et qu'ensuite on vienne établir la communication entre les deux verres avec quelque tissu végétal, de l'amiante, par exemple, qui est une substance inorganique extrêmement inaltérable, voyons quel phénomène va se produire. Le sel est décomposé en deux parties, l'acide et l'oxide ; si l'oxide est facilement réductible, comme le nitrate d'argent, l'oxigène va au pôle positif, l'argent va au pôle négatif, en cheminant sur l'amiante qui établit la communication, et après quelques instans, on trouve dans le second vase de l'argent en poussière impalpable, et l'on aperçoit aussi quelques traces d'argent sur toute l'étendue du fil d'amiante. Ainsi il y a décomposition du sel, et transport des élémens sur un corps inorganique.

Voici un autre phénomène de transport encore plus remarquable. Que l'on prenne trois vases, que dans le premier on mette une dissolution saline, et qu'on y fasse plonger le pôle positif ; que dans le deuxième on mette un acide, et que dans le troisième on mette de l'eau pure ; qu'on établisse ensuite la communication du premier vase au deuxième, et du deuxième au troisième, au moyen d'un fil d'amiante. Le sel sera encore décomposé, l'acide ira au pôle positif, et l'oxide, cheminant sur le fil d'amiante, se rendra au pôle négatif qui plonge dans le troisième vase, en traversant le second vase où il y a de l'acide, sans pouvoir, sous l'influence du courant, se combiner avec cet acide. Par conséquent, quand les atomes sont transportés par l'action du courant, ils prennent des affinités chimiques différentes de celles qu'ils ont habituellement.

Ainsi, dans les effets chimiques de la pile, il y a trois choses très remarquables : 1° séparation des élémens, 2° transport des élémens, 3° propriété très singulière en vertu de laquelle les élémens des corps, quand ils sont transportés par l'action du courant, perdent leurs affinités.

IMPRIMERIE DE E. DUVERGER,
RUE DE VERNEUIL, N° 4.

COURS DE PHYSIQUE.

LEÇON CINQUANTE ET UNIÈME.

(Samedi, 24 Mai 1828.)

PILES SÈCHES.

Pour terminer ce que nous avons à dire sur le galvanisme proprement dit, il nous reste à parler de certaines piles d'une construction particulière et qu'on appelle des *piles sèches*. Ces appareils diffèrent par les effets qu'ils peuvent produire de ceux que nous avons étudiés jusqu'à présent.

Les piles sèches sont construites comme les autres piles dont nous avons parlé, à cela près qu'au lieu d'interposer entre les deux élémens métalliques un conducteur *liquide*, on interpose une substance *sèche :* de là la dénomination de *piles sèches*. Vous pouvez donc imaginer le détail de construction de ces piles, vous voyez qu'elles seront ajustées de la manière suivante : deux lames métalliques en contact, un corps sec *bon conducteur, mauvais électromoteur ;* deux autres lames métalliques superposées dans le même ordre que les premières, un second corps sec *bon conducteur, mauvais électromoteur,* ainsi de suite.

Les métaux qu'on emploie pour composer les *piles sèches* peuvent être les mêmes que ceux que l'on emploie pour construire les *piles humides*. Ainsi le zinc et le cuivre, l'or et le zinc sont de très bons élémens pour former un *couple*. On peut grouper les métaux deux à deux de toutes les manières possibles, pourvu qu'on ait soin de joindre un métal très *électro-positif,* avec un métal très *électro-négatif*. Quant au *conducteur sec* qui doit séparer les élémens, on peut le varier aussi de toutes les manières ; mais le conducteur sec qui réussit le mieux, c'est le papier.

Je vais indiquer la construction la plus ordinaire et en même temps la meilleure. On prend une feuille de papier doré, cuivré ou argenté seulement sur l'une de ses faces ; sur le

51

métal on jette de l'oxide de manganèse très bien pulvérisé et que l'on a fait passer par un tamis. Ayant préparé plusieurs feuilles de cette manière, on les superpose exactement dans le même ordre, puis avec un emporte-pièce d'une dimension donnée, par exemple, de 9 ou 12 lignes, on enlève un certain nombre de disques. Si on a superposé 10, 20 feuilles, on enlève 10, 20 disques. On superpose tous ces disques exactement dans le même ordre. C'est ainsi que l'on construit des piles qui, sous une petite longueur, peuvent avoir jusqu'à 200, 300, 500, 1000 élémens.

Ces piles, composées de 1000 élémens, devraient, d'après les principes que nous avons exposés, avoir une tension électrique prodigieuse. Par conséquent, on pourrait s'attendre à avoir sur le millième élément mille fois plus d'électricité qu'il n'y en a sur le premier élément. Cela est vrai en principe, mais vous devinez qu'il y a dans la construction de cette pile une circonstance qui s'oppose à l'application du principe. Le papier que nous avons interposé entre les élémens métalliques est un mauvais conducteur; par conséquent l'électricité ne peut pas vaincre les mille résistances des rondelles de papier, si l'on a une pile de mille élémens, et venir s'accumuler avec toute son intensité à l'extrémité de la pile. Cependant des piles construites de cette manière, et composées de 200 à 250 élémens, peuvent faire diverger les balles de l'électroscope d'une manière très sensible, et communiquer assez d'électricité à un condensateur, pour qu'on puisse tirer l'étincelle.

Lorsqu'on veut donner aux piles sèches une grande énergie, au lieu d'employer le papier sec, dans son état naturel, (on sait que le papier non collé est très hygrométrique, c'est-à-dire qu'il attire l'humidité de l'air avec beaucoup de force) on l'humecte très légèrement, de manière qu'il soit à peu près aussi humide qu'il l'est dans un temps pluvieux.

Après avoir entassé les unes sur les autres un certain nombre de lames, on les presse avec des fils bien gommés, pour qu'ils n'établissent pas de communication entre les deux pôles de la pile; on les revêt ensuite d'un enduit non conducteur. Enfin on *arme* la pile en adaptant à son extrémité supérieure un disque de zinc, et à son extrémité inférieure un disque de cuivre.

Au lieu d'employer le papier légèrement humecté d'eau, on peut employer le papier légèrement humecté de lait, d'huile, ou de toute autre substance végétale ou animale, non susceptible d'éprouver une altération chimique sensible.

Des piles ainsi construites se conservent pendant des années, donnent continuellement de l'électricité, et à peu près la même charge.

Si au lieu d'humecter le papier avec quelqu'une des substances que je viens d'indiquer, on l'humectait avec un acide, on aurait sans doute une pile beaucoup plus forte, mais aussi elle se détruirait plus promptement. Le contact de l'acide avec les métaux élémens de la pile ne pourrait durer pendant long-temps, sans qu'il en résultât une altération qui ferait perdre à la pile toute son activité.

Au lieu de papier, on peut employer, comme conducteur sec, de la peau de baudruche, du parchemin, et en général toutes les substances membraneuses susceptibles de s'imprégner d'un peu d'humidité.

Les piles sèches sont des sources inépuisables d'électricité exactement comme les piles ordinaires. Nous touchons l'une des extrémités et nous lui enlevons de l'électricité, mais à l'instant même cette électricité est reproduite. Cependant cette expression *à l'instant* n'est pas rigoureuse ici comme dans les piles à bon conducteur. Il est vrai que l'électricité est reproduite à l'instant, mais elle ne vient pas à l'instant s'accumuler à l'extrémité de la pile; il lui faut pour cela un temps plus ou moins long.

A l'époque où la pile sèche fut inventée, on s'imagina qu'on pouvait en faire des instrumens de météorologie.

On parvient à produire avec la pile certains mouvemens qui durent autant que l'électricité de la pile; par conséquent, avec une pile bien faite on peut produire un mouvement qui dure non pas seulement des mois, mais des années. De là on semble en droit de conclure que l'on a trouvé dans la construction de la pile le principe du *mouvement perpétuel*. C'est en effet un mouvement perpétuel, sous la condition qu'aucun accident ne vienne le déranger. Pour arrêter ce mouvement, il ne serait pas nécessaire de venir toucher la pile avec le doigt, il suffirait de souffler sur l'appareil ou d'y laisser arriver un air un peu chargé de vapeur; à l'instant le corps qui avait été mis en mouvement s'arrête, puis quelque temps après se remet en marche. L'appareil montrera des caprices extrêmement singuliers. Il s'arrêtera quelquefois pendant une semaine, et puis se remettra en mouvement de lui-même, avec la même régularité et la même rapidité. D'autres fois, il s'arrêtera à l'instant d'un orage, puis, l'orage passé, il reprendra sa marche. C'est pour cela qu'on avait cru pouvoir faire de la pile un instrument météorologique.

Lorsqu'un corps en mouvement est susceptible de quelques variations dans les périodes de son mouvement, il est facile de rapporter ces périodes de mouvement à certains phénomènes naturels; car à un instant donné il se passe toujours dans le ciel ou sur la terre un très grand nombre de phénomènes. Par conséquent rien n'était plus facile que d'observer, par exemple, que ce corps s'arrêtait quand il devait pleuvoir, quand la lune devait changer, quand le tonnerre devait se faire entendre, quand une aurore boréale devait avoir lieu; et on pouvait prendre ce corps pour un instrument météorologique propre à prédire ces phénomènes, surtout lorsque, en se donnant la latitude qu'on se donne dans ces sortes de présages, on ne veut pas prédire les phénomènes à une heure, à un jour près. Des observations plus attentives ont montré qu'il n'y avait véritablement aucune espèce de rapport entre cette espèce d'instrument et les phénomènes dont on supposait qu'il pouvait indiquer la présence.

Voici quelle est la construction de l'appareil, fig. 1. On prend deux piles entourées d'un tube métallique qui ne touche que l'enveloppe non conductrice dans laquelle sont renfermés les élémens de la pile, et ne touche pas les élémens eux-mêmes. C'est une condition essentielle dans la construction de l'appareil. Les deux piles communiquent l'une à l'autre par leur extrémité inférieure, au moyen d'une lame de métal; dans l'une l'extrémité inférieure est positive, dans l'autre elle est négative. Par conséquent les deux électricités se neutraliseront, et nous aurons le pôle *positif* supérieur très énergique, et le pôle *négatif* supérieur également très énergique.

Imaginons maintenant qu'à l'extrémité supérieure de ces piles on ajuste une petite boule de métal. Il est évident que les boules de métal se chargeront, l'une d'électricité positive, l'autre d'électricité négative, et qu'elles resteront chargées tant que les piles seront en activité. Rappelons les propriétés de la pile. Si nous venions à l'extrémité positive prendre une certaine quantité de fluide vitré, ce fluide vitré, si la pile était une pile à bon conducteur, se reproduirait à l'instant; mais si elle est à un mauvais conducteur, l'électricité ne pourra se reproduire qu'au bout d'un certain temps : cela dépendra de la quantité qu'on aura enlevée. Si on a enlevé beaucoup de fluide, il faudra beaucoup de temps pour que la pile se recharge; si on en a enlevé avec la pointe d'une épingle isolée, il ne faudra que peu d'instans pour que la charge de la pile se reproduise. Cela aura lieu pour les deux piles.

Imaginons que l'on suspende sur un pivot entre ces deux piles un balancier formé par une aiguille de gomme laque portant à ses deux extrémités un petit appendice en clinquant. Ce petit appendice doit être de dimensions déterminées suivant la force de la pile. Lorsque ce petit appendice vient passer près du pôle *positif*, il enlève une certaine quantité d'électricité vitrée, mais il ne décharge pas la pile, parce qu'il ne la met pas en communication avec le sol. Chargé d'électricité vitrée, il est repoussé par le pôle *positif* et attiré par le pôle *négatif*; il vient donc toucher le pôle négatif, lui donne son électricité *positive*, prend de l'électricité *négative*, est repoussé et vient de nouveau toucher le pôle *positif*, et continue ainsi ce mouvement, chaque appendice venant toucher alternativement le pôle *positif* et le pôle *négatif*. Supposez que l'aiguille fasse une révolution pendant une seconde, il faudra calculer les dimensions des petits corps mobiles fixés aux extrémités de l'aiguille, de manière qu'ils enlèvent, en passant près des pôles de la pile, précisément autant d'électricité qu'il s'en reproduit dans une seconde. On conçoit toute la difficulté d'arriver à cette précision, aussi l'appareil est-il toujours mal calculé. Si on donne trop de surface aux petits corps mobiles, s'ils prennent une trop grande quantité d'électricité, ils finissent par épuiser l'électricité de la pile, s'arrêtent et restent en repos jusqu'à ce que la pile se soit rechargée : alors ils se remettent en mouvement. Ainsi, dans le même air, il suffit de changer les dimensions des petits corps mobiles pour avoir une pile qui aura des alternatives de repos et de mouvement. Supposez que l'appareil ait été parfaitement calculé, lorsque l'air deviendra un peu plus humide, l'électricité dont les boules sont chargées se perdra en partie dans l'air, les petits corps seront comme s'ils agissaient sur une pile plus faible; par conséquent ils s'arrêteront. Ainsi cet appareil ne doit être, du moins quant à présent, considéré que comme une curiosité physique; mais il pourrait dans la suite avoir quelques applications utiles.

On a essayé d'appliquer les *piles sèches* à produire beaucoup de phénomènes. Parmi toutes les applications qu'on en a faites, il en est une qui mérite quelque attention ; c'est l'invention du *diagomètre* de M. Rousseau, amateur très éclairé des sciences physiques, qui a su appliquer la force directrice des aiguilles aimantées et la force répulsive de l'électricité à la construction d'un appareil très ingénieux, et qui est d'une grande utilité pour plusieurs branches d'industrie et même de commerce. Pour plus de simplicité, nous supposerons l'appareil sans pile, et composé uniquement d'un disque d'argent, fig. 2, communiquant à un fil enduit de résine ou de gomme laque. Ce fil passe dans l'épaisseur du support et va donner naissance à une petite tige t, terminée par une boule, et à une autre tige t, terminée par un pivot. Si l'on donne de l'électricité au disque, cette électricité va se distribuer et sur la boule et sur le pivot. Imaginons une aiguille aimantée excessivement mobile, de 5 pouces de longueur environ. On emploie pour faire ces aiguilles des ressorts de montre usés, amincis, rétrécis à tel point qu'ils ne pèsent que quelques milligrammes. Une aiguille aussi légère peut néanmoins recevoir du magnétisme. Il est inutile d'adapter à cette aiguille une chape qui en augmenterait beaucoup le poids, on lui donne simplement un coup de poinçon vers son centre de gravité, afin qu'elle puisse être maintenue sur le pivot en équilibre stable. On tourne l'appareil de manière que l'aiguille aimantée dans sa position naturelle, vienne précisément se mettre en contact avec la boule. Ainsi la boule et le pivot doivent être dans la direction du méridien magnétique. Que l'on donne au disque de l'électricité, soit avec un corps frotté, soit de toute autre manière, l'électricité se distribuera dans la boule, dans le pivot, et passera nécessairement dans l'aiguille. Par conséquent, l'aiguille sera électrisée de la même manière que la boule; or, deux corps chargés de la même électricité se repoussent. Ainsi l'aiguille repoussée sera déviée du méridien magnétique. De combien sera-t-elle déviée? Cette déviation dépend de la force électrique et de la force directrice de l'aiguille. En combinant donc le poids de l'aiguille et la quantité d'électricité qu'on lui donne, on peut faire de cet appareil un instrument extrêmement sensible. Afin qu'on puisse voir de combien l'aiguille est déviée, on trace un cercle divisé autour de la cage qui sert à abriter l'aiguille du contact de l'air.

Tel est l'appareil avec lequel on peut comparer les quantités d'électricité données au disque. Voici maintenant comment M. Rousseau applique cet instrument à déterminer les quantités d'électricité qui passent par des corps d'une nature donnée, et surtout à travers certains liquides; il prend un godet en argent, c'est-à-dire de la même substance que le disque sur lequel il doit être placé, puis prenant une pile sèche d'une force constante, invariable, il s'en vient toucher ce petit godet avec diverses substances. Pendant que le godet touche l'un des pôles de la pile, il faut que l'autre pôle communique au sol ; c'est une condition essentielle. Tout l'appareil se charge d'électricité, et l'aiguille est déviée. Au bout de quelques heures, après avoir remis l'appareil à l'état naturel, on reprend la pile, on fait la même expérience, on trouve le même résultat, on en conclut que la force de la pile est invariable.

Cela posé, au lieu de donner de l'électricité de la pile au vase d'argent qui repose sur le disque, mettons un liquide dans le godet, et ayant mis un petit appendice à la pile, touchons le liquide lui-même. La quantité d'électricité qui passe par le liquide n'est pas la même que celle qui passe par le métal ; il y aura une certaine quantité d'électricité arrêtée, laquelle dépendra de l'épaisseur du liquide, et de la faculté qu'a ce liquide de conduire l'électricité. Si nous prenons deux liquides différens, nous verrons quel est celui qui a le plus la faculté de conduire l'électricité, c'est là le but de l'instrument. En faisant l'expérience sur de l'huile, M. Rousseau a fait cette observation très importante pour la science et même pour le commerce, que l'huile d'olive est de toutes les huiles celle qui conduit le plus mal le fluide électrique. Si l'on vient à mêler à l'huile d'olive une certaine quantité d'une autre huile, et surtout de l'huile d'œillette, qui se trouve être précisément celle dont on se sert pour *sophistiquer* l'huile d'olive ; la propriété de l'huile d'olive est changée, elle devient bon conducteur. Voilà donc un moyen très ingénieux de reconnaître à l'instant même et avec une grande exactitude, la proportion d'une huile étrangère qui peut se trouver accidentellement dans l'huile d'olive : résultat auquel l'analyse chimique ne pourrait arriver. Cet appareil n'est pas encore employé autant qu'il le sera lorsqu'on en connaîtra l'efficacité, et qu'on s'habituera à en faire usage d'une manière simple et rigoureuse.

Tel est l'ensemble des phénomènes qui constituent le galvanisme. Vous avez pu voir avec quelque étonnement combien il y a peu de principes dans la théorie si importante de cette branche de la science. Le fait fondamental observé par Galvani n'annonçait en quelque sorte rien de bien important ; mais ce fait, distingué des autres phénomènes analogues, parce qu'il était véritablement un phénomène physique qu'on pouvait reproduire à volonté, donne bientôt naissance à une foule d'observations de même nature, qui ont pour résultat de faire voir que ce fait a quelque chose de très singulier et de très important pour la science. Au milieu de

toutes ces recherches, Volta arrive, saisit dans les expériences un fait jusqu'alors inaperçu, montre que les phénomènes
qu'on observe ne sont point dus à un fluide interposé, fixé
dans les organes des corps vivans, mais qu'ils sont dus à un
fluide qui se développe au contact de deux métaux. Il arrive
à cette conséquence qu'il y a toujours de l'électricité développée au contact des corps hétérogènes, et surtout des métaux, et il distingue les corps en corps *bons électromoteurs* et
en corps *mauvais électromoteurs*.

Après avoir démontré ce principe fondamental contraire
à tout ce que l'on savait sur l'électricité, Volta le met bientôt hors de doute par l'invention de cet admirable appareil
que nous avons appelé la *pile de Volta*. Cet appareil une fois
construit, on en tire des effets qui sont hors de toute proportion avec le principe, si faible à son origine qui lui a
donné naissance. On obtient des effets physiologiques, des
effets physiques, et surtout des effets chimiques tout-à-fait
différens de ceux qu'on avait produits jusque là, par les
moyens les plus efficaces. Ces phénomènes donnent naissance
à des découvertes très importantes, et parmi ces découvertes,
celle du potassium et du sodium est une des plus fertiles,
puisqu'elle a donné aux chimistes des moyens puissans qu'ils
n'avaient pas pour décomposer les corps et les analyser. De
là un renversement, un changement complet dans toute la
chimie.

ÉLECTRO-MAGNÉTISME.

Parmi les grandes et brillantes découvertes auxquelles la
pile a donné naissance, il en est une qui constitue une
branche particulière de la science : c'est la découverte de
l'*électro-magnétisme*, dont nous allons maintenant nous occuper.

On avait depuis long-temps cherché quelques moyens de
faire agir les causes naturelles de l'électricité et du magnétisme les unes sur les autres. En effet, les actions des agens
naturels les uns sur les autres sont certainement les actions
les plus fondamentales, et celles qui renferment la plus longue
série de vérités, et qui nous conduisent d'ailleurs à cette
espèce d'unité que l'esprit humain cherche dans la science,
et à laquelle il fait tant d'efforts pour arriver. Ainsi la lumière
a beaucoup d'analogie avec la chaleur; la lumière donne de
la chaleur; la chaleur, portée à un certain degré d'intensité,
donne de la lumière. L'électricité échauffe les corps, quand

elle les traverse : elle les rend lumineux. Voilà donc l'électricité qui a des rapports extrêmement frappans, d'une part, avec la chaleur, de l'autre avec la lumière ; mais le magnétisme semblait être un agent naturel tout-à-fait distinct : on ne lui voyait de rapport ni avec l'électricité, ni avec la chaleur, ni avec la lumière. Car vous devez vous rappeler que la chaleur peut accidentellement modifier les quantités de magnétisme que possèdent les corps, mais qu'elle ne peut jamais servir à développer du magnétisme ; ainsi l'action de la chaleur sur le magnétisme n'est point une action mutuelle.

On avait fait de très grands efforts pour saisir une action quelle qu'elle soit, entre l'électricité et le magnétisme. Déjà plusieurs observateurs, et surtout des marins, avaient reconnu que dans les grandes tempêtes qu'on éprouve sur mer, quelques coups de foudre frappant le bâtiment, produisaient très souvent des phénomènes remarquables sur l'aiguille aimantée ; que tantôt l'aiguille de la boussole, sans avoir été arrachée de son pivot, éprouvait un renversement de ses pôles ; que, d'autres fois, l'aiguille de la boussole n'était plus une aiguille aimantée ; que d'autres fois, enfin, elle éprouvait une diminution ou une augmentation très sensible de son magnétisme. Cette observation avait été faite non-seulement sur l'aiguille de la boussole placée dans l'habitacle, mais elle avait été faite sur les collections d'aiguilles qu'on a toujours en réserve, et qu'on éloigne avec soin de la boussole elle-même.

Ces phénomènes avaient frappé un très grand nombre de savans ; Francklin et Beccaria surtout avaient fait des efforts pour reconnaître les effets de l'électricité ordinaire sur le magnétisme, ils n'avaient rien découvert qui indiquât une action bien marquée. En faisant passer la décharge d'une bouteille de Leyde, ou d'une batterie très puissante à travers une aiguille aimantée, on s'apercevait bien de quelques variations, mais ces variations étaient si incertaines et si contradictoires, qu'on fut réduit à dire : le choc électrique agit à peu près comme le choc d'un marteau. Trouvant dans cette comparaison une sorte d'explication du phénomène, on ne s'en était plus occupé.

Quelques physiciens allemands, lors de la découverte du galvanisme, avaient cru pouvoir modifier l'aiguille aimantée par le courant de la pile, mais les expériences avaient encore été faites sans succès. Enfin, M. OErsted, professeur de physique à Copenhague, conduit par des vues théoriques particulières, saisit la véritable condition sous laquelle l'électricité agit sur le fluide magnétique, et découvrit ainsi une branche de la science tout-à-fait nouvelle, et de la plus haute importance par les résultats qu'elle a produits en très peu de temps ; car il y a à peine huit ans que le fait fondamental est connu.

Voici quel est le fait sur lequel repose l'électro-magnétisme. Prenons une aiguille aimantée en équilibre sur son pivot, et soumettons-la à l'action de l'électricité, non pas à l'action de l'électricité immobile, mais à l'action de l'électricité en mouvement, à l'action du courant que produit la pile, lorsque ses deux pôles sont joints par un fil métallique. L'aiguille se mettra en mouvement, non-seulement lorsque nous approcherons le fil de très près, mais même lorsque nous le tiendrons à une distance assez grande. Ainsi donc il y a une force émanant du fil pour solliciter l'aiguille ; et c'est cette force que nous appelons *force électro - magnétique*, parce qu'elle indique une action mutuelle de l'électricité sur le magnétisme.

Saisissons à l'instant quelques-uns des caractères de cette force. Nous voyons qu'elle s'exerce à distance, qu'elle s'exerce à travers l'air. Nous pourrions nous assurer qu'elle s'exerce à travers une substance quelconque, à travers une lame de métal, par exemple, qu'elle s'exerce aussi à travers le vide.

Cette agitation que l'on observe dans l'aiguille, n'est point une attraction ; le fil ne tend point à la soulever de son pivot ; il tend seulement à la diriger et à la tourner d'une certaine manière. Ainsi un des caractères remarquables de la force électro-magnétique, c'est d'être une force directrice et non pas une force attractive. Il s'agira de découvrir quelle est sa direction, et quelle est son intensité ; mais avant d'en venir là, nous allons chercher un autre caractère de la force électro-magnétique.

Nous venons de voir qu'elle agit sur un corps aimanté, mais est-elle capable d'agir sur un corps simplement magnétique, sur un corps dans lequel les deux fluides naturels sont combinés ? en un mot, est-ce une puissance *passive*, agissant simplement sur le magnétisme développé, ou capable de recevoir son action, ou bien une puissance *active*, c'est-à-dire capable de décomposer les deux fluides magnétiques, capable d'aimanter les corps, et par conséquent de modifier et de mettre en jeu toutes les puissances magnétiques ?

Comment découvrir si c'est une force passive, ou une force active ? L'expérience est très facile à faire : il suffit **de** mettre, comme M. Arago l'a fait le premier, un fil traversé

par le courant en contact avec un corps à l'état naturel,
par exemple avec de la limaille de fer, et de voir si le fil ma-
gnétise la limaille. Lorsqu'on fait l'expérience, on voit la
limaille rester adhérente au fil, autour duquel elle forme une
espèce de tuyau, et à l'instant où on supprime le courant,
la limaille tombe. Ainsi donc la force qui nous occupe n'est
pas seulement une force capable de diriger les aimants, capable d'agir sur le magnétisme developpé; mais c'est une
force capable d'agir sur le magnétisme non développé, et de
le développer elle-même. Tel est le premier fait observé par
M. Œrsted.

DIRECTION DE LA FORCE ÉLECTRO-MAGNÉTIQUE.

Essayons maintenant de rechercher quelle est la direction
que cette force tend à imprimer à l'aiguille de la boussole.

Faisons passer au-dessus de l'aiguille aimantée le courant
de la pile et observons dans quel sens l'aiguille est sollicitée,
afin de découvrir non-seulement le mode d'action de la
force, mais le sens dans lequel elle agit sur les corps aimantés.
Vous allez voir une série des phénomènes sur lesquels j'appelle votre attention, à cause des contradictions apparentes
qu'ils présentent; contradictions que nous saurons lever.

Pour définir la déviation de l'aiguille, nous considérerons
seulement un de ses pôles, par exemple le *pôle austral*. Nous
mettons le fil conducteur au-dessus de l'aiguille, et le pôle
austral se dévie à l'*ouest*. Nous mettrons ensuite le fil conducteur *au-dessous* de l'aiguille, et le pôle austral se dévie à l'*est*.

Voilà déjà deux phénomènes qui semblent contradictoires;
en voici deux autres qui semblent contradictoires avec les deux
premiers. Tout à l'heure j'ai fait dévier le pôle austral à l'ouest,
en plaçant le fil conducteur au-dessus de l'aiguille; je vais en
mettant encore le fil conducteur au-dessus faire dévier le pôle
austral à l'*est*; et pour cela je ne fais autre chose que tourner
le fil conducteur en sens inverse.

Tout à l'heure je faisais dévier le pôle austral à l'*est* en
mettant le fil conducteur au-dessous de l'aiguille, maintenant,
en plaçant encore l'aiguille au-dessous, je fais dévier le pôle
austral à l'*ouest*, et pour cela que dois-je faire? retourner le
fil conducteur.

Je ne parle ici que des phénomènes produits sur une aiguille horizontale; mais les mêmes phénomènes se produiraient sur une aiguille qui serait dans une toute autre position.

Vous allez voir comment, par une hypothèse extrêmement simple, par une comparaison qui peut-être vous paraîtra avoir quelque chose de bizarre, mais qui nous sera d'un grand secours, nous pourrons enchaîner tous ces phénomènes sous une seule loi.

Qu'est-ce que le courant de la pile ? Est-ce une véritable circulation du fluide dans tout le contour du fil conducteur ? Quand nous parlons du courant de la pile, il ne faut pas supposer qu'il y ait un mouvement de translation du fluide ; il faut admettre au contraire, comme nous l'avons déjà dit, que la communication de l'électricité s'opère au moyen d'une série de décompositions et de recompositions successives. Cependant quel que soit l'ordre dans lequel se fassent ces décompositions et ces recompositions, nous avons besoin de partir d'un point, de désigner un ordre. Nous supposerons que le courant de la pile part de l'extrémité *positive*, et qu'il s'en va à l'extrémité *négative*. Si, au lieu de considérer le courant passant par le fil, nous considérons le courant passant par la pile, nous admettrons alors que le courant va du pôle *négatif* au pôle *positif*.

Le courant marchant dans un sens, dévie l'aiguille d'une certaine manière ; nous retournons le courant, et il dévie l'aiguille d'une autre manière. Après avoir donné une direction à ce courant, il faut indiquer sa position dans l'espace. M. Ampère a imaginé de lui donne une *droite* et une *gauche*, c'est-à-dire de supposer que le courant est représenté par un *homme*. Concevons donc un homme placé dans le courant de la pile, ayant toujours ses *pieds* du côté du zinc et sa *tête* du côté du cuivre, de manière que le courant entre par les pieds et sorte par la tête : concevons de plus que cet homme ait toujours la face tournée vers le milieu de l'aiguille.

Cette image nous rend compte de toutes ces particularités si bizarres, si contradictoires en apparence, que nous venons d'observer. L'action du courant est telle qu'il tend toujours à diriger le pôle austral de l'aiguille vers la gauche de l'homme que nous avons supposé placé dans le courant. Nous n'avons plus besoin désormais de tenir compte, ni de la position du courant, ni de la position du fil, ni de la position de l'aiguille ; de savoir si le courant passe au-dessus ou au-dessous. Il passera comme il voudra ; le résultat de toutes les actions du courant est celui-ci : le courant agit sur l'aiguille et dirige le pôle austral à gauche. C'est ce qu'il est facile de vérifier par l'expérience.

Le pôle austral est toujours à gauche ; mais de combien va-t-il à gauche ? ou s'arrête-t-il ? Dans les expériences que nous faisons sur l'action exercée par le courant sur l'aiguille aimantée, il y a deux puissances en lutte : la puissance *électro-magnétique*, qui agit du fil sur l'aiguille, et la puissance *terrestre*, qui tend sans cesse à ramener l'aiguille dans la direction du méridien magnétique. Cette lutte entre les deux puissances nous dissimule l'espèce d'action que le courant exerce sur l'aiguille, et nous cache la véritable direction de la force. Pour découvrir cette direction, il faut pouvoir neutraliser l'action de la terre sur l'aiguille. C'est la chose du monde la plus facile ; il suffit de prendre un barreau aimanté et de le mettre dans la direction du méridien magnétique, de manière qu'il agisse sur l'aiguille en sens inverse de l'action de la terre. Nous savons que son action à une certaine distance balancera très exactement l'action de la terre. Dans cet état, le courant agira seul, il tournera l'aiguille comme il la doit tourner, et nous aurons la véritable direction de la force *électro-magné-tique*.

Il y a une autre manière de parvenir à neutraliser l'action de la terre, c'est en employant l'aiguille *astatique*. L'aiguille astatique est une aiguille traversée par un axe perpendiculaire que l'on dirige dans le sens même de la force terrestre. Le couple terrestre agissant alors parallèlement à l'axe ne peut diriger l'aiguille ni d'un côté ni de l'autre. Par conséquent en faisant agir le courant sur une aiguille ainsi disposée, la force électro-magnétique agira avec toute son action, et tournera le pôle austral comme elle le doit tourner.

Quand une aiguille a été ainsi enlevée à la force directrice de la terre, l'effet du courant sur cette aiguille est tel, qu'il la tourne perpendiculairement à sa direction et en croix avec lui.

INTENSITÉ DE LA FORCE ÉLECTRO - MAGNÉTIQUE.

La force électro-magnétique diminue à mesure que la distance augmente. Il semblerait tout-à-fait dans les analogies qu'elle décrût comme le carré de la distance augmente ; mais il n'en est point ainsi. La force électro-magnétique n'agit point en raison inverse du carré de la distance. Nous allons indiquer comment on peut trouver la véritable loi suivant laquelle décroît la force électro-magnétique.

Nous nous servirons pour cette expérience d'une aiguille aimantée, très courte, assez épaisse. C'est un parallélogramme d'acier trempé dur, ayant à peu près un centimètre et demi de longueur, un centimètre de largeur et deux ou trois millimètres d'épaisseur. Cette aiguille est abritée du contact de l'air au moyen d'une cage en verre; nous neutralisons avec un barreau aimanté l'action de la terre, de manière que l'aiguille soit complètement indifférente et qu'elle n'ait de tendance à se diriger vers aucun point de l'horizon.

Cela posé, à une distance donnée, par exemple à la distance d'un décimètre, nous faisons passer par un long fil de cuivre, tendu bien verticalement, le courant d'une pile [dont nous connaissons l'énergie; l'aiguille commence par se tourner *perpendiculairement* au courant *en croix avec lui;* puis, si nous l'écartons de cette position, elle se met aussitôt à faire des oscillations. Nous avons indiqué une formule par laquelle, du nombre des oscillations, on peut toujours déduire l'intensité des forces. Nous compterons donc le nombre des oscillations que fait l'aiguille, lorsque le courant est à un décimètre de distance; nous porterons ensuite le courant à une distance de deux, de trois, de six décimètres, et nous compterons le nombre des oscillations qu'il fait faire à l'aiguille dans toutes ces diverses positions. Nous ferons ainsi agir le courant dans toute la longueur que nous supposons indéfinie, par rapport aux dimensions de l'aiguille. Cherchant le rapport des carrés des nombres des oscillations, qui est le même que celui des intensités : nous reconnaîtrons qu'un courant *indéfini*, quelle que soit la force de la pile qui le produit, pourvu qu'elle reste la même dans toute la série des expériences, agit toujours sur une aiguille aimantée, de manière que son action est *en raison inverse de la simple distance.*

Ainsi la force électro-magnétique semble contraire à toutes les forces que nous connaissons. Mais ne nous y méprenons pas : ce n'est pas seulement telle section du courant qui agit sur l'aiguille. ce sont toutes les sections de ce courant, qui est *indéfini*. Or, si on calcule l'action de chacune des tranches du courant, on trouve que chacune d'elles agit précisément *en raison inverse du carré de la distance.* C'est ainsi que par le moyen du calcul on découvre ce qu'il était impossible de découvrir par l'expérience; puisque, de quelque manière que nous opérions, il est impossible de faire agir une seule branche d'un courant.

Dans toutes les conséquences que nous ferons désormais, nous supposerons, non pas que le courant n'est qu'une section, mais qu'il est un courant *indéfini*. Par conséquent nous partirons de ce princicipe fondamental, qu'un courant agit sur l'aiguille aimantée toujours *en raison inverse de la simple distance*.

GALVANOMÈTRE OU MULTIPLICATEUR.

La vérité fondamentale que nous venons de poser nous conduit à la construction d'un des plus précieux appareils que la physique possède pour découvrir les plus petites traces d'électricité. Cet appareil est le *galvanomètre* ou *multiplicateur*.

Imaginons qu'au lieu d'employer un courant *rectiligne*, nous employons un courant *carré*, c'est-à-dire que nous avons plié en carré, fig, 3, le fil par lequel passe le courant. Quelle sera l'action d'un fil disposé de cette manière sur une aiguille aimantée placée au centre du carré, parfaitement mobile, et sans aucune espèce d'action de la terre? Les flèches indiquent la direction du courant. D'après ce que nous avons dit sur l'action d'un courant électrique sur l'aiguille aimantée, il est facile de voir que le côté *a b* du carré tendra à faire tourner le pôle austral derrière la figure. En effet, le courant étant dans la direction de la flèche, et ayant la face tournée vers l'aiguille, il est évident qu'il a sa droite en avant de la figure, et sa gauche en arrière; et comme il fait toujours passer le pôle austral à sa gauche, il dirigera ce pôle en arrière. L'effet du second, du troisième et du quatrième côtés sera le même : donc les quatre côtés exercent une force conspirante, et par conséquent l'aiguille sera tournée avec une grande énergie.

Au lieu d'un seul carré, supposons que nous en ayons cent; n'est-il pas évident que, puisque le carré élémentaire exerce une action quatre fois plus grande que chacun de ses côtés, le second carré produira une action égale au premier? par conséquent l'effet sera double; trois carrés produiront une action triple, cent produiront une action centuple. Nous aurons ainsi un appareil propre à *multiplier* la force électro-magnétique.

Pour construire le multiplicateur, on prend un fil de cuivre de 5o à 6o aunes de longueur, on le couvre d'un fil de soie très serré, de manière qu'en mettant le fil en peloton, jamais le métal ne puisse toucher le métal. Par conséquent, le courant que l'on fera entrer par l'une des extrémités du fil sera obligé de parcourir toutes les circonvolutions de ce fil.

On enroule le fil sur un carré, et on en laisse libres environ deux pieds, qui forment les *extrémités* du multiplicateur. L'on attache à l'un de ces fils un disque en zinc. Le fil du multiplicateur étant de cuivre, il y aura développement de force électromotrice, au contact du fil et du disque. A l'autre fil on fixe un disque en cuivre. En séparant les deux disques par une rondelle humide, le courant s'établit aussitôt, et l'aiguille est tournée avec une très grande force.

IMPRIMERIE DE E. DUVERGER,
RUE DE VERNEUIL, N° 4.

COURS DE PHYSIQUE.

LEÇON CINQUANTE-DEUXIÈME.

(Samedi, 31 Mai 1828.)

SUITE DE L'ÉLECTRO-MAGNÉTISME.

Dans la dernière séance, nous avons commencé l'étude de
l'*électro-magnétisme*. Nous avons constaté le fait fondamental
découvert par Œrstedt, c'est-à-dire, l'action d'un courant électrique sur un aimant. Nous avons vu que tout courant électrique agissait sur un aimant, et agissait à une grande distance;
que l'action se faisait sentir à travers tous les corps, et qu'elle
était plutôt une action *directrice* qu'une action *attractive*. Tels
sont les caractères que nous avons constatés dans cette force
nouvelle, que nous avons appelée force *électro-magnétique*.

Nous avons montré ensuite que non-seulement le courant
de la pile agit sur le magnétisme développé, mais qu'il est
aussi une force *active*, capable de séparer les fluides naturels
dans tous les corps magnétiques. Ainsi on distingue deux
grands caractères dans cette force; elle agit sur le magnétisme
développé, et développe le magnétisme naturel des corps magnétiques. Voilà donc une nouvelle carrière ouverte pour la
science, une nouvelle action de deux agens naturels l'un sur
l'autre.

Après avoir constaté ce premier fait, nous avons cherché
quelle est la vraie direction que le courant tend à imprimer à
l'aiguille; et après avoir observé les diverses variations que
l'aiguille éprouve sous l'action du courant, les diverses directions qu'elle prend, directions qui changent quand le courant
change de direction, ou quand il change de position à l'égard
de l'aiguille; après avoir observé tous ces faits très nombreux, très variés, et en apparence contradictoires, nous
avons pu les envelopper tous dans une seule formule. Nous
avons dit : le courant agit sur un aimant de telle manière qu'il
tourne l'aimant *en croix* avec lui, et fait passer le pôle austral

à sa *gauche*. Vous vous rappelez comment nous avons défini la *droite* et la *gauche* du courant. Je répéterai encore qu'il ne faut pas, quand nous parlons d'un courant, considérer le mouvement électrique à travers les fils métalliques comme un *transport* d'un fluide, mais qu'il faut le considérer comme une *vibration* qui s'accomplit entre les diverses molécules. L'expression de courant n'est donc pas juste. Nous ne nous méprendrons pas sur ce qu'il y a de défectueux dans l'expression qui est consacrée ; nous continuerons donc à employer le mot *courant*, et nous savons quel sens nous devons y attacher désormais.

Quant à la direction du courant, nous supposons qu'il part du pôle *positif* ou du pôle *zinc*, pour parcourir le fil qui joint les deux extrémités de la pile.

On m'a demandé quelques explications sur la pile à un seul élément dont nous nous sommes servis pour nos expériences. La lame de zinc et la lame de cuivre, a-t-on dit, au lieu de se toucher, sont, au contraire, séparées par de petites baguettes d'osier. Il est vrai que les deux lames ne se touchent en aucun point. Par conséquent, ce ne sont pas ces deux lames qui constituent l'élément galvanique. Ce qui constitue l'élément galvanique, c'est un petit appendice de cuivre qui est soudé à la lame de zinc ; c'est à la soudure du petit ruban de cuivre avec le zinc que s'exerce la force électromotrice. La grande lame de cuivre ne sert nullement à développer de l'électricité, elle sert seulement à recueillir l'électricité développée ; et voici comment se produit le jeu de cette pile. Au contact du ruban de cuivre et de la lame de zinc s'exerce la force électromotrice. Le ruban de cuivre est électrisé négativement, la lame de zinc est électrisée positivement. Pour établir la circulation, c'est-à-dire pour que l'électricité négative qui est sur le ruban de cuivre vienne se réunir à l'électricité positive qui est sur le zinc, que faut-il faire ? Il faut d'abord que l'électricité positive sorte du zinc. Mais comment l'en faire sortir ? Si nous allons toucher le zinc avec une lame de cuivre, l'électricité ne sortira pas. Il faut toucher la lame de zinc avec un corps bon conducteur et mauvais électromoteur. C'est pour cela que nous touchons cette lame avec une substance liquide qui l'enveloppe de toutes parts. Le cuivre est maintenu séparé du zinc, au moyen de petites baguettes d'osier. L'électricité positive qui est sur le zinc passe à travers la nappe d'eau, et vient se porter sur la lame de cuivre ; et comme elle n'a à traverser qu'une très petite épaisseur liquide, elle la traverse facilement et promptement.

Pour prendre une idée plus nette de l'appareil, supposons-le composé comme dans la figure 1; *r* représente le ruban de cuivre soudé avec la lame zinc *z*, que nous supposons avoir 5o pieds de longueur sur 3 pieds de largeur, ce qui donne une surface de 15o pieds carrés. Au-dessous de la lame de zinc, est la nappe d'eau; cette nappe est traversée par des osiers, pour éviter le contact entre le zinc et le cuivre. Au-dessous de la nappe d'eau est la lame de cuivre *c*. Cette seconde lame a la même surface que la première, et la nappe d'eau qui sépare les deux lames se trouve avoir pareillement 15o pieds carrés de surface. L'électricité du zinc traversant la nappe d'eau, la lame de cuivre se trouve chargée de toute l'électricité positive, ou du moins elle partage cette électricité avec le zinc. Il s'agit maintenant de réunir cette électricité positive avec l'électricité négative qui est dans le ruban de cuivre.

Pour cela, imaginons qu'on ait soudé un second ruban à la lame de cuivre; ce ruban sera électrisé positivement, et en le mettant en contact avec le premier ruban qui est électrisé négativement, le courant s'établira.

Nous avons un ruban de cuivre qui a, je suppose, une ligne carrée de section, et une nappe d'eau qui a 15o pieds carrés de section. Eh bien! le courant total qui passe par la grande section est exactement le même que celui qui passe par la petite. La circulation se fait comme elle se ferait dans un canal; le liquide qui passe par un grand évasement est le même que celui qui passe par un endroit resserré, seulement la vitesse n'est pas la même dans les deux cas.

Si nous avions une plus grande surface, nous aurions une plus grande quantité d'électricité, c'est-à-dire que le métal est toujours assez grand pour livrer passage au courant électrique, mais que les bons conducteurs, mauvais électromoteurs, ont une très grande *inconductibilité* relativement au métal, et que par conséquent il en faut une quantité plus grande pour livrer passage au fluide.

Le courant d'une pile quelconque paraît d'abord complétement renfermé dans le contour de la pile, et ne produire au dehors aucun genre d'action, si ce n'est par la chaleur qui se développe dans les fils qui servent de conducteur au courant. Mais M. OErstedt a montré qu'il y a véritablement une action qui sort du courant, qui tantôt décompose les magnétismes naturels, qui tantôt les sollicite de diverses manières. Cette action qui sort du courant, c'est l'action *électro - magnétique*.

Cette action qui sort du fil, qui s'en va sur l'aiguille aimantée pour la solliciter, est-ce une émanation latérale du courant? est-ce une simple action analogue à l'action du soleil sur la terre, ou bien une action analogue aux actions électriques ou aux actions magnétiques? La question n'est peut-être pas encore complètement décidée; cependant je vous dirai que l'opinion que nous admettons, qui est celle qu'on admet le plus généralement, c'est que ce n'est pas une émanation latérale du fluide qui se porte sur l'aiguille aimantée, c'est une action *attractive* suivant une certaine loi que nous ferons connaître.

Nous avons vu comment cette action du courant pouvait être multipliée au moyen d'un appareil particulier que nous avons appelé le *multiplicateur*. Nous avons vu qu'on pouvait allonger le fil de métal que le courant devait traverser, et qu'après l'avoir allongé on pouvait le replier sur lui-même, et que comme chacun des contours avait une action égale, il en résultait qu'en faisant faire au fil cent tours au lieu d'un seul, nous devions obtenir une action cent fois plus forte. Aussi nous avons vu que la sensibilité de cet appareil est telle que l'électricité qui se développe au contact d'un disque de zinc et d'un fil de cuivre, et qui est incapable d'exercer une action sur les muscles d'une grenouille, agite très vivement l'aiguille aimantée. Nous pouvons, au moyen de cet appareil, rendre plus sensible la force électromotrice par laquelle les électricités naturelles sont séparées au contact des corps.

AIMANTATION PAR LES COURANS.

Nous avons maintenant à étudier quelques applications de la force électro-magnétique; nous avons à montrer comment on développe le magnétisme dans les corps au moyen de l'électricité; c'est-à-dire que nous avons à étudier l'*aimantation* au moyen des courans électriques.

Puisqu'il est vrai que le courant électrique sépare les fluides naturels, nous pourrons sans doute aimanter une aiguille avec un seul courant.

Il faut que l'action du courant sépare les deux fluides, et qu'après les avoir séparés, le courant agisse pour diriger l'aiguille. Si l'on n'a pas la précaution de placer l'aiguille dans la position qu'elle affecte à l'égard du courant, lorsqu'elle est aimantée, la séparation des fluides a lieu, mais d'une manière très incomplète, très faible. Une aiguille d'acier trempé dur, ayant une grande force coërcitive, serait à peine tournée.

Si nous faisons agir le courant sur l'aiguille déjà tournée comme elle devrait l'être, si elle était aimantée, le courant a un avantage pour développer le magnétisme.

Imaginons que nous fassions agir un courant ascendant d'un côté, descendant de l'autre, sur la même aiguille, à la même distance ; dans ce cas le magnétisme développé sera en quantité double. Faisons agir un courant qui fasse une révolution toute entière, l'action sera quadruple. Enfin, au lieu de faire agir un courant qui ne fasse qu'une révolution, faisons-en agir un qui fasse deux, trois, cent révolutions, chaque révolution produisant son effet, l'aiguille recevra une très grande quantité de magnétisme.

Prenons un fil qui soit tourné en *hélice* tout autour d'un tube de verre dans lequel on met l'aiguille que l'on veut aimanter. En faisant faire à l'hélice un très grand nombre de circonvolutions, le courant qui parcourra toutes ces circonvolutions aimantera l'aiguille d'une manière très sensible.

Il est essentiel de distinguer deux espèces d'*hélices*. Supposez qu'on fixe une extrémité du fil dans le haut du tube, et qu'on le tourne ensuite autour de ce tube, en allant du milieu vers la droite, dans ce cas l'hélice s'appelle hélice *dextrorsum*, fig. 2, et si l'on tourne le fil en allant vers la gauche, l'hélice s'appelle hélice *sinistrorsum*, fig. 3.

Le courant ne marchant pas dans le même sens dans ces deux hélices, l'effet produit ne devra pas être le même. En effet. dans l'hélice *sinistrorsum*, le pôle austral se trouve placé à l'extrémité par laquelle entre le courant. Si après avoir ainsi aimanté une aiguille nous la replaçons dans le tube, et que nous fassions entrer le courant par l'autre extrémité, les pôles seront renversés.

Ainsi, au moyen du courant de la pile, nous pouvons aimanter très fortement les corps, et les aimanter instantanément, car il suffit pour que l'aimantation ait lieu, que l'on ait tiré une simple étincelle.

Il est à peine nécessaire de chercher ce qui doit arriver lorsqu'on emploie une hélice *dextrorsum*. Il est évident que le courant marchant en sens contraire doit développer du magnétisme en sens contraire.

Si nous employons une hélice, fig. 4, composée de deux parties, dont l'une est *dextrorsum* et l'autre *sinistrorsum*, c'est-à-dire qu'au milieu le fil est replié sur lui-même pour être tourné en sens contraire, en faisant entrer le courant par l'extrémité de l'hélice *sinistrorsum*, nous aurons un pôle austral à l'extrémité correspondante de l'aiguille ; au milieu,

52*

nous aurons un pôle boréal, et enfin à l'extrémité par laquelle sort le courant, nous aurons encore un pôle austral.

Si nous employons une hélice dont le fil soit retourné trois fois, nous aurons une aiguille qui aura deux points *conséquens*.

Il importe peu que l'aiguille que l'on soumet à ces expériences soit ou non aimantée ; on peut prendre une aiguille quelconque: seulement, si elle est déjà aimantée, il faut tirer au moins deux étincelles ; l'une pour défaire ce qui est fait, et l'autre pour aimanter l'aiguille en sens inverse.

Nous pourrions retourner l'hélice dix, vingt, cent fois, par conséquent aimanter cette aiguille de manière à avoir alternativement un pôle austral et un pôle boréal, et à avoir ces pôles aussi rapprochés qu'il plairait. D'après la théorie du magnétisme, telle que nous l'avons exprimée, vous concevez qu'une aiguille qui aurait ainsi des pôles austral et boréal se succédant à une très petite distance, serait certainement dans un état magnétique tout-à-fait particulier, ou plutôt qu'elle ne donnerait aucune trace de magnétisme. Il serait facile de faire cette expérience.

Vous concevez que l'action d'une pile pour développer ainsi le magnétisme dépendra et de l'énergie de la pile elle-même et de l'épaisseur du fil dont le courant parcourt les circonvolutions, et de la distance des pas de vis. Si les contours de l'hélice sont très rapprochés, l'action sera énergique ; si les contours sont très éloignés, l'action sera plus faible ; enfin l'action exercée sera dépendante de la force coërcitive de l'aiguille.

Voici l'occasion de chercher l'analogie qui existe entre l'électricité *galvanique* et l'électricité *ordinaire*. Les courans de l'électricité galvanique agissent sur les corps magnétiques ; voyons si les courans de l'électricité ordinaire produiront le même effet, et si l'identité que nous avons déjà constatée par plusieurs expériences se soutiendra, lorsque, avec le courant de l'électricité ordinaire, nous voudrons développer du magnétisme dans l'intérieur des corps.

J'ai indiqué que l'action de l'électricité sur le magnétisme avait été découverte par l'observation des coups de foudre. Or il n'y a aucun doute que les coups de foudre ne soient de l'électricité ordinaire. Nous devons donc présumer d'avance que l'électricité de la machine devra agir comme les courans de la pile.

Nous pouvons faire agir l'électricité de la machine de différentes manières. Ainsi, supposons un fil en contact avec le conducteur de la machine par l'une des extrémités et allant se perdre dans le sol par son autre extrémité. Eh bien! le courant électrique produit par une machine ordinaire en allant se perdre dans le sol, n'affecte presque pas les corps magnétiques. Si nous faisons faire au fil une révolution, en mettant l'une de ses extrémités en contact avec la machine, et l'autre extrémité en contact avec le sol, une aiguille placée au milieu de la circonvolution du fil ne serait qu'à peine déviée, tandis que le simple contact du zinc et du cuivre suffit pour l'agiter très vivement. Il semble donc qu'il y ait une distinction à établir entre le courant provenant d'une machine et le courant provenant d'une pile.

Mais si le courant direct de la machine est inefficace, le courant de l'électricité accumulée est beaucoup plus puissant. Prenons une bouteille de Leyde, et après l'avoir chargée, faisons passer l'étincelle à travers une hélice dans laquelle nous avons mis un fil métallique, nous verrons que ce fil s'aimantera. Lorsqu'on charge la bouteille de manière que l'électricité vitrée soit en dedans, l'électricité résineuse en dehors, le courant s'établit du dedans au dehors et l'aiguille est aimantée, le pôle austral à l'extrémité positive, si elle est placée dans une hélice *sinistrorsum*, et le pôle austral à l'extrémité négative, si l'aiguille est placée dans une hélice *dextrorsum*. Si la bouteille est chargée de manière que l'électricité vitrée soit en dehors et l'électricité résineuse en dedans, nous aurons un effet contraire. On peut employer des hélices retournées, et les résultats sont les mêmes que quand on fait agir le courant de la pile.

Ainsi l'électricité ordinaire est dans ce genre d'action tout nouveau complètement identique avec l'électricité galvanique. Lors donc que nous parlons des courans électriques, nous entendons parler, non-seulement des courans électriques tels qu'ils sont produits par la pile, mais des courans électriques tels qu'ils sont produits par l'électricité ordinaire.

On a cru pendant long-temps que l'électricité ordinaire était complètement et dans toutes ses parties identique avec le courant de la pile. M. Savary a fait des observations extrêmement curieuses qui montrent que, sous certaines conditions, le choc de l'électricité agit d'une manière un peu différente. Voici en quoi consistent ces expériences dont j'indique seulement les principaux résultats. Imaginons un fil de platine, fig. 5, d'un quart de millimètre d'épaisseur, tendu horizontalement, et ayant une très grande longueur. Ce fil est destiné à être traversé par une très violente décharge électrique. Si le choc est très violent, le fil sera vaporisé; mais, même dans ce cas, il y aura encore un résultat produit qui sera curieux à étudier.

Imaginons de petites aiguilles d'acier trempé dur, de 15 millimètres de longueur, disposées sur un plan incliné *P*, et séparées de manière qu'elles ne puissent réagir l'une sur l'autre : la première de ces aiguilles est en contact avec le fil que doit traverser le courant. Toutes les aiguilles sont *en croix* avec le courant, et **toutes à des distances différentes**. Imaginez maintenant qu'on fasse passer à travers le fil la décharge d'une forte batterie électrique, voici ce qui **arrivera** : l'aiguille en contact sera **aimantée d'une certaine manière**. Nous appellerons aimantation *positive* l'aimantation de l'aiguille, dont les pôles prennent la direction qui serait déterminée par un courant ordinaire. L'aiguille placée à **une** certaine distance sera aimantée en sens inverse; puis **ce** renversement pourra ainsi s'étendre à plusieurs aiguilles : nous dirons que ces aiguilles sont aimantées *négativement*. L'aimantation redeviendra ensuite positive, et puis négative. Nous aurons ainsi, par l'action d'une forte décharge électrique, un certain nombre d'aimantations tantôt dans le **sens** *direct*, tantôt dans le sens *inverse*. Voilà un résultat d'autant plus remarquable qu'il ne se produit jamais avec la pile.

Ce résultat dépend de toutes les circonstances qui sont **en** jeu dans les forces qui réagissent les unes sur les autres. Il dépend de la longueur totale du fil, de son épaisseur, de **sa** nature, de la charge électrique et de la force coërcitive **que** possède chacune de ces aiguilles sous l'influence du courant. Les résultats ne seront pas les mêmes, si quelqu'une de ces circonstances vient à varier. Chose très remarquable, si la décharge est assez forte pour vaporiser instantanément le fil qu'elle traverse, l'effet n'en est pas moins produit, les aiguilles sont encore aimantées, et pourront encore offrir diverses périodes. Cependant quand les fils sont très fins, **et** quand les forces coërcitives sont très faibles, les périodes sont moins nombreuses.

En faisant des recherches sur ce sujet, Savary a observé un autre fait très remarquable dont vous sentirez la liaison avec les phénomènes du *magnétisme de rotation*. Il a reconnu qu'une aiguille étant placée dans l'intérieur d'une hélice, **si** on l'enveloppe d'une feuille métallique très mince, elle est apte à prendre beaucoup plus de magnétisme. A mesure **que** l'épaisseur du cylindre augmente, son aptitude à prendre du magnétisme diminue. Tous les métaux produisent **des** effets analogues. Enfin quand le cylindre aura une certaine épaisseur, il n'y aura pas d'action magnétique possible. Si au lieu de prendre un cylindre continu, on enveloppe l'hélice avec un cylindre de limaille métallique, cette limaille n'empêche nullement l'effet du choc, elle n'offre aucune résistance à l'action du courant. Ces résultats sont encore complètement inexplicables.

Toutes ces applications de l'électro-magnétisme nous montrent une assez grande carrière à parcourir. Nous avons désormais un autre mode d'aimantation; nous pouvons développer le magnétisme d'une toute autre manière que nous ne le pouvions faire avec des faisceaux. Il ne faut qu'un fil très fin pour produire, sur de grands barreaux, des effets très énergiques.

ROTATION DES AIMANS PAR L'ACTION DES COURANS.

Voyons maintenant une conséquence très remarquable que M. Faraday a tirée des principes que nous avons posés.

Nous avons dit qu'un courant tend à tourner l'aiguille *en croix* avec lui, le pôle austral à gauche. Imaginons un fil de métal très long, tendu horizontalement et traversé par le courant du nord au sud. Imaginons à l'ouest de ce fil un aimant. Le courant tend à tourner l'aimant, le pôle austral à gauche, c'est-à-dire en bas, puisque le courant marche horizontalement du nord au sud, et que l'aimant est à l'ouest. Si l'aimant ne peut se mouvoir dans le sens vertical, le courant n'agira pas moins pour faire marcher l'aimant parallèlement au courant; nous aurons par conséquent un mouvement progressif.

Autre forme de la même conséquence. Imaginons un courant vertical agissant sur le même aimant, mais n'agissant pas sur les deux pôles; résultat qu'on obtient en faisant descendre l'un des pôles beaucoup plus bas que le courant. L'aimant ne peut se tourner, mais il n'en est pas moins sollicité; et s'il peut marcher dans le sens horizontal, il prend un mouvement de rotation continu, tout-à-fait analogue au mouvement que la terre exécute autour du soleil.

Faraday, qui a tiré cette conséquence des caractères de la force électro-magnétique, l'a ensuite démontrée par l'expérience. Voici quelle est la disposition de l'appareil : on remplit de mercure une éprouvette de verre *V*, fig. 6; un aimant cylindrique ayant un pas de vis à ses deux extrémités, peut recevoir un contre-poids de platine calculé de telle sorte, que l'aimant ne touche pas le fond du vase, et que le pôle de l'aimant, qui est à dix-huit lignes de l'extrémité quand l'aimant est long, et au sixième de la longueur quand il est court, se trouve à fleur du mercure.

Il faut faire passer le courant vertical de manière qu'il n'agisse que sur l'un des pôles de l'aimant. Pour cela, nous faisons arriver le courant sur la surface du mercure, et quand le courant est arrivé sur cette surface, au lieu de le faire pénétrer dans toute la masse du mercure, nous le faisons sortir de la surface au moyen d'un anneau *a*, qui, étant en communication avec le mercure dans lequel il plonge, reçoit le courant qui, s'étant répandu de tous les côtés sur la surface du mercure et trouvant un bon conducteur, le suit dans toute son étendue. L'action de ce courant sur l'aimant est de lui imprimer un mouvement de rotation. Le sens de la rotation dépend de deux choses: de la position des pôles de l'aimant, et de la direction du courant. Le pôle austral étant en haut, et le courant entrant par le fil horizontal pour remonter par le fil vertical, l'aimant tourne dans un certain sens: il tourne en sens contraire, si l'on retourne les pôles de l'aimant, ou si l'on change la direction du courant.

Voici maintenant une vue générale par laquelle nous pouvons embrasser plutôt qu'expliquer tous ces phénomènes. Pendant long-temps ces phénomènes divers de direction, de rotation, n'ont été regardés que comme des conséquences de la force *révolutive* que le courant exerce sur l'aimant, sans qu'on pût assigner ni le siége, ni la direction de cette force révolutive. Des expériences ont été tentées pour ramener à un certain nombre de forces connues de grandeur et de direction, tous ces phénomènes électro-magnétiques, et par conséquent pour réduire l'électro-magnétisme à une simple question de mathématique.

Dès les premières expériences de M. OErstedt on avait reconnu, et M. OErstedt avait reconnu lui-même que, quand on dit que le courant tend à tourner le pôle austral à gauche, cela n'est pas toujours vrai. Imaginons un courant, et une aiguille placée très loin; dans ce cas la proposition est vraie; mais imaginons l'aiguille placée très près du courant, et alors la proposition est fausse; le courant, au lieu de pousser le pôle austral à gauche, le pousse à droite. Il était facile, par l'expérience, de reconnaître la série des points sur lesquels le renversement s'accomplissait. Tant qu'on n'approchera le courant de l'aiguille qu'à une certaine distance, il fera tourner le pôle austral à gauche; quand on l'approchera davantage, l'action du courant sera nulle; et, enfin, quand il sera encore plus près, l'action sera renversée.

Si on cherche la série des points sur lesquels l'action est

nulle, on trouve que si du centre de l'aiguille, avec un rayon égal à la distance du centre aux pôles, on décrit une circonférence de cercle, la série des points sur lesquels l'action du courant est nulle est précisément sur cette circonférence. Si vous venez placer le courant quelque part en dedans de cette circonférence, l'action du courant est renversée.

Si on imagine une aiguille suspendue par un autre point que son milieu, on observe que pour cette autre aiguille, il y a encore une série de points sur lesquels le courant n'exerce point d'action. Si on entre dans l'intérieur de la courbe décrite par ces points, on a une action en sens contraire.

On est parvenu à représenter par le calcul toutes ces diverses situations des aiguilles sous l'influence d'un courant vertical indéfini. C'est sur le résultat de ces calculs qu'est fondée une théorie de l'électro-magnétisme qui rend compte de tous les faits.

ACTION DES AIMANS SUR LES COURANS.

Nous venons de voir l'action des courans sur les aimans; il y a un problème inverse, c'est l'action des aimans sur les courans. Constatons d'abord qu'en effet les aimans agissent sur les courans : nous résoudrons ensuite toutes les questions qui peuvent se présenter sur cette action inverse.

Pour montrer que les aimans agissent sur les courans, il fallait commencer par rendre un courant mobile. La fig. 7 représente un appareil au moyen duquel on parvient à ce résultat. C est une colonne en cuivre : au pied de cette colonne est une cuvette pleine de mercure, par laquelle peut entrer le courant. Le courant suit la colonne et s'en vient jusqu'en I, où est une boule d'ivoire. L'ivoire étant un mauvais conducteur, si le courant était arrêté définitivement, il n'y aurait point de circulation. Une petite languette l, fixée sur la tige de cuivre, plonge dans une petite capsule c remplie de mercure. De là le courant passe dans une autre capsule p, qu'on appelle la capsule positive. Au moyen d'une seconde languette l', on fait arriver le fluide de la colonne C' dans une capsule d, d'où il se rend dans la capsule n, qu'on appelle la capsule négative.

Tant qu'il n'y a pas de communication entre les deux capsules p et n, il n'y a pas de courant; mais si l'on vient suspendre dans les capsules le cercle, fig. 8, le courant s'établit aussitôt, et comme au moyen des pointes $p\,p'$, par lesquelles on suspend le cercle, ce cercle peut tourner avec facilité, il en résulte qu'on a un courant mobile. Si on présente un aimant à un pareil courant, on observe que l'un des pôles repousse le courant, tandis que l'autre l'attire. Ainsi, un courant mobile est sollicité par un aimant.

Cette simple donnée suffit pour élever tout de suite une très grande question. Les courans, venons-nous de dire, sont sollicités par les aimans, et peuvent tourner sous leur influence. Or, la terre est un aimant ; la terre doit donc agir sur les courans : non-seulement la question devient très vaste et très intéressante, mais il se présente un point très essentiel à discuter. Voilà deux genres de forces qui agissent sur les aimans ; savoir : les aimans et les courans. La terre agit-elle comme un aimant ou comme un courant ?

Le courant mobile, fig. 8 , étant suspendu dans l'appareil, fig. 7 , sans aimant qui le sollicite, on observe qu'il se tourne dans une certaine direction. Puisqu'il n'y a pas d'aimant qui agisse sur ce courant, il faut nécessairement que ce soit l'action de la terre qui le sollicite ; et si c'est l'action de la terre, le courant doit prendre une position déterminée à l'égard du méridien magnétique. En effet, le courant soumis à l'action de la terre, se tourne perpendiculairement au plan du méridien magnétique. Nous ne pouvons retourner la terre , pour voir ce qui arriverait par le changement de position des pôles magnétiques ; mais nous pouvons changer la direction du courant : or, si nous opérons ce changement, nous voyons le courant tourner d'une demi-circonférence , osciller quelque temps, et enfin s'arrêter dans une position opposée à la première.

On demandera sans doute s'il faut que le courant soit circulaire, pour que la terre agisse ainsi sur lui. C'est ce que nous examinerons quand nous expliquerons en détail quelle est l'action de la terre.

Nous avons remarqué que l'action des courans sur les aimans est double. Un courant agit pour diriger un aimant, et il agit aussi pour lui imprimer un mouvement de rotation. Nous devons aussi avoir une double action de la part des aimans sur les courans mobiles : action de direction et action de rotation. Ce mouvement de rotation des courans par l'action des aimans et par l'action de la terre se démontre au moyen d'un appareil convenablement disposé pour cette expérience.

IMPRIMERIE DE E. DUVERGER,
RUE DE VERNEUIL, N° 4.

COURS DE PHYSIQUE.

LEÇON CINQUANTE-TROISIÈME.

(Mardi, 3 Juin 1828.)

SUITE DE L'ÉLECTRO-MAGNÉTISME.

Ce que nous avons vu jusqu'à présent sur l'*électro-magné-tisme* se réduit à deux faits fondamentaux : 1° la force électro-magnétique est une force capable d'imprimer des *directions* définies et déterminées; 2° la force électro-magné-tique est une force capable d'imprimer des mouvemens de rotation continue, c'est-à-dire des mouvemens continus qui sont mouvemens de rotation par l'ajustement de nos appareils.

Quant à la direction, vous avez pu remarquer quelle est l'immense variété de phénomènes qu'on obtient.

D'abord, relativement à la direction, il faut distinguer le phénomène *direct* et le phénomène *inverse*. Phénomène direct : direction des animaux sous l'influence des courans. Phénomène inverse : direction des courans sous l'influence des aimans.

Chacun de ces phénomènes direct, inverse, donne lui-même naissance à une foule d'autres phénomènes. Une aiguille aimantée, soumise à un courant, peut prendre une infinité de directions différentes; mais nous ne devons rien voir autre chose, sinon une force et des résistances différentes. C'est ainsi que dans la nature tous les phénomènes se compliquent des résistances que la matière pondérable oppose au libre exercice des forces.

Ainsi nous n'avons que deux choses à considérer : le libre développement de la force, puis les résistances que la matière pondérable y oppose. Par conséquent, tout se réduit pour nous à déterminer ces résistances. Elles dépendent du point par lequel l'aiguille est fixée, de l'intensité magnétique qu'elle possède, de sa masse, etc.

Ce que j'ai dit de cette infinie variété de phénomènes dif-férens que nous présente l'aiguille soumise à l'action du cou-rant, peut se dire du phénomène inverse, de l'action exercée par les aimans sur un courant. La direction du courant dé-pend de l'exercice de la force qui agit sur le courant, de la résistance opposée au courant, et qui dépend du frottement de l'axe autour duquel le courant tourne ; de la masse pondé-rable du cercle dans lequel passe le courant ; de sa conduc-tibilité, de la nature de sa substance.

Nous n'avons donc encore autre chose à considérer ici que des résistances différentes que la matière pondérable oppose au développement de la force.

Ainsi, soit que nous considérions la direction des aimans par l'action des courans, soit que nous considérions la direc-tion des courans par l'action des aimans, tout se réduit à une force unique, puis à des directions infiniment variées.

Si nous considérons à présent les deux autres phénomènes, savoir : le phénomène de rotation de l'aimant par l'action du courant, et le phénomène de rotation du courant par l'action de l'aimant, phénomènes que nous avons produits dans la dernière séance, il y a encore à considérer uniquement la même chose : développement de la force et résistances di-verses. Ainsi, la rapidité de la rotation de l'aimant dépend de la résistance que le mercure oppose, de la distance à la-quelle la force s'exerce, de l'intensité magnétique que l'ai-mant possède, de l'axe de rotation. Les phénomènes seront différens, lorsque l'aimant tournera autour d'un axe très voisin, ou autour d'un axe très éloigné du courant ; mais il y aura un fait fondamental et unique, ce sera le phénomène de rotation : c'est là véritablement ce qui caractérise la force.

Il en sera de même lorsque nous considérerons la rotation d'un courant sous l'influence d'un aimant.

Ces quatre ordres de phénomènes pouvant être diversifiés à l'infini, nous avons dû chercher, en tenant compte de tou-tes les résistances, une expression simple de la force, qui pût embrasser tous ces phénomènes sans aucune exception.

Concevons que l'action s'exerce entre un courant recti-ligne, ou bien un élément de courant, ce qui revient au même, et le pôle d'un aimant. Pour plus de simplicité, con-sidérons le courant comme une ligne mathématique, et con-sidérons le pôle de l'aimant comme un point mathématique, ce que nous pouvons concevoir plus facilement que la dispersion du magnétisme dans toute l'étendue de la masse. Alors une des théories qui embrasse tous les phénomènes de l'électro-magnétisme est la suivante.

Entre la ligne traversée par le courant électrique et le point mathématique, abstrait, qui représente le pôle de l'aimant, et qui est par exemple le pôle austral, concevons une ligne qui soit la plus courte distance du point à la ligne droite du courant, et concevons de part et d'autre de cette ligne deux forces, l'une et l'autre perpendiculaires au courant et à la plus courte distance entre le pôle et le courant, et agissant l'une dans un sens, l'autre dans le sens opposé. Nous aurons ainsi entre le courant et le pôle un système de deux forces parallèles, égales, opposées, c'est ce qu'on appelle un couple. Ce couple est tourné suivant la nature du pôle, suivant la direction du courant. Si le pôle est un pôle austral, le couple sera tourné d'une certaine manière, si au contraire le pôle est un pôle boréal, le couple sera renversé. Si le courant est descendant au lieu d'être ascendant, autre renversement du couple; si on retourne de nouveau les pôles, nouveau renversement.

Ainsi tout se réduit à concevoir une ligne, un point, et puis un couple défini d'une intensité déterminée et par l'intensité du courant, et par la distance du courant au pôle. Lorsqu'on a conçu ce couple, on peut embrasser l'ensemble des phénomènes électro-magnétiques. De même, qu'une fois qu'on a dit : l'attraction s'exerce entre la matière pondérable, en raison inverse du carré de la distance et proportionnellement aux masses, tous les phénomènes célestes peuvent être calculés. Si on disait au mathématicien: il y a dans l'espace un certain nombre de fragmens matériels connus de position ; les masses étant données, et connaissant l'impulsion primitive que chacune d'elles a dû recevoir, calculez quelle doit être la position relative de chacun de ces fragmens matériels à une époque donnée ; le mathématicien n'aurait que quelques calculs à faire, pour répondre que dans tant de siècles, le monde sera disposé de telle manière. J'ai dit la *position relative*, parce qu'en effet le mathématicien ne peut atteindre que là, il ne peut déterminer la position absolue ; il ne peut dire si le centre du soleil est stable dans l'espace, ou s'il se meut lui-même, emportant dans son mouvement la terre et les autres comètes qui tournent autour de lui.

Dans les phénomènes électro-magnétiques, qui sont d'une moindre étendue, c'est-à-dire qui s'exercent dans un moindre espace, mais qui n'ont pas moins d'importance, en ce sens qu'ils doivent expliquer et faire connaître des propriétés très intimes de la matière. Dans les phénomènes électro-magnétiques, il faut ainsi réduire à un système de forces toute l'action qui s'exerce entre le courant et l'aimant.

Je n'ai pas indiqué jusqu'à présent comment s'expliquent les deux phénomènes que nous avons observés dans la dernière séance ; savoir : le phénomène de direction et le phénomène de rotation par l'action de la terre. Nous allons voir comment ces phénomènes se déduisent immédiatement du principe théorique que nous avons posé.

DIRECTION DES COURANS.

Commençons par le phénomène de direction ; nous avons vu qu'un courant abandonné à lui-même se dirigeait perpendiculairement au plan du méridien magnétique. Pourquoi le courant prend-il cette direction ? Soit, fig. 1, un courant circulaire. Ce courant est terminé à ses deux extrémités par deux pointes en acier, destinées à plonger dans deux petites coupes dont le fond est garni d'un petit disque de verre, sur lequel doit reposer la pointe d'acier, afin que sa liberté soit plus grande, et que le frottement soit moindre. Il ne faut pas que les deux extrémités métalliques du cercle se touchent ; car il est évident que si les deux fils se touchaient à l'endroit où ils paraissent terminer le cercle, le courant ne se donnerait pas la peine de parcourir tout le cercle. C'est pour contraindre le courant à suivre tout le contour du cercle qu'entre les deux fils, à l'endroit où ils sont le plus rapprochés, on met une petite bande de substance non conductrice : c'est ordinairement du bois ou du cuir sec.

Supposons que le courant entre par l'extrémité inférieure du fil, et sorte par l'autre extrémité après avoir parcouru tout le cercle ; imaginons ce cercle tourné dans la position du méridien magnétique, et voyons comment l'aimant terrestre va agir sur ce courant circulaire. Bien que j'ai fait présupposer qu'il pourrait arriver que la terre, au lieu d'être un aimant, fût un simple courant, nous considérerons encore la terre comme un aimant, comme ayant par conséquent deux pôles. Quel est le pôle le plus efficace dans nos climats ? c'est le pôle boréal. Nous pourrons donc à la rigueur considérer tous les phénomènes produits dans ce lieu, comme étant produits par le pôle boréal. Nous sommes certains que ce pôle est placé infiniment loin, relativement à la direction du cercle que nous employons. Soit *MM* la direction de l'aiguille d'inclinaison supposée prolongée à l'infini. L'action de la terre est la même que s'il y avait sur le prolongement de cette ligne, à une distance infinie, un pôle boréal d'une certaine intensité. Imaginons que nous menons parallèlement à la direction de l'aiguille d'inclinaison deux tangentes *a b*, *c d*, ces deux lignes iront se rencontrer au pôle boréal, puisqu'il est placé à une distance infinie. Le pôle boréal agira de deux manières différentes, et sur la demi-circonférence comprise entre les deux tangentes qui est la plus voisine, et sur la demi-circonférence qui est la plus éloignée. Comment agira-t-il sur la demi-circonférence inférieure ? Le courant, avons-nous dit, entre par l'extrémité inférieure du fil; par conséquent il suit le contour de ce fil dans le sens indiqué par les flèches, il regarde le pôle dont il reçoit l'action. Ce pôle est un pôle boréal; donc le courant tend à le pousser à droite. Le pôle à son tour tend à faire passer le courant à gauche. Ainsi le pôle boréal de la terre, placé à une distance infinie, tend à faire tourner la demi-circonférence inférieure de manière que le courant passe à gauche relativement au plan de la figure, c'est-à-dire derrière. Quel sera l'effet du pôle boréal sur la demi-circonférence supérieure ? Pour cette demi-circonférence, le courant tend encore à faire passer le pôle boréal à sa droite, et à son tour, le pôle boréal tend à faire passer le courant à gauche, c'est-à-dire en avant de la figure. Voilà l'effet que le pôle boréal produit sur le cercle; de telle sorte, que si le cercle était mobile autour du diamètre qui joint les deux tangentes il tournerait; car l'une de ses moitiés tend à passer derrière la figure, et l'autre tend à passer en avant. Mais le cercle n'étant mobile qu'autour d'un axe vertical, que doit-il arriver ? Il ne restera pour le faire tourner qu'une force équivalente à la différence entre le plus grand axe et le plus petit. Obéissant à cette force, le cercle viendra se placer dans un plan perpendiculaire au plan du méridien mgnétique. Quand il sera dans cette position, il sera dans un repos absolu.

Ainsi, un courant circulaire, mobile autour d'un axe vertical, ces conditions sont toutes essentielles, étant soumis à l'action de la terre, doit se tourner perpendiculairement au plan du méridien magnétique.

Maintenant, changeons la direction du courant, faisons-le passer en sens contraire. Le raisonnement s'appliquera exactement en sens inverse, et le courant se mettra dans une position diamétralement opposée à la première.

Voilà ce qui explique complétement l'action directrice que la terre exerce sur les courans circulaires; rien n'est plus facile que de déterminer l'effet de l'action de la terre sur les courans qui ne sont pas circulaires.

ROTATION DES COURANS.

Voyons maintenant l'explication théorique du phénomène de rotation que nous avons observé.

Imaginons qu'au lieu d'un appareil compliqué, nous ayons un simple fil horizontal, fig. 2, et que ce fil horizontal soit traversé par un courant dirigé dans un sens ou dans l'autre. L'extrémité de ce fil est fixée à une pointe qui repose dans une coupe. Le courant part de la pointe. Voyons quel effet doit être produit. Supposons encore que l'appareil soit placé dans le plan du méridien magnétique, et n'oublions pas que le pôle boréal est placé à une distance infinie sur la direction de l'aiguille d'inclinaison, que le courant a la face tournée en bas, qu'il a les pieds vers la pointe par où entre le courant et la tête vers l'autre extrémité du fil. Par conséquent, il doit agir sur le pôle boréal de telle sorte que si ce pôle était mobile, le courant le ferait passer vers sa droite; à son tour le pôle boréal tend à pousser le courant à gauche. Ce raisonnement s'applique à toutes les positions du courant; par conséquent, ce courant devra décrire un mouvement de rotation continue.

Remarquez la différence qu'il y a entre ce genre d'action et les phénomènes célestes. La terre tourne autour du soleil d'un mouvement de rotation qui n'est pas uniforme; mais peu importe pour ce que nous avons à considérer ici. Pourquoi la terre tourne-t-elle d'un pareil mouvement? c'est parce que, primitivement placée à une certaine distance du soleil, et primitivement douée de la propriété d'être attirée par le soleil et de l'attirer à son tour, à l'instant où elle a été abandonnée à elle-même, elle a reçu une impulsion perpendiculaire à la ligne qui joint son centre au centre du soleil. Cette impulsion, que nous pouvons évaluer en la comparant, par exemple, à une charge de poudre de tant de milliards de kilogrammes, combattant toujours la force attractive, imprime à la terre un mouvement de rotation perpétuel. Vous apercevez la différence entre la cause du mouvement de rotation de la terre et la cause du mouvement de rotation des courans. A l'égard des courans, sans impulsion primitive, la simple position d'un point, à l'égard d'une ligne, détermine dans cette ligne un mouvement de rotation continue.

Vous concevez maintenant que si le fil, fig. 2, prend un mouvement de rotation autour de la pointe, le prolongement de ce fil de l'autre côté de la pointe devra prendre également un mouvement de rotation. On conçoit que si, au lieu d'une seule branche, le courant en a deux, le courant partant du milieu pour aller vers les deux extrémités, le mouvement de rotation devra encore avoir lieu. Il n'en serait pas de même si le courant partait de l'une des extrémités du fil pour aller sortir par l'autre extrémité. Dans ce cas, l'action du pôle ayant pour effet de faire tourner l'une des moitiés du fil dans un sens, et l'autre moitié en sens inverse, le mouvement ne pourrait avoir lieu.

C'est une chose très simple que de réaliser cette expérience, et de faire monter le courant de manière qu'il se divise ensuite entre les deux branches du fil.

L'appareil, fig. 3, est différent de celui dont nous venons de parler. Il y a des branches horizontales et des branches verticales. Il est facile de démontrer que les deux branches ne jouent aucune espèce d'action verticale, et que, par conséquent, c'est comme si l'on n'avait que les deux branches horizontales.

Ce que nous venons de dire de l'action de la terre, nous pouvons le dire pour un aimant, soit par rapport à la direction, soit par rapport à la rotation.

En présentant le pôle boréal d'un barreau au-dessous du courant, on favorise l'action de la terre, et le mouvement du courant s'accélère. En le présentant au-dessus, on contrarie l'action de la terre, le mouvement diminue; et même, si l'aimant est assez fort, le mouvement s'arrête, pour recommencer en sens contraire. On produit des effets inverses avec le pôle austral d'un barreau.

Il existe plusieurs appareils qui servent à démontrer les principes que nous venons de poser. Plusieurs de ces appareils prouvent en même temps qu'il n'est pas nécessaire, pour que les courans agissent sur la terre ou sur les aimans, qu'ils soient très intenses. La plupart ont été inventés par M. Larive de Genève. Les figures 4 et 5 représentent deux de ces appareils, composés d'un morceau de liége traversé par une bande de zinc soudé à une bande de cuivre ou par un fil de zinc soudé à un fil de cuivre. On met ce morceau de liége flotter sur de l'eau acidulée. Au contact du zinc et du cuivre, il y a développement de force électromotrice, et le courant s'établit au moyen de l'eau acidulée qui sert de conducteur.

Tel est l'ensemble des phénomènes qui résultent des actions réciproques des aimans sur les courans.

ACTION DES COURANS SUR LES COURANS.

Maintenant que nous avons parcouru tous les phénomènes résultant de l'action mutuelle des aimans et des courans, que nous avons indiqué leurs variétés, en montrant combien il serait facile d'imaginer des combinaisons d'appareils qui produiraient ou d'autres phénomènes de directions, ou d'autres phénomènes de rotation, extrêmement diversifiés, mais qui se rapporteraient au même principe, nous allons passer à un autre ordre de phénomènes relatifs encore à l'électro-magnétisme, c'est-à-dire aux phénomènes qui résultent de l'action des courans sur les courans.

En effet, après avoir montré que les courans agissent sur les aimans, il reste à examiner si ces courans sont des forces qui soient tout-à-fait indifférentes l'une à l'égard de l'autre.

Les phénomènes résultant de l'action des courans sur les courans ont été découverts par M. Ampère, quelques mois seulement après la découverte de M. Œrstedt. Ce nouveau genre de phénomènes à la découverte desquels M. Ampère a été conduit par le raisonnement, se réduit à un certain nombre de principes extrêmement simples.

Nous nous servirons, pour démontrer l'action des courans sur les courans, de l'appareil qui nous a déjà servi à démontrer l'action de la terre pour diriger les courans. Il est nécessaire de vous faire connaître un petit mécanisme imaginé par M. Ampère, au moyen duquel on peut facilement changer la direction des courans. La fig. 6 représente ce mécanisme. R, R', sont deux rainures ou cavités exactement de même forme, c, v, c', v', sont quatre cavités creusées comme les rainures dans l'épaisseur du bois. Les deux rainures et les quatre cavités sont destinées à être remplies de mercure. Les cavités c, v, et les cavités c', v', communiquent entre elles par des lames de cuivre diagonales. Au point où les deux lames sont superposées l'une sur l'autre, elles sont séparées par un corps non conducteur.

Il s'agit maintenant de pouvoir, à volonté, faire passer le courant des rainures dans l'une ou l'autre des cavités. A cet effet, on a une petite bascule, fig. 7, terminée par quatre arcs disposés de telle manière que l'un des arcs puisse plonger en même temps dans une rainure et dans une des petites cavités. On conçoit comment, au moyen de cet appareil, on peut faire passer le courant, suivant telle direction qu'on voudra, dans un fil dont les deux extrémités viendraient plonger, par exemple, dans les deux cavités supérieures. Ainsi, imaginez qu'on abaisse la bascule de manière que ce soient les cavités inférieures qui communiquent avec les rainures R, R'. Nous avons placé le fil positif dans la rainure R, et le fil négatif dans la rainure R'. Par conséquent, le fluide positif passera dans la cavité c, de là dans la cavité v, et le courant parcourra le fil de a en b; si on abaisse la bascule de l'autre côté, on voit que le courant devra circuler dans le fil de b en a.

Voici les différens principes que nous avons à démontrer relativement à l'action des courans sur les courans.

Premier principe. Deux courans rectilignes et parallèles qui vont dans le même sens, s'attirent de manière à se rapprocher aussi près qu'ils peuvent.

Second principe. Deux courans rectilignes et parallèles se repoussent.

Pour démontrer ces principes, on suspend dans l'appareil, fig. 7, leçon 52ᵉ, un courant rectangulaire disposé, comme l'indique la fig. 8, et à côté de ce rectangle mobile, on place un rectangle immobile, fig. 9, dans lequel on fait passer le courant d'abord dans le même sens que dans les branches extérieures du courant mobile, et ensuite dans un sens inverse. Dans le premier cas, c'est-à-dire lorsque les deux courans sont tous deux ascendans ou tous deux descendans, ces courans s'attirent et viennent se placer dans un même plan ; dans le second cas, ils se repoussent et tendent à se mettre en croix l'un avec l'autre.

L'action d'un courant sinueux est exactement égale à celle d'un courant droit. Par conséquent nous n'aurons plus à nous occuper des divers circuits que les courans parcourent ; puisqu'il est vrai que quand le courant est recourbé, il exerce la même action que quand il est droit. C'est ce que nous pouvons vérifier au moyen d'un appareil, fig. 10, formé par deux fils, l'un droit qui passe dans l'intérieur d'un tube de verre, l'autre sinueux qui s'enroule autour de ce même tube. S'il est vrai que le courant sinueux et le courant droit aient la même intensité, il en résultera que, quand nous ferons monter le courant par le fil droit pour le faire descendre par le fil sinueux, ce système de deux courans, l'un ascendant et l'autre descendant, ne devra produire aucune action; et en effet, si nous approchons de ce système un courant mobile ascendant, il n'est ni attiré ni repoussé : par conséquent l'attraction qui résulte du fil central est exactement compensée par la répulsion produite par le fil sinueux.

Quand deux courans ne sont pas parallèles, comment agissent-ils l'un à l'égard de l'autre ? Nous allons considérer deux courans placés dans l'espace, d'une manière quelconque : voici un principe très simple, très ingénieusement trouvé, et qu'il importe de connaître sur l'action de deux courans qui ne sont pas parallèles, et qui ne vont ni dans le même sens, ni en sens contraire, qui en un mot sont inclinés l'un sur l'autre d'une manière quelconque.

Lorsque deux courans sont tels qu'ils s'approchent tous les deux du sommet de l'angle qui ferait leur rencontre, s'ils étaient dans le même plan, ces deux courans s'attirent et tendent à se tourner, pour venir en présence l'un de l'autre. Lorsque ces deux courans s'écartent du sommet de l'angle, ils s'attirent encore et tendent à se mettre dans une situation parallèle; mais lorsqu'un des courans s'éloigne du sommet de l'angle, et que l'autre s'en approche, les deux courans se repoussent.

La figure 11 présente les deux cas : quoique les deux lignes ab, cd, paraissent superposées, il faut concevoir qu'elles sont dans des plans différens; que l'une est dans un plan plus avancé que l'autre. Les courans as, cs, vont vers le sommet; les courans sb, sd, s'éloignent du sommet; par conséquent il y a attraction entre as, et cs, et entre sb et sc; et par le résultat de cette attraction, les deux lignes tendent à se rapprocher. Si nous considérons les courans as et sd, nous verrons que as s'approche du sommet de l'angle, tandis que sd s'en éloigne. Par conséquent ces deux courans se repousseront : il en sera de même à l'égard de cs et sb. Par le résultat de cette répulsion, les courans tendront encore à se placer parallèlement.

Voici une conséquence très importante et très curieuse, qui se déduit du principe que nous venons de poser. Imaginons, fig. 12, un courant rectiligne, horizontal et d'une longueur indéfinie asb; imaginons qu'il marche, par exemple, du midi vers le nord, et imaginons un courant ascendant sc, qui puisse se mouvoir parallèlement à lui-même, à côté du courant horizontal : voyons ce qui doit arriver entre les deux courans. La partie as du courant horizontal s'approche du sommet de l'angle, et la partie sb s'en éloigne, le courant ascendant s'éloigne du sommet de l'angle. Par conséquent le courant *s c* est repoussé par *as* et attiré par *s b*, et comme il ne peut que se mouvoir parallèlement à lui-même, il en résultera qu'il doit prendre un mouvement progressif. Si nous voulons faire l'expérience d'une manière commode, au lieu de prendre un courant rectiligne, il faut prendre un courant circulaire ; et comme, quand le courant horizontal était rectiligne, le courant vertical se mouvait en ligne droite, il est évident que quand le courant horizontal sera circulaire, le courant vertical devra se mouvoir autour du courant circulaire, et prendre par conséquent un mouvement de rotation: pour rendre le phénomène plus sensible, on fait faire au courant horizontal un grand nombre de tours, on en fait, en un mot, un *multiplicateur.*

En plaçant un courant vertical ascendant dans le cercle décrit par un courant horizontal, on obtient ainsi un mouvement de rotation produit non par l'action de la terre, mais par l'action des courans sur les courans.

Il nous restera, pour compléter cette théorie, à discuter la question de savoir si les aimans sont véritablement des courans, ou si les fluides magnétiques sont des fluides d'une espèce particulière.

IMPRIMERIE DE E. DUVERGER,
RUE DE VERNEUIL. N° 4.

COURS DE PHYSIQUE.

LEÇON CINQUANTE-QUATRIÈME.

(Samedi, 7 Juin 1828.)

SUITE DE L'ACTION DES COURANS SUR LES COURANS.

Nous avons commencé l'étude de l'action que les courans électriques exercent sur les courans électriques. Nous avons vu par l'expérience, 1° que deux courans électriques parallèles qui vont dans le même sens, s'attirent ; 2° que deux courans parallèles, mais marchant en sens contraire, exercent l'un sur l'autre une répulsion, et cette répulsion est comme l'attraction que les courans exercent quand ils vont dans le même sens, c'est-à-dire qu'elle a lieu suivant une ligne qui joint les deux lignes parallèles et qui leur est perpendiculaire.

Ainsi, concevons deux colonnes qui représenteraient deux courans parallèles et marchant en sens contraire ; si ces colonnes étaient parfaitement libres dans l'espace, on les verrait s'éloigner l'une de l'autre, et s'éloigner indéfiniment, car la répulsion s'exerce comme les attractions à toutes les distances, et diminue à mesure que la distance augmente.

Au contraire, si deux courans marchaient dans le même sens et parallèlement, on les verrait, s'ils étaient mobiles, s'avancer l'un vers l'autre au point de se toucher. Qu'arriverait-il si ces deux courans pouvaient non-seulement se toucher, mais se joindre ; si le fil par lequel passe le premier courant, et celui par lequel passe le second courant, pouvaient arriver jusqu'au contact et même se pénétrer l'un l'autre, de manière que les deux courans n'en fissent qu'un seul ? Les courans exerceraient-ils encore une force attractive l'un sur l'autre pour se mêler, se pénétrer, et ne former qu'un seul tout homogène, c'est-à-dire un courant double, ou bien s'exercerait-il à de petites distances d'autres actions entre ces deux courans? c'est ce qu'il n'est pas encore possible de décider.

Nous avons vu que l'électricité ordinaire pouvait très bien passer dans les espaces vides, du moins tels que nous pouvons les produire à la surface de la terre. Le courant de la pile peut-il également passer à travers des espaces dépouillés de matière? L'expérience semble indiquer, car il est difficile de tirer des conclusions qui ne laissent aucun doute dans l'esprit, l'expérience, dis-je, semble indiquer que quand les courans traversent ou les fluides excessivement raréfiés, ou le vide tel que nous pouvons le produire, ils exercent l'un sur l'autre, à petites distances, des actions qui ne sont pas les mêmes que celles qu'ils exercent lorsqu'ils traversent des fils. Ainsi un courant, en passant au milieu d'une grande masse liquide, ne se rétrécira pas au point de n'occuper que l'espace d'une ligne, il se disséminera dans toute l'étendue de la masse liquide, ce qui semble contraire à la loi de l'attraction; car tous les courans marchant dans le même sens, sembleraient devoir se concentrer dans un seul faisceau. Il est certain qu'ils ne le font pas. C'est sur cette expérience que repose l'indication que je donnais tout à l'heure, savoir que lorsque les courans sont très rapprochés, ils agissent probablement d'une autre manière.

Quant aux courans qui traversent des espaces vides, nous allons démontrer qu'en effet ces courans existent, mais le genre d'action qu'ils peuvent exercer les uns sur les autres est encore excessivement difficile à étudier. L'appareil dont on se sert pour les expériences, est le même que celui qui nous a déjà servi pour démontrer le passage de l'électricité ordinaire dans le vide, c'est l'*œuf philosophique*. Seulement, au lieu de deux boules aux extrémités des tiges conductrices, nous avons deux petites capsules en platine, dans lesquelles il y a des charbons. Les charbons sont taillés en cône. Le pôle positif vient à la pointe du cône supérieur, et le pôle négatif à la pointe du cône inférieur. Il faudrait que la pile fût très forte pour que la résistance pût être vaincue; mais lorsque l'action électrique, l'attraction de l'électricité positive sur la négative peut s'exercer à une petite distance, l'intervalle qui sépare les deux pointes est franchi, l'on voit dans le vide briller une vive étincelle, et le courant passant par la pointe des cônes y détermine une haute température. Si le vide était parfait, nous verrions l'éclat de la lumière se soutenir pendant des heures entières; mais il reste toujours quelques parcelles d'oxigène qui doivent brûler un peu de charbon.

On aperçoit de la fumée dans la cloche, c'est du mercure vaporisé, et voici d'où provient ce mercure. Si l'on éteignait le charbon à l'air, il s'imprégnerait d'humidité dont il serait difficile ensuite de le dépouiller. On l'éteint dans le mercure ; mais alors tous les pores du charbon se remplissent de ce métal, qui est même favorable à l'expérience à cause de sa conductibilité. A mesure que le courant traverse la pointe des cônes, ce mercure s'évapore.

L'expérience de la combustion du charbon dans l'oxigène vous est connue ; vous savez avec quelle rapidité le charbon se détruit. La combustion du charbon dans l'air atmosphérique est aussi telle que le charbon se détruit très promptement. Mais ici, après que l'expérience a duré quelques minutes, le charbon traversé par le courant n'est presque pas altéré, et cependant il y a de l'air dans le charbon. D'ailleurs ce charbon n'est pas du charbon pur, il y a donc une espèce de décomposition des élémens étrangers au charbon. Voilà pourquoi le charbon s'use.

Voilà donc un corps traversé par un courant électrique, porté à la plus haute température qu'on puisse produire, et cependant ce corps reste véritablement inaltérable.

Lorsque le charbon est ainsi traversé par le courant et quand la pile est très puissante, qu'elle est composée, par exemple, de deux cents paires, voici l'expérience que l'on peut faire, expérience que nous ne pouvons qu'indiquer ici.

Pendant la combustion très vive qui a lieu, et lorsque le courant passe, on peut écarter les deux cônes, on peut les porter à la distance de plusieurs pouces l'un de l'autre ; le courant continue de passer, le sommet des cônes continue de donner une lumière éclatante, et en même temps tout l'intervalle qui sépare les deux charbons est traversé par un grand faisceau de lumière qui joint les deux cônes exactement comme nous avons vu l'électricité ordinaire passer de l'une des boules à l'autre de l'œuf philosophique.

On dira : mais ce passage du courant électrique n'est pas le passage d'un courant électrique à travers le vide, puisqu'il y a de la vapeur de mercure ; c'est cette vapeur qui donne à la lumière son éclat. Cela est possible ; nous ne pouvons savoir si dans le vide parfait, tel que le vide des espaces célestes, les courans électriques, soit de l'électricité ordinaire, soit de l'électricité de la pile, peuvent passer librement. Il est même présumable que l'électricité ne peut passer ; car autrement des phénomènes qui se produiraient à la surface de la terre pourraient exciter dans les hauteurs de l'atmosphère, et par conséquent dans les espaces vides supérieurs du mouvement électrique, et dès l'instant que le mouvement électrique serait imprimé en un point quelconque il devrait se répandre dans toute l'étendue de l'espace rempli par l'éther, et nous verrions l'immensité du ciel briller d'une lumière pareille à celle que nous apercevons dans l'œuf philosophique; et comme cette lumière produit de la chaleur, un tel phénomène ne serait pas sans danger.

Lorsque le courant de la pile passe ainsi entre la pointe des deux cônes de charbon, si l'on approche un aimant, que doit-il arriver? Si le courant qui passe dans le vide produit exactement les mêmes phénomènes que le courant qui passe dans un fil, l'aimant devra attirer ce courant ou le repousser et le tourner dans un certain sens; et réciproquement ce courant devra agir sur l'aiguille pour la tourner en croix avec lui, le pôle austral à gauche. L'expérience a été tentée par sir Humphry Davy, et il est parvenu, avec l'appareil puissant de la société royale de Londres, à faire une colonne de feu qui obéissait à l'action d'un aimant.

Tels sont les propriétés les plus remarquables des courans: ils s'attirent, ils se repoussent quand ils passent à travers des fils; et quand ils passent dans le vide ou dans des fluides, ils éprouvent à l'égard l'un de l'autre des actions que nous ne pouvons pas encore définir.

Nous avons démontré ensuite que deux courans qui ne sont pas parallèles, mais qui sont inclinés l'un à l'autre, agissent de telle sorte qu'ils tendent à se tourner parallèlement et à marcher dans le même sens.

Nous avons vu dans la dernière leçon le phénomène de la rotation produite par l'action d'un courant sur un courant; nous pourrions penser que c'est l'action de la terre qui imprime ce mouvement de rotation. Mais d'abord par l'activité même du mouvement, nous pouvons distinguer celui qui est produit par le courant de celui qui est produit par la terre. Nous pouvons d'ailleurs démontrer que la rotation est due à l'action du courant; il suffit de changer la direction de ce courant, l'appareil s'arrête, et puis tourne en sens contraire. Il y a une autre action des courans sur les courans pour faire tourner. Cette autre action a été observée pour la première fois par Savary. L'appareil dont il se sert se compose d'un cercle, fig. 1, qui joint deux branches verticales. Ce cercle, au lieu d'être complet, est interrompu par une petite bande d'ivoire sur laquelle les deux bords du cercle sont soudés; le courant est forcé de parcourir le cercle tout entier, et arrivé à la bande d'ivoire, il passe du cercle dans le fluide. Ce passage du courant dans le fluide détermine une rotation qu'il est très facile de distinguer de la rotation produite par l'action de la terre. La rotation est moins rapide que celle que nous avons produite tout à l'heure.

Ce qui prouve que ce résultat n'est pas dû à l'action de la terre, c'est qu'en changeant la direction des courans, nous ne changeons pas le sens de la rotation. Mais si nous interrompons le cercle de manière que les courans marchent en sens contraire sur le contour du cercle, nous aurons précisément une rotation en sens contraire.

Ce mouvement de rotation peut se produire avec une hélice-plane, fig. 2, dont l'une des extrémités est repliée en crosse: lorsque l'hélice est *sinistrorùm*, la rotation se fait dans un certain sens, et quand elle est *dextrorsùm*, la rotation se fait en sens contraire.

Voilà à quoi se réduit l'action des courans sur les courans. Nous devons voir dans ces phénomènes une généralisation complète, c'est-à-dire nous devons voir l'électricité se mouvoir, abstraction faite de la matière.

Ainsi ce n'est pas la matière qui, accidentellement soumise aux impulsions de l'électricité, prend ces propriétés d'attraction, de répulsion, de rotation, que nous observons. Ces actions, semblables aux actions électriques, sont précisément les actions que les fluides isolés et séparés de la matière pondérable exercent les uns sur les autres.

Voici maintenant un exposé de la théorie du magnétisme déduite de ces expériences. M. Ampère, après avoir découvert l'action que les courans exercent sur les courans, après avoir déterminé la loi de cette action, est arrivé par le calcul à cette conséquence, qu'il est possible de représenter toutes les actions magnétiques, toutes les actions que les courans exercent sur les aimans et sur les courans, au moyen de la seule action *électro-dynamique*, c'est-à-dire au moyen de la seule action que les courans exercent sur eux-mêmes; en d'autres termes, M. Ampère a regardé les aimans exactement comme des corps qui n'ont les propriétés magnétiques que parce qu'ils sont traversés d'une certaine manière par des courans électriques. Imaginons pour un moment un courant électrique formé par un fil enroulé sur un cylindre, et formant une spire extrêmement serrée, en un mot imaginons une hélice semblable à celle qui nous a servi pour aimanter au moyen de l'électricité: c'est ce que M. Ampère appelle un *solénoïde*. Veuillez vous rappeler comment se dirige un cercle mobile traversé par un courant, sous l'action de la terre ; ce cercle se tourne perpendiculairement au plan du méridien magnétique : donc si nous avons non pas un cercle, mais mille cercles ayant tous le même axe, et tous traversés par le même courant, il doit arriver que tous se dirigeront perpendiculairement au plan du méridien magnétique. Or, si le plan des cercles est perpendiculaire à l'axe de ces cercles, dans quel sens cet axe sera-t-il dirigé ? Évidemment dans le sens du méridien magnétique. Donc un solénoïde doit se tourner exactement comme une aiguille aimantée ; c'est cette dernière conséquence qui a donné à M. Ampère l'idée de pousser plus loin la comparaison, et de dire : non-seulement les phénomènes se passeraient de la sorte si les aimans étaient composés de courans circulaires, mais il y a plus ; les phénomènes se passent réellement de la sorte ; et voici comment les aimans sont composés.

Il y a deux manières de concevoir la formation des aimans qui sont à peu près équivalentes. Prenons un aimant cylindrique ; on peut concevoir autant de courans circulaires parallèles que l'on peut avoir de sections dans l'aimant.

Il y a une autre manière plus profonde, et peut-être plus vraie, de concevoir la composition des aimans. Au lieu d'imaginer un seul courant pour chaque section, concevons par la pensée que chacune des molécules qui forment une section est environnée d'un courant électrique qui n'est produit, ni par un accident, ni par l'électricité qui passe, ni d'une autre manière, mais qu'il y a primitivement un courant électrique autour de chaque molécule. Comment, dira-t-on, concevoir dans les atomes un courant électrique ? C'est une autre question que nous examinerons dans un instant. Pour le moment imaginons qu'un atome de fer, corps simple ou non, imaginons que cet atome est environné d'un courant électrique qui forme comme une ceinture autour de cet atome, et qui tourne autour de lui continuellement.

Il est évident que s'il y a plusieurs courans parallèles, allant dans le même sens, et dirigés perpendiculairement à l'axe de l'aimant, il est évident, dis-je, que nous pourrons reproduire très exactement les phénomènes magnétiques. Nous reproduirons l'attraction et la répulsion des aimans, leur direction, l'action que les aimans exercent sur les courans et l'action que les courans exercent sur les aimans. Enfin nous embrasserons dans une seule théorie tous les phénomènes relatifs au magnétisme, à l'électro-magnétisme, et aux actions que les courans exercent sur les courans.

Voilà les trois sortes de phénomènes qui sont expliqués d'une manière satisfaisante par cette hypothèse. Mais on sait que, pour embrasser ainsi un grand ordre de phénomènes naturels, il y a toujours un grand nombre d'hypothèses possibles; ainsi, à l'époque de Descartes, on savait quelque chose du magnétisme, on connaissait quelques phénomènes d'électricité, on connaissait les phénomènes astronomiques. Pour nous arrêter simplement aux phénomènes magnétiques, Descartes exprimait d'une manière très satisfaisante toutes les propriétés des aimans par son hypothèse des tourbillons. Il imaginait qu'un aimant était un corps poreux, qu'il y avait dans l'éther un mouvement du pôle sud au pôle nord, que l'éther en mouvement entrait par l'une des extrémités de l'aimant et sortait par l'autre, et qu'en traversant ainsi l'aimant il le dirigeait, et que si l'aimant était écarté de cette direction, il y était ramené aussitôt. Il y avait une grave objection à faire; on pouvait dire : Si l'aimant n'est qu'un canal, pourquoi ne se tient-il pas aussi bien quand on le tourne dans le sens diamétralement opposé? On faisait à cette objection une réponse qui se présente à tous les esprits; on disait : Les pores par lesquels l'éther entre ne forment pas de simples canaux; il en est de la circulation dans les aimans comme dans les corps animés, il y a des soupapes, des valvules; l'intérieur des aimans est hérissé de poils dirigés suivant un certain sens. Quand le courant vient contre cette direction, il ne peut passer, et l'aimant est forcé de se retourner.

Eh bien! ce système rendait parfaitement compte de tous les phénomènes, et non-seulement il a été admis par Descartes, mais il a gouverné la science magnétique jusqu'à l'époque de Coulomb, c'est-à-dire depuis l'an 1600 jusqu'en l'an 1750. Les plus grands génies du temps, les Euler, les Bernouilli, et beaucoup d'autres que je pourrais nommer, partageaient complètement l'opinion de Descartes.

Mais d'autres phénomènes sont venus, auxquels le système ne pouvait plus s'appliquer. En conséquence le système des pores a été complètement rejeté. Vous venez de voir quelle est la nouvelle hypothèse par laquelle nous pouvons embrasser tous les phénomènes dont nous venons de parler. Mais tout dans les sciences est imparfait; nous n'avons la première idée sur rien, tous nos systèmes sont essentiellement faux, nous devons donc regarder le système dont il s'agit comme très bon pour embrasser l'ensemble des phénomènes : mais il y a plus de 999 à parier contre 1 que c'est un système faux.

Cependant, comme ce système a conduit plusieurs observateurs à des faits extrêmement importans, nous devons le considérer comme un système qui peut être utile ; mais de là à la vérité des choses qui est une, il y a très loin.

Nous avons dit qu'il y a un courant autour de chaque molécule. Une molécule est un corps homogène ; comment un mouvement peut-il se produire autour d'un corps homogène? On peut dire que les atomes ont des pôles, mais alors on se jette dans des hypothèses qu'il est impossible de vérifier par l'expérience. Toutes les hypothèses qui peuvent être réalisées par des expériences directes sont bonnes, mais les hypothèses qui ne peuvent être réalisées par des expériences sont mauvaises, comme hypothèses véritables, mais elles peuvent être utiles, et conduire à des découvertes très importantes. Nous pourrons donc très souvent, lorsque nous passerons en revue l'ensemble des phénomènes magnétiques, regarder le globe de la terre comme n'étant magnétique qu'à cette condition qu'il est traversé par des courans.

Voilà des phénomènes, comme vous le voyez, d'une très haute importance, puisqu'ils tendent à nous conduire à l'état moléculaire des corps.

PHÉNOMÈNES THERMO-ÉLECTRIQUES.

Nous allons passer à un autre ordre de phénomènes qui se rattachent encore à l'action des courans. Ces phénomènes, découverts par le docteur Seebeeck, sont les phénomènes *thermo-électriques*. L'appareil avec lequel le docteur Seebeeck a fait son expérience est formé par une lame de cuivre recourbée, fig. 3, dont les deux extrémités sont réunies par un cylindre de bismuth ou d'antimoine. Ce cylindre est soudé, soit par la simple fusion du bismuth ou de l'antimoine, soit au moyen d'une substance particulière.

Nous appellerons la soudure supérieure première soudure, et la soudure inférieure deuxième soudure ; voyons d'abord quel est l'état électrique de cet appareil. D'après les principes établis jusqu'à présent, il y aura développement d'électricité au contact du cuivre et du bismuth. S'il y a une force électromotrice à la première soudure, il y en aura une égale à la seconde ; ces deux forces sont égales, car nous avons vu que la force électromotrice est indépendante de la largeur du contact. Si, pour un contact plus grand, la force électromotrice était plus grande, il y aurait circulation. Les forces étant égales se balancent très exactement, et les effets étant balancés, qu'en résulte-t-il? C'est que le cuivre est chargé d'une certaine électricité, que le bismuth est chargé d'une autre électricité, mais qu'il n'y a pas de circulation. Voici maintenant quelle est l'observation du docteur Seebeck.

A la vérité, les deux forces électromotrices se balancent; mais s'il existait quelque moyen de changer l'intensité de l'une des forces électromotrices; si nous pouvions, par exemple, rendre la force électromotrice plus grande à la deuxième soudure qu'à la première, il arriverait que la digue qui arrête la force électromotrice développée à la première soudure n'offrant plus de résistance suffisante, l'électricité y passerait, et la circulation s'établirait comme si nous avions interposé un corps très bon conducteur et très mauvais électromoteur.

Quel moyen avons-nous de changer ainsi l'intensité de la force électromotrice, de l'augmenter ou de la diminuer à l'une des soudures? C'est de chauffer cette soudure. En effet, si nous présentons l'appareil dans son état naturel à une aiguille aimantée, cette aiguille reste en repos. Maintenant je chauffe une des soudures, et en présentant de nouveau l'appareil à l'aiguille aimantée, l'aiguille est déviée. Par conséquent, il y a un courant électrique, et il est facile, en observant le sens dans lequel le pôle austral de l'aiguille est dévié, de voir quelle est la direction de ce courant.

Tel est le phénomène fondamental qui a donné naissance à cet ordre de phénomènes appelés phénomènes *thermo-électriques,* c'est-à-dire phénomènes électriques produits par la chaleur; et voici la conséquence à laquelle on est arrivé en chauffant l'une des soudures; on exalte la force électromotrice développée à cette soudure, c'est-à-dire que la force électromotrice est beaucoup plus grande à cette soudure qu'à l'autre. Le cuivre prenant l'électricité négative en plus grande quantité, il en résulte que la circulation de l'électricité se fait de la seconde soudure à la première, si c'est la seconde soudure qui a été chauffée. La rapidité de la circulation dépend de l'énergie de la force électromotrice. Or, comme elle augmente avec la température proportionnellement à la température, et presque proportionnellement à la température, il en résulte qu'il est facile de produire des courans extrêmement énergiques.

On peut, quand l'air est calme, par la seule chaleur de la main posée sur l'une des soudures, déterminer un mouvement de l'aiguille. Une inégalité de température ne fût-elle que d'un dixième de degré, suffit pour déterminer un courant qui se continue aussi long-temps que l'inégalité de température se soutient, et qui pourra produire au dehors tous les phénomènes que nous observons sur les courans électriques, mais non pas produire des actions chimiques; car les actions chimiques ne peuvent être produites que par des actions plus fortes.

Vous concevez combien ce phénomène a une importance pour arriver à une théorie complète de l'électricité; car si l'électricité est développée en quantités inégales pour des inégalités de températures, que doit-il arriver? C'est que, n'y ayant pas deux molécules voisines à la surface du globe qui soient exactement à la même température, il y a développement de l'électricité, parce qu'elles sont des molécules hétérogènes, et circulation d'électricité, parce qu'elles sont à des températures différentes.

Ce serait là un moyen très commode de concevoir le courant autour de chaque molécule de fer. En effet, si on pouvait admettre qu'il y a des inégalités de température dans les différens points d'un atôme non hétérogène, les courans seraient tout trouvés.

D'après ce qui vient d'être dit, on doit admettre qu'il y a dans les masses solides qui composent la terre et même dans les masses liquides, un développement très énergique d'électricité, à cause de l'hétérogénéité des matières, et ensuite circulation d'électricité, à cause de la différence de la température.

On a essayé de voir si l'électricité développée par la chaleur pouvait être accumulée et produire des piles électriques, comme l'électricité développée au simple contact. Des expériences ont été faites par le docteur Seebeck, M. OErstedt et M. Fourrier. On est parvenu en effet à construire des piles *thermo-électriques*, et à démontrer sur ces piles le principe suivant : qu'il est possible d'augmenter l'intensité de l'électricité developpée par la chaleur.

Imaginons, fig. 4, une bande de cuivre et une bande de bismuth se touchant; imaginons une seconde bande de cuivre touchant la première bande de bismuth et puis une autre bande du bismuth, et ainsi de suite; si nous chauffons les soudures a, d, f, et si nous refroidissons les soudures b, c, e, il y a encore un courant d'électricité produit. Lorsque la pile sera composée de vingt-cinq élémens, nous aurons une quantité d'électricité vingt-cinq fois plus grande. Ainsi nous pourrons, au moyen d'un appareil semblable, produire une pile d'une intensité déterminée. Il y a quelque utilité à produire des piles de cette nature, parce qu'en choisissant la substance très pure, et en prenant des élévations de température parfaitement fixes, telles que celle de la glace fondante et celle de l'eau bouillante, on aurait une pile dont l'énergie devrait être toujours la même. On pourrait ainsi faire des piles comparables, dans tous les points du monde, à une pile dont l'intensité serait prise pour unité.

Il y a un gravè inconvénient lorsqu'on veut pousser l'expérience jusqu'à cette détermination. La conductibilité des métaux, dont nous allons parler, semble d'abord très parfaite, et en réalité elle est très imparfaite, et il y a une très grande inégalité dans cette conductibilité.

On n'a pu jusqu'ici augmenter la force d'une pile thermo-électrique au point de pouvoir produire les moindres phénomènes physiques, physiologiques ou chimiques. Les seuls phénomènes qu'on puisse produire sont les phénomènes électro-magnétiques.

CONDUCTIBILITÉ.

La conductibilité des corps et surtout des métaux est une propriété très sensible à connaître. Quelques expériences ont été faites à se sujet, je vais en indiquer les principaux résultats, pour montrer combien les corps conduisent inégalement l'électricité.

On prend pour unité la conductibilité du platine, métal qu'on peut obtenir assez pur, et on l'exprime par 100, et alors la conductibilité des métaux suivans sera exprimée ainsi qu'il suit :

Argent fin à 0, 986	860
Cuivre rouge purifié.	738
Argent, 1ᵉʳ titre, 0, 948.	656
Or fin.	625
Argent, 2ᵉ titre, 0, 800.	569
Rosette.	224
Laiton.	194
Fer.	121
Or à 18 karats.	109
Platine.	100

Ce qu'il y a de remarquable dans cette conductibilité des métaux est la facilité avec laquelle la propriété conductrice est changée. Si l'on avait deux fils faits avec deux espèces d'or différentes, il serait facile de savoir quel est le plus pur. L'alliage de l'or pourrait être représenté par une longueur de fil.

Après avoir donné les nombres relatifs qui expriment la conductibilité des différens métaux, voici deux lois fondamentales de cette conductibilité. La conductibilité d'un corps pour l'électricité est proportionnelle au carré du diamètre des fils, et en raison inverse de leur longueur. On ne s'attendrait pas à ce dernier résultat. Si l'on avait un fil d'une matière quelconque, fer, or, platine ou argent, en prenant une toise de longueur que l'on mettrait entre les deux pôles d'une pile, il passerait par ce fil une certaine quantité d'électricité dans un temps donné. Si, au lieu d'un fil d'une toise, on prenait un fil de deux toises de même diamètre, de même substance, la quantité d'électricité qui passerait serait précisément moitié. Quand je dis moitié, c'est en supposant qu'il n'y a pas de résistance dans la pile ; par conséquent la proposition n'est pas rigoureuse. Si donc nous avons cent toises d'un même fil, et que nous fassions passer un courant par ce fil, il n'en passera que la 100e partie de ce qui passerait dans un fil d'une toise. Par conséquent, quand nous donnons au fil une très grande longueur dans le *multiplicateur*, nous composons un appareil dont la sensibilité diminue à mesure que nous prenons une plus grande longueur de fil. A la vérité, nous avons un plus grand nombre de circuits qui agissent sur l'aiguille, ce qui fait compensation. Sans la résistance de la pile, il n'y aurait aucun avantage dans le multiplicateur.

PHÉNOMÈNES ÉLECTRO-CHIMIQUES.

Pour terminer l'électricité, nous avons à parler des phénomènes *électro-chimiques*. Nous savons quelle est la puissance de l'électricité pour décomposer les corps, nous allons maintenant étudier les modifications que l'affinité chimique éprouve lorsque les molécules des corps sont soumises à certaines influences électriques. Le premier fait de cette nature a été observé par le docteur Wollaston ; voici en quoi il consiste. On sait que lorsque l'on met une bande de zinc dans de l'eau acidulée, l'eau est décomposée, l'hydrogène se dégage et le zinc est oxidé ; on sent également que lorsque l'on met du cuivre dans de l'eau acidulée il se produit aussi un certain phénomène ; mais ce que le docteur Wollaston a observé, c'est que ces actions chimiques sont modifiées, lorsqu'au lieu de plonger du zinc seul ou du cuivre seul, on plonge du zinc et du cuivre qui se touchent hors du liquide et qui forment alors un élément de la pile le zinc est électrisé positivement, le cuivre négativement, et l'action qu'ils exercent est beaucoup augmentée.

Les phénomènes connus sous les noms *d'arbre de Diane*, *d'arbre de Saturne*, sont encore des phénomènes voltaïques ou, si vous voulez, des phénomènes électro-chimiques ; je ne parlerai que de *l'arbre de Saturne*. Tout le monde sait comment il se produit : on verse dans un vase une dissolution d'acétate de plomb, on prend un morceau de zinc que l'on fait plonger dans l'acétate de plomb, et voici les phénomènes que l'on observe : d'abord il vient se déposer sur le zinc une foule de paillettes de plomb revivifié ; ces paillettes sont extrêmement brillantes. Le second phénomène que l'on observe et qui est moins apparent, c'est que le zinc est oxidé et détruit.

Quelle est la cause de ces phénomènes, et pourquoi exigent-ils plusieurs jours pour se développer? Voici l'explication donnée par Grotthuss. Le zinc par son contact avec l'acétate de plomb se constitue à l'état positif, et la dissolution elle-même se constitue à l'état négatif. Voilà donc une véritable pile. Les molécules d'acétate de plomb flottantes entre les pôles de la pile sont attirées au pôle négatif, tandis que l'oxigène est attiré au pôle positif, c'est-à-dire sur le zinc avec lequel il se combine pour former un oxide. Cette formation des piles dans l'intérieur des masses composées d'élémens divers est certainement une des causes les plus fécondes de tous les phénomènes chimiques.

Il est d'autres phénomènes qui se rattachent à la même cause et dont sir Humphry Davy a fait une ingénieuse application à la préservation du cuivre qui double les vaisseaux. On avait observé que quelquefois les vaisseaux, après avoir fait de très longs voyages, s'en revenaient parfaitement conservés et sans que le cuivre qui les doublait fût détruit ; que d'autre fois, après des voyages d'une bien moins longue durée, les vaisseaux étaient détruits en totalité. Le conseil d'Amirauté ayant appelé l'attention de la société royale de Londres sur ce point important, sir Humphry Davy imagina que ce phénomène pouvait être produit par l'action de l'eau de mer constituée à l'état voltaïque. Il fit quelques expériences pour confirmer cette opinion : supposons cinq vases placés à côté les uns des autres et tous remplis d'eau de mer ; imaginons que dans ces vases on place des fils ou des lames de cuivre ; il est évident que le cuivre devra éprouver, à quelques modifications près, le même effet qu'il éprouverait à la mer. Il sera promptement oxidé, parce que le cuivre est positif avec l'eau de mer, et que l'oxigène va toujours au pôle positif. Si l'on pouvait empêcher le cuivre de prendre l'électricité positive, on empêcherait l'oxigène de l'eau de mer de venir se combiner avec le cuivre. On pourrait lui donner de l'électricité négative avec une machine, mais l'électricité de la machine n'aurait pas assez de tension. Imaginons un fil de zinc qui touche le fil de cuivre, le zinc s'électrise positivement et le cuivre négativement. Dès l'instant que le cuivre est électrisé négativement, son aptitude à se combiner avec l'oxigène est complètement changée. Voilà l'exemple le plus frappant de l'espèce de modification que l'affinité éprouve par l'influence de l'électricité. Si le cuivre ne s'oxide pas, n'éprouvera-t-il aucun effet électrique ? non sans doute, il y a dans la composition chimique de l'eau, d'une part de l'oxigène qui va au pôle positif, et de l'autre de l'hydrogène qui va au pôle négatif ; l'hydrogène n'est pas dangereux ; mais dans l'eau de mer les élémens sont plus composés, il y a non-seulement de l'hydrogène, mais il y a des sels de magnésie, des sels marins, des chlorures de sodium, en un mot beaucoup de combinaisons diverses. Si la pile est assez forte, elle va décomposer tous ces sels ; l'oxigène ira sur le zinc, mais les bases iront sur le cuivre, qui se couvrira d'une croûte formée par les bases des composés. Si l'on couvrait donc le vaisseau avec une lame de cuivre, et qu'on mît sur la lame de cuivre une lame de zinc, on serait certain de préserver le cuivre d'oxidation, mais on ne le préserverait pas de l'adhésion avec la base des sels décomposés.

Cet inconvénient serait pire que l'oxidation, et il vaudrait mieux laisser corroder le cuivre que de le laisser se charger des dépôts terreux et alcalins : car une fois qu'il s'est formé une petite croûte, les herbes et les coquillages viennent s'y attacher. Ainsi donc, s'il n'y avait pas d'intermédiaire entre l'oxidation par l'oxigène et cette adhésion des sels, il faudrait renoncer à toute espèce de perfectionnement. Que faut-il donc faire ? combiner les choses de manière que le cuivre ne soit ni pôle positif ni pôle négatif, mais qu'il soit dans un état neutre. C'est là ce qui a été l'objet des expériences de sir Humphry Davy, qui est parvenu à des résultats satisfaisans

en faisant varier l'étendue du contact de la lame de zinc avec
le cuivre. La proportion à laquelle sir Humphry Davy s'est
arrêté, d'après des expériences nombreuses, est de $\frac{1}{250}$,
c'est-à-dire qu'il faut que la lame de zinc qu'on applique sur
le cuivre n'ait en étendue que la 250ᵉ partie de la lame de
cuivre. Vous concevez que tout métal positif avec le cuivre
pourra être employé. Ainsi la fonte pourra servir pour préserver le cuivre des vaisseaux.

Pour montrer jusqu'à quelle distance s'étend cette action
préservatrice d'un métal en contact avec le cuivre, sir Humphry Davy a fait l'expérience suivante : il a pris cinq vases dans
lesquels il a mis de l'eau de mer ; il a fait communiquer ces
vases avec de la filasse, pour que l'électricité pût passer de
l'un des vases dans l'autre. Le résultat de cette expérience
représente précisément la théorie que je viens d'exprimer.
En mettant du zinc et du cuivre dans le premier vase et du
cuivre seulement dans les quatre autres, voici ce que l'on observe. Dans le premier vase le zinc est très positif, le cuivre
très négatif, et le dépôt alcalin encroûte le cuivre très prompt-
tement. Dans le second vase, le cuivre est moins négatif, et
il est moins chargé de dépôt. Dans le troisième vase, l'électricité négative est telle qu'elle empêche seulement le cuivre
d'être positif, et il n'y a pas de dépôt sensible ; le cuivre conserve son éclat métallique. Dans le quatrième vase, le cuivre
est positif, et alors il s'oxide très promptement. Dans le cinquième vase, l'oxidation est encore plus marquée que dans
le quatrième.

IMPRIMERIE DE E. DUVERGER,
RUE DE VERNEUIL, N° 4

COURS DE PHYSIQUE.

LEÇON CINQUANTE-CINQUIÈME.

(Mardi, 10 Juin 1828.)

SUITE DES PHÉNOMÈNES ÉLECTRO-CHIMIQUES.

Nous nous sommes occupés, dans la dernière leçon, des phénomènes électro-chimiques, c'est-à-dire de l'influence que l'électricité peut exercer sur les combinaisons chimiques. Déjà nous avions vu que l'électricité et surtout l'électricité de la pile, est la cause la plus énergique pour séparer les élémens des corps; mais dans la dernière leçon nous avons indiqué des phénomènes d'une autre nature. Nous avons vu que non-seulement l'électricité peut séparer les élémens des corps qui sont les plus adhérens, les agrégations les plus fortes; mais que la présence de l'électricité constitue les corps dans un état tel qu'ils peuvent se combiner plus facilement, ou même qu'elle peut leur ôter toute espèce d'aptitude à la combinaison. Ainsi une lame de zinc plongée dans un mélange d'acide sulfurique et d'eau, éprouve de la part de ce mélange une action qui vous est connue : c'est par là qu'on obtient le gaz hydrogène. Suivant que l'on constitue cette lame de zinc dans un certain état électrique, suivant qu'on l'électrise positivement ou négativement, l'action chimique est changée. Si on l'électrise négativement, l'action est beaucoup moins énergique, et l'on peut même la détruire en totalité; si on l'électrise positivement, l'action est au contraire beaucoup augmentée. L'oxigène appelé au pôle positif, vient agir avec force sur la lame de zinc et l'oxider, et la quantité d'hydrogène libre est beaucoup plus grande.

Comment constituer un corps dans un certain état électrique, tantôt dans l'état électrique positif, tantôt dans l'état électrique négatif? Lorsqu'il s'agit de corps conducteurs, de tous les moyens de les constituer dans un état électrique

55

déterminé, celui du contact d'un autre métal est le moyen le plus efficace. Qu'on vienne donc toucher le zinc avec un autre métal quelconque, à l'instant, sur toute la surface du zinc, l'aptitude chimique, si l'on me permet cette expression, sera changée. Une lame de zinc étant soumise à quelqu'agent chimique, ou aux agens d'un liquide dans lequel ce zinc est plongé, ou aux agens de l'oxigène et de l'humidité qui flotte sans cesse dans l'atmosphère; si on vient toucher cette lame de zinc avec un corps bon conducteur et surtout bon électro-moteur, on changera ses propriétés, et la combinaison sera ou plus active ou plus faible.

Tel est le résultat général, le contact de deux corps électro-moteurs modifie les propriétés chimiques de leurs atomes; il leur donne ou il leur ôte l'aptitude à la combinaison. Nous avons vu l'application de ce principe dans l'heureuse décou-verte de sir Humphry Davy, sur le doublage des vaisseaux.

Cette théorie s'applique aussi aux différens métaux expo-sés au contact de l'air, au plomb, au zinc, au fer, employés pour la couverture des édifices. La détérioration et la corro-sion de ces différens métaux peuvent être accélérés ou re-tardés dans une immense proportion, par le simple contact d'un autre métal qui les rend positifs ou négatifs? En géné-ral on voit qu'il faut rendre un métal négatif pour empêcher son oxidation, puisque l'oxigène va toujours au pôle positif.

DÉVELOPPEMENT D'ÉLECTRICITÉ DANS LES ACTIONS CHIMIQUES.

Il nous reste à parler de l'électricité qui se produit dans toutes les actions chimiques. L'appareil le plus commode pour reconnaître la présence de cette électricité, est encore le multiplicateur. Veut-on, par exemple, montrer que dans l'action de l'acide nitrique exercée sur le cuivre, il y a de l'électricité développée; comme le fil du multiplicateur est en cuivre, on s'y prend de la manière suivante. Les extré-mités des fils du multiplicateur étant dénudées, on les plon-gera dans l'acide nitrique. Mais, dira-t-on, l'action étant égale sur les deux extrémités, on ne doit rien observer; car s'il y a de l'électricité positive développée sur un des fils, il y aura de l'électricité positive développée, sur l'autre fil: l'égalité mathématique de ces deux actions étant une chose impossible, il en résulte que nous aurons un effet, mais qui ne sera que la différence des effets produits sur les extrémités des fils du multiplicateur, et suivant que l'on favorisera l'action chimique sur l'un ou l'autre fil, on fera passer le courant dans un sens ou dans l'autre.

Si l'on veut essayer d'autres métaux facilement attaquables par l'acide, il suffira de lier deux morceaux du métal que l'on veut éprouver, à chaque extrémité du fil du multiplicateur, et de plonger le métal dans l'acide. L'action se produira de la même manière que dans l'expérience précédente.

Si on voulait appliquer le principe à des alcalis, plus mauvais conducteurs que les métaux, il faudrait, à l'extrémité de l'un des fils, attacher une petite capsule en platine, et à l'autre fil, une pince aussi en platine. Tant que le platine ne sera pas en contact avec les corps qui éprouvent l'action chimique, aucun phénomène ne sera produit; mais si dans la petite capsule nous mettons un acide, et dans la pince un morceau d'un alcali quelconque, par exemple, un petit fragment de potasse, et si nous venons à plonger l'alcali dans l'acide, aussitôt l'aiguille du multiplicateur se met en mouvement : donc il y a un courant qui passe à travers le fil, et ce courant est produit par l'action chimique que l'acide exerce sur l'alcali, l'acide et l'alcali étant dans des états électriques différens; car il n'y a pas de courant sans les deux électricités. Il ne serait pas difficile de reconnaître quel est le corps qui s'électrise positivement, et quel est celui qui s'électrise négativement.

Ces deux expériences suffisent pour prouver qu'en effet il n'y a pas d'action chimique sans développement d'électricité, du moins lorsque les corps sont assez bons conducteurs.

Ainsi, tout courant électrique modifie les atomes de la matière, il peut les séparer et les désunir; ainsi tout développement d'électricité peut modifier les affinités chimiques. Vous voyez, par conséquent, quel rôle immense l'électricité joue dans toutes les combinaisons de la nature Toutes les modifications que nous pouvons observer, tous les phénomènes inorganiques qui se passent à de grandes profondeurs de la terre, tous les phénomènes organiques de la végétation et de la vie, sont des phénomènes chimiques.

Tous les corps sont formés par des combinaisons chimiques, ils sont décomposés par des combinaisons chimiques. Ainsi, en ce qui regarde la matière pondérable, il n'y a véritablement à la surface de la terre, et probablement sur les autres planètes, si sur ces autres planètes il y a des mouvemens de matière, analogues à ceux que nous observons, il n'y a qu'un changement de position des différens élémens;

ils sont déplacés, désagrégés de l'état dans lequel ils se trouvaient pour être agrégés dans un nouvel état; ce sont toujours des combinaisons chimiques, et dans toutes ces combinaisons l'électricité agit pour les modifier.

POISSONS ÉLECTRIQUES.

Pour terminer ce qui est relatif à l'électricité, il me reste à parler d'un phénomène naturel très remarquable, c'est de la constitution des *poissons électriques*. Tout le monde sait qu'il y a certains poissons tels que la torpille, qui ont la propriété de donner des commotions, c'est-à-dire que quand on les touche on éprouve une espèce d'engourdissement, un frémissement qui n'a pas seulement lieu au point de contact, mais qui se fait sentir dans une très grande étendue. Pendant très longtemps ces poissons ont été appelés *trembleurs*, sans doute parce qu'on tremblait avant de les toucher par la crainte de la commotion, et qu'on tremblait encore après les avoir touchés, par suite de la commotion qu'on en avait reçue. Il est difficile de décider les pêcheurs à prendre des torpilles.

Quelques expériences furent d'abord tentées sur ce poisson sans aucun succès, sans qu'on pût déterminer qu'elle pouvait être la cause du phénomène. A l'époque même de Réaumur, on se contentait de dire, que les poissons qui jouissaient de cette propriété, n'en jouissaient que parce qu'ils lançaient des molécules *engourdissantes*. L'explication n'était certainement pas difficile à trouver.

Ce phénomène n'avait point échappé à l'attention de beaucoup de physiciens et surtout à celle de Muschenbroek. On sait que Muschenbroek découvrit la bouteille de Leyde, et que cette découverte fut tout-à-fait accidentelle. A l'instant où il vint établir la communication entre l'intérieur et l'extérieur de la bouteille, il fut frappé subitement d'une grande commotion, sans en deviner la cause, car cette commotion ne ressemble en rien à l'étincelle qu'on tire de la machine électrique; mais ayant reçu quelque temps auparavant la commotion d'une torpille, il imagina à l'instant une analogie entre la commotion de la torpille, et la commotion de la bouteille de Leyde. De là l'idée que ces poissons pouvaient être des machines électriques.

Walsh vint à La Rochelle faire des expériences sur les torpilles, et constater un assez grand nombre de vérités importantes. Il remarqua d'abord que quand on touche la torpille avec un corps isolant, de la résine, du verre, du bois sec, jamais on ne reçoit la commotion ; mais que quand on touche la torpille, soit immédiatement, soit par le moyen d'un corps bon conducteur, on reçoit la commotion. Si plusieurs personnes se tiennent par la main et forment une chaîne, la première personne touchant immédiatement la torpille, la seconde étant simplement en communication avec la première, la troisième en communication avec la seconde, ainsi de suite, sans que la dernière personne vienne toucher un autre point de la torpille, la première personne est frappée rudement, la seconde un peu moins, la troisième encore moins : la commotion se fait sentir en diminuant ainsi d'intensité jusqu'à la quatrième, la cinquième personne ; cela dépend tout-à-fait de la vigueur du poisson. Lorsque l'on complète la chaîne, lorsque, par exemple, vingt personnes se tiennent par la main, la première touchant le dos du poisson et la dernière venant toucher ou un autre point du dos, ou le ventre, à l'instant où les deux personnes touchent, la commotion se communique dans toute la chaîne exactement comme la commotion de la bouteille de Leyde.

Voilà donc des analogies bien frappantes entre les poissons électriques et l'électricité ordinaire, puisque les corps mauvais conducteurs ne transmettent point la commotion, tandis que les corps bons conducteurs transmettent cette commotion.

Il fallait essayer de recueillir cette électricité dans un condensateur et voir de quelle nature elle était, si elle était positive ou négative. De longs efforts furent tentés inutilement pour saisir l'électricité ou pour apercevoir l'étincelle électrique.

Walsh avait imaginé pour reconnaître si c'était véritablement de l'électricité, de prendre une lame de verre sur laquelle il avait collé une lame d'étain. Au lieu de laisser la lame d'étain continue, il avait fait un trait avec une pointe, de manière qu'il y eût solution de continuité. S'il était vrai que le poisson fût électrique, en touchant au moyen de cette lame, l'électricité, à l'instant où elle franchissait la solution de continuité, devait paraître sous forme d'étincelle. Pendant long-tems il ne put parvenir à apercevoir cette étincelle. Sans se décourager, Walsh fit venir d'autres poissons électriques ; de nouvelles expériences furent tentées, et enfin l'on aperçut le passage de l'électricité entre les deux pointes de la lame d'étain, c'est-à-dire que l'on vit briller l'étincelle. Cette expérience fut répétée un très grand nombre de fois, et il ne reste aucun doute que ce ne soit véritablement de l'électricité que possèdent ces poissons.

Toutes les torpilles ne sont pas organisées de manière à donner des commotions ; il n'y a qu'une espèce particulière qui possède cette singulière propriété ; mais on trouve un autre genre de poissons organisés pour donner aussi des commotions ; on compte particulièrement le *gymnote*, qui diffère tout-à-fait de la torpille, car il a la forme de l'anguille, tandis que la torpille ressemble à la raie.

Les observations les plus complètes faites sur les gymnotes sont celles que l'on doit à M. de Humboldt, et qu'il a faites en grande partie en Amérique. Quelques observations électriques ont été faites sur un de ces poissons qui avait été apporté à Paris.

M. de Humboldt a reconnu, comme Walsh, que la commotion ne passait jamais à travers les corps mauvais conducteurs; mais qu'elle se transmettait très bien à travers les corps bons conducteurs. Il a fait quelques observations sur la fréquence des commotions qu'un même individu pouvait donner, et il a cherché à reconnaître s'il y avait véritablement intention ou volonté dans l'individu qui lance la commotion, ou si c'était un phénomène involontaire. Il ne reste aucun doute, d'après les observations de M. de Humboldt, que la commotion ne soit un acte volontaire de la part du poisson. Ainsi quand le gymnote et la torpille veulent donner la commotion, ils se préparent par un certain gonflement, et surtout par un mouvement particulier qu'on observe dans les yeux pendant un instant inappréciable. L'observateur qui a su saisir dans les yeux du poisson ce précurseur du coup qu'il va porter ne s'y trompe jamais.

Lorsque le poisson a donné 5o ou 100 coups, il tombe dans un abattement tel, qu'il devient très facile de le prendre. Il lui faut beaucoup de temps et une nourriture abondante, pour le remettre de la fatigue qu'il a éprouvée.

Ces phénomènes ne peuvent être observés que dans les lieux où se trouvent ces poissons. Les gymnotes ne se trouvent qu'en Amérique. Ce sont des poissons d'eau douce. Les Sauvages ne se livrent à la pêche de ces poissons, qu'avec la plus grande répugnance ; lorsqu'on a pu les y déterminer, ils vont ramasser au loin de grands troupeaux de chevaux qu'ils rassemblent sur les bords de la mare, et qu'ils forcent à se précipiter dans l'eau. Lorsque les poissons qui sont enfoncés dans la vase sentent le piétinement des chevaux, ils viennent à la surface de la mare, et livrent combat aux chevaux. On les voit lancer des coups véritablement analogues à des coups de foudre ; car il arrive toujours que plusieurs des chevaux succombent aux nombreuses commotions qu'ils reçoivent ; d'autres parviennent à s'échapper de la mare , malgré toutes les précautions qu'on prend pour les y retenir ; mais bientôt on les voit tomber sur le sable et expirer des coups qu'ils ont reçus.

A la longue les poissons se fatiguent , et tombent dans cet état d'abattement dont j'ai parlé ; alors on peut les saisir et les employer à des expériences, après leur avoir donné le temps de se remettre.

Il y a évidemment électricité, puisqu'il y a étincelle : de quelle nature est cette électricité ? Y a-t-il un organe propre au développement du fluide ? Est-ce une électricité analogue à l'électricité de la bouteille de Leyde ou de la machine , ou est-ce une électricité analogue à la pile de Volta ? Tout semble indiquer que c'est une électricité analogue à celle de la pile.

Voici quelle est l'organisation des poissons électriques. Il y a dans les torpilles, dans les gymnotes, et dans tous les poissons électriques, un organe ou plutôt deux organes particuliers. Quelquefois l'organe occupe toute la surface de la peau. Je parlerai spécialement de la torpille, dans laquelle les organes sont symétriquement placés de chaque côté ; ils sont situés à côté des branchies et près de la tête. Les organes occupent tout l'espace compris entre les deux plis de la peau, tellement qu'en enlevant la peau, on met les organes à nu dessus et dessous l'animal. Ces organes reçoivent des faisceaux de nerfs de la cinquième et de la huitième paire ; ces faisceaux se distribuent dans les organes, et il est à peu près impossible de les suivre dans leurs subdivisions.

L'appareil peut être comparé à de la cire d'abeilles ; il est composé de petites cloisons, séparant des alvéoles tout-à-fait semblables aux alvéoles des abeilles. Ces alvéoles sont en très grand nombre ; Hunter en a compté jusqu'à 1,100. Ces appareils sont en général des hexagones ; quelquefois ce sont des pentagones. Ces alvéoles sont perpendiculaires à la direction de la peau, à laquelle ils adhèrent fortement. Les cloisons qui séparent les alvéoles, ne sont pas de simples membranes, mais ce sont plusieurs fibres tendues. On compte un très grand nombre de ces fibres ; cela dépend des individus. Voici quelle est la composition des alvéoles, imaginez un prisme d'une certaine hauteur, qui aura, par exemple, une ligne de côté. Si l'on observe la structure de ce prisme, on voit qu'il est composé d'un très grand nombre de feuillets qui sont perpendiculaires aux arêtes du prisme et qui occupent toute la largeur du cylindre. Imaginez qu'on ait appliqué sur les feuillets d'un livre un emporte-pièce, de manière à enlever 7 ou 8 lignes d'épaisseur, on aura précisément un des cylindres de l'organe, si ce n'est que les feuillets enlevés à l'emporte-pièce, sont extrêmement pressés, et que les lames de l'organe sont à une petite distance les unes des autres. Elles sont tenues aux arêtes du prisme, de manière à ne pouvoir être séparées qu'accidentellement. Ainsi vous devez remarquer une analogie frappante entre ces appareils et la pile de Volta: Dans les piles, cependant, nous admettons essentiellement, trois substances; deux substances électromotrices hétérogènes et une substance non électromotrice, mais conductrice. Or, jusqu'à présent les observations les plus minutieuses n'ont pas permis de distinguer cette hétérogénéité entre les différentes lames qui composent l'organe des poissons électriques. Probablement on arrivera un jour à reconnaître que toutes ces petites cloisons ne sont pas de même nature, mais enfin on n'a pu encore le constater.

Admettons qu'on puisse constater ce fait, le phénomène pourrait alors s'expliquer assez facilement. On pourrait dire : chacun des petits cylindres est une pile. S'il y a par exemple 5,000 de ces cylindres dans chaque organe, et que chaque cylindre soit composé de 100 élémens, on aura deux batteries de 500,000 élémens, et les deux batteries réunies donneront un million d'élémens. Mais, dira-t-on, comment les deux batteries sont-elles mises en harmonie et en jeu? Les sommets de toutes les piles peuvent communiquer entre eux, et, pareillement, toutes les bases peuvent communiquer entre elles. Pour que le courant s'établisse, il faut supposer que le poisson peut, à volonté, faire passer du liquide entre les deux élémens, et le retirer par une espèce d'inspiration. Il y aura nécessité d'une volonté, non pas pour développer l'électricité, mais pour faire passer le fluide qui doit servir de conducteur; car il n'y a pas probablement de puissance organique qui puisse empêcher que, au contact de deux substances pondérables, l'électricité ne se développe; ainsi donc la volonté de l'individu se porte, non pas sur la création, la formation ou la distribution de l'électricité, mais elle se porte sur la conductibilité de l'électricité; elle est là pour mettre l'électricité en mouvement, pour lui offrir un passage, pour faire communiquer les élémens ou empêcher la communication.

Il était curieux de comparer le courant produit par l'électricité des poissons avec les autres courans électriques. En mettant l'un des fils du multiplicateur en contact avec l'une des faces du poisson, et l'autre fil en contact avec l'autre face, on n'obtient pas de courant sensible. Mais en faisant plonger, comme je le lui avais indiqué, dans l'un des prismes une pointe terminant l'un des fils du multiplicateur, et en plongeant dans un autre prisme une pointe terminant l'autre fil, M. Blainville observa un courant électrique très énergique. Dans ce cas, l'action électrique est tout-à-fait indépendante de la volonté de l'individu.

Tel est l'ensemble des phénomènes et des théories que nous avions à exposer sur le magnétisme et l'électricité ; il ne nous reste plus qu'à vous expliquer les phénomènes naturels auxquels le magnétisme de l'électricité donne naissance.

ÉLECTRICITÉ ATMOSPHÉRIQUE.

Tout le monde sait qu'il y a de l'électricité dans l'atmosphère, qu'elle est la cause des orages et la cause du tonnerre ; tout le monde sait aussi que c'est au génie de Franklin que nous devons cette heureuse découverte. Comment Franklin put-il reconnaître la présence de l'électricité dans les nuages ? Comment put-il la saisir et la comparer à l'électricité ordinaire ? C'est encore ce que tout le monde sait.

Ayant depuis long-temps l'idée que les éclairs étaient de véritables étincelles électriques, Franklin songea à aller recueillir l'électricité dans le sein des nuages orageux. Il comptait faire cette expérience d'une manière facile sur le clocher d'un temple que l'on élevait à Philadelphie ; mais comme la construction marchait lentement à son gré et qu'il voyait passer beaucoup de nuages orageux, et les voyait passer, comme il le dit naïvement, avec une extrême douleur, persuadé qu'ils emportaient de l'électricité qu'il aurait pu recueillir, il se décida à tenter l'expérience d'une autre manière, en prenant infiniment de précautions pour n'être point découvert ; car tout en ayant une confiance absolue dans sa pensée, il craignait cependant, ou que l'intensité de l'électricité qu'il pourrait faire descendre à la surface de la terre ne fût pas en assez grande quantité pour pouvoir être comparée à l'électricité ordinaire, ou bien qu'elle fût en trop grande quantité. Il prit ses dispositions pour faire l'expérience à une certaine distance de la ville, et voici l'appareil qu'il employa. Il prit deux morceaux de bois sur lesquels il mit un simple mouchoir en soie, avec une corde de cerf-volant ordinaire, et il lança cet appareil sur le premier nuage orageux qui s'avança vers lui. L'expérience durait déjà depuis quelques instants, le nuage orageux passait, Franklin portait la main sur la corde de son cerf-volant pour essayer de tirer des étincelles, mais il n'obtenait aucune trace d'électricité. Bien convaincu par l'aspect du nuage et par les données de son observation particulière, que le nuage était un nuage orageux, il commençait à désespérer de la réussite de son expérience. Enfin, un coup de tonnerre part et détermine une pluie abondante. Cette pluie mouille la corde, la rend par conséquent meilleur conducteur, et Franklin aperçoit à l'instant tous les filamens de cette corde se hérisser. Il ne douta plus dès lors que l'électricité ne fût arrivée. En effet, lorsque la corde fut mouillée jusqu'au bas, il put tirer une étincelle. Voilà le premier fait de la découverte de l'*électricité atmosphérique.*

Cette première étincelle qu'avait obtenue Franklin le jeta dans une joie extrême, mais cependant ne l'empêcha pas de continuer son expérience. Muni d'une bouteille de Leyde, il la présenta à la corde qui communiquait avec les nuages, et il finit par la charger. Il emporta dans son cabinet cette électricité qu'il avait tirée des nuages; il la soumit à l'expérience, et il reconnut que c'était de l'électricité vitrée. Ainsi fut constatée l'identité parfaite entre l'électricité des nuages et l'électricité ordinaire.

Dès que cette découverte fut publiée, on s'empressa de toutes parts d'élever des cerf-volans, en y faisant une légère modification pour bien constater que c'était de l'électricité des nuages. Parmi ceux qui tentèrent ces expériences, un physicien célèbre, M. Romas, fut celui qui obtint le plus grand succès; il ajusta la corde du cerf-volant d'une manière plus efficace, il entrelaça cette corde d'un fil de métal, et, pour éviter tout danger, il lia à l'extrémité de la corde un long cordon en soie. Le nuage trouvant un conducteur dans le fil de métal, on pouvait tirer des étincelles à mesure que le nuage avançait; et même il n'était pas nécessaire de présenter un corps conducteur à la corde, les étincelles partaient d'elles-mêmes, et formaient une nappe de feu qui allait jusqu'à la surface du sol. L'observateur, au moyen du cordon de soie, n'était exposé à aucune espèce de danger, et pouvait observer l'électricité qui descendait ainsi des nuages, découvrir sa nature, et, enfin, reconnaître que l'intensité de cette électricité était tout-à-fait comparable à l'intensité de l'électricité des orages.

Toutes les fois que l'on veut découvrir l'électricité des nuages, il n'y a pas d'autre moyen que de lancer un cerf-volant. On trouve de cette manière que, parmi les nuages orageux, les uns sont chargés d'électricité vitrée, les autres d'électricité résineuse ; et qu'il est rare de trouver toute une série de nuages positifs et toute une série de nuages négatifs.

Voilà donc la présence de l'électricité dans les nuages orageux parfaitement constatée. Non-seulement il y a de l'électricité dans les nuages orageux, mais il y en a dans l'air, même par le ciel le plus serein. Cette découverte fut faite très peu de temps après la découverte de Franklin. Voici comment l'on peut constater que, quelque soit l'état du ciel, il y a toujours dans l'air de l'électricité qui est en général positive.

On prend un condensateur au plateau inférieur duquel est fixée une chaîne de métal assez longue. A l'extrémité de cette chaîne on attache une balle de plomb, et on lance cette balle dans l'atmosphère ; à l'instant où la chaîne est tendue, on remarque que les lames du condensateur s'écartent : donc il y a de l'électricité dans l'air. Et si l'on cherche à découvrir quelle est la nature de cette électricité que l'on a recueillie, on trouve qu'elle est en général positive.

Un moyen qui semble plus efficace consiste à prendre une tige de bambou d'environ quinze pieds, autour de laquelle on enroule un fil de métal. L'une des extrémités touche au condensateur ; à l'autre extrémité de la tige l'on place une mèche enflammée ; la combustion qui a lieu détermine un courant d'air chaud ascendant, qui va se mettre en communication avec les couches supérieures de l'atmosphère dont il apporte l'électricité dans le condensateur.

Pour constater jusqu'où l'électricité pouvait s'élever dans l'atmosphère, M. Gay-Lussac a fait un voyage aérien dans lequel il s'est élevé à la plus grande hauteur à laquelle un homme soit jamais parvenu ; il a reconnu qu'il y a dans l'air de l'électricité positive, et que cette électricité va en montant.

Maintenant que nous connaissons la présence de l'électricité dans l'air, il s'agit de savoir comment cette électricité est produite, et quels phénomènes elle peut développer.

L'origine de l'électricité atmosphérique a très long-temps occupé les savans. Volta imagina une théorie de la production de l'électricité atmosphérique que semblaient confirmer quelques expériences. Convaincu que l'électricité de l'atmosphère ne pouvait être produite que par un phénomène naturel, Volta imagina que l'évaporation de l'eau devait être la cause qui produisait cette électricité ; mais des expériences directes et aussi précises qu'elles peuvent l'être avec les instrumens que nous possédons, ont montré d'une manière incontestable que dans le changement d'état des corps, il n'y a jamais d'électricité développée.

Quelle sera donc la cause de l'électricité atmosphérique ? il est indubitable qu'il faut aller la chercher dans les phénomènes naturels qui se reproduisent périodiquement ; car chaque orage détruisant de l'électricité dans l'atmosphère, il faut que cette électricité se reproduise. Ainsi il ne faut pas chercher seulement s'il y a de l'électricité dans l'atmosphère, mais comment cette électricité y a été produite et comment elle s'y renouvelle.

Parmi les phénomènes naturels réguliers qui peuvent développer de l'électricité, il faut compter tous les phénomènes chimiques qui s'opèrent à la surface de la terre. La végétation est un fait chimique ; donc dans tout acte de végétation il y a de l'électricité développée, comme dans tout acte de nutrition.

Des expériences directes ont été faites à ce sujet, il est facile de les répéter. On peut prendre, par exemple, un grand tube cylindrique parfaitement isolé, et mettre sur ce tube des capsules en verre qui soient, comme le tube, mastiquées sur toute leur surface extérieure, pour empêcher toute communication avec le sol. Supposons six de ces capsules rangées les unes à côté des autres, et imaginons qu'elles soient remplies de terre végétale ; imaginons de plus que toutes ces capsules communiquent entre elles par un fil de platine, et enfin que la dernière communique au plateau inférieur du condensateur, tandis que le plateau supérieur est en communication avec le sol. Si nous laissons les choses dans cet état, il n'y aura aucun développement d'électricité ; mais qu'on vienne à semer dans ces capsules des plantes, dont la végétation est rapide, et qu'on observe l'époque de la germination, à l'instant où on verra de petits germes soulever la terre pour sortir, l'électricité se développera et le condensateur pourra la recueillir. C'est ainsi qu'on a constaté par des expériences directes, que dans l'acte de végétation il y a développement d'électricité, qu'on a pu reconnaître la nature de cette électricité et constater que sur une étendue de végétation de cent mètres carrés, il y a une très grande quantité d'électricité.

Comme c'est un principe certain que, quand l'une des électricités est développée, l'autre l'est pareillement, il en résulte qu'ayant recueilli l'électricité des capsules, il faut que l'autre électricité ait été produite. En effet il est possible de reconnaître cette autre électricité dans l'air de l'appartement où l'expérience a été faite, en mettant au-dessus des capsules une large plaque de métal en communication avec un condensateur. L'air en s'élevant déposera une partie de son électricité sur la plaque de métal, et cette électricité communiquant au condensateur en fera écarter les lames.

De pareilles expériences faites sur un très grand nombre de plantes ont prouvé que tout acte de la végétation développe de l'électricité, et ont même donné quelques indices sur la quantité totale de l'électricité développée dans un temps donné, et sur une étendue donnée.

Il est une autre cause qui développe de l'électricité. J'ai dit que le changement d'état était incapable de développer de l'électricité ; cela est vrai tant qu'il n'y a que changement d'état ; mais s'il y a autre chose, s'il y a combinaison chimique, ségrégation chimique, il y a développement de l'électricité. Si, par exemple, dans un creuset de platine que nous avons fait chauffer, nous versons une certaine quantité d'un liquide qui puisse être décomposé par la chaleur, il y a développement de l'électricité. Or, vous voyez qu'à la surface de la terre il se produit sans cesse des séparations analogues.

Voilà donc deux sources journalières, perpétuelles de l'électricité atmosphérique ; et en effet il en doit être de ce phénomène comme de tous les autres phénomènes naturels, où toutes les fois qu'il y a destruction, il faut qu'il y ait reproduction.

Outre ces deux causes de l'électricité atmosphérique, il y a un autre phénomène très remarquable qu'on n'a pu jusqu'à présent expliquer ; c'est que l'air ou la vapeur une fois électrisé, a la propriété de s'élever dans l'air ordinaire. Si l'on charge une machine électrique, l'air qui est en contact avec la surface de la machine s'électrise, et cet air électrisé s'en va au plafond. On peut suivre l'électricité dans chacune des couches, et l'on reconnaît qu'en effet les couches supérieures sont beaucoup plus électrisées que les couches inférieures.

Nous devons considérer l'atmosphère, à chaque époque de l'année, dans chaque lieu, comme étant électrisée. L'air est un mauvais conducteur ; les molécules d'air peuvent long-temps rester en présence, sans que leur électricité se recompose.

Il en est de même des molécules d'air. Supposons que dans la région des nuages il y ait de l'électricité ; comment cette électricité pourra-t-elle s'accumuler dans un nuage ? Nous savons que les nuages sont formés par les vapeurs qui s'élèvent de la surface de la terre et qui se condensent sous la forme vésiculaire, et constituent des amas de très grandes dimensions. Ces amas agissent comme corps conducteurs ; ainsi, quand un nuage se formera, il absorbera non-seulement toute l'électricité qui se trouve dans la région qu'il occupe, mais il agira par influence sur les électricités naturelles environnantes, et sur l'électricité déjà décomposée, et il se formera de la sorte une accumulation d'électricité sur toute la surface, et je dirai même dans tout l'intérieur du nuage. Cette quantité d'électricité ainsi accumulée, pourra être très grande, parce que le nuage est assez mauvais conducteur pour qu'il soit électrisé jusque dans son intérieur. L'espèce d'électricité que prennent les nuages dépend de la région de l'air dans laquelle ils arrivent. Ainsi, dans la région où l'air est électrisé positivement, le nuage sera électrisé positivement ; dans la région où l'air sera électrisé négativement, le nuage sera aussi électrisé négativement.

Admettons que les nuages soient électrisés les uns positivement et les autres négativement, comme l'expérience l'indique et comme le raisonnement le démontre. Regardons l'horizon au moment où se prépare un orage ; nous voyons les nuages tourner sur eux-mêmes, emportés dans diverses directions, autres que celles du vent. Quelle est la cause de ces mouvemens ? Ces nuages sont attirés ou repoussés par les nuages voisins, suivant qu'ils sont électrisés positivement ou négativement.

Les nuages flottans dans cette vaste étendue du ciel ne sont point à la même hauteur ; ils occupent tout l'espace depuis une demi-lieue jusqu'à trois lieues, et forment ainsi plusieurs étages de nuages. De plus, chaque nuage n'occupe pas toute l'étendue de l'horizon que nous pouvons embrasser et qui doit être le théâtre de l'orage. Ainsi figurez-vous un certain nombre de nuages échelonnés et placés latéralement à côté les uns des autres, et concevez-les dans des états électriques différens. Ils sont dans ces états, maintenus en équilibre comme différens corps conducteurs rassemblés et isolés sous l'influence d'une machine électrique. Imaginez que l'on change la position de l'un de ces nuages, l'équilibre sera détruit ; les nuages chargés d'électricité contraire donneront des éclairs, et les électricités se recomposeront à l'instant. Disons quelques mots sur la forme de l'éclair, sur la durée de la lumière et sur la cause de l'explosion que nous entendons.

Nous ne savons pas expliquer pourquoi l'étincelle que nous tirons de la machine, va en zig-zag. On a dit que l'électricité prenait d'abord une certaine direction, et qu'elle allait avec une certaine vitesse jusqu'à ce que la résistance que l'air lui oppose fût égale à la puissance avec laquelle elle est poussée; et qu'alors l'étincelle ou l'éclair était obligé de prendre une autre direction. Cette explication est sujette à beaucoup de difficultés, et j'aime mieux dire que jusqu'à présent la direction de l'étincelle n'est pas suffisamment expliquée.

Le bruit de la foudre est beaucoup plus facile à expliquer. Vous savez que le son met un certain temps à se propager, et que sa vitesse est telle qu'il parcourt seulement 340 mètres dans une seconde. Supposons 1000 pieds. Imaginez donc deux nuages orageux entre lesquels parte l'eclair, et imaginons un observateur placé à une certaine distance au-dessous des nuages. Nous savons très bien que la lumière se propage avec une telle vitesse que l'œil de l'observateur saisit d'une seule vue tout le sillon de l'éclair.

Quant au bruit de l'éclair, nous savons que toutes les fois qu'il y a un grand changement dans l'air, un vide produit, et que l'air se précipite pour remplir ce vide, il y a explosion. Or, sans savoir comment se comporte l'éclair dans l'air, nous pouvons être assurés que l'air est certainement déplacé par l'étincelle électrique; qu'ainsi il faut considérer le sillon de l'éclair comme une espèce de canal où le vide a été fait pendant que l'éclair a passé. Il y aura du bruit produit dans chaque section de l'éclair, si une partie de l'éclair est à 1000 pieds de l'observateur, il entendra le bruit produit dans cette partie, précisément après une seconde. Imaginez maintenant une autre partie de l'éclair qui se trouve à 2000 pieds de l'observateur, le bruit produit dans cette partie n'arrivera à l'oreille qu'après deux secondes. D'après cela, on conçoit sans peine que le bruit produit dans les parties intermédiaires de l'éclair arrivera à l'oreille dans des temps intermédiaires; par conséquent, le bruit devra être continu.

Le bruit sera entendu avec des intensités inégales, par plusieurs causes : d'abord parce que le son se produit à des distances différentes de l'observateur, et ensuite parce que le sillon de l'éclair n'est pas d'une égale étendue partout ; il y a des intervalles où le vide est beaucoup plus grand que dans d'autres.

Outre les phénomènes qui se produisent dans la région des nuages il y a des phénomènes qui se produisent à la surface de la terre : ce sont ces derniers qui restent à étudier.

Quand un nuage orageux passe au-dessus d'un corps bon conducteur de l'électricité, il décompose son électricité par influence. Si, par exemple, il passe au-dessus de la grande vergue d'un vaisseau, au-dessus d'une montagne, d'un arbre, d'un édifice, vous savez quels phénomènes sont produits.

L'électricité sort sous la forme d'une pointe qu'on appelle *feu Saint-Elme*, *Castor* et *Pollux*. Tel est l'effet de l'électricité lorsqu'elle passe à une certaine distance des corps bons conducteurs; mais si l'électricité passe trop près de ces corps, l'éclair partira entre ces corps et le nuage, et l'électricité sortira à grands flots par la pointe de l'objet. Si le corps est bon conducteur, il sera fondu. Si c'est une agglomération de substances fusibles comme la plupart des substances composées, les silices, et quelques oxides métalliques, l'éclair, en pénétrant dans la masse de ces substances, les vitrifiera.

Le moyen de remédier à ces effets de la foudre par l'emploi des paratonnerres est connu de tout le monde; je me bornerai à donner les dimensions de ces appareils.

Les paratonnerres se composent d'une tige conique ou carrée, de vingt à trente pieds de hauteur : on donne à la base environ deux pouces de côté. Au lieu de faire le paratonnerre en fer dans toute sa hauteur, on ne le fait en fer que jusqu'à la distance de vingt pouces de l'extrémité supérieure; cette dernière partie du paratonnerre se compose de deux parties : d'une tige de cuivre de dix-huit pouces, et d'une aiguille de platine de deux pouces. A la base inférieure de la tige se trouve fixé solidement un anneau auquel est attaché une longue chaîne de fer. Cette chaîne se prolonge de la barre du paratonnerre avec une continuité absolue jusqu'au sol. Si l'extrémité de la chaîne venait sur un corps mauvais conducteur, par exemple sur une terre sèche, le nuage orageux ayant décomposé les électricités, refoulerait vers le sol, mais non pas dans le sol l'électricité de nom contraire ; cette électricité s'accumulerait à l'extrémité de la chaîne, et on la verrait jaillir de toutes parts. Pour éviter les dangers qui pourraient résulter de cette accumulation d'électricité, on creuse un puits d'une vingtaine de pieds de profondeur. L'eau du puits communiquant avec une multitude de petites ramifications capillaires, l'électricité se disperse et devient ainsi incapable de produire le moindre effet. Si l'on ne peut pénétrer dans le sol, on creuse à sa surface des petits canaux d'une longueur plus ou moins grande, et d'un demi-pied de largeur, on les remplit de charbon brûlé, et l'on fait passer le conducteur dans ces canaux ; de cette manière l'électricité pourra encore être dispersée et l'édifice sera préservé.

IMPRIMERIE DE É. DUVERGER,
RUE DE VERNEUIL, N° 4

COURS DE PHYSIQUE.

LEÇON CINQUANTE-SIXIÈME.

(Samedi, 14 Juin 1828.)

SUITE DE L'ÉLECTRICITÉ ATMOSPHÉRIQUE.

Nous avons, dans la dernière séance, commencé l'étude de la météorologie électrique. Nous avons vu par quelles expériences on constate la présence de l'électricité dans l'atmosphère. Nous avons recherché ensuite quelle est la source de cette électricité. Nous n'avons pas discuté la plupart des opinions qui ont été émises à ce sujet, parce que ces opinions sont trop éloignées de l'état actuel de la science ; ainsi nous n'avons pas examiné la question de savoir si l'électricité atmosphérique vient des régions sublunaires et supérieures à l'atmosphère ; il est évident que ce n'est pas dans les régions supérieures qu'il faut aller chercher les sources de l'électricité. Nous avons donc dû les chercher à la surface de la terre, dans des phénomènes réguliers, périodiques ; nous les avons trouvés dans l'acte de la végétation et dans les évaporations qui se font à la surface de la terre, c'est-à-dire dans les évaporations qui résultent d'une action chimique, et qu'il faut bien distinguer des évaporations qui ne sont qu'un simple changement d'état. Volta avait cru trouver la source de l'électricité atmosphérique dans le simple changement d'état ; mais il a été démontré par des expériences précises que le changement d'état, soit qu'il s'opère rapidement, sait qu'il s'opère lentement, sur de grandes ou petites quantités de matière, ne donne pas le moindre signe d'électricité. L'électricité ne se développe que par des actions chimiques ou par des actions mécaniques telles que le frottement, etc.

Les causes de l'électricité une fois établies, nous avons vu comment l'électricité répandue dans les régions supérieures de l'atmosphère pouvait s'accumuler sur les nuages. Nous

56

avons essayé d'étudier les phénomènes électriques dépendans des nuages, c'est-à-dire les phénomènes qui se passent depuis la hauteur d'un quart de lieue jusqu'à la hauteur de deux ou trois lieues. Nous avons discuté les phénomènes de la lumière et du bruit. Nous avons vu que la foudre tombait et montait tout à la fois, car la foudre n'est comme l'étincelle, que la rencontre des deux électricités, l'une qui descend du nuage sur la terre, l'autre qui monte de la terre vers le nuage.

Nous avons ensuite parcouru d'une manière générale les phénomènes que produit la foudre lorsqu'elle vient frapper un objet placé à la surface de la terre. Nous avons vu comment, au moyen des paratonnerres, on pouvait préserver un espace déterminé de la chute de la foudre. Nous avons dit que les conditions essentielles de la construction des paratonnerres, sont une continuité absolue depuis la pointe la plus aiguë du paratonnerre jusqu'à l'extrémité de la chaîne qui communique au sol, et ensuite une communication très parfaite entre les diverses ramifications de la chaîne et les lieux dans lesquels doit se perdre l'électricité. Il importe de chercher des lieux humides pour y faire plonger la chaîne ; car tous les corps qui composent la surface de la terre, les terrains de quelque nature qu'ils soient, les roches métalliques elles-mêmes, sont de très mauvais conducteurs, s'ils ne sont pas humides.

Voilà la théorie générale de la construction des paratonnerres. Nous allons examiner quelques-uns des phénomènes qu'ils peuvent produire. Nous examinerons d'abord s'il est nécessaire d'isoler, comme on le fait souvent, la chimie du paratonnerre, et d'empêcher qu'elle ne communique soit au sommet de l'édifice, soit aux parties latérales. La communication de la tige et de la chaîne du paratonnerre avec l'édifice est très souvent nécessaire, quelquefois elle est inutile, jamais elle n'est nuisible.

Je dis que la communication entre la conduite du paratonnerre et l'édifice est quelquefois nécessaire, et voici dans quelles circonstances. Imaginons une tige de paratonnerre placée sur le fait d'un édifice dont la coupole est formée par une grande masse de substance conductrice telle que des métaux ; je dis que, si la tige ou la chaîne du paratonnerre ne communique pas avec la coupole, l'édifice courra risque d'être foudroyé comme s'il n'y avait pas de paratonnerre, et voici pourquoi. Quand un nuage orageux passe au-dessus de l'édifice, il agit par influence sur tous les corps conducteurs ; il agit non-seulement sur le paratonnerre, mais il agit aussi sur l'édifice ; car l'action exercée sur le paratonnerre n'empêche pas que le nuage ne puisse exercer une action sur l'édifice. Si le paratonnerre pouvait instantanément fournir au nuage assez d'électricité pour le neutraliser, le nuage n'agirait pas sur l'édifice. Mais il n'en est point ainsi : un paratonnerre ne neutralise pas instantanément un nuage qui passe au-dessus de lui ; il lui fournit de l'électricité pendant longtemps, mais seulement pour l'atténuer ; car quand le paratonnerre cesse de fournir de l'électricité au nuage, et c'est ce qui arrive quand il y a une grande distance entre le nuage et le paratonnerre, dans ce cas, l'action du nuage sur la pointe du paratonnerre est insuffisante, non pas pour décomposer les électricités naturelles, mais pour faire sortir l'électricité contraire par la pointe du paratonnerre, et pour lui faire surmonter la résistance de la couche d'air qui existe entre le paratonnerre et le nuage. Donc on peut dire qu'en général un paratonnerre ne neutralise pas l'électricité du nuage, mais seulement qu'il la diminue ; et lorsque l'électricité ne s'écoule pas par la pointe du paratonnerre, il y a encore des électricités décomposées non-seulement dans le paratonnerre, mais dans les autres parties de l'édifice ; car l'électricité agit sur tous les corps qui lui sont présentés.

Pour mieux saisir cette idée, imaginez une pointe qui soit placée sur une lame de verre reposant sur un cylindre de métal ; imaginez que cette pointe communique au sol par un fil métallique, et qu'on présente cet appareil sous le conducteur de la machine. L'électricité de la machine agira par influence, décomposera l'électricité de la pointe et décomposera aussi, à travers le verre, l'électricité du métal, et elle attirera dans la partie supérieure de la pointe le fluide résineux, et refoulera le fluide vitré dans le sol ; elle fera la même chose sur les fluides du cylindre de métal si l'électricité est assez intense. Le fluide résineux du cylindre qui tend à se réunir avec le fluide vitré de la machine, percera la lame de verre, c'est-à-dire que le verre sera foudroyé. Il en est de même si l'édifice est composé de substances conductrices. L'électricité du nuage agira pareillement pour décomposer les fluides de ces substances, attirera le résineux, repoussera le vitré, et si la substance conductrice qui forme la coupole de l'édifice est très grande, la quantité d'électricité développée sera aussi très grande, et l'éclair pourra partir entre le nuage et le sommet de l'édifice qui sera aussi foudroyé malgré la présence du paratonnerre. Dans l'ignorance de la théorie de l'électricité, la plupart de ceux qui construisent des édifices, font faire à grands frais de grosses boules de verre pour isoler les paratonnerres ; c'est une grande faute que commettent les constructeurs ; car ils mettent précisément l'édifice dans les circonstances les plus favorables pour être foudroyé. Une des conditions essentielles à remplir pour que le paratonnerre préserve les édifices de la foudre, est donc de lier la conduite de ce paratonnerre avec tout ce qu'il y a de masses conductrices un peu volumineuses dans l'édifice. Toute l'électricité développée mise en communication avec une partie quelconque de la conduite, saura très bien trouver son chemin, et elle viendra sortir par la pointe du paratonnerre.

Si l'édifice est en pierre, le nuage ne pourra décomposer une assez grande quantité d'électricité libre, pour que l'éclair puisse partir. Dans ce cas, vous concevez qu'il n'est nullement nécessaire de lier la conduite du paratonnerre à l'édifice ; mais si cette liaison est quelquefois inutile, elle n'est jamais nuisible et souvent elle est avantageuse.

On peut se demander s'il est dangereux d'approcher les conduites des paratonnerres pendant les orages. Il y a une distinction à établir. Si le paratonnerre est bien fait, c'est-à-dire si la conduite est d'une continuité absolue, si la perte de l'électricité dans le sol se fait sans éprouver de résistance, de manière qu'il n'y ait aucune tension électrique sur la conduite ; dans ce cas, on peut approcher de la chaine et même la toucher, sans courir le moindre danger. La conduite du paratonnerre ferait moins de mal qu'un bâton de résine frotté, car un bâton de résine donne une étincelle, et la conduite n'en donne pas.

Mais s'il y avait dans la conduite du paratonnerre quelque solution de continuité, ce serait toute autre chose. S'il y avait discontinuité absolue, l'observateur qui imprudemment approcherait de la chaîne près de l'endroit où est la solution de continuité, serait foudroyé à l'instant. C'est un résultat de la théorie de l'électricité, et c'est malheureusement aussi un résultat de l'expérience. Tout le monde a entendu parler de ce coup de foudre qui a tué un physicien célèbre qui avait imaginé de faire descendre la foudre dans son cabinet, au moyen d'un paratonnerre avec lequel il pouvait interrompre ou rétablir la communication à volonté. Un jour le nuage orageux arriva avec trop d'impétuosité, et comme le physicien n'avait pas de moyens de reconnaître le développement plus intense de l'électricité, il fut foudroyé à l'instant où il approcha du paratonnerre. Voilà le danger de la discontinuité ; si la discontinuité était complète, les paratonnerres, loin de neutraliser la foudre, l'appelleraient ; car l'observateur foudroyé à la chaîne de son paratonnerre, ne l'aurait pas été s'il n'y avait pas eu de paratonnerre.

On dira peut-être : Il résulte de là qu'un paratonnerre est toujours dangereux; car on ne sait jamais si la continuité est parfaite. Cela est vrai : aussi il serait très important de mettre auprès de la chaîne des paratonnerres dans un lieu facilement observable, un instrument qui pût faire connaître si le paratonnerre fonctionne comme il le doit. Je citerai un appareil très simple que l'on pourrait employer. Nous avons dit que quand le paratonnerre est bon, il n'y a pas la moindre tension électrique sur toute la chaîne; mais que si le paratonnerre est mauvais, il y a une tension électrique qui est d'autant plus grande que le paratonnerre est plus mal établi. Que l'on prenne un corps léger, une balle de sureau, par exemple, qu'on la suspende avec un fil de soie à une petite distance de la chaîne du paratonnerre, et que de l'autre coté de ce petit appareil, on mette un corps conducteur communiquant avec le sol. S'il y a sur le paratonnerre la moindre tension, le petit corps léger sera attiré et fera des oscillations comme le balancier que nous avons suspendu entre deux timbres. S'il n'y a pas de tension le petit corps restera tout-à-fait immobile. Au lieu de cet appareil on pourrait prendre une aiguille électrique, ou mieux encore une aiguille magnétique.

On observe que sur les montagnes très élevées, il y a des orages qui durent non-seulement quelques heures, mais plusieurs jours et quelquefois plus d'une semaine, avec des éclairs et des éclats de foudre continuels. Les principaux théâtres de ces phénomènes si intenses sont la côte de Malabar et les côtes de la mer Rouge. On observe, à la côte de Malabar, dans des saisons déterminées, des orages qui durent plusieurs semaines, il est facile d'en donner l'explication. Lorsque le vent vient souffler contre une colline très élevée et amoncelle contre elle les nuages, ces nuages trop élevés pour passer au-dessus de la colline sont arrêtés. Les nuages chargés d'électricité positive viennent se mêler avec les nuages chargés d'électricité négative; il en résulte des recompositions de fluides très intenses; et comme les vents soufflent avec régularité pendant des semaines entières, il en résulte que, pendant des semaines entières, le phénomène se renouvelle.

Il en est de même sur les côtes de la mer Rouge. Pendant une saison de l'année, un des côtés de la montagne est couvert d'orages, tandis que l'autre côté offre un ciel parfaitement pur. Dans une autre saison, c'est le phénomène inverse qui a lieu. Les peuples pasteurs qui habitent ces côtes connaissent très bien ces périodes, et ils prennent leurs arrangemens pour fuir les orages. Ils n'ont que quelques lieues à faire pour passer d'un climat très orageux dans un climat très calme.

Je citerai encore, comme des phénomènes dépendant de l'électricité, les phénomènes qui se produisent autour des cratères et des volcans. On sait qu'il n'y a jamais de grandes explosions volcaniques qui ne soient accompagnées de pluies fort abondantes, et qui ne soient suivies d'orages locaux résultant très certainement de l'explosion volcanique.

Lorsqu'on a vu des matières embrasées lancées à de très grandes hauteurs dans l'atmosphère, lorsqu'on a vu couler la lave en abondance, on est presque certain que l'on aura des orages dont l'intensité sera tout-à-fait en harmonie avec l'intensité de l'explosion.

Quelle est la cause de ce phénomène particulier? La voici. Les volcans ne jettent pas seulement de la lave, ils jettent de l'eau en très grande abondance. Des nuages de vapeur s'élèvent en même temps que les nuages de fumée. Cette vapeur, qui est à une température très élevée, se trouve souvent mêlée avec des acides. Ce haut degré de chaleur qu'a la vapeur contribue à l'intensité de l'explosion. Le cratère peut être regardé comme une espèce de machine à vapeur dont la soupape est soulevée. Lorsque cette eau arrive dans les hautes régions de l'atmosphère, elle se vaporise presque instantanément en se séparant des corps étrangers qu'elle tenait en dissolution ; il résulte de cette décomposition chimique un développement d'électricité considérable, qui se combine avec l'électricité naturelle qui se trouve dans les régions des nuages, pour produire les orages très intenses qui suivent l'explosion volcanique.

Lorsque la foudre tombe sur les hautes montagnes, elle produit des phénomènes que nous devons signaler ; plusieurs observateurs, et plus particulièrement Saussure, au sommet des Alpes, Ramond sur le pic du Midi, et M. de Humboldt dans les Cordillières, ont trouvé des pointes de rochers tout-à-fait vitrifiées. Il était très naturel d'attribuer cette vitrification, qui n'a lieu que dans une très petite étendue, à l'explosion de la foudre : telle est aussi la cause que les observateurs ont assignée à ce phénomène. On voit quelle production de chaleur doit développer l'éclair pour vitrifier ainsi des corps qui sont très mauvais conducteurs et très peu fusibles.

Après avoir observé les phénomènes des orages à la surface de la terre, remontons dans la région des nuages pour y étudier le phénomène de la grêle. On sait quelles sont les circonstances qui accompagnent ce phénomène. Cependant, pour en donner une idée plus complète, je citerai la relation d'un des orages les plus effrayans qui aient désolé la France. Cet orage, qui éclata le 13 juillet 1788, prit naissance au pied des Pyrénées jusque sur les côtes de la Zélande. Il parcourut par conséquent toute la France du sud‑ouest au nord-est. Les effets de ce grand orage ne furent pas observés avec la même exactitude sur tous les points de sa course; mais dans une étendue d'environ cent lieues, depuis la Loire jusqu'à l'Escaut, entre Gand et Anvers, on a recueilli des documens authentiques, qui donnent une idée très exacte de toutes les apparences de l'orage.

Cet orage ne se composait pas d'un seul nuage emporté par le vent et frappant de grêle toutes les contrées qu'il traverse; il était composé de deux bandes séparées l'une de l'autre, d'une certaine quantité, et marchant en quelque sorte parallèlement. L'une de ces bandes avait cinq lieues de plus grande largeur et trois lieues de plus petite largeur, c'est-à-dire quatre lieues de largeur moyenne. L'autre bande était séparée de la première par un espace qui avait sept lieues de plus grande largeur et trois lieues de plus petite largeur, c'est-à-dire cinq lieues de largeur moyenne. Cette seconde bande, qui était celle de l'est, était un peu moins large que la première; elle n'avait que trois lieues dans sa plus grande largeur et une lieue et demie dans sa plus petite largeur : ce qui fait environ deux lieues pour la largeur moyenne. Les contrées au-dessus desquelles passèrent les deux bandes extérieures furent désolées par une grêle telle qu'on en a jamais vu, du moins dans nos climats. Les contrées placées au-dessous de la bande du milieu ne furent pas exemptes de tous météores; elles furent inondées d'une pluie excessivement abondante. Au-delà des deux bandes extérieures, il y eut également des pluies qui s'étendirent à une distance qu'on n'a pas définie avec une très grande exactitude. Voilà donc un nuage de treize lieues de largeur parcourant, emporté par un vent rapide, environ deux cents lieues, et couvrant tout l'espace au-dessous de lui de pluie et de grêle. On demandera peut-être comment il est possible d'accumuler dans la région des nuages assez de vapeur pour produire un phénomène si remarquable. D'abord il est probable que ce nuage avait une épaisseur très grande, et ensuite que le nuage orageux attirait à distance des nuages non électrisés, mais chargés d'immenses quantités de vapeur

qui venait remplacer celle que le nuage orageux perdait en
si grande abondance.

La marche de cet orage n'est pas moins curieuse à étudier.
La grêle tombait à peu près simultanément dans les lieux séparés par la plus courte distance entre les deux bandes extérieures. Dans chaque lieu la grêle tombait pendant sept à huit
minutes ; l'orage faisait seize lieues et demie à l'heure. La
grêle était partout à peu près de la même grosseur; les grêlons
furent pesés par les commissaires nommés par l'académie
pour en faire l'observation, et on leur trouva un poids moyen
compris entre un quart et une demi-livre. Or pour qu'un
grêlon pèse une demi-livre, il faut qu'il ait au moins quatre
pouces de diamètre. On peut, d'après ces dimensions, prendre
une idée des ravages que produisit ce fléau. Il y avait des
éclairs et des coups de foudre continuels.

Ce phénomène si prodigieux n'est pas le seul qu'on ait observé en France. Les rapporteurs de l'académie, en faisant
des recherches dans l'histoire, firent cette remarque singulière qu'en 1158 une grêle presque aussi intense parcourut à
peu près la même direction; que deux siècles après, en 1358,
un autre fléau de même intensité partit encore du pied des
Pyrénées pour aller contre la Baltique; qu'en 1586 un pareil
fléau parcourut encore cette même direction ; et enfin deux
siècles après en 1788 fut observé l'orage que nous venons de
décrire ; en sorte que si l'on voulait établir une loi, on pourrait dire que certaines contrées de la France sont vouées de
deux en deux siècles à une désolation inévitable. Mais il est
très probable que cette loi n'existe pas.

On rapporte aussi les dimensions des grêlons observés à
des époques plus reculées ; mais les récits qu'on en fait sont,
comme tous les récits des temps qui tiennent aux phénomènes
naturels, inexacts et exagérés. Ainsi, pour la grêle de 1586, le
narrateur rapporte que les grêlons pesaient 12 livres; et comme
jamais depuis on n'a observé de telles dimensions, il est très
vraisemblable que les grêlons avaient un poids bien moins
considérable. On peut supposer que dans ces siècles d'ignorance, on regardait les grêlons comme de l'eau congelée et
que l'on croyait que la glace à volume égal était incomparablement plus pesante que l'eau.

Toutes les grêles sont accompagnées des mêmes phénomènes. Un nuage orageux a un aspect tout particulier; il est
noirâtre, et on s'aperçoit facilement qu'une grande masse de
vapeur est accumulée dans les flancs de ce nuage, qui est

toujours emporté par un vent extrêmement rapide. On voit en même temps beaucoup de nuages voisins tournant autour du nuage principal; ces nuages pourraient être appelés les *messagers de la grêle*. Quelques instans avant la chute de la grêle, on entend, au rapport de beaucoup d'observateurs, et j'appelle votre attention sur ce phénomène, parce que c'est un point très important à constater, on entend, dans les profondeurs du nuage, une espèce de cliquetis, comme si ces grêlons, très durs, par conséquent très sonores, s'entre-choquaient de mille manières. Quelques instans après ce bruissement particulier, la grêle tombe subitement, c'est-à-dire que tout ce qui doit tomber tombe en très peu de temps. C'est comme un sac de grêle que l'on vide.

J'ai déjà indiqué l'explication que Volta donne de ce phénomène, je vais vous la rappeler. Volta suppose que toutes les fois que la grêle tombe, il y a dans l'atmosphère deux nuages orageux placés l'un au dessus de l'autre et chargés d'électricité contraire, c'est la première condition du phénomène. Par une cause que nous essaierons d'examiner, la vapeur suspendue entre ces deux nuages se congèle et forme une congélation semblable à la neige et non point à la glace; c'est ce dont il est facile de s'assurer en brisant un grêlon. Supposons que dans l'intervalle des nuages il se forme un petit flocon de neige. Ce petit flocon de neige électrisé par influence est, je suppose, attiré par le nuage supérieur; il y pénètre, et là, le froid primitif de ce flocon de neige, joint au froid qui existe probablement entre les deux nuages, lui permet de condenser autour de lui une petite pellicule, une petite zone du nuage dans lequel il pénètre. Par conséquent, en pénétrant à une certaine profondeur il grossit d'une certaine quantité; mais en même temps il prend l'électricité du nuage, il est repoussé vers le nuage inférieur; en traversant de nouveau l'intervalle qui sépare les deux nuages, il se refroidit, et ce refroidissement qu'il a subi dans la traversée condense autour de lui quand il a pénétré dans le second nuage, une autre zone de vapeur vésiculaire: il se charge en même temps de l'électricité de ce nuage et il est repoussé. Ce grêlon fait ainsi une série d'oscillations entre les deux nuages, jusqu'à ce que les nuages venant à se séparer par une cause quelconque, soit par le vent, soit par des décharges électriques répétées, le grêlon n'ayant plus rien qui le retienne, doit se précipiter à la surface de la terre.

On observe que les grêlons sont composés de couches concentriques alternativement opaques et diaphanes ; cette alternative s'explique parfaitement par la théorie de Volta.

On a fait contre la théorie de Volta plusieurs objections : une première objection n'est pas contre la théorie de la grêle, ce n'est qu'une objection contre la manière dont Volta considère l'électricité atmosphérique. Je la laisse donc de côté.

Une autre objection consiste à dire : Si ces nuages sont chargés de tant d'électricité et s'ils peuvent soulever des poids de plusieurs onces, comment, libres dans l'atmosphère, n'agissent-ils pas pour se mettre en mouvement ? Cette objection est très spécieuse. Cependant on peut y répondre en disant que les nuages qui occupent une masse si considérable ne peuvent ainsi se déplacer dans l'atmosphère. Il faut bien comprendre, en effet, que quand un nuage s'élève ou s'abaisse, l'air qui l'environne ne peut filtrer à travers la vapeur vésiculaire. Si donc ce nuage ne peut se mouvoir qu'en déplaçant l'air qui l'environne, vous devez concevoir, pour peu qu'un nuage ait d'étendue, quelle résistance il devra vaincre pour se soulever ou s'abaisser. Cette seule observation suffit pour répondre à l'objection.

On fait encore une autre objection, on dit : Mais ces grêlons arrivés dans la région inférieure et pénétrant dans le nuage à une certaine profondeur, comment sont-ils repoussés par ce nuage et attirés par l'autre ? Un physicien, admirateur de Volta, a fait une expérience pour donner du poids à cette objection. Il a pris l'appareil dont nous nous sommes servis pour imiter le phénomène de la grêle ; mais au lieu de faire danser les balles de sureau entre des plans solides, il a imaginé de mettre un plan solide audessus et un plan liquide au-dessous. Les balles de sureau une fois en route montent bien vers le disque supérieur ; mais une fois qu'elles sont dans l'eau, elles ne peuvent obéir à l'attraction du disque supérieur ; le résultat était facile à prévoir. La distribution de l'électricité dans l'eau et dans un nuage est tout-à-fait différente. Dans l'eau, l'électricité n'est qu'à la surface ; dans le nuage, au contraire, l'électricité est répandue dans toute la masse. Par conséquent, une fois que la balle de sureau a pénétré au-dessous de l'épaisseur électrique qui est plus petite que la plus petite épaisseur mesurable, elle ne peut plus être repoussée par le liquide. Cette objection me semble donc de peu de valeur contre la théorie de Volta.

Il y a encore quelques autres objections auxquelles on pourrait faire des réponses analogues. Ainsi, la théorie de Volta me semble encore être la théorie la plus probable, et la théorie qui rend le mieux compte de tous les phénomènes qu'on observe dans la formation de la grêle.

Maintenant examinons si l'on peut remédier à ce fléau si destructeur, et si les *paragrêles* peuvent avoir l'efficacité qu'on leur a supposée. Les paragrêles sont faits de la manière suivante : on prend une perche de bois, sec ou non, de vingt pieds de hauteur, et on fiche cette perche dans le sol. C'est là le paragrêle le plus simple de tous. Il y en a un autre qui consiste à mettre à l'extrémité de la perche une petite pointe de cuivre ; c'est là la seconde espèce de paragrêle. Enfin, il y en a qui prétendent faire des paragrêles plus parfaits en joignant la pointe qui est à l'extrémité de la perche au sol, soit avec un fil de métal, soit avec une espèce de chaîne de paille.

Examinons si ces appareils multipliés autant qu'on voudra à la surface de la terre, pourront nous préserver de la grêle. D'abord, voyons ce que font des appareils plus parfaits, savoir les paratonnerres, car ce qu'on a voulu faire en définitive, c'est un paratonnerre ; seulement on a voulu le faire à meilleur marché : voyons donc si des paratonnerres couvrant toute la France pourraient nous débarrasser de la grêle. Les paratonnerres ne détruisent point l'effet de l'électricité du nuage, ils l'atténuent ; ils empêchent la foudre de tomber sur l'édifice, mais ils n'empêchent pas qu'il ne tonne. Par conséquent, il est certain que le monde entier serait couvert de paratonnerres qu'il tonnerait encore, qu'il y aurait encore dans les hautes régions de l'atmosphère des nuages orageux chargés d'électricité. Voyons si les paratonnerres ne pouvant pas empêcher qu'il ne tonne, pourraient empêcher la grêle.

Il y a deux manières d'entamer cette discussion. On peut nier la théorie de Volta, et dire que la grêle n'est point un phénomène électrique, et alors les paragrêles ne peuvent servir à rien, car ils ne peuvent servir qu'autant que la grêle est un phénomène électrique.

Mais admettons que la théorie de Volta soit vraie, et demandons-nous si avec des paratonnerres répandus sur toute la surface du monde, nous pourrions nous garantir de la grêle. Les paratonnerres, comme je l'ai indiqué, empêchent que la foudre ne tombe ; mais les nuages qui produisent la grêle ainsi que les nuages qui produisent la foudre, sont à des hauteurs de deux ou trois lieues et peut-être davantage. A cette distance un nuage orageux peut avoir une immense étendue, une charge électrique prodigieuse, et n'agir que très faiblement sur la pointe d'un paratonnerre placé si loin au-dessous de lui ; car n'oublions pas que l'intensité de l'électricité décroît comme le carré de la distance, et que les paratonnerres ne neutralisent l'électricité du nuage, que parce que l'électricité contraire sort de la pointe du paratonnerre, traverse toute la couche atmosphérique, et s'en va rejoindre l'électricité du nuage. Or, si l'on donne à cette électricité trois lieues à traverser, il est évident que l'effet sera de beaucoup diminué. Ainsi des nuages pourront exister dans les hautes régions, chargés de la foudre et de la grêle, et le paratonnerre placé à la surface de la terre ne produire pas de phénomènes sensibles.

Je viens de supposer que les paratonnerres couvraient toute la surface de la terre et toute la surface de la mer. Si les paratonnerres ne couvrent point la surface de la mer, que va-t-il arriver ? Il va arriver que les nuages orageux qui se forment la plupart à la surface de la mer pourront gagner les hautes régions, et que la grêle pourra se former ; quand les nuages seront arrivés sur la côte, si les paratonnerres sont assez puissans pour neutraliser le fluide du nuage inférieur, il arrivera que le nuage ayant perdu son électricité, la grêle tombera. Ainsi dans l'hypothèse la plus favorable, dans l'hypothèse où l'on couvrirait de paratonnerres toute la surface du sol, il résulterait de la théorie qu'on ne serait point garanti de la grêle.

Voyons maintenant si ce sont des paratonnerres qu'on établit. Je ne parle pas des paragrêles qui sont de simples perches, il est évident que ceux-là ne peuvent rien produire ; je ne parle pas non plus des paragrêles avec une simple pointe en cuivre ; je parle des paragrêles qui sont, je ne dirai pas bien construits, mais enfin qui sont construits d'après une vue théorique ; je dis que ces paragrêles ne peuvent produire une partie sensible de l'effet d'un paratonnerre ; par conséquent, que les paragrêles sont une invention tout-à-fait trompeuse ; mais si c'est une invention trompeuse, c'est du moins une invention qui est sans danger. On peut être au pied d'un paragrêle en toute sécurité.

Tel est l'ensemble des phénomènes météorologiques qui se passent dans la région des nuages ; voyons maintenant ce qui se passe dans les régions plus élevées ; voyons s'il y a de l'électricité dans la région au-dessus des nuages. D'abord il faut remarquer que les nuages, tels que nous les considérons, en peuvent atteindre aux dernières limites de l'atmosphère, parce qu'ils sont composés non pas de vapeur élastique, mais de vapeur vésiculaire. Ainsi nous admettons que la vapeur d'eau élastique peut pénétrer jusqu'aux limites où pénètre l'air. Si l'atmosphère avait une hauteur indéfinie, la vapeur se répandrait indéfiniment, parce que la glace elle-même donne de la vapeur; la tension est petite, mais enfin il y a une tension; par conséquent, il n'y a pas de raison pour que la vapeur élastique ne s'étende pas aussi loin que l'air. Quant à la vapeur vésiculaire, c'est autre chose. Nous ne savons pas précisément quelle est la cause qui tient les nuages suspendus dans l'atmosphère; mais nous savons qu'ils ont leur région, et qu'au-delà de cette région il n'y a plus de nuage, tandis qu'il y a encore de la vapeur élastique.

Puisque la vapeur passe dans les rayons supérieurs aux nuages, l'électricité dont la vapeur et l'air sont chargés y passe aussi. Nous devons donc considérer cette grande étendue de l'atmosphère comme un réservoir immense dans lequel l'électricité peut se répandre et se distribuer. Seulement nous ferons remarquer que ce grand espace n'est point un corps parfaitement conducteur de l'électricité, dans lequel l'électricité se met en équilibre. exactement comme elle ferait dans un liquide ou sur un corps solide bon conducteur; l'air dilaté est un mauvais conducteur de l'électricité : l'air sec est encore plus mauvais conducteur. Il en résulte que dans ces hautes régions, où nous avons un fluide très dilaté et très sec, l'électricité se distribuera de toutes les manières que nous pourrons concevoir; ainsi il y aura une petite portion qui sera chargée d'électricité vitrée, et à côté une portion qui sera chargée d'électricité résineuse : toutes ces électricités seront en équilibre instable. Tant que l'équilibre subsistera, aucune lumière ne paraîtra, parce que l'électricité en repos ne donne point de lumière; mais si l'équilibre vient à se rompre, le phénomène de la lumière aura lieu, parce qu'il n'y a jamais passage de la plus petite étincelle sans qu'il n'y ait lumière. Figurons-nous un tube de verre d'un pied de diamètre, de cent pieds de long, dans lequel on ait fait le vide; imaginons qu'on fasse partir une étincelle dans ce tube en présentant l'une de ces extrémités au plateau de l'électrophore. Cette étincelle, qui ne produira qu'une piqûre insensible à la surface de la peau, remplira tout le tube d'une immense clarté. Ainsi, dans l'air dilaté, lorsque l'électricité cesse d'être en équilibre, il y a une abondance de lumière électrique qui n'est point en rapport avec l'intensité de l'électricité, mais seulement en rapport avec l'étendue de l'espace dans lequel l'électricité peut se mouvoir. Donc, dans les hautes régions de l'atmosphère, le moindre changement d'équilibre doit produire une immense lumière.

On distingue deux sortes de lumières : celle que l'on regarde comme les reflets d'un orage qui est déjà passé, et ensuite ces lueurs vagues qu'on observe par un ciel serein dans les hautes régions.

Voyons si les *aurores boréales* ont quelque rapport avec les éclairs que l'on voit jaillir dans les hautes régions de l'air, et s'il est possible de les attribuer à l'électricité. Les aurores boréales se font rarement apercevoir dans nos climats ; mais dans les régions du nord, dans ces régions si froides, où l'air est si sec, les aurores boréales apparaissent souvent et elles ont un éclat effrayant.

En Zélande, pendant la saison de l'hiver, quand le soleil n'est pas sur l'horizon, les aurores boréales sont, comme on l'a dit, le *soleil* de ces contrées. La lumière qu'elles répandent est telle qu'elle éclaire parfaitement les habitans, et qu'elle leur permet de vaquer à leurs affaires.

La clarté des aurores boréales est une clarté qui s'arrange, qui prend une forme très remarquable. D'après les descriptions qui ont été faites de ce phénomène, il paraît que quand l'aurore boréale doit se produire avec beaucoup d'éclat et d'intensité, on distingue vers deux points opposés de l'horizon, c'est-à-dire un peu à l'est et un peu à l'ouest, ce que nous appelons des éclairs de chaleur, des espèces de fusées qui jaillissent de ces deux points de l'horizon. En même temps le point nord semble se couvrir de nuages assez sombres. Quelques instans après, on voit l'intensité du phénomène s'accroître, et enfin ce sont deux colonnes de feu qui jaillissent des deux points. Ces deux colonnes sont sillonnées d'une multitude d'éclairs. On reconnaît dans ces colonnes de feu, non pas l'éclat ordinaire de la lumière phosphorante, mais toutes les nuances que donne l'électricité dans le vide.

Le phénomène continue de se développer ; les deux colonnes, s'élevant sur le *zénith,* finissent par se rejoindre et par former un arc d'une immense étendue, s'appuyant d'un côté sur l'orient, et de l'autre sur l'occident. De tous les points de cet arc on voit partir des fusées qui viennent toutes concourir vers un point déterminé que l'on nomme la *couronne* de l'aurore boréale, et qui est placé au zénith. Quelquefois la fixité est telle, qu'on peut observer très bien quelle est la position de la couronne, c'est-à-dire le foyer où viennent se réunir toutes les fusées.

Telles sont les apparences que présente le phénomène de l'aurore boréale. Voici quelques circonstances qui l'accompagnent. Lors même que l'aurore boréale se manifeste avec le plus d'intensité, beaucoup d'observateurs ont prétendu qu'on n'entendait aucun bruit, et que c'était dans le silence le plus absolu que le phénomène se développait aux yeux des habitans du Nord. D'autres observateurs, et surtout les observateurs des îles Schetland, affirment que très souvent le phénomène est accompagné d'un bruissement très considérable. Soit que le phénomène se passe dans le silence, soit qu'un bruit l'accompagne, il n'en est pas moins vrai qu'il inspire toujours un très grand effroi, même aux habitans du Nord qui sont habitués à le contempler. Les animaux eux-mêmes sont frappés de stupeur chaque fois qu'une aurore boréale paraît.

En attribuant ce phénomène à l'électricité, devons-nous avoir du bruit? Oui et non. Ainsi l'explication s'accommodera au phénomène comme on voudra; si le phénomène se produit dans les régions où l'air est encore très condensé, le phémène sera accompagné de bruit; si au contraire il se passe dans un air très dilaté, le phénomène se passera en silence.

On peut demander si le phénomène se passe dans les régions moyennes de l'atmosphère, ou s'il se passe dans des régions plus élevées. Des observations très précises ont été faites sur ce point par deux observateurs anglais, dans des latitudes très reculées. Il paraît résulter de la moyenne de leurs observations que trois à quatre lieues forment la plus grande hauteur des aurores boréales.

Voici d'autres phénomènes qui nous autorisent à attribuer à l'électricité la production des aurores boréales. Toutes les fois qu'une aurore boréale paraît dans le nord, les aiguilles aimantées sont déviées même dans les lieux pour lesquels l'aurore boréale n'est pas visible. Si donc, l'on voit l'aiguille aimantée, outre ses variations régulières, éprouver quelques secousses inaccoutumées, se dévier de quelques minutes, vers l'est ou vers l'ouest, on peut être assuré qu'il y a une aurore boréale sur quelque horizon; et en effet toutes les fois qu'on a observé ces variations subites de l'aiguille aimantée, on a reconnu, par des observations simultanées, que des aurores boréales avaient eu lieu.

Non-seulement l'aiguille est agitée, mais elle se dirige toujours de manière que le plan qu'on suppose mené par l'axe ou le point de suspension de l'aiguille, et le sommet de l'arc contient la direction de l'aiguille aimantée, c'est-à-dire, se confond avec le plan du méridien magnétique.

Si l'on observe l'aiguille d'inclinaison et qu'on puisse observer en même temps une aurore boréale assez intense, on remarque que la couronne de l'aurore boréale vient se placer sur le prolongement de l'aiguille d'inclinaison.

IMPRIMERIE DE E. DUVERGER,
RUE DE VERNEUIL, N° 4.

COURS DE PHYSIQUE.

LEÇON CINQUANTE-SEPTIÈME.

(Mardi, 17 Juin 1828.)

AURORES BORÉALES.

Nous avons, dans la dernière séance, commencé l'examen du phénomène des aurores boréales; avant d'arriver à l'explication du phénomène, nous avons dû considérer l'état de l'atmosphère dans la région supérieure aux nuages. Au-delà des nuages, une enveloppe d'air de dix lieues environ d'épaisseur, complète l'atmosphère terrestre. Nous avons vu que cette seconde enveloppe de la terre ne peut pas être sans électricité, mais que cette électricité est distribuée d'une autre manière que l'électricité qui est dans la région des nuages. On conçoit très bien que les nuages étant des corps très bons conducteurs, doivent condenser une plus grande quantité d'électricité que l'air très raréfié qui se trouve au-dessus d'eux.

La distribution de l'électricité étant différente, il est évident que les phénomènes électriques doivent pareillement être différens. L'étincelle ne part point dans un air condensé comme dans un air raréfié.

Nous pouvons concevoir la région supérieure aux nuages, divisée en une multitude d'espaces contenant les uns de l'électricité vitrée, les autres de l'électricité résineuse. Il y a une réaction des deux fluides, et ils se tiennent en quelque sorte *en arrêt*, c'est-à-dire que leur attraction mutuelle les constitue dans un certain état d'équilibre, tel que si l'on venait à neutraliser une portion quelconque de l'un des fluides, cette neutralisation ne serait pas seulement locale, elle ne produirait pas seulement un éclair, ou plutôt une lueur vague et diffuse dans l'espace où la neutralisation se serait d'abord opérée, mais produirait une lueur vague qui se répandrait

57

dans une grande étendue ; et cette lueur pourrait durer très long-temps, parce que l'équilibre une fois rompu dans l'air très raréfié, est toujours long-temps à se rétablir.

Il est facile de s'en assurer au moyen d'un tube vide dans lequel on a fait passer l'étincelle électrique. Si on abandonne ce tube à lui-même, on aperçoit encore, au bout d'une demi-heure, des lueurs semblables à des éclairs de chaleur.

Ainsi, le moindre changement d'équilibre électrique qui a lieu dans un air raréfié doit produire des phénomènes lumineux très intenses et de longue durée.

Voyons si cette lumière est la même que celle des aurores boréales. Si nous considérons le phénomène des aurores boréales en lui-même, il paraît comme un arc avec une couronne. Il existe un rapport très remarquable entre ce phénomène et les phénomènes magnétiques terrestres. Nous avons essayé de définir ce rapport ; voici en quoi il consiste. 1° Quand l'aurore boréale est assez intense pour que l'arc soit perceptible pendant un certain temps, on reconnaît que cet arc se trouve toujours placé de telle sorte que si on mène un plan vertical par le sommet de l'arc, ce plan est à peu près dans la direction du méridien magnétique ; que s'il en est un peu différent, l'aiguille est agitée et tend à se dévier pour venir se placer dans le plan vertical ; 2° si l'on considère le rapport de l'aurore boréale avec l'aiguille d'inclinaison, on observe que la couronne de l'aurore boréale, c'est-à-dire le point où toutes les fusées partant de l'arc viennent se concentrer, se trouve sur le prolongement de l'aiguille d'inclinaison.

Le phénomène des aurores boréales qui agit ainsi sur l'aiguille aimantée est-il un phénomène terrestre, c'est-à-dire se passant dans les limites de l'atmosphère, ou bien est-ce un phénomène beaucoup plus élevé. Les physiciens pensaient autrefois que l'aurore boréale était très élevée ; ils la plaçaient approximativement à la distance de la lune. Mais plusieurs raisons doivent nous faire regarder le phénomène comme se passant dans l'atmosphère terrestre. Voici quelles sont ces raisons : très souvent, je ne dis pas toujours, les aurores boréales sont accompagnées d'un grand bruit ; le témoignage des habitans d'Islande, des îles Schetland, ainsi que le témoignage des voyageurs qui ont parcouru les régions septentrionales, ne laissent aucun doute sur ce fait.

D'où peut venir ce bruit ? Nous allons voir qu'au-delà de l'atmosphère, il n'y a pas de bruit possible, qu'ainsi tous les phénomènes imaginables peuvent se développer au-dessus de la région atmosphérique ; la lune peut se briser ; des éruptions volcaniques peuvent y produire un fracas effrayant, sans que le moindre bruit parvienne à notre oreille. Ainsi le fait seul que les aurores boréales sont souvent accompagnées de bruit prouve que les aurores boréales ont lieu dans la région atmosphérique.

Une autre preuve de cette vérité se tire des observations simultanées qui ont été faites il y a quelques années par des observateurs placés à la distance de 15 à 20 lieues. Vous savez comment, par deux observations faites au même instant, connaissant la distance qui sépare deux observateurs visant à un point déterminé, il est possible de déterminer la hauteur de ce point. C'est par une opération de cette nature qu'on a trouvé que le sommet de l'arc était à la distance de trois à quatre lieues.

Il y a quelques objections. On peut dire, par exemple : Mais si la scène où se passent les aurores boréales est si peu élevée, comment se fait-il que les aurores boréales soient aperçues à de très grandes distances ? Supposons que vers les régions polaires, ou même vers la latitude de 80°, on élève une colonne de 3 lieues de hauteur ; par suite de la courbure de la terre, il ne faudrait pas aller très loin pour que cette colonne cessât d'être visible.

Comment lever cette espèce de contradiction ? Bien qu'on assigne aux aurores boréales une hauteur de trois lieues, cela ne veut pas dire que ce météore est essentiellement limité dans un espace de trois lieues. Les aurores boréales peuvent s'étendre à la hauteur de dix lieues ; ce sont ces dernières aurores boréales qu'on peut apercevoir dans des latitudes très différentes.

On peut demander quelle est la cause d'un nuage très noir qui s'élève de quelques degrés au-dessus de l'horizon entre les deux colonnes qui donnent naissance à l'aurore boréale ? nous n'en savons rien. Il y a dans le phénomène des aurores boréales, comme dans le phénomène de la grêle, beaucoup d'accidens dont nous ne pouvons point encore donner l'explication. Telle est l'apparence de ce nuage dont je viens de parler.

Nous observons à Paris des aurores boréales dix fois chaque siècle ; dans d'autres pays, on en observe davantage. Il arrive donc, un certain nombre de fois dans chaque siècle, que la multitude des causes qui agissent pour produire des aurores boréales se trouvent réunies pour nous donner le spectacle de ce grand phénomène. Il en est de même pour la grêle. Ce météore est produit par une multitude de causes différentes. Ainsi, il faut que deux nuages soient chargés d'électricités contraires, que ces deux nuages soient assez volumineux, qu'ils soient placés à une hauteur assez grande et à une distance convenable l'un de l'autre, qu'ils soient séparés par un air froid, etc. Toutes ces circonstances, nécessaires pour la formation de la grêle, ne se réunissent encore que trop souvent.

Nous pouvons indiquer comme ayant part à tous ces phénomènes les courans qui règnent certainement dans les hautes régions de l'atmosphère, et qui se dirigent de l'équateur vers les pôles. Ces courans, chargés de toute l'électricité des régions équatoriales, s'élevant ainsi jusque dans les régions supérieures, et se déversant vers le nord, prennent une température de plus en plus froide, à mesure qu'ils s'élèvent et qu'ils s'avancent vers le nord. Ces courans, en passant sur les climats tempérés, peuvent se rabattre et nous apporter des torrens d'électricité; il en est de même de quelques courans moins élevés qui peuvent venir du nord. En un mot, l'agitation de l'air, que nous avons coutume de n'observer que dans la région des nuages, est peut-être plus grande dans les régions supérieures. Tous ces courans, je le répète, ont certainement une très grande part à tous les phénomènes météorologiques qui se passent dans ces régions.

Nous avons vu par la dernière expérience que nous avons faite avec l'œuf philosophique, que la lumière électrique qui traverse l'espace entre les deux charbons, est soumise à l'influence des aimans. Ces lueurs vagues que nous apercevons dans l'air raréfié, sont de véritables courans électriques, par conséquent la terre doit les diriger.

Nous ne pouvons dire que les éclairs ordinaires soient dirigés; c'est probablement, et parce que l'intensité magnétique de la terre est trop faible, et parce que les actions magnétiques qui produisent les éclairs sont des actions électriques trop puissantes. Ainsi, de même qu'un barreau ne pourrait diriger l'étincelle qu'on tire de la machine à l'air libre, tandis qu'il dirige l'étincelle qui part dans un air raréfié, de même l'action magnétique de la terre ne dirige pas les éclairs, et nous les voyons sillonner l'atmosphère dans toutes les directions, tandis que cette action pourra diriger les courans électriques qui se produisent dans l'atmosphère sous des conditions données. Or, les courans des aurores boréales remplissent précisément ces conditions; donc les aurores boréales devront être dirigées par l'action magnétique de la terre.

Nous savons quelle direction les courans donnent aux aimans ; ils tournent toujours les aimans perpendiculairement, le pôle austral à gauche. L'action entre les aimans et
les courans étant mutuelle, on voit quelle est la direction que
l'aimant terrestre doit donner aux courans électriques. Il
arrive précisément que l'arc, qui est le caractère décisif des
aurores boréales, prend la direction que lui donnerait l'aimant terrestre, si l'arc de l'aurore boréale était un courant.
Voilà donc une grande probabilité que le phénomène des
aurores boréales est véritablement un phénomène électrique,
et que l'arrangement que prennent les lueurs que nous observons résulte de la réaction du magnétisme terrestre sur
les courans électriques qui se manifestent dans les hautes régions de l'atmosphère.

Descendons un peu plus profondément dans la théorie du
magnétisme et de l'électricité, et voyons comment le magnétisme terrestre peut agir à une si grande distance.

Nous avons vu qu'il y avait sur le globe une certaine ligne
que nous avons appelée *équateur magnétique*, sur lequel l'aiguille aimantée était horizontale, et nous avons ensuite déterminé l'ensemble des positions de l'aiguille dans un point
quelconque. Pour comprendre sous un seul fait et sous une
seule expression le magnétisme terrestre, il faudrait, par le
calcul, arriver à ce résultat; il faudrait pouvoir dire : Il y a
à une certaine profondeur dans la terre et suivant une certaine direction, un point ou plusieurs points, tels que l'aiguille soumise à l'influence de ces points se dirigerait exactement sur la surface de la terre, comme elle se dirige. Nous
sommes loin encore, en discutant toutes les observations
faites, et de pouvoir assigner le lieu où ces forces magnétiques devraient exister, et de pouvoir assigner la position relative et le nombre de ces différens points. Tout ce que nous
pouvons faire, c'est de discuter la question de savoir si le
magnétisme terrestre tient à de l'électricité ou si c'est véritablement du magnétisme, c'est-à-dire, un fluide d'une nature particulière. Pour discuter cette grande question, il faut
partir d'une donnée que nous regardons comme positive. La
donnée dont je parle est la suivante : La température de la
terre va croissant à mesure qu'on s'enfonce dans son sein.
Cette donnée résulte d'expériences encore récentes, mais
cependant assez nombreuses pour qu'on puisse la regarder
comme bien déterminée. En observant la température dans
le sein de la terre, on trouve qu'à une certaine profondeur,
qui est de cent pieds environ, la température reste immuable,

et qu'au-dessous de cette profondeur la température va croissant à mesure qu'on s'enfonce. Ainsi à Paris, dans les caves de l'Observatoire, qui ont 80 pieds de profondeur, on trouve une température fixe d'environ 12°. Dans des mines de France, qui sont à une profondeur plus grande, on trouve une température qui va jusqu'à 15°. Enfin, dans des mines plus profondes que celles qu'on trouve en France, on arrive à trouver une température qui va jusqu'à 30°, et même jusqu'à 32°. Si ce phénomène ne se produisait que dans quelques points des continens, on pourrait dire que c'est un phénomène local ; et que cette température est produite ou par des pyrites qui peuvent entrer en ignition, ou résulte de combinaisons chimiques ; mais ce phénomène est universel ; il faut donc bien admettre ce résultat que, passé une certaine profondeur qui, comme je l'ai dit, est d'environ cent pieds, la température de la terre va croissant à mesure que l'on s'enfonce ; mais va-t-elle croissant indéfiniment ou seulement jusqu'à une certaine limite ? Tout nous porte à croire qu'elle va croissant indéfiniment, jusqu'à ce que le centre de la terre soit à peu près à la température du soleil. S'il y avait une température plus haute, il est probable que le centre de la terre s'élèverait à cette température. Puisqu'à une profondeur de quelques centaines de pieds on trouve une température de 32°, et que quelques centaines de pieds sont une très petite distance relativement au rayon de la terre, il faut donc admettre que le centre de la terre est en feu ? C'est ce que nous ne pouvons pas dire, parce que nous ne connaissons pas l'espèce de matière qui forme le noyau de la terre.

On demande si cette haute température du centre de la terre est produite par la chaleur qui vient du soleil, ou par une chaleur qui soit en quelque sorte accumulée dans le sein de la terre, ou, enfin, par une chaleur primitive que possède la terre ? Il est extrêmement facile de résoudre cette question. On peut estimer avec exactitude quelle est la quantité totale de chaleur que le soleil verse sur la terre dans le cours d'une année. Cette chaleur une fois pesée, c'est-à-dire, estimée en quantités de glace fondue, il est facile d'établir quelle est la température qu'elle peut produire sur la surface de la terre, et démontrer d'une manière incontestable que si la chaleur va croissant au-dessous d'une certaine profondeur, cette chaleur ne vient pas du soleil. Si cette chaleur ne vient pas du dehors, ce ne peut être qu'une chaleur primitive ou une chaleur produite par la terre elle-même. Depuis la découverte des courans, on a dit : Il n'est pas étonnant que la terre soit

chaude, car les courans échauffent les corps qu'ils traversent.
Je ne partage pas cette opinion qui me semble tout-à-fait dé-
nuée de fondement. Nous examinerons plus tard s'il y a où s'il
n'y a pas de courans électriques dans l'intérieur de la terre.
Supposons pour le moment que ces courans existent. Qu'est-ce
que l'intérieur de la terre ? C'est une masse énorme relativement aux courans électriques qui peuvent être produits.
Quels sont les corps sur lesquels nous pouvons développer
une très grande chaleur au moyen de l'électricité ? Ce sont
des fils très petits. Si donc ce sont des courans électriques qui
produisent la chaleur de la terre, vous voyez quelle devrait
être l'intensité de ces courans ; ils seraient si énergiques, que
l'aiguille aimantée ne pourrait être écartée de sa direction,
et qu'elle se laisserait plutôt courber que de se laisser
dévier.

Cette chaleur est-elle développée par les combinaisons
chimiques ? Par la même raison que cette chaleur ne peut être
attribuée aux courans électriques, elle ne peut être attribuée
aux combinaisons chimiques.

On est donc réduit à dire que la terre a une chaleur primitive ; et là-dessus on demande pourquoi la terre aurait une
chaleur primitive, à quoi l'on peut répondre : Pourquoi n'en
aurait-elle pas ? Il y aurait à examiner si la terre a été formée
chaude ; les phénomènes géologiques pourraient appuyer cette
opinion.

Nous pouvons dire : Quand la terre a été lancée dans l'espace, elle a été lancée sous certaines conditions, telles que
la condition de parcourir un certain orbite, d'accomplir son
mouvement dans tel temps, d'avoir des climats, des températures différentes sur les différens points de sa surface. Pourquoi n'aurait-elle pas été aussi lancée sous la condition d'avoir
à son centre une chaleur égale à celle du soleil ? Il n'y aurait
rien de contradictoire dans cette conclusion.

Ce point fondamental établi, voyons si l'intérieur de la
terre peut être magnétique, et si cet état est produit par
des courans ou par des aimans. De ce que je reconnais que
les courans ne peuvent produire la chaleur, je ne conclus pas
qu'il n'y ait pas de courans électriques ; ainsi il pourrait y avoir
des courans électriques produisant des phénomènes magnétiques.

A ceux qui prétendent que les phénomènes magnétiques
sont dus à des aimans placés au centre de la terre, on pourrait objecter que le fer chauffé au rouge n'est plus magnétique, que ce n'est plus un aimant. Mais il y a plusieurs sortes

d'aimans; tous les corps magnétiques doivent-ils, quand ils sont chauffés jusqu'à une certaine température, perdre leur propriété magnétique? Non, sans doute; ainsi le cobalt et le nickel ne perdent pas leur propriété magnétique lorsqu'on les chauffe. Par conséquent, la faculté dont jouissent les aimans de fer de perdre leur magnétisme, n'est qu'une propriété accidentelle et non point une propriété fondamentale dépendante de la nature des choses. Il est donc possible, même en adoptant la haute température qui doit y régner, de concevoir que, dans l'intérieur de la terre, il existe des substances magnétiques qui agissent à la surface.

Mais il y a une autre objection : si à la surface de la terre nous avons des aimans, c'est parce que nous les tirons du sein de la terre qui leur donne la propriété magnétique. Mais les aimans que l'on placerait dans le centre de la terre, d'où tireraient-ils leur magnétisme? Il n'y a d'autre réponse à cette objection que de dire : S'il y a des corps magnétiques, il faut nécessairement ou qu'une cause ait développé leur magnétisme, ou que les corps soient primitivement magnétiques. Telle est la conséquence qu'on est forcé d'admettre, si l'on veut que l'intérieur de la terre ne soit pas magnétique par des courans électriques.

Quant à la question de savoir si les courans électriques peuvent produire les phénomènes magnétiques, voici les raisons qui peuvent nous déterminer pour l'affirmative. D'après la découverte de Volta, tous les corps hétérogènes bons conducteurs développent de l'électricité par leur contact; d'après le docteur Seebeck, tous les corps qui sont à des températures différentes développent pareillement de l'électricité. Ainsi tout étant hétérogène, ou tout étant à des températures différentes, il en résulte qu'au contact de toutes les molécules, il y a développement d'électricité. Mais autre chose est un développement d'électricité, autre chose un courant électrique. Ainsi l'on peut dire que dans l'intérieur d'une plante il ne s'accomplit pas d'opérations chimiques, d'exhalation, de nutrition, qui ne soient accompagnées d'un développement d'électricité. De même il ne s'opère pas dans un corps vivant une seule combinaison chimique quelle qu'elle soit, qui ne soit accompagnée d'un développement d'électricité. Mais nous établissons une distinction fondamentale entre un développement d'électricité et un courant électrique. Les électricités qui se développent dans les plantes et dans les corps vivans ne sont pas des courans donnant naissance à des circuits. On ne peut donc, de ce qu'il y a de l'électricité développée au contact, conclure qu'il y a des courans électriques. On peut remarquer que dans le globe de la terre il y a des substances qui conduisent bien l'électricité, d'autres qui la conduisent mal. On pourrait dire les corps chauds conduisent bien l'électricité, mais il paraît que le contraire a lieu. L'eau, dira-t-on, conduit bien l'électricité; le courant pourra donc s'établir à travers les mers; et s'il va de l'est à l'ouest, l'on devra voir sur la côte occidentale de France l'oxigène se dégager: mais on dira que le courant n'est pas assez fort pour produire cette décomposition. Cela est vrai, et il est vrai aussi que le courant n'est pas assez fort pour traverser l'eau. Eh bien, si le courant ne passe pas par l'eau, il passe par la terre; à quoi l'on répond que la terre n'est un bon conducteur que parce qu'elle est humide, et que si le courant ne peut s'établir à travers l'eau, il ne peut s'établir à travers la terre.

Ainsi donc il faut bien distinguer le développement de l'électricité de l'établissement des courans; et de même qu'il n'y a pas de courans établis dans un corps vivant, il n'y a probablement pas de courant régulièrement établi dans le sein de la terre. Ainsi il est peu probable que les phénomènes magnétiques soient dus à des courans d'électricité.

Reste une autre question à examiner. S'il est vrai que l'intérieur de la terre soit magnétique, en conclurons-nous que certainement il y a un fluide magnétique, ou plutôt deux fluides magnétiques, que ces deux fluides ont une existence distincte et séparée des deux fluides électriques, qu'ainsi il y a dans le monde, pour produire ces phénomènes, non-seulement de l'électricité, mais encore du magnétisme, différent par sa nature, par son essence, du fluide électrique?

On a démontré, par la découverte d'Œrstedt, l'action de l'électricité sur le magnétisme; mais jusqu'à présent, en discutant avec tout le soin imaginable l'ensemble des faits électro-magnétiques, on n'arrive point à cette conclusion que le magnétisme est identique avec l'électricité. Les phénomènes manquent pour qu'on puisse *à posteriori*, c'est-à-dire comme conséquence de l'ensemble des faits, affirmer avec certitude que le fluide magnétique n'existe pas, ou qu'il n'est qu'une forme accidentelle du fluide électrique.

Mais si sortant des conséquences rigoureuses, nous voulons nous jeter dans les probabilités, dans ce cas nous raisonnerons autrement, et nous dirons que très probablement le magnétisme n'est que de l'électricité. Mais, jusqu'à présent, je le répète, l'identité n'est pas démontrée, et il reste à trouver des phénomènes caractéristiques qui ne laissent aucun doute sur cette vérité fondamentale.

Voilà sur quoi est fondée la probabilité dont nous venons de parler. Il y a action de la lumière sur la chaleur et action de l'électricité sur le magnétisme. Voilà les quatre grands agens de la nature. L'identité entre la chaleur et la lumière peut être prouvée. Par conséquent voilà déjà deux fluides qui se confondent en un seul. Nous avons pareillement l'action de l'électricité sur la lumière et l'action de la chaleur sur l'électricité ; car l'électricité en mouvement produit de la lumière, et la chaleur développe de l'électricité. Le fluide éthéré dont l'existence nous sera bientôt prouvée, ce fluide qui remplit le monde au-delà de la matière pondérable, qui fait la chaleur et la lumière, le fluide éthéré fait-il aussi l'électricité. Il y a certainement une action directe de l'électricité sur la lumière. Mais si nous voulons définir les accidens qui arrivent à la matière éthérée pour développer les phénomènes de l'électricité nous ne le pourrons pas. Ainsi comme conséquence des faits, l'identité entre la lumière, la chaleur et l'électricité n'est pas prouvée; mais il est probable que la chaleur identique avec la lumière produit l'électricité, par une modification particulière que la substance de l'éther éprouve. Quelle est cette modification particulière ? c'est ce qui reste à découvrir. Si on parvient à faire ce premier pas on découvrira probablement aussi que le magnétisme n'est qu'un autre accident de la matière éthérée ; qu'ainsi les quatre agens naturels qui se réunissent pour produire l'ensemble des phénomènes terrestres ne forment qu'un seul agent diversement modifié.

ACOUSTIQUE.

Nous allons commencer l'étude de *l'acoustique* comme introduction à *l'optique* ; car, si nous parvenons à comprendre très bien l'ensemble des phénomènes de l'acoustique, les phénomènes de la lumière se développeront d'eux-mêmes.

On peut distinguer dans l'acoustique la théorie du *son* et la théorie de la *musique*. La théorie du son sera l'explication des causes qui peuvent produire le son, et l'explication des lois suivant lesquelles ces causes se développent et suivant lesquelles elles agissent.

La théorie de la musique est tout autre chose ; les sons une fois produits par des lois que la physique doit déterminer, modifiés par des accidens que la physique doit pareillement déterminer, les sons viennent frapper nos organes et excitent

en nous des sensations, des sentimens, des émotions ; c'est
là ce qui constitue la musique. Ainsi l'acoustique prend le son à
son origine, et suit sa propagation à travers les différens milieux, jusqu'à l'organe qui reçoit les impressions. Lorsque le
son est venu frapper l'organe, nous avons encore à expliquer
et à faire comprendre tous les accidens, toutes les modifications physiques, matérielles, que l'oreille éprouve. Quant à
la sensation, nous ne pouvons pas l'expliquer.

Le son peut être produit dans l'air et dans tous les autres
fluides élastiques. Le son peut pareillement être produit dans
les liquides ; on connaît les expériences que Franklin a faites
à ce sujet. Le son se propage dans l'eau à une très grande distance ; ainsi un plongeur heurtant des cailloux peut se faire
entendre d'un autre plongeur très éloigné qui lui répond par
les mêmes mouvemens.

Enfin le son peut être produit et propagé dans les corps
solides. Aussi tout le monde sait que dans les montagnes, dans
les rochers, dans les galeries souterraines qui servent à l'ex-
ploitation des mines, le son se propage à travers la matière
solide pondérable, et qu'on peut entendre le son à une assez
grande distance, et de plus distinguer sa direction.

Voilà donc les trois classes de corps pondérables, les gaz,
les liquides, les solides, qui tous peuvent produire le son, et
qui tous peuvent le propager. S'ensuit-il que le son soit
quelque chose de matériel, quelque chose d'analogue à la
chaleur ou à la lumière ? Telle est la première question que
nous devons examiner.

Le son ne se propage pas dans le vide ; c'est ce qui se démontre par l'expérience suivante. On place un timbre en
mouvement sur la platine de la machine pneumatique, on le
couvre d'une cloche. Avant de faire le vide, on entend très
bien le son du timbre, mais une fois que le vide est fait on
n'entend plus rien. Il faut donc de la matière pondérable pour
que le son se propage. De là il résulte que le son n'est point un
agent particulier, impénétrable, mais qu'il n'est qu'une modification de la matière pondérable. C'est ainsi qu'il se distingue de la chaleur et de l'électricité.

Puisque le son est une modification de la matière pondérable, il en résulte que là où il n'y a pas de matière pondérable,
il n'y a pas de son possible ; et là où l'air sera dilaté, le son
sera très faible ; aussi le son diminue à mesure que l'on s'élève
dans l'atmosphère. Si l'on tire un coup de canon au bord de
la mer et sur une haute montagne, le son se produira dans
les deux lieux avec des intensités différentes. Si l'on craint

que la combustion de la poudre n'ait quelque influence sur l'intensité du son, on peut se servir d'une cloche. En frappant cette cloche de la même manière, le son qu'elle donnera aura une plus grande intensité dans les basses régions que dans les régions élevées. Ainsi donc plus l'air est condensé, plus le baromètre est haut, et plus le son se développe avec intensité : c'est pour cela que dans les climats très froids le son se propage à de bien plus grandes distances. Le capitaine Parry raconte que dans les régions polaires, on peut entendre une conversation à une distance de deux à trois milles.

Puisque l'intensité du son dépend de l'abondance de la matière pondérable, où il n'y aura pas de matière pondérable il n'y aura pas de son ; par conséquent, au-delà des limites de l'atmosphère, aucun son n'est possible.

Cette modification de la matière qui constitue le son, est un mouvement particulier appelé *mouvement de vibration.*

Pour s'assurer de ce mouvement de vibration dans une cloche, il suffit, après avoir donné un coup de marteau sur la cloche, de la toucher avec la main ; aussitôt on éteint le son, parce qu'on éteint les vibrations. On peut faire une autre expérience: pendant que la cloche est en vibration, on approche une petite vis de cette cloche, et les vibrations sont rendues sensibles par les percussions que la pointe de la vis reçoit de la part de la cloche.

On pourrait dire qu'il y a des instrumens dans lesquels il n'y a pas de vibration, tels que la flûte, la clarinette, le sifflet, les orgues, en un mot les instrumens appelés *instrumens à vent.* Mais nous verrons que dans tous les instrumens il y a non pas vibration dans la matière pondérable solide qui compose l'instrument, mais vibration dans l'air.

On sait que les cordes d'un instrument sont en vibration, quand elles donnent du son: mais, dira-t-on, si le son est produit par un mouvement de vibration, comment se fait-il que tous les mouvemens de vibration ne produisent pas du son ? Ce n'est pas assez de dire que le son est un mouvement de vibration, il faut dire que c'est un mouvement de vibration qui remplit certaines conditions, et ces conditions sont des conditions de vitesse. Si on agite un corps avec une certaine vitesse on n'obtient pas de son, si on l'agite avec une vitesse plus grande il donne un son, avec une vitesse plus grande encore, il donne un son plus aigu ; enfin on arrive à une vitesse telle que le corps ne donne plus de son. Ainsi donc le son est un mouvement de vibration qui doit remplir une certaine condition de vitesse.

Ce fait établi, il faut étudier les accidens de ce mouvement de vibration. Par quoi les mouvemens de vibration peuvent-ils différer? Pour mieux étudier ces mouvemens, nous étudierons d'abord la vitesse avec laquelle ils se produisent et se propagent dans l'air.

On pourrait objecter que certains bruits ne sont pas des mouvemens de vibration. Ainsi le bruit produit par un coup de canon, celui qui se produit dans l'expérience du crève-vessie, paraissent produits sans qu'il y ait mouvement de vibration; cependant en réalité il y a vibration. Dans l'expérience du crève-vessie, au moment où la pression est devenue assez forte pour vaincre la résistance qui lui est offerte, l'air entre avec force dans la cloche; il en ressort ensuite, et opère ainsi un mouvement de vibration. Il en est de même lorsqu'on tire un coup de canon, seulement la vibration a lieu en sens contraire, c'est-à-dire que l'air sort du canon avec une très grande force et y rentre ensuite.

Le son se propage-t-il comme l'électricité, comme la lumière? Non sans doute. En effet, tout le monde a pu remarquer que quand une personne produit un choc ou un bruit, par exemple, en frappant avec un marteau sur un corps sonore, le son ne frappe pas l'oreille en même temps que le marteau frappe le corps sonore : on voit le marteau se relever, que le son n'est pas encore arrivé à l'oreille.

Des expériences ont été faites par les académiciens de Paris, entre Montmartre et Montlhéry, sur la vitesse du son. Ils ont trouvé que le son parcourait 327 mètres en une seconde. Ces observations ont été reprises par le bureau des longitudes à peu près dans les mêmes lieux. Des observateurs, avec des canons, se sont placés, les uns à Villejuif, les autres à Montlhéry. La distance estimée en ligne droite entre ces deux points est de 9549 toises $\frac{6}{10}$. Les observateurs étaient munis de *compteurs*, instrumens avec lesquels on peut évaluer des cinquièmes de seconde : ceux qui étaient à Villejuif comptaient le temps qui s'écoulait entre la lumière du canon qu'on tirait à Montlhéry et le bruit de ce canon. Les observations étaient réciproques, c'est-à-dire que les observateurs placés à Montlhéry comptaient également le temps écoulé entre le moment où ils apercevaient la lumière du canon tiré à Villejuif et le moment où leur oreille était frappée par le son de ce canon. Le résultat de ces expériences, répétées un grand nombre de fois, s'écarte peu du résultat donné par les académiciens de Paris.

Si la lumière se mouvait avec une vitesse finie pour les

dimensions terrestres, il faudrait avant toutes choses connaître la vitesse de la lumière ; mais la lumière pour faire le tour de la terre ne mettrait pas une seconde. Par conséquent on peut regarder que la lumière se meut avec une vitesse infinie relativement aux dimensions terrestres.

La pression de l'air n'a pas d'influence sur la vitesse du son ; mais la température en a une très grande.

Nous venons de voir la vitesse du son dans l'air ; dans les liquides cette vitesse est beaucoup plus grande que dans l'air, et dans les solides elle est beaucoup plus grande que dans les liquides.

Je vais maintenant appeler vôtre attention sur le phénomène fondamental qui doit nous ouvrir la route de l'optique.

Imaginons que le son, au lieu de se produire librement dans l'atmosphère, se produise dans un tuyau cylindrique d'une longueur indéfinie. On produit un son à l'ouverture de ce cylindre : un observateur placé à la distance de 340 mètres, entend le son après une seconde ; un observateur placé à une distance double, l'entend après deux secondes ; un autre placé à une distance triple, l'entend après trois secondes ; de manière que quand le second observateur entend le son, le premier ne l'entend plus, et ainsi de suite. Ainsi donc le son se propage dans le tuyau de manière à être successivement dans différens endroits de ce tuyau, et de manière à ne jamais l'occuper en totalité. Par conséquent le son a une certaine longueur et la conserve tant qu'il se propage ; elle est invariable.

Faisons maintenant une comparaison qui vous facilitera singulièrement l'intelligence de ce phénomène.

Comparons les vibrations de l'air aux *ondes* qui se produisent sur un liquide. C'est précisément cette comparaison qui a donné naissance au nom que porte le système que nous adopterons en optique, c'est-à-dire le système des *ondulations*.

Imaginons un tuyau horizontal à moitié rempli d'eau ; imaginons que l'eau soit d'abord parfaitement tranquille, et qu'on vienne à produire une *onde* à l'entrée du tuyau, cette onde, formant comme une petite montagne liquide, va courir d'un bout à l'autre du tuyau. Si vous concevez bien cette onde courant sur la surface horizontale de l'eau, vous aurez une notion de la manière dont l'onde sonore se propage dans un tuyau plein d'air, avec cette différence fondamentale que dans l'eau, l'onde effleure seulement la surface du liquide, tandis que dans l'air, l'onde sonore occupe toute la masse.

Admettons donc que le son soit un mouvement de vibration d'une certaine longueur, et voyons comment cette onde peut donner des sons différens ; comment des sons peuvent être *forts* ou *faibles, accentués* ou *non accentués*. Vous concevez qu'une onde excitée sur la surface d'un même liquide peut être modifiée de diverses manières. Cette onde peut avoir plus ou moins de longueur ; à longueur égale, l'enfoncement de l'onde peut être plus profond, et la saillie plus élevée. Enfin, à profondeur et à saillie égales, l'onde peut avoir des courbures différentes. Ce sont ces trois modifications qu'une onde sonore peut éprouver, aussi bien qu'une onde liquide, qui expliquent, 1° la différence entre les sons graves et les sons aigus ; 2° la différence d'intensité ; 3° la différence de timbre. Nous démontrerons que les sons plus graves ont une étendue d'ondulation plus longue. Les plus petites ondulations ont 18 lignes, et les plus grandes 32 pieds ; au-delà de ces deux limites, il n'y a plus de son.

Dans les sons plus intenses, les longueurs d'ondulation seront les mêmes, mais la vitesse de chacune des tranches vibrantes sera différente.

Enfin deux sons peuvent différer quant au timbre : le son de la flûte ne ressemble pas au son du violon, et je prends deux sons à l'unisson, c'est-à-dire que la longueur de l'onde excitée par le son de la flûte est égale à la longueur de l'onde excitée par le son du violon. Si les intensités sont égales, il en résultera que les vitesses de chaque tranche seront les mêmes ; mais le timbre sera différent, et pourquoi sera-t-il différent ? c'est parce que les courbures des ondes seront différentes.

IMPRIMERIE DE E. DUVERGER,
RUE DE VERNEUIL, N° 4.

COURS DE PHYSIQUE.

LEÇON CINQUANTE-HUITIÈME.

(Samedi, 21 Juin 1828.)

SUITE DE L'ACOUSTIQUE.

Nous avons, dans la dernière leçon, essayé de poser les premiers principes de l'acoustique ; nous avons essayé de montrer que le son n'est point un agent naturel, mais une simple modification de la matière pondérable qui consiste dans un mouvement. Par conséquent, là où il n'y a pas de matière pondérable, il n'y a pas de son possible.

Ce mouvement de la matière qui constitue le son, est essentiellement un *mouvement de vibration*. C'est ce qu'on aperçoit de suite dans les instrumens de musique à *cordes* ou à *percussion*, et c'est ce que l'on démontre pour les instrumens dans lesquels les vibrations ne sont pas apparentes comme dans les instrumens à vent, la flûte, l'orgue, etc. Les vibrations excitées d'abord dans la matière solide ou liquide, ou dans un corps pondérable quelconque, se communiquent à l'air et ne cessent pas pour cela d'être mouvemens de vibration. Ainsi une cloche vibre, les vibrations se communiquent à l'air qui vibre à son tour ; les vibrations se communiquent ainsi de proche en proche jusqu'à l'organe destiné à recevoir les sons. Cet organe lui-même vibre, et c'est parce que les vibrations qui s'accomplissent dans notre organe sont simultanées, harmoniques avec les vibrations excitées dans les corps solides que nous pouvons percevoir et distinguer les sons.

La multitude des sons qui peuvent être produits, et que nous pouvons percevoir, est tout-à-fait analogue à la multitude des nuances que la lumière développe à nos yeux.

Pour bien constater les différences de vibration des différens corps, nous avons cherché d'abord à reconnaître quelle était la vitesse de la propagation du son. Nous avons vu que le son dans l'air atmosphérique, à une température de 10°, parcourait à peu près 340 mètres dans une seconde : il y a peu de vitesse aussi grande dans la matière pondérable. Les projectiles sont les corps dont la vitesse est la plus analogue à celle du son.

La vitesse de la propagation du son une fois constatée dans l'air, nous avons essayé d'indiquer quel était le mode du mouvement ; nous l'avons comparé au mouvement d'*ondulation* excité dans l'eau. Nous avons montré ensuite comment les mouvemens d'ondulation excités dans l'air et constituant le son, pouvaient avoir des qualités distinctives, et nous avons dit que ces qualités distinctives correspondaient aux différens caractères que notre organe perçoit dans le son. Ces caractères sont l'*intensité*, le *ton* et le *timbre*.

Maintenant nous devons étudier plus en particulier ce que c'est que ce mouvement d'ondulation, comment il se produit et comment cette propagation du son peut être, d'une part, si nuancée, et d'une autre, si rapide. C'est ici qu'est l'analogie la plus parfaite entre le son et la lumière. Nous allons essayer de vous faire comprendre comment les mouvemens de vibration dans les corps solides déterminent des ondulations sonores, et comment ces ondulations peuvent se propager, en conservant le caractère que leur a imprimé la source de laquelle elles partent.

Soit, fig. 1, un tuyau cylindrique horizontal, rempli d'air et même d'air sec, afin que l'humidité ne complique point le phénomène. Supposons que cet air soit partout à la température de zéro et sous la pression de 760 millimètres, l'air est parfaitement calme dans l'intérieur du tube, pendant toute la durée de l'expérience, et ne doit être agité que par la cause qui produit le son. Au milieu de ce tuyau, concevons une plaque qui le sépare en deux parties, de manière qu'il n'y ait aucune communication entre la partie de droite et la partie de gauche. Cette plaque est, si vous voulez, un piston, et ce piston fait dans le tuyau des mouvemens de va et *vient* avec une certaine rapidité. Supposons que la limite de l'excursion de la plaque soit de *ab* en *a'b'*, en une seconde, je demande ce qui va arriver à l'air dans le tuyau, lorsqu'on va avancer la plaque. Si le tuyau est fermé à son extrémité, quel que long qu'il soit, la plaque en marchant comprime la colonne d'air qui se trouve devant elle. La compression de l'air qui a lieu dans toute l'étendue du tuyau, dépend du rapport qui existe entre la distance *ab a'b'* et la longueur du tuyau, tellement que si la distance *ab ab'* formait la moitié de ce tuyau, l'air serait comprimé de moitié. Si, au contraire, la distance *ab a'b'* n'était que la centième partie de la longueur du tuyau, l'air ne serait comprimé que d'un centième.

Je suppose maintenant que le tuyau soit ouvert; vous concevez encore très nettement comment le phénomène va se passer. Si au lieu d'air, il y avait dans le tuyau une substance molle, mais incompressible, de la cire, par exemple, le cylindre de cire, étant pressé par la plaque, dans l'étendue d'un pouce, sortirait à l'instant d'un pouce à l'extrémité du tuyau : cela est évident. C'est à peu près comme le bâton que Descartes imagine entre deux objets qui agissent l'un sur l'autre.

Mais ce n'est pas un corps solide qui est dans le tuyau, c'est de l'air, et l'air est compressible. Que doit-il arriver? L'air sortira-t-il du tuyau aussitôt qu'il sera poussé par la plaque? Si le tuyau est très court, cela ne fait aucune difficulté; mais nous le supposons très long, d'une lieue, de dix lieues, si vous voulez, et dans ce cas l'air sort-il du tuyau à l'instant où la plaque commence à marcher. On verra en y réfléchissant que cela est impossible. Car tout mouvement exigeant du temps, même pour les corps qui ne sont pas de la matière pondérable, il en résulte que lorsqu'on imprime du mouvement à la première tranche, ce mouvement ne peut se faire sentir instantanément à l'autre extrémité du tuyau. Si pour la communication de ce mouvement, il faut une minute pour une lieue, il en résulte que la plaque ayant avancé d'une petite quantité après une minute, si le tuyau a une lieue, l'air commencera à sortir au bout d'une minute; s'il a deux lieues, au bout de deux minutes; s'il a trois lieues, au bout de trois minutes; et enfin s'il avait soixante lieues de longueur, l'air ne commencerait à sortir à l'extrémité du tuyau qu'au bout d'une heure.

S'il est bien constaté, et j'appuie beaucoup sur ce principe parce qu'il est fondamental, s'il est bien constaté, dis-je, que la plaque marchant très lentement, l'air ne peut sortir du tuyau qu'après un temps très long, quel phénomène se passera dans l'intérieur du tuyau? l'air y sera-t-il dans son état naturel? non certainement. L'air doit sortir après une heure, je suppose, et cependant la plaque ne pousse plus : il faut donc nécessairement que le mouvement de compression que la plaque a imprimé à la tranche d'air pendant une minute se soit de proche en proche communiqué à toutes les tranches du tuyau. Quand la plaque s'arrête, la tranche qui repose sur elle reprend aussi l'état de repos, mais la compression ne s'arrête pas ; elle gagne toutes les autres tranches. Ainsi il y aura toujours dans le tuyau une certaine longueur qui sera dans un état de compression ; et cette compression se propageant ainsi dans tout le tuyau, finira par arriver à l'extrémité ; et c'est précisément quand la compression atteint l'extrémité du tuyau que l'air commence à sortir.

Cette propagation de la compression est facile à comprendre, mais ce n'est pas encore la propagation du son ; il faut pour qu'il y ait un son que la plaque se déplace vivement, il faut qu'elle fasse son chemin dans une fraction de seconde, dans un cinquantième de seconde, par exemple. Ainsi, supposons que la plaque a poussé l'air devant elle, et puis qu'elle s'est arrêtée. Que va-t-il arriver dans l'air ? Il est évident que la première tranche, qui était en contact avec la plaque, va être comprimée et en même temps repoussée, c'est-à-dire que les molécules d'air qui composent cette tranche recevront deux modifications : 1° une compression, c'est-à-dire une augmentation de densité ; 2° une certaine vitesse dans le sens du mouvement de la plaque. Partagez l'intervalle d'un cinquantième de seconde qui est déjà très petit, partagez-le par la pensée en cent intervalles. Pendant le premier intervalle, il y a une certaine épaisseur d'air qui reçoit la compression, qui change de densité et qui prend de la vitesse. Pendant le deuxième intervalle, la vitesse se communique à la tranche suivante ; il y a par conséquent dans cette seconde tranche augmentation de densité et vitesse. Enfin après le centième cinquantième de seconde, il y aura cent tranches qui auront reçu le mouvement. Ainsi donc, la plaque se mouvant pendant un cinquantième de seconde, l'effet qu'elle peut produire, au moyen de cette propagation, ne se fait sentir qu'à une certaine distance que nous supposerons de 10 pieds ; on conçoit facilement que ce qui est arrivé à une première longueur de 10 pieds, aura lieu pour une deuxième, une troisième longueur de 10 pieds, et ainsi de suite.

Toutes les tranches que vous pouvez ainsi concevoir dans une longueur de 10 pieds ont-elles reçu la même modification ? voilà ce qu'il est essentiel de bien comprendre, et ce qui constitue une des plus grandes difficultés de la théorie de l'acoustique. En y réfléchissant, on verra qu'il est absolument impossible que chacune des tranches ait reçu le même accroissement de densité et la même vitesse, et la raison en est simple : j'ai dit que la plaque faisait un mouvement, mais

je n'ai pas dit quelle était la nature de ce mouvement. Imaginons, par exemple, cent intervalles : la plaque parcourrat-elle le même espace dans chacun de ces cent intervalles?
non certainement, à moins qu'elle n'ait un mouvement uniforme. Or, il est impossible qu'elle ait un mouvement uniforme, car un corps qui passe du repos au mouvement, ne
le fait jamais d'une manière brusque ; il a d'abord une vitesse
excessivement petite, et qui ensuite va croissant de plus en
plus. Le boulet même lancé par la poudre, ne part pas instantanément : la vitesse qu'il a en commençant est infiniment petite ; il prend ensuite une vitesse plus grande, puis
une vitesse encore plus grande. Ainsi pour passer du repos
au mouvement, il faut qu'un corps prenne successivement
tous les degrés de vitesse, depuis la vitesse nulle, c'est-à-dire
le repos, jusqu'à la vitesse qu'il a acquise.

Puisqu'il faut du temps pour qu'un corps se meuve, il
faut aussi du temps pour qu'un corps s'arrête et passe du
mouvement au repos. Supposons qu'un boulet, animé d'une
très grande vitesse, vienne frapper contre le corps le plus
dur, par exemple, une montagne d'acier ou de diamant, le
boulet s'arrêtera ; mais il ne s'arrêtera pas instantanément,
il lui faudra un certain temps pour revenir tout-à-fait au
repos.

Pour revenir à notre expérience, lorsque nous mettons en
mouvement la plaque, quelle que soit la vitesse qu'elle ait au
milieu de sa course, il est certain qu'au commencement et à
la fin elle a une vitesse nulle, et qu'entre la fin et le commencement il y a tous les degrés de vitesse, compris entre la vitesse nulle et la vitesse acquise par la plaque, lorsqu'elle est
au milieu de sa course ; imaginons que la plaque se meuve,
de manière que sa vitesse, en partant de zéro, croisse jusqu'au milieu de sa course, puis qu'elle décroisse du milieu de
sa course jusqu'au moment où elle s'arrête ; représentons,
par une demi-circonférence, la série des vitesses, c'est-à-
dire, imaginons que l'on élève des perpendiculaires correspondant à chaque centième de cinquantième de seconde : il
est évident que le rayon, étant la perpendiculaire la plus
longue, indiquera la plus grande vitesse, et que les perpendiculaires élevées des deux côtés du rayon indiqueront des
vitesses décroissant en allant vers le commencement et vers
la fin. Au lieu d'une demi-circonférence, vous pouvez supposer toute autre courbe.

Il y a donc, dans chaque tranche, une certaine succession
dans les densités, une certaine succession dans les vitesses ;

et c'est cette succession dans les densités et dans les vitesses qui fait précisément le timbre du son.

Voilà le son excité seulement dans une longueur de dix pieds, après que la plaque s'est mue dans un cinquantième de seconde. Cette longueur est ce qu'on appelle une ondulation. Nous savons déjà que cette modification imprimée à l'air par la plaque doit se communiquer jusqu'à l'extrémité du tuyau, quelque long qu'il soit; quand la plaque sera arrêtée, quel effet suivra dans le cinquantième de seconde? La tranche en contact avec la plaque s'arrêtera, tandis que la seconde tranche commencera à prendre du mouvement; ce mouvement gagnera une certaine longueur. Au bout du second cinquantième de seconde, la deuxième tranche s'arrêtera, et la troisième commencera à marcher, ainsi de suite; en sorte que le mouvement occupant dans le tuyau la même longueur, occupera seulement un autre lieu.

Voilà comment le son pourra se propager d'une extrémité du tuyau à l'autre, comment il lui faudra un certain temps pour se propager, et comment la vitesse est liée à l'élasticité du milieu dans lequel le son se transmet.

Concevant bien comment le son se propage dans un tuyau, rien n'est plus facile que de concevoir sa propagation dans l'air libre.

Cette théorie des ondulations que je viens d'expliquer pour l'acoustique, s'appliquera à l'optique. Il n'y a que cette seule différence que dans l'éther qui remplit l'espace universel, les ondulations ne sont pas excitées par des cloches ou par des cordes; car si les cloches ou les cordes excitaient des ondulations dans l'éther, elles produiraient la lumière. Les ondulations sont excitées par le soleil et par les étoiles. Ainsi donc le soleil est, à l'égard de l'éther, ce qu'est une cloche à l'égard de l'air. Il excite des vibrations dans l'éther, et ces vibrations produisent la lumière.

Nous avons dit que les sons différaient entre eux par l'intensité. Prenons deux sons à l'unisson, c'est-à-dire deux sons dont les ondes sonores aient la même longueur; si les vitesses des différentes tranches sont différentes, les intensités seront différentes. Si les vitesses des différentes tranches sont très grandes, il en résultera que le son sera très intense; et, au contraire, si ces vitesses sont très petites, bien qu'elles s'accomplissent dans le même temps, l'intensité sera très faible; et vous pouvez concevoir, d'après les oscillations du pendule, que des ondulations, grandes ou petites, peuvent s'accomplir dans le même temps. L'intensité est donc donnée par la vitesse des différentes tranches de l'ondulation. Le timbre dépend de la forme des ondulations, et enfin le ton dépend de la longueur de ces ondulations.

Voilà tout ce que nous avons à dire sur les principes de communication du mouvement dans l'air. Revenons à la longueur des ondulations, et cherchons avant tout à compter le nombre des vibrations que font les corps sonores ; car ce n'est qu'après avoir compté le nombre des vibrations, qu'il sera possible de déterminer la longueur des ondulations, et de comparer les sons les uns aux autres.

Pour déterminer le nombre des vibrations qu'accomplit un corps sonore, il faut commencer par trouver un corps sonore qui accomplisse des vibrations qu'on puisse compter. Nous avons plusieurs moyens d'arriver à ce résultat. Un premier moyen consiste à fixer une verge ou une lame élastique dans un étau par l'une de ses extrémités, et à lui imprimer un mouvement d'oscillation, en l'écartant de sa position d'équilibre. Si la verge est très longue, elle fera, par exemple, cinq vibrations dans une seconde. Pouvant compter de l'œil le nombre des vibrations que fait la lame dans une seconde, lorsqu'elle est dans toute sa longueur, si on la réduit à moitié, on peut non plus compter, mais déduire le nombre des vibrations qui s'accomplissent. On n'entend de son que quand la verge fait trente-deux vibrations par seconde, c'est le son le plus grave de tous ; plus vous raccourcissez la lame, plus le nombre des vibrations augmente et plus le son devient aigu.

On peut, au moyen d'un instrument particulier qui donne des sons très harmonieux, très purs et très perceptibles, compter le nombre de vibrations qui correspond à un son donné. C'est avec un pareil instrument qu'on a trouvé que le son le plus grave correspond à 52 vibrations. Le son des voix d'hommes les plus basses, les plus graves, est à peu près de 192 vibrations dans une seconde ; le son le plus élevé des voix d'hommes, de 633 vibrations ; le son le plus grave des voix ordinaires de femmes est de 576 vibrations par seconde, et le son le plus aigu de 1720 vibrations par seconde ; le son le plus aigu des sons facilement perceptibles est de 16,384 vibrations dans une seconde. Au-dessus de ce son, l'oreille saisit encore une espèce de sifflement, et, en calculant sans exagération le nombre des vibrations qui s'accomplissent pour les sons les plus aigus de tous, on trouve un million de vibrations par seconde. Ainsi, on peut assurer que toute lame vibrante, que toute substance solide quelconque produisant un son très aigu, on peut être assuré dis-je, qu'elle fait un million de vibrations dans une seconde. D'après cette donnée sur les propriétés de la matière pondérable dont les molécules accomplissent des excursions si nombreuses et souvent si étendues au-delà de leur centre, au lieu de s'étonner que quelques corps soient brisés par le son, il faut s'étonner au contraire que le son ne brise pas tous les corps, même les plus solides.

La manière la plus ordinaire et la plus précise de compter les vibrations, c'est au moyen des cordes. Imaginez que l'on tende une corde assez longue pour qu'en la pinçant vers son milieu, elle accomplisse des vibrations que l'œil puisse compter, par exemple, six vibrations par seconde. Cette corde, qui fera six vibrations par seconde, ne donnera point de son. Le nombre des vibrations des cordes dépend de trois choses; par conséquent, il y a trois lois de la vibration des cordes.

Première loi. Deux cordes de même substance, de même diamètre, tendues par des poids égaux, et différant seulement par la longueur, accomplissent des nombres de vibrations qui sont en raison inverse des longueurs.

Deuxième loi. Lorsque deux cordes de même substance, de même diamètre, ayant la même longueur, sont tendues par des poids différens, elles accomplissent des nombres de vibrations qui sont comme les racines carrées des poids, c'est-à-dire qu'un poids quadruple ne fait accomplir à la corde qu'un nombre de vibrations double.

Troisième loi. Deux cordes, de même matière, de même longueur, tendues par des poids égaux, mais ayant des diamètres différens, accomplissent des nombres de vibrations qui sont en raison inverse des diamètres; c'est-à-dire qu'une corde double en épaisseur fera un nombre de vibrations moitié.

C'est au moyen de ces lois qu'on peut compter des yeux de l'intelligence le nombre des vibrations qu'accomplit une corde.

Enfin, il y a une troisième manière de compter le nombre des vibrations; c'est au moyen d'un instrument très ingénieux imaginé par M. Cagniard-Latour. Cet instrument est appelé *la syrène*, non à cause de l'harmonie des sons qu'il rend mais parce qu'il rend un son dans l'eau.

Voici sur quel principe est fondé cet instrument. Imaginez deux disques de métal percés chacun d'un trou; imaginez que ces disques puissent être superposés l'un sur l'autre, de manière que les trous se correspondent. On fait tourner le disque supérieur, les deux trous se correspondront, et puis ils seront un certain temps sans se rencontrer: ils se correspondront de nouveau et seront encore un certain temps sans se rencontrer, et ainsi de suite. Imaginez que l'on sache le nombre des tours que fait le disque dans une seconde. S'il fait un tour en une seconde, par exemple, à chaque seconde les deux trous seront ouverts. Imaginez qu'au lieu de faire un seul trou, on en fasse plusieurs qui soient à égale distance les uns des autres et à égale distance du centre, il est évident que les trous seront ouverts beaucoup plus souvent; faites tourner plus rapidement, les deux trous se correspondront encore plus souvent. Chaque fois que les trous se rencontreront, il y aura une vibration excitée dans l'air. Si donc il y a 10 trous, et que le disque fasse un tour en une seconde, il y aura 10 vibrations en une seconde. Si l'on a une plaque percée de 100 trous, et qu'on fasse faire à cette plaque 100 tours par seconde, il en résultera que l'air fera 10,000 vibrations par seconde. Cet instrument est très propre à faire connaître les sons correspondans à un certain nombre de vibrations. Pour cela, on fait rendre à l'instrument un son soutenu, ce qu'on obtient en empêchant le vent, qui produit le mouvement de rotation du disque, d'arriver trop vite. Le son connu, on voit au moyen d'une aiguille le nombre de vibrations accomplies pour produire ce son.

C'est ainsi que la musique est devenue, en tant que théorie, une théorie mathématique, c'est-à-dire que l'on peut calculer dans la succession rapide des sons qui se renouvellent et qui frappent notre organe, quel est le nombre de vibrations qui correspond à chacun de ces sons, et chercher des rapports entre les sons et l'harmonie plus ou moins agréable avec laquelle ils frappent notre organe.

Non-seulement nous pouvons représenter les sons par des nombres, au moyen des vibrations, mais nous pouvons les représenter par des nombres, au moyen des longueurs d'ondulation, c'est-à-dire que nous pouvons, pour ainsi dire, mesurer les sons à la toise.

Cette détermination repose sur les deux principes suivans :

Premier principe. Lorsqu'un corps sonore accomplit des vibrations et produit un son, chaque vibration produit une ondulation.

Deuxième principe. Le son se propage avec la même vitesse, dans le même milieu, que ce son soit grave ou aigu.

Comment peut-on démontrer qu'en effet le son se propage toujours avec la même vitesse? Car jusqu'à présent, nous n'avons déterminé que la vitesse du son produit par un coup de canon. Nous avons dit que ce son parcourait 340 mètres par seconde. Peut-on dire qu'un son musical parcourt également 340 mètres par seconde? Pour résoudre cette question, il suffit d'écouter de loin un concert. Dans un concert, il y a des sons produits par un grand nombre d'instrumens, il y a des intervalles marqués qui font la mélodie de la musique. Or, les expériences précises faites par des oreilles exercées montrent qu'il y a beaucoup de sons perdus, parce que tous ne sont pas assez intenses pour parvenir jusqu'à l'oreille, mais il n'y a pas d'intervalles changés : qu'ainsi, les mesures sont les mêmes, et que l'intervalle du son plus grave au son plus aigu est entendu de loin tel qu'il est entendu de près; ce qui prouve de la manière la plus décisive que tous les sons se propagent avec la même vitesse.

Tels sont les deux principes qui vont nous servir pour déterminer la longueur d'un son. Imaginez un son produit dans un point fixe et un observateur, qui sera musicien, placé à une distance de 340 mètres ou de 1020 pieds de ce point. Un signal annonce à l'observateur le moment où le son commence ; le son arrivera après un certain temps qui sera d'une seconde. Supposez que ce son soit le son le plus grave; combien fait-il de vibrations? Nous avons dit qu'il en faisait 32 ; par conséquent l'instrument aura exécuté 32 vibrations quand l'observateur entendra le son. Ces 32 vibrations excitées par l'instrument, et communiquées de tranche en tranche jusqu'à l'observateur, sont égales en longueur, puisque le son est le même, et elles occupent les 1020 pieds; par conséquent chacune des vibrations ou des ondulations est égale à 1020 pieds, divisés par 32, c'est-à-dire à 32 pieds.

Voulez-vous mesurer un son aigu, le son du diapason, par exemple? placez un observateur à la même distance de 1020 pieds; il entendra encore le son après une seconde. Connaissant le nombre de vibrations, on divisera par ce nombre 1020 pieds, et le résultat de la division sera la longueur des ondulations du son de l'instrument.

La voix la plus grave fait 192 vibrations, par conséquent chaque ondulation aura 5 pieds 4 quatre pouces. La voix d'homme la plus aiguë aura une longueur de 1 pied 9 pouces 4 lignes.

Nous avons donc deux procédés pour représenter les sons

par des nombres. Nous pouvons les représenter par le nombre des vibrations ou par la longueur des ondulations. Le son le plus aigu facilement perceptible correspond à une longueur de 18 lignes, et les sons les plus aigus de tous, qui sont ceux produits par les ailes des insectes, correspondent à une longueur d'ondulation de la millième partie d'un pied.

Cela fait comprendre comment il y a des sons trop aigus pour pouvoir être perçus par notre organe. En effet, lorsque ces sons sont excessivement courts, ils sont une chose homogène pour l'organe qui ne peut en distinguer ni le commencement ni la fin.

Nous allons indiquer les rapports qui existent entre la longueur des ondulations, le nombre des vibrations et la qualité musicale du son, et montrer les rapports qui constituent les accords et quels sont les sons concordans et les sons discordans.

Comment peut-on connaître les sons employés dans la musique? Il n'y a qu'un moyen; c'est de prendre un musicien très exercé, de mettre une corde à l'unisson de sa voix et de lui dire de prendre la longueur de la corde pour note fondamentale, pour *ut*, et de chercher ensuite les longueurs qui correspondent aux notes suivantes *re, mi*, etc...; si vous prenez une longueur trop grande ou trop petite, il vous en avertira aussitôt.

De cette manière, il sera facile de savoir quel est le nombre de vibrations correspondantes à chacun des sons que la musique emploie.

Voici deux manières de représenter les sons. Supposez que l'on représente par 1 le nombre des vibrations exécutées par le son le plus grave de la gamme, c'est-à-dire par *ut*, nous formerons la table suivante :

Noms des sons : $\qquad$ *ut, re, mi, fa, sol, la, si, ut.*
Nombre des vibrations : $1 \quad \frac{9}{8} \quad \frac{5}{4} \quad \frac{4}{3} \quad \frac{3}{2} \quad \frac{5}{3} \quad \frac{15}{8} \quad 2.$

Si au contraire vous voulez représenter les sons en longueurs d'ondulation, il suffira de renverser les fractions, c'est-à-dire que les sons seront représentés par les nombres suivans.

Noms des sons : $\qquad$ *ut, re, mi, fa, sol, la, si, ut.*
Longueur des ondulations : $1 \quad \frac{8}{9} \quad \frac{4}{5} \quad \frac{3}{4} \quad \frac{2}{3} \quad \frac{3}{5} \quad \frac{8}{15} \quad \frac{1}{2}$

Les consonnances viennent de la convenance entre les différens mouvemens dans l'air qui frappent en même temps notre organe.

L'accord le plus parfait, qu'on appelle l'*unisson*, est celui qui est produit par deux corps sonores qui font leurs vibrations en temps égaux.

Après l'unisson, l'accord le plus parfait est l'*octave* ; l'octave correspond à un nombre de vibrations double, ou à une longueur d'ondulation moitié.

La *quinte*, qui est après l'octave l'accord le plus doux et le plus parfait pour l'oreille, correspond à un nombre de vibrations qui est $\frac{1}{2}$, ou à une longueur d'ondulation qui est $\frac{2}{3}$. C'est encore un rapport très simple.

Les vibrations qui sont dans le rapport de $\frac{4}{3}$ donnent l'accord appelé *quarte*.

Les vibrations qui sont dans le rapport de $\frac{5}{4}$ donnent la *tierce majeure*.

Non-seulement les cordes peuvent vibrer, mais tous les corps solides vibrent. Quant un corps vibre, est-ce dans toute sa masse, ou seulement dans quelques parties. Cette question nous mène à la distinction des *lignes nodales*, c'est-à-dire à la distinction des parties qui vibrent, et de celles qui ne vibrent pas.

Si l'on prend une lame métallique homogène, à laquelle on a donné une forme régulière, et qu'après avoir répandu sur cette lame du sable très fin, on la frotte sur ses bords avec un archet, on remarque aussitôt le sable se réunir sur certains points de la surface qui ne participent point au mouvement de vibration, et former ainsi des figures souvent très régulières, et qui sont d'autant plus composées, que le son est plus élevé. Ce sont les lignes formées par ces points qui sont appelées *lignes nodales*.

Une expérience très curieuse consiste à faire vibrer une cloche de verre et à l'approcher, pendant qu'elle est en vibration, d'une plaque sur laquelle on a répandu du sable ; les vibrations se communiquent à travers l'air, agitent le sable, et le jettent à une très grande distance. Une autre expérience également curieuse est la suivante : on met un corps en vibration, et on l'approche d'un tuyau cylindrique disposé de manière qu'on puisse l'allonger ou le raccourcir ; l'on remarque que pour une certaine longueur de tuyau, il y a un très grand renflement du son.

IMPRIMERIE DE E. DUVERGER,
RUE DE VERNEUIL, N° 4.

COURS DE PHYSIQUE.

LEÇON CINQUANTE-NEUVIÈME.

(Mardi, 24 Juin 1828.)

SUITE DE L'ACOUSTIQUE.

Nous avons, dans la dernière leçon, étudié plusieurs points
essentiels de la théorie de l'acoustique. Nous avons montré
ou plutôt nous avons essayé de faire comprendre comment les ondulations dans l'air pouvaient se former, comment les condensations, les vitesses acquises par les différentes tranches, pouvaient avoir un certain ordre tout-à-
fait dépendant de la cause primitive du mouvement. Ainsi,
en imaginant, comme nous l'avons fait, un tube indéfini
rempli d'air partout à la même pression, partout à la même
température, puis au milieu de ce tube, une plaque qui empêche la communication entre la partie de droite et la partie
de gauche; nous avons vu que cette plaque mise en mouvement, pousse l'air devant elle de telle manière qu'il y a nécessairement condensation dans une certaine longueur du
tuyau, condensation différente dans les diverses tranches,
puis vitesse différente imprimée aux molécules qui composent
les diverses tranches.

De l'ordre de ces densités et de ces vitesses, naît un caractère particulier dans le son, qui est le *timbre*.

De la distance à laquelle ce mouvement se communique
pendant que la plaque marche, résulte la longueur de l'ondulation. Plus la plaque marche lentement, plus le mouvement se communique loin; plus par conséquent l'ondulation
est longue; plus au contraire le mouvement de la plaque est
rapide, moins le mouvement se communique loin, et plus
par conséquent l'ondulation est courte. De la longueur des
ondulations, résulte le *ton*, c'est-à-dire l'*acuité* ou la *gravité*
du son.

Enfin la plaque, tout en accomplissant son mouvement dans le même temps, peut avoir des excursions plus ou moins grandes. C'est de l'amplitude de ces excursions, qui sont toutes isochrones, que dépend l'intensité du son, et non pas de la longueur des ondulations, ni de l'ordre suivant lequel se succèdent les condensations ou les vitesses. Ainsi, la corde d'un violon peut être attaquée très fortement, et produire un son très éclatant et très intense; ou bien elle peut être attaquée très doucement, de manière que les vibrations soient à peine perceptibles, et donner alors un son qui a le même ton, le même timbre, mais qui a une intensité bien moins grande.

On voit, d'après cela, comment un son peut se propager dans l'intérieur d'un tuyau, et sortir à l'extrémité de ce tuyau, quelque long qu'il soit, avec le même timbre, le même ton, et quand c'est un tuyau cylindrique, avec la même intensité; car le son ne se perd pas dans un tuyau cylindrique, cependant sous certaines conditions. Si le tuyau est très poli dans son intérieur, de manière que les couches d'air qui sont adhérentes contre la paroi, puissent se mouvoir avec facilité, bien que les molécules en contact avec la paroi présentent une résistance, et qu'il y ait toujours une certaine quantité de mouvement perdue, l'intensité du son sera très peu diminuée.

Si au contraire le tuyau présente dans son intérieur une surface irrégulière, raboteuse, couverte de drap ou de coton, les molécules d'air qui doivent être déplacées, et accomplir des excursions d'une certaine étendue, seront obligées de pousser devant elles ces obstacles qui eux-mêmes entreront en vibration, en absorbant une quantité considérable de mouvement. Il en résultera par conséquent, d'une part, que le son sortira à l'extrémité du tuyau bien moins net, et d'autre part, que ce son se propagera à une bien moindre distance. La densité de l'air a aussi une très grande influence sur la propagation du son. Si l'air est très dilaté, la perte qu'éprouvera le son sera très grande.

Les courans d'air qui pourraient être excités dans l'intérieur du tuyau, ont pareillement une grande influence sur la propagation du son. Si l'on échauffe la paroi d'un porte - voix, il se produit un courant vertical; l'onde sonore qui s'en vient rencontrer ce courant, éprouvant une résistance pour le traverser, revient sur elle-même en faisant écho. Une bougie placée sous la paroi d'un porte-voix, et même le seul contact de la main, suffisent pour étouffer le son.

Vous pouvez imaginer une foule d'autres causes pour faire perdre au son de l'intensité. Tout ce qui peut nuire à l'homogénéité, à l'uniformité du milieu, tout ce qui peut absorber une certaine quantité du mouvement nécessaire à la propagation du son, aura une influence sur l'intensité du son et pourra l'atténuer plus ou moins.

Quoique le son, qui n'est qu'une perception, semble échapper aux grandeurs mesurables, tellement qu'on ne puisse dire qu'un son est double d'un autre son, cependant nous avons indiqué deux moyens de représenter les sons par des nombres, de les comparer ainsi numérairement, comme on compare des grandeurs, des longueurs, en un mot comme on compare tout ce qui est mesurable.

L'un de ces moyens consiste à connaître le nombre des vibrations qu'exécute un corps. Nous avons indiqué trois manières de compter les vibrations.

Le second moyen de représenter les sons par des nombres consiste à calculer la longueur d'ondulation d'un son. Nous avons vu que les sons graves sont représentés par des ondulations longues, et les sons aigus par des ondulations courtes. Nous avons exposé les deux principes sur lesquels repose le calcul de la grandeur des ondulations.

Enfin nous nous sommes occupés des vibrations des différens corps, des cordes, des plaques. Nous avons montré que les plaques ont la propriété, lorsqu'on les met en vibration, de se partager en un certain nombre de *lignes nodales* et de parties *vibrantes*. Nous avons démontré cette propriété sur des plaques circulaires et sur des plaques carrées. Cette propriété appartient également aux plaques elliptiques, polygonales, en un mot de forme quelconque. Non-seulement on peut faire vibrer des plaques et des lames de métal ou de verre, mais on peut faire vibrer une règle de bois, et l'on y remarque également des lignes nodales et des parties vibrantes.

On peut faire vibrer des tubes de verre, comme on fait vibrer des tiges de métal. Les nœuds dans les tubes peuvent se montrer de deux manières, ou au moyen de petits anneaux de papier qui courent le long du tube, ou en mettant de la poussière dans l'intérieur de ce tube. Lorsqu'on fait vibrer le tube, les anneaux ou la poussière viennent se placer sur les nœuds. Si après avoir déterminé ainsi la position des anneaux et par conséquent des nœuds sur le tube tourné d'une certaine manière, on retourne le tube, on remarque que les anneaux changent de place, et vont s'arrêter sur d'autres points du tube. D'où il résulte que l'on ne peut considérer les nœuds comme des sections perpendiculaires à l'axe du tube.

On se demandera peut être comment les anneaux glissent sur la surface du tube ; car lorsque nous avons fait vibrer des plaques couvertes de sable, nous n'avons point vu le sable glisser ainsi le long de ces plaques, nous l'avons vu sauter. Cette différence d'effet s'explique facilement. Dans les plaques, les vibrations se font perpendiculairement à la surface de la plaque, par conséquent le sable doit sauter. Dans les tubes, au contraire, les vibrations s'exécutent dans le sens longitudinal, et par conséquent les anneaux doivent avoir un mouvement de translation dans ce sens.

En faisant vibrer une longue lame de verre sur laquelle on a répandu du sable ; on observe un phénomène analogue à celui que nous avons fait remarquer dans un tube, c'est-à-dire que les nœuds ne se correspondent pas sur les deux faces. Il résulte de là que quand nous faisons vibrer une lame, il y a dans l'intérieur de cette lame une partie qui ne vibre pas, et cette partie, au lieu d'être perpendiculaire à la lame, lui est plus ou moins inclinée.

Il y a un instrument appelé le *violon de fer*, qui est fondé sur les vibrations qu'exécutent les verges. Cet instrument se compose d'un certain nombre de tiges rangées autour d'une caisse destinée à renfler le son. Les tiges ne sont autre chose que des fils de fer, tous de même diamètre, mais de longueurs différentes. Par conséquent, lorsque ces tiges vibrent, elles exécutent des nombres de vibration différens : de là la diversité des sons que rend cet instrument.

Nous avons maintenant à examiner ce qu'on appelle la *résonnance* des sons, ou plutôt la résonnance des corps, c'est-à-dire la facilité qu'ont les corps de retentir, même quand ils ne sont pas ébranlés directement. Le son se communique des corps solides aux corps solides. Quand des corps solides sont liés entre eux, le son qui se produit sur l'un d'eux se communique à tous les autres. Si les corps solides mis en communication sont parfaitement identiques, c'est-à-dire de même substance et de même forme, en répandant du sable sur chacun de ces corps, et en faisant vibrer l'un d'eux, les mêmes figures se produiront sur tous.

C'est là précisément ce qui se passe dans les instrumens et surtout dans les instrumens à cordes, tels que la harpe et le violon. Ainsi dans le violon, le chevalet, l'ame, la caisse du violon, les éclisses, le manche, toutes ces parties doivent entrer en vibration lorsque la corde vibre. Ces vibrations excitées dans la corde se communiquent non-seulement dans les parties solides qui se touchent, mais dans la masse d'air renfermée dans la caisse du violon : d'après cela, vous concevez facilement qu'on ne peut altérer la forme du violon sans altérer le son qu'il rend.

C'est de l'ensemble des vibrations qui s'accomplissent dans toutes les pièces matérielles d'un instrument que résulte le timbre.

Il semblera peut-être singulier que la plus petite pièce d'un instrument de musique commande le son à toutes les autres. Il faut prendre garde ici à une circonstance. Si la corde est attaquée très doucement, le son qu'elle rendra ne sera pas seulement dépendant de sa longueur et de sa tension ; il sera dépendant de la facilité qu'il aura d'ébranler tout ce qui l'entoure. Lorsqu'on veut tirer d'une corde un son que l'entour de la corde ne peut pas prendre facilement, on éprouve toujours une grande difficulté à tirer ce son. Ainsi il faut considérer, dans une masse quelconque, toutes les molécules comme ne faisant qu'un seul système, comme étant en action perpétuelle les unes sur les autres, tellement que quand vous ébranlez l'une d'elles, ce n'est pas seulement celle-là qui ressent l'ébranlement, mais c'est toute la masse.

Si les vibrations se communiquent des solides aux solides, elles doivent pareillement se communiquer des solides aux liquides. En effet, si l'on met de l'eau dans un verre et que l'on fasse glisser un crochet sur ses bords, non-seulement le verre se met en vibration, mais l'eau qui le touche vibre également, et les vibrations de l'eau se manifestent par des ondulations qui se propagent sur toute la masse du liquide, en présentant des figures d'autant plus compliquées que le son est plus aigu. Si l'on donne beaucoup d'intensité au son, les ondes se heurtent avec tant de force que l'eau est lancée au dehors du vase.

Le même phénomène s'observe avec un verre plein de mercure, et on peut également, par l'intensité du son, lancer le mercure hors du verre.

Ainsi les ondulations se communiquent des corps solides à toutes les parties immédiates des corps solides ; elles se communiquent des corps solides aux corps liquides, et enfin des corps solides aux gaz ; c'est ce qui résulte de l'expérience que nous avons faite en plaçant un timbre sous une cloche. Le timbre en mouvement excite des vibrations dans le gaz, le gaz excite des vibrations dans la cloche, la cloche transmet à l'air extérieur les vibrations qu'elle a reçues de l'air intérieur, et les vibrations, se communiquant de proche en proche, finissent par arriver à notre organe.

Non-seulement les vibrations se communiquent au contact entre les corps solides et liquides, mais elles se communiquent à distance; c'est ce qui se démontre par l'expérience suivante. On prend le *monocorde* : cet instrument, qui sert à démontrer les lois de vibration des cordes, a deux cordes de même matière, de même longueur, de même diamètre, et qui sont tendues exactement par le même poids. Par conséquent, si l'on faisait vibrer ces cordes *à vide*, elles rendraient le même son. Mais supposons qu'on ait mis un chevalet qui sépare les cordes en deux parties au quart de leur longueur, de telle sorte qu'il y ait d'un côté du chevalet un quart de la corde, et de l'autre côté trois quarts; nous supposerons la plus petite partie de la corde libre; mais la grande partie est couverte de petits chevalets en papier placés sur les points qui marquent où commencent les quarts et les demi-quarts. Au moyen du chevalet de bois, les deux parties de la corde ne sont point en communication l'une avec l'autre. Si l'on ébranle le quart libre de la corde, on remarque que tous les chevalets de papier placés sur les points que marquent les autres quarts de la corde restent en repos, mais les chevalets placés sur les demi-quarts tombent aussitôt. C'est là un effet de résonnance qui nous explique le fond de la théorie complète de la résonnance. D'abord il est évident que c'est un effet de résonnance, puisque le son n'est excité que dans un quart de la corde qui est séparé des trois autres quarts. Mais pourquoi y a-t-il résonnance de sorte que la corde ne vibre pas tout entière et qu'elle se partage sans qu'il y ait une cause qui l'y oblige, en trois parties ? Le voici: quand le premier quart de la corde entre en vibration, il existe des ondulations dans l'air, et ces ondulations s'en vont frapper tous les corps. Si elles rencontrent un corps qui puisse vibrer à l'unisson avec elles, elles le mettent en vibration; si ce corps ne peut vibrer à l'unisson, il ne vibre pas. Or, l'onde qui est excitée par le premier quart de la corde ne peut faire vibrer toute la corde, car la corde entière ne peut vibrer à l'unisson avec une de ses parties: mais si chacun des quarts vibre, il y aura unisson. Ainsi cet instrument se partage de lui-même en parties qui toutes peuvent vibrer à l'unisson avec le son qui vient les frapper.

Ce qui prouve que ce n'est pas l'union des deux cordes qui produit le phénomène, c'est qu'on pourrait séparer ces cordes, mettre un quart à l'extrémité de l'amphithéâtre et les trois autres quarts à l'autre extrémité, sans que le phénomène cessât d'avoir lieu. Enfin il y a plus, il n'est pas nécessaire de faire vibrer les deux cordes dans la même enceinte. la communication peut se faire à toutes les distances.

Si une corde peut se partager d'elle-même en trois parties vibrant séparément, sans aucune cause, il en résulte que quand la corde sera agitée, chacune de ses parties pourra pareillement exécuter des vibrations séparées. C'est en effet ce qui a lieu quand on agite une corde dans toute sa longueur; non-seulement elle rend le son qui correspond à toute sa longueur, mais elle rend les sons qui communiquent à la moitié, au tiers, au quart, etc. C'est-à-dire qu'une même corde ne rend pas un son unique, mais les sons 1, 2, 3, 4, etc.

C'est précisément là ce qu'on appelle les sons harmoniques; car il arrive que ces sons, qu'une même corde peut rendre, forment l'accord parfait.

Voilà comment en pénétrant plus avant dans la résonnance des corps il ne faut pas considérer un corps comme produisant un son unique, mais comme produisant un certain nombre de sons.

Nous avons maintenant à nous occuper d'une autre espèce d'instrumens, ce sont les *instrumens à vent*. Nous allons voir sur quel principe repose leur construction. Les instrumens à vent sont en général des tuyaux qui contiennent de l'air. Les tuyaux vibrent; comment vibrent-ils? comment les ondulations y sont-elles excitées? Examinons d'abord la construction des tuyaux. Un tuyau fig. 1 est composé d'un pied destiné à être placé sur le soufflet. Ce pied est percé d'une ouverture par laquelle l'air doit entrer. Ce pied a un fond *a b*, formé par une petite languette qui laisse un petit espace *e*, pour donner passage à l'air qui est dans le pied du tuyau, et pour le laisser pénétrer dans le corps de ce tuyau. La partie inférieure *l*, taillée en biseau, est ce qu'on appelle la *lèvre inférieure*, et la partie *l'*, également taillée en biseau, est appelée la *lèvre supérieure*. L'espace ouvert qui sépare les deux lèvres et qui correspond au milieu de la languette, est appelé la *bouche*. Le tuyau est ensuite prolongé indéfiniment et est fermé à son extrémité. L'air qui entre par le pied du tuyau s'en vient passer par la petite ouverture *e* qui lui est laissée, sort par cette ouverture et vient se couper contre le biseau supérieur, de sorte qu'une partie de l'air entre dans l'intérieur du tuyau, et une partie va à l'extérieur. Il est essentiel que le biseau soit rencontré par la lame d'air d'une manière convenable, sans quoi il n'y a point de son produit.

La partie qui entre dans l'intérieur du tuyau doit comprimer l'air renfermé dans ce tuyau. En effet, c'est un surcroît d'air qui arrive dans un espace qui est déjà plein; il faut donc que, pour faire place à ce nouvel air qui arrive, l'air qui occupe tout le tuyau se comprime. Après s'être comprimé, l'air se dilate, ressort par la bouche du tuyau; et comme il arrive du nouvel air à chaque instant, il en résulte un mouvement d'ondulation continuel. Cet effet serait rendu très sensible, si, au lieu d'air, on employait de la fumée; on verrait cette fumée entrer et sortir alternativement.

Il y a donc encore vibration, non pas dans la matière solide du tuyau, mais vibration dans l'air par des périodes alternatives de compression et de dilatation. Si cette conséquence est vraie, un tuyau doit vibrer, quelle que soit la substance de ce tuyau. C'est la bouche du tuyau qui parle, c'est là où le son se produit, le tuyau lui-même ne vibre pas.

Un tuyau fermé en conservant la même longueur peut rendre plusieurs sons, mais il ne peut pas rendre tous les sons possibles. C'est sur ce principe qu'est fondée la théorie des instrumens à vent imaginée, il y a déjà fort long-temps, par Daniel Bernouilli.

Un tuyau fermé peut rendre les sons 1, 3, 5, 7, 9, 11, mais il ne peut rendre les sons intermédiaires 2, 4, 6, 8, 10. Le son le plus grave que puisse rendre un tuyau fermé est un son dont l'ondulation est double en longueur de la longueur du tuyau. On reconnaît que les choses doivent être ainsi en examinant la manière dont les vibrations s'exécutent dans un tuyau fermé.

On a fait une application de ces principes dans les jeux d'orgues, où l'on prend toujours pour le son le plus grave un tuyau fermé; parce qu'en bouchant le tuyau on peut le prendre moitié de la longueur de son. Ainsi un tuyau bouché de 16 pieds peut rendre des sons de 32 pieds; un tuyau bouché de 8 pieds peut rendre des sons de 16 pieds.

Les tuyaux ouverts peuvent produire tous les sons 1, 2, 3, 4, 5, etc. Ainsi un tuyau ouvert peut produire un son égal à la longueur du tuyau. Un tuyau ouvert peut se partager comme un tuyau fermé en plusieurs parties, il peut se diviser en deux, et alors on dit qu'il *octavie*. Il peut se partager non-seulement en deux parties, mais en trois, en quatre, en cinq, etc., et, par conséquent, il peut donner tous les sons possibles; mais habituellement, dans les instrumens, on s'arrange pour ne tirer d'un même tuyau qu'un seul son.

Puisqu'un tuyau ouvert rend un son égal à sa longueur,

rien n'est plus facile que de monter une gamme avec des tuyaux ouverts. Prenant pour unité le tuyau qui donnera le son le plus grave, le son *ut*, on prendra pour le son *re* un tuyau qui soit les $\frac{8}{9}$ du premier, pour *mi*, un tuyau qui soit les $\frac{4}{5}$, et ainsi de suite.

Lorsque deux tuyaux produisent deux sons un peu plus rapprochés l'un de l'autre, que le *demi-ton*, il se produit un phénomène très singulier dans notre oreille, et par conséquent aussi dans l'air. Ce phénomène est ce qu'on appelle le *battement*. Le battement est un moyen de compter le nombre des vibrations qui s'accomplissent.

Imaginez que deux sons soient très rapprochés, que l'un soit de 100 pieds, l'autre de 99. Il n'y a pas de sons de cette longueur, mais je prends des nombres un peu élevés pour vous faire mieux comprendre le phénomène. Si ces deux sons sont produits simultanément, l'organe qui les reçoit recevra en même temps le commencement des deux sons, mais il ne recevra pas en même temps la fin de chaque ondulation ; car l'ondulation dont la longueur sera la plus courte, c'est-à-dire le son le plus aigu sera en retard. Pour une ondulation du son le plus grave, l'ondulation du son aigu sera en retard d'un pied ; pour deux ondulations, il sera en retard de deux pieds, et ainsi de suite.

Il y a parmi les instrumens à vent, des instrumens appelés *anches*. Imaginez un canal carré, fermé par un bout, ouvert par l'autre, et imaginez qu'après avoir enlevé une paroi de ce canal, on l'ait remplacée par une plaque très mince, plus large que la paroi, de manière que cette plaque recouvre parfaitement le tuyau dans toute sa longueur : cette plaque est ce qu'on appelle une *languette*. Si elle est tant soit peu soulevée, quand on enfermera l'instrument dans un endroit où l'air soit comprimé, l'air, en pressant sur la languette, la fermera ; puis la languette, en vertu de son élasticité se rouvrira, et elle exécutera ainsi un certain nombre de vibrations. Le son que donnent les anches est un son très criard. Pour changer le son d'une anche, il suffit de diminuer la longueur de la languette, car alors on diminue le nombre des vibrations.

M. Grenier a fait aux anches un perfectionnement remarquable. Au lieu d'une languette qui s'appuie sur la matière du tuyau, il a imaginé une languette qui s'engage dans le canal et en rase les bords de manière à ne laisser aucun intervalle entre les parois de l'anche et les bords de la languette. Ce perfectionnement rend le son des anches beaucoup plus doux.

En faisant varier les pièces qui reçoivent les divers sons produits par la languette, M. Grenier est arrivé à donner à ces sons une véritable expression; ce qui doit nous convaincre que dans la voix humaine le son ne se produit pas tout d'une pièce, qu'il y a un lieu où la voix se forme et un autre lieu où elle prend son timbre, où elle s'accentue, où elle prend l'articulation.

Tels sont la plupart des principes sur lesquels repose la construction de tous les instrumens. J'aurais voulu entrer dans quelques détails sur la *voix* et sur l'organe de l'*ouïe*; mais voulant terminer l'acoustique dans cette séance, je ne puis que vous renvoyer au très beau mémoire de M. Savart.

IMPRIMERIE DE E. DUVERGER,
RUE DE VERNEUIL, N° 4.

COURS DE PHYSIQUE.

LEÇON SOIXANTIÈME.

(Samedi, 26 Juin 1828.)

OPTIQUE.

NOTIONS GÉNÉRALES.

Nous allons, dans cette séance, commencer l'étude de
l'*optique.*

L'optique, comme vous le savez, a pour but de chercher
quelle est l'origine de la *lumière,* comment elle se produit,
comment elle se propage à partir du lieu où elle a pris naissance jusqu'à nos organes, quelles propriétés elle imprime
aux corps qu'elle frappe, et enfin, quelles modifications elle-
même reçoit de la part de la matière.

Si le but de l'optique est facile à indiquer, la lumière est
très difficile à définir ; elle est, comme tous les agens naturels, au-dessus de nos définitions. Nous pouvons bien indiquer certains caractères des causes naturelles; ainsi nous
disons : la pesanteur est ce qui fait tomber les corps; mais il
ne faut pas nous y méprendre. La pesanteur n'est pas définie
par cette expression. Parce que la pesanteur fait tomber les
corps, il n'en résulte pas qu'elle ne fera pas autre chose que
de faire tomber les corps. Il y aura une foule d'autres phénomènes dépendant de cette force naturelle; et par conséquent pour la définir, il faudrait pouvoir embrasser dans un
seul point de vue, l'idée primitive de cette force et l'ensemble
des phénomènes qu'elle peut produire.

Ainsi, par exemple, quand nous disons que la chaleur est
ce qui produit certaines sensations qu'on appelle sensations
de la chaleur, nous indiquons un des phénomènes nombreux
que produit la chaleur; ce sera, si vous voulez, un phénomène caractéristique, mais nous ne définissons pas la cha-

leur. Il en est de même de l'électricité ; il en est de même des autres agens naturels.

Ainsi, nous n'essaierons pas de définir la lumière, nous ne dirons pas : la lumière, c'est quelque chose qui fait voir, qui nous révèle la forme, la distance, la grandeur des objets, et une foule d'autres choses sur lesquelles on pourrait subtiliser plus ou moins ; nous ne chercherons pas si la lumière est en nous ou hors de nous, etc.

La *lumière* est une *substance* et non pas une *force*. Voilà un premier caractère que nous avons à établir.

Il est à remarquer que parmi les modifications que nos sens peuvent recevoir et que nous avons étudiées jusqu'à présent, il n'en est aucune qui soit due à ce qu'on appelle des *forces* ou des *agens*. Ainsi notre organisation est telle, que sous l'empire des causes extérieures, elle ne reçoit jamais d'impressions de ce qu'on appelle les forces. Les forces ne sont pas perceptibles à nos sens. Quand nous éprouvons quelque affection, quelque sensation, nous devons affirmer qu'il y a substance dans la cause immédiate de la sensation, et qu'il y a force pour modifier cette substance. Ainsi, par cela seul que la lumière nous affecte, nous pouvons conclure que la lumière est une substance et non pas une force analogue à la pesanteur. Les forces ne nous touchent pas ; elles n'ont pas prise sur notre nature, pas plus que notre nature n'a prise sur elles.

Ainsi la lumière est une substance ; mais quelle est la nature de cette substance ? Est-elle une substance *pondérable* ; car la *pondérabilité*, la *gravité*, c'est là le caractère le plus distinctif de toutes les matières sur lesquelles nous pouvons expérimenter. Il est facile de démontrer que la lumière n'est pas de la matière pondérable. C'est une substance, mais une substance impondérable.

Quel est le mode d'existence de cette substance impondérable ? C'est ici que les conjectures commencent, c'est sur cette question que les physiciens et les philosophes se partagent en plusieurs sectes. Il y a eu jusqu'à nos jours un très grand nombre de systèmes sur le mode d'existence de la lumière. Tous ces systèmes peuvent à peu près être réduits à trois, qui sont tels qu'il n'y en a véritablement que deux qui puissent entrer en comparaison, et encore de ces deux systèmes, nous verrons qu'il y en a un qui est tout-à-fait ruiné par des expériences décisives. Ainsi donc il ne reste qu'un système qui sans doute ne contient pas encore toute la vérité, mais qui probablement en approche plus que les autres.

Nous allons parcourir les trois systèmes auxquels on peut réduire tous ceux qui ont été faits sur la lumière. Quand nous voyons les objets terrestres, placés à une grande ou à une petite distance, quand nous apercevons leur couleur, leur forme, leur grandeur, quand nous regardons des objets plus éloignés, le soleil, les étoiles, les planètes, nous avons des sensations. Ces sensations sont dues à de la matière. Cette matière, comment nous révèle-t-elle l'objet qui n'est pas placé en nous, mais qui est hors de nous? On conçoit, qu'il doit y avoir nécessairement une communication quelconque entre nous et l'objet qui est hors de nous. Prenons la cime d'un arbre que nous voyons à l'horizon. Il faut qu'il y ait une communication quelconque entre la cime de cet arbre et notre organe. Quel est le mode de cette communication?

Il y a trois modes de communication possibles, et chacun de ces modes a donné naissance à un système particulier.

Les anciens imaginaient que si nous apercevons un objet éloigné, c'est parce que nous avons dans l'œil une certaine puissance de projection, c'est que nous faisons sortir de nos organes un certain fluide qui sera le *fluide lumineux*, et qu'avec ce fluide nous allons *palper* les objets éloignés, saisir leurs contours, leurs couleurs, en un mot les palper, comme nous les palpons avec la main. Par conséquent, dans ce système, c'est nous qui créons la lumière; elle n'existe pas au dehors elle est en nous, elle est un acte de notre organisation. Ce système n'a pas besoin d'être réfuté.

Il y a deux autres systèmes possibles. Si la lumière ne va pas de notre organe à l'objet, il faut de toute nécessité qu'elle vienne de l'objet à notre organe. Or, elle peut venir de l'objet à notre organe de deux manières. Elle peut y venir comme un boulet va du canon au but, ou bien comme le son arrive de la cloche à notre organe, c'est-à-dire qu'elle peut arriver à nous ou par un mouvement de *translation* ou par un mouvement de *vibration*, analogue au mouvement de vibration qui constitue le son. Ces deux modes de communication ont donné naissance aux deux systèmes dont l'un est appelé *système de l'émanation* et l'autre *système des vibrations*.

Dans le système de l'émanation qui est celui de Newton et qui a été, comme nous le verrons, la source de très grandes et de très belles découvertes, dans le système de l'émanation, on regarde les objets comme ayant la propriété de lancer, de projeter avec une vitesse infiniment grande, et dans une direction déterminée, de petites molécules, de petits atomes; et ce sont ces petites molécules, ces petits atomes, ces petits boulets, si on veut me permettre cette comparaison, qui viennent frapper notre organe, et qui, comme on le sait, ne se bornent pas à en frapper la surface extérieure, mais qui pénètrent à travers les liqueurs qui composent notre organe et arrivent jusqu'au fond de l'œil où le *nerf optique* s'épanouit en formant ce qu'on appelle la *rétine*.

Prenons une bougie; dans le système de l'émanation, nous concevrons, de la flamme de cette bougie, jaillir tout autour et dans toutes sortes de directions, une multitude de petits atomes qui ont une marche déterminée. Autant on pourra concevoir de lignes mathématiques entre un point quelconque de la bougie, et un objet éloigné, quel qu'il soit, autant il y aura de directions suivant lesquelles il y aura une foule de ces petits atomes lancés par la puissance qui produit la lumière, et qui est, dans l'exemple que nous avons choisi, la puissance de la combustion. Mais, dira-t-on, que deviennent ces atomes une fois qu'ils ont frappé les corps ? c'est ce que nous examinerons quand nous discuterons plus en détail les deux systèmes de l'optique. Pour le moment, je n'ai d'autre but que de vous donner une idée nette de ce qu'on appelle le système de l'émanation.

Quels que soient les corps lumineux, que nous considérions les corps enflammés, les corps phosphorescens, tous jouissent de la propriété que nous venons de vous signaler. Ainsi nous expliquerons la phosphorence, dans le système de l'émanation, en disant que d'un point quelconque d'une substance phosphorescente, par une cause qu'on ne définit point, jaillissent une multitude de molécules lancées avec une très grande vitesse, et à toutes les distances, non-seulement à une lieue, mais à des millions de lieues; car une fois qu'un atome de lumière a reçu la vitesse, c'est-à-dire a reçu son caractère de lumière, il ne peut plus s'éteindre, il s'en va indéfiniment jusqu'à ce qu'il rencontre un obstacle sur lequel il s'arrête.

Si nous passons des objets terrestres aux objets célestes, nous appliquerons au soleil et aux étoiles ce que nous venons de dire d'une bougie. Le soleil est lumineux parce qu'il a en lui la propriété de lancer incessamment dans toutes les directions de l'espace une multitude de petits atomes. Ainsi, imaginez le vaste globe du soleil suspendu au milieu de l'espace, imaginez une ligne partant de son centre, et prolongée par de là les étoiles aussi loin que votre imagination peut le concevoir. Sur cette ligne, imaginez une file de molécules dont nous ne définissons ni la forme, ni les dimensions, mais qui sont innombrables, se pressant, se suivant avec une vitesse infiniment grande; vous aurez une idée d'un rayon de lumière partant du soleil. Autant vous concevrez de lignes mathématiques partant ainsi du centre du soleil, autant vous pourrez concevoir de rayons. Vous comprenez d'après cela comment tout l'espace est rempli de lumière. Voilà le fond du système de l'émanation.

Voici maintenant le système qu'on appelle système des vibrations. Dans le système des vibrations on ne suppose plus que la lumière nous vienne des objets extérieurs par un mouvement de translation; on ne suppose plus que c'est quelque chose partant d'un point et arrivant dans un autre point, on ne suppose plus que du soleil, des étoiles, des planètes, partent des atomes pour venir éclairer la terre : mais on suppose qu'il existe dans tout l'espace, comme je l'ai déjà indiqué, un fluide d'une nature particulière qu'on appelle l'*éther;* que ce fluide est une substance, car dire que l'éther est un fluide, c'est dire qu'il est une substance; que cette substance, qui est impondérable, remplit tout l'espace et pénètre tous les corps pondérables, et, ainsi, plaçons-nous par la pensée au centre du monde, si toutefois l'on peut dire que le monde ait un centre, et si ce centre n'était pas partout, et concevons autour de nous non une sphère de quelques millions de lieues de diamètre, mais une sphère infiniment vaste, et imaginons que le vide soit dans cette immensité. Par la même raison que nous concevons la matière comme étant l'impénétrabilité, nous concevons le vide comme étant l'absence de l'impénétrabilité. Eh bien! dans ce vide qui existe nécessairement, qui est nécessairement infini, il y a une substance qui n'est analogue ni au soleil, ni à la terre, ni aux autres planètes. Nous ne dirons pas si cette substance est solide, fluide ou gazeuse; nous ne connaissons pas sa nature; mais nous admettons que cette substance existe partout, que la matière pondérable est projetée au milieu d'elle, et que tous les pores qui sont entre les derniers atomes de la matière pondérable, sont eux-mêmes remplis de cette substance. On pourrait concevoir que l'éther est solide, de même qu'on peut concevoir une substance solide assez dilatée, c'est-à-dire ayant assez d'espace entre ses atomes pondérables, pour se mouvoir dans un corps solide. Mais nous n'examinons pas si l'éther est solide, nous admettons seulement qu'il remplit tout l'espace et tous les intervalles où il n'y a pas de matière pondérable, qu'ainsi l'éther est la véritable substance du monde ; car, qu'est-ce que la matière pondérable relativement à l'espace immense dans lequel elle est placée ? Il y a quelques fragmens de matière jetés çà et là tandis que l'éther remplit l'immensité. C'est dans cet éther que se meuvent les planètes ; elles se meuvent ou en déplaçant l'éther et en le poussant devant elles, ou bien, au contraire, en passant à travers l'éther comme une éponge peut passer à travers l'eau de la mer.

L'éther étant en repos absolu, les mouvemens s'accomplissant entre toutes les planètes ne donneraient point de lumière ; ce serait la nuit absolue. Mais imaginez qu'on excite dans cet éther un mouvement quelconque. Que devra-t-il en résulter ? Il en résultera que ce mouvement se propagera à toutes les distances, qu'il se propagera suivant de certaines lois dépendantes de la vitesse avec laquelle l'éther aura été frappé et de l'étendue dans lequel l'ébranlement aura eu lieu. Il y aura nécessairement communication du mouvement d'une extrémité de l'espace à l'autre.

Vous voyez l'analogie qui existe entre la lumière et le son. Au milieu de l'atmosphère parfaitement calme, toutes les molécules d'air arrêtées à leur place, le silence le plus absolu régnant sur le monde, imaginons qu'on ébranle un point quelconque de la masse en équilibre, que l'on déplace une des molécules d'air, le plus petit déplacement qui aura pu être excité dans cet océan de l'air va se propager dans toute l'étendue de la masse en produisant des phénomènes différens suivant la nature du mouvement excité. Si c'est un mouvement de vibration ce sera le son, si c'est un mouvement de translation ce sera le vent. Eh bien ! excitez de même dans l'éther un petit mouvement, il y aura à l'instant mouvement dans tout l'espace, diffusion pour ainsi dire de cette force qui a été employée à déplacer les molécules. Le phénomène se communiquera non-seulement à la matière pondérable dont les pores sont remplis par la substance éthérée, mais il se communiquera à notre organisation ; car, êtres organisés, nous sommes pénétrés par l'éther exactement comme la matière pondérable, et l'éther remplit ces intervalles qui existent entre les atomes de la substance pondérable qui nous compose. Ainsi donc, il ne peut y avoir un mouvement produit dans l'éther sans que ce mouvement ne retentisse en nous d'une certaine manière.

D'après cette manière de concevoir le phénomène, on voit que le soleil étant pour nous l'origine et la source de la lumière, il suffit, pour que la lumière soit excitée, qu'autour du soleil il y ait un certain mouvement imprimé à l'éther. Sur la plage de l'océan parfaitement calme, imaginez qu'on laisse tomber un corps, que les ondes soient excitées et se propagent de proche en proche jusqu'aux rivages les plus éloignés ; il y aura un mouvement qui glissera en quelque sorte sur la surface des eaux ; de même si vous excitez autour du soleil un mouvement dans l'éther, des ondes seront excitées, elles se propageront dans toutes les directions, et ces ondulations arrivant jusqu'à la terre et pénétrant dans l'intérieur de notre organe, nous aurons la sensation de la lumière.

Voilà comment nous concevons la lumière dans le système des *vibrations* ou des *ondulations*.

De même que nous avons pu déterminer quelles sont les conditions physiques qui impriment aux sons leurs caractères principaux, de même nous pourrons déterminer quelles sont les conditions qui impriment à la lumière ses qualités principales. La première chose qui nous frappe d'abord dans la lumière, c'est une intensité plus ou moins grande. Or, comment avons-nous caractérisé l'intensité du son ? par l'amplitude des excursions qu'accomplissent les molécules des corps vibrans. Eh bien, l'intensité de la lumière sera aussi dépendante de l'amplitude des excursions que font les molécules de l'éther en vibration.

De quoi dépendront toutes les nuances diverses de couleur que nous pouvons percevoir dans les corps ? De même que les tons différens que nous pouvons percevoir dans les sons dépendent de la longueur des ondes sonores, de même les nuances différentes que nous pouvons percevoir dans les couleurs dépendront de la longueur des ondes lumineuses. Ainsi, une onde lumineuse qui donnera la sensation du rouge différera quant à l'étendue de l'onde lumineuse qui donnera la sensation du violet ; comme l'ondulation qui nous donne la sensation d'un ton grave diffère en longueur de l'ondulation qui nous donne la sensation d'un ton aigu.

De même aussi que nous avons pu mesurer les ondes sonores et attribuer à chaque qualité du son la longueur précise de l'onde dans un milieu déterminé, de même nous pourrons mesurer très exactement les ondes lumineuses et attribuer à chaque couleur la longueur précise de l'onde dans un milieu déterminé. Je dirai, par exemple, que la lumière rouge a une longueur d'ondulation plus grande que la couleur violette ; qu'ainsi le rouge qui est une des couleurs extrêmes, et placé au bas de l'échelle, est analogue au son le plus grave, et que le violet qui est placé à l'autre extrémité de l'échelle est analogue au son le plus aigu ; et comme nous avons vu qu'au-dessous des sons les plus graves et au-dessus des sons les plus aigus, il y avait encore des sons non pas perceptibles pour nous, mais qui pourraient l'être pour des êtres autrement organisés ; nous en conclurons qu'au-dessous de la lumière la plus longue, qui est la couleur rouge et au-dessus de la lumière la plus courte qui est la couleur violette, il y a encore très probablement des nuances, et que ces nuances peuvent être perceptibles pour d'autres organes que les nôtres. Nous ne regarderons donc pas la lumière comme une chose arrêtée, finie ; nous ne compterons pas sept couleurs primitives, mais nous compterons une infinité de nuances. C'est par une fausse interprétation du système de Newton que l'on a dit qu'il ne comptait que sept couleurs simples ; il en comptait une infinité.

Tels sont les caractères principaux de la lumière. Il y a dans le son un troisième caractère que nous avons signalé, c'est le timbre ; dans la lumière il n'y a pas de *timbre* si l'on peut parler ainsi, c'est-à-dire, que nos organes ne perçoivent dans la lumière que des intensités et des nuances diverses ; tandis que dans le son nos organes perçoivent autre chose que des intensités et des tons divers, ils perçoivent le timbre. Il peut y avoir quelque chose d'analogue au timbre dans la lumière ; mais ce quelque chose d'analogue échappe complètement à nos organes, lorsqu'on observe directement la lumière. Cependant deux couleurs parfaitement identiques par l'intensité et la nuance, peuvent manifester, par l'influence de certains corps des différences qui peuvent être expliquées, comme on explique le timbre du ton.

Nous ne nous arrêterons que très peu au système de l'émanation ; nous exposerons les phénomènes dans le système des ondulations. Nous démontrerons, autant qu'il est possible de le faire dans l'état actuel de la science, pourquoi le système des vibrations mérite la préférence sur le système de l'émanation. Mais ce n'est que sur la fin du cours, lorsque nous aurons pu discuter tous les phénomènes, que nous comparerons les deux systèmes, et que nous rassemblerons toutes les preuves qui donnent la vie au système des vibrations.

Nous allons classer d'une manière générale l'ensemble des phénomènes de l'optique, et, à cet effet, je vais pour un moment faire abstraction de tout système. Concevons, à partir d'un point lumineux, une ligne mathématique, et imaginons la lumière sur cette ligne infiniment prolongée. Si nous considérons la lumière comme produite par les atomes, nous concevrons cette ligne mathématique parcourue par une file innombrable d'atomes dans un instant excessivement rapide. Si nous considérons la lumière comme produite par des ondulations, nous concevrons des mouvemens de vibration se propageant sur toute l'étendue de la ligne mathématique. La direction de cette ligne est ce que nous appellerons un *rayon de lumière*. Ainsi un rayon, ce n'est point une chose, ce n'est qu'un lieu ; le rayon n'est pas l'ensemble des molécules lumineuses, mais c'est la direction qu'elles suivent ; en un mot, un rayon de lumière n'est qu'une abstraction. En effet, si l'on prend le système de l'émanation, les atomes qui sont dans une certaine direction n'y seront plus l'instant d'après ; si l'on prend le système des ondulations, chacune des molécules de l'éther vibre, et ce mouvement se déplace à chaque instant ; il n'y a rien de stable, rien d'arrêté dans un rayon de lumière ; c'est pour cela que nous le définissons une direction et non pas une chose.

Si nous concevons plusieurs rayons de lumière partant d'un même point, compris dans un espace donné, dans un cône par exemple, dont la pointe est lumineuse, nous appellerons l'ensemble de ces rayons un *faisceau lumineux*, ou un *pinceau de lumière* si le cône est très petit.

Si nous considérons ce faisceau à une petite distance du point lumineux, ce faisceau va en s'agrandissant, c'est-à-dire en se divergeant ; nous l'appellerons un *faisceau divergent* ou un *pinceau divergent*. Quant à l'intensité de la lumière, il est évident que si nous recueillons la lumière à une certaine distance de la pointe du cône, et qu'ensuite nous allions la recueillir à une distance double, comme c'est toujours la même quantité de lumière qui tombe sur la première plaque et sur la seconde, et qu'elle occupe sur la seconde plaque une superficie quatre fois plus grande que sur la première ; il est évident, dis-je, que l'effet devra être quatre fois plus petit. C'est ce que l'on exprime en disant que l'intensité de la lumière décroît en raison inverse du carré de la distance.

Si maintenant nous concevons un point lumineux placé très loin de nous, une étoile, par exemple, et si nous concevons une ligne menée de notre organe à l'étoile, il y a dans cette direction un pinceau de lumière. Ce pinceau de lumière qui vient ainsi d'un lieu placé très loin de nous, est ce que nous appelons un *pinceau parallèle.* Pour avoir une idée de ce qu'on appelle le parallélisme en optique, il n'est pas nécessaire d'avoir recours à l'infini. Concevez une surface qui ait seulement un millimètre d'étendue, et imaginez que des deux extrémités de cette surface, l'on mène deux rayons à un point lumineux placé à mille mètres de distance. N'est-il pas évident que ces deux rayons qui vont se rencontrer à une distance de mille mètres, font entre eux un angle excessivement petit. Cet angle suffit en optique pour que nous puissions appeler les deux rayons parallèles. Appliquons cette définition au soleil. Prenez à la surface de la terre une distance d'un mètre, et des deux extrémités menez deux lignes droites jusqu'au centre du soleil. Ces deux lignes, qui vont se rencontrer à 40 millions de lieues, sont deux lignes qui font un angle nul. Par conséquent vous pouvez concevoir que le faisceau lumineux envoyé par le centre du soleil sur une surface d'un mètre est un faisceau parallèle. Il y a plus, si des deux extrémités de la terre vous menez deux lignes qui aillent se rencontrer au centre du soleil, ces deux lignes feront un angle si petit qu'il sera encore rigoureux de dire que l'ensemble des faisceaux lumineux, partant du centre du soleil pour venir frapper la superficie de la terre, seront des faisceaux parallèles.

Il y a une difficulté contre laquelle je dois vous prévenir ; nous venons de parler des faisceaux de lumière envoyés par le centre du soleil, et nous avons dit que tous ces faisceaux sont sensiblement parallèles ; mais ce n'est pas seulement le centre du soleil qui nous éclaire, c'est tout le globe. Prenons un autre point du soleil que le centre, prenons le bord inférieur, et concevons que, de notre œil, nous menions deux lignes, l'une au centre du soleil et l'autre à son bord inférieur ; ces deux lignes feront un angle qui est la moitié d'un angle de 32 minutes 20 secondes. Cet angle est variable suivant les saisons. Le bord inférieur du soleil envoie sur la terre un faisceau de lumière qui couvre aussi tout un hémisphère, et les rayons qui composent ces rayons sont tous parallèles entre eux, mais non pas parallèles aux rayons qui partent du centre. Ainsi, chaque point du soleil nous envoie des rayons parallèles, mais les rayons envoyés par un point sont inclinés aux rayons envoyés par les autres points.

Cette définition des rayons, des faisceaux et des pinceaux lumineux bien comprise, il faut examiner quelles sont les différentes modifications que la lumière éprouve en tombant sur la matière pondérable. Concevons d'abord qu'elle tombe sûr une surface plane et parfaitement polie. Tout le monde sait qu'une surface plane et polie réfléchit la lumière. Cette propriété qu'a la lumière d'être réfléchie par des surfaces polies, est ce qu'on appelle la *réflexion de la lumière*. La réflexion de la lumière est une simple modification dans la direction des rayons; et il y a un rapport mathématique entre la direction du rayon qui tombe et la direction du rayon qui en réfléchit.

Ce rapport est que l'angle que fait le rayon qui vient frapper la surface avec la normale à cette surface et qu'on appelle *l'angle d'incidence*, est égal à l'angle que fait le rayon réfléchi avec la même normale, et qui est appelé *l'angle de réflexion*.

Tout ce qui est relatif à la réflexion de la lumière est compris dans une division générale qu'on appelle la *catoptrique*.

Quand la lumière tombe sur un corps non poli, la lumière est bien encore renvoyée de ce corps; car si elle n'était pas renvoyée, nous ne verrions pas ce corps; mais il ne renvoie pas la lumière comme les surfaces polies. Les surfaces polies qui renvoient toute la lumière qu'elles reçoivent sont invisibles. Vous ne voyez point la surface de l'eau : vous ne voyez que le ciel ou les nuages que cette surface réfléchit. Les surfaces non polies renvoient donc aussi la lumière, mais ils ne la renvoient pas dans une direction mathématique, ayant un rapport déterminé avec la direction de l'incidence : ils la renvoient dans toutes les directions imaginables. Cette seconde réflexion est ce qu'on appelle la réflexion irrégulière.

Tous les objets éclairés par une lumière unique, uniforme, homogène, identique à elle-même, se présentent cependant avec des nuances et des couleurs différentes; d'où vient cela? Cela vient de ce que la lumière homogène qui tombe sur les divers corps, éprouvant de la part de ces corps des modifications diverses, elle en ressort diversement coloré : telle est la cause des couleurs naturelles des corps.

Quand la lumière passe d'un milieu dans un autre, c'est-à-dire d'un espace dans un autre espace, non du vide dans le vide, car le vide est identique à lui-même; mais quand elle passe, par exemple, de l'air dans l'eau, de l'air dans le verre, etc., au lieu de suivre sa direction primitive, la lumière se brise, s'éloigne ou se rapproche de la normale. Cette propriété qu'a la lumière, en passant d'un corps dans un autre, de se briser suivant certaines lois, ce changement de direction qu'elle éprouve non plus en se réfléchissant et en étant renvoyée par la surface des corps, mais en pénétrant la surface des corps, est ce qu'on appelle la *réfraction*. Tout ce qui est relatif à la réfraction est compris dans une seconde grande division de l'optique qu'on appelle la *dioptique*. C'est sur la dioptique que repose la construction de tous les instrumens d'optique.

Après la réflexion et la réfraction de la lumière, nous aurons à nous occuper de sa *décomposition*, et enfin de la *diffraction* de la lumière, c'est-à-dire de certaines modifications particulières que la lumière éprouve quand elle traverse des corps excessivement minces comme des bulles de savon, ou les plumes de certains oiseaux, et qui sont analogues aux modifications que la lumière éprouve quand elle rase le bord des corps. C'est dans les phénomènes de la diffraction que nous trouverons la preuve du système des ondulations.

Enfin nous terminerons l'étude de l'optique, en traitant de la vision et des couleurs naturelles des corps.

Il y a enfin un autre genre d'action qui n'est plus relatif aux modifications que la lumière imprime aux corps, mais aux modifications qu'elle en reçoit. Ces modifications constituent ce qu'on appelle la *polarisation* de la lumière.

J'ai parlé de la lumière, et je n'ai pas parlé de l'ombre : mais j'ai très peu de choses à dire à ce sujet. S'il y a des intensités de lumière différentes, il y a aussi des intensités d'ombre différentes. Imaginez un seul point lumineux et imaginez un corps opaque présenté à une certaine distance devant ce point lumineux : il est très facile de voir quelle est la forme de l'ombre que ce corps projette derrière lui; car elle dépend de la forme du faisceau lumineux qui est arrêté.

J'ai dit que la lumière se propageait toujours en ligne droite ; mais je dois prévenir que je n'entends appliquer cette définition qu'aux rayons lumineux qui se propagent dans le vide ; car autrement la définition ne serait pas exacte. Ainsi la lumière solaire vient bien en ligne droite depuis le soleil jusqu'aux limites de l'atmosphère, c'est-à-dire jusqu'à ce qu'elle rencontre pour la première fois de la matière, mais en entrant dans l'atmosphère, la lumière solaire se brise, et elle se courbe à mesure qu'elle traverse des régions où l'air a des densités différentes.

Nous allons essayer de vous donner, par quelques expériences, une idée des phénomènes que produit la lumière.

Si l'on reçoit un faisceau lumineux sur un miroir plan, ce faisceau est réfléchi, et, en se réfléchissant, il conserve exactement la même forme qu'il avait avant de venir frapper le miroir; et, de plus, il est facile de voir que l'angle de réflexion est égal à l'angle d'incidence. On peut incliner le miroir de manière à réfléchir le faisceau lumineux dans telle direction qu'on voudra : on peut même renvoyer le faisceau vers sa source; c'est-à-dire, diriger le faisceau qui s'en va contre le faisceau qui vient; et il ne faut pas croire que les deux faisceaux s'anéantissent en se croisant. Ils ne se gênent nullement dans leur mouvement.

Si on reçoit le faisceau lumineux sur un miroir concave, l'angle de réflexion est bien encore égal à l'angle d'incidence, mais la forme de la surface réfléchissante imprime aux rayons réfléchis une modification particulière. Ces rayons, au lieu de former un cylindre comme dans le faisceau incident, forment un cône dont la base est sur le miroir, et dont la pointe est à une distance qui a un rapport déterminé avec la courbure du miroir. Le point de concentration des rayons ou la pointe du cône, est ce qu'on appelle le *foyer* du miroir. Toutes les propriétés de la lumière sont concentrées en ce point, mais elles ne sont pas détruites, car, après s'être concentrées au foyer, les rayons s'écartent et vont en s'étalant de plus en plus. Tels sont les deux phénomènes les plus remarquables de la réflexion.

Pour avoir une idée de la réfraction, on reçoit un faisceau lumineux, sur ce qu'on appelle une *lentille;* ces rayons sont réfractés par le verre et viennent se concentrer en un foyer, derrière la lentille. Cette concentration par la réfraction est tout-à-fait analogue à la concentration par la réflexion.

Un faisceau lumineux, au sortir d'une lentille pour tomber sur une autre lentille, peut devenir faisceau convergent, faisceau parallèle ou faisceau divergent, suivant la distance à laquelle les lentilles sont placées l'une de l'autre.

Le phénomène de la décomposition de la lumière est rendu sensible au moyen du *prisme*. En recevant un rayon lumineux sur l'une des faces du prisme, ce rayon se décompose dans ses rayons élémentaires et forme ce qu'on appelle le *spectre solaire*, qui est l'ensemble des sept couleurs principales qui sont rangées dans l'ordre suivant : *rouge, orangé, jaune, vert, bleu, indigo, violet.* Nous comptons sept couleurs, parce que notre œil n'en perçoit que sept, et non parce qu'il n'y en a que sept; en réalité, il y a une infinité de nuances différentes.

Le spectre solaire, au lieu d'avoir la forme du faisceau lumineux prend une forme allongée. Ce qui prouve que les rayons en traversant le prisme ont changé de route.

La lumière s'est dispersée sur un plan perpendiculaire à la direction des arêtes du prisme. Les rayons rouges sont ceux qui se sont le moins déviés, et les rayons violets sont ceux qui le sont le plus. C'est ce qu'on exprime en disant que les rayons rouges sont moins réfrangibles que les rayons violets. Nous disons que la lumière blanche n'est pas simple, parce qu'en traversant un prisme elle se décompose ; nous disons, au contraire, que la couleur rouge, la couleur bleue, etc., sont des couleurs simples, parce qu'en faisant passer par un second prisme des rayons rouges ou bleus, ces rayons ne se décomposent plus et restent constamment rouges ou bleus. Tous les objets colorés, les fleurs dont les couleurs sont les plus vives placés dans le rouge du spectre, par exemple, prennent la couleur rouge, ou deviennent complètement noirs, s'ils ne peuvent réfléchir la couleur rouge.

Une autre application de la *réfraction de la lumière*, est l'instrument appelé *micoscope solaire*. Cet instrument est destiné à grossir considérablement les objets, en sorte qu'il devient possible de pénétrer dans les organes des animaux qui sont imperceptibles à la vue simple. C'est ainsi que les petits animaux qui naissent, suivant des lois inconnues, dans la colle de farine, peuvent être, au moyen du micoscope solaire, grossis au point de paraître comme des anguilles qui ont plus d'un pied de longueur. On peut donc employer cet instrument pour étudier l'organisation de cette classe d'animaux si petits, et cependant si complètement analogues aux animaux de plus grande dimension.

Tel est l'ensemble des phénomènes que nous aurons à étudier en optique.

IMPRIMERIE DE E. DUVERGER,
RUE DE VERNEUIL, N° 4.

COURS DE PHYSIQUE.

LEÇON SOIXANTE-ET-UNIÈME.

(Mardi, 1ᵉʳ Juillet 1828.)

SUITE DE L'OPTIQUE.

Nous avons, dans la dernière séance, essayé de tracer le tableau général des différens systèmes de l'optique. Nous avons vu qu'il y en avait deux entre lesquels les opinions des physiciens devaient nécessairement se prononcer. Ces deux systèmes sont le système des *vibrations* ou des *ondulations* et le système de l'*émission*. Il n'y a pas de milieu, puisque la lumière est une substance, ou c'est une substance qui reçoit une vitesse d'impulsion et un mouvement de translation, ou c'est une substance qui se déplace dans de très petits espaces, et qui vibre à peu près comme vibre l'air quand il porte le son.

Ainsi, quant à la nécessité où est notre esprit de nous arrêter à l'un ou à l'autre de ces systèmes, il n'y a aucune espèce de doute; mais soit que nous adoptions le système de l'émission, soit que nous adoptions celui des ondulations, nous sommes loin d'avoir une donnée précise et sur la cause qui produit l'émission ou les ondulations, et sur tous les modes que peut affecter la matière lorsqu'elle reçoit ces impulsions. Il faut donc bien distinguer dans ces systèmes, l'idée fondamentale du système qui est nécessairement juste, et les formes sous lesquelles cette idée peut se manifester à nous. Il y a encore dans ces formes quelque chose de provisoire, de vague, et très probablement quelque chose de faux.

Après avoir indiqué les deux systèmes de l'optique, nous avons jeté un coup d'œil sur tous les phénomènes que la lumière peut produire par son action sur les corps, et par la réaction que les corps exercent sur elle. Nous avons distingué les phénomènes de la *réflexion*, les phénomènes de la *réfraction*, c'est-à-dire la déviation que la lumière éprouve quand elle passe d'un milieu dans un autre. Après ces deux divisions, nous en avons marqué une troisième qui comprend la *décomposition* de la lumière, puis une quatrième qui comprend la *diffraction*, ou la réaction des rayons de lumière les uns sur les autres. Enfin nous avons parlé de la *polarisation* de la lumière, non pas comme d'une propriété que la lumière imprime à la matière; mais comme une propriété que la matière imprime à la lumière, propriété qui est distincte de la déviation que la lumière éprouve soit quand elle se réfléchit, soit quand elle se réfracte, soit quand elle se décompose, soit quand elle se diffracte.

Ces quatre parties de l'optique, la réflexion, la réfraction, la décomposition, la diffraction, sont quatre parties qui roulent toutes sur la déviation que la lumière est capable d'éprouver; mais la polarisation comprend des phénomènes qui ne sont plus des phénomènes de déviation ou de direction, elle comprend les propriétés particulières que les rayons lumineux peuvent prendre, propriétés qui sont telles que ces rayons ne se réfléchissent plus, ne se réfractent plus, ne se décomposent plus, ne se diffractent plus comme à l'ordinaire; de sorte que la polarisation de la lumière ouvre une nouvelle route dans laquelle on peut examiner successivement les quatre divisions que nous venons de tracer, et chercher les diverses modifications que la lumière reçoit par ces forces qu'on appelle des *forces polarisantes*.

Nous avons essayé de donner par l'expérience une idée de ces différentes divisions de l'optique. Nous allons parcourir avec plus de détail chacune de ces divisions; mais auparavant nous devons nous occuper de la *vitesse de la lumière*.

VITESSE DE LA LUMIÈRE.

Pendant long-temps, on a supposé que la lumière se transmettait instantanément; qu'il n'y avait qu'un intervalle infiniment petit, c'est-à-dire nul, entre l'époque où le globe du soleil donnait à la lumière son impulsion, et l'époque où nous, habitans de la terre, nous recevions sur notre organe l'impression de la lumière; qu'ainsi les deux effets étaient simultanés, tellement que la moindre modification que la lumière pouvait éprouver sur le globe du soleil, était à l'instant ressentie dans tout l'univers.

Il était certainement très difficile de démontrer que la lumière ne se transmettait pas instantanément; car il n'y a pas sur la surface de la terre d'espace assez étendu pour que la lumière mette à le franchir seulement un cinquième de seconde. Il fallait donc sortir des limites de la terre, et prendre pour mesure une autre base que le diamètre et même que la circonférence de cette planète, pour pouvoir apprécier la vitesse de translation de la lumière. Voici comment Roemer a déterminé, d'une manière rigoureuse, le nombre de minutes et de secondes que met la lumière pour venir du soleil jusqu'à nous.

Tout le monde sait que la plupart des planètes ont des satellites qui tournent autour de leurs planètes respectives, à peu près comme la lune tourne autour de la terre, si ce n'est que leur rotation est plus ou moins lente ou plus ou moins rapide, et que leur mouvement s'accomplit dans des directions différentes.

Jupiter a un assez grand nombre de satellites. Imaginons, fig. 1, que j représente le globe de Jupiter; imaginons à une certaine distance l'un de ses satellites s. Ce satellite est condamné à accomplir sa révolution autour du centre de la planète, et il peut l'accomplir dans toutes sortes de directions. Ainsi, prenant la terre pour exemple, nous savons que la terre a un équateur et des méridiens; nous concevons que la lune pourrait se mouvoir soit dans le plan de l'équateur, soit dans le plan de l'un des méridiens, soit dans un plan incliné à l'équateur ou aux méridiens.

Nous supposerons que le satellite sur lequel nous avons des observations à faire se meut dans le plan de la figure.

Les planètes n'ont point de lumière propre, elles ne sont éclairées que par la lumière du soleil; ainsi Jupiter n'est éclairé que parce que le soleil existe. Imaginons que par le centre de Jupiter on tire une ligne jusqu'au centre du soleil s, et que sur cette ligne soit le plan de rotation du satellite de Jupiter, et en même temps le plan de rotation de la terre t autour du soleil. Dans la réalité, ces deux plans ne se trouvent pas sur la même ligne, mais nous pouvons le supposer sans rien changer à la question, parce que les phénomènes sont exactement les mêmes dans les deux cas.

Puisque Jupiter reçoit la lumière du soleil, il est évident qu'il n'y aura que l'hémisphère qui fait face au soleil qui sera éclairé, et que l'hémisphère postérieur sera dans l'ombre. C'est une chose facile de déterminer que la forme de cette ombre, connaissant le diamètre du soleil, le diamètre de Jupiter, et la distance de ces deux astres.

Si le satellite accomplit sa révolution autour de Jupiter dans le plan que nous avons tracé et qui passe par l'ombre, il est évident que le satellite, à un certain instant, arrivera dans l'ombre, y restera pendant un certain temps et puis en sortira. Il y aura donc des éclipses qui seront dépendantes de la durée de rotation du satellite. Le satellite faisant sa révolution en quarante-deux heures et demie environ, il y aura une éclipse à chaque période de quarante-deux heures et demie.

Voyons comment, avec ces données, il nous sera possible de juger de la vitesse de la lumière. Posons d'abord un premier principe sur lequel j'appelle toute votre attention. Imaginons que la lumière mette beaucoup de temps à nous parvenir; qu'elle mette, par exemple, un jour entier pour venir du satellite de Jupiter jusqu'à nous. Si la lumière met un jour pour venir du satellite de Jupiter jusqu'à nous, je demande si on s'en apercevra par la durée des éclipses, c'est-à-dire si les éclipses se reproduiront toujours très exactement à chaque période de quarante-deux heures et demie. Il faut résoudre cette question pour comprendre le principe de la détermination de la vitesse de la lumière.

Supposez qu'un observateur, avec une pendule, suive le mouvement du satellite de Jupiter, et qu'il observe l'instant précis où il cesse de l'apercevoir, ce sera par exemple midi. La lumière met un jour pour venir du satellite; l'observateur ayant observé l'éclipse de Jupiter à midi, c'est à midi que le satellite est entré dans l'ombre, mais à midi du jour précédent. Il est évident, en effet, qu'à l'instant où nous voyons le satellite disparaître, il envoie encore de la lumière; les derniers rayons de lumière qu'il envoie n'arrivent qu'au bout d'un jour; par conséquent le satellite aura eu le temps d'entrer dans l'ombre et même d'en sortir, avant que les derniers rayons de lumière se propageant dans l'espace, soient parvenus à l'observateur placé à la surface de la terre. Ainsi nous sommes bien loin, quand nous marquons midi pour l'époque où le satellite disparaît, d'avoir l'époque précise et absolue de sa disparition.

Le satellite que nous avons vu s'éclipser à midi, quand va-t-il reparaître? Il va reparaître à une certaine époque, et je demande si nous verrons l'instant précis où il sortira de l'ombre. Il est évident que non; car la lumière met un jour pour venir du soleil. Donc quand le satellite sera sorti de l'ombre, il nous lancera bien de la lumière, mais il faudra un jour à cette lumière pour nous arriver. Ainsi donc nous verrons le satellite de Jupiter un jour après qu'il sera entré dans l'ombre, et réciproquement nous le verrons un jour après qu'il en sera sorti. Par conséquent, nous verrons le satellite à des intervalles qui seront tout-à-fait indépendans de la vitesse de la lumière. Que la lumière mette un jour ou un siècle pour nous venir du satellite de Jupiter, la durée de l'éclipse n'en est nullement altérée : elle est toujours exactement la même. Voilà le premier point que nous avions à établir.

Si la durée des éclipses est indépendante de la vitesse de la lumière, cherchons quel moyen nous reste de déterminer cette vitesse. Imaginons pour un moment que Jupiter, que son satellite et que le soleil soient immobiles, et que la terre seule tourne. Voici le raisonnement que peut faire l'observateur. J'ai observé l'instant précis où l'éclipse du satellite a commencé, et j'ai trouvé que c'était à midi. Puisque la durée de chaque révolution est la même et que la révolution a lieu en quarante-deux heures et demie, dans cent, dans mille fois quarante-deux heures et demie, le satellite aura fait cent, mille tours, et par conséquent l'éclipse recommencera après cent fois, mille fois quarante-deux heures et demie. Pendant que le satellite accomplit un certain nombre de révolutions la terre tourne et s'éloigne de Jupiter à chaque instant. Supposons-la arrivée en b. L'éclipse doit se faire à l'heure indiquée par le calcul, si la lumière ne met pas plus de temps pour venir du satellite à la terre, lorsque la terre est en a ou lorsqu'elle est en b. Mais s'il faut plus de temps à la lumière pour venir du satellite au point b, qu'il ne lui en a fallu pour venir de ce satellite au point a, le calcul sera une erreur, c'est-à-dire que l'éclipse ne se fera pas à l'heure prédite. Or, c'est en effet ce qui a lieu. L'éclipse se fait plus tard que le calcul ne l'avait indiqué, et d'autant plus tard que la terre est plus éloignée de Jupiter. Roemer a trouvé que lorsque la terre se trouvait éloignée de Jupiter de toute la longueur du diamètre de son orbite, le retard était de 16′ 26″. D'où il suit que la lumière met 8′, 13″, à parcourir le rayon de son orbite, c'est-à-dire la distance qui la sépare du soleil. Les calculs de Roemer ont été vérifiés par d'autres astronomes, et ils se sont trouvés d'une telle exactitude, qu'on ne dut y faire que de très faibles corrections.

Il fallait rencontrer cette circonstance favorable d'un satellite tournant très vite autour d'une planète située à une dis-

tance très grande de la terre, dont l'instant des immersions
et des émersions fût perceptible à l'œil, et dont on pût très
bien calculer les éclipses pour un temps indéfini dans l'a-
venir, pour qu'on pût déterminer la loi de la vitesse de la
lumière.

Ainsi quel que soit le mode d'existence de la lumière, qu'elle
se meuve par un mouvement de translation ou par un mouvement de vibration, elle nous arrive du soleil en 8′, 13″.
La matière, quelle qu'elle soit, qui constitue la lumière,
diffère donc essentiellement de toutes les matières que nous
connaissons; car nous ne connaissons aucune matière qui vibre
ou se transporte avec une vitesse de quarante millions de lieues
en 8′, 13″. La vitesse la plus grande que nous puissions produire à la surface de la terre, qui est celle d'un boulet de
canon, est de 1,500 pieds environ par seconde; or, qu'est-ce
que cette vitesse comparée à celle de la lumière. Si vous com-
parez en effet ces deux vitesses, vous trouverez que la lumière
fait plus de chemin en une minute qu'un boulet de canon en
un an, ou, en d'autres termes, que la lumière fait en une
heure plus de chemin qu'un boulet de canon en un siècle; et
cependant la vitesse d'un boulet est la plus grande vitesse que
nous puissions produire.

Si l'on compare la vitesse de rotation de la terre, qui se fait
cependant avec une très grande rapidité, à la vitesse de translation de la lumière, on verra qu'il faut également des siècles
pour des heures.

Le calcul que nous venons de faire pour la lumière solaire
s'applique à toutes les lumières qui peuvent exister dans l'espace. Nous savons que le soleil est la source de toute la lumière
qui se propage dans notre système; mais tout nous porte à
croire que les étoiles ont aussi une lumière propre. Admettons que la vitesse de la lumière des étoiles soit exactement
la même que celle de la lumière du soleil, et cherchons combien de temps la lumière des étoiles met pour venir jusqu'à
nous. Pour résoudre cette question, il faudrait connaître à
quelle distance nous sommes des étoiles. Cette distance est
inconnue, mais on sait qu'il est impossible que les étoiles
soient à moins de 200,000 fois la distance du soleil à la terre;
car si les étoiles étaient à une moindre distance, il y aurait
une *parallaxe*; or, cette parallaxe n'existe pas. La lumière des
étoiles met donc au moins 200,000 fois 8′ 13″, pour venir
jusqu'à nous. Ce qui nous donne un peu plus de trois ans.
Ainsi, il ne nous vient pas de la lumière des étoiles qui n'ait
été au moins trois ans à parcourir l'espace. Nous ne parlons

ici que des étoiles qui sont le plus rapprochées de nous. Mais lorsqu'on considère tout le système stellaire, lorsqu'on aperçoit par de là les étoiles les plus perceptibles pour nous, des groupes d'étoiles qui semblent ne faire qu'un point, on est obligé de reconnaître qu'il y a certainement entre l'étoile la plus près et l'étoile la plus voisine, plus de distance qu'il n'y en a entre nous et l'étoile la plus proche. Sans exagération, nous pouvons au moins décupler la distance qui existe entre nous et l'étoile la plus près; c'est-à-dire qu'il y a des étoiles dont la lumière met certainement quarante ans pour venir jusqu'à nous. Mais qu'est-ce que dix fois la distance de nous à l'étoile la plus près, comparée à l'immense profondeur dans laquelle nous pouvons apercevoir des astres. Nous pouvons admettre qu'il y a des étoiles qui sont un million de fois plus éloignées que l'étoile la plus voisine; ce qui nous donne pour le temps que la lumière de ces étoiles met à nous arriver trois millions d'années. Ainsi il n'y a pas d'exagération à supposer qu'il y a des étoiles dont la lumière ne nous arrive que plusieurs milliers de siècles, après qu'elle est sortie de ces étoiles. Il y a dans ces résultats quelque chose d'hypothétique et quelque chose de réel. Quant à la durée de trois années, pour les étoiles les plus voisines, point de difficulté, c'est une vérité mathématique. Quant à la carrière que nous pouvons nous donner dans les profondeurs du ciel pour imaginer des étoiles qui soient des millions de fois plus éloignées que les étoiles les plus proches, cette carrière est sans bornes.

Puisque la lumière du soleil met 8′ 13″ pour venir jusqu'à nous, il en résulte que nous ne voyons jamais le soleil où il est. Ainsi quand le soleil se lève, que nous le voyons raser l'horizon, il y a déjà 8′ 13″ qu'il a dépassé le point où nous l'apercevons. Or, quel espace le soleil parcourt-il en 8′ 13″? Le soleil met vingt-quatre heures à parcourir son orbite qui est de six fois le rayon, c'est-à-dire de 240,000 millions de lieues, par conséquent, en 8′ 13″ il parcourt environ 1,400,000 lieues, c'est-à-dire que quand nous croyons voir le soleil dans un certain point du ciel, il s'en trouve éloigné de 1,400,000 lieues. C'est pour plus de simplicité que nous supposons ici que c'est le soleil qui se meut; car en réalité, c'est la terre qui tourne autour du soleil, et non pas le soleil qui tourne autour de la terre.

Telle est l'illusion dans laquelle nous sommes sans cesse, relativement au soleil. Il y a plus; cet astre pourrait être anéanti à cet instant même que nous ne serions pas pour cela dans les ténèbres. Si nous considérons les diverses planètes qui reçoivent la lumière du soleil, ces planètes seraient d'autant plus tard dans l'obscurité qu'elles seraient plus éloignées du soleil. Si de notre système planétaire nous passons aux étoiles, vous voyez tous les changemens qui peuvent se produire dans le ciel sans que nous nous en apercevions. Ainsi lorsque nous observons une étoile et que nous affirmons qu'elle est sur le prolongement du rayon qui vient frapper notre organe, nous ne prenons pas garde qu'elle a quitté cette position il y a trois ans, si c'est une des étoiles les plus proches, il y a trois millions d'années, si c'est une des étoiles les plus éloignées.

Cette découverte de la vitesse de la lumière semble mettre dans le ciel un désordre immense, il semble que tous les astres soient confondus, bouleversés, qu'ils puissent être anéantis, sans que l'homme s'en aperçoive, et en effet il est arrivé que des astres ont disparu on ne sait par quelle cause, et il est bien certain que des observateurs les ont suivis très long-temps après leur disparition. Réciproquement si de nouveaux astres étaient créés, vous voyez combien il faudrait de temps pour que nous pussions nous apercevoir de leur existence. Ainsi l'homme ne voit rien à sa place, et cela à cause du temps que la lumière met à se propager.

Il y a une autre cause qui déplace les astres, c'est la *réfraction de la lumière*. La lumière parcourt d'abord les espaces libres en ligne droite ; mais arrivée aux limites de l'atmosphère, passant d'un espace libre dans un espace occupé par la matière, elle s'incline, elle se courbe d'une certaine manière. Or, l'observateur ne voit pas la lumière par la ligne courbe qu'elle a suivie pour arriver jusqu'à lui, il la voit sur le prolongement du dernier rayon qui vient frapper son organe, et par conséquent il voit l'objet d'où émane la lumière dans un lieu différent de celui où il est en réalité. Cette *réfraction astronomique* ou *atmosphérique* est donc une autre cause qui déplace les astres, mais qui les déplace différemment, quand ils sont au zénith et quand ils sont à l'horizon. Au zénith la réfraction est peu considérable, elle est au contraire très grande à l'horizon. Il en résulte que nous ne voyons jamais les astres à leur place ; il en résulte de plus que nous ne sommes pas sûrs que les distances relatives entre les astres soient réellement telles qu'elles nous paraissent.

Telles sont les notions fondamentales que nous avions à établir sur la vitesse de la lumière. Cette vitesse sera une donnée très féconde pour appuyer le système des ondulations. Entrons maintenant dans la science en commençant par l'étude de la *réflexion* de la *lumière* ou de la *catoptrique*.

RÉFLEXION DE LA LUMIÈRE OU CATOPTRIQUE.

Nous avons vu comment la lumière se réfléchit sur des miroirs placés. Nous avons distingué la *réflexion régulière* de la *réflexion irrégulière*. Nous avons appelé réflexion régulière celle que la lumière éprouve quand elle tombe sur un miroir et quand elle se relève dans une direction unique et définie. La première loi de la catoptrique sera de déterminer quelle est cette direction du rayon réfléchi. Imaginez, fig. 2, un miroir plan *mm*, sur lequel tombe, en un point *i*, un faisceau ou plutôt un seul rayon, afin de simplifier les idées ; car jamais nous ne pouvons opérer sur un seul rayon, il y en a toujours une infinité dans la ligne la moins épaisse. Le point *i* est ce qu'on appelle le *point d'incidence*. Au point d'incidence élevons une perpendiculaire au miroir ; cette perpendiculaire est ce que nous appelons la *normale au réflecteur*. Le rayon qui vient frapper le miroir fait avec la normale un certain angle. Cet angle, grand ou petit, nous l'appelons toujours *angle d'incidence*. Déterminer la loi de la réflexion, c'est déterminer quelle doit être, dans tous les cas imaginables, la direction du *rayon réfléchi*, car nous savons déjà que c'est une direction unique et mathématique. Menez un plan par la normale et par le rayon incident ; ce plan est ce qu'on appelle le *plan d'incidence*. Ensuite dans ce plan et par le point d'incidence menez une ligne qui fasse avec la normale un angle égal à l'angle d'incidence, cette ligne sera dans la direction du rayon réfléchi. Par conséquent la loi de la réflexion est la suivante : Le rayon incident et le rayon réfléchi font avec la normale deux angles égaux et sont dans le même plan. Toute la catoptrique est contenue dans cet énoncé.

L'intensité de la lumière réfléchie n'est pas toujours la même, mais on n'a pu déterminer d'une manière précise la loi suivant laquelle cette intensité diminue; on sait seulement que plus est grand l'angle que fait le rayon incident avec la normale, plus la quantité de la lumière réfléchie est considérable.

MIROIR PLAN.

Nous allons expliquer les phénomènes que présentent les *Miroirs plans*, et désigner le lieu que doivent occuper les images derrière ces miroirs.

Soit fig. 3, *mm*, la surface d'un miroir, et *l* un point lumineux placé à une certaine distance devant ce miroir, un observateur verra par réflexion le point lumineux, et le verra derrière le miroir, à une distance égale à celle qu'il y a entre l'objet lui-même et le miroir, c'est-à-dire que la position de l'image sera symétrique de celle de l'objet.

Du point lumineux, abaissez une perpendiculaire sur le plan réfléchissant ou sur son prolongement ; prolongez cette perpendiculaire d'une quantité mathématiquement égale à elle-même. Le point où aboutira la perpendiculaire ainsi prolongée, sera justement le lieu de l'image. Telle est la proposition qu'il s'agit de démontrer. Joignez l'œil à l'image, et menez une ligne du point *l* au point où la ligne *ol* vient rencontrer le miroir. Les deux triangles *lpi l'pi* étant rectangles, et ayant le côté *pi* commun, et le côté *pl'* égal au côté *pl*, sont égaux ; par conséquent l'angle *lip* est égal à l'angle *l'ip*, et à *oip'* égal à *l'ip*, par conséquent la direction *l'io* sera précisément la direction du rayon réfléchi. Donc *l'* est le lieu de l'image ; donc l'image est placée derrière le miroir, à la même distance que le point lumineux l'est au-devant de ce miroir.

Le lieu de l'image est tout-à-fait indépendant de la position de l'observateur. Placez l'observateur au point *o'*, vous pourrez faire la même démonstration. Toutes les fois que la ligne menée de l'œil de l'observateur à l'image rencontrera le miroir, l'observateur pourra voir l'objet.

Pouvant trouver l'image d'un point lumineux, il nous sera facile de trouver l'image d'un objet lumineux. Soit fig. 4, un miroir *mm* et *a, b,* deux points appartenant à un objet lumineux placé devant ce miroir. Pour connaître la position de ces deux points derrière le miroir, abaissez sur le miroir ou sur son prolongement deux perpendiculaires *ap, bp*, et prolongez chacune de ces perpendiculaires d'une quantité égale à elle-même. Le point *a* aura son image au point *a'*, et le point *b* aura son image au point *b'*. Si l'objet est une flèche, cette flèche lui paraîtra dans la position *b'a'*, c'est-à-dire dans une position renversée. C'est ce qui a fait consacrer cette fausse expression que, par la réflexion, on voit les objets renversés. Quand on se regarde dans une glace, on ne se voit pas renversé, mais on se voit le côté droit à gauche, et le côté gauche à droite, c'est-à-dire qu'on se voit symétriquement placé.

Supposez que nous ayons à déterminer la position de toutes les étoiles. De chaque étoile abaissez une perpendiculaire sur la surface d'un miroir ou sur son prolongement ; prolongez cette perpendiculaire d'une quantité égale à elle-même ; à l'extrémité de toutes ces lignes prolongées seront les images des étoiles.

On voit bien que la lumière partie du point l, qui tombe sur le miroir, fig. 3, se réfléchira dans la direction io ; mais comment voyons-nous les objets placés derrière le miroir ? Pour résoudre cette question, il faut se rappeler ce que nous avons dit que nous voyons toujours les objets sur le prolongement des derniers rayons qu'il nous envoie. Comment voulez-vous, en effet, que l'œil perçoive dans un rayon de lumière, tous les accidens qu'il a éprouvés dans sa course ? L'œil, par un jugement instinctif, suppose tacitement, sans le vouloir, que si le rayon de lumière lui vient dans une certaine direction, c'est que le point lumineux est dans cette même direction.

Voilà, pour la réflexion sur un plan, la loi générale qui détermine le mode de vision et le lieu des images.

Voyons maintenant comment, sur deux plans, on peut voir les objets par réflexion. Supposons deux plans parallèles mm, nn, et un point lumineux placé entre ces deux plans. Tout le monde sait que quand deux glaces sont ainsi placées parallèlement vis-à-vis l'une de l'autre, un observateur placé aussi entre les deux glaces, aperçoit une galerie indéfinie qui représente périodiquement les mêmes objets. Cherchons d'abord le point où sera placée l'image de l'objet derrière le miroir mm. Pour cela, abaissons du point l une perpendiculaire li, et prolongeons-la derrière le miroir d'une quantité égale à elle-même. Pour trouver le lieu de l'image derrière le miroir nn, nous ferons la même construction. Il semble d'abord que quand le point lumineux a fait son image sur le premier et sur le second miroir, il a fait tout ce qu'il pouvait faire et que tout est fini ; mais il n'en est pas ainsi. L'image placée derrière le premier miroir peut être considérée comme un véritable objet lançant des rayons lumineux sur ce second miroir. Ces rayons lumineux vont former une troisième image dont nous déterminerons le lieu comme nous l'avons fait pour les deux premières images. Par la même raison que la première image envoie des rayons sur le second miroir, la troisième image envoie des rayons sur le premier miroir, et ces rayons forment une quatrième image. Les troisième et quatrième images nous en donneront une cinquième, une sixième, et ainsi de suite. Vous concevez comment, avec une règle et un compas, il serait extrêmement facile, étant données la distance des glaces et la position des points lumineux, de tracer cette galerie indéfinie d'images que l'observateur aperçoit.

Une autre application de la lumière réfléchie, non plus sur des miroirs parallèles, mais sur des miroirs qui se coupent, c'est la construction de cet ingénieux instrument que l'on appelle le kaléidoscope et qui est employé dans les manufactures pour obtenir des dessins très variés. Cet instrument est fondé absolument sur ce principe, que nous venons d'énoncer, que l'image de l'objet se trouve toujours placée derrière le miroir, sur le prolongement de la perpendiculaire abaissée de l'objet sur le miroir. Si le kaléidoscope est composé de deux miroirs qui se coupent à angle droit, on verra les objets quadruples; si les miroirs font un angle qui soit la sixième partie de la circonférence, l'objet sera vu six fois.

MIROIRS COURBES.

Non-seulement la lumière se réfléchit régulièrement sur les miroirs plans, mais elle se réfléchit aussi avec une régularité parfaite sur les *miroirs courbes*, et surtout sur les miroirs sphériques qui sont les seuls que l'on emploie.

Les *miroirs concaves* ont la propriété de donner des images très nettes des objets, mais des images plus grandes que les objets. Les miroirs convexes donnent également des images très nettes, mais plus petites que les objets.

La netteté des images que nous apercevons est une preuve de la régularité géométrique avec laquelle se fait la réflexion.

Les lois de la réflexion sur les surfaces courbes sont les mêmes que les lois de la réflexion sur les surfaces planes. Supposez un rayon lumineux tombant sur un miroir courbe; menez sur le point d'incidence un plan tangent à la surface courbe. Un plan est tangent à une surface courbe lorsque cette surface ne touche ce plan que par un seul point. Cette définition, quoique non géométrique, est suffisante pour donner une idée de ce qu'on appelle un plan tangent. Le rayon qui vient tomber sur un point quelconque d'une surface courbe doit se réfléchir comme s'il était tombé sur le plan tangent mené par ce point.

Ainsi que je vous l'ai dit, les miroirs courbes dont on fait le plus d'usage, ou pour mieux dire, les seuls dont on fasse usage sont les miroirs sphériques. Voici comment se travaillent ces miroirs. Supposez un grand globe de six pieds de circonférence, et supposez qu'on applique une plaque de verre sur ce globe et qu'on l'use de manière à la creuser, il est certain qu'elle formera une espèce de calotte qui aura précisément la même courbure que ce globe. Quand on veut avoir des miroirs convexes, on opère à peu près de la même manière, mais en sens inverse, c'est-à-dire qu'au lieu d'user une plaque de verre contre un globe, on use cette plaque dans une espèce de bassin dont la courbure appartienne à une sphère.

Voici les lois de la réflexion sur les miroirs concaves. Joignez le centre de la *calotte* au centre de la sphère sur laquelle le miroir a été travaillé, vous aurez ce qu'on appelle *l'axe du miroir*. Joignez le centre de la sphère aux extrémités du miroir, l'angle que feront ces deux lignes s'appellera *l'ouverture du miroir*. Supposez un rayon lumineux *li* venant tomber sur ce miroir : cette lumière qui tombe sur le miroir doit se réfléchir. Pour connaître la direction du rayon réfléchi, menez une perpendiculaire à la surface du miroir au point *i*, fig. 5, cette perpendiculaire sera un rayon. Menez une ligne qui fasse avec ce rayon un angle égal à l'angle que fait avec ce même rayon le rayon incident. Cette ligne indiquera la direction du rayon réfléchi. Supposez un second rayon *li* venant tomber sur le miroir, au point *i* : ce second rayon, en se réfléchissant, ira rencontrer le premier rayon réfléchi. Il en sera de même de tous les rayons qui viendront tomber sur le miroir ; ils viendront concourir en un même point. Ce point de réunion des rayons réfléchis est ce qu'on appelle le *foyer du miroir*.

Voici une formule très simple qui contient toute la théorie de la catoptrique :

$$\frac{1}{l} \times \frac{1}{m} = \frac{2}{r}$$

l, c'est la distance de l'objet au miroir ; *m*, c'est la distance de l'image au miroir ; *r*, c'est le rayon du miroir. Étant données deux de ces trois choses, le rayon du miroir, la distance de l'objet au miroir, la distance de l'image, on peut trouver la troisième.

C'est sur ces miroirs que repose la construction des télescopes. Ainsi la théorie des miroirs courbes est une théorie très importante pour la construction des appareils astronomiques.

IMPRIMERIE DE E. DUVERGER,
RUE DE VERNEUIL, N° 4.

COURS DE PHYSIQUE.

LEÇON SOIXANTE-DEUXIÈME.

(Samedi, 5 Juillet 1828.)

SUITE DE L'OPTIQUE.

Nous nous sommes occupés, dans la dernière séance, de la détermination de la vitesse de la lumière, nous avons commencé l'étude de la catoptrique. Nous avons vu que nous ne pouvions rendre la vitesse de la lumière appréciable, qu'en prenant pour base de nos mesures, au lieu des dimensions étroites du globe terrestre, les vastes dimensions du cercle que ce globe décrit autour du soleil. Nous avons pu mesurer ainsi le temps que la lumière met pour passer d'une des extrémités de l'orbite de la terre à l'autre. Nous avons tiré cette conséquence, que la lumière met 8 13″ pour venir du soleil jusqu'à nous. Ce premier résultat déterminé, nous avons examiné quel devait être le temps que la lumière des étoiles mettait à nous arriver; nous avons vu que la lumière des étoiles les plus proches ne pouvait pas mettre moins de trois ans, et que si notre imagination se portait dans les profondeurs du ciel, elle y trouvait des globes lumineux dont la lumière devait être des millions d'années avant de parvenir jusqu'à nous.

Nous avons comparé la vitesse de cette substance qui constitue la lumière, à la vitesse dont sont susceptibles les corps pondérables, par exemple, à la vitesse d'un boulet de canon qui est la plus grande vitesse que nous puissions produire à la surface de la terre. Nous avons vu que cette dernière est excessivement petite, en comparaison de la vitesse de la lumière. Ainsi, un boulet de canon mettrait pour venir du soleil jusqu'à nous à peu près un siècle, et la lumière ne met que 8′ 13″.

Après avoir déterminé la loi de la vitesse de la lumière,

nous sommes véritablement entrés dans l'étude de l'optique, et nous avons commencé par la *catoptrique*, c'est-à-dire la réflexion de la lumière. Nous avons assujéti les phénomènes nombreux de la catoptrique à une loi simple qui est la suivante : quand un rayon de lumière se réfléchit sur un plan, le rayon réfléchi et le rayon incident sont dans le même plan avec la normale au plan d'incidence, et l'angle de réflexion est égal à l'angle d'incidence.

Nous avons appliqué cette loi aux surfaces planes, et nous avons commencé de l'appliquer aux surfaces courbes : nous allons continuer ce sujet.

Nous avons dit que quand la lumière tombe sur un miroir courbe, non-seulement elle se réfléchit régulièrement comme quand elle tombe sur un miroir plan, mais qu'elle est capable d'aller déterminer des images des objets. C'est la formation de ces images, comme conséquence de la loi de réflexion, qui nous reste à examiner.

Jai donné la formule suivante :

$$\frac{1}{l} + \frac{1}{m} = \frac{2}{r}$$

J'ai dit que l désignait la distance de l'objet au miroir. Si nous prenons pour objet lumineux le soleil, nous aurons pour la valeur de l, $l = 40$ millions de lieues.

m désigne la distance de l'image, car nous admettons qu'il y a une image formée, et nous allons voir tout à l'heure comment elle se forme.

r désigne le rayon du miroir, bien entendu que le rayon du miroir n'est pas la distance du centre de la calotte qui constitue le miroir à son bord : on appelle le rayon du miroir, le rayon de la sphère sur laquelle le miroir a été travaillé.

Il est extrêmement facile de déterminer par la loi de la réflexion que mm représentant un miroir fig. 1, c représentant le centre de la sphère sur laquelle le miroir a été travaillé, et a le centre de la calotte qui constitue le miroir, si sur le prolongement de la ligne qui joint le point a au point c, ligne qui est appelée *l'axe du miroir*, nous supposons un point lumineux, ce point lumineux va couvrir de rayons toute la surface du miroir. Ces rayons tomberont en ligne droite, s'ils traversent un milieu homogène ; mais si entre le miroir et le point lumineux il y avait des milieux non homogènes, on verrait les rayons se courber et produire le même phénomène que l'on aperçoit à la surface d'un sol échauffé par le soleil, c'est-à-dire qu'on apercevrait des espèces de tourbillons qui ne sont point lumineux, mais qui brisent et déforment les objets. Nous supposons ici que les rayons viennent en ligne droite et que les objets ne sont point brisés.

Pour avoir la loi de la réflexion, il faut mener une perpendiculaire à la surface du miroir, et faire l'angle de réflexion égal à l'angle d'incidence. En déterminant le point où le rayon réfléchi vient rencontrer l'axe du miroir, on arrive à ce résultat, que la distance de ce point étant représentée par m, le rayon du miroir par r, et la distance du point lumineux par l, il y a entre ces trois choses la relation indiquée par la formule. Il faudrait, pour démontrer cette formule, faire usage des lignes trigonométriques, ce qu'il vous sera facile de faire. Je prends donc la formule comme trouvée.

Je dis que cette formule montre d'abord qu'il y a des images, et ensuite indique le lieu de ces images. Voici comment elle montre qu'il y a des images. Comme il n'est question dans cette formule que des trois distances dont je viens de parler, et nullement de l'angle que fait le rayon lumineux avec l'axe, il est évident qu'elle s'applique à tous les rayons lumineux que l'on peut mener du point placé sur l'axe à la surface du miroir. Tous les rayons lumineux réfléchis par la surface du miroir viennent rencontrer l'axe en un seul point appelé le *foyer*. Cette réunion, non pas de tous les rayons qui sont partis d'un point, mais d'une infinité de rayons partis de ce point, est précisément ce qui donne l'image du point; car jamais une image n'est donnée par un seul rayon. Pour une image il faut toujours un pinceau lumineux excessivement petit, si vous voulez, mais enfin un pinceau composé d'un très grand nombre de rayons.

Pour avoir une idée de la petitesse du pinceau qui peut donner l'image du point lumineux, il suffit de savoir que la vision s'opère par un pinceau de lumière qui a son sommet au point lumineux, et qui a pour base l'ouverture de la pupille. Ce pinceau pénètre la pupille, le cristallin, et va se concentrer sur la rétine en un seul point où il porte l'image de l'objet. Si l'on considère quelle est l'ouverture de la pupille, on voit combien est étroit le faisceau lumineux qui nous présente une image nette des objets, surtout lorsque nous regardons un objet vivement coloré; car alors la pupille se resserre de manière qu'elle a à peine un millimètre de diamètre.

Considérons des animaux très petits, à peine perceptibles pour nous; ces animaux ont encore des yeux, aperçoivent encore des images nettes des objets. Sans doute ils embrassent un horison moins vaste que nous, mais il est certain qu'ils embrassent des milliards de points superficiels. Eh bien ! de chacun de ces milliards de points part un petit pinceau de lumière qui a pour sommet ce point lui-même, et qui a pour base l'étendue de la pupille de l'animal, pour venir ensuite se concentrer sur la rétine.

Enfin, les insectes, qui sont si petits que nous ne pouvons les apercevoir qu'au moyen d'instrumens grossissans, et dont les yeux, à plus forte raison, sont imperceptibles pour nous, reçoivent de la même manière les images des objets. Il y a encore un pinceau lumineux ayant son sommet au point lumineux et sa base sur la pupille.

Il y a donc une image par cela seul qu'il y a concentration, et le lieu de cette image, c'est ce que m nous représente. Voici comment on peut déterminer la valeur de m. Nous pouvons prendre pour unité le pied. Ainsi nous dirons, par exemple, que le miroir a six pieds de rayon ; r étant ainsi dé-

terminé, la formule deviendra $\dfrac{1}{l} + \dfrac{1}{m} = \dfrac{2}{6}$

Il ne s'agit plus que de donner une valeur à l pour avoir celle de m.

Prenez $l = \infty$. Nous savons qu'à mesure que le dénominateur d'une fraction va croissant, cette fraction diminue. Ainsi si nous supposions $l =$ un million, nous aurions pour $\dfrac{1}{l}$, un millionième. Si nous faisons $l = \infty$, nous aurons une fraction qui pourra être négligée. Il restera par conséquent

$\dfrac{1}{m} = \dfrac{2}{6} = \dfrac{1}{3}$, c'est-à-dire $m = 3$. Cela veut dire que quand un objet est placé à l'infini au devant d'un miroir de six pieds, il vient former son image à une distance de trois pieds ; d'où nous tirons cette règle générale, quand un objet est placé à l'infini, il va former son image à une distance qui est égale à la moitié du rayon.

Au lieu de supposer $l = \infty$, nous allons supposer $l = 3o$ pieds. Où sera placée l'image ?

La formule devient $\dfrac{1}{3o} + \dfrac{1}{m} = \dfrac{2}{6} = \dfrac{1}{3}$

Tirant la valeur de m nous aurons $\dfrac{1}{m} = \dfrac{1}{3} - \dfrac{1}{3o} = \dfrac{10}{3o} - \dfrac{1}{3o} = \dfrac{9}{3o} = \dfrac{3}{1o}$, c'est-à-dire que l'image sera placée à une distance qui sera de trois pieds $\frac{1}{3}$ ou de trois pieds quatre pouces.

Supposons maintenant une autre valeur à l, et faisons $l = 6$, notre formule va devenir $\frac{1}{6} + \frac{1}{m} = \frac{1}{3}$, d'où tirant la valeur de m, nous avons $\frac{1}{m} = \frac{1}{3} - \frac{1}{6} = \frac{2}{6} - \frac{1}{6}$ $= \frac{1}{6}$, c'est-à-dire, $m = 6$.

C'est-à-dire que, si nous rapprochons l'objet de manière qu'il soit à une distance égale au rayon du miroir, l'image est au même lieu que l'objet.

Embrassons d'une seule vue ces trois résultats. L'objet étant à l'infini, l'image est à trois pieds ; l'objet étant à six pieds, l'image est à six pieds. Donc, pendant que l'objet se rapproche, depuis l'infini jusqu'à six pieds, l'image s'éloigne depuis trois pieds jusqu'à six pieds. Ainsi, figurez-vous sur l'axe du miroir un point placé à l'infini et s'avançant graduellement jusqu'à la distance de six pieds, pendant qu'il chemine ainsi, l'image de ce point s'écarte du miroir. Mais le point peut s'approcher et faire beaucoup de chemin sans que l'image se déplace sensiblement, car pendant que l'image viendra depuis l'infini jusqu'à trente pieds, l'image n'aura parcouru que quatre pouces ; et enfin quand le point sera venu depuis 30 pieds jusqu'à six, l'image aura parcouru deux pieds 8 pouces.

Nous pouvons placer notre objet plus près que six pieds ; nous pouvons le placer, par exemple, à quatre pieds : voyons ce qui arrivera. Notre formule deviendra $\frac{1}{4} + \frac{1}{m} = \frac{1}{3}$, d'où nous tirons pour la valeur de m, $m = \frac{1}{3} - \frac{1}{4} = \frac{1}{12} - \frac{3}{12} = \frac{1}{12}$, donc $m = 12$. C'est-à-dire que, quand nous placerons l'objet à quatre pieds, l'image ira se former à douze pieds en s'agrandissant beaucoup.

Supposons maintenant $l = 3$, c'est-à-dire, supposons l'objet placé précisément à la moitié du rayon ou au foyer ; nous aurons, pour la valeur de m, $m = \frac{1}{3} - \frac{1}{3}$, c'est-à-dire que $m = \infty$; ce qui veut dire que si l'on place au foyer même du miroir un objet lumineux, les rayons qu'il envoie tombent sur le miroir et en couvrent toute la surface, et ces rayons réfléchis vont ensuite se rencontrer à l'infini. Or, qu'est-ce que des lignes qui vont se rencontrer à l'infini ? ce sont des lignes parallèles. Donc il s'élève de la surface du miroir une colonne de rayons parallèles qui parcourt l'espace indéfiniment sans diminuer sensiblement d'intensité. Ainsi, le moyen de conserver à la lumière tout son éclat, c'est de la rendre parallèle. Quand elle est divergente, elle va se répandant sur un espace de plus en plus grand, et par conséquent devient de moins en moins vive, tandis qu'en s'élevant en colonne de rayons parallèles, elle conserve toute son intensité, à moins qu'elle ne rencontre des corps opaques ou des corps qui absorbent la lumière, propriété qui appartient du reste aux corps les plus diaphanes.

C'est sur ce principe que repose la construction des phares qu'on élève près des côtes, et au moyen desquels on éclaire les écueils au milieu de la nuit. On pourrait allumer d'immenses feux, les entretenir à grands frais, et avoir des volumes de flammes prodigieux, et cependant ne produire, à la distance de quelques lieues, que des effets à peine perceptibles, parce que la lumière se répandant sur un très grand espace devient si diffuse qu'elle n'a plus assez d'intensité pour être vue; tandis que le bec d'un quinquet produit une lumière très vive qui se fait apercevoir à une très grande distance.

La terre étant courbe, il est évident, lorsqu'on veut que la lumière soit aperçue de très loin, qu'il faut placer le phare sur un endroit élevé.

Lorsqu'on veut éclairer à la distance de dix lieues, par exemple, il ne faut pas entreprendre d'éclairer tous les espaces intermédiaires, mais il faut diriger un faisceau de lumière parallèle précisément sur le point qu'on veut éclairer. Cependant on donne au faisceau un peu de divergence. Pour que les navigateurs ne soient pas obligés de chercher la lumière, on fait ce qu'on appelle des *feux tournans*, c'est-à-dire, qu'on fait tourner le faisceau de manière qu'il occupe successivement sur la mer de très grandes étendues.

Telle est la théorie générale des miroirs courbes. Voilà comment d'une simple formule, composée de trois lettres, on peut faire sortir tous les principes de la réflexion sur ces sortes de miroirs.

J'ai supposé jusqu'à présent que le point lumineux était placé sur l'axe. Qu'arriverait-il si le point lumineux n'était pas placé sur l'axe? Vous pouvez facilement résoudre cette question; il suffit de mener une ligne qui joigne le point lumineux p au centre du miroir c, fig. 2, et de considérer cette ligne comme un axe du miroir. On conçoit facilement comment un objet placé en a devra avoir son image renversée au projet *f*, et comment cette image sera plus petite que l'objet.

Il est des miroirs d'une autre nature, dont il est peu nécessaire que je vous parle ; ce sont les miroirs coniques, les miroirs cylindriques et les miroirs à surfaces polygonales. Des figures bizarres et irrégulières, mais tracées d'après certaines règles qu'il est facile de déterminer, paraissent régulières, lorsqu'elles sont vues par réflexion dans ces miroirs. Ce phénomène s'explique parfaitement au moyen des principes que nous avons posés sur la réflexion des miroirs et sur le lieu de l'image. Soit, par exemple, un miroir conique *m*, posé sur un carton *cc*, sur lequel est tracée la figure. Où l'œil placé en *o* devra-t-il apercevoir l'image d'un point placé en *a* ? Nous rappellerons d'abord ce que nous avons dit en parlant des miroirs courbes, que la réflexion d'un rayon, tombant en un point quelconque d'une surface courbe, s'accomplissait de la même manière que si le rayon était venu tomber sur un plan mené tangentiellement à cette surface par le point d'incidence. Cela posé, pour connaître le lieu de l'image du point *a*, menez une perpendiculaire à l'arête du cône, et prolongez cette perpendiculaire d'une quantité égale à elle-même derrière la surface réfléchissante. Faites-en de même pour un second point *b*, et pour tous les points de la figure tracée sur le carton. Les points *a'*, *b'*, indiqueront le lieu des images des points *a*, *b*. Vous voyez, par l'inspection de la figure, que les images auront entre elles une relation différente de celle des points que ces images représentent. Vous concevez, d'après cela, combien il est facile de calculer la manière de tracer une figure irrégulière qui paraisse régulière après avoir été réfléchie par un miroir conique.

On expliquerait avec la même facilité les phénomènes que l'on peut produire avec des miroirs cylindriques.

RÉFRACTION DE LA LUMIÈRE OU DIOPTRIQUE.

Passons maintenant à la *dioptrique*, c'est-à-dire à la *réfraction de la lumière*. Non-seulement la lumière se brise et se décolore en venant du soleil jusqu'à nous, mais elle se brise et se décolore en traversant tous les milieux, quels qu'ils soient. Un bâton qui est plongé dans l'eau paraît brisé : le fond d'une eau limpide paraît plus élevé qu'il n'est réellement. On peut se placer de manière à ne pas apercevoir un objet placé au fond d'un vase, mais si l'on met de l'eau dans ce vase, l'objet devient visible. Tous ces phénomènes sont des phénomènes de réfraction. Il semble d'abord extrêmement difficile de saisir quelques lois dans toutes ces modifications que la lumière éprouve en traversant des milieux différens, l'eau, l'air, le verre, etc. ; aussi a-t-on été long-temps sans pouvoir déterminer un rapport exact entre les rayons qui tombaient sur la surface des corps et les rayons qui pénétraient dans leur intérieur.

Supposons fig. 2, que *a b* représente la surface de l'eau. Imaginons un rayon lumineux *l i* tombant sur cette surface. Au point *i* que l'on appelle *le point d'incidence* élevons une perpendiculaire à la surface commune. L'angle que fait le *rayon incident l i* avec la *normale i n* s'appelle, comme pour la réflexion, *angle d'incidence*. Qu'arrive-t-il à ce rayon quand il pénètre dans l'eau ? il se brise, et le rayon ainsi brisé s'appelle *rayon réfracté*. L'angle que fait le rayon réfracté avec la *normale* s'appelle *angle de réfraction*.

Il est évident qu'il doit y avoir un certain rapport entre la direction d'incidence et la direction de réfraction. On a long-temps cherché ce rapport en angles, c'est-à-dire qu'on voulait savoir quel rapport il y avait entre l'angle de réfraction et l'angle d'incidence. Or, toutes les fois qu'on a cherché le rapport entre la direction d'incidence et la direction de réfraction de cette manière, on a échoué. Enfin Descartes a eu l'heureuse idée, et une idée tout-à-fait *à priori*, sans avoir fait aucune expérience pour y arriver, de chercher non pas un rapport entre les angles, mais un rapport entre certaines lignes qui dépendent des angles. Ces lignes que Descartes a choisies, sont les lignes que l'on appelle des *sinus*. La ligne *b p*, fig. 4, est le *sinus d'incidence*, et la ligne *b' p'* est le *sinus de réfraction*.

La loi que Descartes a trouvée, loi simple et qui embrasse l'ensemble de tous les phénomènes de la réfraction, c'est que le rapport des lignes *b p*, *b' p'*, c'est-à-dire le rapport du sinus d'incidence et du sinus de réfraction est toujours le même. La loi s'exprime en d'autres termes en disant que le sinus de réfraction divisé par le sinus d'incidence donne un rapport constant. La loi de la réfraction se démontre en faisant passer la lumière à travers les prismes ; nous allons montrer que la réfraction de la lumière dépend de deux choses et de la nature de la substance et de la grandeur de l'angle des prismes. Pour démontrer que la réfraction dépend de la grandeur de l'angle, on se sert d'un prisme formé par deux lames de verre que l'on peut rapprocher ou éloigner à volonté. On remplit ce prisme d'eau et on reçoit un rayon solaire perpendiculairement sur l'une des faces du prisme. Le rayon est réfracté, et il l'est d'autant plus que l'angle est plus grand.

Si l'on prend une cage carrée en verre mais qui est coupée diagonalement par une lame également de verre, de manière qu'elle se trouve divisée en deux compartimens, et que l'on mette de l'eau dans l'un de ces compartimens, la lumière sera réfractée ; mais si l'on met de l'eau dans les deux compartimens, il n'y a plus de réfraction ; et cela se conçoit, car cette cage forme deux prismes dont l'un est tourné en sens inverse de l'autre, et par conséquent le second doit défaire ce que le premier avait fait.

Pour démontrer que la réfraction dépend de la nature de la substance, on se sert de l'appareil suivant. On prend une lame de verre taillée en prisme solide d'une certaine longueur. On creuse dans l'épaisseur de cette lame plusieurs trous circulaires. Cela fait on prend deux lames de verre à faces parfaitement parallèles et on les applique de chaque côté du prisme de manière à fermer très exactement les trous. On fait dans la partie supérieure du prisme d'autres ouvertures par lesquelles on introduit différens liquides dans les trous circulaires. Il est évident que dans cet état de choses, l'on a des des prismes de même angle, c'est-à-dire que chacun des liquides enfermés dans les trous du prisme forme le même angle, et l'on a en même temps des prismes de substance différente.

En faisant passer un rayon lumineux à travers chacun de ces prismes, on observe des déviations différentes pour les diverses substances, et par conséquent des pouvoirs de réfraction différens.

Ainsi, *première loi*, la réfraction est dépendante de l'angle du prisme ; *seconde loi*, les substances de nature différente et de même angle ont des réfractions différentes ; *troisième loi*, deux prismes de même angle et opposés détruisent mutuellement leur effet, de telle sorte que le rayon n'est plus dévié. Toutes ces lois découlent du principe que nous avons posé tout a l'heure que le sinus d'incidence divisé par le sinus de réfraction donne un rapport constant.

Voyons quel est ce rapport constant pour les diverses substances. Si la lumière passe du vide dans l'air, elle se réfracte ; si elle passe de l'air dans l'eau, de l'eau dans le verre, en un mot d'une substance dans une autre, elle se réfracte également. Nous supposerons que la lumière passe toujours du vide dans la substance dont nous cherchons la réfraction. Nous trouvons qu'alors les rapports de réfraction pour les substances suivantes, sont :

Eau	$\frac{4}{3}$
Verre	$\frac{3}{2}$
Diamant	2,775
Phosphore	2,224
Soufre	2,148
Chromate de plomb	2,974

Le chromate de plomb est la substance qui brise le plus la lumière. Pour le flint-glass les rapports de réfraction sont compris entre 1,625, et 1,590. Le flint-glass est un composé dans lequel il entre du plomb. Plus la quantité de plomb est considérable et plus la réfraction est grande. On est maître ainsi de varier les rapports de réfraction, ce qui est un résultat d'une très grande importance pour la construction des lunettes.

Tous les yeux n'ont pas également les mêmes rapports de réfraction. Nous verrons en parlant de la vision que la lumière est diversement brisée dans les différens organes. Le cristallin de l'œil de bœuf est l'un des plus réfringens, il est exprimé par 1,447.

En disant que la réfraction de l'eau est exprimée par $\frac{4}{3}$, cela signifie qu'un rayon tombant de l'air dans l'eau, si on prend le sinus d'incidence égal à 4 pieds, le sinus de réfraction sera égal à trois pieds. Ainsi donc, connaissant le rapport de réfraction, on n'éprouvera aucune difficulté pour calculer le rayon réfracté.

Si le rayon incident tombe perpendiculairement sur la surface, c'est-à-dire si l'on a sinus $i = $ zéro, il faut que le sinus r soit aussi égal à zéro, c'est-à-dire que quand l'angle d'incidence est nul, le rayon n'éprouve pas de réfraction.

Je suppose maintenant que le rayon soit dans l'eau, et qu'il se présente pour sortir dans l'air. Nous avons pour la réfraction d'un rayon qui passe de l'air dans l'eau $\frac{4}{3}$; cela veut dire que le rayon passant de l'air dans l'eau se brise en se rapprochant de la normale. Par conséquent le rayon qui sort de l'eau dans l'air doit se briser en s'écartant de la normale; ainsi en inclinant de plus en plus le rayon qui est dans l'eau, il arrivera un moment où ce rayon passant dans l'air rasera la surface de l'eau, et en inclinant davantage, il est évident que ce rayon ne pourra plus sortir; car autrement la loi ne serait pas vraie. Le rayon ne pouvant sortir, il faut qu'il s'anéantisse, qu'il se réfléchisse; or il est complètement réfléchi.

Le calcul a démontré que pour que le rayon pût sortir, il fallait qu'il fît avec la normale un angle qui est pour l'eau de 48°, 25, pour le verre, de 40°, 58′, 30″, pour le diamant de 19°, 38′ 50″.

Quand la lumière passe d'un milieu plus dense dans un milieu moins dense, elle s'éloigne continuellement de la normale. Quand elle passe d'un milieu moins dense dans un milieu plus dense, elle se rapproche de la normale ; enfin si la lumière passe d'un milieu dans un autre milieu également dense, il n'y a pas de déviation.

Lorsque nous disons que la lumière se brise, en passant d'un milieu dans un autre, nous ne voulons pas dire qu'il y ait une solution de continuité brusque, une déviation instantanée. Il n'y a point de ligne brisée dans la nature, Il n'y a que des lignes continues. Ce n'est donc pas brusquement que la lumière passe de l'air dans l'eau, mais quand elle approche de la surface qui sépare les milieux, elle éprouve l'influence de cette surface et se dévie en décrivant une ligne courbe. Ce phénomène s'explique aussi bien dans le système de l'émission que dans le système des vibrations. Les petits atomes qui arrivent de la surface, sont attirés par cette surface et s'inclinent à peu près comme la bombe soumise à la force de projection et à celle de l'attraction décrit une parabole.

Dans le système des ondulations on explique le phénomène d'une autre manière, on dit : dans toutes les matières pondérables la substance éthérée n'a pas la même densité. Par conséquent la lumière accomplissant ses ondulations dans l'air et les propageant d'une certaine manière, lorsqu'elle s'approche à une certaine distance d'une surface, elle éprouve l'influence de cette surface. Ainsi, c'est en considérant les phénomènes de la lumière dans le système des ondulations qu'on voit de quelle importance sont les phénomènes de réfraction, puisqu'ils nous indiquent quelle est l'action des atomes de la matière pondérable sur la lumière, et nous font ainsi pénétrer dans la constitution des corps.

IMPRIMERIE DE E. DUVERGER,
RUE DE VERNEUIL, N° 4.

COURS DE PHYSIQUE.

LEÇON SOIXANTE-TROISIÈME.

(Mardi, 8 Juillet 1828.)

SUITE DE LA RÉFRACTION DE LA LUMIÈRE OU DE LA DIOPTRIQUE.

Dans la dernière leçon, nous avons commencé l'étude de la réfrection de la lumière ; nous avons posé une formule simple, générale, embrassant l'ensemble des phénomènes de la réfraction, comme la loi d'incidence embrasse tous les phénomènes de la réflexion. Cette formule exprime deux choses que l'on peut très facilement énoncer en langage ordinaire. Elle exprime, ou du moins elle sous-entend, 1° que le rayon refracté, c'est-à-dire le rayon qui s'est brisé en passant du premier milieu dans le second, reste dans le plan d'incidence. Cette première loi de la réfraction est sous-entendue, elle n'est point exprimée dans la formule

La seconde loi de la réfraction, c'est que le *sinus de l'angle d'incidence* divisé par le *sinus de l'angle de réfraction* donne toujours un rapport constant. Ces deux lois embrassent tous les phénomènes ; il ne nous reste plus qu'à prendre des exemples, à citer des corps de diverses formes, de diverses densités, de diverses substances, ayant des rapports de réfraction variables, ayant des modes d'action différens sur la lumière, et à déterminer d'après la forme, la nature, la densité de ces corps, la constitution de l'éther que ces corps contiennent, la route que doit prendre le rayon réfracté.

Dans des corps dont la forme est simple, la loi de la direction est mathématique. Lorsqu'on se propose d'examiner la direction dans des milieux dont l'homogénéité, la constitution et par conséquent la forme sont variables, alors le calcul n'a pas prise pour déterminer la route du rayon depuis le commencement jusqu'à la fin, mais il a prise pour,

63

étant donné le point de départ, déterminer le point d'arrivée.

LAMES A FACES PARALLÈLES.

Considérons d'abord le mouvement de la lumière dans des *plaques à faces parallèles*. Nous avons dit que $\dfrac{sinus\ i}{sinus\ r}$ ═ un nombre constant n, lequel peut être plus grand ou plus petit que l'unité, suivant que le rayon est dans le premier ou dans le second milieu. Si l'on conçoit que le rayon de lumière passe du vide dans un second milieu quel qu'il soit, pourvu qu'il ne soit pas le vide, le rayon se réfractera toujours, en se rapprochant de la normale à l'incidence, c'est-à-dire se réfractera toujours de telle sorte que l'angle d'incidence sera plus grand que l'angle de réfraction. Dans ce cas, n sera toujours plus grand que l'unité. De combien n sera-t-il plus grand que l'unité ? Cela dépendra de la nature de la substance, et de l'action que la matière pondérable exerce sur la matière éthérée.

Pour le chromate de plomb, qui est le corps le plus réfringent, c'est-à-dire, celui pour lequel la valeur de n est la plus grande, cette valeur n'est pas même de trois unités.

Si l'on considère au contraire, une substance pondérable comme étant le premier milieu, le vide comme étant le second milieu, l'angle de réfraction sera plus grand que l'angle d'incidence, et la valeur de n sera plus petite que l'unité, et la limite de la valeur que n pourra prendre sera un tiers. Mais entre ces limites, la différence de réfraction entre les diverses substances pourra être de $\frac{1}{10}$ $\frac{1}{100}$ $\frac{1}{1000}$; en un mot, on pourra la concevoir aussi petite qu'on voudra.

Cela posé, suivons la marche de la lumière lorsqu'elle traverse une plaque de verre à faces planes et parallèles, et pour prendre l'exemple le plus commun, imaginons que la lumière soit d'abord dans l'air et qu'elle se présente pour pénétrer dans le verre. Le rayon li, fig. 1, est le rayon incident ; in est la perpendiculaire élevée au point d'incidence. Que doit-il arriver au rayon li ? Nous le savons déjà : puisqu'il passe de l'air dans le verre, c'est-à-dire d'un milieu moins réfringent dans un milieu plus réfringent, il se brise en se rapprochant de la normale. Ainsi au lieu de suivre la direction li, il prend une route nouvelle ib. Connaissant la valeur de n, pour la réfraction de l'air dans le verre, il est facile d'en déduire la quantité dont le rayon li se dévie.

Le rayon *li* ainsi dévié, arrive sur la seconde surface du verre ; là il se réfléchit en partie, le surplus de rayon tend à passer du verre dans l'air, c'est-à-dire d'un milieu plus réfringent dans un milieu moins réfringent. Par conséquent le rayon doit se réfracter en s'écartant de la normale, et le rayon émergent *bc* va s'écarter de la normale précisément d'une quantité égale à celle dont le rayon réfracté *ib* s'en était écarté. Donc le rayon émergent prendra une direction parallèle à la direction du rayon incident. Cela résulte de ce principe évident de lui-même, savoir que si, à une époque quelconque de sa course dans le verre, la lumière était condamnée à rebrousser chemin, elle reprendrait exactement la route qu'elle a suivie. Or, le rayon réfracté fait avec les deux surfaces parallèles deux angles alternes internes égaux. Donc le rayon réfracté qui sort par la seconde surface, doit faire le même angle que s'il sortait par la première ; et par conséquent le rayon émergent et le rayon incident sont parallèles. De là résulte qu'il n'y a pas, à proprement parler, de déviation, quand la lumière passe à travers des corps parallèles ; mais il y a déplacement de l'objet. Si donc vous supposez l'œil placé en *c*, il ne verra pas l'objet où il est placé réellement, mais il le verra, d'après le principe que nous avons posé, sur le prolongement du dernier rayon qui vient le frapper, c'est-à-dire en *m*, sur le prolongement de *cb*. Il y a donc déplacement et non déviation d'un objet qu'on regarde à travers une plaque de verre à faces parallèles. Je dit *déplacement*, parce que le mot *déviation* renferme toujours l'idée d'obliquité et d'angle. Le déplacement est d'autant plus considérable que la lame de verre est plus épaisse ; c'est ce dont il est facile de se convaincre par la seule inspection de la figure 2.

Lors donc que nous regardons les objets à travers un carreau, nous ne les voyons jamais dans la direction où ils sont réellement. Ils n'y sont que sous une condition, c'est lorsque nous regardons perpendiculairement à la surface du verre ; mais alors nous ne les voyons pas à leur véritable distance, nous les voyons rapprochés ; et c'est ce qui s'explique aussi très facilement. Supposons, fig. 3, un point lumineux qui envoie des rayons *la, lb, lc,* sur une lame de verre *mm*, à faces parallèles : le rayon *la* qui est perpendiculaire à la lame va droit son chemin, mais les rayons *lb, lc,* qui arrivent obliquement, sont réfractés en se rapprochant de la normale, et par conséquent ils deviennent moins divergens ; en sortant du verre, ils se réfractent de nouveau, en s'écartant de la normale. Si nous supposons un œil placé en *o*, qui reçoive les rayons qui ont ainsi traversé la lame de verre, l'œil devant toujours voir l'objet sur le prolongement des derniers rayons qui lui arrivent, apercevra l'objet en *i* au sommet du cône formé par le prolongement de ces derniers rayons. Par conséquent l'œil verra l'objet plus près qu'il n'est en réalité. C'est ainsi qu'on explique pourquoi, lorsque nous regardons le fond de l'eau, nous le voyons toujours plus rapproché. Ainsi donc les objets regardés à travers les carreaux ne sont jamais vus à leur place. ils sont toujours transportés parallèlement à eux-mêmes d'une certaine quantité; et il faut briser les glaces, les carreaux qui s'interposent entre les objets et notre œil pour que nous puissions juger de la position réelle de ces objets. Sans cela, il y a toujours une erreur, petite à la vérité, mais qui ne peut être négligée lorsqu'il s'agit d'observations astronomiques. Si donc on observait un astre à travers un carreau, la réfraction produirait une erreur qu'il faudrait nécessairement corriger.

PRISMES.

Voyons maintenant comment la lumière se modifie en passant à travers les prismes. Le *prisme* est en optique l'instrument le plus fécond en résultats; car le cas que je viens d'examiner, celui où la lumière passe à travers des lames parallèles, est très stérile.

Nous considérons habituellement des *prismes triangulaires,* c'est-à-dire des prismes dont la base est un triangle, et qui est formé par la rencontre de trois plans, et même nous allons encore simplifier la question en ne considérant que deux plans.

La ligne suivant laquelle se rencontrent les deux faces par lesquelles passe la lumière est ce qu'on appelle le *sommet* du prisme. L'angle que forment ces deux faces s'appelle *angle réfringent.*

Imaginons, fig. 4, un point lumineux, une bougie, par exemple, placée en *l* : le point lumineux envoie sur le prisme un certain nombre de rayons; le rayon *li* se réfracte en pénétrant dans l'intérieur du prisme. Je suppose l'obliquité assez grande pour que le rayon une fois entré puisse sortir. Le rayon, en pénétrant dans le prisme, s'est rapproché de la normale à la surface par laquelle il entrait; en sortant du prisme, il s'est éloigné au contraire de la normale à la seconde surface; par conséquent il a dû prendre le direction *lad.* Si nous considérons un second rayon *tb*, et un troisième rayon, *lc*, ces rayons prendront les directions *lbc, lcf*; de telle sorte que le pinceau qui vient tomber sur la première surface, étant un faisceau conique, c'est-à-dire étant un faisceau divergent, le faisceau réfracté sera pareillement un faisceau divergent, mais ayant une divergence différente de celle qu'auraient les rayons incidens prolongés.

Supposons maintenant un observateur placé en *o*, qui reçoive le pinceau des rayons refractés. Cet observateur verra un point lumineux, car nous avons vu qu'il y a un faisceau lumineux, et il le verra au sommet du cône formé par le prolongement des derniers rayons qui sont venus frapper la pupille, c'est-à-dire en *l'*; en même temps, il pourra voir directement le point lumineux *l;* l'observateur apercevra donc deux images de l'objet, l'une *directe* et l'autre *réfractée*. L'angle que forme la direction de ces deux images, est ce qu'on appelle la *déviation* produite par le prisme. L'angle de déviation sera grand ou petit suivant que le prisme sera plus ou moins réfringent.

Nous exprimons ce résultat par la formule suivante : lorsque le rayon passe à travers un prisme plus réfringent que le milieu environnant, le rayon réfracté est toujours rabaissé vers la base du prisme, ou, ce qui revient au même, l'image réfractée est relevée vers le sommet du prisme. Par conséquent lorsqu'on regarde des objets à travers un prisme, si on tient le sommet du prisme en haut, on voit l'image des objets relevée ; si on renverse le prisme, on voit l'image des objets abaissée. Mais, dira-t-on, un prisme a trois angles; lequel est le sommet ; un prisme triangulaire est formé par trois plans; lequel de ces plans formera la base ? Rien de plus facile que de résoudre cette apparente difficulté. On appelle *sommet* du prisme l'angle formé par la rencontre des deux faces que la lumière traverse. A moins qu'elle ne se réfléchisse, la lumière ne passe jamais que par deux faces du prisme. D'après cela, on conçoit facilement que le sommet du prisme pourra être tantôt un angle, tantôt un autre. On appelle la *base* du prisme le plan qui est opposé au sommet.

LENTILLES.

J'arrive maintenant aux modifications que la lumière éprouve en passant à travers les lentilles. Ces modifications reposent sur les principes que nous venons de démontrer pour les prismes; et sur les lentilles repose la construction de tous les instrumens d'optique. Il n'y a pas, en effet, un seul de ces instrumens dans lequel il n'entre des lentilles. Les bésicles, les lunettes de toute espèce, sont des lentilles. Les microscopes, les télescopes, etc., sont des systèmes de lentilles.

Il y a des lentilles de plusieurs espèces. Nous ne considérerons que les lentilles sphériques. On fait les lentilles comme nous avons dit que l'on faisait les miroirs, en usant des plaques de verre sur des sphères ou dans des bassins sphériques, suivant qu'on veut avoir des lentilles convexes ou concaves, jusqu'à ce que ces plaques aient pris exactement la courbure de la sphère ou du bassin.

On peut avec les surfaces sphériques et les surfaces planes, diversement combinées, former en tout six sortes de lentilles, dont chacune a des propriétés particulières.

Imaginons une masse de verre qui ait été usée des deux côtés dans une surface concave, vous aurez la lentille appelée *bi-convexe*, fig. 5 ; la ligne qui joint les deux centres de courbure, est ce qu'on appelle l'*axe* de la lentille. Les lentilles sont dites bien *centrées* quand leurs bords sont partout de la même épaisseur, c'est-à-dire qu'on a usé la lentille au point d'en rendre les bords parfaitement tranchans. Je vous ferai remarquer qu'il n'est pas nécessaire que les courbures soient égales ; l'une des courbures peut être de 10 pieds, l'autre de 100 pieds de rayon, peu importe.

La seconde espèce de lentilles, figure 6 s'appelle *lentille plane-convexe*. Elle est formée par une surface courbe et par une surface plane ; l'axe d'une lentille plane convexe est la perpendiculaire abaissée du centre de courbure de la surface convexe sur la surface plane.

La troisième espèce de lentille, appelée lentille *périscopique*, fig. 7, et à laquelle on a attribué beaucoup de propriétés, est composée de deux surfaces courbes, l'une convexe et l'autre concave, c'est-à-dire qu'on a d'abord usé le côté d'une lame de verre dans un bassin d'une certaine courbure, et qu'ensuite on a usé l'autre côté de la lame sur une sphère d'un plus grand rayon que le bassin. On forme ainsi une espèce de calotte qu'on appelle *ménisque*, et cette lentille est ce qu'on appelle un *ménisque convergent*.

Voilà les trois seules espèces de lentilles qu'on puisse former à bord tranchant. Ces trois sortes de lentilles sont des lentilles convergentes. Ainsi l'expression de lentilles à *bord tranchant* et celle de lentilles *convergentes*, sont deux expressions synonymes.

Il y a ensuite trois espèces de lentilles qui sont des lentilles divergentes.

La première, fig. 8, est appelée lentille *bi-concave*; la seconde, fig. 9, est appelée lentille *plane-concave*, et la troisième fig. 10, est appelée *ménisque divergent*, qui se forme en prenant une courbure plus grande pour la surface intérieure que pour la surface extérieure.

Toute l'optique est renfermée dans ces six espèces de lentilles. Il n'y a dans les instrumens les plus compliqués qu'une certaine combinaison de ces lentilles.

Il est facile de distinguer au simple toucher les lentilles divergentes des lentilles convergentes. Si elles sont à bord tranchant, ce sont des lentilles convergentes; si elles sont à bord épais, ce sont des lentilles divergentes; en prenant le milieu et le bord de la lentille, on connaîtra également si elle est convergente ou si elle est divergente. Si elle est plus épaisse au milieu qu'au bord, elle est convergente; elle est au contraire divergente, si le milieu est plus mince que le bord.

J'ai donné une formule très simple pour les miroirs courbes.

Il y a une formule tout aussi simple pour les lentilles; mais cette formule a l'avantage d'être beaucoup plus féconde en résultats.

Voici cette formule :

$$\frac{1}{l} - \frac{1}{m} = \frac{1}{f}$$

l représente, comme pour les miroirs, la distance de l'objet à la lentille ; *m* représente la distance de l'image à la lentille; *f* représente la distance focale principale. J'indiquerai tout à l'heure ce que signifie cette expression *distance focale*.

Je dois vous faire une observation qui paraît algébrique, et qui est cependant, comme vous le verrez, toute physique. Quand dans cette formule, on trouve pour la valeur de *m* un nombre positif, par exemple $m = 4$, cela veut dire que la distance est comptée du côté de l'objet; quand au contraire on trouve pour *m* une valeur négative, par exemple $m = -4$, cela veut dire que l'image est placée de l'autre côté de la lentille. Il paraît absurde que la lumière traversant la lentille, il puisse y avoir une image en avant; vous allez voir comment il faut entendre ces expressions que l'image est placée en deçà de la lentille. Lorsqu'il y a des rayons qui après avoir traversé la lentille, sont divergens, si l'on prolonge ces rayons, ils viennent se réunir en avant de la lentille. On suppose qu'ils forment là une image. C'est cette image qu'on appelle l'image *virtuelle*, tandis que l'image placée derrière la lentille est appelée l'image *réelle*. Quand m sera positif, c'est-à-dire quand les distances seront comptées du même côté que l'objet, il n'y aura pas d'images réelles. Quand au contraire m sera négatif, c'est-à-dire quand les images seront placées de l'autre côté de l'image, il y aura des images réelles, ainsi $m = +$ signifie image virtuelle, $m = -$ signifie image réelle.

Appliquons cette formule : supposons d'abord $l = \infty$, c'est-à-dire prenons pour point lumineux, par exemple, le centre du soleil. $\frac{1}{\infty}$ est une fraction qui peut être négligée ; il reste par conséquent $- m = f$ ou ce qui revient au même, $m = - f$. Puisque m une valeur négative, cela signifie que l'image est réelle. Qu'est-ce que f ? c'est la distance à laquelle les objets placés à l'infini viennent faire leur image. Il y a image, parce que la formule ne s'applique pas à l'un des rayons seulement, mais à tous les rayons qui viennent se réunir au foyer à la même distance.

Prenons une autre valeur pour l, prenons $l = 2f$, c'est-à-dire que nous plaçons l'objet à une distance double de la distance focale principale, c'est-à-dire à une distance double de celle à laquelle un objet placé à l'infini vient former son image. Si $l = 2f$, notre formule devient

$$\frac{1}{2f} - \frac{1}{m} = \frac{1}{f}$$

d'où nous tirons pour la valeur de m

$$m = - 2f$$

Ce signe $-$ annonce encore que l'image est réelle, c'est-à-dire qu'elle se fait derrière la lentille, et sa valeur absolue $2f$ signifie que l'image va se faire à une distance double de la distance focale principale. Ainsi la distance focale principale étant de 3 pieds, si nous plaçons un objet à 6 pieds, il viendra faire son image à 6 pieds derrière la lentille, et sa grandeur sera tout-à-fait pareille.

Enfin supposons $l = f$, notre formule deviendra

$$\frac{1}{f} - \frac{1}{m} = \frac{1}{f}$$

d'où nous tirons pour la valeur de m :

$$m = \infty$$

C'est-à-dire que si vous placez l'objet au foyer principal de la lentille, les rayons qui traversent la lentille vont former leur image à l'infini, c'est-à-dire que les rayons forment un faisceau parallèle. Ainsi nous retrouvons dans les lentilles exactement les mêmes propriétés que dans les miroirs.

Je vais résumer ces propriétés : lorsqu'un objet est placé à l'infini au devant d'une lentille, il s'en vient faire son image derrière la lentille à une certaine distance qu'on appelle distance focale principale. A cette distance on a une image très rétrécie, mais cependant très correcte et très exacte de l'objet. Si donc nous prenons la lune pour point lumineux, la lune pouvant être considérée comme placée à une distance infinie, nous aurons à la distance focale principale une image très exacte de la lune, et si nous regardons avec une loupe cette image si petite qu'à peine elle occupe un espace d'un millimètre carré, nous y distinguerons les montagnes et tout ce qu'on peut apercevoir dans la lune, à l'aide d'un télescope ; et en effet, un télescope n'est pas autre chose qu'un instrument composé d'une lentille au foyer de laquelle un objet vient former son image dans un espace extrêmement petit, et d'une loupe avec laquelle on vient regarder l'image pour l'amplifier.

Si nous supposons que l'objet se rapproche de plus en plus depuis l'infini jusqu'à 2 f, c'est-à-dire jusqu'au double de la distance focale principale, l'image marche seulement depuis la distance f jusqu'à la distance 2 f.

Enfin si nous supposons que l'objet se rapproche depuis la distance 2 f jusqu'à la distance 1 f, l'image va marcher depuis la distance 2 f jusqu'à l'infini. En même temps que l'image change de position, elle change de grandeur. A mesure qu'on rapproche l'objet, l'image grandit ; quand l'objet est à 2 f, l'image est aussi à 2 f, et sa grandeur est la même que celle de l'objet ; si l'on rapproche encore l'objet, l'image s'éloigne et grandit de plus en plus. Si on place l'objet très près de la lentille, et qu'on reçoive l'image sur une toile placée à mille fois la distance qu'il y a entre l'objet et la lentille, on a une image qui est mille fois plus grande que l'objet. C'est sur ce principe qu'est fondée la construction des microscopes.

Enfin, faisons l plus petit que f, c'est-à-dire plaçons l'objet plus près que le foyer principal ; il arrive alors qu'en tirant la valeur de m, ou trouve m — une quantité positive, c'est-à-dire qu'il n'y a plus d'image réelle, mais seulement une image virtuelle.

La formule $\dfrac{1}{l} \quad \dfrac{1}{m} \quad \dfrac{1}{f}$

ne convient qu'aux lentilles convergentes. On a pour les lentilles divergentes la formule suivante :

$$\frac{1}{l} \dashv \frac{1}{m} \cdots \frac{1}{f}$$

Vous voyez que la différence est dans le signe. La formule des lentilles divergentes se discute absolument de la même manière que la formule des lentilles convergentes. Je n'entrerai donc dans aucun détail à cet égard.

Je n'ai parlé que des points placés sur l'axe ; les points placés hors de l'axe font leur foyer d'une manière analogue.

On ne peut raisonner sur une lentille, sans connaître sa distance focale principale. Il y a des moyens de la trouver par le calcul ; mais il est un moyen beaucoup plus simple, c'est d'exposer la lentille au soleil et de chercher dans quelle position elle donne une lumière plus vive sur un carton placé au-dessous. La distance du carton à la lentille sera la distance focale principale.

PASSAGE DE LA LUMIÈRE A TRAVERS LES CORPS IRRÉGULIERS.

Nous allons maintenant nous occuper du passage de la lumière à travers les corps de forme et de nature variables, et parler du phénomène du *mirage, des réfractions astronomiques*, et de quelques autres phénomènes de cette nature. Quand la lumière traverse des corps homogènes, de forme régulière, géométrique, toutes les directions qu'elle prend peuvent être calculées ; mais quand la lumière traverse des corps hétérogènes et de forme changeante, quand la lumière pénètre dans l'eau, par exemple, et que la surface de l'eau est agitée, qu'elle forme des flots, il est évident que le faisceau de lumière qui pénètre dans l'eau ne peut aller en ligne droite. Les ondes forment des espèces de lentilles qui concentrent la lumière et forment au fond de l'eau des alternatives de lumière et d'ombre.

Ce qui arrive dans l'eau arrive à plus forte raison dans l'air. Depuis les hauteurs de l'atmosphère jusqu'à la surface de la terre, combien la lumière ne rencontre-t-elle pas d'airs différens par la température, la pression, la densité, et même aussi par la direction de leur mouvement; mais il est bon d'indiquer de suite que le mouvement de l'air n'a aucune influence pour réfracter la lumière. Que l'air soit tranquille ou qu'il soit agité du mouvement le plus rapide, l'air qui le traverse n'est point dévié; ainsi la matière pondérable, par l'acte de son mouvement, n'a aucune prise sur la lumière. La lumière passe à travers le mouvement comme à travers le repos. Nous n'avons à considérer que la diversité des couches atmosphériques.

Imaginons d'abord que l'atmosphère soit parfaitement calme et soumise partout à la même pression, et la température partout uniforme, et voyons, dans cette hypothèse, comment la lumière devra venir des astres jusqu'à nous. Après avoir divisé, fig. 11, l'atmosphère en un certain nombre de couches; je suppose un rayon de lumière tombant du soleil sur la couche supérieure dans la direction *li :* la figure ne représente que trois couches, mais en réalité il y en a une infinité. La lumière pénétrant du vide dans l'air, c'est-à-dire d'un milieu moins réfringent dans un milieu plus réfringent, sebrise. Tant qu'elle est dans une couche homogène, elle continue sa route en droite ligne, mais lorsqu'elle arrive à une couche plus dense que la première, elle se brise de nouveau; ainsi des limites de l'atmosphère jusqu'à la surface de la terre, le rayon forme une suite de lignes brisées, et le point lumineux paraît à l'observateur sur le prolongement du dernier rayon qui vient frapper son organe.

Supposons maintenant que l'air ne soit pas calme : s'il y a beaucoup de mouvement dans ce fluide, il pourra arriver que la densité des diverses couches variera d'une manière irrégulière. Par conséquent la lumière sera déviée aussi d'une manière irrégulière. Quand on considère tous les mouvemens divers qui peuvent exister dans l'air depuis la terre jusqu'à la limite de l'atmosphère, on conçoit très bien que la lumière doit nous arriver par des espèces d'ondulations.

Pour avoir une idée nette de ces lignes onduleuses que forme la lumière, il suffit d'observer les objets éloignés au-dessus d'une plaine échauffée par un soleil ardent, ou au-dessus de la cime des arbres. Tous ces objets sont vacillans, et semblent se jouer dans les airs. Long-temps avant qu'on pût se rendre compte des phénomènes produitspar la réfraction, on avait observé avec le plus grand étonnemeut plusieurs soleils, sans pouvoir distinguer le véritable soleil de ce qui n'était que son image. Ce phénomène ne se produit qu'au lever et au coucher du soleil.

MIRAGE.

Le phénomène qu'on connaît sous le nom de *mirage* ne s'observe que sur les grandes plaines fortement échauffées par le soleil, et assez abritées pour qu'il n'y ait pas de courans d'air très rapides. C'est en Égypte, lors de l'expédition des Français, que l'explication du phénomène du mirage a été pour ainsi dire improvisée par Monge, témoin de ce spectacle majestueux qui trompait si cruellement nos soldats, lorsque dévorés par une soif brûlante et cherchant partout de l'eau, ils croyaient apercevoir une immense inondation. Voici comment on explique ce phénomène singulier.

Imaginons une vaste plaine échauffée par un soleil ardent ; l'air qui repose sur le sol s'échauffe, et comme en s'échauffant il devient spécifiquement plus léger, il s'élève. Je demande si l'air a partout la même densité, s'il est partout à la même température, s'il supporte partout la même pression. Quant à la pression, il est évident que l'air des couches inférieures est plus comprimé que celui des couches supérieures; ainsi la pression va en décroissant. Quant à la température, l'air en contact avec la surface du sol échauffé, sera évidemment le plus chaud; la température ira donc aussi en décroissant, comme la pression. Quant à la densité, on peut être d'abord fort indécis pour décider si elle va en croissant ou en décroissant. On a trouvé que la densité va croissant, à mesure qu'on s'élève ; ce qui est contraire au phénomène ordinaire ; car la température étant la même, la pression et la densité vont en décroissant à mesure qu'on s'élève.

Les choses se passant ainsi que je viens de l'indiquer, imaginons un objet placé au loin, par exemple la tête d'un palmier qui puisse être aperçue directement par un observateur placé en *o*, fig. 12. Imaginons un rayon *li* qui se présente pour pénétrer dans les couches d'air superposées. Ce rayon rencontrant des milieux de moins en moins denses, s'écartera continuellement de la normale, et finissant par se présenter sous un angle trop petit pour sortir d'une couche plus dense que la couche inférieure, il se réfléchira et arrivera en suivant la courbe *lio* à l'œil de l'observateur qui, apercevant l'objet renversé sur le prolongement du dernier rayon, croira que cet objet est réfléchi par une surface liquide.

IMPRIMERIE DE E. DUVERGER,
RUE DE VERNEUIL, N° 4

COURS DE PHYSIQUE.

LEÇON SOIXANTE-QUATRIÈME.

(Samedi, 12 Juillet 1828.)

SUITE DU MIRAGE.

Nous avons étudié, dans la dernière leçon, la marche de la lumière dans les *plaques parallèles*, dans les *prismes*, dans les *lentilles*, et enfin dans des milieux de forme indéfinissable, et variables par leur nature, ou du moins variables par leur densité.

Nous avons vu que quand la lumière passe à travers des plaques à faces parallèles, elle est déviée, mais déviée de telle sorte que les images des objets ne sont nullement altérés; et que les objets eux-mêmes n'éprouvent qu'un léger déplacement, parallèlement à eux-mêmes. Ce déplacement dépend de l'épaisseur de la plaque, de son rapport de réfraction et de quelques autres circonstances.

Quand au contraire la lumière passe à travers des faces planes et inclinées, c'est-à-dire quand elle traverse un prisme, elle est déviée et les objets sont déplacés. Nous avons posé, à l'égard du prisme, la formule suivante : la lumière qui traverse un prisme est déviée vers la base de ce prisme, et l'image de l'objet lumineux est relevée vers le sommet du prisme.

Nous avons ensuite examiné la marche de la lumière à travers les lentilles, et nous avons vu que tous les phénomènes pouvaient être renfermés dans une formule composée seulement de trois lettres, pourvu qu'on se rappelât que cette formule ne s'appliquait pas à un rayon, mais à tout le faisceau qui couvre la lentille ; que par conséquent elle représentait non pas la marche d'un rayon, mais la concentration des rayons vers un point unique appelé foyer.

Enfin nous avons étudié la marche de la lumière dans des

64

milieux de forme ou de densité variable. Nous avons vu que la différente densité des couches d'air qui composent l'atmosphère, donne lieu au phénomène appelé *réfraction astronomique*, phénomène qui nous fait voir tous les astres là où ils ne sont pas réellement, et ensuite au phénomène du *mirage*, qui consiste en ce que des objets situés sur de vastes plaines échauffées par le soleil, sont vus comme s'ils étaient réfléchis par un miroir. Nous avons vu que ce phénomène n'est possible que lorsque la couche d'air qui repose sur le sol, est moins dense que les couches supérieures, et que la densité va en croissant à mesure qu'on s'élève.

Le phénomène du mirage se démontre au moyen de l'appareil suivant : on remplit de charbon allumé une large caisse de tôle. L'air qui est en contact avec les faces latérales de la caisse, s'échauffe, s'élève, est remplacé par de l'autre air qui s'échauffe à son tour, de sorte qu'il s'établit contre les parois de la caisse un courant continuel d'air chaud.

Imaginons l'air qui environne la caisse divisé par couches d'un millimètre d'épaisseur, par exemple; la couche qui est immédiatement en contact est la plus chaude, et, par conséquent, la moins dense; celle qui vient ensuite est un peu moins chaude et un peu plus dense, ainsi de suite jusqu'à ce qu'on arrive à la température ambiante, et alors la densité est aussi la densité ambiante. Si nous plaçons une mire à une certaine distance de la caisse, et si nous supposons un rayon qui arrive perpendiculairement à l'une des couches, le rayon ne sera pas réfracté ; car tout rayon qui tombe perpendiculairement sur une surface n'éprouve jamais de réfraction; mais si nous imaginons des rayons qui arrivent obliquement, ces rayons seront déviés ; et comme ils traversent des couches d'inégales densités, il se produira le même phénomène que nous avons expliqué dans la dernière leçon, c'est-à-dire que nous verrons deux images de la mire : une image directe et une image réfractée.

Le phénomène du mirage se produit non-seulement sur les plaines échauffées par le soleil; il se produit aussi sur la surface de la mer. Ce phénomène se produit surtout sur les côtes de Sicile, et il est connu sous le nom de *fata morgana*. De Messine on aperçoit dans les airs, vers la côte opposée, toutes sortes d'édifices, dont les uns forment des images assez complètes, et les autres des images brisées. Ces palais, tout-à-fait fantastiques, paraissent même à une assez grande hauteur dans les airs. Dans les premiers temps où ce phénomène fut aperçu, le peuple accourait en foule, croyant voir quelques-unes de ces féeries dont on parlait tant dans les siècles d'ignorance. La physique est venue expliquer ce prestige. Les images qu'on aperçoit sont les images des objets qui sont sur la côte, et qui ne sont pas visibles directement à cause de la courbure de la mer; mais qui le deviennent par réfraction, lorsqu'il s'établit dans les couches atmosphériques un ordre de densités convenable pour que le phénomène se produise.

Dans les régions polaires, où il y a des changemens de température extrêmement brusques, on aperçoit des phénomènes analogues et qui sont dus à la même cause. C'est ainsi qu'on aperçoit, au moyen de la réfraction, des côtes qui sont trop enfoncées au-dessous de la mer pour être visibles directement, et que des bâtimens placés à de grandes distances peuvent s'apercevoir les uns les autres.

On cite un exemple très remarquable de ce phénomène : Un fameux baleinier, le capitaine Scoresby, était allé pêcher la baleine dans les mers du Nord, accompagné de son fils. Ils furent séparés par une tempête, et se trouvèrent à une telle distance l'un de l'autre, qu'ils ne pouvaient s'apercevoir. Mais un changement brusque de temps détermina les conditions nécessaires pour le phénomène du mirage, et à l'instant le fils du capitaine Scoresby aperçut le bâtiment de son père à une très grande distance ; mais il le vit dans les airs et dans une situation renversée. Cependant l'image était si nette qu'il put très bien reconnaître la forme des voiles, les dimensions du bâtiment. Averti ainsi par cette image du côté où était son père, il put facilement le rejoindre.

Vous concevez que la netteté des images ainsi produites par le mirage n'est qu'une chose extrêmement fugitive ; et en effet le moindre changement de temps peut produire des déformations. Il est encore d'autres phénomènes qui s'expliquent exactement d'après les mêmes principes. Ainsi il n'y a de vision indirecte, que quand il y a changement de température et changement de densité dans l'atmosphère.

DÉCOMPOSITION ET RECOMPOSITION
DE LA LUMIÈRE.

Après avoir suivi la marche de la lumière dans les corps diaphanes, après avoir vu comment elle est modifiée et toutes les sinuosités, pour ainsi dire, qu'elle a à parcourir, il nous reste à examiner un autre phénomène tout-à-fait dépendant du phénomène de la réfraction, et qui en est en quelque sorte le complément, je veux parler de la *décomposition* et de la *recomposition* de la lumière. L'étude de cette partie de l'optique peut se faire sur la lumière solaire ou sur la lumière ordinaire.

La décomposition de la lumière est, pour ainsi dire, le début de Newton dans la carrière de l'optique ; avant ce physicien, on n'avait nulle idée de ce phénomène On avait observé depuis long-temps l'arc-en-ciel, mais sans pouvoir l'expliquer.

Vous allez voir par quelle série d'expériences Newton a été conduit à la découverte de la décomposition de la lumière ; nous allons répéter ces expériences dans l'ordre même suivi par Newton.

Le prisme est l'instrument au moyen duquel Newton a fait l'analyse de la lumière.

Voici la première expérience. Imaginons que sur une surface noircie, et je vous préviens que pour avoir une surface parfaitement noire, le meilleur moyen qu'on puisse employer, est d'exposer une plaque de verre au-dessus d'une bougie allumée, jusqu'à ce qu'elle se soit couverte uniformément de noir de fumée ; imaginons, dis-je, que sur une surface noircie on ait collé une petite bande rouge, et qu'on vienne regarder cette petite bande avec un prisme : on verra cette bande déviée, on n'observera rien autre chose. Il semble que cette expérience ne puisse rien nous apprendre sur la décomposition de la lumière, mais nous allons la comparer à une seconde expérience qui nous indiquera quelque chose.

Imaginons qu'on prenne une seconde bande tout-à-fait pareille pour la dimension à la première, mais de couleur bleue, et qu'on la place à côté de la bande rouge, de manière que les deux bandes se trouvent sur une ligne parallèle à l'arête du prisme. Je demande si, lorsqu'on viendra regarder les deux bandes avec un prisme, leurs images paraîtront encore sur la même ligne, c'est-à-dire si les deux bandes seront également déviées. Newton, en faisant cette expérience, s'aperçut que la bande bleue était placée plus haut que la bande rouge, c'est-à-dire qu'elle était déviée davantage.

Cette expérience, qui n'a rien de frappant au premier coup d'œil, est cependant l'origine de la découverte de la décomposition de la lumière. Veuillez, en effet, réfléchir un instant à cette expérience. Pourquoi le bleu et le rouge sont-ils déviés en traversant le prisme ? C'est parce que la lumière est réfractée. Si donc le bleu est dévié plus que le rouge, il en résulte que la couleur bleue est plus réfractée que la couleur rouge. Ainsi deux couleurs différentes sont, dans les mêmes circonstances, réfractées diversement.

Voici une expérience également faite par Newton. Nous ne mettons plus la couleur bleue et la couleur rouge à côté l'une de l'autre; nous prenons de la poudre qui fait de la couleur rouge, et de la poudre qui fait de la couleur bleue, nous mêlons ces deux couleurs, il en résulte une couleur composée qui sera à peu près du violet, et nous mettons cette couleur composée sur une bande de papier blanc. Je suppose qu'on vienne regarder cette bande avec un prisme, et je vous demande ce que l'on devra voir; il est facile de le deviner, et on doit comprendre tout le plaisir qu'a eu Newton à prédire d'avance le résultat de cette expérience. Quand on vient ainsi regarder la bande violette, avec un prisme, on ne voit plus une bande unique qui est violette, mais on aperçoit deux bandes, une rouge et une bleue, c'est-à-dire que la couleur rouge et la couleur bleue qui sont entrées dans la couleur composée, ont suivi chacune leur loi de réfraction.

Donc, s'il existait dans la nature un corps violet, mais violet par la raison que je viens d'indiquer, c'est-à-dire comme résultant du mélange de la couleur bleue avec la couleur rouge, lorsqu'on viendrait regarder cet objet avec un prisme, on le verrait toujours double; et si nos yeux étaient conformés d'une certaine manière, s'ils étaient prismatiques, comme tout porte à croire que sont ceux des insectes, lorsque nous regarderions à la vue simple un corps violet, nous ne verrions pas un seul corps, nous en verrions deux, un rouge et un bleu. Si, par exemple, il existait une étoile violette, et toujours sous cette condition qu'elle serait violette par un mélange de rouge et de bleu, en regardant cette étoile à la vue simple, nous la verrions violette, mais en la regardant à travers un prisme nous verrions deux étoiles qui pourraient être à une assez grande distance l'une de l'autre; et l'une de ces étoiles serait rouge et l'autre bleue. Il en serait de même si le soleil était violet.

Ainsi le prisme sépare les élémens des couleurs composées. Ce qui a lieu pour deux couleurs, aurait également lieu pour trois, pour quatre, pour toutes les couleurs. Or, que produit le mélange de toutes les couleurs? C'est le blanc. Je suppose que l'on vienne à regarder avec un prisme une petite bande blanche collée sur un fond noir. Si la lumière blanche est une lumière qui se réfracte uniformément, si elle n'est pas composée, on ne verra que du blanc; mais s'il arrivait que cette lumière blanche fût composée de rouge et de bleu, par exemple, au lieu d'une seule bande qui serait blanche, nous en verrions deux, l'une rouge et l'autre bleue. Si la lumière

64*

était composée de trois, de quatre couleurs, nous apercevrions trois, quatre bandes. Je suppose que nous ignorions comment le blanc est composé; regardons avec un prisme une bande blanche, autant nous apercevrons de bandes diverses, autant nous pourrons dire que le blanc contient de couleurs diverses. En faisant l'expérience, nous voyons sept couleurs au lieu d'en voir une, et la couleur véritable de la bande, nous ne la voyons pas.

Quelle conséquence Newton a-t-il pu tirer de cette expérience? C'est que la lumière blanche n'est point une lumière homogène, dont toutes les parties se réfractent également; mais qu'elle est une lumière composée d'élémens qui se réfractent diversement. Les élémens sont les sept couleurs suivantes : rouge, orangé, jaune, vert, bleu, indigo, violet.

Voulons-nous maintenant nous assurer que chacune de ces couleurs, le rouge, par exemple, est bien une couleur élémentaire, c'est-à-dire qu'elle ne peut être décomposée en d'autres élémens ? Il y a une expérience bien simple à faire, c'est de prendre deux prismes, et de recevoir la couleur rouge qui a traversé le premier prisme, sur un second prisme. Si la lumière rouge, en traversant le second prisme, est décomposée, il faudra en conclure que le rouge n'est pas une couleur élémentaire. Si elle n'est pas décomposée, nous conclurons que le prisme n'a pas la puissance de décomposer la lumière rouge, et si l'on trouve que nulle substance ne décompose la lumière rouge, on pourra dire que la lumière rouge est une couleur élémentaire; voilà l'idée que nous pouvons prendre de la décomposition de la lumière, voilà l'idée de ce qu'on appelle lumière simple et lumière composée. Nous appelons *composée* la lumière qui peut être diversement réfractée, et *simple* la lumière qui ne peut être diversement réfractée. L'action réfringente représente en quelque sorte et contient en elle-même toutes les actions naturelles; ce qui est réfracté d'une certaine manière subit toujours la même action de la part de la matière pondérable ; ce qui est réfracté d'une autre manière subit toujours une autre action de la part de la matière pondérable.

Nous venons de voir comment est composée la lumière blanche; or qu'est-ce que la lumière blanche qui éclaire les objets terrestres? C'est la lumière des nuées ? Qu'est-ce que la lumière des nuées ? C'est la lumière du ciel. Qu'est-ce que la lumière du ciel? c'est la lumière du soleil. Donc Newton a dû dire : En soumettant un rayon solaire à la décomposition,

je devrais y retrouver tous les élémens de la lumière blanche.
En effet c'est ce que l'expérience a confirmé.

Ainsi la lumière solaire qui est celle qui nous éclaire est
une lumière composée. Il est bon d'examiner si ce qui est
vrai pour la lumière solaire, l'est également pour les autres
espèces de lumière. Voulons-nous savoir, par exemple, si la
lumière d'une bougie est une lumière composée, regardons
la flamme d'une bougie avec un prisme. Seulement comme
la flamme est plus longue que large, il faut tourner le prisme
de manière que l'arête, au lieu d'être horizontale, soit verticale. Lorsqu'on fait cette expérience, on reconnaît que la
lumière d'une bougie n'est pas composée comme de la lumière blanche. On y voit dominer beaucoup la lumière jaune,
l'orangé et le bleu, et l'on n'y voit presque pas de violet; on
peut essayer de même toutes les autres lumières, qui résultent des combustions, des actions chimiques, des phospho-
rences, pour comparer leur composition à celle de la lumière
solaire.

Enfin si l'on veut savoir si la lumière des étoiles est analogue à celle de soleil, je parle des étoiles et non pas des
planètes ; car il est évident que les planètes étant éclairées
par le soleil, c'est la lumière du soleil qu'elles nous renvoient.
Si, dis-je, l'on veut savoir de quelle nature est la lumière
des étoiles, il y a une chose bien simple à faire, c'est de les
regarder avec un prisme. Nous avons déjà dit, que si une
étoile était violette, nous verrions deux étoiles ; donc si la
lumière propre des étoiles est une lumière analogue à celle
du soleil, en regardant une étoile avec un prisme nous devrons voir sept étoiles. C'est en effet ce que nous voyons.
A la vérité ces sept étoiles ne sont pas distinctes et séparées
l'une de l'autre, elles sont contiguës ; en sorte qu'au lieu de
former des points isolés, elles forment une ligne lumineuse
perpendiculaire à l'arête du prisme et composée des sept
couleurs disposées dans l'ordre suivant : rouge, orangé,
jaune, vert, bleu, indigo, violet. Les nuances sont-elles
dans la même proportion et occupent-elles le même espace ?
C'est ce que nous examinerons plus tard.

Il nous reste à expliquer la raison pour laquelle j'ai dit qu'il
fallait, lorsqu'on voulait décomposer la lumière d'une bande
colorée, prendre une bande très étroite, et placer le prisme
parallèlement à la bande ; et que quand on voulait décomposer la lumière d'une bougie, il fallait pareillement placer
le prisme parallèlement à la direction de la flamme, c'est-
à-dire le tenir verticalement.

Si nous ne procédons pas de la sorte, si nous regardons, par exemple, un cercle blanc d'une certaine grandeur, que devra-t-il arriver? La lumière de chaque point du cercle blanc étant décomposée, il est évident que nous aurons sept cercles; mais les centres de ces cercles restant à la même distance que pour un cercle plus petit, il arrivera que tous les cercles empiéteront tellement les uns sur les autres, que dans la partie du milieu, fig. 1, les sept couleurs se trouvant réunies, cette partie devra nous paraître blanche. C'est en effet ce que l'expérience confirme. Ce que nous venons de dire d'un cercle, nous pourrions le dire également d'une bande de forme quelconque. Voilà ce qui explique pourquoi, lorsque nous regardons des objets à travers un prisme, le bord supérieur de ces objets nous paraît violet et bleu, et le bord inférieur rouge et jaune, lors toutefois que le sommet du prisme est en haut; car lorsque le sommet du prisme est en bas, la bordure rouge est en haut et la bordure violette en bas.

Voici une expérience qui sert à démontrer la recomposition de la lumière. On peint un cercle des sept couleurs primitives disposées comme l'indique la fig. 2. Si l'on s'en vient faire tourner ce cercle avec une grande rapidité, on n'aperçoit plus aucune de ces sept couleurs, on ne voit que du blanc. Ce phénomène est un phénomène de recomposition, et il suffit de réfléchir un instant sur cette expérience pour prendre une idée nette de la lumière composée. Vous allez voir comment, partant de cette expérience, nous pourrons non-seulement nous rendre compte du phénomène, mais remonter à la source des choses. Nous verrons ce qui constitue les nuances différentes dans la lumière, comment elles sont confondues dans la lumière solaire, et comment elles sont séparées par le prisme.

D'abord pour faire bien comprendre le phénomène que je viens de produire, je rappellerai une expérience bien connue. Quand on fait décrire à un charbon allumé une circonférence, au lieu de voir un point lumineux qui parcourt successivement les différens points de la circonférence, on voit un cercle lumineux. Nous voyons donc le charbon là où il n'est point, de même que nous entendons un bruit qui n'est plus; c'est-à-dire que toutes les impressions que nous recevons par nos sens restent, après que nos organes ont cessé d'être frappés. C'est une conséquence du principe, que tout mouvement de la matière pondérable ou impondérable exige un certain temps pour se produire. Par conséquent nos organes pour recevoir des impressions exigent un certain temps.

Nous n'avons pas l'impression de la lumière au moment précis où notre organe est frappé, il faut entre la pression et l'impulsion qui en résulte sur l'organe un certain temps, pour que nous ayons l'image; et réciproquement quand l'impulsion a cessé, le mouvement peut durer encore quelques instans. Ainsi le point lumineux qui décrit une circonférence peut paraître en deux, en trois endroits différens, et si on le fait tourner avec une grande rapidité, il peut paraître à la fois dans tous les endroits de la circonférence, c'est-à-dire qu'au lieu d'apercevoir un ou plusieurs points lumineux, nous voyons un cercle lumineux tout entier.

Cette expérience ingénieuse peut servir à constater combien la sensation doit durer dans nos organes et dans notre intelligence, après avoir été produite. Il est très vraisemblable que la durée des impressions varie dans les différens individus. Il serait facile de mesurer la durée de l'impression pour chaque individu. Si l'un voit, par exemple, le cercle complet, tandis que l'autre le voit brisé, on en conclura que l'impression dure plus long-temps pour le premier que pour le second. Il n'est pas aussi facile de mesurer la durée des impressions qui ont lieu sur les autres organes.

Lors donc qu'on fait tourner avec rapidité un cercle peint des sept couleurs qui composent la lumière blanche, nous apercevons simultanément sept cercles qui sont l'un rouge, l'autre orangé, etc. Par conséquent, nous devrons avoir la perception de la lumière qui résulte du mélange de ces sept couleurs, c'est-à-dire la perception du blanc.

Tel est le principe de la recomposition de la lumière. Cette recomposition n'est pas un phénomène chimique, une combinaison des divers élémens qui constituent la lumière; ce n'est pas une action des élémens les uns sur les autres; c'est tout simplement une direction commune donnée dans notre œil à tous les rayons lumineux de nuances différentes. Ainsi prenez les sept couleurs qui composent le blanc, appliquez-les où vous voudrez, pourvu que vous vous arrangiez pour remplir cette condition, que la couleur rouge et la couleur violette et toutes les couleurs intermédiaires arrivent simultanément dans votre œil, condition que vous pouvez remplir facilement au moyen de miroirs réfléchissans, vous aurez la sensation du blanc.

Faisons l'application de ce que nous venons de dire à la lumière solaire, et considérons un rayon; ce rayon nous paraît blanc. Qu'est-ce que cela veut dire? que dans la direction où ce rayon nous arrive, il y a de la lumière rouge, de la lumière orangée, de la lumière jaune, etc.; en un mot, que les sept couleurs arrivent simultanément à notre œil, de même que des sons divers peuvent arriver simultanément à notre oreille et y produire une sensation composée, dans laquelle nous ne distinguons pas les élémens de la sensation, quoique nous nous apercevrions très bien si un des élémens manquait.

Puisque ramener les divers rayons élémentaires dans une même direction, c'est recomposer la lumière, il en résulte que tous les moyens que nous aurons de ramener les divers rayons dans une même direction, seront des moyens de re-composition.

Il y a deux moyens principaux de recomposer la lumière blanche, au moyen des miroirs réflecteurs, et au moyen des lentilles. Si nous faisons tomber le spectre solaire sur un grand miroir concave, tous les rayons réfléchis, suivant la même loi, doivent venir se concentrer dans un point commun, et par conséquent y former une image blanche. Si le spectre solaire tombe sur une lentille, tous les rayons se réfractent et vont se concentrer au foyer de la lentille où ils forment une image d'un blanc très pur. Si on interceptait l'un des rayons, le blanc serait altéré. Si on ne recevait que deux rayons, il se formerait une lumière composée. Si c'était par exemple le rayon rouge et le rayon bleu, la lumière composée serait violette. Cette production de diverses nuances par la réunion de deux ou plusieurs rayons sera l'objet de notre prochaine leçon.

IMPRIMERIE DE E. DUVERGER,
RUE DE VERNEUIL, N° 4.

COURS DE PHYSIQUE.

LEÇON SOIXANTE-CINQUIÈME.

(Mardi, 15 Juillet 1828.)

SUITE DE LA DÉCOMPOSITION ET DE LA RECOM-POSITION DE LA LUMIÈRE.

Nous nous sommes occupés, dans la dernière leçon, de la décomposition et de la recomposition de la lumière. Nous avons vu que le principe de la décomposition de la lumière repose uniquement sur la réfraction ; que la lumière est décomposée et décomposable parce qu'il y a dans la lumière des parties diversement réfrangibles. Ainsi, dire que les élémens de la lumière sont diversement réfrangibles, c'est dire que la lumière est composée d'élémens divers. A ce caractère de la diversité de réfraction, qui suffirait pour faire distinguer des élémens divers dans la lumière, vient se joindre un autre caractère plus frappant pour notre œil, c'est que tous les élémens diversement réfrangibles sont diversement çolorés, ou plutôt affectent diversement notre organe, et notre organe n'est sollicité que parce que la lumière en le touchant éprouve une réfraction. Il y a eu des discussions très longues et très savantes sur la question de savoir si les couleurs étaient dans les corps ou si elles n'y étaient pas. On regarde aujourd'hui les couleurs comme n'étant pas dans les corps, et il y a plus, on les regarde comme n'étant pas dans la lumière, du moins comme couleurs ; on considère les couleurs comme des mouvemens divers dans la lumière.

Ainsi la lumière diversement réfrangible nous affecte diversement ; de là les nuances diverses que nous observons. Par conséquent, pour décomposer la lumière qu'y a-t-il à faire ? La réfracter ; tout mode de réfraction de la lumière la décompose et en sépare les élémens. Qu'y a-t-il à faire pour recomposer la lumière ? Ramener dans la même direction les

65

rayons qui en avaient été écartés. Pourvu qu'on rassemble dans le même point les rayons diversement colorés venant de lieux et de corps différens, le point frappé par ces rayons sera blanc, non pas qu'il y ait aucune action des élémens lumineux les uns sur les autres, mais tout simplement parce que le même point est frappé par l'ensemble des rayons. C'est ainsi qu'en recomposant la lumière solaire on trouve du blanc.

Nous avons à nous occuper aujourd'hui de la composition des couleurs particielles, c'est-à-dire que nous allons rechercher les nuances que doivent produire les diverses couleurs réunies deux à deux, trois à trois, ou en toute autre proportion.

Cette question de la recomposition des couleurs était extrêmement compliquée, attendu qu'il n'existe point dans la nature de couleurs simples. Toutes les substances de la nature vues à travers un prisme présentent toujours des bandes diversement colorées, ce qui démontre d'une manière évidente que les couleurs de ces substances ne sont pas des couleurs simples. Il n'existe de lumière simple que dans la lumière solaire. Il fallait donc, pour déterminer les nuances qui résultent de la réunion de plusieurs élémens lumineux, faire concourir ces élémens sur un même point et observer les nuances qui en résultaient. Ce travail extrêmement pénible a été accompli par Newton avec une perfection digne de ce célèbre physicien. En composant ainsi toutes les couleurs, Newton a été conduit à une construction *empyrique*, nous l'appelons empyrique, parce qu'il ne nous a pas été possible de saisir, soit dans les ouvrages de Newton, soit dans les traditions, la marche des idées qui l'avaient conduit. Nous connaissons le résultat, sans savoir comment il a été obtenu. Newton a dit : Faites la construction que je vais indiquer, et vous aurez le moyen de faire ce que font les peintres sur leur palette. Cette construction indiquée par Newton est extrêmement simple. Après avoir décrit un cercle, dont on marque le centre, on mène un rayon, et à partir du point où ce rayon rencontre la circonférence, on trace sur cette circonférence autant de divisions qu'il y a de nuances diverses dans le spectre. Comme Newton s'était arrêté à sept nuances, il divisait le cercle en sept parties, non pas en sept parties égales, mais en sept parties proportionnelles aux longueurs qu'occupent les couleurs dans le spectre ; et Newton avait remarqué qu'il y avait un rapport singulier entre les accords de la musique et les nombres qui expriment les rapports entre les espaces occupés par les diverses couleurs.

Voici comment le cercle, fig. 1, doit être divisé.

$$\frac{1}{9} \quad \frac{1}{16} \quad \frac{1}{10} \quad \frac{1}{9} \quad \frac{1}{10} \quad \frac{1}{16} \quad \frac{1}{9}$$

C'est-à-dire que le rouge occupera $\frac{1}{9}$ du cercle, l'orangé $\frac{1}{16}$, le jaune $\frac{1}{10}$, le vert $\frac{1}{9}$, le bleu $\frac{1}{10}$, l'indigo $\frac{1}{16}$, le violet $\frac{1}{9}$.

Considérons maintenant chacun des arcs comme étant une certaine puissance, par exemple une puissance de pression, comme étant un poids; et l'action de la lumière sur l'œil est en effet tout-à-fait analogue à une pression. Si nous considérons ces arcs comme capables d'exercer sur notre organe une certaine pression, chacun de ces arcs aura une résultante qui sera appliquée en un certain point qui sera le centre de gravité. Ce point est facile à déterminer.

Maintenant voulez-vous composer deux couleurs, prenez les centres de gravité des deux arcs qui représentent ces couleurs, regardez-les comme deux poids et cherchez la résultante de ces deux poids; vous voyez que la question est ramenée à la question la plus simple, à celle du levier pour lequel la condition d'équilibre est remplie quand les bras de levier sont en raison inverse des poids. Si on veut composer la résultante du rouge et de l'orangé, qui ne sont pas deux poids égaux, il faudra joindre les centres de gravité de ces deux couleurs, et chercher la résultante par la règle générale de la composition des forces parallèles.

Voulez-vous savoir, par exemple, ce que le rouge et le jaune peuvent produire, lorsqu'on les prend dans toute leur intensité; composez la force du jaune, c'est-à-dire joignez les deux centres de gravité par une ligne droite, cherchez le point d'application de la résultante, connaissant les poids relatifs des deux couleurs, vous trouverez que le point d'application de la résultante sera un peu plus rapproché du rouge et qu'il tombera dans l'orangé. Donc le rouge et le jaune composés ensemble donnent l'orangé.

De plus, Newton a démontré par une série d'expériences, que non-seulement on a la nuance de cette manière, mais qu'on sait jusqu'à quel point la couleur est mêlée de blanc, qu'on a sa vigueur, son éclat. Une couleur sera d'autant plus blanche que le point d'application sera plus près du centre; elle sera au contraire d'autant plus vive que le point d'application de la résultante sera plus loin du centre.

Appliquez cette règle générale à la composition de deux couleurs voisines, le rouge et l'orangé, le jaune et le vert; vous aurez toujours pour nuance résultante l'une ou l'autre des deux couleurs, et ce sera la couleur la plus rapprochée.

Cette règle, qui est très simple, est au reste tout-à-fait dans les analogies naturelles.

Voici une autre règle qui donne un résultat auquel on s'attend moins. Composez deux couleurs quelconques séparées par une couleur intermédiaire, vous tomberez toujours sur la couleur intermédiaire et vous y tomberez avec des nuances dépendantes de l'intensité des couleurs composantes. Donc le rouge et le jaune, donneront de l'orangé; le jaune et le bleu donneront du vert, le bleu et le violet donneront de l'indigo.

Composez des couleurs séparées par deux couleurs: composez par exemple le rouge avec le vert; le point d'application tombera sur le jaune; donc le rouge et le vert donnent du jaune. En cherchant la résultante, vous remarquerez un phénomène singulier, c'est que son point d'application sera très près du centre; par conséquent d'après ce que j'ai dit, la teinte devra être extrêmement blanche. Et en effet le rouge avec le vert donnent non pas du blanc, car jamais deux couleurs quelconques ne peuvent donner du blanc, le blanc ne résulte que de l'ensemble des couleurs; mais ils donnent une couleur qui approche du blanc sale. Si vous composez l'orangé avec l'indigo, vous aurez un ton verdâtre; le vert avec le violet, vous aurez un ton bleuâtre. Voilà pour deux couleurs séparées par deux autres couleurs.

Maintenant supposez trois couleurs intermédiaires, composez par exemple le rouge avec le bleu. Ces deux couleurs étant opposées dans le cercle, il semble que le point d'application de la résultante puisse se trouver sur le centre; mais cela n'arivera jamais; donc deux couleurs ne donnent jamais du blanc.

D'après les principes qui viennent d'être posés, on conçoit combien il est facile, avec une règle et un compas, de faire toutes les couleurs qu'un peintre peut faire sur sa palette. Ces principes ont été vérifiés par un grand nombre d'observations et l'on admirera toujours avec quelle sagacité, avec quelle habileté Newton a pu, de l'ensemble de ses expériences, déduire une construction aussi facile à concevoir que facile à exécuter.

Voilà quant à la composition des couleurs solaires. Quant à la composition des couleurs artificielles, il est plus difficile de déterminer quel en doit être le résultat, parce qu'il n'y a pas de couleurs artificielles simples. Pour pouvoir faire l'application des règles que nous venons d'indiquer, il faut savoir quel est le ton de chacune des couleurs artificielles, quels sont les élémens qui y entrent. Si nous voulons, par exemple, connaître la nuance que forme le vermillon avec l'indigo, il faudra, au moyen d'un prisme, faire l'analyse de ces deux couleurs, chercher toutes les nuances qui s'y trouvent, et les apprécier avec exactitude. En analysant ainsi les couleurs, on verrait de combien de manières différentes on peut les produire; ainsi on verrait qu'on peut faire de l'indigo avec du violet et du bleu, avec du violet et du vert, avec du rouge, du violet, du bleu et du vert. En un mot, il y a une infinité de manières de faire une même nuance; et il paraît que c'est là, en général, la marche que suit la nature; elle ne fait jamais des nuances simples, elle fait toujours des nuances composées de divers élémens. Ainsi les couleurs ne sont composées pour nos yeux que parce qu'elles se trouvent recomposées en partie; et ne perdons pas de vue qu'une couleur recomposée n'est autre chose qu'un mouvement composé de différens mouvemens simples, exactement comme le son d'un concert est un son composé de plusieurs ondulations de diverses grandeurs; nous apprendrons à connaître quelle est la longueur d'ondulation qui appartient à chacune des nuances, et comment ces ondulations se combinent pour donner ensuite les couleurs composées.

Avant de terminer ce qui est relatif à la décomposition et à la recomposition de la lumière, je dois vous faire connaître un phénomène, observé par F....., et qui a été encore très peu étudié. Avant que F..... eût fait la découverte dont nous allons parler, on n'avait vu dans le spectre que les nuances diverses que je vous ai fait remarquer; F....., en regardant le spectre avec une bonne lunette, observa que les nuances étaient séparées par une bande noire, et, ce qui est encore plus singulier, que dans chaque nuance, il y avait un certain nombre de bandes noires. Ainsi, supposez, fig. 2, une image du spectre; si nous avons l'œil très délicat ou si nous venons regarder ce spectre armés d'instrumens grossissans, nous verrons dans le rouge une foule de petites bandes noires, parmi lesquelles nous en distinguerons trois qui occupent un certain espace, et qui sont accompagnées de chaque côté de bandes plus étroites. Ces bandes noires, qui ne sont autre chose que des solutions de continuité, prouvent que les degrés de réfrangibilité ne vont pas par nuances insensibles, et qu'il y a des endroits qui manquent complètement de lumière.

Ce que je dis du rouge s'applique également aux autres couleurs; seulement les bandes y sont diversement distribuées.

Ainsi dans l'orangé on remarque une très grande bande; dans le jaune, il n'y a pas de bandes bien saillantes, mais il y en a une multitude de petites; dans le vert, il y a une bande très grande. Lorsqu'on descend au bleu, à l'indigo, on aperçoit des solutions de continuité pareilles. Enfin, arrivé au violet, on observe deux espaces noirs qui sont très grands relativement à la longueur totale de la lumière violette.

Après avoir fait cette découverte dans la lumière solaire, F..... a cherché si un phénomène analogue avait lieu pour les lumières de diverse nature; pensant que ces lumières, analogues par les nuances dont elles sont composées, seraient peut-être différentes par les solutions de continuité qu'elles présentent. C'est, en effet, ce qui a lieu. La lumière du charbon, de l'huile, les lumières phosphorescentes, la lumière électrique ne présentent pas les mêmes solutions de continuité que le spectre solaire. La lumière des planètes est tout-à-fait identique à celle du soleil, et cela n'est point étonnant, puisque cette lumière n'est autre que celle du soleil réfléchie par les planètes. Il était important d'observer les étoiles, afin de reconnaître si elles avaient une lumière propre, différente de celle du soleil. Les étoiles soumises à l'observation ont toutes présenté des solutions de continuité différentes. Ainsi, il y a autant de spectres différens qu'il y a d'étoiles. Voilà enfin un caractère distinctif établi entre la lumière des étoiles et celle du soleil; et on n'a pu reconnaître entre ces deux lumières d'autre différence que celle que je viens de signaler.

ACHROMATISME.

Nous allons parler de l'*achromatisme*. Tout le monde connaît le mot, mais il est difficile, sans calcul, de donner une idée bien nette de la chose. Cependant je vais essayer de faire comprendre, sur le prisme, en quoi consiste l'achromatisme.

Nous avons vu qu'un rayon de lumière pénétrant dans un prisme de verre ordinaire, se décomposait aussitôt; de telle sorte qu'au lieu d'un rayon unique, il y en avait sept qui prenaient chacun une direction distincte. Nous avons vu comment, par suite de cette division, le rayon, au sortir du prisme, formait un spectre composé des sept couleurs : violet, indigo, bleu, vert, jaune, orangé, rouge; le violet allant se placer en haut comme étant le plus réfracté, et le rouge en bas, comme étant le moins réfracté. L'angle qué fait le rayon rouge avec le rayon violet, ou l'espace qui sépare ces deux rayons, dépend de deux choses : il dépend de la grandeur de l'angle du prisme, de l'angle réfringent. Un prisme plus ouvert donne un spectre beaucoup plus allongé, c'est-à-dire dévie beaucoup plus le rouge et le violet. L'angle que font les deux rayons dépend, en second lieu, de la nature de la substance. Nous avons vu, en effet, que des liquides de diverse nature réfractent diversement les couleurs différentes. Nous avons pu remarquer trois phénomènes très distincts. Nous avons vu, 1°, que bien que les prismes eussent le même angle, la réfraction était différente pour toutes les substances; 2°, que les spectres avaient des longueurs différentes ; et 5°, que les rapports des nuances différentes n'étaient pas les mêmes pour les différens spectres : c'est-à-dire que, 1° de deux spectres l'un peut être dévié plus que l'autre ; 2° de deux spectres l'un peut être plus grand que l'autre ; 5° bien que l'ordre des couleurs soit le même, les espaces occupés par les différentes couleurs sont différens ; ainsi, par exemple, l'orangé peut ne pas occuper le même espace dans deux spectres qui ont la même longueur totale.

L'angle que font les rayons au sortir du prisme est ce qu'on appelle la *dispersion*. Ainsi on dit qu'une substance est plus *dispersible* qu'une autre, lorsqu'elle forme un spectre plus grand, l'angle du prisme étant le même ; et réciproquement on dit qu'une substance est moins dispersible qu'une autre, lorsqu'elle forme un spectre moins allongé, l'angle du prisme étant pareillement le même ; tellement que, s'il existait une substance sans aucune dispersion, elle dévierait la lumière, mais ne la décomposerait pas, parce qu'elle dévierait tous les rayons également.

Newton, croyant pouvoir établir un principe fondamental, avait commis une grave erreur, qui, comme toutes les erreurs des grands hommes, a été sanctionnée par le temps, et regardée comme une vérité incontestable, ce qui a pendant long-temps apporté un obstacle au perfectionnement des lunettes. Voici ce principe de Newton ; je l'énonce presque textuellement, afin de mieux vous faire comprendre en quoi consiste l'achromatisme, et de vous faire comprendre en même temps quelle était l'opinion de Newton.

Imaginons deux substances qui réfractent diversement les rayons rouges, par exemple le verre et la térébenthine. La térébenthine réfracte les rayons rouges plus que le verre, à angle égal. S'ensuit-il qu'elle doive réfracter davantage les rayons orangé, jaune, bleu, etc. ? Newton a dit oui. Selon lui, toute substance qui réfracte davantage les rayons rouges, réfracte aussi davantage les rayons orangé, jaune, vert, etc. Il y a plus, a dit Newton, les rapports de réfraction se conservent exactement les mêmes. Voilà en quoi consistait l'erreur de Newton, c'était d'affirmer que toute substance qui réfracte plus non-seulement le rouge, mais une couleur quelconque, réfracte nécessairement plus les autres couleurs.

Voici maintenant la vérité découverte par les spéculations et les méditations d'Euler. Ce physicien observa qu'une conséquence rigoureuse de la théorie de Newton, était que jamais nous ne devions voir de lumière blanche. En effet, la lumière se décompose en traversant notre œil; si elle n'était pas recomposée d'une manière exacte, jamais les objets ne nous paraîtraient blancs.

De ce que notre œil recompose très exactement la lumière et ne donne aucune nuance aux objets, Euler en conclut que le principe posé par Newton était faux; car avec ce principe il était impossible que la lumière se recomposât. Ce premier point établi, Euler se livra à des calculs, pour parvenir à imiter dans les lunettes la recomposition de la lumière qui a lieu dans l'œil.

Le principe qu'il faut substituer à celui de Newton, c'est qu'il peut exister deux substances dont l'une réfracte plus que l'autre certains rayons et réfracte moins d'autres rayons. Ainsi de ce qu'une substance réfracte plus une des couleurs, il n'y a nullement nécessité de conclure qu'elle réfracte plus une autre couleur, et effectivement les faits démontrent que cela n'est pas. Je pourrais citer plusieurs substances qui sont telles que l'une réfracte plus que l'autre les rayons rouges, et que la seconde réfracte plus que la première les rayons violets. Le verre et la térébenthine, que j'ai déjà cités, sont dans ce cas.

Vous voyez, d'après cela, comment le phénomène de la dispersion se lie au phénomène de l'achromatisme; car si toutes les substances décomposaient la lumière, suivant le principe de Newton, tous les spectres seraient proportionnels. Une substance qui donnerait un plus grand espace de rouge, donnerait un plus grand espace des autres couleurs. Or, c'est ce qui n'est pas, et c'est parce que cela n'est pas qu'il est possible de faire des prismes achromatiques.

On appelle prisme achromatique, un prisme qui a la propriété de dévier la lumière sans la décomposer. Nous avons vu que les plaques à faces parallèles ne décomposent pas la lumière, mais aussi elles ne la dévient pas. Or ce que nous cherchons ici, ce sont des appareils qui dévient la lumière et pourtant ne la décomposent pas. Comment la lumière peut-elle être déviée sans être décomposée? Si nous prenons un cube formé par deux prismes de même substance et de même angle, la lumière qu'on fera passer à travers ces deux prismes ne sera pas décomposée, mais aussi elle ne sera pas déviée; le second prisme détruira complètement l'effet du premier : donc une même substance ne peut s'achromatiser elle-même. Mais, si au lieu de mettre derrière le premier prisme un second prisme de substance pareille, nous sommes assez heureux pour trouver une substance qui disperse plus, que faudra-t-il faire pour corriger la déviation ou plutôt la décomposition? Au lieu d'un second prisme égal au premier, il faudra faire avec la substance qui a un pouvoir dispersif plus grand, un prisme qui ait un angle moindre que le premier. Ce prisme, qui aura un angle moindre et un pouvoir dispersif plus grand, pourra recomposer tous les rayons, mais il ne les ramènera pas dans leur direction primitive, ils resteront déviés : donc au moyen d'un système de deux prismes ainsi disposés, nous pourrons avoir des images déviées des objets, et cependant des images qui ne seront pas colorées. Quand on ne réussit pas à achromatiser avec deux substances, on en emploie trois.

Vous devez concevoir combien il doit être difficile de recomposer toutes les couleurs. En effet, que fait le premier prisme? Il sépare toutes les nuances. Ce serait un grand hasard de tomber sur une substance dont on pût faire un second prisme qui permît une recomposition générale; aussi se contente-t-on de recomposer les couleurs les plus vives; et la coloration n'est pas assez sensible pour nuire à l'exactitude des observations astronomiques.

Représentons-nous maintenant l'achromatisme dans les lunettes. Soit une lentille bi-convexe, fig. 3 ; deux rayons lumineux li, li' entrent par l'une des faces en sortent par l'autre pour venir se concentrer en un foyer. Mais en traversant la lentille, ces rayons sont décomposés. Le rouge étant moins réfringent que le violet, il arrivera que le foyer des rayons rouges sera plus éloigné que le foyer des rayons violets, et si vous recevez l'image au-delà du foyer, en supposant qu'une infinité de rayons rouges et violets couvre la surface de la lentille, comme tous les rayons se croisent en passant par ce foyer, il en résultera que vous aurez deux auréoles l'une violette en dehors, l'autre rouge en dedans. Une lentille bi-convexe n'est donc pas achromatique; voulez-vous l'achromatiser ? Voici ce qu'il y aura à faire, une lentille peut-être considérée comme un assemblage d'une infinité de prismes. Or, nous avons vu qu'il fallait un prisme pour achromatiser un autre prisme. Il faudrait donc, pour achromatiser une lentille, appliquer derrière cette lentille une infinité de prismes. De là semble naître une grande difficulté pour l'achromatisme des lunettes ; mais c'est une chose extrêmement simple ; il suffit de mouler une lentille concave sur une lentille convexe, et c'est alors comme si la lumière avait à traverser deux prismes en chaque point. C'est ainsi que la question de l'achromatisme des lentilles se trouve ramenée à l'achromatisme des prismes.

Il semble, d'après cela, que l'achromatisme soit la chose du monde la plus facile, et on peut demander pourquoi on n'a pas des lunettes achromatiques de toutes les dimensions, avec lesquelles on puisse aller sonder les profondeurs du ciel. Je dois vous dire que c'est une chose extrêmement difficile que d'achromatiser un grand verre, à cause de la courbure qu'il faut lui donner ; il y a encore une autre difficulté qui résulte de ce que les substances que nous employons sont toutes hétérogènes, c'est-à-dire composées d'élémens divers. Ainsi, le verre qui semble le plus limpide, serait un très mauvais objectif, parce qu'il contient des filandres, des inégalités, en un mot parce que ce n'est pas une substance homogène. Cependant, en fondant une masse un peu considérable de verre ordinaire appelé *crownglass*, on peut, en prenant la partie du centre, travailler une lentille d'un pied de diamètre. Il fallait trouver une substance qui achromatisât le crownglass ; cette substance est le *flintglass* dont le rapport de réfraction est de 1,57 tandis que le rapport de réfraction du crownglass est de 1,50. La différence entre ces deux espèces de verre, c'est que le flintglass contient du chromate de plomb, et que le crownglass n'en contient pas.

Il fallait faire du flintglass en masse assez grande pour pouvoir achromatiser une grande lentille de crownglass. Un homme possédait ce secret, et c'est à lui que nous devons nos plus grandes lunettes ; mais cet homme est mort emportant son secret avec lui ; tellement que jusqu'à ce que ce secret ait été retrouvé, il nous est impossible de faire aucun progrès nouveau dans la science astronomique.

ARC-EN-CIEL.

J'arrive maintenant à l'explication du phénomène de l'*arc-*

en-ciel, qui est un phénomène de décomposition de la lumière.

Il faudrait être bien peu observateur, pour n'avoir pas remarqué quelles sont les circonstances dans lesquelles l'arc-en-ciel se manifeste. Une première condition essentielle pour que le phénomène ait lieu, c'est qu'il pleuve ; une seconde condition également essentielle, c'est que le soleil soit placé d'une certaine manière, ait une certaine élévation. L'arc-en-ciel pourrait exister et ne pas être vu. Il faut, pour le voir, que l'observateur tourne le dos au soleil.

Cherchons quelle est la cause de ce phénomène si singulier, et qui se produit ainsi dans des corps qui n'ont point de couleur. En effet l'eau est une substance parfaitement transparente, et c'est précisément parce que l'eau est transparente que l'arc-en-ciel a lieu.

Voici la théorie du phénomène, théorie nécessairement mathématique, mais cependant tout-à-fait intelligible, d'après les principes que nous avons établis jusqu'à présent. Pour bien comprendre le phénomène de l'arc-en-ciel, examinons d'abord la marche d'un rayon de lumière à travers un corps sphérique, à travers une goutte d'eau, fig. 4. Si un rayon solaire tombe perpendiculairement à la goutte et se dirige vers le centre, ce rayon entrant suivant la normale, sort pareillement suivant la normale, et suit sa route en ligne droite sans éprouver aucune déviation. Supposons un rayon qui vienne tomber tangentiellement à la goutte. Pour savoir ce qui arrive à ce rayon, il faut mener une normale au point d'incidence ; connaissant le rapport de réfraction de l'eau, il sera facile de déterminer la marche du rayon dans l'intérieur de la goutte.

Il est facile de concevoir que tous les rayons qui tomberont entre le rayon normal et le rayon tangent éprouveront, en pénétrant dans la goutte, des réfractions différentes, puisqu'ils tombent sur cette goutte sous des obliquités différentes ; ce qui arrive dans la partie supérieure de la goutte aura également lieu dans la partie inférieure.

Ce principe une fois posé, voyons ce qui arrive au rayon *l i*, par exemple, lorsqu'il est une fois parvenu dans l'intérieur de la goutte d'eau. Ce rayon se réfracte en suivant la direction *i i'* ; arrivé sur la seconde surface, il se réfléchit en partie et sort en partie. Pour savoir comment il se réfléchit, il faut mener une normale au point d'incidence. Arrivé à la troisième surface, le rayon se réfléchit encore en partie et sort en partie suivant la direction *i''e*. Prolongez le rayon incident *li* et le rayon émergent *i" e*, ces deux rayons iront se rencontrer quelque part ; l'angle que font ces deux rayons en se rencontrant est ce qu'on appelle la *déviation* des rayons qui ont éprouvé une seule réflexion.

Il est évident que puisque les rayons tombent sur la première surface de la goutte sous des angles différens, ils doivent aussi sortir sous des angles différens, et que par conséquent pour chaque rayon incident, il y aura une déviation particulière. Eh bien ! parmi ces déviations il y en a une qui est la plus grande de toutes, et qu'on appelle la *déviation maximum*. On ne peut la trouver que par le calcul. Les rayons qui tombent très près du rayon qui éprouvent la déviation *maximum*, suivent dans la goutte une direction à très peu près parallèle et ressortent ensuite en conservant sensiblement le parallélisme. Ce sont ces rayons qui forment l'arc-en-ciel.

Imaginons que la lumière solaire au lieu d'être blanche soit de la lumière simple, que le soleil soit rouge, par exemple, et cherchons quel est l'angle que fait le faisceau émergent parallèle avec le rayon incident. Pour cela il est nécessaire de connaître l'incidence. Cette incidence étant pour les rayons rouges de 59° 50', le *maximum* de déviation est de 42°, 1', 40".

Imaginons que de l'œil de l'observateur *o*, fig. 5, on mène au centre du soleil une ligne *sof* qui fasse avec l'horizon un certain angle qui dépend de la hauteur du soleil. Imaginons maintenant que par l'œil de l'observateur on mène une autre ligne faisant avec la première un angle de 42°, 1', 40", et avec la ligne menée de l'observateur à la goutte de pluie, décrivons autour de la ligne menée au centre du soleil, une espèce de cône. Il est évident que la ligne qui décrit le cône ira rencontrer dans la nuée une foule de gouttes de pluie. Imaginons pour un moment que ces gouttes s'arrêtent et qu'elles nous laissent le temps de faire notre observation, n'est-il pas évident que si la lumière partait de notre œil, et qu'elle suivît la direction marquée par la ligne menée de notre œil à la nuée, elle s'en irait rencontrer les gouttes de pluie, pénétrerait dans ces gouttes et en sortirait de manière que la déviation serait de 42°, 1', 40". Par conséquent la lumière retournerait au centre du soleil.

Donc si nous considérons les gouttes de pluie rencontrées par la ligne qui décrit le cône, ces gouttes ont leur surface antérieure éclairée par des rayons solaires. Il y a un rayon normal qui continue son chemin sans déviation, un rayon tangent, et puis un rayon *maximum*, qui après avoir pénétré dans l'intérieur de la goutte, sort en faisant avec le rayon incident un angle de 42°, 1', 40". Au lieu de considérer une ligne mathématique, considérons tout le pinceau parallèle qui vient tomber sur la goutte, se réfracte, se réfléchit et sort en se réfractant de nouveau et en formant encore un faisceau parallèle ; et nous concevrons alors très bien comment notre œil reçoit l'impression du rouge. Ce qui arrive à cette goutte arrive à toutes les autres gouttes rencontrées par la ligne menée de l'œil de l'observateur.

Mais ce n'est pas une ligne rouge que nous apercevons, c'est une bande rouge ; cela vient de ce qu'au lieu de ne former qu'un point, le soleil a un diamètre apparent d'un demi-degré.

Nous avons supposé jusqu'ici que le soleil était rouge, et nous avons supposé que nous avions une seule bande qui était rouge. Rendons au soleil toutes ses nuances. Nous avons trouvé que la déviation *maximum* des rayons rouges était de 42°, 1', 40". Il est évident que cette déviation que prend le rayon incident dépend du rapport de réfraction. Or, la lumière violette est plus réfringente que la lumière rouge. Il en résulte que la déviation *maximum* ne doit pas être la même pour le rouge et pour le violet. En effet pour le violet, la déviation *maximum* est de 40°, 16', 60". Toutes les autres couleurs ayant des rapports de réfraction différens, auront aussi des déviations *maximum* différentes. Par conséquent pour toutes les nuances nous aurons des résultats différens. C'est d'après ces considérations qu'il a été possible de calculer avec la plus grande exactitude, et l'ordre et la largeur des bandes que présente l'arc-en-ciel.

Il y a un second arc qui suit exactement les mêmes lois ; seulement au lieu d'être produit par des rayons réfléchis une fois, il est produit par des rayons qui ont été réfléchis deux fois. L'ordre des couleurs dans le second arc est inverse de l'ordre des couleurs dans le premier.

Il fallait la découverte de la décomposition de la lumière et la connaissance très précise des rapports de réfraction, pour expliquer toutes les circonstances de l'arc-en-ciel ; aussi n'ont-elles véritablement été expliquées qu'après la découverte de Newton. Cependant, avant lui, on regardait déjà l'arc-en-ciel comme étant produit par la réfraction de la lumière, et Antonio de Dominis avait cherché à imiter le phénomène de l'arc-en-ciel, en recevant des rayons lumineux sur une fiole ronde remplie d'eau.

Plus tard Descartes, ayant déterminé la loi de la réfraction a pu pousser ses recherches beaucoup plus loin.

Il y a peu d'années qu'un savant italien recherchant de vieux manuscrits sur la physique et particulièrement sur l'optique, découvrit un manuscrit écrit en italien par un moine dominicain du quatorzième siècle, et qui contenait un traité de l'arc-en-ciel, où l'on trouve tous les phénomènes expliqués comme ils l'ont été par Newton, excepté le calcul de l'amplitude, qui ne pouvait être déterminée que par la connaissance des rapports de réfraction. Ainsi, au quatorzième siècle, un seul homme était parvenu à expliquer un phénomène qui n'a pu être expliqué que par les recherches combinées de Newton et de Descartes.

IMPRIMERIE DE E. DUVERGER,
RUE DE VERNEUIL, N° 4.

COURS DE PHYSIQUE.

LEÇON SOIXANTE-SIXIÈME.

(Samedi, 19 Juillet 1828.)

VISION, STRUCTURE DE L'ŒIL.

Nous devons, dans cette leçon, nous occuper de la *vision*.
L'œil est, comme tout le monde sait, l'instrument d'optique
le plus parfait, le plus composé et le plus difficile à analyser.
Tous les instrumens que nous pouvons construire sont incomparablement plus simples, plus faciles à concevoir, mais
aussi incomparablement moins parfaits. Avec quelque attention, nous pourrons connaître anatomiquement tout ce qu'il
y a d'essentiel dans l'œil.

L'œil se compose d'une enveloppe extérieure, blanche, fi-
breuse, solide, très peu compressible et très résistante, que
l'on appelle la *sclérotique*. L'œil détaché de son orbite et débarrassé de tous les tissus graisseux sur lesquels il repose,
ainsi que des muscles qui servent à lui imprimer le mouvement, paraît avoir une forme sphérique. Cependant ce n'est
pas une sphère parfaite, c'est un composé de deux sphères
de rayons différens; *ab*, fig. 1, est le segment de la plus petite sphère, et *cd*, le segment de la grande sphère. La *sclérotique* a une assez grande épaisseur : c'est la même membrane
qui forme les deux segmens; elle s'amincit beaucoup dans la
partie antérieure, et non-seulement elle s'amincit, mais elle
devient diaphane, et forme ce qu'on appelle la *cornée transparente*.

Imaginons vers la jonction des deux segmens de sphère,
un plan vertical placé derrière la *cornée transparente*. Suivant
ce plan, sont deux membranes repliées sur elles-mêmes, ce
qui forme quatre membranes : c'est ce qu'on appelle l'*iris*.
L'*iris* est percée dans son centre d'un trou qui est toujours
circulaire dans l'homme. Ce trou peut s'élargir ou se rétrécir
suivant différentes circonstances, extrêmement importantes
pour expliquer la vision.

66

A une petite distance derrière l'iris, est suspendu un corps appelé le *cristallin*, qui a la forme d'une lentille. Le cristallin est enveloppé dans une *capsule*, et cette capsule est attachée dans tout son pourtour à la *sclérotique*. Le cristallin est ainsi suspendu au milieu de la sclérotique, ne pouvant ni monter ni descendre, ni s'étendre à droite ou à gauche.

Entre le cristallin et l'iris, il y a un petit espace de deux millimètres tout au plus. Cet espace communique avec l'espace compris entre l'iris et la cornée transparente, et ces deux espaces s'appellent la première et la seconde *chambres* de l'œil. On devrait plutôt les appeler la première chambre, puisque les deux cavités communiquent l'une avec l'autre.

Devant et derrière le cristallin, tout l'espace doit être rempli par une substance quelconque; car sans cela, la sclérotique ne pourrait conserver sa forme. La partie antérieure, c'est-à-dire celle qui est comprise entre la cornée transparente et le cristallin, est remplie par une humeur qu'on appelle *humeur aqueuse*, parce que sa composition diffère très peu de celle de l'eau. La partie postérieure, c'est-à-dire celle qui se trouve derrière le cristallin, est remplie d'une humeur plus visqueuse et plus ferme, qui ressemble assez bien à une gelée ou à du blanc d'œuf, et qu'on appelle *humeur vitrée*.

Avec un appareil ainsi composé, il n'y a pas encore de vision possible. Il faut d'autres organes. La sclérotique est percée d'une ouverture circulaire *n*, par où pénètre un nerf appelé le *nerf optique*, qui vient s'épanouir en formant une membrane qui tapisse tout le fond de l'œil. Cette membrane n'est pas immédiatement placée sur la sclérotique; elle en est séparée par une autre membrane qu'on appelle la *choroïde*, dont le prolongement se divise en deux parties, dont l'une forme la membrane de l'iris, et l'autre la capsule qui entoure le cristallin. La choroïde, comme la sclérotique, est percée d'une ouverture pour livrer passage au nerf optique. La rétine est donc posée immédiatement sur la choroïde, et elle semble flotter dans l'humeur vitrée; mais aucune humeur dans l'organisation n'est isolée et abandonnée à elle-même; partout où il y a des humeurs, il y a une membrane propre à chaque humeur, qui l'enveloppe. L'humeur vitrée est donc renfermée dans une membrane extérieure qui repose immédiatement sur la rétine.

Voilà ce qu'il y a de matériel, de pondérable dans la structure de l'œil; voilà les corps réfringens qui doivent agir sur la lumière. Suivons maintenant la marche de la lumière à travers l'œil, et voyons comment les diverses conditions de la vision sont remplies. Imaginons à une certaine distance, sur l'axe de courbure de la *cornée*, un point lumineux lançant des rayons de toutes parts, et par conséquent, couvrant toute la partie antérieure du globe de l'œil d'un cône de lumière. La partie de cette lumière qui tombe sur le blanc de l'œil est renvoyée en totalité pour vous faire voir la couleur blanche. Une autre partie tombe sur la cornée transparente, et cette partie pénètre dans l'intérieur; mais elle ne peut passer de l'air dans la cornée et dans l'humeur aqueuse, sans être réfractée. L'humeur aqueuse est d'une diaphanéité telle qu'on ne peut l'apercevoir; il n'y a donc pas d'absorption sensible de la lumière qui traverse l'humeur aqueuse. La lumière réfractée tombe sur l'iris, et rencontre un corps opaque qui n'est, à proprement parler, ni l'une ni l'autre des membranes de l'iris, mais qui est un enduit très noir qui tapisse la partie postérieure de l'iris; c'est cette couleur noire, qui, vue à travers la membrane de l'iris, prend différens tons, et dont la nuance elle-même varie suivant la profondeur à laquelle cet enduit est placé. Cette lumière est réfléchie, et repasse dans l'air en se réfractant. Par conséquent, c'est de la lumière qui ne peut servir encore à la vision. Une autre partie plus intérieure du faisceau, après s'être réfracté vers l'ouverture de la pupille, continue sa route dans l'humeur aqueuse, arrive au cristallin, et le traverse pour aller se concentrer, ou complètement ou imparfaitement dans l'intérieur de l'œil. Si la concentration s'accomplit sur la rétine, l'image de l'objet est très nette; si la concentration ne s'opère pas sur la rétine, l'image est confuse.

Connaissant le rapport de réfraction de chacune des substances qui forment l'œil, la courbure de ces substances et la position du point lumineux, il est extrêmement facile de calculer la marche de chacun des rayons; c'est ainsi qu'on sait si les rayons vont se rencontrer ou non sur la rétine.

Nous concevons donc très bien comment un point lumineux peut se reproduire en quelque sorte au fond de l'œil, c'est-à-dire y porter et y concentrer un nombre infini de rayons.

Si un point lumineux produit cet effet, un autre point devra aussi le produire, et devra envoyer pareillement un faisceau qui viendra se concentrer en un autre point. Tous les points intermédiaires donnant des foyers intermédiaires, il en résulte que nous aurons sur la rétine une image très petite et cependant très nette d'un objet, fig. 2, placé à une certaine distance.

Ainsi, nul doute que le fond de l'œil ne soit comme une

chambre obscure, dans laquelle tous les objets dispersés dans un vaste horizon viennent se peindre, au moyen de rayons qui viennent ainsi se concentrer en autant de foyers qu'il y a de points dans chaque objet. C'est ce que l'on peut vérifier facilement par l'expérience. Il suffit de prendre un œil dépouillé de toutes les matières qui enveloppent la sclérotique. En regardant la partie postérieure de l'œil, on y verra des images assez nettes des objets qui sont placés en avant, pour qu'on puisse prendre une idée très nette des formes, des couleurs et de toutes les dimensions de ces objets. L'on reconnaîtra ainsi la vérité de cette proposition, qu'il se forme au fond de l'œil des images des objets.

Nous concevons parfaitement la formation des images dans l'œil, mais cela ne suffit pas encore pour rendre compte de la vision. Il s'agit maintenant d'expliquer comment nous voyons les objets, pourquoi nous les voyons, et comment nous pouvons juger de leur forme, de leur position, de leur distance, de leur grandeur.

Avant d'entrer dans cette discussion, il faut résoudre une première difficulté qui est fondamentale. Nous concevons très bien qu'un objet placé à une certaine distance doit donner au fond de l'œil une image nette; mais si un objet placé à une certaine distance donne une image nette, un objet placé plus loin, quelle image donnera-t-il? Nous avons comparé l'œil à une lentille; or, nous savons que pour une lentille, il y a une relation entre la distance de l'objet et la distance de l'image. Si l'objet se rapproche, l'image s'éloigne; si, au contraire, l'objet s'éloigne, l'image se rapproche. Il est certain que nous distinguons très bien les objets à la distance de quelques pouces, de quelques pieds, de quelques toises, et même de quelques centaines de toises. Comment cela se peut-il faire, si l'œil est organisé comme nous venons de le dire, si les phénomènes s'accomplissent comme dans les lentilles? Je n'oserais pas dire que cette difficulté soit complètement résolue, cependant je vais indiquer quelques faits qui me semblent jeter un grand jour sur la question.

Il est certain que si un point lumineux envoie un faisceau qui vient se concentrer en un certain point derrière le cristallin, un point placé à une plus grande distance ne pourra envoyer un faisceau qui vienne se concentrer exactement au même point, si la lumière se réfracte de la même manière. Quelques physiciens ont supposé que nous pouvions, par une action musculaire, comprimer le globe de l'œil, de telle sorte que le tableau, c'est-à-dire le fond de l'œil, se rapprochait ou s'éloignait du cristallin, suivant que nous voulions voir un objet éloigné ou un objet placé près de nous. Cette supposition a été abandonnée.

On a fait une autre supposition ; on a dit : On peut faire mouvoir la capsule du cristallin qui est adhérente à la sclérotique, de manière que ce n'est plus maintenant le tableau qui s'éloigne ou se rapproche de la lentille, c'est-à-dire, du cristallin, c'est le cristallin qui s'éloigne ou se rapproche du tableau. Cette supposition, qui est incompatible avec les résultats qu'on obtient, est tout-à-fait inadmissible.

On a fait encore une autre hypothèse ; on a supposé que le cristallin, qui a une structure lamelleuse, était composé comme un muscle, qu'il avait, par conséquent, la propriété de se contracter ou de se dilater, de manière à augmenter ou à diminuer sa courbure, de telle sorte que quand on voudrait voir un objet placé très près, le cristallin se contracterait, prendrait par conséquent une courbure plus petite, et l'image serait ainsi rapprochée. S'il s'agissait, au contraire, de voir un objet éloigné, le cristallin se dilaterait, prendrait une courbure plus grande, et l'image serait rejetée à la distance convenable. Cette supposition n'a pas non plus été admise, du moins généralement.

Je ne parcourrai pas toutes les hypothèses qui ont été faites pour résoudre cette grande difficulté. Je n'en citerai plus qu'une, qui rend raison, sinon complètement, du moins d'une manière très approchée, de l'ensemble des faits observés.

Non-seulement le cristallin, dont la face postérieure est plus courbe que la face antérieure, est composé de diverses couches ; mais ces couches sont toutes plus minces vers l'axe du cristallin que près de ses bords ; de sorte qu'en détachant successivement toutes ces couches superposées, on obtient un corps qui se rapproche de plus en plus d'une sphère, un corps qui, par conséquent, change de courbure à chaque couche que l'on en lève. Il est évident qu'un appareil ainsi composé ne doit point avoir un seul foyer, mais autant de foyers qu'il y a de couches superposées. Si nous considérons la portion la plus centrale du cristallin, celle qui forme sensiblement une sphère, nous aurons la lentille la plus convergente de toutes, c'est-à-dire celle qui aura son foyer le plus près ; si nous considérons la couche suivante, elle sera un peu moins convergente, et aura son foyer un peu plus loin, ainsi de suite. Vous devez concevoir maintenant comment, avec un semblable appareil, il est possible de voir les objets placés à toutes les distances. Puisque nous avons une infinité de foyers à notre disposition, nous nous servirons du foyer qui convient à l'objet que nous voulons regarder. Si, par exemple, nous voulons regarder un objet très près, nous nous servirons du foyer le plus court; c'est-à-dire que nous nous servirons de l'intérieur du cristallin. Or, qu'avons-nous à faire pour ne nous servir que de l'intérieur? contracter la pupille de manière à ne laisser passer que la lumière qui vient sur l'axe du cristallin. C'est une question qui a été long-temps débattue que celle de savoir si la pupille est ou n'est pas contractile à volonté. Si vous marquez un point noir sur un verre, et que vous regardiez alternativement le point et un objet placé derrière à une assez grande distance, un observateur qui se trouvera à côté de vous remarquera que la pupille de votre œil est beaucoup plus contractée quand vous regardez l'objet qui est près que quand vous regardez l'objet qui est éloigné. Comme on peut à volonté regarder le point noir ou l'objet éloigné placé derrière le verre, il en résulte qu'on peut à volonté contracter ou dilater la pupille. Sans même avoir recours à cet artifice, on peut, avec un peu d'exercice, parvenir à contracter ou à dilater la pupille avec autant de facilité qu'on ouvre ou qu'on ferme la main.

Ainsi, quand nous voulons regarder les objets qui sont près, nous nous servons de la partie du cristallin la plus convergente, en fermant la pupille pour empêcher la lumière de passer sur les parties latérales; et quand nous voulons voir un objet très éloigné, nous ouvrons la pupille le plus possible. Mais, dira-t-on, en ouvrant la pupille toute large, cela n'empêche pas la lumière de passer par le centre, il faudrait une espèce de rideau qui couvrît la partie du cristallin dont on ne se sert pas. Je répondrai à cela qu'il n'est nullement besoin d'empêcher les rayons de passer par l'axe du cristallin; car qu'est-ce que la lumière qui passe par ce petit espace comparativement à celle qui passe par la grande zone du cristallin? on peut la regarder comme nulle. Il n'est donc point nécessaire d'empêcher les faisceaux du centre d'arriver, parce que ces faisceaux ont une intensité assez faible comparativement aux faisceaux qui passent par les bords, pour ne point porter d'ombre ni de vague sur les images formées par ces derniers faisceaux.

C'est ainsi que la construction du cristallin, jointe à la mobilité très grande de la membrane de l'iris, donne le secret de la vision. Cependant il est encore quelques autres difficultés que nous devons résoudre.

Non-seulement nous voyons les objets nettement à diverses distances; mais nous les voyons tous *achromatiques*, c'est-à-dire *sans couleur*. Si l'œil n'était pas achromatique, au lieu de voir, par exemple, une étoile comme un point, nous la verrions comme un spectre composé de diverses nuances. Par quelles combinaisons l'œil est-il achromatique? il est achromatique par une combinaison tout-à-fait analogue à celle par laquelle nous achromatisons les instrumens.

Il y a de l'achromatisme dans l'œil, non-seulement pour un foyer, mais pour tous les foyers. L'ordre et l'arrangement des courbures du cristallin et de toutes les substances qui entrent dans la composition de l'œil forment autant de conditions, dont il est à peu près impossible de faire l'analyse, mais qui doivent être nécessairement remplies pour que l'œil soit achromatique.

J'arrive aux jugemens divers qui nous viennent par l'organe de la vue, sur les *formes*, les *couleurs*, les *distances*, les *grandeurs*.

D'après les expériences faites sur de jeunes aveugles opérés de la cataracte, il paraît que les premières sensations que nous pouvons percevoir par l'organe de la vue sont des sensations essentiellement vagues et confuses. Ainsi, qu'on prenne un jeune aveugle, qu'on l'opère de la cataracte et qu'on lui présente divers objets d'une couleur uniforme, mais variables pour leur grandeur ou leur forme, il distinguera bien que l'une des formes n'est pas l'autre, mais il ne dira pas : *je vois*, il dira : *je sens*; il ne saura pas s'il voit deux objets différens, il saura seulement que son œil n'est pas affecté de la même manière dans les deux cas; il croira que tout le phénomène se passe en lui. Ainsi, la forme est dans son esprit; et, en effet, notre intelligence, qui ne peut créer les réalités extérieures, peut créer les formes. Les mathématiques, qui ne sont que la connaissance des rapports des formes, des quantités, peuvent exister indépendamment de la matière. On peut donc juger des formes par l'œil sans avoir aucune connaissance du monde extérieur.

Quant aux couleurs, on peut tout aussi bien les distinguer que les formes. Le rouge ne nous affecte point comme le violet; il nous est impossible de confondre l'une des couleurs avec l'autre.

Examinons maintenant comment nous avons une idée de la situation des objets. Il est assez difficile de dire quelle est la partie de notre œil qui est affectée. Je suppose que la membrane de la rétine, étant partout transparente, la lumière ne l'affecte pas; qu'ainsi la rétine ne perçoit pas directement les images. Mais immédiatement sous la rétine est, comme je l'ai indiqué, une autre membrane appelée la *choroïde;* cette membrane absorbe la lumière et l'empêche de passer outre ou d'être réfléchie. Je suppose donc que la choroïde est destinée à absorber la lumière, à recevoir l'impression, à être ébranlée, à vibrer dans ses différens points ; et que la rétine qui s'étale sur la choroïde est comme une main qui viendrait toucher les différens points de la membrane ébranlée par la lumière, pour savoir quels sont les points affectés, et distinguer les diverses affections qu'ils éprouvent. Mais les objets se peignent renversés sur la rétine, cela est évident d'après la marche que suivent les rayons ; cependant nous les voyons droits. Comment cela se fait-il ?

La première notion qui nous est nécessaire pour avoir l'idée des objets, c'est la connaissance du monde extérieur. Sans doute, si l'âme était placée immédiatement derrière la sclérotique, elle devrait voir les objets renversés, comme nous les voyons quand nous nous plaçons derrière le tableau de la chambre obscure ; mais il n'en est pas ainsi. Qu'y a-t-il donc à faire pour juger de la position des objets ? il suffit de reconnaître la forme dont nous avons l'intelligence, et de la rapporter à l'objet extérieur. Supposez que l'image peinte sur la rétine soit l'image d'un homme, dès que nous reconnaîtrons que cette image est celle d'un homme, comme nous savons que la réalité est debout, nous la verrons debout. Ainsi quand nous voyons les objets droits, ce n'est point par un redressement d'un jugement faux.

Comment jugeons-nous de la grandeur et de la distance ? Quoique ces deux jugemens paraissent contemporains, cependant l'un précède toujours l'autre. Nous jugeons de la distance d'abord et de la grandeur ensuite.

Des points placés à des distances différentes envoient des pinceaux de lumière dont la divergence est différente. Or la lumière qui diverge diversement n'est pas modifiée de la même manière. La pupille n'est pas également ouverte pour des objets placés à diverses distances. Ainsi par l'ouverture de la pupille nous jugeons du degré de convergence de sa lumière, et du degré de convergence nous passons à la distance de l'objet.

D'un autre côté, un objet plus éloigné a un éclat moindre, c'est-à-dire que l'intensité de la lumière diminue. De plus les objets éloignés ont des formes moins arrêtées. Nous pouvons donc encore juger de la distance par l'intensité de la lumière et par la netteté des formes. Dès que nous avons attribué une certaine distance à un objet, nous lui attribuons une certaine grandeur.

IMPRIMERIE DE E. DUVERGER,
RUE DE VERNEUIL, N° 4

COURS DE PHYSIQUE.

LEÇON SOIXANTE-SEPTIÈME.

(Mardi, 22 Juillet 1828.)

SUITE DE LA VISION.

Nous avons dans la dernière séance commencé l'explication des instrumens d'optique par l'étude du plus parfait de tous ces instrumens, l'organe de la vue. Nous avons indiqué la structure de l'œil, les différentes parties réfringentes qui le composent, leurs dimensions, leur courbure, leur distance, leur ajustement, et enfin la modification que la lumière éprouve dès l'instant où elle frappe l'extérieur de l'organe, jusqu'au moment où elle est absorbée sur la choroïde. Nous avons ensuite essayé de discuter comment les jugemens se succèdent, se déduisent de cette impression qui est reçue sur notre organe.

On m'a demandé quelques éclaircissemens sur un des points de cette discussion, le renversement des images au fond de l'œil. Ce renversement est bien certain; il résulte de la structure de l'œil, et il est d'ailleurs possible de s'en assurer par une expérience directe. J'ai dit que ce renversement n'avait aucune espèce d'influence sur notre jugement, c'est-à-dire que de ce fait que les images sont renversées sur l'œil, il n'en résulte nullement que nous devions voir les objets renversés, et que nous soyons obligés de faire un redressement pour voir les objets à leur place. Voilà sur quoi l'on me demande quelques éclaircissemens que je donnerai en peu de paroles.

J'ai indiqué comme très probable l'opinion que la membrane de la rétine n'était point directement affectée, mais qu'elle s'étalait sur la choroïde, de manière que les fibres de la rétine pouvaient *palper*, pour ainsi dire, les fibres correspondantes de la choroïde couvertes d'une image. Le nerf optique, dont la rétine n'est que l'épanouissement, est très composé, et par conséquent ce n'est jamais dans sa totalité que le nerf optique est en action pour sentir. On peut donc concevoir qu'un tiers, un quart, un centième, en un mot une fraction quelconque du nerf optique peut sentir; qu'ainsi il peut sentir des objets séparés, distincts, et ne palper, pour ainsi dire, sur la choroïde qu'une partie de l'image. Qu'on adopte ce système ou qu'on regarde la sensation comme s'accomplissant sur la rétine, il importe peu à la question que nous examinons en ce moment.

Supposons l'image étalée sur la choroïde; on a une sensation, mais on n'a encore aucune notion de l'objet senti; car une sensation, comme vous le savez, n'est pas un jugement. Une sensation doit d'abord être distinguée d'une autre sensation, car tant qu'il y a confusion dans les sensations point de jugement possible. Or comment distinguons-nous les sensations? Nous les distinguons par les formes et les couleurs. Mais ces formes et ces couleurs sont des choses abstraites qui sont dans notre esprit et qui ne supposent aucune réalité, qui sont tout-à-fait indépendantes de la connaissance du monde extérieur. L'image d'un carré sera parfaitement distincte de l'image d'un cercle; celle d'un point bleu sera distincte de celle d'un point rouge.

Mais comment aurons-nous une notion de la situation? Il n'y a point de notion de l'espace, point de notion de l'étendue, point de notion de la situation respective des objets, sans une notion préliminaire sur laquelle j'insiste, parce qu'on la néglige habituellement, lorsqu'on porte quelque jugement sur l'étendue. Cette notion fondamentale est la suivante: c'est qu'il faut, avant tout, que nous ayons la notion de nous-mêmes, c'est-à-dire que nous nous soyons sentis dans l'espace, que nous ayons établi une distinction entre les différentes parties de notre organisation. Il faut enfin, pour me résumer dans une expression triviale, que nous ayons distingué notre droite de notre gauche. Ainsi, il faut commencer par s'être orienté soi-même, savoir sa position dans l'espace et la position respective de toutes les parties qui composent l'organisation. Si un homme était placé horizontalement sans le savoir, s'il se croyait vertical lorsqu'il est horizontal, il rapporterait ses sensations à lui-même comme auparavant, il croirait vertical le plan qu'il croyait horizontal quand il était réellement debout, et réciproquement. Ainsi ce n'est point relativement à l'espace, mais c'est toujours invisiblement relativement à nous que nous plaçons les objets. C'est donc la notion de nous-mêmes qu'il faut avoir.

Examinons cette notion de nous-mêmes dans les sensations du toucher. Nous savons parfaitement distinguer l'un de l'autre les différens points de notre extérieur, et quand nous avons une sensation par le toucher nous la rapportons à l'endroit touché. Mais si nous savons ainsi distinguer les différentes parties de notre extérieur, nous n'avons pas la même faculté pour notre intérieur. C'est ainsi que nous ne pouvons distinguer le siège précis d'une douleur intérieure, à moins de beaucoup d'exercice auquel toutes les organisations ne sont pas également propres.

Quant aux sensations que nous recevons par l'organe de la vue, nous savons que c'est dans l'œil qu'est la sensation; nous sentons très bien que nous ne voyons pas par la main, et cette manière de placer les objets est une des objections les plus caractéristiques, les plus fondamentales et les plus irréfragables contre les prétentions qu'élèvent certaines personnes sur la faculté que, dans un certain état, on aurait de pouvoir lire par le bout des doigts. Non-seulement cette faculté n'existe pas, mais il est absurde de supposer qu'elle existe; elle est contraire à notre organisation, aux lois de la lumière, et à tout ce qu'il y a d'un peu prouvé en physique.

Ainsi nous distinguons très bien que nous ne voyons pas avec le bout des doigts, et déjà nous plaçons d'une certaine manière la sensation. Cependant un jeune aveugle auquel on fait l'opération, ne voit pas d'abord les objets dans son œil; il est affecté, mais il ne sait pas où se fait la sensation; il ne sait pas s'il reçoit un coup, ou si c'est une impression d'une autre sorte: très souvent c'est comme s'il recevait un coup. Ce n'est qu'après un certain exercice qu'il parvient à démêler que la sensation se fait dans son œil.

Mais il ne nous suffit pas de savoir que la sensation s'accomplit dans l'œil, nous voulons pénétrer plus avant, et nous voulons placer les objets. Relativement à quoi les placerons-nous? Il y a dans le fond de l'œil deux points affectés, il n'y a aucune raison pour placer l'un en haut plutôt que l'autre. On distinguera seulement la distance à laquelle ces deux points sont l'un de l'autre; mais rien dans notre organisation ne doit nous faire voir l'un en bas et l'autre en haut. Pour voir leur situation respective, savoir si l'un est en bas et l'autre en haut, il faut s'être orienté sur le tableau; de même que lorsque quelque chose nous frappe la main, nous distinguons de quel côté l'impression nous arrive, parce que nous sommes orientés relativement à la main. Nous apprenons à connaître la région de la choroïde sur laquelle se peignent les images, comme nous avons| appris à connaître notre situation extérieure. Ainsi je suis affecté par deux points l'un rouge et l'autre bleu ; je sais qu'en réalité le point rouge est en bas, eh bien ! je prendrai pour le bas de la choroïde la partie dans laquelle est le point rouge. Il résulte évidemment de là qu'on n'a pas besoin de redresser ces images pour voir les objets dans leur situation réelle par rapport à nous.

En résumant cette opinion, je dirai que nous n'avons primitivement aucune notion de l'étendue de la choroïde, et de la situation respective de ses parties. De ce que le haut de la choroïde est affecté, il n'en résulte pas que nous sachions que c'est le haut. Nous avons besoin de sortir de nous-mêmes, de passer dans la réalité extérieure pour distinguer un haut et un bas dans la choroïde ; en un mot, nous voyons les objets comme nous avons appris à les voir. Si nous avions été habitués à regarder les objets avec une lunette, ils nous paraîtraient renversés quand nous les regarderions à l'œil nu. Cette conséquence de mon opinion a été réalisée.

Les astronomes qui ont fait de longues observations avec des lunettes qui renversent les objets, au moment où ils ne font plus usage de leurs instrumens, voient les objets renversés, et ils ont besoin d'un exercice plus ou moins prolongé pour les voir dans leur situation réelle. Ainsi, sans aucun doute, si nous avions continuellement devant l'œil un verre qui renversât les objets, nous verrions encore ces objets droits, et nous n'aurions pas besoin de les redresser. Le fait que je viens de citer relativement aux astronomes en est une preuve suffisante.

INSTRUMENS D'OPTIQUE.

Nous allons nous occuper de l'étude de divers instrumens d'optique. Nous commencerons par les *besicles*.

BESICLES.

Les *besicles* sont des verres dont se servent les yeux infirmes, c'est-à-dire les yeux des *presbytes* et les yeux des *myopes*. On appelle ces yeux *infirmes*, parce qu'ils ne voient pas à la même distance que les yeux ordinaires : ainsi, les yeux des presbytes ne peuvent voir que les objets éloignés, et les myopes, au contraire, ne peuvent voir que les objets qui sont très près. Les personnes qui ont l'œil bien conformé voient les objets très distinctement à la distance de dix pouces.

Lorsque quelqu'un est obligé, pour voir distinctement un objet, de le placer plus près que dix pouces, on dit qu'il est *myope ;* quand il est obligé de le placer au-delà de cette distance, on dit qu'il est *presbyte.*

Puisque le presbyte est obligé de placer l'objet loin pour le voir, qu'est-ce que cela signifie ? Placer un objet loin c'est le placer de manière que l'image se fasse le plus près possible; car plus on éloigne un objet, plus l'image se fait près derrière le cristallin ; si donc les presbytes sont obligés d'éloigner beaucoup les objets, cela prouve que leur œil est trop peu convergent. S'ils rapprochent l'objet trop près, ils ne voient plus nettement, parce que les rayons qui tombent sur l'œil vont concourir plus loin que la rétine ; de telle sorte qu'au lieu de donner l'image d'un point, ils donnent une image très large, et chaque point faisant ainsi une image large, deux points voisins étant superposés, il en résulte une image vague et diffuse.

On a voulu expliquer le défaut de convergence pour l'aplatissement de la cornée, mais ce défaut depend de l'aplatissement du cristallin. Qu'y a-t-il à faire pour remédier à cet inconvénient? Puisque l'œil n'est pas assez convergent, il faut l'aider d'un verre d'autant plus convergent que le cristallin est plus aplati.

Il résulte un inconvénient pour les presbytes de l'emploi des verres convergens ; c'est qu'une fois que les besicles sont placées devant l'œil de telle sorte qu'on puisse assez rapprocher les objets pour les voir, les objets éloignés ne se voient plus avec la même netteté. Par conséquent les presbytes sont obligés d'ôter leurs lunettes quand ils veulent voir des objets placés au loin.

Tous les verres convergens qui, comme nous l'avons vu, sont au nombre de trois, conviennent pour les presbytes ; mais on doit préférer le *ménisque convergent*, qui est appelé verre *périscopique*. L'avantage des verres périscopiques consiste en ce que l'épaisseur du verre est moindre, qu'il absorbe par conséquent moins de lumière, qu'on voit les objets plus nettement, et enfin qu'on peut embrasser un champ plus étendu sans être obligé de détourner l'œil ou la lunette.

Les myopes sont obligés d'approcher les objets très près de l'œil pour les voir. Qu'est-ce que cela signifie ? Quand l'objet est très près, l'image se fait le plus loin possible. Quand l'objet s'éloigne l'image se rapproche. Si donc le myope est obligé de rapprocher les objets pour les voir, c'est-à-dire est obligé d'éloigner l'image, c'est que son œil est trop convergent et que les rayons partis d'un objet éloigné viennent se concentrer en avant de la rétine, d'où il résulte qu'ils donnent une image diffuse.

Il y a donc cette différence entre les presbytes et les myopes, que chez les presbytes l'image est diffuse parce que les rayons ne se sont pas encore réunis, c'est-à-dire parce que l'image ne s'est pas encore formée ; tandis que chez les myopes la diffusion est postérieure à la concentration.

Ce qui prouve que les myopes ont l'œil trop convergent, c'est qu'ils ont la pupille extrêmement dilatée ; et elle est très dilatée, parce que les myopes font des efforts continuels pour se servir des bords du cristallin, qui sont moins convergens que le centre. Réciproquement, les presbytes, qui ont l'œil très peu convergent, sont obligés de se servir de la partie la plus convergente du cristallin, c'est-à-dire du centre, c'est pourquoi ils rétrécissent la pupille le plus qu'ils peuvent.

Pour qu'un myope puisse voir à la distance ordinaire de 10 pouces, il faut empêcher que les rayons ne se concentrent avant d'arriver à la rétine, c'est-à-dire, qu'il faut rendre l'œil moins convergent. Pour cela qu'y a-t-il à faire ? C'est de compenser par un verre divergent l'excès de convergence de l'œil.

Le myope peut se servir de tous les verres divergens; mais de même que le *ménisque convergent* est préférable pour le presbytisme, de même le *ménisque divergent*, qu'on appelle également verre *périscopique*, est préférable pour le myopisme.

Il faut que l'œil s'habitue à ces instrumens, parce que le presbyte et le myope ne doivent plus ouvrir ou rétrécir la pupille comme auparavant. On conçoit également la nécessité de ne prendre d'abord que des verres faibles.

MICROSCOPE SIMPLE.

Je passe à l'explication du *microscope simple* ou de la *loupe*, instrument d'optique dont on se sert pour voir nettement des objets très petits.

Cet instrument n'est autre chose qu'une lentille très convergente, c'est-à-dire d'un foyer très court. Soit, *ab* fig. 1, le microscope simple qu'il faut toujours supposer placé immédiatement devant l'œil, *of* la distance focale, que je suppose être de six lignes. Pour voir un objet très petit, ce n'est pas au foyer principal qu'il faut le placer. En effet, si l'objet était placé au foyer principal, les rayons formeraient un faisceau parallèle à leur sortie de la lentille. Or, jamais par un faisceau parallèle nous ne pouvons distinguer les objets. Il ne faut pas non plus placer l'objet au-delà du foyer, parce qu'un objet placé au-delà du foyer donne son image réelle à une certaine distance derrière la lentille. Si l'objet est à une distance double de la distance focale principale, l'image est à une distance double derrière la lentille. Par conséquent, l'œil placé derrière la lentille recevrait de la lumière convergente; or nous ne voyons jamais les objets par des rayons convergens. Gardons-nous donc bien de placer les objets au foyer ou plus loin, mais plaçons-les en-deçà du foyer, à une distance très petite qui varie pour chaque organe.

Soit *l* l'objet que nous venons regarder avec une loupe. Le foyer étant de 6 lignes, je suppose que nous plaçions l'objet à 5 lignes. Chaque extrémité de l'objet lance sur toute la surface de la lentille des rayons divergens; au sortir de la lentille, la divergence de ces rayons est diminuée. Et en plaçant l'objet de telle manière que les rayons à leur sortie de la lentille aillent converger à 10 pouces de la lentille, il en résultera que l'on verra l'objet comme s'il était placé à la distance de 10 pouces, et comme il sera vu sous le même angle, il paraîtra amplifié.

On peut faire un microscope en perçant une carte ou une feuille mince de métal, et mettant sur le trou une goutte d'eau. La capillarité arrondit la goutte, et l'on a ainsi une lentille très convergente.

On peut construire un microscope d'une autre manière; on prend un fragment de verre, on le chauffe à la lampe, on le tire en fil, et quand on l'a tiré en fil, on le met dans la partie la plus chaude de la flamme; il se fond graduellement, et en se fondant il s'arrondit : de telle sorte qu'on peut former une loupe aussi puissante qu'on le désire. Quand on emploie un verre bien pur, et que l'opération est faite avec soin, on parvient à former une sphère parfaite, par conséquent à avoir la meilleure loupe qu'on puisse se procurer.

MICROSCOPE SOLAIRE.

Après le microscope simple, l'instrument le plus facile à comprendre est le *microscope solaire*.

Le microscope solaire, dans sa plus grande simplicité est construit de la manière suivante : *ab* représente une ouverture faite dans la paroi d'une chambre obscure, *l* est une lentille dont le foyer principal est en *f*. L'objet doit être placé un peu plus loin que la distance focale principale; car si l'objet était placé au foyer même ou entre le foyer et la lentille, il n'y aurait pas d'image, puisque dans le premier cas les rayons seraient parallèles au sortir de la lentille, et que dans le second cas ils seraient divergens, et ne pourraient pas par conséquent produire d'image réelle. Plus l'objet sera près du foyer, plus la réunion des rayons qui auront traversé la lentille ira se faire loin, et plus l'image sera amplifiée. La fig. 2 représente la marche des rayons partis du centre et des deux extrémités de l'objet. Pour avoir le lieu et la grandeur de l'image, on cherche le foyer des rayons partis du point de l'objet placé sur l'axe de la lentille; on mène ensuite de chaque extrémité de cet objet une ligne par le centre de la lentille; le foyer des rayons partis de chaque extrémité de l'objet se trouve sur le prolongement de cette ligne à la même distance que le foyer des rayons partis du point situé sur l'axe; en joignant donc les foyers des rayons partis des extrémités de l'objet, on a la grandeur de l'image. Il est facile de voir que l'image sera renversée.

Tel est le microscope solaire dans toute sa simplicité; vous allez voir, non pas les ornemens, mais les choses qu'il est nécessaire d'ajouter à cet instrument.

Si l'objet doit être amplifié cent fois en longueur, par conséquent dix mille fois en superficie, il en résulte que la lumière qui couvre le petit objet se trouvant répandue sur un espace dix mille fois plus grand, sera dix mille fois moins intense, et que par conséquent l'image étant très faiblement éclairée, paraîtra vague et diffuse. L'une des premières conditions à remplir pour avoir des images nettes, est donc d'éclairer fortement les objets. Pour les éclairer, on emploie la lumière du soleil, non pas telle qu'elle nous vient directement, mais concentrée sur l'objet, au moyen d'une lentille d'une ouverture assez large. Cette lentille n'étant pas achromatique, au lieu d'éclairer l'objet par de la lumière simple, elle l'éclaire par de la lumière colorée. Pour remédier à cet inconvénient, on place dans le tuyau du microscope, entre l'objet et la lentille qui sert à concentrer les rayons solaires, une plaque qui supprime les bords du faisceau et ne laisse passer que le centre qui est blanc. Si l'objet que l'on veut voir au microscope est opaque, il faut l'éclairer par la partie antérieure, c'est-à-dire, par celle qui regarde le microscope.

M. Vincent Chevallier a apporté un grand perfectionnement aux microscopes, en parvenant à achromatiser les petites loupes qui, avant lui, n'étaient pas achromatiques, à cause de la difficulté du travail de l'achromatisme dans les verres de très petite dimension.

L'instrument ainsi perfectionné peut servir à faire des dessins qui représentent très fidèlement l'organisation des êtres.

MÉGASCOPE.

Après le microscope solaire, vient un autre instrument qu'on appelle le *mégascope*, exactement conforme au microscope solaire, avec cette différence qu'au lieu de grossir mille fois comme le microscope, le mégascope ne grossit que 8, 10, 20 fois. Au moyen du mégascope, on projette sur une toile des images grossies de bas-reliefs ou de peintures. On éclaire les objets au moyen d'un réflecteur, et si on veut que les bas-reliefs donnent des images ombrées, on les éclaire obliquement.

En faisant varier la position du réflecteur, on peut faire varier les ombres et voir quels en sont les effets. Cet ingénieux instrument a été inventé par M. Charles, et a servi très souvent à copier des tableaux avec une minutieuse fidélité, soit qu'on ait voulu amplifier ces tableaux, soit au contraire qu'on ait voulu diminuer leurs dimensions.

LUNETTE ASTRONOMIQUE.

La *lunette astronomique*, fig.3, est composée de deux verres: un premier verre *a*, appelé *objectif*, un second verre *b*, appelé *oculaire*. L'objectif, dans toutes les lunettes simples ou composées, n'a d'autre objet que de peindre dans l'intérieur du tuyau une image des objets. L'oculaire est une espèce de loupe ou de microscope simple avec lequel l'observateur s'en vient regarder cette image. Par conséquent, la fonction de l'oculaire dans la lunette astronomique, est d'amplifier l'image. Ainsi l'on pourrait détacher l'oculaire de la lunette et venir regarder l'image formée au foyer de l'objectif. Il est facile de voir que l'image de l'objet qui vient se former au foyer de l'objectif doit être renversée. Lorsqu'on se sert de la lunette pour regarder le soleil, il faut avoir soin de regarder l'image au moyen d'un verre enfumé; sans cette précaution, l'œil serait blessé par l'éclat du soleil, dont l'image est encore très éblouissante, même lorsqu'on l'a considérablement amplifiée.

LUNETTE DE GALILÉE.

La *lunette de Galilée* ou la *lunette de spectacle*, fig. 4, est également composée de deux verres, un objectif et un oculaire ; mais elle présente une différence fondamentale avec la lunette astronomique. Cette différence consiste en ce que dans la lunette de Galilée on n'attend pas que l'image se soit formée au foyer de l'objectif pour venir la regarder, on la regarde avant qu'elle se soit formée. Cette proposition peut paraître singulière, et on se demande au premier abord comment il est possible de voir une image qui n'est pas formée, ce qui semble être aussi impossible que de voir un objet qui n'existe pas. Cependant vous allez comprendre qu'une image qui n'est pas formée peut être vue. Puisque l'oculaire reçoit l'image avant qu'elle soit formée, c'est-à-dire puisqu'il est placé entre l'objectif et le foyer de cet objectif, il en résulte que la lumière qui vient le frapper est de la lumière convergente. Supposez que l'oculaire soit une lentille divergente, une lunette de myope, et qu'elle soit placée à une distance telle que les rayons convergens deviennent divergens, et pour cela il faut placer l'oculaire à une distance de l'image presque égale à la distance focale principale. Il est évident que l'œil voyant l'objet par les rayons divergens *ai*, *bf*, le verra amplifié, et, de plus, le verra droit.

L'avantage qu'on trouve dans la lunette de Galilée, est de la rendre beaucoup plus courte que ne l'est la lunette astronomique. Ainsi la distance focale de l'oculaire étant de 6 pouces, au lieu de le placer 6 pouces après l'image, comme dans la lunette astronomique, on doit le placer 6 pouces avant : ce qui fait gagner un pied sur la longueur de la lunette.

Ce n'était pas cet avantage que Galilée cherchait à l'époque où il inventa sa lunette. Il la fit sur le bruit qui courait qu'avec des verres diversement combinés, on pouvait grossir les objets, et il adopta la combinaison que nous venons d'indiquer, parce que ce fut la première qu'il rencontra.

Toutes les modifications qu'on fait aux lunettes sont relatives à l'oculaire ; quant à l'objectif, il est toujours le même. On fait des oculaires à trois, à quatre verres et même plus compliqués. Ces modifications ont pour objet, 1° de redresser l'image ; 2° de ne point troubler l'achromatisme du premier verre, c'est-à-dire de laisser subsister l'image donnée par l'objectif dans toute sa pureté ; 3° enfin d'amplifier l'image autant que l'éclat de la lumière le permet. La grande difficulté n'est pas tant d'avoir des images grandes que d'avoir des images éclairées.

DIFFRACTION.

Il nous reste à parler, pour terminer le cours, de la *diffraction* qui doit nous conduire à la théorie de l'optique, et de la *polarisation*.

La diffraction a pour objet l'étude des modifications que la lumière éprouve quand elle rase les extrémités des corps, ou quand elle traverse des épaisseurs extrêmement petites. Les colorations que l'on aperçoit dans les bulles de savon sont des phénomènes de diffraction; la lumière ne rase point ces bulles, mais elle les traverse, et cette épaisseur extrêmement mince qu'elle traverse suffit pour lui imprimer diverses modifications.

La théorie des ondulations est la seule par laquelle on puisse expliquer les phénomènes de la diffraction. Cette théorie des ondulations pour la lumière est analogue à la théorie des ondulations pour l'acoustique. Il n'y a pas de substance solide impénétrable à l'éther. Cependant imaginons pour un instant un tuyau assez solide pour que l'éther ne puisse le traverser, et imaginons que ce tuyau soit rempli d'éther mis en vibration. Nous verrons plus tard quelle longueur nous devons attribuer aux vibrations de l'éther. Nous pouvons concevoir l'étendue de chaque ondulation divisée en une infinité de couches perpendiculaires à la longueur du tuyau ; et ayant des degrés de compression et de densité différens , de telle sorte, qu'il y ait une partie de l'onde qui ait un mouvement en avant, et une autre partie qui ait un mouvement en arrière. On appelle *onde contractée* la partie de l'onde qui a un mouvement en avant , et *onde dilatée* la partie de l'onde qui revient sur elle-même. Toutes les expériences prouvent que dans la moitié dilatée les vitesses suivent le même ordre que dans la moitié contractée.

Voici un second axiome, qui est le fondement de toute l'optique. Imaginons un second tuyau semblable au premier et renfermant une onde de même longueur, accomplissant les mêmes mouvemens, ayant le même point de départ, suivant le même ordre de vitesse; en un mot, étant tout-à-fait identique à l'onde contenue dans le premier tuyau; de telle manière que la partie contractée dans l'onde du second tuyau corresponde exactement à la partie contractée dans l'onde du premier tuyau, et que la même correspondance ait lieu entre les parties dilatées de chacune des deux ondes. Imaginons qu'on puisse prendre la vitesse, la quantité de mouvement qui est dans le second tuyau, et qu'on la transporte dans le premier. Dans ce cas, nous aurons une quantité de mouvement double, des excursions doubles, des vitesses doubles, et par conséquent une intensité de lumière double.

Maintenant, et c'est ici le point le plus délicat, superposez les ondes de manière qu'elles ne coïncident plus, c'est-à-dire superposez la partie dilatée sur la partie contractée. Lorsqu'on aura ainsi superposé de l'éther vibrant dans un sens sur de l'éther vibrant en sens contraire, si les quantités de mouvement sont égales, il arrivera qu'une molécule, que vous prendrez à la superposition des deux premières tranches, par exemple, sollicitée par une vitesse qui la pousse en avant, et par une vitesse égale qui la pousse en arrière, devra rester en repos parfait. Ce qui aura lieu pour cette molécule devra également avoir lieu pour toutes les autres. Or, que doit-il arriver lorsque de l'éther qui est en mouvement entre subitement en repos? Puisqu'il y a absence complète de mouvement, il devra y avoir absence complète de lumière.

Ce qu'il y a de plus délicat à saisir dans la théorie des ondulations, c'est de comprendre comment deux faisceaux de lumière, qui remplissent certaines conditions, et que l'on fait ainsi coïncider, donnent des ténèbres. Entre la lumière double et les ténèbres, on conçoit la possibilité de produire toutes les nuances intermédiaires. Ces alternatives d'ombre et de lumière, de lumière double et de ténèbres absolues sont précisément ce qui constitue les phénomènes de la diffraction. Il est impossible de rien comprendre à ces phénomènes, et par conséquent à la théorie de l'optique, si l'on ne parvient à bien saisir cette superposition des ondes contractées ou dilatées.

IMPRIMERIE DE E. DUVERGIR,
RUE DE VERNEUIL, N° 4

COURS DE PHYSIQUE.

LEÇON SOIXANTE-HUITIÈME.

(Samedi, 26 Juillet 1828.)

SUITE DE LA DIFFRACTION.

Nous avons, dans la dernière leçon, commencé l'étude de la *diffraction*. Nous avons dit que cette partie de la science avait pour objet 1° un très grand nombre de phénomènes naturels, et de phénomènes que la science produit; 2° la théorie même de l'optique. C'est en effet dans la diffraction que nous trouvons les preuves de l'existence de l'*éther*, et les preuves des mouvemens de vibration de cette substance impondérable, mouvemens qui constituent la lumière. C'est dans cette séance que nous devons approfondir ces principes et discuter la valeur de ces preuves.

J'ai déjà essayé d'indiquer comment, dans l'hypothèse que la lumière n'est autre chose qu'un mouvement de vibration excité dans l'éther, les diverses vibrations doivent se modifier et agir les unes sur les autres. C'est ce principe fondamental que je vais rappeler en quelques paroles.

Si l'éther existe, il est une substance essentiellement mobile, essentiellement fluide, essentiellement élastique. Nous voyons en effet que plus les substances se séparent en parcelles petites, et plus les molécules sont distantes les unes des autres, plus l'*élasticité* est parfaite. Ainsi, les liquides sont plus élastiques que les solides : l'eau, par exemple, est plus élastique que l'acier le mieux trempé. Cette proposition paraîtra peut-être étrange, si l'on ne fait pas bien attention à ce qui constitue l'élasticité. Qu'est-ce qui constitue l'élasticité? c'est que les molécules, écartées de leur position d'équilibre par une cause quelconque, reviennent très exactement à cette position aussitôt que la cause qui les en avait écartées cesse d'agir. Or, si nous faisons fléchir un ressort d'acier, il reviendra très sensiblement à sa position primitive ;

68

mais si nous répétons les flexions un très grand nombre de fois, ou si nous forçons un peu l'écart, les molécules ne reviendront plus exactement à leur position primitive; c'est-à-dire que l'élasticité d'un ressort d'acier n'est pas parfaite. Il en est de même de tous les corps solides, l'ivoire, les métaux, etc. Un corps solide *se souvient* en quelque sorte des pressions qui ont été exercées sur lui; il n'a plus le même arrangement intérieur, ses molécules n'ont plus entre elles la même distance, la même adhérence.

Prenez, au contraire, un fluide, l'eau, par exemple, et soumettez-la à une pression de 100, de 1000 atmosphères, faites ensuite disparaître la cause de la compression, l'eau reprendra exactement son volume, et ne conservera aucune trace des pressions exercées sur elle.

Ainsi, l'élasticité, imparfaite dans les solides, est parfaite dans les liquides; pourvu qu'on fasse bien attention que ce qui constitue l'élasticité, ce n'est pas l'amplitude plus ou moins grande des écarts qu'on peut imprimer aux molécules; mais la régularité avec laquelle ces molécules reviennent à leur position primitive. Ainsi, l'eau est, à la vérité, très peu compressible; les efforts les plus considérables ne diminuent son volume que de quelques millionièmes; eh bien, le rapprochement de ses molécules n'en est pas moins réel, et ce rapprochement disparaît complètement lorsque la cause de la compression vient à cesser son action. Cela est vrai sous l'influence des causes mécaniques comme sous l'influence des causes physiques. Ainsi, le changement de température, l'électricité, en un mot toutes les causes que nous pouvons faire agir sur les molécules d'un liquide pour en modifier les actions réciproques, toutes ces causes disparaissant, le liquide reprend très exactement son premier volume.

Ce qui est vrai des liquides est vrai, à plus forte raison, des gaz. Les gaz sont en effet des corps plus parfaitement élastiques encore que les liquides. Prenez un gaz simple, comprimez-le, liquéfiez-le, et après avoir fait agir sur lui toutes les puissances, soit mécaniques, soit physiques, faites disparaître l'influence de ces causes, à l'instant le gaz reprendra très exactement son premier volume, sa densité et toutes ses propriétés physiques. Ainsi, il serait plus facile de changer la terre que de modifier les actions mutuelles qui régissent les molécules des gaz et celles des liquides.

Si les corps dont les molécules sont plus ou moins distantes les unes des autres, tels que les liquides et les gaz, jouissent d'une grande élasticité; à plus forte raison, l'éther, dont les molécules sont encore plus indépendantes, sera un corps éminemment élastique, et il devra vibrer avec plus de perfection, de régularité, et surtout avec plus de vitesse que ne vibrent les gaz. Ainsi, nous aurons, dans l'éther, des vibrations tout-à-fait identiques à celles que nous pouvons produire dans les gaz, quant à la loi qui régira les vitesses successives des différentes tranches, quant à la loi qui régira les compressions et les changemens de densité successives, en un mot quant aux modifications générales; mais non pas identiques, lorsqu'il s'agira de calculer et les quantités de compression, et les changemens de densité et les vitesses de vibration. Les vibrations de l'éther seront incomparablement plus rapides que celles des gaz.

Déjà même, dans les corps gazeux, nous pouvons reconnaître une sorte d'acheminement vers cette grande vitesse de vibration des molécules de l'éther. Si nous comparons la rapidité des vibrations de l'hydrogène à la rapidité des vibrations de l'acide carbonique ou d'une vapeur d'une grande densité, nous trouverons que l'hydrogène vibre incomparablement plus vite. Ainsi, ce gaz est propre à vous donner une idée de la subtilité, de la mobilité, de l'élasticité de l'éther.

Lorsque nous avons voulu étudier la loi des vibrations d'un fluide élastique, nous avons renfermé une portion de ce fluide dans un tuyau, et c'est là que nous avons étudié les caractères de ses vibrations et les forces diverses qui les produisent. De même, enfermons, par la pensée, une portion d'éther dans un tuyau cylindrique d'une longueur indéfinie, en supposant cet éther identique dans toute l'étendue du tuyau, si nous venons exciter une vibration analogue à celle que nous avons excitée dans un tuyau rempli d'air, il est certain que nous aurons des ondulations. Je reviens encore ici sur l'existence de ces ondulations, pour vous donner une idée bien nette de la théorie fondamentale de l'optique. Ce que nous savons des ondulations sonores facilitera singulièrement l'intelligence des ondulations lumineuses.

Je suppose donc une portion d'éther isolée dans un tuyau, libre, nullement gênée par la présence de la matière pondérable, par conséquent l'éther dans l'état où il existe dans les espaces célestes, au-dessus de l'atmosphère terrestre. Peut-être demandera-t-on si l'éther parfaitement libre, c'est-à- dire, si l'éther dégagé de toute matière pondérable, a toujours la même densité, s'il est toujours identique à lui-même. Je répondrai que nous n'en savons rien. Nous savons bien que l'éther n'a pas la même densité dans l'air et dans l'eau, mais

dès l'instant que nous le débarrassons de la matière pondérable nous ne savons plus comment il se comporte. Nous
ignorons, par exemple, si le vide du baromètre est complètement identique au vide des espaces célestes, en tant que
l'un et l'autre sont remplis d'éther. Quand il s'agit d'une matière nouvelle, dont l'existence ne nous est révélée que par
quelques phénomènes de chaleur et d'électricité, nous ne
pouvons parler avec trop de circonspection du mode d'existence de cette matière.

Supposons le tuyau, fig. 1, rempli d'éther, tel qu'il existe
dans les espaces célestes; et imaginons qu'on excite une vibration, non pas dans un point unique, car dans ce cas il se
produirait autour de ce point des ondulations exactement
analogues à celles qui se produisent sur une surface liquide
lorsqu'on vient y jeter un corps quelconque; mais imaginons
qu'on excite une vibration dans toute la largeur du tuyau;
et pour cela supposons qu'un piston p sépare l'éther en deux
parties parfaitement isolées l'une de l'autre, et que ce piston
imprime à chaque molécule qu'il touche exactement la même
vitesse, de telle sorte que dans l'étendue d'une même section,
toutes les molécules soient modifiées de la même manière.

Il est certain que le mouvement du piston, qu'il soit lent ou
qu'il soit rapide, ne peut pas imprimer du mouvement instantanément à toutes les distances; car nous avons vu qu'il
faut un certain temps pour la communication du mouvement.
Ainsi, pendant que le piston marche et revient à sa position
première, le mouvement ne se communiquera qu'à une certaine distance, cette distance est précisément ce que nous
appelons une *ondulation sonore* dans les fluides élastiques, et ce
que, dans l'éther, nous appelons une *ondulation lumineuse*. Supposons que cette ondulation parcoure successivement toute la
longueur du tuyau; quand le piston aura vibré un certain
nombre de fois, par allées et venues alternativement, il y aura
dans tout le tuyau un mouvement tel que lorsque le piston
reviendra sur lui-même toutes les tranches qui forment la
moitié d'une ondulation seront animées d'une vitesse rétro-
grade, d'une vitesse qui suit le mouvement du piston, tandis
que les tranches qui forment l'autre moitié seront animées
d'une vitesse en sens contraire.

Nous sommes convenus d'appeler *onde contractée* celle
dans laquelle les vitesses sont en avant, et *onde dilatée* celle
dans laquelle les vitesses sont rétrogrades. Toutes les tranches
de l'onde contractée et de l'onde dilatée n'ont pas la même
vitesse, la vitesse varie d'une tranche à l'autre suivant une

loi quelconque. Nous savons que quand la colonne d'éther aura été mise en vibration, elle sera partagée et en partie contractée, partie dilatée, partie contractée, partie dilatée, et ainsi de suite, jusqu'à la limite où la lumière peut s'étendre. Nous savons que dans toutes les ondes contractées le mouvement sera identiquement le même ; qu'il sera aussi identiquement le même dans toutes les ondes dilatées. Ce mouvement dans l'onde dilatée et dans l'onde contractée, sera dependant du mode de vibration, de la manière dont le piston aura vibré ; il sera comme le son, qui non-seulement dépend du nombre de vibrations qu'exécute le corps, mais de certaines lois par lesquelles le mouvement passe de la vitesse la plus rapide à la vitesse la plus lente. C'est ainsi qu'une corde d'instrument va très vite quand elle est au milieu de sa vibration, tandis qu'aux deux extremités, elle a une vitesse nulle ; elle passe de cette vitesse nulle à la vitesse maximum suivant un ordre d'accroissemens tel qu'il nous plaira de l'imaginer. De même ici le piston vibrant part de sa position primitive et y revient suivant un certain ordre de vitesse, et chacune des ondes conserve l'empreinte de l'ordre des vitesses par lequel le piston a passé. Cet ordre de vitesses peut être très variable ; mais il n'aura aucune influence pour rendre les ondes plus courtes ou plus longues, pour faire que la lumière soit jaune ou rouge. L'influence de l'ordre des vitesses, dans l'onde lumineuse, sera à peu près celle de l'ordre des vitesses dans l'onde sonore : or dans l'onde sonore l'ordre des vitesses forme le timbre. Comme dans la lumière nous n'avons rien qui remplace le timbre, nous pouvons donc considérer l'ordre des vitesses comme étant sans influence sur la lumière.

Imaginons maintenant un second tuyau renfermant une onde lumineuse tout-à-fait identique à celle qui est contenue dans le premier tuyau, c'est-à-dire imaginons que les deux ondes soient telles que les longueurs des ondulations soient les mêmes, et que l'ordre des vitesses soit pareillement le même ; tellement que l'œil placé à l'extrémité de chaque tuyau, recevrait exactement la même impression de nuance et d'intensité ; concevons que le mouvement qui est dans le second tuyau puisse être transporté dans le premier tuyau, de manière que le commencement de la deuxième onde coïncide avec le commencement de la première, le milieu avec le milieu, la fin avec la fin. Tout étant identique dans chacune des deux ondes, l'ordre des vitesses ne sera point changé, mais chacune des vitesses sera doublée, et on aura une lumière double.

Si au lieu de superposer les deux ondes de manière que le commencement coïncide avec le commencement, on les superpose de manière que le commencement de la *première* ondulation, dans le premier tuyau, coïncide avec le commencement de la *seconde* ondulation dans le second tuyau, de telle sorte que les ondes diffèrent d'une longueur totale d'ondulation ; ce sera comme si on avait superposé la première ondulation du premier tuyau sur la première ondulation du second tuyau. Ainsi quand on superposera deux ondes de manière que la différence sera ou d'une ondulation entière, ou de deux ondulations entières, ou de trois ondulations entières, etc., l'effet sera double. Au lieu de dire une ondulation, il vaut mieux dire deux demi-ondulations, et vous allez en sentir la raison.

Le premier principe fondamental que nous devons poser est donc le suivant : Quand on superposera deux ondes lumineuses de manière que la différence des chemins parcourus par chacune d'elle soit de $\frac{2}{2}$, de $\frac{4}{2}$, de $\frac{6}{2}$, de $\frac{8}{2}$ ondulations ; c'est-à-dire, en général, d'un nombre pair d'ondulations, la lumière résultant de la superposition des deux ondes sera toujours une lumière double.

Si, au lieu de superposer le commencement d'une ondulation du premier tuyau avec le commencement d'une ondulation du second tuyau, nous superposons le *milieu* d'une ondulation sur le *commencement* d'une ondulation, de telle sorte que l'onde dilatée tombe sur l'onde contractée et l'onde contractée sur l'onde dilatée, il en résultera qu'une molécule quelconque que nous considérerons sera soumise à deux vitesses, l'une qui la poussera dans un sens, l'autre qui la poussera en sens contraire. Par conséquent, cette molécule devra rester en repos ; c'est la loi la plus simple de toute la mécanique. Ce qui est vrai pour une molécule, étant vrai pour toutes les molécules prises dans toute l'étendue de l'onde, il en résultera dans toute la longueur du tuyau repos absolu, c'est-à-dire ténèbres absolues. De là ce second principe : Quand les deux ondes différeront de $\frac{1}{2}$, $\frac{3}{2}$, $\frac{5}{2}$, etc. ondulations, c'est-à-dire, en général, d'un nombre impair d'ondulations, il y aura extinction complète de lumière.

Enfin, si l'on superpose les deux ondes de manière qu'elles ne diffèrent ni d'un nombre pair, ni d'un nombre impair d'ondulations, il arrivera que la lumière ne sera ni doublée ni éteinte, mais que l'on aura toutes les nuances possibles de lumière.

Voici la partie théorique du système des ondulations; je vais indiquer l'expérience par laquelle on justifie complètement cette théorie. J'appelle toute votre attention sur cette expérience qui est la plus décisive, je ne dirai pas de l'optique, mais de toute la physique; car c'est sur elle que s'appuie la théorie de la lumière, sur laquelle s'appuie à son tour la théorie de la chaleur.

Imaginons deux miroirs, qui doivent être métalliques afin d'éviter les deux réflexions, l'une à la première surface, l'autre à la seconde. Ces deux miroirs doivent être ajustés de manière qu'ils se coupent suivant une certaine ligne, et puissent s'ouvrir et se fermer, en faisant un angle plus ou moins grand. Supposons que ces deux miroirs, fig. 2, faisant entre eux un angle très ouvert MaM', reçoivent l'un et l'autre des rayons partis d'un point lumineux s, que nous supposerons d'une nuance simple pour ne pas compliquer les résultats : ce sera, par exemple, un point lumineux rouge. Si ce n'était pas un point lumineux rouge, il serait facile de lui donner cette nuance; il suffirait pour cela de placer devant lui un verre rouge. Le point lumineux envoyant de la lumière sur les deux miroirs, la première question à résoudre est la suivante : Déterminer la direction des rayons qui tombent sur le premier miroir ainsi que celle des rayons qui tombent sur le second miroir. Rien n'est plus facile que cette détermination. Voulez-vous savoir, par exemple, quelle est la direction des rayons qui tombent sur le premier miroir et qui sont réfléchis par lui. Du point lumineux s, abaissez une perpendiculaire si sur le premier miroir, et prolongez-la d'une quantité égale à elle-même, le point r, où aboutira la perpendiculaire ainsi prolongée, vous donnera le lieu de l'image du point s derrière le premier miroir. Abaissez pareillement une perpendiculaire si' sur le second miroir et prolongez-la d'une quantité $i'r'=i's$. D'après la loi de la réflexion tous les rayons réfléchis par les deux miroirs seront comme s'ils partaient du point r pour le premier miroir et du point r' pour le second. Ainsi prenant deux points quelconques $p'p'$, sur les miroirs, pour savoir la direction des rayons réfléchis en ces points, il suffit de joindre p,p' à r,r'; les lignes pt, $p't'$ indiqueront la direction des rayons réfléchis aux points p,p'. Joignez r,r', par le milieu m de la ligne rr', et par la rencontre des deux miroirs menez une ligne max que vous prolongez indéfiniment. Il est évident par cette construction géométrique, que si, sur cette ligne indéfiniment prolongée, on considère un point quelconque, il vient en ce point de la lumière qui a été réfléchie par les deux miroirs, et que la lumière qui vient du premier miroir a parcouru exactement le même chemin que celle qui vient du second miroir. Voilà le principe qu'il est essentiel de bien comprendre.

En effet, joignez le point a aux points s, r, r'; de ce que Ma se trouve perpendiculaire sur le milieu de sr, il en résulte que $ar = as$. De ce que $M'a$ est perpendiculaire sur le milieu de sr', il en résulte que $ar' = as$; donc $ar' = ar$; donc max menée par le milieu de rr' est perpendiculaire sur cette ligne rr'; donc enfin tous les points de la ligne max sont à égale distance de r et de r'. Il est évident, par conséquent, que les rayons réfléchis par les deux miroirs et qui viennent se rencontrer en un point quelconque de la ligne max, ont parcouru le même chemin. Or, si deux rayons qui vont dans la même direction ou qui se rencontrent sous un très petit angle, ont parcouru le même chemin, c'est-à-dire si les ondes lumineuses ne diffèrent en rien l'une de l'autre, il en résulte une lumière double; donc dans toute la longueur de la ligne max, il y aura une lumière double.

Nous allons voir maintenant comment la rencontre de deux rayons arrivant sous une petite obliquité, pour se croiser en un même point, peuvent produire des ténèbres. Il est évident que tout point situé hors de la ligne ax sera à des distances inégales des points r, r'; par conséquent les rayons qui se rencontrent au point t, par exemple, n'auront pas parcouru le même chemin. Si les deux rayons qui se croisent au point t diffèrent de $\frac{1}{2}$, ou $\frac{3}{2}$ ou $\frac{5}{2}$ ondulations, la réunion des deux rayons donnera des ténèbres. Lorsqu'on a deux points donnés et une ligne perpendiculaire menée sur le milieu de la ligne qui joint ces deux points, il est facile de trouver la série de points dont la différence de distance aux deux points est connue. Par conséquent, si l'on demande de trouver autour de la ligne centrale ax, qui est l'axe de nos phénomènes, une série de points dont la différence de distance aux points r, r' soit une quantité donnée, soit, par exemple, un millimètre, rien ne sera plus facile. Il suffira de construire une ligne qu'on appelle une parabole. Tous les points de cette ligne seront tels que la différence de leur distance aux points r, r' sera constante. Il en sera de même pour l'autre côté de la ligne ax. Si j'ai tracé ma courbe de manière que la différence de distance d'un point quelconque de cette courbe aux points *r,r'*, soit justement d'une demi-ondulation, tous les rayons qui viendront se croiser sur cette courbe différeront d'une demi-ondulation ; or, s'ils diffèrent d'une demi-ondulation, ils donneront des ténèbres. Par conséquent autour de la ligne centrale *ax*, nous aurons deux lignes dont la courbure est une parabole, qui seront tout-à-fait noires.

Si je choisis ensuite, des deux côtés de *ax*, une série de points tels que les rayons qui viennent se croiser en ces points diffèrent de deux demi-ondulations, nous aurons deux lignes pareillement paraboliques, qui seront éclairées. Pour une différence de trois demi-ondulations de chaque côté de *ax*, nous aurons deux nouvelles lignes noires, et ainsi de suite alternativement. Ces alternatives remarquables de lumière et de ténèbres forment ce qu'on appelle des franges.

Ce qu'il y a de plus remarquable dans ce phénomène, et ce qui a long-temps embarrassé les physiciens, c'est que, dans la ligne centrale, la lumière a l'air d'aller en ligne droite, et que, des deux côtés de cette ligne, elle semble décrire une parabole. Ce phénomène, qu'il est impossible d'expliquer dans le système de *l'émission*, s'explique très bien, comme vous venez de le voir, dans le système des *ondulations*.

Cette expérience, qui vient de nous indiquer comment la lumière semble marcher en ligne courbe, nous donne aussi le moyen de calculer la longueur des ondulations. Supposez, en effet, qu'on mesure la distance entre le milieu d'un faisceau rouge et le milieu d'un faisceau noir; n'est-il pas évident que cette distance, qu'on peut mesurer à un centième de millimètre, est dépendante de la longueur des ondulations; car nous avons dû tracer la courbe lumineuse et la courbe noire, de manière que les rayons qui venaient se croiser sur la courbe noire différassent d'une demi-ondulation, et que les rayons qui venaient se croiser sur la courbe rouge différassent de deux demi-ondulations. Il y a donc un rapport géométrique donné. Aussi, quand vous avez la véritable distance entre les deux courbes, vous pouvez en déduire la longueur des ondulations.

Je vais indiquer les longueurs d'ondulation correspondantes à chaque couleur en particulier. Chaque couleur ayant des nuances différentes, je prendrai la longueur des ondulations extrêmes : la longueur des ondulations du violet extrême, c'est-à-dire dans le lieu le plus éloigné du bleu, est de

$$0^{mm},000,425$$

Indigo	0,000,449
Bleu	0,000,475

Vert.	0,000,512
Jaune	0,000,551
Orangé.	0,000,583
Rouge le plus voisin de l'orangé. .	0,000,620
Rouge à l'extrémité du spectre. .	0,000,645

Si l'on ne comprend pas bien l'expérience que j'ai indiquée, on ne pourra jamais imaginer avec quelle précision il est permis de déterminer ces longueurs d'ondulation ; mais lorsqu'on comprendra bien cette expérience ; lorsqu'on saura que, pour se tromper d'un millième de millimètre dans la mesure d'une ondulation lumineuse, il faudrait se tromper de plus d'un dixième de millimètre dans les mesures réelles qu'on doit prendre, on sentira quelle confiance on peut accorder aux résultats que je viens d'énoncer.

Le microscope le plus puissant ne peut mesurer des millionièmes de millimètre, et, par conséquent, la mesure directe des ondulations lumineuses nous échappe complétement; mais les mesures se remplacent les unes par les autres, et ne pouvant mesurer un phénomène directement, il suffit de le faire dépendre d'un autre phénomène plus mesurable. C'est ce qu'on a fait pour les ondulations lumineuses.

On a trouvé une confirmation très exacte des mesures que nous avons données, dans un autre phénomène, celui des anneaux colorés et des bulles de savon, phénomène dont Newton avait posé les lois.

Nous allons parcourir la série des phénomènes de diffraction qui peuvent être expliqués au moyen de la donnée fondamentale que nous venons de poser.

Lorsqu'on fait l'expérience des deux miroirs, on peut douter que ce soit véritablement la rencontre des rayons réfléchis par ces miroirs qui donne naissance aux franges alternativement lumineuses et obscures qu'on aperçoit. Pour lever toute espèce de doute, il suffit, pendant que l'observateur est occupé à regarder les franges, de couvrir l'un des miroirs, de manière que la lumière ne soit plus réfléchie que par un seul miroir. À l'instant toutes les franges disparaissent, et il n'y a plus d'alternatives d'ombre et de lumière : la lumière est partout uniforme. Ce sont donc les rayons réfléchis par le second miroir qui occasionnent les franges, de concert avec les rayons réfléchis par le premier miroir.

Imaginez deux biseaux métalliques très aiguisés, et qu'on rapproche très près l'un de l'autre, au moyen d'une vis, dont le nombre de tours sert à mesurer la distance des deux biseaux. Lorsqu'on fait passer un rayon lumineux entre ces deux

biseaux on remarque que la lumière qui est au centre reste
pleine et entière dans une certaine étendue, puisqu'à une certaine distance de cette lumière se trouve une bande noire,
ayant une courbure parabolique; tellement que si l'on place
un carton derrière l'appareil, au lieu d'un faisceau unique
d'une largeur égale à la distance qui est entre les deux biseaux, on aura un tableau composé de franges alternativement
lumineuses et obscures.

Ce phénomène qui est encore un phénomène de diffraction
peut s'expliquer de la manière suivante. Il y a d'abord un
faisceau direct qui passe sans toucher les bords des biseaux.
Quant à la lumière qui touche les bords des biseaux, elle
produit un phénomène qui n'est pas encore bien connu, et
qu'on peut expliquer par deux hypothèses. On peut supposer,
par exemple, que la lumière en frappant le tranchant du
biseau détermine une vibration de la matière pondérable de
ce biseau qui, se mettant à vibrer, produit une sorte de lumière propre, et que les ondes qui naissent à l'extrémité du
biseau, viennent rencontrer la lumière directe et interférer
avec elle pour la détruire en totalité ou en partie, ou pour la
doubler. La lumière de l'autre biseau vient également interférer avec la lumière directe, et enfin, les lumières provenant
des deux biseaux peuvent interférer entre elles. De là résultent trois systèmes de franges; celles qui proviennent de
l'interférence de la lumière de chacun des biseaux avec la
lumière directe, et celles qui proviennent de l'interférence de
la lumière de l'un des biseaux avec la lumière de l'autre
biseau. Soit qu'on tire la longueur des ondulations lumineuses
de cette expérience, soit qu'on la tire de l'expérience des
deux miroirs, on est conduit aux mêmes résultats.

Lorsqu'on fait tomber la lumière de manière qu'elle rase
un seul bord tranchant, il y a encore des franges produites.

Enfin, quand la lumière rase un corps d'un bord quelconque,
on la voit encore se briser et se disperser d'une certaine
manière. Les expériences les plus anciennes sont même des
expériences de cette nature. Newton avait imaginé de faire
passer la lumière aux deux bords d'un cheveu, d'un fil d'araignée, en un mot, d'un fil extrêmement mince. En recevant
sur un carton un faisceau lumineux qui a rasé les bords d'un
cheveu placé au milieu du faisceau, si la lumière n'éprouvait
aucune modification en rasant les bords des corps, il arriverait que le faisceau, s'il était circulaire avant d'avoir touché
le cheveu, formerait sur le carton un cercle coupé au milieu
par une bande noire d'une largeur variable suivant la distance

à laquelle le cheveu serait du carton et du point lumineux. Mais il n'en est point ainsi, et lorsqu'on fait l'expérience, on n'aperçoit pas d'ombre ; de telle sorte que la lumière semble avoir traversé le corps interposé. Cependant on ne peut pas dire non plus qu'il y ait une lumière pleine ; il y a un mélange d'ombre et de lumière ; en un mot, on observe des franges analogues à celles que produit la lumière qui passe entre deux biseaux.

Si l'on vient toucher l'un des bords du cheveu avec un corps opaque, les franges disparaissent aussitôt de l'autre côté ; ce qui prouve que la lumière qui passait du côté où l'on a mis le corps opaque était nécessaire pour aller produire les franges de l'autre côté. C'est exactement la même expérience que nous avons faite avec les deux miroirs.

Au lieu de faire que la lumière rase les deux bords d'un fil, on peut la faire passer par deux trous très rapprochés. La lumière de l'un des faisceaux interfère avec la lumière de l'autre faisceau, de telle sorte que si l'on ferme l'un des trous, les franges disparaissent de l'autre côté. Il y a donc véritablement réaction de la lumière qui passe par l'une des ouvertures sur la lumière qui passe par l'autre ouverture.

Telle est la série des expériences par lesquelles on prouve cette espèce de réaction de deux rayons lumineux. De cette réaction, on s'élève à cette haute idée de l'existence d'un fluide éminemment subtil dont les vibrations constituent la lumière. Et pour prouver l'existence de cette substance qui remplit le monde, et qui, par conséquent, est incomparablement plus abondante que la matière pondérable, il ne faut qu'un cheveu ; de même qu'avec un fil de métal terminé par deux petites boules, Cavendish a pu mesurer le poids de la terre.

Il est une autre série de phénomènes fort célèbres en physique, et qui ont reçu leur célébrité des recherches de Newton ; ce sont les phénomènes des *anneaux colorés*, dont nous allons présenter la théorie.

L'on prend deux morceaux de verre qui ne soient pas plans, et comme il est très difficile de faire des verres parfaitement plans, les deux premiers morceaux de verre qui tombent sous la main sont bons pour faire l'expérience. En superposant ces deux morceaux de verre, on apercevra vers les points de rencontre des deux plaques des nuances de couleurs extrêmement multipliées.

Si l'on veut donner plus de régularité au phénomène, voici comment on doit s'y prendre. On place un morceau de verre courbe, fig. 3, tel par exemple qu'une lentille qui aurait été travaillée sur une sphère de 6 pieds, sur un verre qui soit aussi plan que possible. En regardant en dessus on aperçoit au point de contact une tache noire, autour de cette tache une multitude d'anneaux concentriques, brillans des plus belles couleurs.

Si on observe le phénomène de profil, fig. 4, on aperçoit des franges alternativement colorées et obscures.

Il est certain qu'une bulle de savon n'a pas la même épaisseur dans tout son contour; la pesanteur diminue son épaisseur dans la partie supérieure pour l'augmenter dans la partie inférieure. Si l'on vient regarder une bulle de savon, on aperçoit au point le plus élevé une tache noire, autour de cette tache un anneau coloré, ensuite un anneau noir, et quand on arrive sur les flancs de la bulle on voit toutes sortes de nuances entremêlées les unes avec les autres. Si au lieu de regarder la bulle de savon à l'œil on la regarde avec un verre rouge, toutes les couleurs disparaissent et on ne voit plus qu'une tache noire, un anneau rouge, un anneau noir, un anneau rouge et ainsi de suite. Il en est de même si l'on vient regarder les deux verres superposés, fig. 3.

Newton ayant découvert la décomposition de la lumière, chercha à expliquer le phénomène des anneaux colorés. Il se demanda comment il était possible que la lumière blanche qui passait entre deux lames de verre devenait colorée. Si c'est l'air, a-t-il dit, qui colore la lumière, il suffira de mettre l'appareil dans le vide pour faire disparaître les couleurs. Newton fit l'expérience, et il observa les mêmes couleurs dans le vide que dans l'air. Il mit de l'eau à la place de l'air, et il observa les mêmes nuances et la même succession dans les nuances. La seule différence qu'il remarqua fut dans la grandeur des anneaux.

Ces diverses observations faites, Newton s'appliqua à mesurer les épaisseurs auxquelles les anneaux se présentent, mais il n'eut garde de venir mesurer ces épaisseurs, qui ne sont que des millionièmes sur la couche d'air elle-même; il se dit : ce verre est travaillé sur une sphère de 6 pieds de rayon, à cette sphère je mène un plan tangent ; si je prends un point sur ce plan à une certaine distance du point de tangence, il sera distant de la sphère d'une certaine quantité. Newton a calculé de cette manière quelle devait être l'épaisseur de la lame d'air. Connaissant l'épaisseur de l'air voici le résultat qu'il a trouvé. Les anneaux rouges sont tels, a-t-il dit, que si l'on représente par 1 l'épaisseur de l'air à laquelle se forme le premier anneau rouge, l'épaisseur à laquelle se formera le deuxième anneau rouge sera 5, et à l'épaisseur 2 il y aura ténèbres, ainsi de suite.

Newton a été plus loin, et il a déterminé la grandeur absolue de ces épaisseurs. Ce sont ces calculs des épaisseurs auxquelles se forment les anneaux colorés qui sont tout-à-fait conformes aux calculs des longueurs d'ondulation.

Après avoir tenté, pour expliquer la formation de ces anneaux, toutes les hypothèses qu'un tel génie pouvait tenter, Newton avait été réduit à dire : quand la lumière se présente pour passer du verre supérieur dans le verre inférieur, elle ne peut pas toujours passer. Il en résulte que la lumière a des accès de *facile transmission* et de *facile réflexion*. Lorsque la lumière se présente pour passer, si elle se trouve dans un accès de facile réflexion, elle se réfléchit ; si elle se trouve dans un accès de facile transmission, elle passe. Non-seulement Newton avait imaginé les *accès*, mais il en avait mesuré la longueur. Et cette longueur des accès est exactement la même que la longueur des ondulations.

Prenons pour exemple une bulle de savon, *fig.* 5 ; lorsqu'un rayon lumineux vient frapper cette bulle, qu'est-ce qui arrive ? Le rayon est réfléchi en partie à sa face supérieure ; puis il pénètre en partie dans l'épaisseur de la lame, et s'en vient se réfléchir contre la seconde surface. Si l'épaisseur est justement égale à la longueur d'une demi - ondulation, il en résulte que le rayon qui a traversé l'épaisseur de la lame sera en retard de deux demi-ondulations. Par conséquent, ce rayon, en venant rencontrer l'autre, doit produire de la lumière double. Si nous arrivons à un endroit où l'épaisseur soit égale à $\frac{3}{4}$ d'ondulation, la lumière qui se réfléchira à la seconde surface sera en retard sur la lumière réfléchie à la première surface de $\frac{6}{4}$ d'ondulation ou de $\frac{3}{2}$ ondulations, c'est-à-dire d'un nombre impair d'ondulations ; par conséquent, les deux lumières venant à se rencontrer devront produire des ténèbres.

Le phénomène des anneaux colorés entre les verres s'explique exactement de la même manière.

On peut, de cette expérience, déduire la longueur des ondulations non-seulement dans l'air, mais dans tous les milieux et dans toutes les substances. Un grand nombre de phénomènes que nous étudierons dans la prochaine leçon, résultent encore de ces principes fondamentaux.

Je dois vous indiquer comme conséquence à tirer de ce que

nous venons de dire, un calcul très simple et cependant très important, qui, étant donné, la vitesse de propagation de la lumière qui est de 8′ 13″ et la longueur d'ondulation, qui est, par exemple, pour la couleur jaune de $0,^{mm}000551$, permet d'en déduire le nombre de vibrations qu'accomplit la lumière jaune dans une portion de seconde.

En faisant le calcul, on trouve que la lumière jaune accomplit dans un millionième de seconde 545 millions d'ondulations. Vous pouvez prendre par là une idée exacte de la rapidité des mouvemens que l'éther peut exécuter.

IMPRIMERIE DE E. DUVERGER,
RUE DE VERNEUIL, N° 4

COURS DE PHYSIQUE.

LEÇON SOIXANTE-NEUVIÈME

ET DERNIÈRE.

(Mardi, 29 Juillet 1828.)

SUITE DE LA DIFFRACTION.

Nous avons vu, dans la dernière leçon, ce qu'on doit appeler *interférence*, c'est-à-dire action des rayons lumineux les uns sur les autres. Nous avons indiqué l'expérience fondamentale par laquelle on démontre cette action, c'est l'expérience des deux miroirs. Je dis que cette expérience est fondamentale, parce que le phénomène qui se produit ne peut être expliqué autrement que par une action mutuelle des rayons lumineux. En effet, il n'y a pas jusqu'à présent, dans le système de l'émission, d'hypothèses au moyen desquelles on puisse expliquer ce phénomène. Ainsi, l'expérience établissant l'interférence, l'action mutuelle des rayons en est une conséquence tout-à-fait nécessaire.

Comment s'accomplissent ces interférences des rayons de lumière? Comment les rayons peuvent-ils se détruire, et suivant quelle loi se détruisent-ils? Pour bien comprendre la cause de ces interférences, il suffit de concevoir le fluide éthéré comme capable de vibrations; car dès qu'il peut accomplir des vibrations, il y a mouvement dans un certain sens des molécules ou des parties qui composent l'éther, et ensuite mouvement en sens contraire, de sorte que chaque rayon lumineux peut être considéré comme une série de *pulsations*. Or, si nous prenons une molécule d'éther placée dans l'onde lumineuse, on conçoit très bien comment cette molécule participera à tous les mouvemens de l'onde, et devra accomplir une série d'oscillations. Ainsi, en expliquant la théorie du son, nous nous sommes représenté l'air comme étant parfaitement en repos, nous avons imaginé le silence le plus absolu, et ensuite une onde sonore se propageant dans l'atmosphère. Nous avons dit que chaque molécule d'air frappée par cette onde sonore, se portait d'abord en avant, puis revenait sur elle-même en faisant un nombre de vibrations dont il était possible de calculer la durée et l'amplitude.

Les vibrations des corps solides et des liquides sont très perceptibles à la vue; il n'en est pas de même pour les gaz, à cause de leur transparence. Mais en considérant les gaz renfermés dans un tuyau, nous avons vu comment une vibration excitée à l'ouverture de ce tuyau se communiquait à la colonne tout entière qui sortait du tuyau d'une certaine quantité, puis redescendait, sortait de nouveau, en un mot, oscillait comme oscillerait un corps solide.

C'est ainsi que nous devons nous représenter les mouvemens de vibration, lorsqu'il s'agit de la lumière. Imaginons les ténèbres absolues, c'est-à-dire l'éther dans un repos parfait, ce qui n'a jamais lieu, parce qu'il n'y a jamais absence de chaleur, et par conséquent jamais absence de lumière. Supposons qu'un rayon de lumière pénètre dans cet espace où nous imaginons que l'éther est en repos; quel effet y produira-t-il? Il pressera devant lui toutes les parties de l'éther et leur fera accomplir un nombre de vibrations prodigieux dans un temps dont la brièveté effraie l'imagination. Dès l'instant que nous sortons de la matière pondérable et finie pour passer à la matière impondérable qui remplit l'immensité de l'espace, il faut abandonner les notions que nous avions puisées dans la matière pondérable, il faut créer de nouvelles unités de mesure.

J'ai indiqué les longueurs d'ondulation dans l'air; car il est bon de remarquer que les longueurs d'ondulation ne sont pas des choses absolues et invariables. Ainsi, la longueur d'ondulation que j'ai donnée pour la lumière rouge, n'est point la même quel que soit le milieu que cette lumière traverse. Je suppose que la lumière rouge qui est dans l'air passe dans l'eau, et que là elle produise encore les ondulations qui produisent la lumière rouge, quelle sera la longueur des ondulations dans l'eau? Rien de plus facile à trouver et à démontrer par l'expérience.

Au lieu de faire l'expérience des deux miroirs dans l'air, il faudra la faire dans l'eau; on observera les alternatives d'obscurité et de lumière, et on déduira de la largeur des franges la longueur des ondulations. On peut faire également l'expérience avec les deux biseaux, en plaçant cet appareil devant un tuyau rempli d'eau dans lequel on fait arriver un rayon solaire.

Enfin on peut obtenir le même résultat par une expérience

plus simple, en prenant les deux verres entre lesquels se produisent des anneaux colorés, et au moyen desquels Newton a déterminé la longueur de ce qu'il appelle des *accès* qui ne sont autre chose que des ondulations doubles. En mettant une goutte d'eau entre ces deux verres, elle ira se ranger, appelée par la capillarité, autour du point de rencontre des deux verres. Si l'on observe les anneaux, on remarquera qu'ils suivent le même ordre que dans l'air, qu'ils sont alternativement noirs et rouges, si on les regarde avec un verre rouge, noirs et jaunes, si on les regarde avec un verre jaune; seulement ces anneaux n'auront plus le même diamètre. Eh bien! qu'on mesure ces anneaux produits dans l'eau, et connaissant l'épaisseur de la lame d'eau entre les deux verres, qu'on en déduise la longueur des ondulations, on trouvera la longueur absolue des ondulations dans un milieu quelconque étant connue et prise pour unité ; on trouvera, dis-je, cette loi simple que les longueurs des ondulations sont précisément en raison inverse des rapports de réfraction. Ainsi l'air étant un corps beaucoup plus réfringent que l'eau, les ondulations de toutes les couleurs y sont plus courtes dans un rapport déterminé. Si l'on avait une substance dont le rapport de réfraction fût double relativement à l'air, les longueurs des ondulations seraient précisément moitié. Étant donnée une substance quelconque, du cristal de roche, du diamant, un fluide, un liquide, si l'on demande quelle est la longueur des ondulations dans ce milieu, il suffira de déterminer son rapport de réfraction. La longueur des ondulations dans les différens milieux se trouve donc par une simple règle de trois.

Par conséquent, nous pouvons résoudre cette importante question. La lumière ayant pénétré du vide dans l'atmosphère de la terre, et arrivant à notre œil après avoir traversé différens milieux, connaissant tous les milieux, leur courbure et leur densité, calculer quelle est non-seulement la route que la lumière a dû suivre, mais la longueur des ondulations qu'elle a dû exécuter dans chacun de ces milieux, et le nombre des vibrations qu'elle a accompli.

Ce qui s'applique aux corps inertes, s'applique très exactement aux corps organisés. Chacun des milieux qui composent notre œil, ayant un rapport de réfraction différent, il en résulte que la longueur des ondulations est différente dans les différentes humeurs qu'elle traverse.

Pour ne pas compliquer la question, je ne prendrai que le rapport de réfraction dans le milieu qui doit être affecté, l'humeur vitrée, la rétine ou la choroïde. Le rapport de réfraction de l'humeur vitrée étant connu, on pourra en déduire la longueur des ondulations de la lumière dans l'humeur vitrée, et le nombre des vibrations qu'elle accomplit ; et comme il est certain que notre organe ne reçoit l'impression de la lumière qu'en exécutant le même nombre de vibrations que la lumière elle-même exécute, il en résulte que pour percevoir la sensation de la lumière jaune, par exemple la matière pondérable de notre œil a dû exécuter dans un millionième de seconde 545 millions d'ondulations.

Si toutes les organisations ne sont pas identiques, si, par exemple, il y a des yeux dont les humeurs vitrées aient des rapports de réfraction différens, il en résultera que les nombres d'ondulations et les nombres de vibrations seront différens. Or, comme il n'y a jamais identité absolue dans les organisations, il n'est point étonnant que des organes divers reçoivent, sous l'influence des mêmes causes extérieures, des impressions différentes, que, par exemple, la lumière soit rouge pour un organe, tandis qu'elle est verte pour un autre organe. On observe en effet qu'il y a des yeux qui ne peuvent percevoir telle ou telle nuance ; ce qui, très vraisemblablement, tient au rapport de réfraction de l'humeur vitrée, par conséquent à la longueur des ondulations de la lumière dans l'humeur vitrée, par conséquent au nombre de vibrations qu'accomplit la partie pondérable de notre organisation qui est destinée à transmettre les perceptions de la lumière.

Si de l'organisation humaine on passe à d'autres organisations, on trouve des différences encore plus grandes. Par conséquent, on ne doit point s'étonner si les physiciens admettent généralement qu'il y a beaucoup plus de couleurs que celles que nous apercevons ; que ces couleurs, très différentes de celles que nous pouvons distinguer dans la lumière simple, sont, les unes à l'extrémité du spectre, les autres à l'autre extrémité, et qu'elles sont perceptibles pour des êtres doués d'organes plus délicats que les nôtres.

COULEURS NATURELLES DES CORPS.

On distingue trois espèces de *couleurs naturelles* : 1° les couleurs qu'on appelle *changeantes*, comme les couleurs des bulles de savon et des anneaux colorés, les couleurs des plumes de certains oiseaux, etc.; 2° les couleurs *propres* des corps. L'indigo a une couleur propre qui est bleue, le carmin a une couleur propre qui est rouge ; 3° les couleurs des corps qu'on appelle *diaphanes* ou *opaques*. Ainsi il n'existe point véritablement de corps diaphanes et de corps opaques: mais il y a des corps qui ont une couleur par l'imperfection de leur opacité et de leur transparence. Ainsi l'air, considéré en grande masse, est bleu par défaut de transparence; l'or réduit en feuille très mince est vert par défaut d'opacité.

D'où vient que lorsqu'on regarde les plumes de certains oiseaux sous diverses obliquités, les couleurs de ces plumes changent? Ces couleurs sont changeantes exactement par la même cause que celle qui fait changer les couleurs des bulles de savon. Voici l'explication de ce phénomène : ce sont toujours des interférences qui produisent ces couleurs. Si l'on prend, par exemple, un verre rouge pour regarder les anneaux colorés d'une bulle de savon, on aperçoit une série de cercles concentriques alternativement noirs, rouges, noirs, rouges... Si on regarde les anneaux sous diverses obliquités, on observe encore la même alternative dans les cercles, mais il y aura une circonstance de changée. Si, par exemple, après avoir regardé les cercles sous une certaine obliquité, vous venez les regarder sous une plus grande, vous verrez encore alternativement un cercle noir, un cercle rouge, etc. Mais il y aura cette différence, que la tache noire sera très élargie, que le premier cercle rouge aura un diamètre beaucoup plus grand; qu'il en sera de même du cercle noir, en un mot que tous les anneaux, tout en conservant le même ordre, auront pris beaucoup plus de développement, Ce fait s'explique facilement par les interférences.

Le principe de changement de grandeur des anneaux est précisément le principe des couleurs changeantes; car ce qui arrive pour la lumière rouge doit arriver pour toutes les nuances. Ainsi quand vous regardez de plus en plus obliquement des anneaux colorés, le rouge s'agrandit d'une certaine quantité; il en est de même du violet, du bleu, etc. Il en résulte que là où l'œil apercevait du rouge, il apercevra une autre couleur.

Si l'on prend un fragment de nacre, on remarquera pareillement des couleurs qui changent avec l'obliquité. Ce phénomène s'explique très facilement. Les couleurs de la nacre sont changeantes, parce que la surface de cette substance n'est pas plane, elle est formée par une multitude de petits enfoncemens et de petites saillies qui se succèdent sans aucun ordre apparent. Le rayon qui tombe dans un enfoncement n'a pas parcouru le même chemin que le rayon qui tombe sur une saillie; et suivant que les deux rayons différeront d'un nombre pair ou impair d'ondulations, ils produiront de la lumière double ou des ténèbres, lorsque la lumière ne sera composée que d'une seule nuance ; car lorsque c'est de la lumière blanche, il n'y a pas de ténèbres, mais des nuances diverses.

Ce qui prouve d'une manière évidente que les couleurs dépendent uniquement de la forme de la surface, c'est que si l'on imprime en quelque sorte la surface nacrée sur de la cire molle, de manière à reproduire sur la cire toutes les petites saillies et tous les petits creux de la nacre, la cire reproduira très exactement les mêmes nuances que l'on observait sur la nacre, parce qu'il y a les mêmes intermittences, les mêmes retards dans les ondulations.

Si l'on prend une surface d'acier très poli, réfléchissant très bien la lumière et lui donnant le plus vif éclat, et qu'on s'en vienne faire sur cette surface des stries très régulières avec la pointe d'un diamant, de manière que cette surface présente des espèces d'ondulations, on observera le même phénomène que celui qui se produit sur une surface nacrée. En effet les rayons qui frappent cette surface, pénétrant à diverses profondeurs, il y a une différence entre les chemins parcourus, et par conséquent ces rayons détruisent en totalité ou en partie leurs nuances, suivant qu'il y a accord ou discordance entre eux. C'est ainsi qu'on fabrique des ornemens qui produisent les plus vives couleurs. Pour démontrer que ces couleurs dépendent des stries, il suffit de répéter l'expérience que nous avons faite avec la nacre, c'est-à-dire d'imprimer la surface striée sur de la cire : en même temps que nous imprimerons la forme, nous imprimerons les couleurs ; de sorte que l'acier et la cire présenteront exactement les mêmes nuances. Les anneaux colorés qu'on remarque sur plusieurs substances sont dus à la même cause. Quelquefois ce sont de petites saillies et de petits enfoncemens qui produisent les couleurs, d'autres fois ce sont des combinaisons qui ont déterminé la formation de petites pellicules analogues aux petites pellicules d'air qui forment les anneaux colorés qu'on voit entre deux verres, ou bien analogues aux pellicules de verre qu'on peut obtenir en soufflant du verre en fusion, pour former des espèces de bulles semblables aux bulles de savon.

On conçoit que c'est de la même cause que dépendent les couleurs sans nombre qu'on observe sur le plumage des oiseaux. Les plumes des oiseaux sont formées par de petites lames de substance transparente, telle que la lumière réfléchie à la première surface et la lumière réfléchie à la seconde surface ont parcouru des chemins inégaux, et produisent, par conséquent, des nuances différentes.

Toutes les fois qu'on verra des couleurs changeantes sur une substance quelconque, et qu'on voudra en connaître la cause, il faudra examiner s'il n'y a pas des inégalités sur la surface de cette substance, c'est-à-dire de petits enfoncemens et de petites saillies, comme dans les surfaces nacrées et les surfaces striées, ou bien s'il n'y a pas de petites lames, comme dans les plumes des oiseaux; dans les bulles de savon, dans les lames d'air qui composent les anneaux colorés.

Non-seulement on peut expliquer toutes les nuances, mais on peut les calculer d'avance; car Newton s'il s'est trompé sur ce qui regarde les accès de facile réflexion et de facile transmission, ne s'est point trompé sur les couleurs qu'on peut obtenir avec les lames. Il a donné une figure géométrique, analogue à celle que j'ai rapportée pour la re-composition des couleurs simples, au moyen de laquelle on peut, étant donnée une épaisseur d'une substance connue, calculer très exactement les nuances qui doivent sortir.

Je passe aux couleurs *propres* des corps. Je dois dire à cet égard que nos notions sont encore extrêmement bornées. Nous ne savons rien sur ce qui constitue la couleur rouge, la couleur bleue, etc. de certaines substances. Il n'y a jusqu'à présent aucun système un peu probable pour expliquer ce qui fait que l'indigo est bleu, que le carmin est rouge; en un mot, pour expliquer les couleurs propres des corps opaques. Quelle que soit l'explication, elle repose sur une donnée fondamentale que voici : si nous voulons nous représenter un corps éclairé comme composé de différentes molécules placées à des distances différentes, et si nous concevons l'éther placé entre ces molécules, il est évident que quand une ondulation lumineuse vient frapper ce corps et exciter des mouvemens dans l'éther, il y a deux choses possibles. Ou les vibrations se communiquent seulement à la substance éthérée, sans que les molécules pondérables soient ébranlées, ou bien les vibrations se communiquent de l'éther aux molécules pondérables qui vibrent en harmonie avec l'éther. Voilà deux hypothèses qui sont possibles; un grand nombre d'expériences semblent indiquer que c'est la seconde qui doit être admise; c'est-à-dire que quand un corps est frappé par la lumière, ce n'est pas seulement l'éther du corps qui entre en vibration, c'est aussi sa matière pondérable; tous ses atomes sont ébranlés de manière à produire la lumière, non pas dans un sens déterminé, mais dans tous les sens; car chacun des atomes doit être regardé comme le centre d'une sphère lumineuse. Pourquoi, maintenant, lorsqu'un corps est éclairé par de la lu-

lumière blanche, ses molécules ne vibrent-elles que pour produire des ondulations dont la longueur convient à la lumière bleue, à la lumière rouge, etc.? On peut admettre que les corps n'étant point composés de molécules indépendantes les unes des autres, mais de molécules qui sont maintenues à leur distance par les forces constitutives des corps, quelles qu'elles soient, ces molécules ainsi maintenues à des distances déterminées, et capables seulement d'osciller entre ces distances, sont comme un système en équilibre, lequel système n'accomplit pas avec la même facilité tout mode de vibration. C'est ainsi que quand nous ébranlons une corde de violon, elle produit tel son et non pas un autre, parce que les molécules de cette corde sont comme autant de ressorts tendus et que la réaction de ces ressorts ne permet qu'un certain mode de vibration, lequel est le mode harmonique avec l'existence du corps. De même qu'une corde de violon, en vibrant suivant sa longueur, son poids et la matière qui la constitue, ne produit qu'un certain son; de même un corps éclairé étant composé de molécules maintenues à une certaine distance déterminée et en équilibre mobile, c'est-à-dire en équilibre élastique, aussitôt que la lumière viendra frapper ce système, il vibrera et accomplira de préférence certaines vibrations. L'indigo accomplira de préférence les vibrations qui produisent le bleu; le carmin accomplira de préférence les vibrations qui produisent le rouge.

Quel est le rapport entre l'organisation intime des corps, la forme des atomes, leur distance, leur action sur l'éther, et l'espèce de lumière qui en sort, lorsque ce corps est éclairé par de la lumière blanche? C'est ce qu'il nous reste à chercher. Néanmoins, dans l'hypothèse que je viens d'indiquer, on conçoit comment les couleurs propres des corps peuvent être produites. L'autre hypothèse est loin de présenter le même avantage.

J'arrive au troisième ordre de couleur. On a élevé contre le système des ondulations une objection qui paraît d'abord spécieuse; on a dit: Le système des ondulations est absurde; car il suppose qu'il y a de l'éther partout, que la matière pondérable est en quelque sorte perdue au milieu de l'éther, qu'il n'y a pas deux molécules de matière pondérable qui ne soient séparées par l'éther. Or, s'il en est ainsi, a-t-on dit, tous les corps devraient être transparens, car comment pourrait-il exister des corps opaques, puisqu'il y a de l'éther entre toutes les molécules de la matière, et que par conséquent la lumière devrait pouvoir passer entre ces molécules? Pourquoi les montagnes, pourquoi le globe de la terre lui-même ne sont-ils pas transparens, car les montagnes et le globe de la terre sont aussi remplis d'éther? On conçoit tout ce que cette objection a de spécieux. Il est vrai, dans l'hypothèse que nous posons, qu'il y a de l'éther partout ; s'il ne vibre pas, il faut trouver la raison pour laquelle il ne vibre pas. Ainsi la question est celle-ci : Pourquoi y a-t-il des corps transparens en apparence comme l'air, et des corps opaques en apparence comme les métaux? Qu'est-ce qui fait la diaphanéité? Quelque système que l'on adopte, celui des ondulations ou celui de l'émission, on est toujours inévitablement conduit, pour les corps diaphanes, à dire : Notre organe, qui est derrière la substance solide transparente, est affecté par quelque chose qui est de l'autre côté, par conséquent il faut que l'obstacle qui sépare l'organe de la cause, quelle qu'elle soit, qui agit sur lui, soit perméable à cette cause. Ceux qui adoptent le système de l'émission ne sont point embarrassés pour répondre à cette question. Toutes les molécules des corps diaphanes, disent-ils, sont à une grande distance les unes des autres ; les molécules de la lumière sont très petites ; par conséquent elles peuvent passer à travers les corps diaphanes sans les toucher. De même si elles s'en viennent affecter le fond de notre œil, c'est que les molécules qui composent les diverses parties de l'organe de la vue sont très écartées les unes des autres. La lumière passe à travers ces molécules, comme une flèche qu'on lancerait dans une forêt pourrait ne toucher aucun arbre.

Tout prouve qu'en effet les molécules des corps diaphanes sont très écartées ; cet écartement des molécules est démontré par la diminution de volume qu'éprouvent les corps diaphanes, lorsqu'ils sont soumis à une compression suffisante ; mais les corps opaques soumis aux mêmes actions mécaniques présentant les mêmes phénomènes que les corps diaphanes, on ne voit pas de raison d'admettre que les molécules des corps transparens soient plus écartées que les molécules des corps opaques, d'autant plus que les corps diaphanes ne sont pas toujours les corps les moins pesans. Telle est l'explication qu'on donne de la diaphanéité dans le système de l'émission.

Voici comment elle s'explique dans le système des ondulations. Lorsque l'éther est distribué dans la matière pondérable, il prend des densités et des élasticités différentes dans chacun des corps ; qu'on me permette ces deux expressions, densité et élasticité, qui appartiennent véritablement à la matière pondérable. Ce serait une question très épineuse que de rechercher ce qu'est la densité de l'éther comparée à la densité de la matière pondérable ; je n'examinerai point ici cette question. En méditant un peu sur les expressions densité, élasticité, appliquées à l'éther, on concevra qu'elles peuvent avoir un sens.

Lorsque les ondulations de la lumière prénétreront dans l'intérieur d'un corps, elles viendront ébranler chacune des molécules de corps ou passer entre leurs intervalles. Or, si les molécules ont un certain arrangement qui permette aux ondulations de ne point se détruire, la lumière passera en conservant l'empreinte, en quelque sorte, de la longueur de ses ondulations primitives, et apportera par conséquent à notre organe l'image très nette des objets placés de l'autre côté du corps. S'il y a, au contraire, une très grande irrégularité dans l'arrangement des molécules, si la lumière est renvoyée en partie dans un sens, en partie dans un autre, on conçoit comment le corps peut paraître opaque. Mais, dans la réalité, il n'existe pas de corps parfaitement opaques ni de corps parfaitement diaphanes. Lorsque le corps qu'on regarde comme opaque, aura une ténuité assez grande, quelle que soit l'irrégularité avec laquelle ses molécules se succèdent, jamais les ondulations ne pourront être complètement détruites, et la lumière passera en partie. Il y a même un rapport déterminé entre la nuance que les corps réduits à une ténuité suffisante laissent passer, et la nuance qu'ils réfléchissent. C'est ainsi que l'or laisse passer la lumière verte, et réfléchit la lumière jaune. Par conséquent, l'or réduit en lame très mince est un corps transparent en partie ; il ne laisse pas passer la lumière telle qu'elle vient frapper sa surface, il la modifie et lui donne une certaine nuance dépendante de l'épaisseur de la lame et de l'arrangement des molécules.

Il n'y a pas non plus de corps parfaitement diaphanes, parce qu'il y a toujours du mouvement détruit lorsque la lumière passe d'un milieu dans un autre. Ainsi, l'air et l'eau ne sont point des corps parfaitement diaphanes. Nous savons que la couleur bleue du ciel n'existe pas ; nous n'avons l'impression de cette couleur que parce que l'air modifie la lumière qui le traverse. Si la terre était complètement dépouillée d'air, nous verrions au-dessus de nos têtes, à toutes les heures du jour et de la nuit, tous les astres briller de leur éclat, et l'intervalle compris entre ces astres serait complètement noir ; à moins que l'œil, ébloui par la lumière qu'il recevrait de ces astres, ne reportât cet éblouissement sur le noir du ciel ; c'est en effet ce qui est confirmé par ce que rapportent les observateurs qui se sont élevés en ballon à de très grandes hauteurs dans l'atmosphère, et se sont ainsi trouvés au milieu d'un air très dilaté.

Comment la voûte du ciel, au lieu de nous paraître comme un fond noir parsemé de points brillans, nous paraît-elle avoir une couleur uniforme? Les rayons du soleil arrivant dans l'atmosphère de la terre sont non-seulement réfractés, ils sont de plus réfléchis par chaque molécule d'air. Nous devons, par conséquent, considérer chacune des molécules qui composent l'atmosphère comme un centre autour duquel il y a des ondulations sphériquement produites. Ces ondulations se rencontrant dans toutes les directions, se détruisent, se modifient de mille manières. C'est le résultat de toutes ces actions si complexes qui fait que la lumière, non pas celle qui nous arrive directement du soleil, mais celle qui nous arrive obliquement, après avoir été modifiée par la rencontre dans tous les sens des diverses ondulations, n'est plus de la lumière blanche.

Si nous considérons l'Océan, nous y apercevrons une couleur analogue à la couleur de l'air, et qui a la même cause; seulement il y a une plus grande quantité de lumière d'absorbée, ce qui veut dire que la quantité de mouvement renfermé dans les ondulations qui pénètrent dans les eaux de la mer, rencontrant un plus grand nombre de molécules pondérables, se détruit plus vite. Ainsi, la lumière qui peut pénétrer à une profondeur de douze lieues dans l'air, ne pénètre qu'à quelques toises de profondeur dans la mer.

Telles sont, sur l'opacité et la diaphanéité, les idées les plus générales auxquelles nous sommes conduits. Ce sont plutôt des idées qui doivent nous guider dans la recherche de la vérité, que des idées auxquelles nous devions nous arrêter définitivement.

DOUBLE RÉFRACTION ET POLARISATION DE LA LUMIÈRE.

Ce que pendant long-temps on avait appelé *double réfraction*, a été, après la découverte de Malus, appelé *polarisation*.

Lorsqu'on prend une substance cristallisée, telle par exemple qu'un rhomboïde de spath d'Islande, qui n'est que du carbonate de chaux parfaitement cristallisé et par conséquent très limpide, on remarque qu'un objet regardé à travers l'épaisseur de ce rhomboïde, paraît toujours double. Afin de poser une théorie pour expliquer ce fait si remarquable, je vais indiquer une autre expérience. Si l'on met ce rhomboïde au trou d'une chambre noire, et qu'on fasse passer un faisceau lumineux à travers ce rhomboïde, au lieu d'un seul faisceau émergent, on en apercevra deux, et il ne faut pas croire que ces deux faisceaux tiennent à quelque inégalité du cristal ; car qu'on prenne le cristal le plus limpide, qu'on le travaille avec le plus grand soin, on observera toujours deux faisceaux. Si on retourne le rhomboïde, on verra les deux faisceaux changer de direction et de position de mille manières. C'est là le phénomène qu'on appelle phénomène de la double réfraction ; car puisqu'on obtient deux faisceaux, il est évident que le faisceau simple qui est tombé sur le cristal a dû être doublement réfracté, pour pouvoir former ainsi deux faisceaux qui prennent des chemins différens : la séparation se fait à l'entrée du cristal.

De ces deux rayons, il y en a un qu'on appelle le rayon *ordinaire*, parce qu'il suit très exactement la loi de la réfraction ordinaire, comme Huyghens l'a démontré ; l'autre rayon échappe complètement à cette loi, et c'est pour cette raison qu'on l'appelle le rayon *extraordinaire*. Il faut bien distinguer le rayon *ordinaire* du rayon *naturel*. Un rayon naturel est celui qu'on reçoit de la lumière des nuées ou du soleil sans qu'il ait été divisé ; dès le moment que ce rayon a été séparé en deux, il n'y a plus de rayon naturel ; il y a un rayon ordinaire et un rayon extraordinaire.

Il est très curieux d'observer ce qui arrive à ce rayon ainsi divisé, et de chercher si, en regardant les deux rayons à travers un second cristal, chacun d'eux aura encore la propriété de se diviser. Si l'on vient regarder le rayon ordinaire, on trouve qu'il y a une certaine position du rhomboïde pour laquelle on ne peut faire sortir qu'un seul rayon. Dans ce cas, le rayon ordinaire est bien comme un rayon naturel, mais comme pour cette position unique il y en a une infinité d'autres où l'on peut faire sortir deux rayons, vous comprenez qu'il a fallu distinguer le rayon ordinaire du rayon naturel.

Si l'on étudie le rayon extraordinaire, on trouvera aussi qu'il y a une certaine position dans laquelle il passe sans se diviser.

Ainsi il y a dans la lumière qui a traversé un rhomboïde de spath d'Islande, des propriétés différentes de celles qui appartiennent à la lumière naturelle.

Ce sont ces rayons ordinaire et extraordinaire qu'on appelle des rayons de lumière *polarisée* et voici pourquoi on leur donne ce nom. Si l'on fait tomber un rayon solaire sur une lame de verre noircie mais dont la surface supérieure soit très plane et puisse réfléchir la lumière, et qu'on s'en vienne observer ce rayon avec un rhomboïde de spath d'Islande, on trouve qu'il y a une certaine obliquité sous laquelle ce rayon ne se divise pas en traversant le rhomboïde. Il agit par conséquent non pas comme un rayon naturel, mais comme un rayon ordinaire ou extraordinaire. Cette expérience fondamentale faite par Malus constitue la découverte de la *polarisation* de la lumière. Malus faisait des expériences sur la double réfraction en regardant à travers un rhomboïde de spath d'Islande de la lumière qui était réfléchie par des carreaux de vitre. Il observa avec un très grand étonnement que dans une certaine position il n'apercevait qu'une seule image. Calculant quel était l'angle d'incidence sous lequel le phénomène se produisait, il trouva qu'il était d'environ 35° 25'; tellement que quelques instans plus tôt ou plus tard, la découverte devenait impossible.

Analysant de plus près cette lumière modifiée par un premier rhomboïde ou par la réflexion des verres sous un angle de 35° 25', Malus parmi plusieurs propriétés, en reconnut une très remarquable que voici : Si l'on vient présenter une seconde glace au rayon réfléchi, sous le même rayon de 35° 25', et de manière que le plan d'incidence sur la seconde glace coincide avec le plan d'incidence sur la première, la plus grande partie de la lumière renvoyée sur la seconde glace se réfléchit. Si au contraire on tourne la seconde glace de manière que le plan d'incidence sur la seconde glace soit perpendiculaire au plan d'incidence sur la première, on observe un tout autre phénomène. La lumière ne se réfléchit plus du tout sur la seconde glace, mais elle passe en totalité. Malus raisonnant dans le système de l'émission, qui était le système uniquement adopté à cette époque, expliqua cette singulière propriété de la lumière en disant que les molécules qui composent le rayon réfléchi avaient été tournées dans une certaine direction, qu'elles avaient des pôles absolument comme des aiguilles aimantées, et que la lumière passait lorsque les pôles se trouvaient tournés convenablement. Telle est l'origine du mot de *polarisation*. Un rayon polarisé est donc un rayon qui, rencontrant sous certaines conditions des corps diaphanes, ne se réfléchit plus à leur surface comme un rayon ordinaire.

C'est sur le principe de la double réfraction qu'est fondé l'appareil qu'on appelle *micromètre à double image*. C'est une lunette disposée de manière qu'elle donne deux images. Si on s'arrange de manière que ces deux images viennent se toucher, et qu'on observe de combien il a fallu tirer ou enfoncer le tuyau de la lunette pour amener cette tangence des images, on peut déterminer à quelle distance se trouvent les objets quand on connaît leur grandeur, ou déterminer leur grandeur quand on connaît leur distance.

Lorsqu'on a voulu expliquer le phénomène de la polarisation dans le système de l'émission, on a essayé de rendre compte de la séparation des rayons et de leurs propriétés, par des actions à de petites distances.

Voici comment, dans le système des ondulations, on explique le phénomène de la double réfraction. On admet que dans les corps cristallisés, c'est-à-dire dans les corps dont les molécules sont régulièrement arrangées, l'éther n'est pas disposé d'une manière identique dans toutes les directions. Supposons en effet que les molécules des corps ne soient point des sphères; l'éther ne sera pas modifié autour de la molécule d'une manière symétrique. Si donc un rayon vient pour traverser l'éther renfermé dans un corps, il trouvera cet éther arrangé d'une certaine manière; si le rayon vient dans une autre direction, il trouvera de l'éther arrangé autrement. Voilà comment on peut concevoir que les molécules primitives des corps que nous appelons les atomes n'ayant pas une forme sphérique, ni des dimensions uniformes pour toutes les espèces de corps, elles agissent différemment sur l'éther dans les diverses directions.

Voilà le principe fondamental par lequel on peut expliquer la polarisation dans le système des ondulations. Ainsi ce système a l'avantage d'embrasser tous les phénomènes de l'optique, de n'en laisser aucun inexplicable. Ce système a cependant un inconvénient que lui reprochent surtout les géomètres, c'est de ne pouvoir être soumis au calcul. Cette objection n'est pas naturelle. La mécanique du mouvement des ondulations est une mécanique encore très peu avancée. Il faut fonder cette mécanique; quand elle sera fondée, très vraisemblablement l'ensemble des phénomènes déjà expliqué d'une manière générale sera expliqué d'une manière précise, rigoureuse, mathématique.

La théorie des ondulations a d'ailleurs ce grand avantage qu'elle s'unit de la manière la plus intime aux théories de la chaleur, de l'électricité et du magnétisme. La chaleur est complètement analogue à la lumière; elle rayonne, se réfléchit, se réfracte se polarise comme la lumière. On n'est point encore parvenu à diffracter la chaleur, c'est-à-dire à faire en sorte que deux rayons de chaleur en se rencontrant fassent, je ne dirai pas du froid, mais une destruction de chaleur. Car le froid n'est pas à l'égard de la chaleur ce que sont les ténèbres à l'égard de la lumière. Nous ne savons pas ce que serait une destruction de mouvement des ondulations qui produisent la chaleur, c'est-à-dire que le froid absolu est une chose dont nous n'avons aucune idée.

L'identité entre la chaleur et la lumière ne laisse donc aucune espèce de doute. Seulement on peut dire que la différence qui caractérise ces deux agens, est que les ondulations qui produisent la chaleur ne sont pas de même longueur que les ondulations qui produisent la lumière. Peut-être ces deux agens diffèrent encore par d'autres accidens, car les diversités qui peuvent se manifester dans les mouvemens ondulatoires sont sans nombre.

Quant à l'identité de la lumière avec l'électricité et le magnétisme qui sont les deux autres agens dont la physique doit s'occuper, il n'y a rien jusqu'à présent de bien établi à cet égard, mais il est très vraisemblable que ces deux agens ne sont aussi que des modifications de l'éther.

Quant à la cause qui produit les vibrations de l'éther, il y a trois hypothèses possibles. On peut admettre que le soleil, par son mouvement propre de rotation, a la faculté d'imprimer aux molécules de l'éther un mouvement de vibration. Si le mouvement propre du soleil ne peut avoir ce résultat, qu'est-ce qui empêche que la matière du soleil n'ait elle-même un mouvement primitif de vibration, comme elle a un mouvement de rotation? Si enfin on ne veut admettre ni l'une ni l'autre de ces deux hypothèses, on peut penser que l'éther a reçu primitivement un mouvement de vibration.

IMPRIMERIE DE E. DUVERGER,
RUE DE VERNEUIL, N° 4

TABLE

DES MATIÈRES CONTENUES DANS LA DEUXIÈME PARTIE.

FIN DE LA TABLE DE LA DEUXIÈME PARTIE.

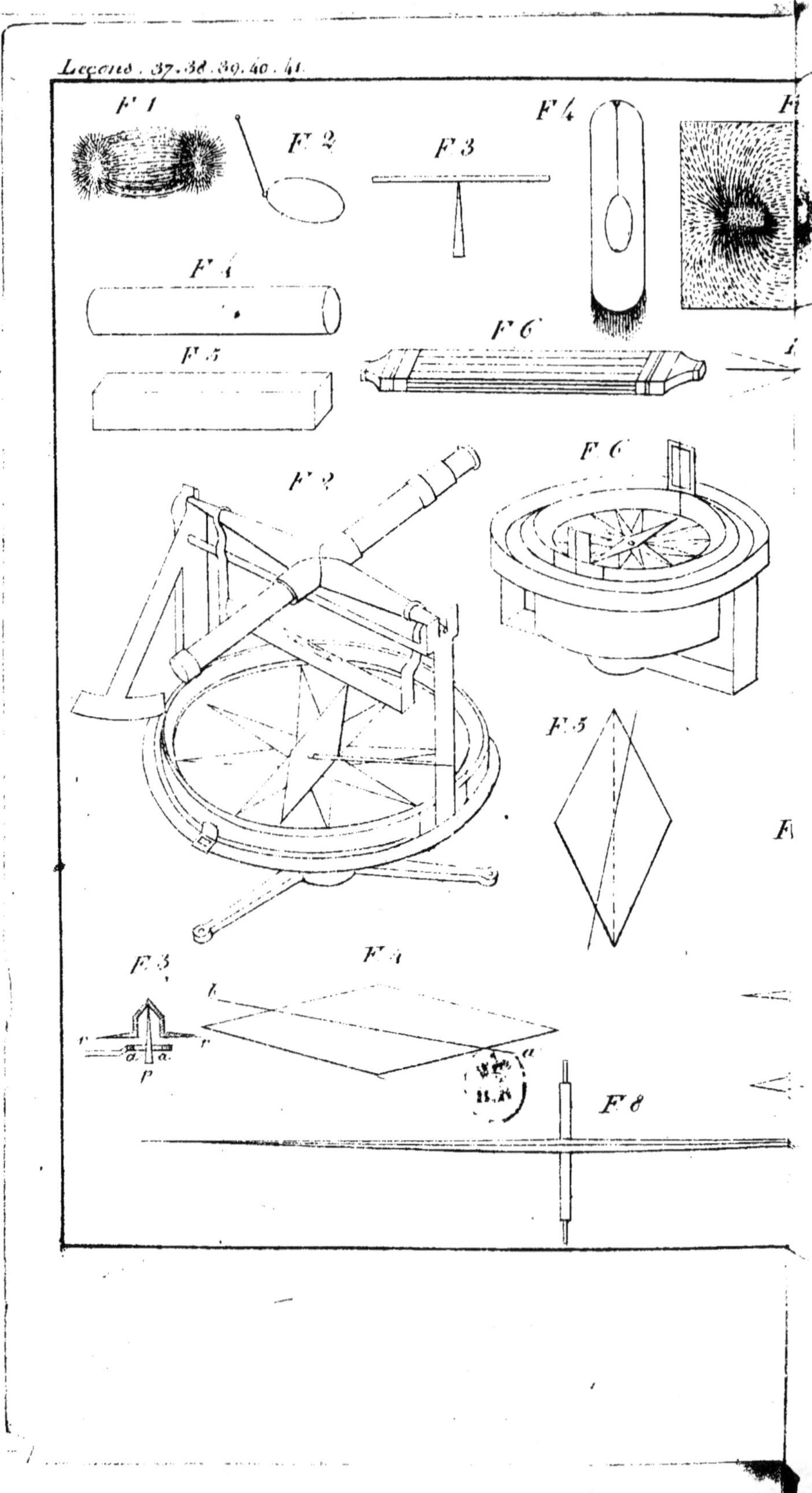
F. 1
F. 2
F. 3
F. 4
F.
F. 4
F. 5
F. 6
F. 2
F. 6
F. 5
F
F. 3
F. 4
F. 8

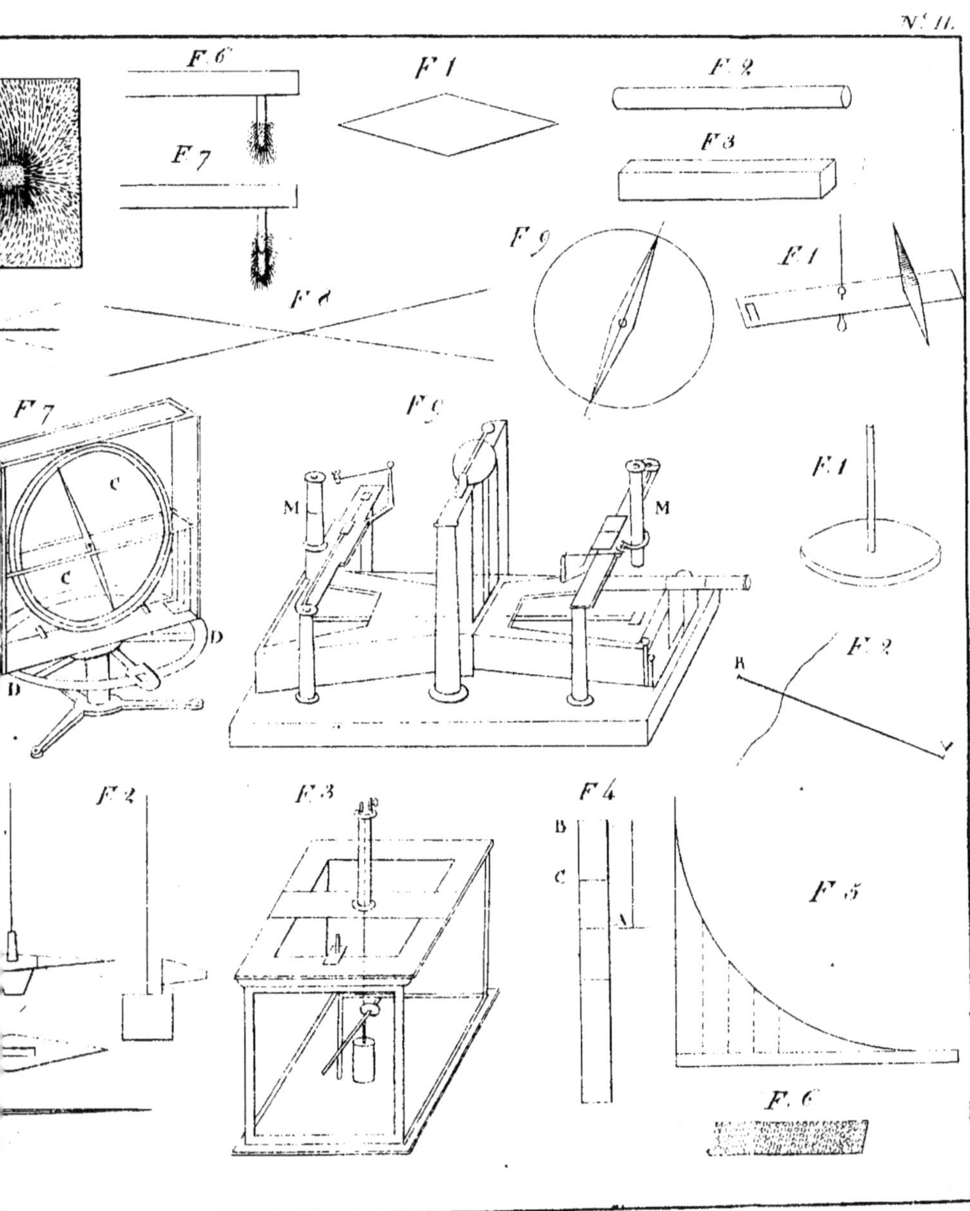
F. 6
F. 1
F. 2
F. 7
F. 3
F. 4
F. 9
F. 1
F. 7
F. 9
F. 1
M
M
F. 2
F. 2
F. 3
F. 4
F. 5
B
C
A
F. 6

F. 1

F. 2

F. 1

F. 2

F. 3

F. 6

F. 7

F. 8

F. 9

F. 10

F. 1

F. 2

F. 3

F. 4

F. 1

F. 2

F. 3

F. 4

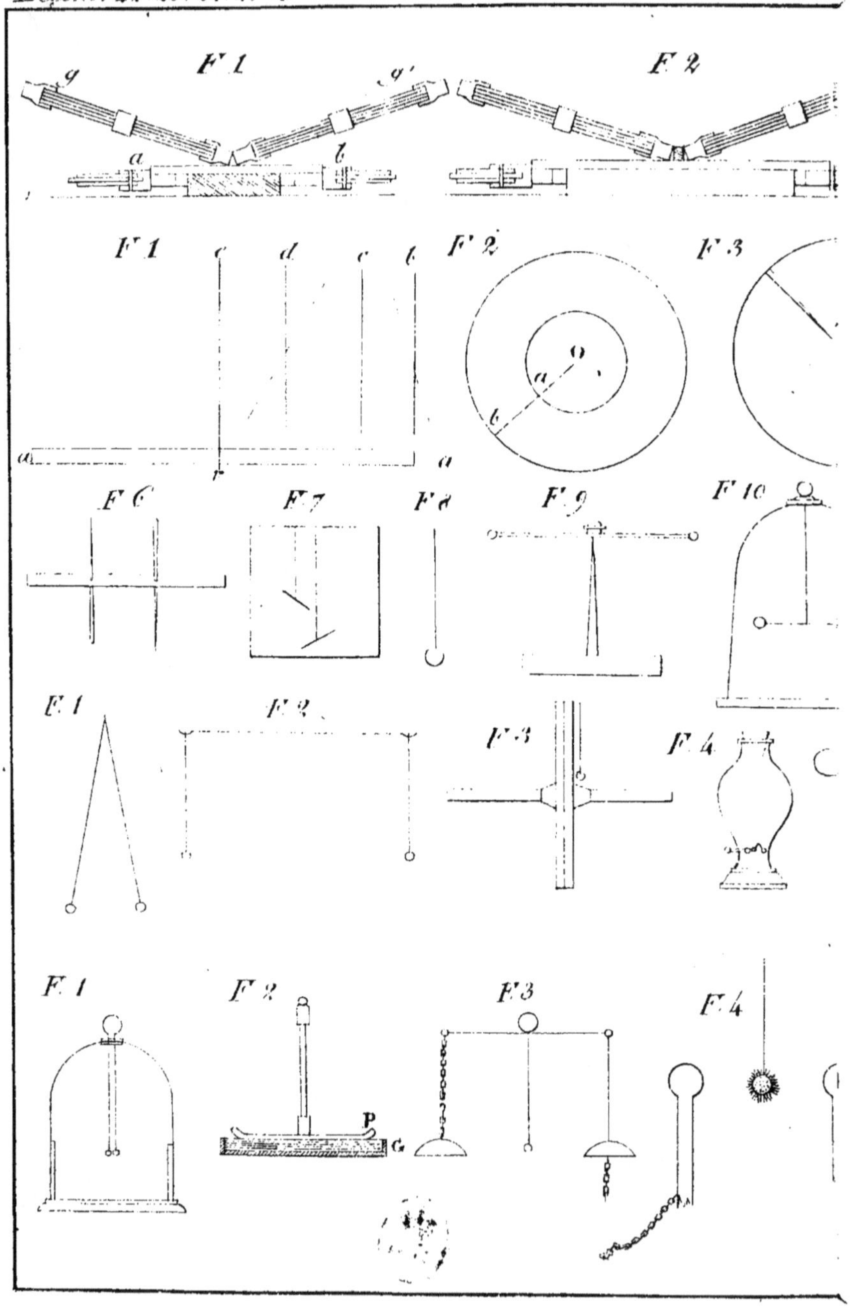

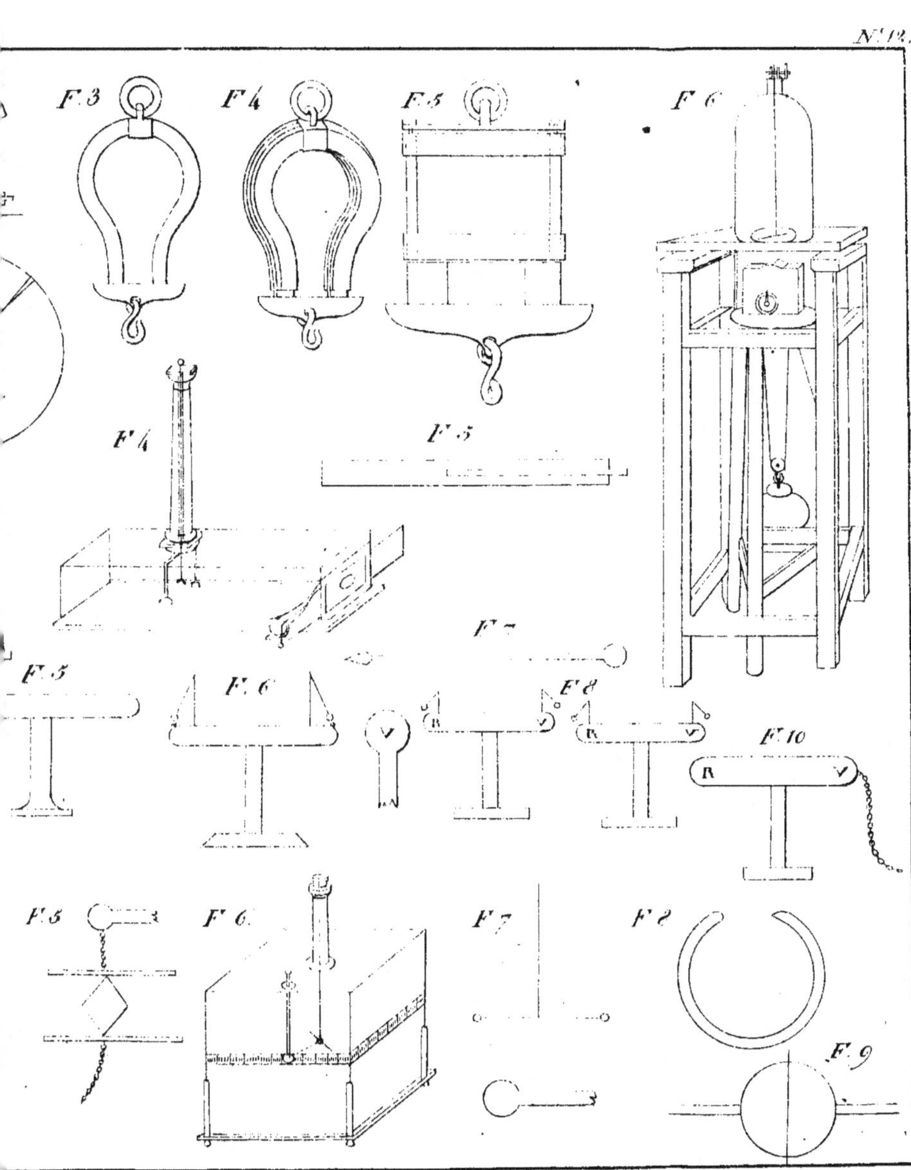
F. 3
F. 4
F. 5
F. 6
F. 4
F. 5
F. 5
F. 6
F. 7
F. 8
F. 10
F. 5
F. 6
F. 7
F. 8
F. 9

F. 1
F. 2
F. 4
F. 3
F. 1
F. 2
F. 3
F. 8
F. 9
F. 10
F. 11
F. 1
F. 2
F. 1

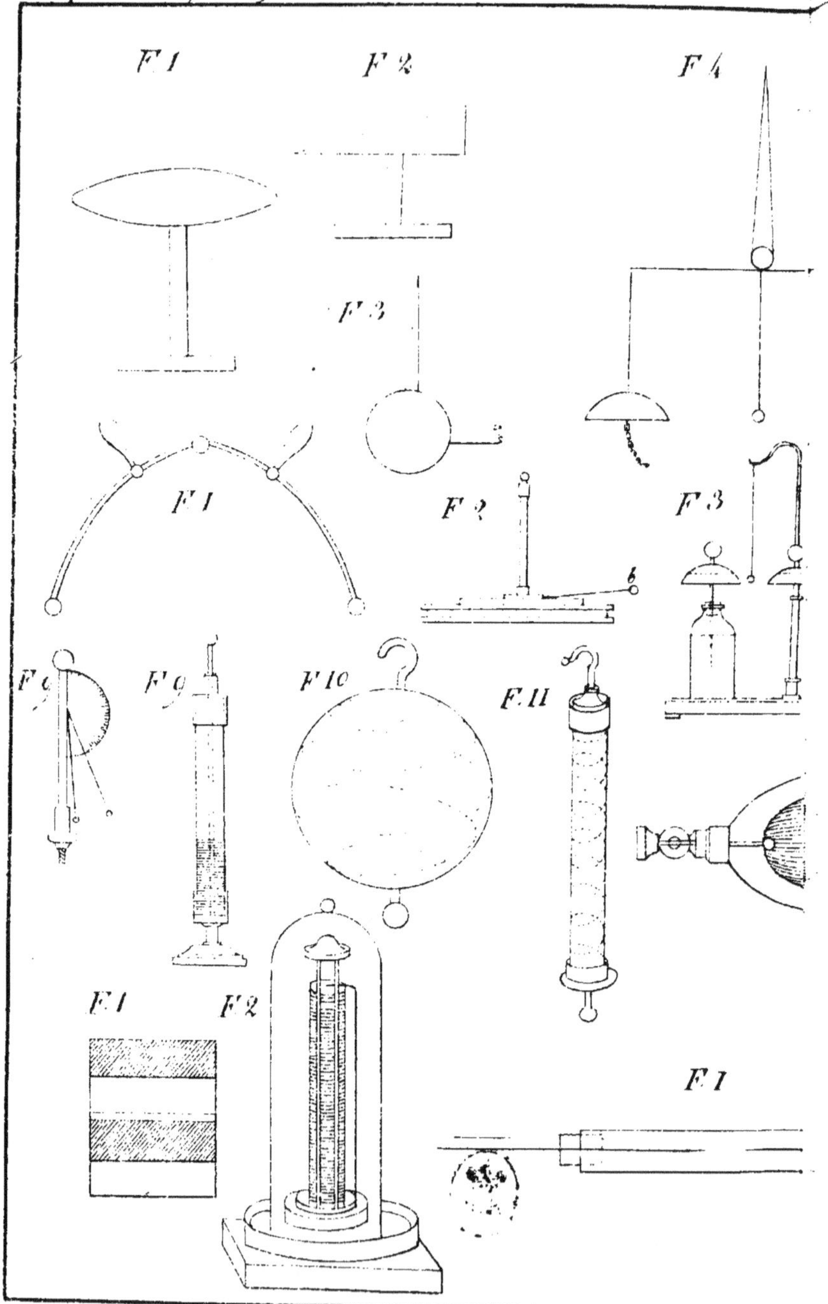

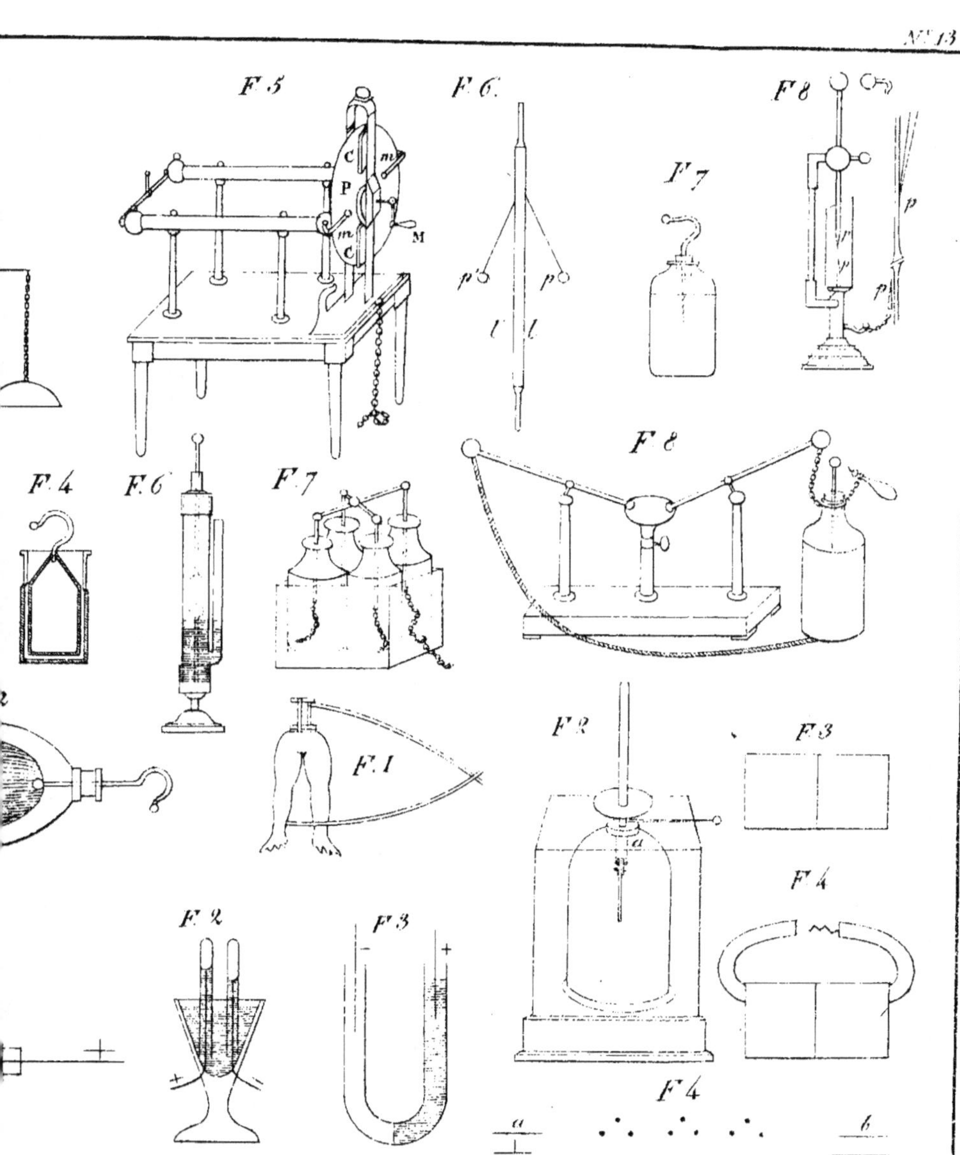
F. 5
F. 6.
F. 7
F. 8
C
P
m
m
C
M
p p
l l
F. 4
F. 6
F. 7
F. 8
F. 1
F. 2
F. 3
F. 2
F. 3
F. 2
F. 3
F. 4
F. 4
a
a
b
+
+
+
p
p
p

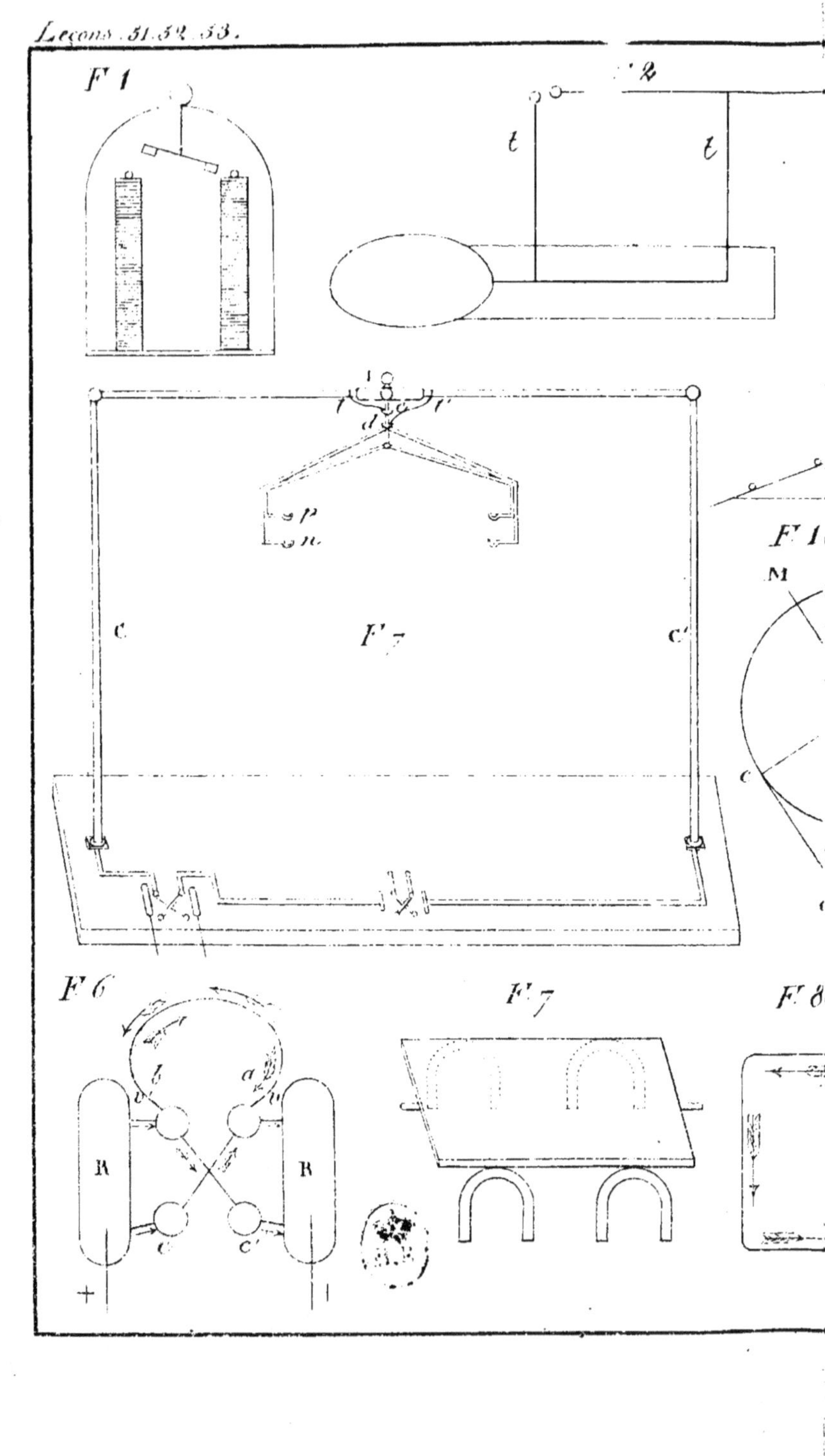
F. 1
2
t
t
P
n
c
c'
F. 7
F. 1.
M
c
F. 6
R
R
c
c'
+
F. 7
F. 8

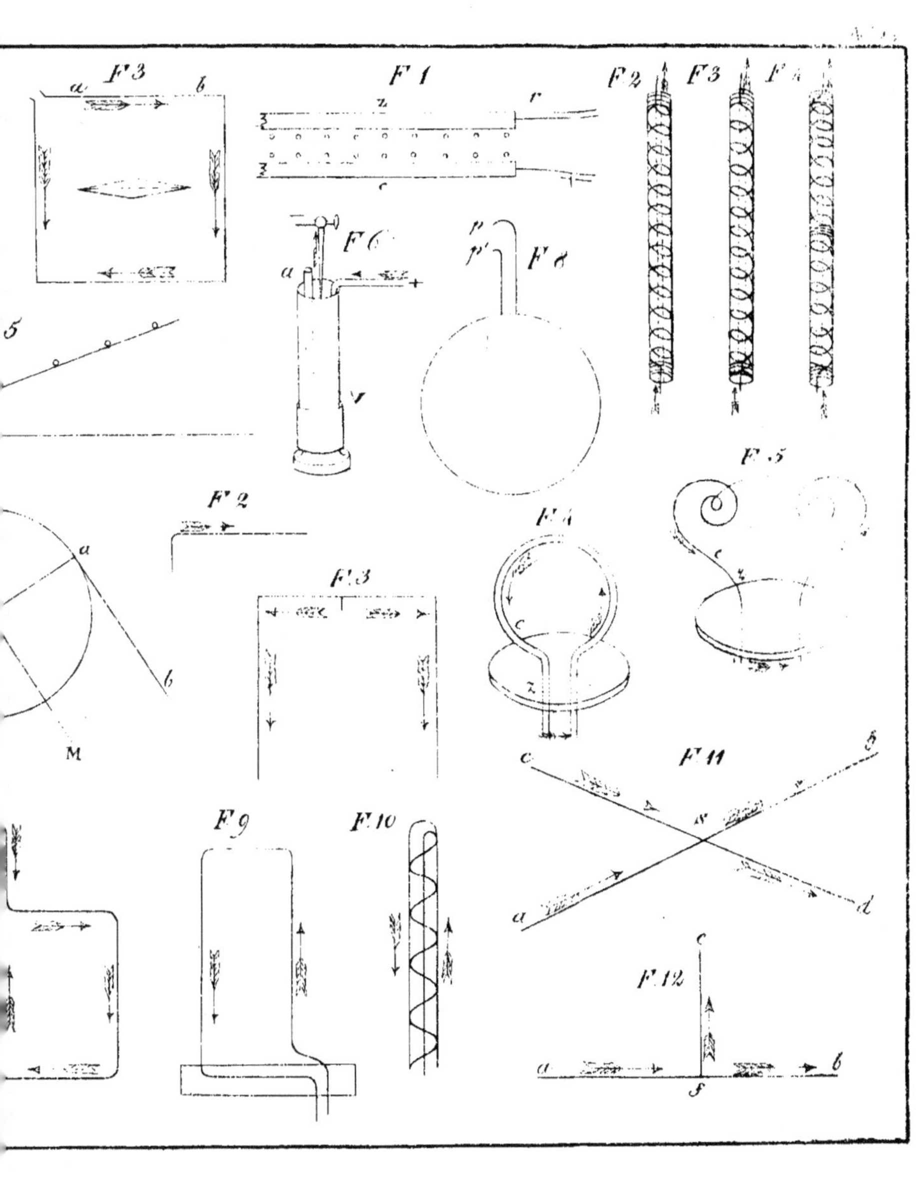

F. 3
a b
F. 1
z
r
c
F. 2
F. 3
F. 4
F. 6
a
F. 7
F. 5
F. 2
a
b
M
F. 3
F. 9
F. 10
F. 11
c
a
d
F. 12
a b
c
f

F. 1

C

Fig. 6

R

+

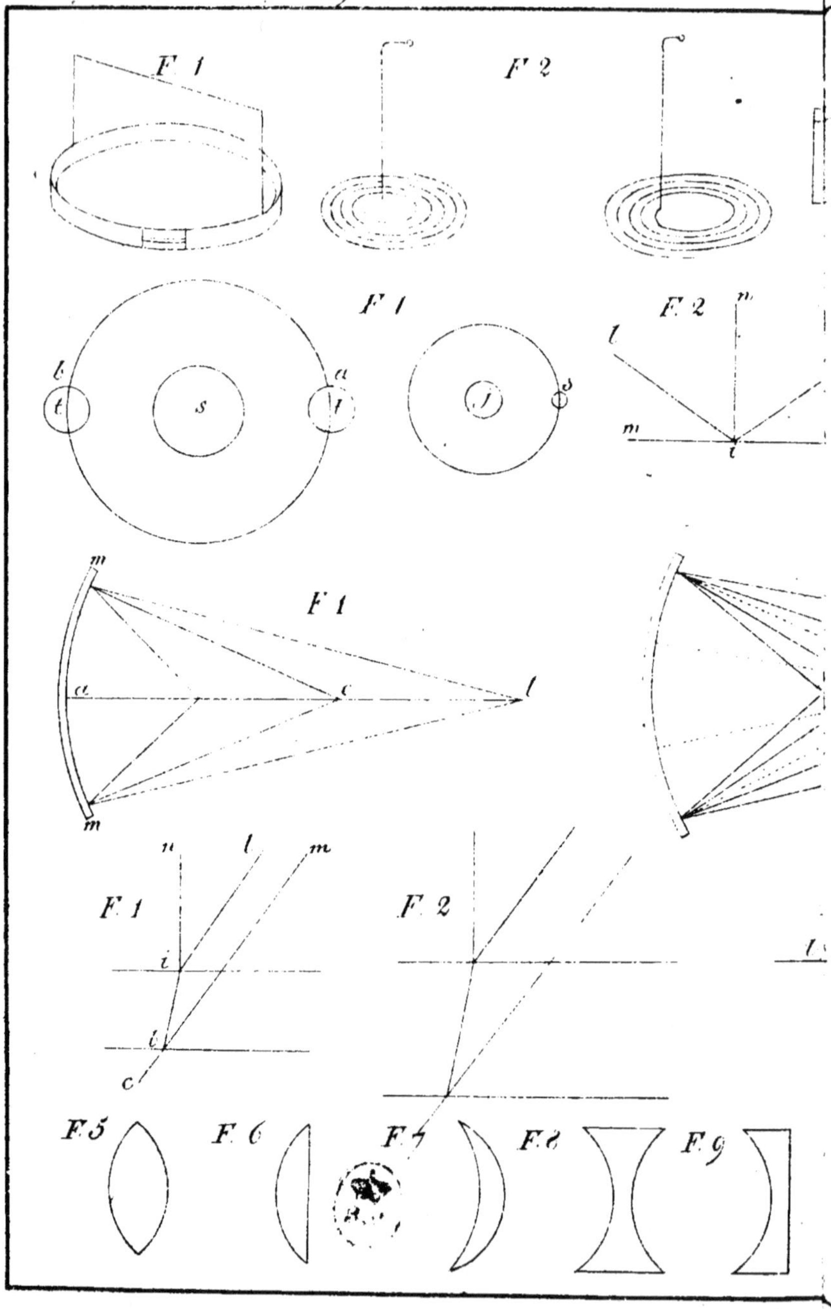

F. 1
F. 2
F. 1
F. 2
F. 1
F. 1
F. 2
F. 5
F. 6
F. 7
F. 8
F. 9

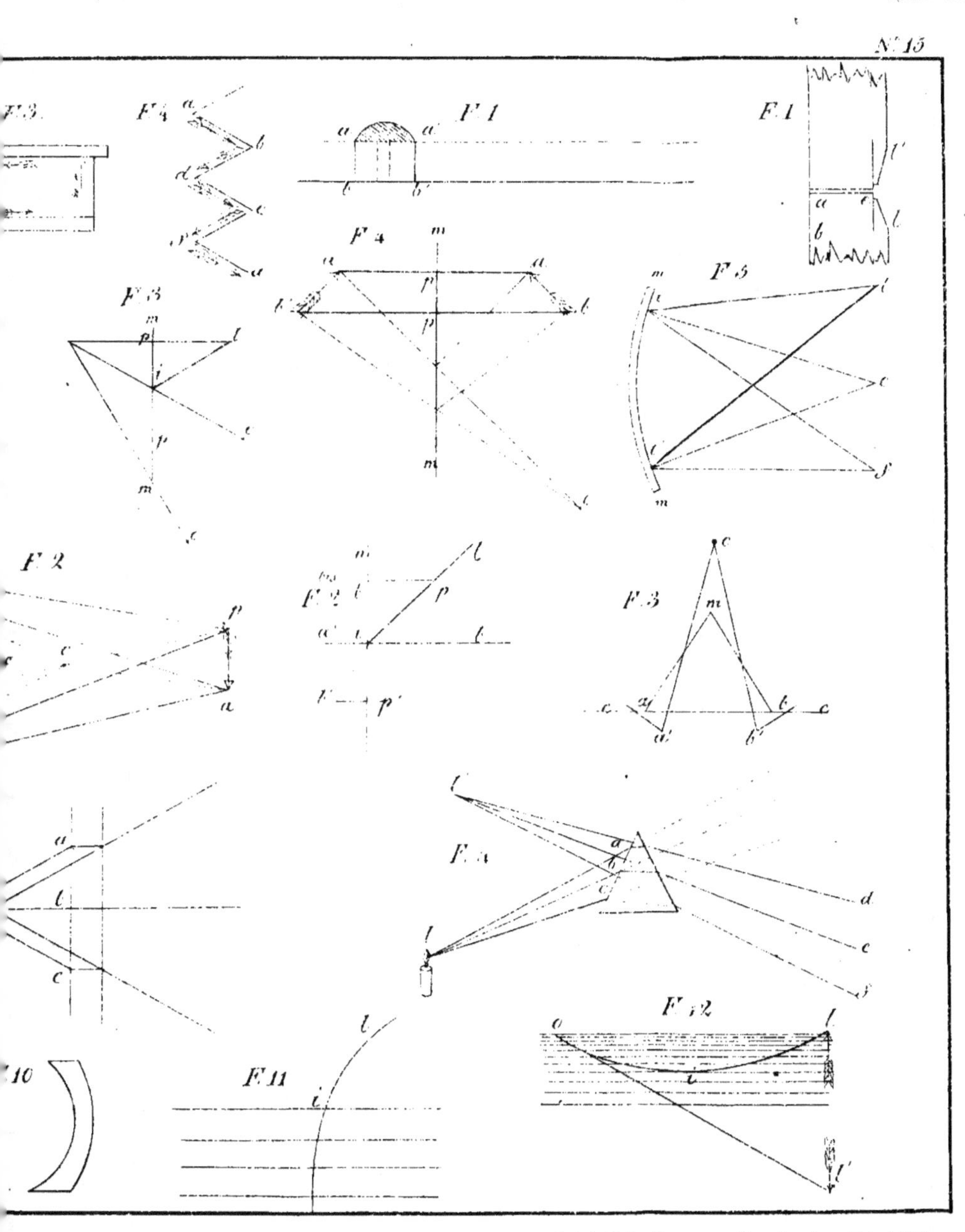

F. 3
F. 4
F. 1
F. 1
F. 4
F. 5
F. 3
F. 2
F. 2
F. 3
F. 4
F. 2
F. 11
F. 10
F. 12

F. 1
F. 2
F. 3
F. 4
F. 5
F. 6
F. 7
F. 8
F. 9
M
m
r
a
p
p
M

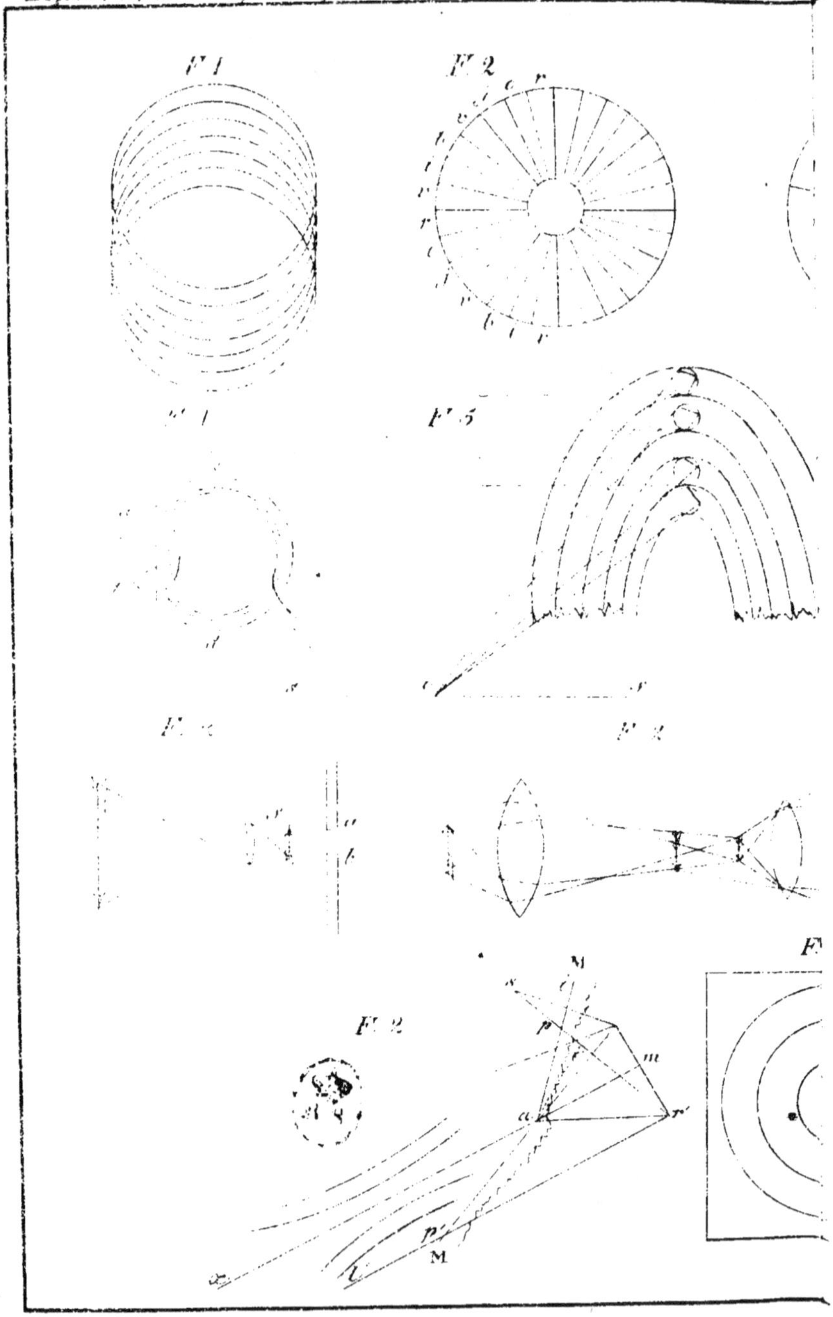

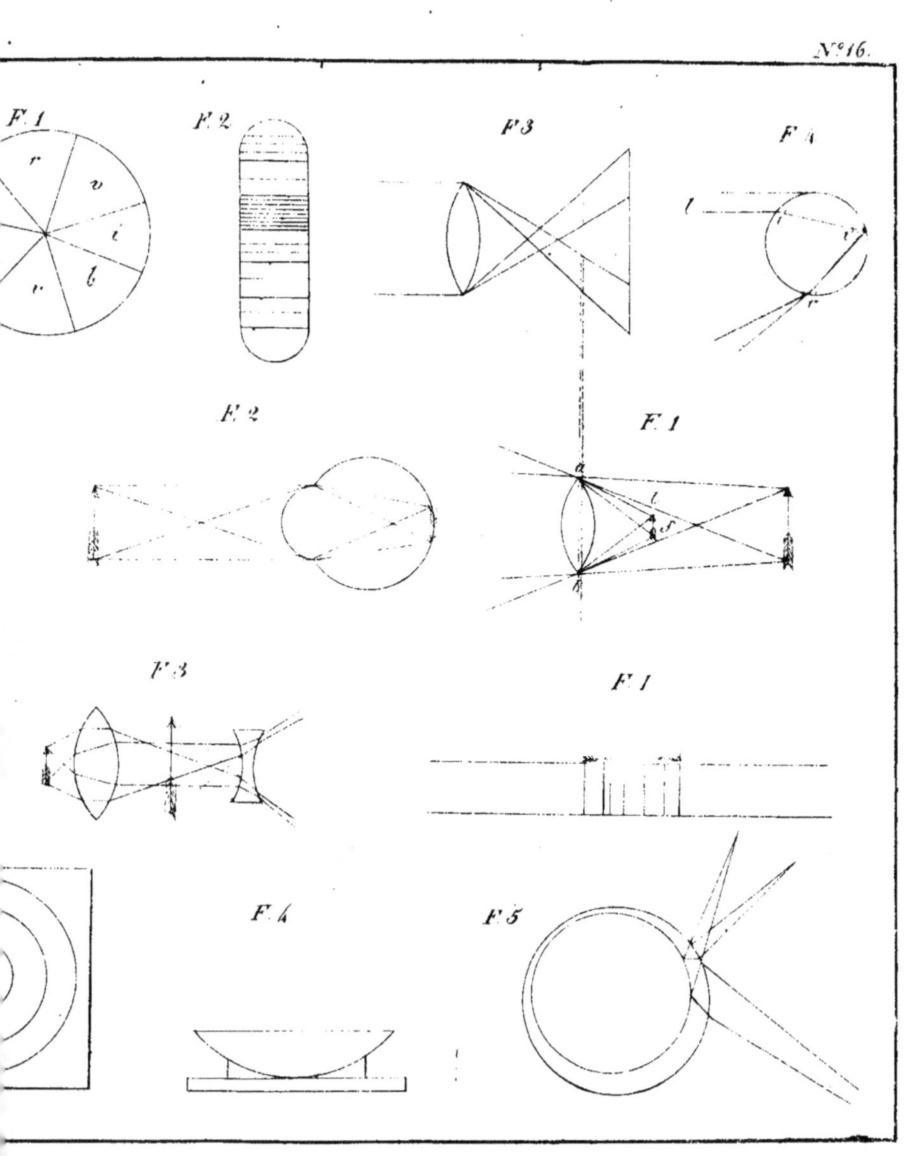

F. 1
r
v
i
r
b
F. 2
F. 3
F. 4
l
r
r
F. 2
F. 1
a
l
F. 3
F. 1
F. 4
F. 5